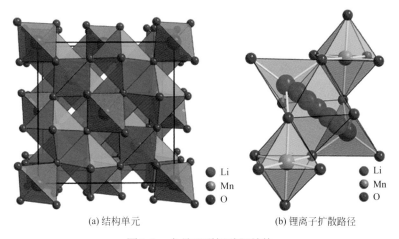

(a) 结构单元   (b) 锂离子扩散路径

图 2-9   尖晶石型锰酸锂结构

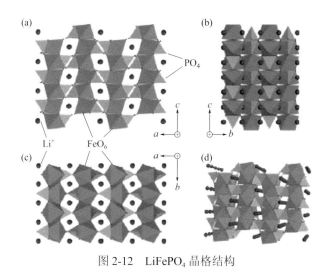

图 2-12   LiFePO$_4$ 晶格结构

（a）正视图；（b）侧视图；（c）俯视图；（d）三维透视图

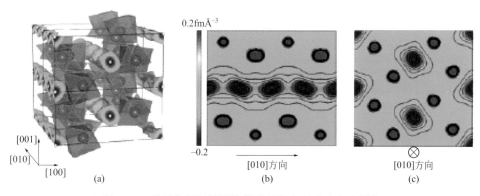

图 2-13   利用中子衍射图像得到的锂离子分布密度图像

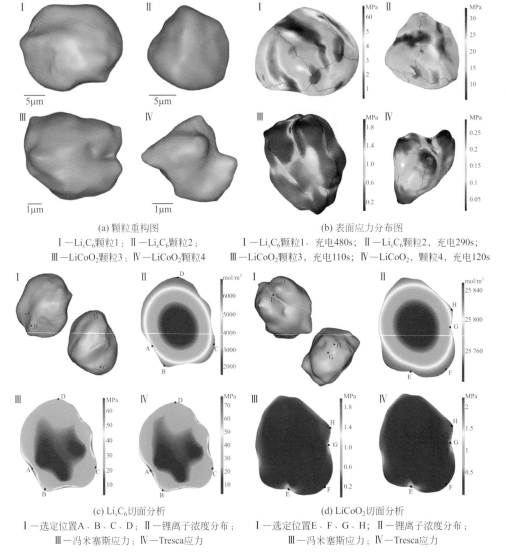

(a) 颗粒重构图

I—Li$_x$C$_6$颗粒1；Ⅱ—Li$_x$C$_6$颗粒2；
Ⅲ—LiCoO$_2$颗粒3；Ⅳ—LiCoO$_2$颗粒4

(b) 表面应力分布图

I—Li$_x$C$_6$颗粒1，充电480s；Ⅱ—Li$_x$C$_6$颗粒2，充电290s；
Ⅲ—LiCoO$_2$颗粒3，充电110s；Ⅳ—LiCoO$_2$，颗粒4，充电120s

(c) Li$_x$C$_6$切面分析

I—选定位置A、B、C、D；Ⅱ—锂离子浓度分布；
Ⅲ—冯米塞斯应力；Ⅳ—Tresca应力

(d) LiCoO$_2$切面分析

I—选定位置E、F、G、H；Ⅱ—锂离子浓度分布；
Ⅲ—冯米塞斯应力；Ⅳ—Tresca应力

图 3-25　锂离子电池石墨负极和钴酸锂正极颗粒三维重构及应力分析

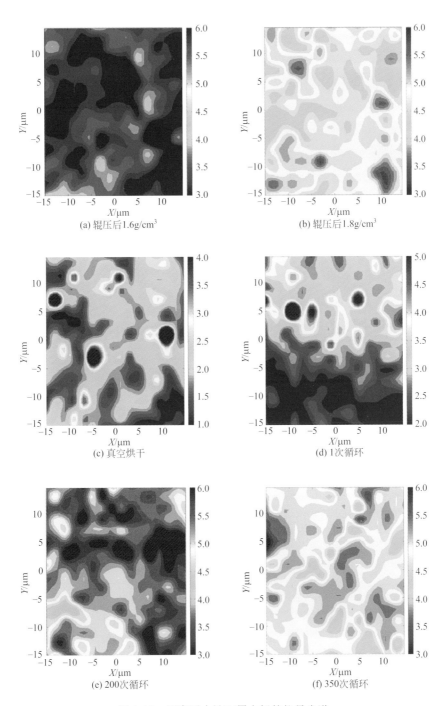

(a) 辊压后1.6g/cm³

(b) 辊压后1.8g/cm³

(c) 真空烘干

(d) 1次循环

(e) 200次循环

(f) 350次循环

图 3-29　锂离子电池石墨电极的拉曼光谱

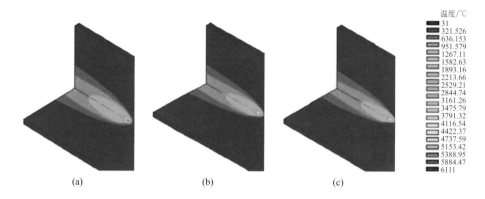

温度/℃
31
321.526
636.153
951.579
1267.11
1582.63
1893.16
2213.66
2529.21
2844.74
3161.26
3475.79
3791.32
4116.54
4422.37
4737.59
5153.42
5388.95
5884.47
6111

图 9-11　不同焊接速度下的温度分布

（a）500mm/min;（b）600mm/min;（c）700mm/min

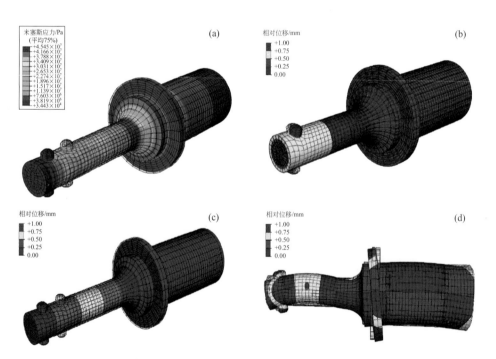

图 9-31　一定焊接条件下声极的应力分布（a）和扭转变形（b）～（d）云图

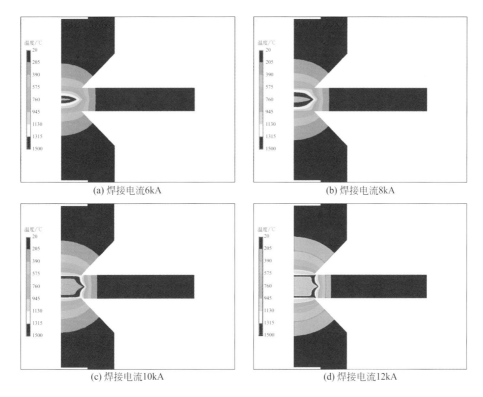

(a) 焊接电流6kA   (b) 焊接电流8kA

(c) 焊接电流10kA   (d) 焊接电流12kA

图 9-42　焊接电流对温度场和熔核尺寸的影响

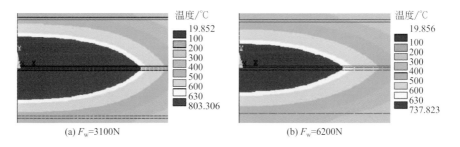

(a) F_w=3100N   (b) F_w=6200N

图 9-44　电极压力对温度场和熔核尺寸的影响

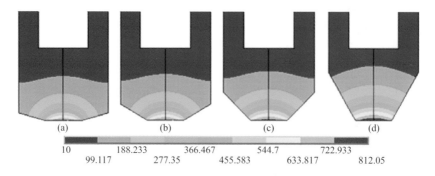

图 9-46 α角对电极温度场影响

（a）165°；（b）150°；（c）135°；（d）120°

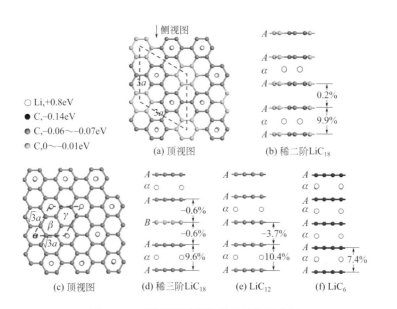

○ Li,+0.8eV
● C,−0.14eV
◐ C,−0.06～−0.07eV
◔ C,0～−0.01eV

图 10-9 石墨嵌锂过程的晶胞结构示意图

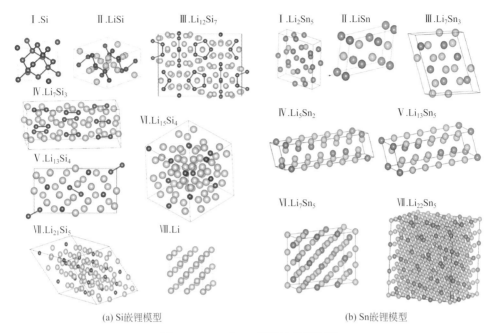

(a) Si嵌锂模型   (b) Sn嵌锂模型

图 10-10　Si 和 Sn 嵌锂结构模型图

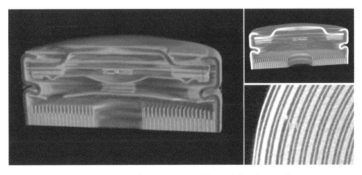

图 10-28　锂离子电池 CT 检测结构图和异物

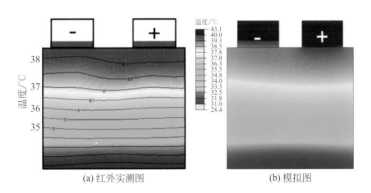

(a) 红外实测图   (b) 模拟图

图 11-4　聚合物锂离子电池内部温度分布的红外实测图和模拟图

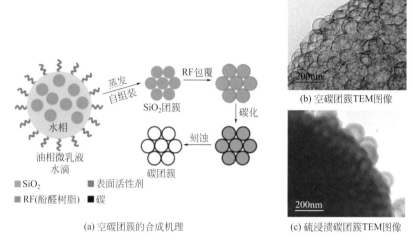

(a) 空碳团簇的合成机理

(b) 空碳团簇TEM图像

(c) 硫浸渍碳团簇TEM图像

SiO₂团簇

蒸发
自组装

RF包覆

碳化

刻蚀

碳团簇

水相

油相微乳液
水滴

■ SiO₂　　■ 表面活性剂

■ RF(酚醛树脂)　■ 碳

图 12-2　空碳团簇合成机理、透射电镜图及硫碳复合材料透射电镜图

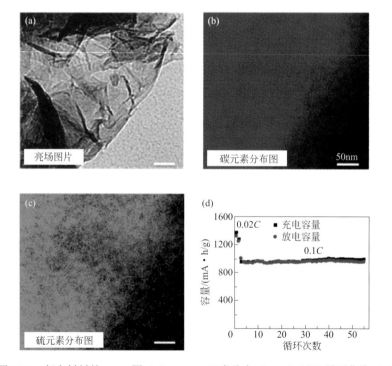

亮场图片

碳元素分布图

硫元素分布图

图 12-7　复合材料的 TEM 图（a），C、S 元素分布（b、c）以及循环曲线（d）

国家科学技术学术著作出版基金资助出版

锂离子电池
制造工艺原理与应用

Fundamentals and Applications of the Manufacturing
Process of
Lithium Ion Batteries

杨绍斌　　梁　正　编著

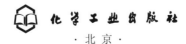

化学工业出版社
·北京·

本书在简述锂离子电池基本原理和基本概念的基础上，首先讨论了多孔电极动力学原理，为锂离子电池电化学性能设计提供理论依据。 然后以锂离子电池关键制造工艺为主线，首次系统构筑了制浆、涂布、辊压、分切、装配、焊接和化成等制造工序的工艺原理及应用框架体系，重点讨论了这些制造工序的基本工艺原理、制造设备、工艺调控方法和缺陷预防等内容，为锂离子电池制造及工艺研究提供理论指导。 最后介绍了与锂离子电池类似的锂硫电池和类锂离子电池的研究进展。 本书内容全面系统、重点突出，集成反映了国内外的锂离子电池工艺研究及应用领域的最新科技成果与相关技术，体现了锂二次电池的发展和研究趋势。

本书既可供锂离子电池及其相关领域的工程技术人员作为参考书和生产工艺手册使用，也可供科研机构研究人员、高校师生参考。

图书在版编目(CIP)数据

锂离子电池制造工艺原理与应用/杨绍斌,梁正编著. —北京:化学工业出版社,2019.9（2024.6重印）
ISBN 978-7-122-34609-4

Ⅰ.①锂… Ⅱ.①杨… ②梁… Ⅲ.①锂离子电池-生产工艺 Ⅳ.①TM912.05

中国版本图书馆 CIP 数据核字(2019)第 111297 号

责任编辑:刘　军　　　　　　　　文字编辑:杨欣欣
责任校对:王素芹　　　　　　　　装帧设计:王晓宇

出版发行:化学工业出版社(北京市东城区青年湖南街13号　邮政编码100011)
印　　装:中煤(北京)印务有限公司
710mm×1000mm　1/16　印张32½　彩插4　字数627千字
2024 年 6 月北京第 1 版第 8 次印刷

购书咨询:010-64518888　　　　　售后服务:010-64518899
网　　址:http://www.cip.com.cn
凡购买本书,如有缺损质量问题,本社销售中心负责调换。

定　　价:168.00元　　　　　　　　　　　版权所有　违者必究

前言

20 世纪 80 年代首次提出锂离子电池的概念，其后索尼公司于 1991 年成功推出了第一个商用锂离子电池产品，标志着锂离子电池大规模产业化的开始。 锂离子电池在手机、笔记本电脑、数码相机等便携式电器中得到广泛应用，一跃成为发展速度最快和销量最大的二次电池体系。

尤其是在全球可持续发展越来越受到人们重视的今天，新能源汽车产业快速发展，锂离子电池的发展也随之加速。 美国前能源部长 Steven Chu 曾指出："温室效应存在一个非线性的气候引爆点，留给人们的治理时间远没有预期的长。"目前，发达国家已经或正在制定燃油车禁售时间表，开发新能源汽车是实现可持续发展的必然要求。 锂离子电池由于能量密度高、循环寿命长等优点，成为当今市场上电动汽车应用最广泛的电池体系。 随着电动汽车的迅速扩张，锂离子电池在国民经济中的比重和社会发展中的战略地位会越来越重要。

本书在介绍锂离子电池基本原理和基本概念的基础上，首先讨论了多孔电极动力学原理。 然后以锂离子电池关键制造工艺为主线，首次系统构筑了制浆、涂布、辊压、分切、装配、焊接和化成等制造工序的工艺原理及应用框架体系，重点讨论了这些制造工序的基本工艺原理、制造设备、工艺调控方法和缺陷预防等内容。 最后介绍了与锂离子电池类似的锂硫电池和类锂离子电池的研究进展。

锂离子电池性能和质量的提高一直依赖于材料、工艺和装备的理论研究和技术进步，目前关于锂离子电池原材料的专著已经出版多部，但至今还未见到全面系统讨论锂离子电池制造工艺方面的著作出版。 本书集成反映了国内外的锂离子电池工艺研究及应用领域的最新科技成果与相关技术，给出了工艺研究方面的大量基础科学数据，同时包含了作者多年研究成果和实践经验。 本书的出版期望有助于推动锂离子电池新工艺、新设备的研发，对提高我国锂离子电池产业的整体技术水平和国际竞争力有所裨益。

本书由我和梁正进行统稿，沈丁参与了部分撰写工作和实验工作。 我于

1997 年在大连理工大学攻读博士学位期间就开始了锂离子电池负极材料的研究工作，随后在广东风华高新科技股份有限公司做博士后期间，进行了锂离子电池工艺和负极材料的产品研发工作。2004 年出站以后就一直想撰写一部关于锂离子电池生产工艺方面的书，在这期间，专攻锂离子电池新型电极材料研发的斯坦福大学的梁正博士，与我志同道合，愿将国际最前沿的锂离子电池科研进展和研发思路供我参考，与我分享。我们决定共同撰写本书。由于锂离子电池的生产工艺包括多个工序，跨越多个学科，相关理论研究和基础科学数据分散，撰写难度较大，经过十多年的积累和编写，今天终于成稿并与读者见面。

　　本书得到了国家科学技术学术著作出版基金的资助，特别感谢中国科学院成会明院士、中国工程院陈蕴博院士和衣宝廉院士对本书申报的推荐！特别感谢化学工业出版社的编辑给予的帮助和支持！感谢所有对本书撰写做出贡献的人们！

　　限于作者的知识和能力，疏漏与不足之处在所难免，敬请同行和读者不吝赐教。

杨绍斌

2019 年 8 月

目录

第 1 章   001
锂离子电池概述
1.1 锂离子电池电化学原理 / 002
    1.1.1 化学原理 / 002
    1.1.2 电池结构及分类 / 003
1.2 锂离子电池原材料及制造 / 005
1.3 锂离子电池性能 / 006
    1.3.1 电化学性能 / 006
    1.3.2 安全性能 / 011
1.4 锂离子电池发展历程、特点及应用 / 012
    1.4.1 锂离子电池发展历程 / 012
    1.4.2 锂离子电池特点及应用 / 013
参考文献 / 014

第 2 章   016
锂离子电池原材料
2.1 锂离子电池正极材料 / 017
    2.1.1 正极材料简介 / 017
    2.1.2 钴酸锂 / 018
    2.1.3 三元材料 / 020
    2.1.4 富锂锰基材料 / 022
    2.1.5 尖晶石型锰酸锂 / 025
    2.1.6 磷酸铁锂 / 027
2.2 锂离子电池负极材料 / 030
    2.2.1 负极材料简介 / 030

2.2.2　石墨材料　/　031

2.2.3　无定形炭　/　034

2.2.4　钛氧化物材料　/　036

2.2.5　SiO_x/C 复合材料　/　037

2.2.6　Sn 基复合材料　/　039

2.3　电解质　/　040

2.3.1　电解质简介　/　040

2.3.2　液态电解质　/　041

2.3.3　半固态电解质——凝胶聚合物电解质　/　044

2.3.4　固态电解质　/　046

2.4　隔膜　/　048

2.4.1　隔膜种类和要求　/　048

2.4.2　湿法聚烯烃多孔膜　/　050

2.4.3　干法聚烯烃多孔膜　/　050

2.4.4　无机/有机复合膜　/　051

2.5　其他材料　/　052

2.5.1　导电剂　/　052

2.5.2　黏结剂　/　053

2.5.3　壳体、集流体和极耳　/　054

参考文献　/　055

第3章

锂离子电池多孔电极基础

3.1　多孔电极简介　/　057

3.1.1　多孔电极结构　/　057

3.1.2　多孔电极分类　/　058

3.2　锂离子电池多孔电极动力学　/　058

3.2.1　多孔电极过程　/　058

3.2.2　多孔电极动力学　/　061

3.2.3　多孔电极极化　/　067

3.2.4　多孔电极锂离子扩散测量与模拟　/　073

3.3　锂离子电池多孔电极电化学性能　/　080

3.3.1　多孔电极孔隙结构　/　080

3.3.2 多孔电极电化学性能 / 088

3.3.3 多孔电极结构稳定性 / 091

3.3.4 锂离子电池多孔电极结构设计 / 097

参考文献 / 100

第4章

锂离子电池制浆

4.1 概述 / 106

4.2 悬浮液颗粒受力[1] / 106

4.2.1 颗粒间作用力 / 107

4.2.2 颗粒受到的其他作用力 / 111

4.2.3 颗粒间距和粒度对颗粒受力的影响 / 113

4.3 静态悬浮液稳定性 / 114

4.3.1 沉降方式 / 114

4.3.2 稳定悬浮液的判据 / 115

4.4 锂离子电池浆料制备原理 / 117

4.4.1 粉体润湿 / 117

4.4.2 粉体分散 / 119

4.4.3 脱气、输送和过滤 / 122

4.5 锂离子电池制浆设备 / 124

4.6 锂离子电池制浆工艺 / 128

4.6.1 浆料体系及要求 / 128

4.6.2 制浆工艺步骤 / 130

4.6.3 悬浮液分散性和稳定性调控 / 135

4.6.4 制浆工艺与极片导电体系 / 146

参考文献 / 150

第5章

锂离子电池涂布

5.1 涂布流变学基础 / 152

5.1.1 悬浮液分类 / 152

　　5.1.2　剪切与黏度　/　154

　　5.1.3　润湿与流平　/　157

5.2　黏度和表面张力调控　/　159

　　5.2.1　黏度调控　/　159

　　5.2.2　表面张力调节　/　165

　　5.2.3　助剂调节　/　167

　　5.2.4　温度调节　/　170

　　5.2.5　制浆工艺调节　/　171

5.3　辊涂原理与工艺　/　174

　　5.3.1　辊涂简介　/　174

　　5.3.2　单辊涂布　/　174

　　5.3.3　双辊涂布　/　179

　　5.3.4　三辊涂布　/　187

5.4　预定量涂布原理与工艺　/　188

　　5.4.1　坡流涂布原理与工艺　/　188

　　5.4.2　条缝和挤压涂布原理与工艺　/　202

　　5.4.3　涂布弊病及消除　/　212

5.5　涂布方法选择　/　214

　　5.5.1　涂布方法　/　214

　　5.5.2　涂布方法选择　/　215

5.6　干燥　/　217

　　5.6.1　干燥简介　/　217

　　5.6.2　干燥原理与工艺　/　218

　　5.6.3　干燥时涂膜的流变性质及缺陷预防　/　225

　　5.6.4　干燥设备　/　232

参考文献　/　233

第6章

锂离子电池极片辊压

6.1　概述　/　237

6.2　粉体基本性质　/　237

　　6.2.1　粒度与形状　/　238

　　6.2.2　群聚集性质　/　241

6.3　粉体充填模型和充填密度　/　243

　　6.3.1　理想充填模型　/　243

　　6.3.2　实际粉体充填密度　/　246

6.4　实际粉体压缩性能　/　248

　　6.4.1　压缩过程　/　248

　　6.4.2　压缩曲线　/　249

　　6.4.3　充填和压实的调控　/　252

6.5　极片辊压原理与工艺　/　254

　　6.5.1　辊压力　/　255

　　6.5.2　厚度控制　/　256

　　6.5.3　伸长率　/　259

6.6　辊压极片与电池性能　/　261

　　6.6.1　压实密度对电池性能的影响　/　261

　　6.6.2　电极特性对电池充放电性能的影响　/　266

6.7　极片辊压设备　/　269

　　6.7.1　辊压机　/　269

　　6.7.2　附加装置　/　270

6.8　极片质量与控制　/　272

　　6.8.1　极片缺陷及控制　/　272

　　6.8.2　收放卷缺陷　/　274

　　6.8.3　极片强韧性　/　274

　　6.8.4　极片黏结性　/　276

参考文献　/　277

第7章

锂离子电池极片分切

7.1　极片分切方法　/　281

7.2　极片剪切过程　/　282

7.3　极片剪切工艺　/　283

　　7.3.1　剪切材料　/　283

　　7.3.2　剪切力　/　284

　　7.3.3　刀盘水平间隙和垂直间隙　/　285

　　7.3.4　剪切速率　/　288

　　7.3.5　张力　/　288

7.4 极片分切设备 / 289

    7.4.1 纵切设备 / 289

    7.4.2 横切设备 / 291

7.5 激光分切 / 292

    7.5.1 激光分切简介 / 292

    7.5.2 激光分切工艺 / 295

7.6 极片分切缺陷及其影响 / 298

    7.6.1 分切缺陷 / 298

    7.6.2 分切缺陷的影响 / 300

参考文献 / 301

第8章

锂离子电池装配

303

8.1 电极卷绕和叠片 / 304

    8.1.1 卷绕和叠片工艺 / 304

    8.1.2 卷绕和叠片设备 / 308

8.2 锂离子电池组装 / 312

    8.2.1 组装工艺 / 312

    8.2.2 组装设备 / 315

8.3 锂离子电池装配质量检验 / 319

参考文献 / 320

第9章

锂离子电池焊接

321

9.1 焊接概述 / 322

9.2 锂离子电池激光焊接 / 325

    9.2.1 激光焊接原理 / 325

    9.2.2 激光焊接设备 / 326

    9.2.3 脉冲激光缝焊 / 329

    9.2.4 脉冲激光点焊 / 333

    9.2.5 激光焊接性 / 334

    9.2.6 焊接检验及缺陷预防 / 335

9.2.7　激光焊接防护　/　337

9.3　锂离子电池超声波点焊接　/　337

　　9.3.1　超声焊接原理及特点　/　337

　　9.3.2　超声焊接设备　/　339

　　9.3.3　超声波点焊工艺　/　341

　　9.3.4　超声焊焊接性　/　348

　　9.3.5　缺陷及预防　/　353

9.4　锂离子电池电阻点焊　/　354

　　9.4.1　电阻点焊原理及特点　/　354

　　9.4.2　点焊设备　/　356

　　9.4.3　电阻点焊工艺　/　357

　　9.4.4　常用材料焊接性　/　363

　　9.4.5　缺陷及预防　/　365

9.5　锂离子电池塑料热封装　/　368

　　9.5.1　热封装原理与设备　/　368

　　9.5.2　热封工艺　/　369

参考文献　/　371

第 10 章

锂离子电池化成

10.1　锂离子电池化成原理　/　374

　　10.1.1　化成反应　/　374

　　10.1.2　固体产物及 SEI 膜　/　375

　　10.1.3　气体产物与水分　/　379

　　10.1.4　极片的膨胀　/　383

10.2　锂离子电池化成工艺及设备　/　387

　　10.2.1　注液工艺及设备　/　387

　　10.2.2　化成工艺及设备　/　391

　　10.2.3　老化工艺及设备　/　395

10.3　锂离子电池制造水分控制　/　396

　　10.3.1　水分控制工艺　/　396

　　10.3.2　水分控制设备　/　398

10.4　锂离子电池分容分选　/　399

参考文献　/　403

第 11 章

407

动力锂离子电池

11.1 概述 / 408

    11.1.1 动力电池简介 / 408

    11.1.2 电动汽车动力电池 / 410

11.2 单体动力锂离子电池电性能 / 412

    11.2.1 原材料与电性能 / 412

    11.2.2 电池结构与电性能 / 414

11.3 单体动力锂离子电池安全性 / 414

    11.3.1 热失控及安全性能 / 414

    11.3.2 电池结构与安全性能 / 416

    11.3.3 设备工艺与安全性能 / 417

    11.3.4 原材料与安全性能 / 419

11.4 单体动力锂离子电池一致性 / 420

    11.4.1 电池一致性指标 / 421

    11.4.2 电池一致性影响因素 / 423

    11.4.3 筛选指标与一致性 / 424

    11.4.4 一致性与电池组性能 / 425

11.5 动力锂离子电池组管理 / 428

    11.5.1 电池组管理系统简介 / 428

    11.5.2 电池状态评估 / 429

    11.5.3 电池充放电及均衡控制 / 433

    11.5.4 电池组温度控制 / 436

11.6 动力锂离子电池组安全技术 / 439

    11.6.1 安全技术 / 439

    11.6.2 安全性能检测 / 440

参考文献 / 441

第 12 章

443

锂硫电池和类锂离子电池

12.1 锂硫电池 / 444

    12.1.1 反应原理及特点 / 444

    12.1.2 正极材料 / 446

12.1.3 负极材料 / 461

12.1.4 电解质 / 465

12.2 钠离子电池 / 469

12.2.1 反应原理及特点 / 469

12.2.2 正极材料 / 470

12.2.3 负极材料 / 475

12.3 镁离子电池和铝离子电池 / 488

12.3.1 镁离子电池 / 488

12.3.2 铝离子电池 / 489

参考文献 / 491

第 **1** 章

锂离子电池概述

锂离子电池是由高脱锂电位材料和低嵌锂电位材料为正负极构成的电池体系。由于整个电化学过程中锂以离子形式存在不形成金属锂，从而根本上避免了锂枝晶的形成。锂离子电池既保留了锂电池高比能量的优点，又避免了锂电池的不安全性，因此锂离子电池在便携式电子器件和电动汽车领域得以广泛应用。锂离子电池的制造是将正极材料、负极材料、隔膜和电解液等原材料，通过正负极片制备、装配、注液和化成等工序组装成电池的过程。本章首先介绍了锂离子电池的电化学原理，然后概述了锂离子电池的主要原材料、制造过程，最后介绍了锂离子电池性能、发展历程、特点及应用。

1.1
锂离子电池电化学原理

1.1.1 化学原理

这里以采用钴酸锂为正极材料、石墨为负极材料为例来介绍锂离子电池的化学原理。在充电过程中，锂离子从正极中脱出，然后嵌入到负极石墨材料中，形成锂离子的石墨嵌入化合物；而在放电过程中，锂离子从石墨嵌入化合物中脱出，重新嵌入到正极材料中，如图 1-1 所示。锂离子电池充放电时，相当于锂离子在正极和负极之间来回运动，因此锂离子电池最初被形象地称为"摇椅式电池"（racking chair battery）。

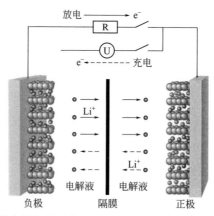

图 1-1　锂离子电池反应原理图（钴酸锂和石墨层状化合物）

锂离子电池在充放电时，正负极材料的化合价会发生变化。在常温常压下发生总的氧化还原反应如下[1]：

$$\text{Li}_{1-x}\text{CoO}_2 + \text{Li}_x\text{C}_6 \underset{\text{充电}}{\overset{\text{放电}}{\rightleftharpoons}} \text{LiCoO}_2 + 6\text{C} \quad\quad\quad (1\text{-}1)$$

放电过程中的电极反应为：

正极（还原反应，得电子）$\text{Li}_{1-x}\text{CoO}_2 + x\text{Li}^+ + x\text{e}^- \longrightarrow \text{LiCoO}_2$ (1-2)

负极（氧化反应，失电子）$\text{Li}_x\text{C}_6 \longrightarrow 6\text{C} + x\text{Li}^+ + x\text{e}^-$ (1-3)

充电过程中的电极反应与上述式(1-2)、式(1-3)反应过程相反。

因此，当采用钴酸锂为正极材料和石墨为负极材料时，由于上述氧化还原反应具有良好的可逆性，锂离子电池循环性能优异；由于石墨嵌锂化合物密度低，锂离子电池质量比能量高；由于氧化还原电对 Li^+/Li 的电位在金属电对中最负，锂离子电池的工作电压和比能量高。

由反应式(1-1)可以看出，理论上锂离子电池的正负极活性物质分别为 $\text{Li}_{1-x}\text{CoO}_2$ 和 Li_xC_6，但是由于 $\text{Li}_{1-x}\text{CoO}_2$ 和 LiC_6 制备过程复杂，且在空气中不稳定，难以直接制造电池。因此，人们通常采用反应式(1-1)的生成物钴酸锂和石墨作为正负极原材料装配成电池，此时电池处于没有电的状态，只有充电以后上述两种材料转化为活性物质才能自发放电，向外界提供电能。

1.1.2 电池结构及分类

锂离子电池通常包含正极、负极、隔膜、电解液和壳体等几个部分。正负极通常采用一定孔隙的多孔电极，由集流体和粉体涂覆层构成（图1-2）。负极极片由铜箔和负极粉体涂覆层构成，正极极片为铝箔和正极粉体涂覆层构成，正负极粉体涂覆层由活性物质粉体、导电剂、黏结剂及其他助剂构成。活性物质粉体间和粉体颗粒内部存在的孔隙可以增加电极的有效反应面积，降低电化学极化。同时由于电极反应发生在固-液两相界面上，多孔电极有助于减少锂离子电池充电过程中枝晶的生成，有效防止内短路。

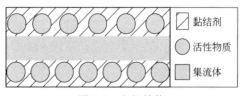

图 1-2　电极结构

常见的锂离子电池按照外形分为扣式电池、方形电池和圆柱形电池。这里首先介绍结构最简单的扣式锂离子电池，如图1-3所示。扣式电池包括圆形正极片、负极片、隔膜、不锈钢壳体、盖板和密封圈，其中正负极片通常是集流体单面涂覆，两者之间由隔膜隔开，壳体内加有电解液，密封圈在密封的同时还将壳体与盖板绝缘，壳体和盖板可以直接做正负极引出端子。

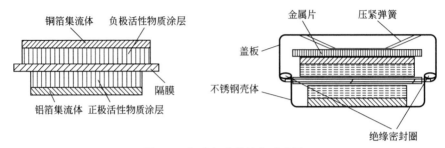

图 1-3   扣式电池的结构示意图

方形电池和圆柱形电池的正负极极片集流体采用双面涂覆，结构如图 1-4 所示。方形电池按照正极-隔膜-负极顺序排列，采用叠片或卷绕工艺装配成矩形电芯，然后封装入方形的铝壳体或不锈钢壳体或铝塑复合膜软包装壳体中。其中将软包装作为壳体时，正极极耳和负极极耳直接引出作为正负极引出端子。圆柱形电池正负极极片采用卷绕工艺装配成圆柱形电芯，一般封装于圆柱形金属壳体内。

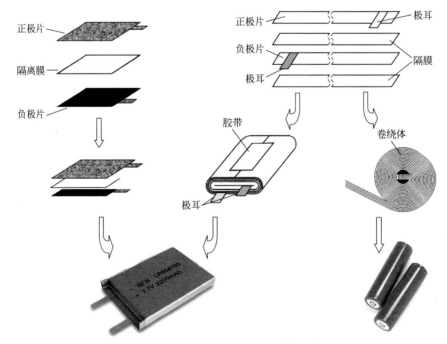

图 1-4   方形电池和圆柱形电池结构示意图

锂离子电池的分类方法有很多，可以按外形、壳体材料、正负极材料、电解液和用途等进行分类。按外形分为扣式电池、圆柱形电池和方形电池，按电解液分为液体电解质电池、凝胶电解质电池和聚合物电解质电池，按正负极材料分为磷酸铁锂电池、三元材料电池和钛酸锂电池等，按壳体材料分为钢壳电池、铝壳电池和软包装电池等，按用途分为3C电池和动力电池等。

方形电池型号通常用厚度＋宽度＋长度表示，如型号"485098"中48表示厚度为4.8mm，50表示宽度为50mm，98表示长度为98mm；圆柱形电池通常用直径＋长度＋0表示，如型号"18650"中18表示直径为18mm，65表示长度为65mm，0表示为圆柱形电池。

1.2
锂离子电池原材料及制造

锂离子电池原材料主要有正极材料、负极材料、电解液和隔膜。正负极材料通常为微米级粉体材料。已经商业化的正极材料有钴酸锂（$LiCoO_2$）、锰酸锂（$LiMn_2O_4$）、三元材料（$LiNi_xMn_yCo_zO_2$）和磷酸铁锂（$LiFePO_4$）等，其中$LiCoO_2$主要用于3C电池领域。目前负极材料有石墨材料、硬炭材料、软炭材料、钛酸锂、Si基材料和Sn基材料，其中石墨负极材料应用最广。电解液通常为液体电解质和凝胶电解质，常用的锂盐为六氟磷酸锂（$LiPF_6$），有机溶剂为碳酸乙烯酯（EC）、碳酸二甲酯（DMC）、碳酸二乙酯（DEC）和碳酸甲乙酯（EMC）等的混合液。隔膜通常为聚乙烯（PE）单层多孔膜、聚丙烯（PP）单层多孔膜和PP/PE/PP三层多孔膜。电池壳体材料为铝塑复合膜、铝壳体和不锈钢壳体。辅助材料包括导电剂、黏结剂和集流体等。导电剂为炭黑、气相生长碳纤维（VGCF）和碳纳米管等；黏结剂有聚偏氟乙烯（PVDF）和丁苯橡胶（SBR）等，其中PVDF可用于正极和负极，SBR通常用于负极。正极集流体为铝箔，正极极耳为铝片；负极集流体为铜箔，负极极耳为镍片。

锂离子电池制造工艺通常包括极片制备、电芯装配、注液、化成和分容分选等主要过程。以方形铝壳锂离子电池为例介绍制备生产工艺流程，如图1-5所示。极片的制备首先是将正负极活性粉体材料、黏结剂、溶剂和导电剂混合，经过搅拌分散使各组分分散均匀制得浆料，然后将浆料均匀涂于集流体上并烘干，再将极片经过辊压、分切制得所需尺寸的正负极极片。装配过程包括在正负极片上焊接上正负极极耳，再与隔膜一起卷绕或叠片制成电芯，然后将电芯封装入方形的铝壳体或不锈钢壳体或铝塑复合膜软包装壳体中。注液化成和老化过程是将装配好的电池经过烘干后注入电解液。然后将注液后的电池充电进行化成，最后在一定温度的环境中储存一段时间进行老化。分容分选是对电池进行测试，按电池容量、内阻、厚度、电压等指标分成不同等级产品。最后进行包装和出厂。

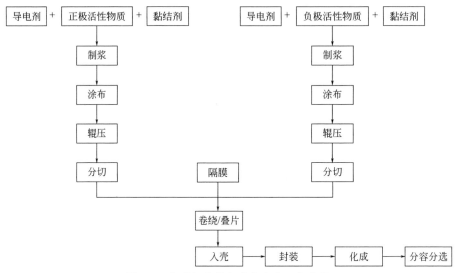

图 1-5　方形铝壳体电池的生产工艺流程

1.3
锂离子电池性能

1.3.1　电化学性能

锂离子电池的电化学性能包括电动势、内阻、电压、电压特性、容量、充放电特性、循环性能、自放电和储存特性。本节主要讨论锂离子电池电化学性能的概念及其测试方法。

1.3.1.1　电池电动势

电动势是指单位正电荷从电池的负极到正极由非静电力所做的功，常被称为"电压"。在等温等压条件下，体系发生热力学可逆变化时，吉布斯自由能的减小等于对外所做的最大非膨胀功，如果非膨胀功只有电功，则吉布斯自由能的增量和电池可逆电动势分别可用式(1-4) 和式(1-5) 表示：

$$\Delta G_{T,p} = -nFE \tag{1-4}$$

$$E = -\frac{\Delta G_{T,p}}{nF} \tag{1-5}$$

式中，E 为电池可逆电动势；$\Delta G_{T,p}$ 为电池氧化还原反应吉布斯自由能的差值；n 为电池在氧化或还原反应中电子的计量系数；F 为法拉第常数。

$\Delta G_{T,p}$ 为电池化学能转变为电能的最大值，E 为电池电动势的最大值。它们只与氧化还原反应的体系有关，与氧化还原进行的具体路径无关。实际电池中，化学能转变为电能通常以热力学不可逆方式进行，因此实际电池正负极之间的电动势一定小于 E。

1.3.1.2 电池内阻

电池内阻 (R_i) 是指电流流过电池内部所受到的阻力，包括欧姆电阻 (R_Ω) 和极化电阻 (R_f)。欧姆电阻是由电极材料、电解液、隔膜、集流体和极耳等部件的电阻及各部件的接触电阻组成，而电极与电解液之间的接触电阻不属于欧姆电阻。极化电阻是电化学反应时由极化引起的电阻，与电极和电解液界面的电化学反应速度及反应离子的迁移速度有关。极化电阻由电化学极化内阻和浓差极化内阻组成。

内阻对电池的电压特性有影响。内阻越小，电压特性通常越好。也就是说电池充电电压越低，放电电压越高。反之电压特性越差。电池内阻与普通的电阻不同，不能用普通万用表测量，通常采用的是交流法进行测试。电池内阻与电池充放电状态有关，不同状态的电池具有不同的内阻。

1.3.1.3 电压、时率与倍率

(1) 电压 开路电压是指外电路没有电流流过时正负电极之间的电位差 (U_{oc})，一般开路电压小于电池电动势，但通常情况下可以用开路电压近似替代电池的电动势。工作电压 (U_{cc}) 又称放电电压或负荷电压，是指有电流通过外电路时，电池正负电极之间的电位差。当电流流过电池内部时，需要克服电池内阻的阻力。因此工作电压总是低于开路电压，工作电压可用下式表示：

$$U_{cc} = E - IR_i \tag{1-6}$$

式中，U_{cc} 为工作电压；E 为电池电动势；I 为工作电流；R_i 为电池内阻。

电池的工作电压与放电制度有关，当恒流放电时工作电压不断下降，降低到允许的最低电压时放电终止，该电压是基于电池安全性和循环寿命的考虑设定的，称为放电终止电压，见图 1-6。电池工作电压随放电时间变化的曲线称为放电曲线。在放电曲线中，电压变化相对平稳阶段的电压范围或放电时间称为电压

平台。反之充电过程中电压逐渐升高，存在充电终止电压和充电电压平台。

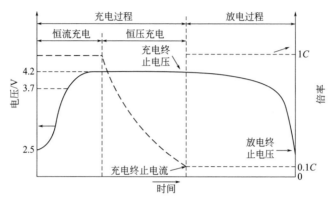

图 1-6　锂离子电池典型充放电曲线

（2）时率与倍率　当电池恒流充放电时，电流的大小通常用时率或倍率表示。时率是指以一定的放电电流放完电池额定容量所需的时间（h）。例如，额定容量为 5A·h 的电池以 5A 电流进行放电，则时率为 5A·h/5A＝1h，称 1 时率放电；以 1A 电流进行放电，则时率为 5A·h/1A＝5h，称 5 时率放电。

倍率指电池在放电时放电电流与额定容量的比值，倍率通常采用 C 表示。例如，额定容量为 5A·h 的电池以 5A 电流进行放电，则倍率为 5A/5A·h＝1C；以 1A 电流进行放电，则倍率为 1A/5A·h＝0.2C。时率与倍率在数值上呈现倒数关系。

在电池充放电时，基于安全和循环寿命考虑，电池存在最大的充电电流和放电电流。而在电池恒压充电时，电池的电流不断降低，当电流降低到足够小时，充电过程终止，这个电流称为终止电流。

1.3.1.4　容量与比容量

（1）容量　电池容量是指在一定的放电条件下可以从电池获得的电量，电量单位一般为 A·h 或 mA·h。分为理论容量、额定容量和实际容量。其中理论容量（C_0）是指电池正负电极中的活性物质全部参加氧化还原反应形成电流时，根据法拉第电解定律计算得到的电量。锂离子电池电极活性物质的理论容量可用下式表示：

$$C_0 = F'n\frac{m_0}{M} \tag{1-7}$$

式中，C_0 为理论容量，A·h；F' 为经换算，以 A·h/mol 为单位的法拉第常数，$F'=26.8$A·h/mol；m_0 为活性物质的质量，g；M 为活性物质的摩尔质量，g/mol；n 为氧化还原反应得失电子数。

实际容量是指在一定的放电条件下，实际从电池获得的电量。当恒电流放电时，实际容量可用下式表示：

$$C = It \tag{1-8}$$

电池的实际容量总是低于理论容量，所以活性物质的利用率可用下式表示：

$$\eta = \frac{C}{C_0} \times 100\% = \frac{m_1}{m_0} \times 100\% \tag{1-9}$$

式中，m_0 为活性物质质量；m_1 为活性物质实际参与反应的质量。

锂离子电池实际容量的测试方法，通常是在 20℃±5℃ 环境温度中，先以 $1C$ 恒流充电至 4.2V，再以 4.2V 恒压充电至终止电流充满电；然后以 $1C$ 恒流放电至 2.75V，所测得的放电实际容量。

额定容量（C_r）是在设计和制造电池时，电池在一定放电条件下规定应该放出的最低容量。电池的实际容量通常高于额定容量。

（2）比容量　比容量是指单位质量或单位体积电池所获得的容量，分别称为质量比容量（C_m）或体积比容量（C_V）。比容量计算可用下式表示：

$$C_m = \frac{C}{m} \quad \text{或} \quad C_V = \frac{C}{V} \tag{1-10}$$

式中，C_m 为质量比容量，A·h/g；C_V 为体积比容量，A·h/L；m 为电池质量；V 为电池体积。

电池制备时，通常某一电极活性物质是过剩的，因此电池实际容量是由含有活性物质较少的电极决定的。为防止析出枝晶，锂离子电池中负极容量通常是过剩的，实际容量由正极容量来决定。

同理，电极中单位质量或单位体积活性物质所获得的电量，称为活性物质的质量比容量或体积比容量。可用来对比不同活性物质的容量大小。

这里以石墨为负极、钴酸锂为正极举例说明锂离子电池活性物质理论容量和比容量的具体计算方法。锂离子电池的负极为 LiC_6 时，负极反应为：$LiC_6 \longrightarrow Li^+ + 6C + e^-$，1mol LiC_6 的理论容量为 26.8A·h/mol×1mol＝26.8A·h＝26800mA·h，1mol LiC_6 的理论质量比容量为 26800mA·h/(12.01×6＋6.94)g＝339.24mA·h/g。实际上，人们通常以石墨作为负极进行计算，石墨的比容量为 26800mA·h/(12.01×6)g＝371.91mA·h/g。与此类似，正极反应为 $CoO_2 + Li^+ + e^- \longrightarrow LiCoO_2$，活性物质钴酸锂的比容量为 273.83mA·h/g。

1.3.1.5　能量和比能量

电池在一定条件下对外做功所能输出的电能叫做电池的能量，单位一般用瓦时（W·h）表示。分为理论能量和实际能量。

理论能量（W_0）是在放电过程处于平衡状态，放电电压保持电动势（E）数值，且活性物质利用率为 100% 的条件下，电池所获得的能量，即可逆电池在恒温恒压下所做的最大非膨胀功，可用下式表示：

$$W_0 = C_0 E = nFE \tag{1-11}$$

实际能量（W）是电池放电时实际获得的能量，可用下式表示：

$$W = CU_{av} \tag{1-12}$$

式中，W 为实际能量；C 为电池实际容量；U_{av} 为电池平均工作电压。

当锂离子电池标称电压为 3.7V，容量为 2200mA·h 时，电池的实际能量为 2.2A·h×3.7V ＝ 8.14W·h，单位换算为焦耳（1W＝1J/s）时的实际能量为 29304J。

比能量也称能量密度，是指单位质量或单位体积电池所获得的能量，称为质量比能量或体积比能量。理论质量比能量根据正、负两极活性物质的理论质量比容量和电池的电动势计算。实际比能量是电池实际输出的能量与电池质量（或体积）之比，可用下式表示：

$$W_m = \frac{W}{m} \quad \text{或} \quad W_V = \frac{W}{V} \tag{1-13}$$

式中，W_m 为质量比能量，W·h/g；W_V 为体积比能量，W·h/L；m 为电池质量；V 为电池体积。

1.3.1.6　功率和比功率

电池的功率是指在一定放电制度下，单位时间内电池所获得的能量，单位为 W 或 kW。分为理论功率和实际功率，电池理论功率（P_0）可用下式表示：

$$P_0 = \frac{W_0}{t} = IE \tag{1-14}$$

实际功率（P）可用下式表示：

$$P = IU = I(E - IR_i) = IE - I^2 R_i \tag{1-15}$$

比功率也称功率密度，是指单位质量或单位体积电池所获得的功率，单位为 W/kg 或 W/L。比功率的大小表示电池承受工作电流的大小。动力锂离子电池在电动汽车启动和爬坡等情况下需要大电流放电，消耗功率大，对电池提出了更大的功率要求。

1.3.1.7　循环寿命

锂离子电池的寿命包括使用寿命、充放电寿命和储存寿命。在一定的放电制度下，锂离子电池经历一次充放电，称为一个周期。充放电寿命为在电池容量降至规定值（常以初始容量的百分数表示，一般规定为 60%）之前可反复充放电的总次数。使用寿命为电池容量降至规定值之前反复充放电过程中累积的可放电时间之和。而储存寿命是指在不工作状态下，电池容量降至规定值的时间。锂离子电池常用的寿命为充放电寿命。

1.3.1.8　自放电和储存性能

电池的自放电和储存性能都是指电池在开路状态下，在一定温度和湿度等条件下储存过程中，电池的电压和容量等性能参数随时间的变化特性。一般情况下，随着储存时间的延长，电池的电压和容量逐渐减小。储存性能与自放电一般用容量保持率来表示，通常先以 $0.2C$ 倍率充满电，在 $20℃±5℃$ 搁置一段时间后，再以 $0.2C$ 的倍率放电测定容量。自放电测试的储存时间较短，一般为 28 天；储存性能测试时间较长，为 12 个月。有时也用电池开路电压的保持率来表示储存性能和自放电。

如果对储存后的电池进行再次充放电，电池容量回升的部分就是可恢复的容量，其余就是不可逆容量。储存性能和储存寿命有关，通常储存性能越好，储存寿命越长，反之亦然。

1.3.2 安全性能

锂离子电池在使用过程中不可避免地存在各种使用不当的情况，根据电池不同的使用情况制定了许多安全标准和测试方法，以保证电池在电化学作用、机械作用、热作用和环境作用等条件下的安全性能。

电化学作用包括过充电、过放电、外部短路和强制放电等。例如，过充电测试方法和标准：将电池放完电后，先恒流充电至试验电压（4.8V），再恒压充电一段时间，要求电池不起火、不爆炸。短路测试方法和标准：电池完全充满电后，将电池放置在恒温（$20℃±5℃$）环境中，用导线连接电池正负极端，短接一定时间（24h），要求电池不起火、不爆炸，最高温度不超过规定值（150℃）。

机械作用包括跌落、冲击、钉刺、挤压、振动和加速等。例如，针刺测试方法和标准：用耐高温钢针以一定速度（10~40mm/s），从垂直于电池表面方向贯穿，要求电池不爆炸、不起火。振动测试方法和标准：将电池充满电后，将电池紧固在振动试验台上，进行振动测试（正弦测试：每个方向进行 12 个循环，各方向循环时间共计 3h 的振动），电池不起火、不爆炸、不漏液。

热作用包括焚烧、沙浴、热板、热冲击、油浴和微波加热等。例如，热安全测试方法和标准：将电池充满电后放入试验箱中，试验箱以一定温升速率（5℃/min）升温到一定温度（130℃）后恒温一定时间（30min），要求电池不起火、不爆炸。

环境作用包括减低气体压力、浸没于不同液体中、处于不同高度和处于多菌环境等。例如，低气压测试方法和标准：将电池充满电后，放置于恒温（$20℃±5℃$）真空箱中，抽真空将压强降至一定压强（11.6kPa），并保持一定时间（6h），要求电池不起火、不爆炸、不漏液。

随着锂离子电池行业的发展和技术进步，上述测试方法和标准的具体参数会更加严格。

1.4

锂离子电池发展历程、特点及应用

1.4.1 锂离子电池发展历程

1972 年，Exxon 公司设计了以 TiS_2 为正极、金属锂为负极的二次电池，但是在循环过程中金属锂表面容易形成锂枝晶，刺穿隔膜导致内短路，容易起火爆炸[2]。尽管锂二次电池一度成功实现了产业化，但是由于安全问题最终退出市场。为了解决这个问题，Armand 在 1977 年的专利中提出了石墨嵌入化合物可以充当锂离子电池负极材料，随后于 1980 年提出正负极均采用嵌入化合物作为电极材料，充放电过程中锂离子在正负极之间作往复运动，它将这种电池形象地称为摇椅式电池，这即是锂离子电池概念的雏形[3]。同年，Mizushima 等提出 Li_xCoO_2 层状化合物具有用于锂离子电池正极材料的可能性[4]。

最早实现锂离子电池操作的是 Bonino 等[5]，他们在一系列文献中报道了采用 TiS_2 和 WO_3 等材料为正极，$LiWO_2$ 和 $LiFeO_3$ 等材料为负极，$LiClO_4$ 溶于碳酸丙烯酯（PC）为电解液的锂离子电池。这类电池中的典型反应可用下式表示：

$$Li_y M_n Y_m + A_z B_w \rightleftharpoons Li_{y-x} M_n Y_m + Li_x A_z B_w \qquad (1\text{-}16)$$

这种电池的开路电压和充放电效率高，但是容量低，动力学性能差，负极材料 $Li_y M_n Y_m$ 需要由 Li 与 $M_n Y_m$ 用电化学方法制备，再与正极 $A_z B_w$ 构成电池。由于是采用氧化还原反应的反应物装配电池，负极在空气中不稳定，因此难以实现产业化。

1987 年 Auborn 和 Barberio 用可直接制备的氧化还原反应产物 $LiCoO_2$ 做正极，实现了直接装备电池，然而仍未解决负极充放电速率低的问题[6]。直到 1990 年，索尼公司用石油焦做负极，大幅度提高了负极的充放电速率[7]，次年成功推出了商品化锂离子电池。晶体碳石墨材料虽然很早就被应用于锂离子电池的研究，但由于石墨与电解液中 PC 反应强烈，一度处于停滞状态。受到低晶碳工业化的鼓舞，人们通过改进电解液，研发出以碳酸乙烯酯（EC）为基础的电解液，使晶体碳随之实现工业化，标志着锂离子电池主导电池体系的形成。

其他研究者也在不断探索能够用于电极的材料。Goodenough 课题组在 1983 年提出尖晶石状 $LiMn_2O_4$ 可作为锂离子电池正极材料[8]，1996 年提出橄榄石结构 $LiFePO_4$ 作为锂离子电池正极材料的构想[9]。1997 年由 Numata 首先报道了

富锂锰基材料 $Li_2MnO_3 \cdot LiCoO_2$ 可作电池正极材料[10]；1999 年 Liu 首次报道了 $LiNi_{1-x-y}Co_yMn_xO_2$（$0<x<0.5$，$0<y<0.5$）三元过渡金属镍钴锰复合氧化物可作为电池正极材料[11]；2001 年 Ohzuku 等首次固相合成了具有优良性能的 $LiNi_{1/3}Co_{1/3}Mn_{1/3}O_2$ 作为电池正极材料[12]。1996 年加拿大 Zaghib 首次提出采用钛酸锂作为电池负极材料[13]；1997 年富士公司首次报道非晶态锡基负极材料；2005 年索尼公司首次制备出以碳包覆 Co-Sn 作为电极材料的"Nexelion"锂离子电池。1987 年 Semko 和 Sammels 首次实现了用聚合物作为电解液的锂离子电池；1993 年，美国 Bellcore 首先报道了采用 PVDF 凝胶电解质制造成锂离子聚合物电池。1999 年，日本索尼公司成功实现聚合物锂离子电池大规模产业化生产。目前，以富锂锰基材料为代表的高容量正极材料、以 SiO_x（$0<x<2$）为代表的高容量负极材料、以 $LiNi_{0.5}Mn_{1.5}O_4$ 为代表的高电压正极材料，已经进入市场，成为目前新一代高能量密度电池体系研究和产业化的研究重点和热点。

1.4.2 锂离子电池特点及应用[14]

（1）锂离子电池特点 与传统二次电池相比，锂离子电池的质量比能量和体积比能量高，约为 MH-Ni 电池的 2 倍；循环使用寿命长；工作电压高，通常工作电压为 3.7V，是 MH-Ni 和 Cd-Ni 电池的 3 倍；使用温度范围宽，能在 $-20\sim60℃$ 之间工作，且高温下放电性能优良；无记忆效应，可随时进行充放电而不影响容量；自放电低，远低于 MH-Ni 和 Cd-Ni 电池的自放电率；不含有重金属汞、铅、镉等有害有毒元素和物质，环境友好。锂离子电池的缺点主要是成本较高，必须有保护电路，以防止过充电。

（2）锂离子电池应用 锂离子电池在便携式电子设备、电动汽车、航空航天和国防军事等领域得到广泛运用。

在便携式电子设备领域，随着手机、相机、笔记本电脑等设备向轻、薄、小方向发展，人们对电池的稳定性、连续使用时间、体积、充电次数和充电时间等的要求越来越高。作为先进二次电池的代表，锂离子电池具备的质量轻、体积小、续航时间长等优点恰好满足这些要求，在便携式电子设备领域获得了绝对优势应用。

在电动汽车领域，目前提高纯电动汽车巡航里程是最为迫切的要求。锂离子电池的质量比能量最高，是动力电池首选体系，已经广泛应用于混合动力电动汽车和纯电动汽车。如特斯拉的纯电动汽车使用 7000 个 18650 型锂离子电池，相当于近 2000 个三口之家的手机电池用量。可见随着电动汽车的普及，锂离子电池产业将迅速扩张。

在军事国防领域，锂离子电池也被广泛使用在陆军方面的单兵系统、陆军战车和军用通信设备，海军方面的微型潜艇和水下航行器（UUV），以及航空方面

的无人侦察机中。如单兵系统的夜视系统、紧急定位器和 GPS 跟踪装置的电池
供电设备中，多使用锂离子电池。美国用于探测水雷和水面目标的"海底滑行
者"，使用锂离子电池可自主航行 6 个月，航程为 5000km，最大下潜深度为
5000m。美国 Aero Vironment 公司研制的"龙眼"无人机，重 2.3kg，升限90～
150m，使用锂离子电池以 76km/h 速度飞行时可飞行 60min。

在航天方面的卫星和飞船等领域，锂离子电池质量比能量高，发射质量小，
可大幅度降低发射成本，将其与太阳能电池联用成为最佳选择。如，欧洲太空局
（ESA）的火星快车采用的锂离子电池组的能量为 1554W·h，质量为 13.5kg，
比能量为 115W·h/kg。另外，火星着陆器"猎犬 2"也采用了锂离子电池。

参 考 文 献

[1] 吴宇平，万春荣，姜长印. 锂离子二次电池 [M]. 北京：化学工业出版社，2002.

[2] Whitingham M S. Chalcogenide battery：US 4009052 [P]. 1977-2-22.

[3] Armand M B. Intercalation electrodes [M] //Materials for advanced batteries. Boston：
Springer，1980：145-161.

[4] Mizushima K，Jones P C，Wiseman P J，et al. Li_xCoO_2 （$0<x<-1$）：A new cathode
material for batteries of high energy density [J]. Materials Research Bulletin，1980，15
（6）：783-789.

[5] Bonino F，Lazzari M，Bicelli L P，et al. Rechargeability studies in lithium organic electrolyte batt
eries [C/OL] //Proceedings of the symposium on lithium batteries. Battery division，
Electrochemical Society，1981. https：//books. glgoo. com/books? id＝6uRSAAAAMAAJ&.
pg＝PA255&.lpg＝PA255&.ots＝jaW8aGvsPu&.focus＝viewport&.dq＝Bonino+F，+Lazzari+
M，++lithium％EF％BC％8C1981&.lr＝&.hl＝zh-CN&.output＝html_text.

[6] Auborn J J，Barberio Y L. Lithium intercalation cells without metallic lithium [J]. J
Electrochem Soc，1987，134（3）：638.

[7] Nagaura T，Tozawa K. Lithium ion rechargeable battery [J]. Progress in Batteries and
Solar Cells，1990，9（2）：209-217.

[8] Thackeray M M，David W I F，Bruce P G，Goodenough J B. Lithium insertion into manganese
spinels [J]. Materials Research Bulletin，1983，18（4）：461-472.

[9] Padhi A K，Nanjundaswamy K S，Goodenough J B. Phospho-olivines as positive-electrode
materials for rechargeable lithium batteries [J]. Journal of the Electrochemical Society，
1997，144（4）：1188-1194.

[10] Numata K，Sakaki C，Yamanaka S. Synthesis of solid solutions in a system of $LiCoO_2$-
Li_2MnO_3 for cathode materials of secondary lithium batteries [J]. Chem Lett，1997（8）：
725-726.

[11] Liu Z L，Yu A，Lee J Y. Synthesis and characterization of Li $Ni_{1-x-y}Co_xMn_yO_2$ as the
cathode materials of secondary lithium batteries [J]. J Power Sources，1999，81：416-419

［12］ Ohzuku T，Makimura Y. Layered lithium insertion material of $LiCo_1/3Ni_1/3Mn_1/3O_2$ for lithium-ion batteries ［J］. Chin Chem Lett，2001，30：642-643.

［13］ Zaghib K，Simoneau M，Armand M，et al. Electrochemicalstudy of $Li_4Ti_5O_{12}$ as negative electrode for Li-ion polymerrechargeable batteries ［J］. J Power Sources，1999，82：300-305.

［14］ 谢凯，郑春满，洪晓斌，等. 新一代锂二次电池技术 ［M］. 北京：国防工业出版社，2013.

第 2 章

锂离子电池原材料

制造锂离子电池的主要原材料包括正极材料、负极材料、隔膜和电解液等，同时还包括导电剂、黏结剂、壳体、集流体和电极引出端子等通用辅助材料。锂离子电池的制造就是将这些原材料加工组装成电池的过程。锂离子电池原材料的进步和更新会引发制造工艺进行相应的改进和调整，以便最大程度发挥出原材料的性能，提高锂离子电池的电化学性能。本章首先重点介绍锂离子电池主要原材料的组成、结构以及与工艺相关的理化性能，然后介绍了锂离子电池通用辅助材料，以便于更好地理解后续制造工艺的原理及应用。

2.1
锂离子电池正极材料

2.1.1 正极材料简介

在锂离子电池充放电过程中，正极材料发生电化学氧化/还原反应，锂离子反复地在材料中嵌入和脱出。为了保证良好的电化学性能，对正极材料要求如下：

① 金属离子 M^{n+} 具有较高的氧化还原电位，使电池具有高工作电压；

② 质量比容量和体积比容量较高，使电池具有高能量密度；

③ 氧化还原电位在充放电过程中的变化应尽可能小，使电池具有更长的充放电平台；

④ 在充放电过程中结构没有或很少发生变化，使电池具有良好的循环性能；

⑤ 具有较高的电子电导率和离子电导率，降低电极极化，使电池具有良好的倍率放电性能；

⑥ 化学稳定性好，不与电解质等发生副反应；

⑦ 具有价格低廉和环境友好等特点。

人们研究过的锂离子电池正极材料种类繁多，满足上述要求且实现商业化的正极材料主要有 $LiCoO_2$、NCM、$LiMn_2O_4$、$LiFePO_4$ 和 NCA。表 2-1 为已经商业化应用的五种典型正极材料的主要性能参数。

表 2-1 典型正极材料的理化性能和电化学性能

项目		$LiCoO_2$	NCM ($LiNi_{1/3}Mn_{1/3}Co_{1/3}O_2$)	$LiMn_2O_4$	$LiFePO_4$	NCA ($LiNi_{0.8}Co_{0.15}Al_{0.05}O_2$)
结构		层状结构	层状结构	尖晶石结构	橄榄石结构	层状结构
理化性能	真密度/(g/cm³)	5.05	4.70	4.20	3.6	—

项目		LiCoO$_2$	NCM (LiNi$_{1/3}$Mn$_{1/3}$Co$_{1/3}$O$_2$)	LiMn$_2$O$_4$	LiFePO$_4$	NCA (LiNi$_{0.8}$Co$_{0.15}$Al$_{0.05}$O$_2$)
结构		层状结构	层状结构	尖晶石结构	橄榄石结构	层状结构
理化性能	振实密度 /(g/cm^3)	2.8~3.0	2.6~2.8	2.2~2.4	0.6~1.4	—
	压实密度 /(g/cm^3)	3.6~4.2	>3.40	>3.0	2.20~2.50	≥3.5
	比表面积 /(m^2/g)	0.10~0.6	0.2~0.6	0.4~0.8	8~20	0.5~2.2
	粒度 d_{50}/μm	4.00~20.00	—	—	0.6~8	9.5~14.5
电化学性能	理论比容量 /(mA·h/g)	273	273~285	148	170	—
	实际比容量 /(mA·h/g)	135~150	150~215	100~120	130~160	>200
	工作电压 /V	3.7	3.6	3.8	3.4	
	循环性能 /次	500~1000	800~2000	500~2000	2000~6000	800~2000
	安全性能	差	较好	较好	优良	较好

2.1.2 钴酸锂

（1）组成结构　钴酸锂（LiCoO$_2$）为 α-NaFeO$_2$ 型层状结构，属六方晶系，$R\bar{3}m$ 空间群，6c 位上的 O^{2-} 按 ABC 叠层立方堆积排列，3a 位的 Li$^+$ 和 3b 位的 Co^{3+} 分别交替占据 O^{2-} 八面体孔隙，呈层状排列，见图 2-1[1]。晶格参数为：$a =$

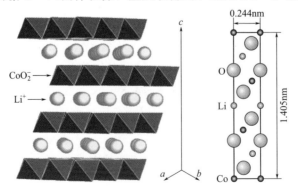

图 2-1　LiCoO$_2$ 的晶体结构示意图

0.2814nm，$c=1.4052$nm。从电子结构来看，由于 Li$^+$（1s^2）能级与 O^{2-}（2p^6）能级相差较大，而 Co^{3+}（3d^6）更接近于 O^{2-}（2p^6）能级，所以 Li—O 间电子云重叠程度小于 Co—O 间电子云重叠程度，Li—O 键远弱于 Co—O 键，在一定的条件下，Li$^+$能够在 Co/O 层间嵌入脱出，使 LiCoO$_2$ 成为理想的锂离子电池正极材料。由于 Li$^+$ 在键合强的 CoO 层间进行二维运动，锂离子电导率高，室温下锂离子的扩散系数 5×10^{-9} cm^2/s。此外，共棱的 CoO$_6$ 的八面体分布使 Co 与 Co 之间以 Co—O—Co 的形式发生作用，电子电导率也较高，为 10^{-2}S/cm。

（2）电化学性能　LiCoO$_2$ 中的 Co 为+3 价，而在充电过程中会发生氧化反应变为+4 价，从而脱出电子，所发生的电化学反应可用下式表示：

$$LiCoO_2 \Longrightarrow Li_{1-x}CoO_2 + xLi^+ + xe^- \tag{2-1}$$

首次充放电曲线如图 2-2 所示。LiCoO$_2$ 在充放电过程中会发生相变，见图 2-3。LiCoO$_2$ 放电时锂离子从基体中脱出来，当 x 为 0.5～1 时，Li$_x$CoO$_2$ 由 Ⅰ 相逐渐转变为 Ⅱ 相，Ⅰ 相和 Ⅱ 相均为六方结构，晶格参数差别不大，a 轴几乎没有变化，c 轴从 1.41nm（$x=1$）增加到 1.46nm（$x=0.5$）。该相变并非是结构发生变化，而是由于 Co^{3+} 转变为 Co^{4+} 过程中产生的电

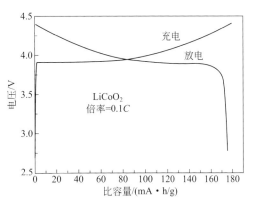

图 2-2　LiCoO$_2$ 正极的首次充放电曲线

子效应所致。当 $x=0.5$ 左右时，Li$_x$CoO$_2$ 发生不可逆相变，由六方结构转变为单斜结构。该转变是由于锂离子在离散的晶体位置发生有序→无序转变而产生的，并伴随晶体常数的变化。当 $x<0.5$ 时，Li$_x$CoO$_2$ 在有机溶剂中不稳定，会发生失氧反应；同时 CoO$_2$ 不稳定，容量发生衰减并伴随钴的损失，这是由于钴从其所在的平面迁移到锂所在的平面，导致结构不稳定进而使钴离子通过锂离子所在平面迁移到电解质中去。因此 Li$_x$CoO$_2$ 在放电过程中，x 的范围一般为 0.5～1，容量约为 156mA·h/g，在此范围内表现为 3.9V 左右的平台。当 Li$_x$CoO$_2$ 充电时，锂离子嵌入晶格中，反应过程与上述过程相反。

钴酸锂外观呈灰黑色粉体，理论比容量为 273mA·h/g，实际比容量通常为 140～150mA·h/g，具有电压高、放电平稳、充填密度高、循环性好和适合大电流放电等优点。并且 LiCoO$_2$ 的生产工艺简单，较易合成性能稳定的产品。由于钴酸锂具有高的质量比能量，目前主要用于小型高能量电池，如手机和笔记本等 3C 数码领域。但其抗过充、高温安全性能不好。此外，Co 资源稀缺，成本

高，且有一定毒性。

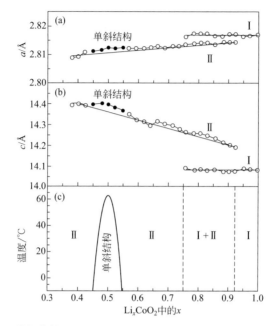

图 2-3　晶格常数 a（a）和 c（b）随 Li_xCoO_2 中 x 值的变化关系，
以及 Li_xCoO_2 的相图（c）

2.1.3　三元材料

（1）组成结构　三元材料 $LiCo_xMn_yNi_{1-x-y}O_2$（简称 NCM）与 $LiCoO_2$ 类似同属 $\alpha\text{-NaFeO}_2$ 型层状结构，研究较多的体系主要有 $Li[Ni_{1/3}Co_{1/3}Mn_{1/3}]O_2$、$Li[Ni_{0.4}Co_{0.2}Mn_{0.4}]O_2$、$Li[Ni_{0.8}Co_{0.1}Mn_{0.1}]O_2$ 和 $Li[Ni_{0.5}Co_{0.2}Mn_{0.3}]O_2$ 等。这里以 $LiNi_{1/3}Co_{1/3}Mn_{1/3}O_2$ 为例讨论三元材料的结构，属 $R3m$ 空间群，Li 原子占据 3a 位置，氧原子占据 6c 位置，Ni、Co、Mn 占据 3b 位置，每个过渡金属原子由 6 个氧原子包围形成 MO_6 八面体结构，而锂离子嵌入过渡金属原子与氧形成 $LiNi_{1/3}Co_{1/3}Mn_{1/3}O_2$ 层。目前，关于 3b 位过渡金属的排列有 3 种假设模型：

① Ni、Co 和 Mn 在 3b 层中均匀规则排列，以 $[\sqrt{3}\times\sqrt{3}]$ R30°超晶格形式存在，见图 2-4(a)；

② Co、Ni 和 Mn 分别组成 3b 层并交替排列，见图 2-4(b)；

③ Ni、Co 和 Mn 在 3b 层随机分布。

目前研究者对 $LiNi_{1/3}Co_{1/3}Mn_{1/3}O_2$ 层间过渡金属原子的排布结构判断多倾向于第一种结构，但是还未形成统一认识。

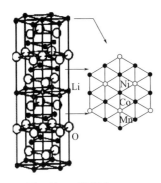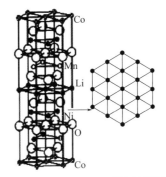

(a) [√3 ×√3]R30°超晶格　　　　(b) Co-O₂、Ni-O₂、Mn-O₂层交替排列晶格

图 2-4　LiNi$_{1/3}$Co$_{1/3}$Mn$_{1/3}$O$_2$ 三元材料超结构示意图

（2）电化学性能　LiCo$_x$Mn$_y$Ni$_{1-x-y}$O$_2$ 三元材料中过渡金属离子的平均价态为+3 价，Co 以+3 价存在，Ni 以+2 价及+3 价存在，Mn 则以+4 价及+3 价存在，其中+2 价的 Ni 和+4 价的 Mn 数量相等。充放电过程可用下式表示：

$$LiCo_xMn_yNi_{1-x-y}O_2 \rightleftharpoons Li_{1-z}Co_xMn_yNi_{1-x-y}O_2 + zLi^+ + ze^- \quad (0 \leqslant x \leqslant 1) \quad (2\text{-}2)$$

这里以 LiCo$_{1/3}$Mn$_{1/3}$Ni$_{1/3}$O$_2$ 的超结构模型为例讨论三元材料的可逆储锂机理。Li$_{1-z}$Co$_{1/3}$Mn$_{1/3}$Ni$_{1/3}$O$_2$ 的充电脱锂过程分为 3 个阶段，

① $0 \leqslant z \leqslant 1/3$ 时对应的反应是将 Ni^{2+} 氧化成 Ni^{3+}；

② $1/3 \leqslant z \leqslant 2/3$ 时对应的反应是将 Ni^{3+} 氧化成 Ni^{4+}；

③ $2/3 \leqslant z \leqslant 1$ 时对应的反应是将 Co^{3+} 氧化成 Co^{4+}。

随着充电进行，依次由 Ni^{2+}/Ni^{3+}、Ni^{3+}/Ni^{4+} 和 Co^{3+}/Co^{4+} 电对的氧化，进行电荷补偿，主要通过 Ni^{2+}/Ni^{3+} 和 Ni^{3+}/Ni^{4+} 两个电对进行补偿，而 Mn、Co 两元素在充电过程中基本不发生变化，氧化态分别稳定在+4 和+3 价。在充电后期则电子由氧原子提供。

在层状正极材料中，均会发生 Li$^+$ 与过渡金属离子的混排现象，Ni^{2+} 的存在会使混排程度更为突出。这是由于 Ni^{2+} 的离子半径 0.069nm 与 Li$^+$ 的 0.076nm 相近，Ni 会占据 Li 的 3a 位置，Li 则进驻 Ni 的 3b 位置。Li$^+$ 层中 Ni^{2+} 的浓度越大混排越严重，Li$^+$ 的脱嵌越困难，电化学性能越差。这种混排可用 XRD 特征峰强度的比值 R 来表征，如 $R = I_{003}/I_{104}$，当 $R > 1.2$ 时，材料混排较小，具有较理想的层状结构。

在 LiCo$_x$Mn$_y$Ni$_{1-x-y}$O$_2$ 中，Ni 提供电化学所需要的电子，有助于提高容量；但 Ni 含量增加会导致过渡金属离子混排趋势增加、循环性能恶化。Co 能提高材料的导电性及倍率性能，但过量 Co 会导致混排增大，比容量也相应下降。Mn 有利于改善安全性能，但过量也会导致层状结构遭受破坏，比容量降低，循环稳

定性变差。

三元材料 NCM 综合了单一组分材料的优点，具有明显的三元协同效应。三元材料基本物性和充放电平台与 $LiCoO_2$ 相近，平均放电电压为 3.6V 左右，可逆比容量一般在 150～180mA·h/g。三元材料比 $LiCoO_2$ 容量高且成本低，比 $LiNiO_2$ 安全性好且易于合成，比 $LiMnO_2$ 更稳定且又拥有价格和环境友好优势。所以，三元材料具有良好的市场前景，目前主要用于小型锂离子电池和动力锂离子电池。典型的三元材料还有镍钴铝三元材料 NCA（$LiNi_{0.8}Co_{0.15}Al_{0.05}O_2$）。

2.1.4 富锂锰基材料

（1）组成结构 富锂锰基材料是以 Li_2MnO_3 为基础的复合正极材料 Li_2MnO_3·$LiMO_2$（M 通常为 Ni、Co、Mn，或 Ni、Co、Mn 的二元或三元层状材料）。相对于 $LiMn_2O_4$ 或纯层状 $LiMnO_2$ 正极材料，此类材料的 Li/M 摩尔比更高，一般被称为层状富锂锰基化合物。研究者先后研究了 Li_2MnO_3·$LiCoO_2$、Li_2MnO_3·$LiNi_{1-x}Co_xO_2$、xLi_2MnO_3·$(1-x)LiNi_{0.5}Mn_{0.5}O_2$、$xLi_2MnO_3$·$(1-x)LiNi_{1/3}Co_{1/3}Mn_{1/3}O_2$ 等不同体系。

Li_2MnO_3·$LiMO_2$ 的结构，包含 $LiMO_2$ 与 Li_2MnO_3 两种构成。其中 $LiMO_2$ 层状正极材料，属于 $R3m$ 空间群。Li_2MnO_3 晶体结构类似于 $LiMO_2$，不同的是其过渡金属层中含有 Li，Li、Mn 按原子比 1:2 占据 M 层，其中每个 Li 被六个 Mn 环绕，形成如图 2-5 所示结构，对应着 XRD 图谱上 20° 衍射角附近的特征峰。

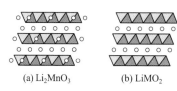

(a) Li_2MnO_3　　　(b) $LiMO_2$

图 2-5　Li_2MnO_3 和 $LiMO_2$ 结构图

▧ MO_6 八面体；○ Li

所以，Li_2MnO_3 也可以写成 $Li[Li_{1/3}Mn_{2/3}]O_2$ 的形式。但由于结构的对称性降低，过渡金属层中 Li^+ 与 Mn^{4+} 形成的超结构使得 Li_2MnO_3 的点阵对称性降低，由 $R3m$ 空间群转变成单斜晶系 $C2/m$ 空间群，$a=0.4937nm$，$b=0.8532nm$，$c=0.5030m$，$\beta=109.46°$。

由于 Li_2MnO_3 与 $LiMO_2$ 以立方密堆积形式形成主体晶格，具有相同的氧离子排布，层间距为 0.47nm，所以通过高分辨透射电镜不能区分出两种单独相的存在。

关于富锂锰基材料是否为 Li_2MnO_3 和 $LiMO_2$ 的固溶体，目前人们还没有统一认识。XRD 分析发现晶格参数与成分间存在线性关系，固溶体特征显著；而 HRTEM 直接观察发现材料是由 Li_2MnO_3 和 $LiMO_2$ 的纳米畴相间排列形成的。综合分析发现，富锂锰基材料过渡金属层内锂和过渡金属元素的分布在统计上是均匀的，形成一种微米尺度上的均匀固溶体；但从纳米尺度上看来却是 Li_2MnO_3 和 $LiMO_2$ 的两相混合物，如图 2-6 所示[2]。

（2）电化学性能 $Li[Li_{1/9}Ni_{1/3}Mn_{5/9}]O_2$ 首次充电至 4.5V 会出现一个独特的

充电平台。在第二次充电时 4.5V 平台消失，表明 4.5V 充电平台是不可逆平台，充放电曲线如图 2-7 所示。

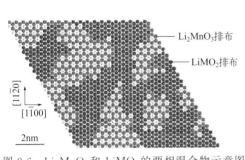

图 2-6 Li_2MnO_3 和 $LiMO_2$ 的两相混合物示意图

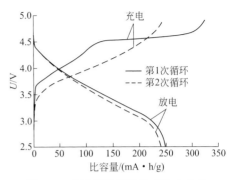

图 2-7 典型富锂材料的充放电曲线

富锂锰基材料的充电过程中，首次充电电压小于 4.5V 时对应层状材料 $LiMO_2$ 的充电过程，而大于 4.5V 充电的平台预示一种新的充放电机制，对应 Li_2MnO_3 的充电过程。关于 $LiMO_2$ 的充电机理在前面有论述，下面主要讨论 Li_2MnO_3 的充电机理。Li_2MnO_3 的充电机理主要有：氧脱出、质子交换以及二者混合机理。

氧脱出机理认为，充电至 4.5V 以上后，Li_2MnO_3 中 Li^+ 脱出晶格，同时 O^{2-} 离开主体晶格脱出并被氧化，等效于脱出 Li_2O，并留下氧空位。包括电化学过程及化学过程两个步骤：电化学过程为 Li_2MnO_3 脱出 Li^+，同时失去电子，生成中间态 $Mn^{4+}O_3^{4-}$，见反应式(2-3)；化学过程为不稳定的 $Mn^{4+}O_3^{4-}$ 随后脱出氧气，见反应式(2-4)。

$$Li_2MnO_3 == 2Li^+ + Mn^{4+}O_3^{4-} + 2e^- \qquad (2-3)$$

$$2Mn^{4+}O_3^{4-} == 2MnO_2 + O_2 \qquad (2-4)$$

质子交换机理认为 Li_2MnO_3 与电解液分解出的 H^+ 发生置换反应。一种观点认为 Li_2MnO_3 中氧离子没有脱出晶格，见反应式(2-5)；另一种观点认为 Li_2MnO_3 与 H^+ 发生置换的同时伴随有氧离子离开晶格，见反应式 (2-6)：

$$Li_2MnO_3 + xH^+ == Li_{2-x}H_xMnO_3 + xLi^+ \qquad (2-5)$$

$$Li_2MnO_3 + 2yH^+ == Li_{2(1-y)}MnO_{3-y} + 2yLi^+ + yH_2O \qquad (2-6)$$

事实上，人们倾向于两种机理结合的混合机理。混合机理认为，低温和充电初期主要是氧脱出机理，高温和充电中后期主要是质子交换机理。

富锂锰基材料的放电过程中，第一次放电及以后充放电循环时，Li^+ 在层状结构间脱嵌，在 Li_2MnO_3-$LiMO_2$-MO_2 相图 [图 2-8(a)] 中沿 3→4 发生反应：

$$xMnO_2 \cdot (1-x)MO_2 + Li \rightleftharpoons xLiMnO_2 \cdot (1-x)LiMO_2 \qquad (2-7)$$

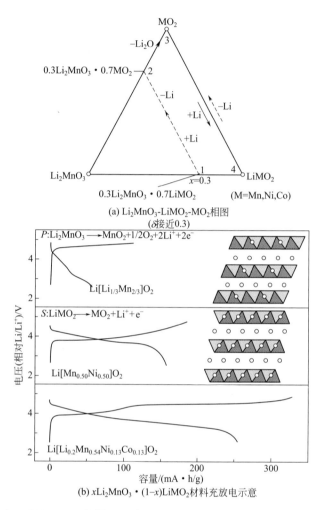

图 2-8　Li_2MnO_3-$LiMO_2$-MO_2 相图（a）和 xLi_2MnO_3·（$1-x$）$LiMO_2$ 材料充放电示意（b）

所以 xLi_2MnO_3·（$1-x$）$LiMO_2$ 复合材料中，首次充放电与随后充放电有不同的曲线形状，如图 2-8(b) 所示。从上面分析可以看出 Li_2MnO_3 要在 4.5V 以上才能活化参与脱嵌锂反应，所以该材料的充电截止电压要大于 4.5V，文献一般取 4.8V。由于 Li_2MnO_3 放电后的四价锰要在 3V 以下的低电压参与反应，所以放电截止电压要低于 3V，文献一般取 2V。

富锂正极材料能够在更宽的电压范围内，获得更高的比容量，实际比容量可高达 220mA·h/g。由于在第一次充电脱出 Li_2O 的两个 Li^+，其中一个 Li^+ 在放电过程中回到正极，另一个不能回来的 Li^+ 可用于补偿负极的不可逆容量，这使得不可逆容量大的 Si 基和 Sn 基负极材料的利用成为可能，同时也导致富锂锰基材料不可逆容量显著变大。

2.1.5 尖晶石型锰酸锂

（1）组成结构 尖晶石型锰酸锂（$LiMn_2O_4$）属于对称性立方晶系，空间群为 $Fd\bar{3}m$，晶胞参数为 $0.8246nm$。在 $LiMn_2O_4$ 体系中，单位晶格有 32 个氧原子，氧离子保持面心立方密堆积，锂离子占据 64 个氧四面体中的 8 个四面体 8a 位置，形成近似金刚石的结构，Mn 原子重排进入 32 个氧八面体空隙的 16 个八面体的 16d 位置，剩余的 16 个八面体 16c 的空位形成立方晶格常数一半的相似的三维（3D）结构八面体。尖晶石型 $LiMn_2O_4$ 中的四面体 8a、48f 和八面体晶格 16c 共面而构成互通的三维离子通道，有利于 Li^+ 的嵌入和脱出，锂离子沿 8a—16c—8a 路径直线扩散，8a—16c—8a 夹角约为 $108°$，见图 2-9。事实上，$LiMn_2O_4$ 的锂离子迁移速率和电导率都较低，分别为 $10^{-11} \sim 10^{-9}\,cm^2/s$ 和 $10^{-6}\,S/cm$，导致倍率性能较差。

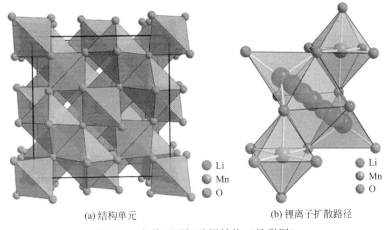

(a) 结构单元   (b) 锂离子扩散路径

图 2-9 尖晶石型锰酸锂结构（见彩图）

（2）电化学性能 $LiMn_2O_4$ 中包含的 3 价和 4 价的 Mn 各占 50%，锰酸锂的电化学反应可用下式表示：

$$LiMn_2O_4 \Longleftrightarrow Li_{1-x}Mn_2O_4 + xLi^+ + xe^- \tag{2-8}$$

充电脱锂时，Li^+ 从 8a 脱出，$n(Mn^{3+})/n(Mn^{4+})$ 比变小，当 Mn^{3+} 全部变为 Mn^{4+} 时，形成 $[Mn_2]_{16d}O_4$ 稳定的尖晶石骨架，发生的反应可用下式表示：

$$[Li^+]_{8a}[Mn^{3+}Mn^{4+}]_{16d}[4O^{2-}]_{32e} \longrightarrow [\ ]_{8a}[2Mn^{4+}]_{16d}[4O^{2-}]_{32e} + Li^+ + e^- \tag{2-9}$$

$LiMn_2O_4$ 完全充电脱锂形成 $\lambda\text{-}MnO_2$，可能在化学计量不变的情况下发生相变，经 $\varepsilon\text{-}MnO_2$ 转变成没有活性的 $\beta\text{-}MnO_2$，导致容量衰减。

放电嵌锂时，Li^+ 嵌入 $[Mn_2]O_4$ 基体中，优先嵌入 8a 位置，伴随部分 Mn^{4+}

还原为 Mn^{3+}，但尖晶石的骨架保持不变。尖晶石结构锰酸锂的放电曲线见图 2-10。嵌锂过程分两步进行：

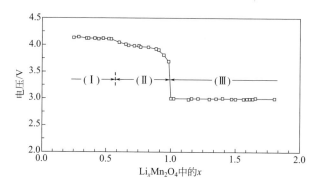

图 2-10　尖晶石结构锰酸锂（$LiMn_2O_4$）的放电曲线

① 当 $x \leqslant 0.5$ 时，锂离子先均匀占据每个晶胞一半的 8a 位置，此时对应开路电压为 4.14V。$x = 0.5$ 附近电压有一个稍微的下降，对应于锂离子在一半的四面体 8a 位置即将嵌满。也有文献认为放电嵌锂的初期（$x < 0.5$）有两相共存，在 $x = 0.2$ 时存在一个新立方相。

② 当 $0.5 < x \leqslant 1$ 时，锂离子嵌入另一半 8a 位置，此时对应开路电压为 4.03V（相对 Li^+/Li）。8a 位置占满时，对应的 Mn^{4+} 有一半转变为 Mn^{3+}。

当过放电时，$x > 1$，锂离子进一步嵌入 16c 位置，这时嵌锂电压由 4V 变为 3V。发生的反应可用下式表示：

$$[Li]_{8a}[Mn^{3+}Mn^{4+}]_{16d}[4O^{2-}]_{32e} + Li^+ + e^- \longrightarrow$$
$$[Li]_{8a}[Li^+]_{16c}[2Mn^{3+}]_{16d}[4O^{2-}]_{32e} \qquad (2\text{-}10)$$

根据经典的晶体场理论，Mn-O 配位八面体的形状取决于 Mn 中心离子的化合价，当有更多的 Mn 化合价变为 +3 时，Mn-O 配位八面体的形状由立方晶系堆积的氧点阵变为了四方晶系的氧点阵，使得沿 c 轴方向的 Mn—O 键长变长，而沿 a 轴和 b 轴则变短，晶胞单元的体积增加了 6.5%，发生 Jahn-Teller 效应，如图 2-11 所示。Jahn-Teller 效应会导致尖晶石晶格的变化甚至破坏，从而破坏锂离子的三维离子迁移通道，使锂离子的脱出和嵌入难以可逆进行，表现为 $LiMn_2O_4$ 正极材料容量的衰减。

另外，$LiMn_2O_4$ 在充放电过程中，Mn 容易发生溶解。这是由于电解液中残留的微量水与含氟磷酸盐（$LiPF_6$）反应生成 HF，导致 $LiMn_2O_4$ 中 Mn^{3+} 发生歧化反应生成 Mn^{4+} 和 Mn^{2+}，其中 Mn^{4+} 则形成 MnO_2 留在材料中，Mn^{2+} 进入电解液。

$$LiPF_6 + H_2O \Longrightarrow LiF + OPF_3 + 2HF \qquad (2\text{-}11)$$
$$2LiMn_2O_4 + 4H^+ \Longrightarrow 2Li^+ + 3\lambda\text{-}MnO_2 + Mn^{2+} + 2H_2O \qquad (2\text{-}12)$$

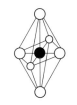

(a) 无Jahn-Teller效应　　(b) 发生Jahn-Teller效应

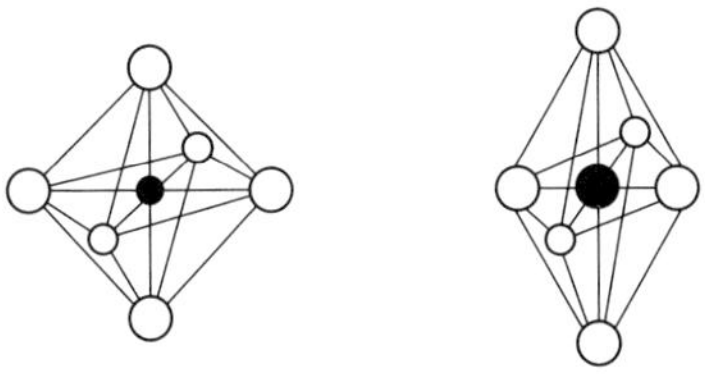

图 2-11　Jahn-Teller 效应示意图

进入电解液的 Mn^{2+} 还可以进一步反应生成 MnO 并沉积在负极上。从上述方程式上还可以看出，Mn^{3+} 的歧化反应过程会生成 H_2O，而 H_2O 又会进一步促使 HF 的产生，这便构成了一个恶性循环。这是一个自催化的反应，而且温度的升高会加剧这一反应。因此尖晶石 $LiMn_2O_4$ 在高温下容量会快速衰减。

尖晶石结构锰酸锂（$LiMn_2O_4$）优点是电压高、抗过充性能好、安全性能好、容易制备，同时 Mn 资源丰富、价格便宜、无毒无污染；缺点是比容量低且可提升空间小，在正常的充放电使用过程中 Mn 会在电解质中缓慢溶解，深度充放电和高温条件下晶格畸变较为严重，导致循环性能变差。目前 $LiMn_2O_4$ 主要用于动力锂离子电池。

2.1.6　磷酸铁锂

（1）组成结构　磷酸铁锂（$LiFePO_4$）是橄榄石结构的正极材料，属于正交晶系（$a \neq b \neq c$，$\alpha = \beta = \gamma = 90°$），空间群为 $Pnmb$。$LiFePO_4$ 的晶体结构中 O 原子以稍微扭曲六面紧密结构的形式堆积，Fe 原子和 Li 原子均占据八面体中心位置，形成 FeO_6 八面体和 LiO_6 八面体，P 原子占据四面体中心位置，形成 PO_4 四面体，具体见图 2-12。$LiFePO_4$ 的晶胞参数：$a = 1.0329nm$，$b = 0.6011nm$，$c = 0.4690nm$。沿 a 轴方向，交替排列的 FeO_6 八面体、LiO_6 八面体和 PO_4 四面体形成了一个层状结构。在 bc 面上，每一个 FeO_6 八面体与周围 4 个 FeO_6 八面体通过公共顶点连接起来，形成锯齿形的平面层。这个过渡金属层能够传输电子，但由于没有连续的 FeO_6 共边八面体网络，因此不能连续形成电子导电通道。各 FeO_6 八面体形成的平行平面之间，由 PO_4 四面体连接起来，每一个 PO_4 与一个 FeO_6 层有一个公共点，与另一 FeO_6 层有一个公共边和一个公共点，PO_4 四面体之间彼此没有任何连接。晶体由 FeO_6 八面体和 PO_4 四面体构成空间骨架。在 $LiFePO_4$ 结构中，由于存在较强的三维立体的 P—O—Fe 键，不易析氧，故结构稳定。

由于八面体之间的 PO_4 四面体限制了晶格体积的变化，在锂离子所在的 ac 平面上，PO_4 四面体限制了 Li^+ 的移动。第一性原理计算研究发现，锂离子沿 b 方向的迁移速率要比其他可能的方向快至少 11 个数量级，说明在 $LiFePO_4$、

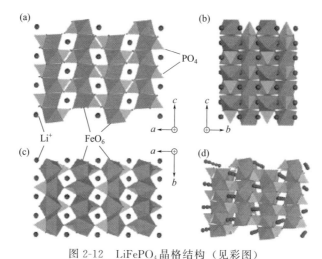

图 2-12　LiFePO$_4$晶格结构 （见彩图）

（a）正视图；（b）侧视图；（c）俯视图；（d）三维透视图

Li$_{0.5}$FePO$_4$、FePO$_4$晶格中均为一维扩散，造成 LiFePO$_4$材料电子电导率和离子扩散速率低。Yamada 等运用中子衍射进一步证实了其在 FePO$_4$ 的一维扩散路径，见图 2-13。

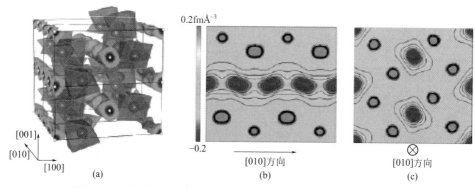

图 2-13　利用中子衍射图像得到的锂离子分布密度图像 （见彩图）

（2）电化学性能　LiFePO$_4$中的 Fe 为+2 价，在充电过程中，Fe 由+2 价变为+3 价，而在放电过程中，Fe 由+3 价变为+2 价，发生的电化学反应可用下式表示：

$$LiFePO_4 \longrightarrow Li_{1-x}FePO_4 + xLi^+ + xe^- \quad (0 \leqslant x < 1) \quad (2\text{-}13)$$

LiFePO$_4$充放电曲线见图 2-14，由图可见在充放电曲线上均存在一个非常平坦的电位平台。按照电化学计算 LiFePO$_4$的理论比容量为 170mA·h/g，电压为 3.4V （相对 Li$^+$/Li）。

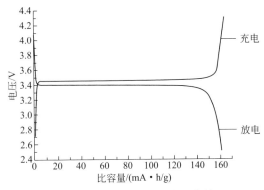

图 2-14　LiFePO₄ 的充放电曲线

在 LiFePO₄ 充放电过程中，XRD 和 Mössbaur 谱研究发现，充放电过程中 FePO₄ 和 LiFePO₄ 两相的存在，在充放电曲线中均存在一个平坦的电位平台与之相对应，也表明 Li⁺ 的脱/嵌可能只伴随着一个相变过程。LiFePO₄ 以相变形式表示的充放电反应过程可用下式表示：

充电　$LiFePO_4 \longrightarrow xFePO_4 + (1-x)LiFePO_4 + xLi^+ + xe^-$　　　　(2-14)

放电　$FePO_4 + xLi^+ + xe^- \longrightarrow xLiFePO_4 + (1-x)FePO_4$　　　　(2-15)

针对 LiFePO₄ 颗粒中 Li⁺ 的嵌入和脱出过程，人们最早提出了"核收缩"模型[1]，见图 2-15。该模型认为，在充电过程中，随着锂离子的迁出，LiFePO₄ 不断转化成 FePO₄，并形成 FePO₄/LiFePO₄ 界面，充电过程相当于这个界面向颗粒中心的移动过程。界面不断缩小，直至锂离子的迁出量不足以维持设定电流最小值时，充电结束。此时颗粒中心锂离子尚未来得及迁出的 LiFePO₄ 就变成了不可逆容量损失的来源。反之，放电过程就是从颗粒中心开始的，FePO₄ 转化为 LiFePO₄ 的过程。FePO₄/LiFePO₄ 界面不断向颗粒表面移动，直至 FePO₄ 全部转化为 LiFePO₄，放电结束。无论是 LiFePO₄ 的充电还是放电过程，锂离子都要经历一个由外到内或者是由内到外通过相界面的扩散过程。其中锂离子穿过 FePO₄/LiFePO₄ 几个纳米厚的相界面的过程，是 Li⁺ 扩散的控制步骤。此后，人们还提出了辐射（radial）模型和马赛克（mosaic）模型等，加深了 LiFePO₄ 嵌锂机理的认识。

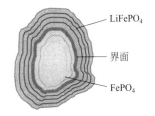

图 2-15　Li⁺ 脱/嵌过程中
FePO₄/LiFePO₄ 界面运动示意图

电池的充放电过程中，电池材料在斜方晶系的 LiFePO₄ 和六方晶系的 FePO₄ 两相之间转变。由于 LiFePO₄ 和 FePO₄ 在 200℃以下以固熔体形式共存，在充放电过程中没有明显的两相转折点，因此，磷酸铁锂电池的充放电电压平台长且平稳。另外，在充电过程完成后，正极 FePO₄ 的体

积相对 $LiFePO_4$ 仅减少 6.81%，再加上 $LiFePO_4$ 和 $FePO_4$ 在低于 $400℃$ 时几乎不发生结构变化，具有良好的热稳定性，在室温到 $85℃$ 范围内，与有机电解质溶液的反应活性很低。因此，磷酸铁锂电池在充放电过程中表现出了良好的循环稳定性，具有较长的循环寿命。

磷酸铁锂（$LiFePO_4$）具有橄榄石型晶体结构，稳定性、循环性能和安全性能优异，原料易得、价格便宜和无毒无污染等优点。其缺点是比容量低、电压低、充填密度低，大电流性能不好、低温性能差，由于不能在空气中合成，产品一致性较差。目前磷酸铁锂主要用于大型动力锂离子电池。

2.2
锂离子电池负极材料

2.2.1 负极材料简介

在锂离子电池充放电过程中，锂离子反复地在负极材料中嵌入和脱出，发生电化学氧化/还原反应。为了保证良好的电化学性能，对负极材料一般具有如下要求：

① 锂离子嵌入和脱出时电压较低，使电池具有高工作电压；

② 质量比容量和体积比容量较高，使电池具有高能量密度；

③ 主体结构稳定，表面形成固体电解质界面（SEI）膜稳定，使电池具有良好循环性能；

④ 表面积小，不可逆损失小，使电池具有高充放电效率；

⑤ 具有良好的离子和电子导电能力，有利于减小极化，使电池具有大功率特性和容量；

⑥ 安全性能好，使电池具有良好安全性能；

⑦ 浆料制备容易、压实密度高、反弹小，具有良好加工性能；

⑧ 具有价格低廉和环境友好等特点。

人们研究过的锂离子电池负极材料种类繁多，能够满足上述要求且实现商业化的负极材料主要有石墨、硬炭和软炭等碳材料，钛酸锂，硅基和锡基材料。表 2-2为已经商业化应用的负极材料的主要性能参数。

表 2-2　典型负极材料的理化性能和电化学性能

负极材料种类	理化性能					电化学性能	
	真密度 /(g/cm³)	振实密度 /(g/cm³)	压实密度 /(g/cm³)	比表面积 /(m²/g)	粒度 d_{50} /(μm)	实际比容量 /(mA·h/g)	首次库仑效率 /%
天然石墨	2.25	0.95~1.08	1.5~1.9	1.5~2.7	15~19	350~363.4	92.4~95
人造石墨	2.24~2.25	0.8~1.0	1.5~1.8	0.9~1.9	14.5~20.9	345~358	91.2~95.5
中间相炭微球	—	1.1~1.4	—	0.5~2.6	10~20	300~354	>92
软炭	1.9~2.3	0.8~1.0	—	2~3	7.5~14	230~410	81~89
硬炭	—	0.65~0.85		—	8~12	235~410	83~86
钛酸锂	3.546	0.65~0.7		6~16	0.7~12	150~155	88~91
硅碳复合材料	—	0.8~1.0	1.4~1.8	1.0~4.0	13~19	400~650	89~94

2.2.2　石墨材料

（1）组成结构　石墨是由碳原子组成的六角网状平面规则平行堆砌而成的层状结构晶体，属于六方晶系，$P63/mc$ 空间群。在每一层石墨平面内的碳原子排成六边形，每个碳原子以 sp^2 杂化轨道与三个相邻的碳原子以共价键结合，碳碳键键长为 0.1421nm，p 轨道上电子形成离域 π 键，使得石墨层内具有良好的导电性。相邻层内的碳原子并非以上下对齐方式堆积，而是有六方形结构和菱形结构两种结构。六方形结构为 ABABAB…堆积模型，菱形结构为 ABCABCABC…堆积模型，如图 2-16 所示。理论层间距为 0.3354nm，晶胞参数：$a_0 = 0.246$nm，$c_0 = 0.670$nm。

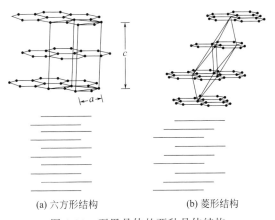

(a) 六方形结构　　　　(b) 菱形结构

图 2-16　石墨晶体的两种晶体结构

石墨晶体材料表面结构分为端面和基面，基面为共轭大平面结构，而端面为大平面的边缘。端面与基面的表面积之比变化很大，与碳材料的品种和制备方法有关。端面又分为椅形表面和齿形表面，如图 2-17(a) 所示。其中石墨晶粒直径 L_a 与拉曼光谱 I_{1360}/I_{1580} 有关，L_a 越大，端面越少。碳层之间可能存在封闭结构 [图 2-17(b)]，类似碳纳米管。石墨表面和层间缺陷都有可能存在部分官能团 [图 2-17(c)]。

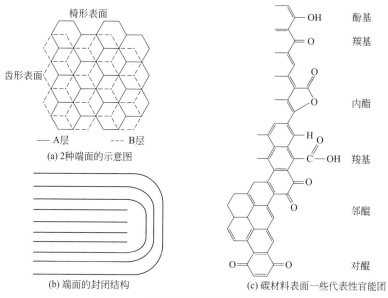

(a) 2种端面的示意图

(b) 端面的封闭结构

(c) 碳材料表面一些代表性官能团

图 2-17　碳材料结构中的端面及官能团

石墨材料的种类很多，有球形天然石墨、破碎状人造石墨和石墨化中间相炭微球（MCMB）三大类，它们的表面形貌见图 2-18。

(a) 球形天然石墨　　　　　　(b) 破碎状人造石墨　　　　　　(c) 石墨化中间相炭微球

图 2-18　石墨材料形貌图

（2）电化学性能　石墨的充放电过程是锂嵌入石墨形成石墨嵌入化合物和从石墨层中脱出的过程。石墨的嵌/脱锂化学反应如下式：

$$x\mathrm{Li}^+ + 6\mathrm{C} + x\mathrm{e}^- \rightleftharpoons \mathrm{Li}_x\mathrm{C}_6 \qquad (2\text{-}16)$$

石墨嵌入化合物具有阶现象，阶数等于周期性嵌入的两个相邻嵌入层之间石墨层的层数，如 1 阶 LiC_6、2 阶 LiC_{12}、3 阶 LiC_{24} 和 4 阶 LiC_{36} 等化合物。在石墨的充电过程中，充电电压逐渐降低，形成充电电压阶梯平台，对应高阶化合物向低阶化合物转变。石墨充电电压阶梯平台与两个相邻阶嵌入化合物的过渡存在对应关系，低含量的锂随机分布在整个石墨晶格里，以稀释 1 阶形式存在，稀释 1 阶向 4 阶转变的过渡电压为 0.20V，4 阶向 3 阶转变的过渡电压为连续的，3 阶向稀释 2 阶（2L 阶）转变的过渡电压为 0.14V，2L 阶向 2 阶转变的过渡电压为 0.12V，2 阶向 1 阶转变的过渡电压为 0.09V。嵌满锂时形成的是 1 阶化合物 LiC_6，比容量为 $372mA \cdot h/g$，这是石墨在常温常压下的理论最大值，见图 2-19。有研究者在高温高压制备了 $x > 1$ 石墨嵌入化合物（Li_xC_6），表明在高压下，锂离子电池可以具有更高的容量。

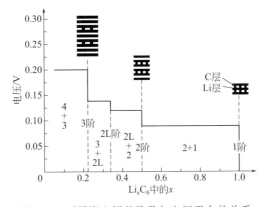

图 2-19　石墨嵌入锂的阶数与电压平台的关系

石墨负极材料在首次充电过程中，在 0.8V 左右出现了一个充电平台，这一平台在第二次放电时消失，是个不可逆平台，见图 2-20。它与石墨嵌入化合物的充电平台无关，而是 SEI 膜形成的平台。所谓的 SEI（solid electrolyte interphase）膜就是离子可导、电子不可导的固体电解质界面膜。

在首次充电时，石墨碳层的端面和基面呈现裸露状态，电化学电位很低，具有极强的还原性。现在人们普遍认为没有一种电解液能抵抗锂及高嵌锂炭的低电化学电位。因此，在石墨负极材料首次充电的初期，电解质和溶剂在石墨表面发生还原反应，生成的产物有固体产物 Li_2CO_3、LiF、LiOH 以及有机锂化合物。这些固体化合物沉积于碳材料的表面，可以传导离子，且可以阻止电子的传导，从而阻止了电解液的继续分解，使得锂离子电池的不可逆反应大幅度降低，从而具有稳定的循环能力。也就是说，只有生成离子可导电子不可导的 SEI 膜才使炭具有稳定可逆嵌/脱锂的能力。

不可逆反应除了电解液的分解、SEI 膜损失以外，还有其他损失，如石墨表

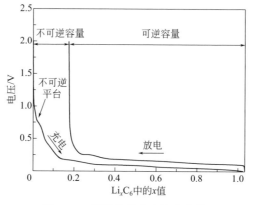

图 2-20　石墨的首次充放电曲线

面吸附的水和 O_2 的不可逆还原、石墨表面官能团的分解。研究发现石墨负极材料的比表面积、表面官能团数量和基面与端面之比都与不可逆容量之间有关，石墨端面的锂离子共嵌入与自放电对不可逆容量贡献比外表面更多。通常比表面积越大，表面官能团越多，不可逆容量越大，电池的首次库仑效率越低。

　　石墨负极材料的理论比容量为 $372mA \cdot h/g$，它所制备的锂离子电池具有工作电压高且平稳、首次充放电效率和循环性能好等特点，是目前工业上用量最大的负极材料。但石墨负极材料与 PC 基电解液的相容性差，通常碳包覆改性后可以提高石墨的结构稳定性和电化学性能。

2.2.3　无定形炭

　　（1）组成结构　无定形炭通常是指呈现石墨微晶结构的碳材料，包括软炭和硬炭两种（图 2-21）。软炭的微晶排列规则，多以平行堆砌为主，经过 2000℃ 以上高温处理后容易转化为层状结构，也称为易石墨化炭。石油焦和沥青炭均属于软炭。硬炭的微晶排列不规则，微晶之间存在较强交联，即使经过高温处理也难以获得晶体石墨材料，也称为不可石墨化炭。制备硬炭的原料主要有酚醛树脂、环氧树脂、聚糠醇、聚乙烯醇等，以及葡萄糖和蔗糖等小分子有机物。硬炭和软炭材料主要用于动力锂离子电池。

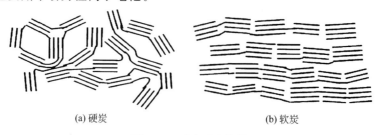

(a) 硬炭　　　　　　　　　　　　　(b) 软炭

图 2-21　无定形炭结构

（2）电化学性能 无定形炭的可逆储锂研究很多，主要有 Li_2 分子机理、多层锂机理、晶格点阵机理、弹性球-弹性网络模型、层-边缘-表面机理、纳米级石墨储锂机理、碳-锂-氢机理、单层墨片机理、微孔储锂机理，下面综合上述机理进行讨论。

无定形炭主要由石墨微晶和无定形区域构成。无定形区域由微孔、 sp^3 杂化碳原子、碳链以及官能团等构成，它们在微晶的小石墨片边缘，成为大分子的一部分。对于软炭有四种储锂位置，分为三种形式，如图 2-22 所示[3]。

Ⅰ型为单层碳层表面和微晶基面表面的储锂位置，锂离子发生部分电荷转移，对应充电电压为 0.25～2V。

Ⅱ型为类似石墨层间储锂位置，锂离子嵌入大层间距的六角簇中，对应充电电压为 0～0.25V。

Ⅲ型为两个边缘六角簇间隙储锂位置，锂离子嵌入电压接近 0～0.1V，脱出电压约为 0.8～2V，表现出很大滞后。

Ⅲ*型为六角平面被杂原子演变而来的缺陷储锂位置，类似于Ⅲ型。

软炭负极材料中，碳平面很小，边缘和层间缺陷很多，Ⅲ和Ⅲ*型储锂位置居多，Ⅱ型较少；同时软炭孔隙少，表面积小，Ⅰ型也较少。因此软炭材料表现出较大的电压滞后。

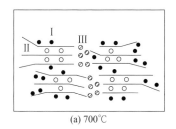
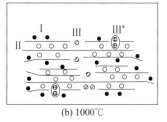

(a) 700℃　　　　　　　　　　(b) 1000℃

图 2-22　不同温度制备无定形炭的储锂位置示意图

硬炭负极材料中，储锂位置除了类似软炭的Ⅰ、Ⅱ、Ⅲ型外，还具有Ⅳ型和Ⅴ型。Ⅴ型为平面原子缺陷，杂原子孔，类似Ⅲ*型；Ⅳ型为六角平面夹缝孔，对应充放电电压 0～0.13V。硬炭中微晶层片边缘多交联，Ⅲ型储锂有所减少，滞后变小；多数空隙较大，Ⅰ型减少；同样层间储锂Ⅱ型不多，而Ⅳ型大幅度增加，因此出现电压平台。Ⅰ型和Ⅳ型区别在于空隙大小，Ⅰ型空隙小时，相当于Ⅱ型，变大时为Ⅳ型储锂。

采用有机前驱体热解制备无定形炭负极材料的电化学性能如图 2-23（a）所示。由图可知，有三个区域中的炭具有高可逆储锂能力，分别为区域 1、区域 2 和区域 3。区域 1 是在 2400～2800℃ 处理所得的石墨材料，典型比容量为 355mA·h/g，其充放电曲线如图 2-23（b）的区域 1 所示，电压低且无滞后，具有明显阶梯式平台，最低充电电压相对于锂为 90mV。区域 2 是以 550℃ 处理的石油沥青软炭，比容量最大为 900mA·h/g，元素组成为 $H_{0.4}C$，充放电曲线如图 2-23(b) 的区域 2，电压呈连续变化，存在明显电压滞后，大量电量是在接近 0V 时充入的，在 1V 附近放出。区域 3 为某些 1000℃ 左右处理的硬炭，以甲阶可溶酚醛树脂的比容量最大，为 560mA·h/g，充放电曲线几乎无滞后。

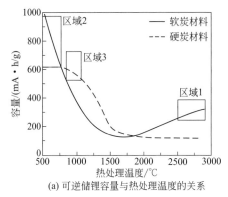 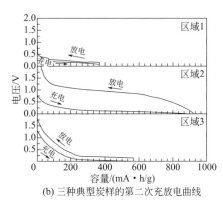

(a) 可逆储锂容量与热处理温度的关系　　(b) 三种典型炭样的第二次充放电曲线

图 2-23　无定形炭负极材料的电化学性能

2.2.4　钛氧化物材料

（1）晶体结构　钛氧化物 $Li_4Ti_5O_{12}$ 可以看成反尖晶石结构，属于 $Fd3m$ 空间群，FCC 面心立方结构。在 $Li_4Ti_5O_{12}$ 晶胞中，32 个 O^{2-} 按立方密堆积排列，占总数 3/4 的锂离子 Li^+ 被 4 个氧离子近邻作正四面体配体嵌入间隙，其余的锂离子和所有钛离子 Ti^{4+}（原子数目 1:5）被 6 个氧离子近邻作正八面体配体嵌入间隙，Ti^{4+} 离子占据 16d 的位置，结构又可表示为 $Li[Li_{1/3}Ti_{5/3}]O_4$，如图 2-24 所示。$Li_4Ti_5O_{12}$ 为白色晶体，晶胞参数 a 为 0.836nm，电子电导率为 $10^{-9}S/m$。

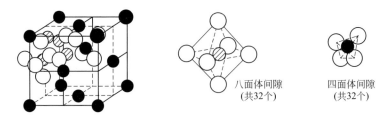

八面体间隙　　四面体间隙
（共32个）　　（共32个）

图 2-24　$Li[Li_{1/3}Ti_{5/3}]O_4$ 晶体结构

● 四面体间隙中的阳离子；▨ 八面体中的阳离子；◯ O^{2-}

（2）电化学性能　在充放电时，Li^+ 在 $Li_4Ti_5O_{12}$ 电极材料中发生嵌入/脱出时，电化学反应如下：

$$Li[Li_{1/3}Ti_{5/3}]O_4 + xLi^+ + xe^- \rightleftharpoons Li_{1+x}[Li_{1/3}Ti_{5/3}]O_4 \qquad (2\text{-}17)$$

在充电时 Li^+ 嵌入 $Li_{4/3}Ti_{5/3}O_4$ 晶格时，Li^+ 首先占据 16c 位置，同时 $Li_{4/3}Ti_{5/3}O_4$ 晶格中原来位于 8a 的 Li^+ 也开始迁移到 16c 位置，最后所有的 16c 位置都被 Li^+ 所占据，充放电曲线如图 2-25 所示。

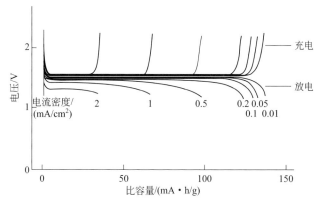

图 2-25　$Li^+/Li_{4/3}Ti_{5/3}O_4$ 电池不同电流密度下的典型充放电曲线

$Li_4Ti_5O_{12}$ 可逆容量的大小主要取决于可以容纳 Li^+ 的八面体空隙数量，1mol 的 $Li[Li_{1/3}Ti_{5/3}]O_4$ 最多可以嵌入 1mol 锂，理论比容量为 175mA·h/g，实际比容量为 150~160mA·h/g。在充电过程中，$Li_4Ti_5O_{12}$ 逐渐转变为 $Li_7Ti_5O_{12}$ 结构，晶胞体积变化仅 0.3%，因此 $Li_4Ti_5O_{12}$ 被认为是一种"零应变"材料，具有优异的循环性能。同时 $Li_4Ti_5O_{12}$ 不与电解液反应，具有较高的锂离子扩散系数（$2\times10^{-8}cm^2/s$），可高倍率充放电。但是 $Li_4Ti_5O_{12}$ 制备的锂离子电池的电压较低，能量密度较小，并且存在胀气问题，阻碍了钛酸锂在动力锂离子电池中的应用。

2.2.5　SiO_x/C 复合材料

Si 具有理论容量高（4200mA·h/g）、脱锂电压低（0.37V，相对 Li/Li^+）的优点，是一种非常有发展潜力的锂离子电池负极材料。但单质 Si 不能直接作为锂离子电池负极材料使用。Si 在充放电过程中体积变化高达 310%，易引起电极开裂和活性物质脱落。此外，Si 的电导率低，仅为 $6.7\times10^{-4}S/cm$，导致电极反应动力学过程较慢，限制其比容量的发挥，倍率性能较差。人们通过对 Si 基材料进行纳米化、与（活性/非活性）第二相复合、形貌结构多孔化、使用新型黏结剂、电压控制等多种手段来提高其电化学性能，这些方法在一定程度上均对提升 Si 基材料性能有一定效果。其中 SiO_x/C 复合材料的电化学性能有了明显提高，已经达到了商业化水平。

（1）SiO_x 组成结构　SiO_x 具有无定形结构，x 通常介于 0~2 之间（$0<x<$

2)[4]。结构模型早期主要有随机键合（random-bonding，RB）模型、随机混合（random-mixture，RM）模型[5]和界面团簇混合（interface clusters mixture，ICM）模型[6]。RB模型认为SiO_x是一种单相材料，SiO_x中的Si—Si键及Si—O键随机分布并贯穿整个结构网络，Si周围可随机同时与Si和O原子键合。RM模型认为SiO_x是一种双相材料，SiO_x由粒径极小（<1nm）的无定形Si和SiO_2组成，SiO_x中的Si原子周围只能同时与四个Si原子键合（即Si相）或四个O原子键合（即SiO_2相）。ICM模型介于上述两种模型之间，结构如图2-26所示。该模型认为SiO是由Si团簇、SiO_2团簇及环绕二者之间的亚氧化界面区域构成；

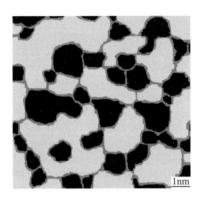

图2-26　SiO_x材料界面团簇
混合模型结构示意图
（黑色区域代表Si团簇，
浅灰色区域代表SiO_2团簇）

亚氧化界面的结构与普通的超薄Si/SiO_2界面层相当，但SiO_x中Si及SiO_2团簇尺寸极小（<2nm），该界面区域相对体积较大，不能忽视。Schulmeister等通过透射电子显微镜（TEM）的综合分析测试技术［电子散射、电子能量损失谱（EELS）及电子成像光谱（ESI）］也验证了上述观点，并指出该亚氧化界面区域占整体体积的比例介于20%～25%之间。利用ICM结构模型对SiO电化学机理进行解析的结果也更符合SiO实际的电化学性能。

（2）电化学性能　SiO_x/C复合材料的电化学性能与SiO_x的氧含量x密切相关。SiO_x的比容量通常随着x的升高而逐渐下降，而循环性能却有所改善。目前研究最为广泛的工业SiO的首次嵌锂比容量为2400～2700mA·h/g，脱锂比容量为1300～1500mA·h/g，首次库仑效率为50%左右。典型的SiO的首次充放电曲线如图2-27所示[7]，SiO的充放电电压在0～0.5V之间。

对SiO_x材料电化学机理的一般认识是：SiO_x首先与Li^+反应形成单质Si、Li_2O及锂硅酸盐，生成的单质Si进一步与Li^+发生合金化/去合金化反应，产生可逆容量；而Li_2O及锂硅酸盐在随后的充放电过程中起到缓冲体积膨胀、抑制Si颗粒团聚的作用。SiO_x材料的主要充放电机理可用下式表达：

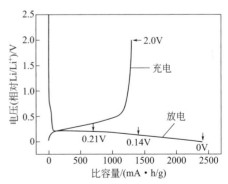

图2-27　SiO的典型首次充放电曲线

$$SiO_x + 2x\,Li \longrightarrow x\,Li_2O + Si \tag{2-18}$$

$$SiO_x + x\,Li \longrightarrow 0.25x\,Li_4SiO_4 + (1-0.25x)\,Si \tag{2-19}$$

$$SiO_x + 0.4x\,Li \Longleftrightarrow 0.2x\,Li_2Si_2O_5 + (1-0.4x)\,Si \tag{2-20}$$

$$Si + 3.75\,Li \Longleftrightarrow Li_{3.75}Si \tag{2-21}$$

由上可知，首次嵌锂形成的产物种类不同、各产物的含量不同，以及 Li_2O 及锂硅酸盐是否具有可逆性尚无定论，因此在反应过程中可逆比容量也有所不同，导致 SiO_x 材料的电化学机理复杂。

SiO_x 与碳复合形成的 SiO_x/C 复合材料，能够降低材料整体的体积膨胀，同时起到抑制活性物质颗粒团聚的作用，进而提高材料的循环性能。碳的电导率较高，可以提高导电性。石墨、石墨烯、热解炭等多种类型的碳材料可与 SiO_x 复合制备负极材料。

2.2.6　Sn 基复合材料

（1）组成结构　金属锡可以和 Li 形成 Li_2Sn_5、Li_7Sn_3、Li_7Sn_2、$Li_{22}Sn_5$ 等多种合金，最大嵌锂数为 4.4，理论比容量达 994mA·h/g；同时锡负极堆积密度高，不存在溶剂共嵌入效应，是高容量锂离子电池负极材料的研究热点。但锡负极在充放电过程中体积膨胀倍数大（>300%），电极材料结构容易粉化，大大降低了电池的循环性能。为此，通过引入 Cu、Sb、Ni、Mn、Fe 等金属元素或碳等非金属元素，以合金化、复合化和颗粒细化的方式来稳定锡基材料的结构，提高循环性能。如利用合金元素进行合金化可以作为支撑骨架降低材料的膨胀倍数；炭等非金属材料作为复合载体可以提高材料导电性和缓冲体积膨胀产生的内应力；颗粒细化通常也伴随晶粒细化，二者的共同作用能够显著降低颗粒膨胀和收缩时产生的内应力，一定程度减小颗粒的体积膨胀倍数。

在锡基合金复合物中，Sn-Co/C 复合材料是已经实现产业化的一种负极材料如索尼公司产业化的锂离子电池，负极使用 Sn-Co/C 三元复合材料。由 Sn-Co 合金组成的超微颗粒分布在炭基体中，钴与碳形成碳化物，结构如图 2-28 所示。这种结构在一定程度上有利于降低金属锡在储锂时发生的体积膨胀，提高了结构稳定性和循环性能。

（2）电化学性能　2005 年，索尼公司推出的首次使用 Sn-Co/C 复合材料的锂离子电池（直径 14mm×高 43mm）的容量比同尺寸的石墨锂离子电池高出约 30%。2011 年，索尼公司再次宣布开发了使用 Sn-Co/C 复合材料作为负极的新一代"Nexelion"高容量锂离子电池，这种 18650 型圆柱形电池的容量为 3.5A·h，放电曲线如图 2-29 所示。

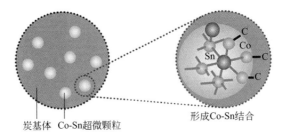

炭基体 Co-Sn超微颗粒 　　　　　　　形成Co-Sn结合

图 2-28 　"Nexelion"锂离子电池中 Sn-Co/C 负极材料的结构

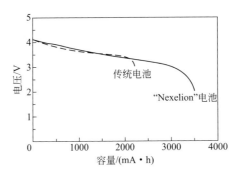

图 2-29 　"Nexelion"锂离子电池的放电曲线

　　索尼公司开发出的 Sn-Co/C 复合材料是将锡、钴、碳在原子水平上均匀混合并进行非晶化处理的材料，能够有效抑制充放电时粒子形状的变化，成功提升了循环性能。该 Sn-Co/C 复合材料充电性能好，可以实现快速充电，同时在低温环境下（−10～0℃）也具有较高的容量，低温性能良好。这类 Sn-Co/C 复合材料主要用于笔记本电脑、数码相机等的小型高容量锂离子电池。到目前为止，也只有索尼公司推出了该类材料的商业化产品，未见其他公司跟进。

2.3

电解质

2.3.1　电解质简介

　　电解质是电池的重要组成部分之一，是在电池内部正、负极之间起到建立离子导电通道，同时阻隔电子导电的物质，因此锂离子电池的电化学性能与电解质的性质密切相关。锂离子电池通常采用的有机电解质，稳定性好，电化学窗口宽，工作电压通常比使用水溶液电解质的电池高出 1 倍以上，接近 4V 左右。这些特性使锂离子电池具备了高电压和高比能量的性质。但是有机电解质导电性不高，热稳定性较差，导致锂离子电池存在安全隐患。

要保证锂离子电池具有良好的电化学性能和安全性能，电解质体系需要具备如下特点：

① 在较宽的温度范围内离子导电率高、锂离子迁移数大，减少电池在充放电过程中的浓差极化，提高倍率性能。

② 热稳定性好，保证电池在合适温度范围内使用。

③ 电化学窗口宽，最好有 0~5V 的电化学稳定窗口。

④ 化学性质稳定，保证电解质在两极不发生显著的副反应，满足在电化学过程中电极反应的单一性。

⑤ 电解质代替隔膜使用时，还要具有良好的力学性能和可加工性能。

⑥ 安全性好，闪点高或不燃烧。

⑦ 价格成本低，无毒物污染，不会对环境造成危害。

锂离子电池电解质可以分为：液态电解质、半固态（凝胶聚合物）电解质和固态电解质。各类锂离子电池电解质的性质对比如表 2-3 所示。

表 2-3　各类锂离子电池电解质的性质对比

性质	液态电解质	半固态电解质	固态电解质	
	有机液体	凝胶聚合物	固体聚合物	无机固体
基体特性	流动性	韧性	韧性	脆性
Li^+ 浓度	较低	较低	较高	高
Li^+ 位置	不固定	相对固定	相对固定	固定
电导率	高	较高	偏低	偏低
安全性	易燃	较好	好	好
价格	较高	较高	较高	较低
离子配位	无	有	无	无
离子交换数	高	低	一般为 1	一般为 1

2.3.2　液态电解质

（1）化学组成　液态电解质也称为电解液。锂离子电池常用的有机液体电解质，也称非水液体电解质。有机液体电解质由锂盐、有机溶剂和添加剂组成。

① 锂盐：主要起到提供导电离子的作用。六氟磷酸锂是商业化锂离子电池采用得最多的锂盐。纯净的 $LiPF_6$ 为白色晶体，可溶于低烷基醚、腈、吡啶、

酯、酮和醇等有机溶剂，难溶于烷烃、苯等有机溶剂。$LiPF_6$电解液的电导率较大，在20℃时，EC+DMC（体积比1:1）电导率可达10×10^{-3} S/cm。电导率通常在电解液的浓度接近1mol/L时有最大值。$LiPF_6$的电化学性能稳定，不腐蚀集流体。但是$LiPF_6$热稳定性较差，遇水极易分解，导致在制备和使用过程中需要严格控制环境水分含量。

② 有机溶剂：主要作用是溶解锂盐，使锂盐电解质形成可以导电的离子。常用的有碳酸丙烯酯、碳酸二甲酯和碳酸二乙酯等。

有机溶剂一般选择介电常数高、黏度小的有机溶剂。介电常数越高，锂盐就越容易溶解和解离；黏度越小，离子移动速度越快。但实际上介电常数高的溶剂黏度大，黏度小的溶剂介电常数低。因此，单一溶剂很难同时满足以上要求，锂离子电池有机溶剂通常采用介电常数高的有机溶剂与黏度小的有机溶剂混合来弥补各组分的缺点。如EC类碳酸酯的介电常数高，有利于锂盐的离解，DMC、DEC、EMC类碳酸酯黏度低，有助于提高锂离子的迁移速率。

③ 添加剂：一般起到改进和改善电解液电性能和安全性能的作用。一般来说，添加剂主要有三方面的作用：a. 改善SEI膜的性能，如添加碳酸亚乙烯酯（VC）、亚硫酸乙烯酯（ES）和SO_2等；b. 防止过充电（添加联苯）、过放电；c. 阻燃添加剂可避免电池在过热条件下燃烧或爆炸，如添加卤系阻燃剂、磷系阻燃剂以及复合阻燃剂等；d. 降低电解液中的微量水和HF含量。

锂离子电池有机电解液的组成实例及其性质见表2-4。

表2-4　锂离子电池有机电解液的组成实例及其性质

正极/负极	有机电解液	电导率/(mS/cm)	密度/(g/cm³)	水分/(μg/g)	游离酸(以HF计)/(μg/g)	色度(Hazen)
钴酸锂或三元/人造石墨或改性天然石墨	$LiPF_6$+EC+DMC+EMC+VC	10.4±0.5	1.212±0.01	≤20	≤50	≤50
高电压钴酸锂/人造石墨	$LiPF_6$+EC+PC+DEC+FEC+PS	6.9±0.5	0.15±0.01	≤20	≤50	≤50
高压实钴酸锂/高压实改性天然石墨	$LiPF_6$+EC+EMC+EP	10.4±0.5	1.154±0.01	≤20	≤50	≤50
$LiNi_{1/3}Co_{1/3}Mn_{1/3}O_2$/人造石墨	$LiPF_6$+EC+DMC+EMC+VC	10.0±0.5	1.23±0.01	≤20	≤50	≤50
钴酸锂材料/Si-C	$LiPF_6$+EC+DEC+FEC	7±0.5	1.208±0.01	≤20	≤50	≤50
高倍率三元/人造石墨或复合石墨	$LiPF_6$+EC+EMC+DMC+VC	10.7±0.5	1.25±0.01	≤20	≤50	≤50
磷酸铁锂动力电池	$LiPF_6$+EC+DMC+EMC+VC	10.9±0.5	1.23±0.01	≤20	≤50	≤50
锰酸锂动力电池	$LiPF_6$+EC+PC+EMC+DEC+VC+PS	8.9±0.5	1.215±0.01	≤10	≤30	≤50

续表

正极/负极	有机电解液	电导率/(mS/cm)	密度/(g/cm³)	水分/(μg/g)	游离酸(以 HF 计)/(μg/g)	色度(Hazen)
钛酸锂动力电池	$LiPF_6$＋PC＋EMC＋LiBOB	7.5 ± 0.5	1.179 ± 0.01	≤10	≤30	≤50
钴酸锂或三元/人造石墨或改性天然石墨凝胶电解质	$LiPF_6$＋EC＋EMC＋DEC＋VC	7.6 ± 0.5	1.2 ± 0.01	≤10	≤30	≤50

（2）物理化学性质　电解液的物理化学性质包括电化学稳定性、传输性质、热稳定性，锂离子电池的性能与电解液的物理化学性质密切相关。

① 电化学稳定性　电解液的电化学稳定性可以采用电化学窗口表示，指的是电解液发生氧化反应和还原反应的电位之差。电化学窗口越宽，电解液电化学稳定性越好。锂离子电池的电化学窗口一般要求达到 4.5V 之上。电解液的电化学稳定性与锂盐、有机溶剂、电解液与电极材料的配合、添加剂和使用环境条件等多种因素有关。锂盐的电化学稳定性通常由阴离子决定，无机阴离子电化学稳定性由大到小顺序一般为 $SbF_6^- > AsF_6^- \geqslant PF_6^- > BF_4^- > ClO_4^-$，有机阴离子为 $C_4F_9SO_3^- > N(SO_2CF_3)_2^- > CF_3SO_3^- > B(C_2H_5)_4^-$，并且无机阴离子比有机阴离子稳定，含氟有机阴离子比不含氟的稳定。溶剂应具有高氧化电位和低还原电位。碳酸酯或其他酯类具有高的阳极稳定性，而醚类的阴极稳定性较高。某些含有强极性官能团的溶剂（乙腈、环丁砜和二甲亚砜等）具有非常高的稳定性，如环丁砜的电化学窗口大约为 6.1V。

② 传输性质　电解液在正负极材料之间起到传递物质和电量的作用，其传输性质对锂离子电池电化学性能影响很大。电解液的传输性质与其黏度和电导率有关。

电解液的黏度由锂盐和溶剂共同决定。影响电解质黏度的主要因素包括温度、锂盐浓度和溶剂与离子之间相互作用的性质。低黏度的溶剂打破了高介电常数溶剂的自缔合作用，可以提高电解液的电导率，保证电解液的输运性质；而黏度过高会导致电解液的电导率和离子的扩散系数降低。锂盐的加入会带来黏度的增加，锂盐浓度较高时，溶液黏度急剧增加，这是由溶剂化离子、阴阳离子间缔合产生的离子对增加了电解液本身的结构化造成的。

电解液的电导率是衡量电解液性质的重要指标之一，是由正负离子数量、正负电荷价数和迁移速率决定的。影响电导率的主要因素有锂盐含量、溶剂组成以及温度。对于无机锂盐，25℃时，在 EC＋DMC（体积比 1:1）的 1mol/L 无机锂盐电解液中，电导率由大到小顺序为 $LiAsF_6 \approx LiPF_6 > LiClO_4 > LiBF_4$。对于有机锂盐电导率的影响因素比较复杂，一般情况下 $LiCF_3SO_3$ 电解液的电导率最小。随着锂盐浓度增加，电导率通常先上升后下降。电导率先上升是由于自由离子数的增加作用，而后下降是由电解液黏度增加、阴阳离子缔合减少自由离子数所致。电解液的电导率在很大程度上也受溶剂组成的影响,高介电常数(HDS)和低黏度系数(LVS)混合溶剂能显著提高电解质的电导率和Li^+迁移数,改善锂金属电极的循环性能及循环效率。电导率随温度的升高而增加,这可能是高温有利于提高溶液离子迁移速率。

③ 热稳定性 电解液的热稳定性对锂离子电池的高温性能和安全性能起着至关重要的作用。电解液的热稳定性,与锂盐和溶剂有关。锂盐的热重分析表明,无机锂盐 $LiPF_6$ 在低温时就开始分解,$LiBF_4$ 次之,热稳定性最好的是 $LiClO_4$。目前商用锂离子电池只能在室温下(<40℃)使用,否则电池的性能将急剧恶化。这主要是由于电解液中的 $LiPF_6$ 热稳定性差造成的。有机锂盐 $LiCF_3SO_3$、$LiN(SO_2CF_3)_2$ 和 $LiN(SO_2C_2F_5)_2$ 的热稳定较好,分解温度均大于 300℃。

④ 相容性 电解液与电极之间发生电化学反应,包括正常的嵌入和脱出反应,还有其他副反应。所谓相容性好就是限制副反应发生程度,维持正常嵌入和脱出反应,获得良好的电池性能。相容性也是电解液与负极和正极匹配性的问题,主要体现在锂盐、溶剂和添加剂与正负电极的匹配性。

2.3.3 半固态电解质——凝胶聚合物电解质

(1)组成结构 凝胶聚合物电解质(GPE)是液体与固体混合的半固态电解质,聚合物分子呈现交联的空间网状结构,在其结构孔隙中间充满了液体增塑剂,锂盐则溶解于聚合物和增塑剂中。其中聚合物和增塑剂均为连续相。凝胶聚合物电解质减少了有机液体电解质因漏液引发的电极腐蚀、氧化燃烧等生产安全问题。1994 年 Bellcore 公司成功推出聚合物锂离子电池之后,凝胶聚合物电解质成为锂离子电池商业化运用的发展趋势之一。

凝胶聚合物电解质的相存在状态复杂,由结晶相、非晶相和液相三个相组成。其中结晶相由聚合物的结晶部分构成,非晶相由增塑剂溶胀的聚合物非晶部分构成,而液相则由聚合物孔隙中的增塑剂和锂盐构成。在凝胶聚合物中,聚合物之间呈现交联状态,其交联方式有物理和化学两种方式,见图 2-30。物理交联是指聚合物主链之间相互缠绕或局部结晶而形成交联的方式;化学交联是指聚合物主链通过共价键形成交联的方式,交联点具有不可逆性,并且稳定。化学交联由于不形成结晶,其交联点体

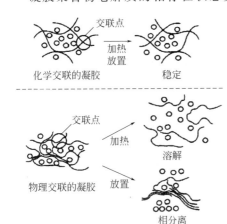

图 2-30 化学交联和物理交联的凝胶

积很小，几乎不增加对导电不利的体积分数，在凝胶聚合物电解质中具有更大的优势。

目前商业化运用的聚合物锂离子电池通常是凝胶聚合物电解质电池。常用的凝胶聚合物包括：聚偏氟乙烯（PVDF）、偏氟乙烯-六氟丙烯共聚物 [P(VDF-HFP)]、聚氧化乙烯（PEO）、聚丙烯腈（PAN）、聚甲基丙烯酸甲酯（PMMA）等。

PVDF 系凝胶聚合物电解质首先在锂离子电池中获得实际应用，聚合物基体主要是偏氟乙烯均聚物（PVDF）和偏氟乙烯-六氟丙烯共聚物 [P(VDF-HFP)]，结构如图 2-31 所示。PVDF 结构重复单元为—CH_2—CF_2—，氟含量为 59%，是一种白色结晶性聚合物，结晶度为 60%～80%。PVDF 系聚合物能溶解于强极性溶剂，如 N-甲基吡咯烷酮（NMP）、二甲基乙酰胺（DMAC）、二甲基亚砜等，或形成胶状液，成膜性好，易于实现批量生产；介电常数大（8.2～10.5），有助于促进锂盐在聚合物中的溶解；玻璃转化温度高，有利于提高聚合物的热稳定性；具有良好的化学稳定性。PVDF 系聚合物是生产聚合物电解质的较为理想的基质材料，部分产品已经先后在美国、日本和中国实现产业化。

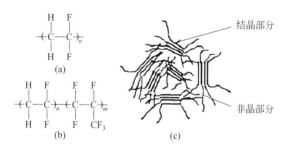

图 2-31　PVDF（a）和 P(VDF-HFP)（b）的分子结构式和 P(VDF-HFP) 的结构示意图（c）

（2）PVDF 系聚合物电解质的电化学性质　凝胶聚合物电解质具有导电作用和隔膜作用。离子导电以液相增塑剂中导电为主。在凝胶聚合物电解质中增塑剂含量有时可以达到 80%，电导率接近液态电解质。导电性与增塑剂含量有关，一般增塑剂含量越大，则导电性越好。与液体电解质不同，凝胶电解质还可以作为电解质膜起到隔膜作用。因此凝胶聚合物电解质要求既保持高的导电性，同时具有符合要求的机械强度。但这两个要求是难以调和的：一方面要求增塑剂与聚合物基体具有亲和性和溶胀性，增大增塑剂含量，这样聚合物电解质的持液性好，导电性好；一方面聚合物的溶胀和增塑剂含量的增加，都势必导致凝胶聚合物电解质隔膜的强度下降。

PVDF 分子中含有强的吸电子基团 F，使得所制备的聚合物电解质具有宽的电化学稳定窗口，一般都超过 4.5V。HFP 的加入，相当于在 PVDF 分子上嫁接了一个 HFP 分子，不仅降低了原来 PVDF 聚合物基体的结晶度，同时也减弱了原来分子中 F 的反应活性，改善了电极与电解质间的界面稳定性。因此影响 PVDF 系聚合物电解质物理性质和电化学性质的因素主要有聚合物基体、增塑剂以及锂盐等。

① 聚合物基体　聚合物基体对电化学性质的影响因素主要包括结晶度、溶解性、溶胀性、润湿性等。PVDF 为结晶聚合物，加入 HFP 可以降低结晶度，但是电解质还要保持一定的机械强度，因此 P(VDF-HFP) 中 HFP 的添加量应控制在质量分数 8%～25%之间。聚合物的溶胀和润湿性能越好，则与增塑剂融合越好，持液能力越强，电解质导电性能和稳定性越好。并且聚合物的结晶度越低溶解性和膨胀性越大。共聚物 P(VDF-HFP) 结晶度较低，容易溶胀和润湿，吸液量大，具有更好的电导率。

② 增塑剂　聚合物电解质常用的增塑剂有二甲基甲酰胺（DMF）、碳酸二乙酯（DEC）、γ-丁内酯（BL）、碳酸乙烯酯（EC）、碳酸丙烯酯（PC）、聚乙二醇（PEG400）等，这些增塑剂均可用于 PVDF 体系，其黏度和介电常数均影响电导率。增塑剂对电导率贡献顺序通常为 DMF＞BL＞EC＞PC＞PEG400。两种增塑剂的混合物对电导率贡献的顺序通常为 EC-DMC＞EC-DEC＞EC-BL＞EC-PC。其中 EC-PC 具有最大介电常数，但是由于具有最大黏度，所以电导率最小。随着增塑剂和锂盐浓度的增加，聚合物的黏度减小。

③ 锂盐　在凝胶聚合物中，锂离子的迁移类似于在液体电解质中的迁移，温度对锂离子迁移数影响较小，锂离子迁移数随着锂盐含量增加而减小，减小的程度取决于离子-离子之间相互作用强度和形成离子聚集体的能力。具有大阴离子的盐不易形成离子聚集体，其锂离子迁移数几乎不随锂盐浓度改变发生变化。

与液态电解质相比，半固态的凝胶电解质具有很多优点：安全性好，在遇到如过充过放、撞击、碾压和穿刺等非正常使用情况时不会发生爆炸；采取软包装铝塑复合膜外壳，可制备各种形状电池、柔性电池和薄膜电池；不含或含有的液态成分很少，比液态电解质的反应活性要低，对于碳电极作为负极更为有利；凝胶电解质可以起到隔膜使用，可以省去常规的隔膜；可将正负极粘接在一起，电极接触好；可以简化电池结构，提高封装效率，从而提高能量和功率密度，节约成本。但凝胶电解质也存在一些缺点：电解质的室温离子电导率是液态电解质的几分之一甚至几十分之一，导致电池高倍率充放电性能和低温性能欠佳；并且力学性能较低，很难超过聚烯烃隔膜，同时生产工艺复杂，电池生产成本高。

2.3.4　固态电解质

固态电解质可分为固体聚合物电解质和无机固体电解质。

（1）固体聚合物电解质　具有不可燃、与电极材料间的反应活性低、柔韧性好等优点。固体聚合物电解质是由聚合物和锂盐组成，可以近似看作是将盐直接溶于聚合物中形成的固态溶液体系。固体聚合物电解质与凝胶聚合物电解质的主要区别是不含有液体增塑剂，只有聚合物和锂盐两个组分。固体聚合物电解质中，存在着聚合物的结晶区和非晶区两个部分，聚合物中的官能团是通过配位作用将离子溶解的，溶解的离子主要存在于非晶区，离子导电主要是通过非晶区的链段运动来实现的。聚合物基体通常选择性地含有—O—、—S—、—N—、—P—、—C—N—、C—O 和 C—N 等官能团，不含有氢键，氢键不利于链段运动，离子导电性不好，同时还会造成电解液不稳定。锂盐的溶解是通过聚合物对阴离子、阳离子的溶剂化作用来实现的，主要是通过对锂离子的溶剂化作用来实现溶解。杂原子上的孤对电子与阳离子的空轨道产生配合作用，使得锂离子溶剂化。研究较多的有聚醚系、聚丙烯腈系、聚甲基丙烯酸酯系、含氟聚合物系等系列。

（2）无机固体电解质　一般是指具有较高离子导电率的无机固体物质，用于锂离子电池的无机固体电解质也称为锂快离子导体。用于全固态锂离子电池的无机固体电解质包括玻璃电解质和陶瓷电解质。无机固体锂离子电解质不仅能排除电解质泄漏问题，还能彻底解决因可燃性有机电解液造成的锂离子电池的安全性问题，因此在高温电池和动力电池组方面显示了很好的应用前景。无机固体电解质分为晶态固体电解质、非晶态固体电解质和复合型固体电解质。晶态固体电解质和非晶态固体电解质的导电都与材料内部的缺陷有关。

在晶态固体电解质中，存在较多的空隙和间隙离子等缺陷。空隙是在本来应该有原子充填的地方出现了原子空位，间隙离子是在理想晶格点阵的间隙里存在离子。在电场的作用下大量无序排列的离子就会产生移动，从一个位置跳到另一个位置，因此晶态固体电解质具备了导电性。当可移动离子浓度高时，离子遵循欧姆定律进行迁移；而当浓度低时，离子遵循费克定律进行迁移。前者与可移动离子浓度有关，后者与浓度梯度有关。这里的可移动离子也称为载流子。研究较多的主要包括 Perovskite 型、NaSiCON 型、LiSiCON 型、LiPON 型、Li_3PO_4-Li_4SiO_4型和 GARNET 型。

非晶态固体电解质的结构具有远程无序状态，其中存在大量的缺陷，为离子传输创造了良好条件，因此电导率较高。主要包括氧化物玻璃和硫化物玻璃固体电解质。氧化物玻璃无机固体电解质是由网络状的氧化物（SiO_2、B_2O_3、P_2O_5等）和改性氧化物（如 Li_2O）组成，这类材料离子电导率低，室温下仅有 $10^{-7} \sim 10^{-8}\,S/cm$。氧化物玻璃基体中的氧原子被硫原子取代后便形成硫化物玻璃。S 比 O 电负性小，对 Li^+ 的束缚力弱，并且 S 原子半径较大，可形成较大的离子传输通道，利于 Li^+ 迁移，因而硫化物玻璃显示出较高的电导率，在室温下约为 $10^{-3} \sim 10^{-4}\,S/cm$。研究较为深入的硫化物非晶态电解质有 Li_2S-SiS_2、Li_2S-P_2S_5、Li_2S-B_2S_3 等。

2.4
隔膜

　　锂离子电池隔膜是一种多孔塑料薄膜，能够保证锂离子自由通过形成回路，同时阻止两电极相互接触起到电子绝缘作用。在温度升高时，有的隔膜可通过隔膜闭孔功能来阻隔电流传导，防止电池过热甚至爆炸。虽然隔膜不参与电池的电化学反应，但隔膜厚度、孔径大小及其分布、孔隙率、闭孔温度等物理化学性能与电池的内阻、容量、循环性能和安全性能等关键性能都密切相关，直接影响电池的电化学性能。尤其是对于动力锂离子电池，隔膜对电池倍率性能和安全性能的影响更显著。本节首先讨论隔膜种类和要求，然后重点讨论湿法聚烯烃多孔膜、干法聚烯烃多孔膜和有机/无机复合膜。

2.4.1　隔膜种类和要求

　　聚烯烃材料具有优异的力学性能、化学稳定性和相对廉价的特点，目前商品化的液态锂离子电池大多使用微孔聚烯烃隔膜，包括聚乙烯（PE）单层膜、聚丙烯（PP）单层膜以及PP/PE/PP三层复合膜。同时有机/无机复合膜也已经在逐步推广应用。商品化的凝胶聚合物锂离子电池则采用凝胶聚合物电解质膜，在2.3.3中已经讨论，这里不再论述。

　　锂离子电池中的隔膜要求具有良好的力学性能和化学稳定性。从提高电池容量和功率性能角度，希望隔膜尽量薄，具有较高的孔隙率，以及对电解液的吸液性能。从安全性能角度，还需要有较高的抗撕裂强度、良好的弹性，防止短路。隔膜应具有热关闭特性，即电池温度高到一定程度时，隔膜微孔关闭，电池内阻快速上升，避免电池热失控。随着锂离子电池作为动力的交通工具及储能电池的出现，动力锂离子电池对隔膜提出了更苛刻的要求：要求隔膜具有更好的耐热性，如200℃不收缩；要求隔膜具有更高的耐电化学稳定性，如电化学窗口大于5.0V；要求隔膜具有更好的吸液性能，如吸液率大于200%；同时对隔膜的厚度、孔径分布的均一性提出了更高要求。

　　锂离子电池隔膜的表征参数包括隔膜的孔径及分布、孔隙率、厚度、透气度、电子绝缘性、吸液保液能力、力学性能、耐电解液腐蚀和热稳定性能等，这些性能与锂离子电池的电化学性能密切相关。表2-5列出了不同型号商业化锂离子电池隔膜的典型技术指标。

表 2-5 商业化锂离子电池隔膜的典型技术指标

隔膜性质	Celgard 2400	Celgard 2500	Celgard EH1211	Celgard EH1609	Celgard 2320	Celgard 2325	Celgard EK0940	Celgard K1245	Celgard K1640	Celgard 2730	Tonen Setela
组成	PP	PP	PP/PE/PP	PP/PE/PP	PP/PE/PP	PP/PE/PP	PE	PE	PE	PE	PE
厚度 /μm	25	25	12	16	20	25	9	12	16	20	25
Gurley 值 /s	24	—	—	—	20	23	—	—	—	22	26
离子阻抗[①] /($\Omega \cdot cm^2$)	2.55	—	—	—	1.36	1.85	—	—	—	2.23	2.56
孔隙率 /%	40	—	—	50	42	42	—	—	—	43	41
熔融温度 /℃	165	—	—	—	135/165	135/165	—	—	—	135	137
纵向抗拉强度 /(kg/cm^3)	—	1055	2100	2000	2050	1700	2300	1600	1750	—	—
横向抗拉强度 /(kg/cm^3)	—	135	150	150	165	150	2300	1800	1700	—	—
横向收缩程度 (90℃/1h) /%	—	0	0	0	0	0	1	1(105℃)	3(105℃)	—	—
纵向收缩程度 (90℃/1h) /%	—	5	5	5	5	5	5	6(105℃)	4(105℃)	—	—

① 1mol/L LiPF$_4$/EC 与 EMC 的体积比为 30：70。

2.4.2　湿法聚烯烃多孔膜

单层 PE 膜通常采用湿法制备。湿法又称相分离法或热致相分离法，是将高沸点的烃类液体或低分子量的物质作为成孔剂与聚烯烃树脂混合，将混合物加热熔融后降温进行相分离，然后压制成薄片，再以纵向或双向对薄片进行取向拉伸，最后用易挥发的溶剂萃取残留在膜中的成孔剂，或者直接烘干蒸发掉成孔剂，即可制备出两侧贯通的微孔膜材料。采用该法生产隔膜的微孔形状类似圆形的三维纤维状，孔径较小且分布均匀，微孔内部形成相互连通的弯曲通道，可以得到更高的孔隙率和更好的透气性。湿法制备隔膜的典型形貌见图 2-32。湿法双向拉伸方法生产的隔膜由于经过双向拉伸，具有较高的纵向和横向强度。但是湿法工艺需要大量的溶剂，容易造成成本升高和环境污染；另外单层 PE 的熔点只有 140℃，热稳定性不如 PP 膜，并且生产成本较高。

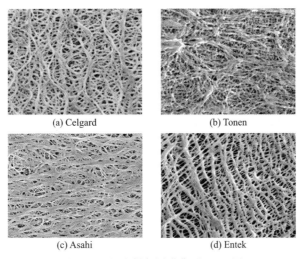

(a) Celgard　　　　　(b) Tonen

(c) Asahi　　　　　(d) Entek

图 2-32　湿法制备隔膜典型 SEM 图

2.4.3　干法聚烯烃多孔膜

单层 PP 膜、三层 PP/PE/PP 复合膜通常采用干法制备，单层 PE 膜也可以采用干法制备。干法制膜是将聚烯烃薄膜进行单向或双向拉伸形成微孔的制膜方法。干法聚烯烃多孔膜具有扁长的微孔结构。干法制备聚烯烃过程中，高聚物熔体挤出时在拉伸应力下结晶，形成垂直于挤出方向而又平行排列的片晶结构，并经过热处理得到硬弹性材料，再经过拉伸后片晶之间分离而形成狭缝状微孔，最后经过热定型制得微孔膜。干法制备聚烯烃膜分为单向拉伸和双向拉伸两种工艺。

（1）干法单向拉伸膜　干法单向拉伸工艺：a. 采用生产硬弹性纤维的方法制备出低结晶度的高取向聚丙烯或聚乙烯薄膜；b. 经过退火获得高结晶度的取向薄膜；c. 薄膜先在低温下进行拉伸形成微缺陷，然后在高温下使缺陷拉开，形成微孔。在聚丙烯中加入具有结晶促进作用的成核剂以及油类添加剂，可加速退火过程中的结晶速率。

用干法单向拉伸工艺生产的 PP/PE/PP 三层复合隔膜具有扁长的微孔结构，由于只进行单向（纵向）拉伸，没有进行横向拉伸，因此横向几乎没有热收缩。在电池内部温度较高时，中间层 PE 在 130℃ 左右时首先熔化，堵塞隔膜孔隙，使电池内部断路，大大提高了电池的安全性能。但其制造工艺复杂，难以制备 16μm 以下超薄隔膜，隔膜横向强度低。图 2-33 为 Celgard 公司生产的 PP/PE/PP 三层聚烯烃锂离子电池隔膜 SEM 图。

(a) 表面　　　　　　　　　　(b) 横截面

图 2-33　Celgard 公司生产的 PP/PE/PP 三层聚烯烃锂离子电池隔膜 SEM 图

（2）干法双向拉伸膜　干法双向拉伸主要用于生产单层 PP 膜。在聚丙烯中加入具有成核作用的 β 晶型改进剂，利用聚丙烯不同相态间密度的差异，使其在拉伸过程中发生晶型转变形成微孔。干法双向拉伸工艺生产的隔膜经过双向拉伸，在纵向拉伸强度相差不大的情况下，横向拉伸强度要高于干法单向拉伸工艺生产的隔膜。

干法双向拉伸具有工艺相对简单、生产效率高、生产成本更低等优点。但所制备的产品仍存在孔径分布过宽、厚度均匀性较差等问题，且没有三层隔膜的中间层熔断功能，难以在高端领域拓展应用。

2.4.4　无机/有机复合膜

无机/有机复合膜通常以聚烯烃隔膜为基体，在表面涂覆一层纳米级 Al_2O_3 等无机陶瓷粉体，经过特殊工艺处理使陶瓷粉体与基体紧密结合形成隔膜，又称为陶瓷复合隔膜，如图 2-34 所示。有机基体提供足够的柔韧性，可满足电池装配要求；无机组分形成特定的刚性骨架，使隔膜在高温时具有优良的热稳定性和尺寸稳定性。无机有机复合膜的熔融温度可达 230℃，在 200℃ 下不会发生热收缩，同时具有更好的机械稳定性，还能更好地吸收电解液，减小电池内阻。因此，无机/有机复合膜的应用越来越广泛。但是这种隔膜的厚度有所增加，使电池能量密度降低；并且其有机和无机组分存在界面相容性差的问题。

图 2-34　陶瓷复合隔膜 SEM 图

2.5
其他材料

2.5.1　导电剂

由于正负极活性物质颗粒的导电性不能满足电子迁移速率的要求，锂离子电池中需要加入导电剂，其主要作用是提高电子电导率。导电剂在活性物质颗粒之间、活性物质颗粒与集流体之间起到收集微电流的作用，从而减小电极的接触电阻，降低电池极化，促进电解液对极片的浸润。锂离子电池常用导电剂有炭黑和碳纳米管。

（1）炭黑　炭黑是由烃类物质（固态、液态或气态）经不完全燃烧或裂解生成的，主要由碳元素组成。炭黑微晶呈同心取向，其粒子是近乎球形的纳米粒子，且大都熔结成聚集体形式，在扫描电镜下呈链状或葡萄状，见图 2-35（a）。炭黑比表面积大（700m²/g）、表面能大，有利于颗粒之间紧密接触在一起，形成电极中的导电网络，同时起到吸液保液的作用。

（2）碳纳米管　碳纳米管（CNT）分为单壁 CNT 和多壁 CNT。锂离子电池常用的是多壁碳纳米管。多壁碳纳米管的直径在纳米级，具有一维线型结构［图 2-35（b）］，在电极中可形成长程连接的导电网络。这种导电网络可以将活性

(a) 炭黑　　　　　　　　　　　(b) 碳纳米管

图 2-35　典型导电剂 SEM 图

物质颗粒连接在一起，使较松散的颗粒之间仍能保持电接触，在长期循环过程中保持电池内阻不增大，效果显著。石墨烯作为新型导电剂，由于其独特的二维片状结构和强导电性，引起了广泛关注。将 CNT、石墨烯和导电炭黑之间两者或三者混合制浆，可以发挥它们各自的优势，取长补短，是目前导电剂的发展方向。

2.5.2　黏结剂

锂电池黏结剂主要是将活性物质粉体黏结起来，增强电极活性材料与导电剂以及活性材料与集流体之间的电子接触，更好地稳定极片的结构。黏结剂主要分为油溶性黏结剂和水溶性黏结剂：油溶性黏结剂是将聚合物溶于 N-甲基吡咯烷酮（NMP）等强极性有机溶剂中；水溶性黏结剂是将聚合物溶于水中。油溶性黏结剂中，PVDF 具有优异的耐腐蚀、耐化学药品、耐热性性能，且电击穿强度大、机械强度高，综合平衡性较好，成为锂离子电池应用最为广泛的黏结剂之一。影响 PVDF 黏结性和电池性能的因素主要有 PVDF 的分子量、添加量和杂质含量等。PVDF 的分子量越大，则黏合力越强，若分子量由 30000 增加到 50000，则黏合力增加一倍。但分子量过大时容易导致在 NMP 溶剂中的溶解性能不好。因此在保证溶解与分散的情况下，应尽可能采用分子量高的 PVDF。黏结剂中的水分对黏结性影响显著，需要严格控制水分含量。

水溶性黏结剂主要采用丁苯橡胶乳液型黏结剂。丁苯橡胶（SBR）乳液黏结剂的固含量一般为 $49\%\sim51\%$，并具有很高的黏结强度和良好的机械稳定性。目前锂离子电池负极片生产通常采用以 SBR 胶乳为黏结剂、羧甲基纤维素（CMC）为增稠剂、水为溶剂的黏结体系。SBR 和 CMC 两者一起使用，能够充分发挥黏结效果，降低黏结剂用量。CMC 主要起分散作用，同时起到保护胶体、利于成膜、防止开裂作用，提高对基材的黏合力。

2.5.3 壳体、集流体和极耳

锂离子电池的壳体按材质可分为钢壳、铝壳和铝塑复合膜。钢壳不易变形，抗压能力大，可以制备体积较大的电池，早期圆柱形和方形锂离子电池采用钢壳。但钢壳电池质量比能量低，不适合制备薄电池和用于蓝牙耳机等电子设备上的小型电池。铝壳是采用铝合金材料冲压成型的电池外壳。铝壳体的重量轻，质量比能量高于钢壳，但受铝材强度限制不适合制备大电池。软包装锂离子电池通常采用铝塑复合膜，这是近年来发展的趋势。铝塑复合膜制备的电池的体积比铝壳体范围大，也能制备薄电池和异形电池。铝塑复合膜内层为黏结剂层，多采用聚乙烯或聚丙烯材料；中间层为铝箔；外层为保护层，多采用高熔点的聚酯或尼龙材料，见图 2-36。目前，动力锂离子电池组外壳也有采用 PA66、ABS 或 PP 塑料作为壳体的。

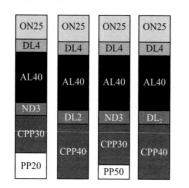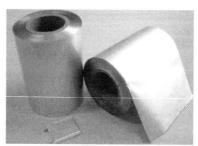

图 2-36　铝塑复合膜为 ON/AL/CPP 复合结构

(各数值为厚度，μm)

ON—延伸尼龙；DL—干燥式铝塑复合膜胶黏剂层；AL—铝箔；

ND—胶黏剂层；CPP—流延聚丙烯；PP—聚丙烯复合层

集流体的作用主要是：承载电极活性物质、将活性物质产生的电流汇集输出、将电极电流输入给活性物质。要求集流体纯度高，电导率高，化学与电化学稳定性好，机械强度高，与电极活性物质结合好。锂电集流体通常采用铜箔和铝箔。由于铜箔在较高电位时易被氧化，主要用于负极集流体，厚度通常为 $6\sim$ $12\mu m$。铝箔在低电位时腐蚀问题较为严重，主要用于正极集流体，厚度通常为 $10\sim16\mu m$。集流体成分不纯会导致表面氧化膜不致密而发生点腐蚀，甚至生成 LiAl 合金。铜和铝表面都能形成一层氧化膜：铜表面氧化层属于半导体，电子能够导通，但是氧化层太厚会导致阻抗较大；而铝表面氧化层属绝缘体，不能导电，但氧化层很薄时可以通过隧道效应实现电子电导，氧化层较厚时导电性极差。因此，集流体在使用前最好经过表面清洗，去油污和氧化层。随着人们对电池容量的需求越来越高，要求集流体越来越薄，但是如何保证集流体的强度、与活性物质的黏结性和柔韧性是目前研发的关键方向。

极耳就是从锂离子电池电芯中将正负极引出来的金属导电体，正极通常采用铝条，负极采用镍条或者铜镀镍条。极耳应具有良好的焊接性。

参 考 文 献

[1] Liu H，Strobridge F C，Borkiewicz O J，et al. Capturing metastable structures during high-rate cycling of LiFePO$_4$ nanoparticle electrodes [J]. Science，2014，344（6191）：1252817.

[2] Bareno J，Balasubramanian M，Kang S H，et al. Long-range and local structure in the layered oxide Li$_{1.2}$Co$_{0.4}$Mn$_{0.4}$O$_2$ [J]. Chemistry of Materials，2011，23（8）：2039-2050.

[3] Mochida I，Ku C H，Korai Y. Anodic performance and insertion mechanism of hard carbons prepared from synthetic isotropic pitches [J]. Carbon，2001，39（3）：399-410.

[4] 刘欣，赵海雷，解晶莹，等. 锂离子电池 SiO$_x$（0＜x＜2）基负极材料 [J]. 化学进展，2015，27（4）：336-348.

[5] Temkin R J. An analysis of the radial distribution function of SiO$_x$ [J] . Journal of Non-Crystalline Solids，1975，17（2）：215-230.

[6] Schulmeister K，Mader W. TEM investigation on the structure of amorphous silicon monoxide [J]. Journal of Non-Crystalline Solids，2003，320（1-3）：143-150.

[7] Kim J H，Park C M，Kim H，et al. Electrochemical behavior of SiO anode for Li secondary batteries [J]. Journal of Electroanalytical Chemistry，2011，661（1）：245-249.

第 **3** 章

锂离子电池多孔电极基础

多孔电极是指具有一定的孔隙率的电极，采用多孔电极进行电化学反应，可以提高参与电极反应的表面积，降低电化学极化，减小充放电时的电流密度。锂离子电池正负极通常采用粉末多孔电极，通常是将活性固体粉末与惰性导电固体微粒混合，通过黏结、涂膏、压制等方法制备而成[1]。锂离子电池的嵌/脱锂反应在电极的三维空间结构中进行，多孔电极结构直接影响电池的性能。本章首先讨论了锂离子电池多孔电极的结构和分类，然后介绍了锂离子多孔电极动力学，最后介绍了锂离子电池多孔电极的电化学性能。

3.1
多孔电极简介

3.1.1 多孔电极结构

多孔电极的结构十分复杂，因活性物质、导电剂、黏结剂的不同及其制备工艺不同而变化，描述多孔电极结构特征的参数主要包括孔隙率、孔径及其分布、比表面积、孔形态、曲折系数和厚度等。

孔隙率是指电极中孔隙体积与电极表观体积的比率。电极孔隙中含有电解液，若孔隙率较大，孔隙中电解液具有较好的离子传输性能，但是固相体积分数会降低，导致电极电子导电性变差；同时还会造成电池体积比能量降低。若孔隙率过小，电极电子导电性提高，但电解液离子传输性能降低，也会导致电池性能下降。

孔径是指孔隙横截面的直径。按孔径 d 值大小可将孔隙分为微孔（$d<2nm$）、中孔（$2nm<d<50nm$）和大孔（$d>50nm$）。孔径分布是指不同孔径的孔体积所占总孔体积的百分数。将孔径大小和孔径分布综合考虑，才能全面分析多孔电极的孔隙结构。

比表面积是指单位表观体积或单位重量多孔电极所具有的表面积，单位分别为 m^{-1} 和 m^2/kg，可以反映参与电极反应的表面积大小。对于没有内部孔隙粉体构成的多孔电极，表面积等于粉体的外表面积；对于内部含有丰富孔隙的粉体，不同孔径的孔隙在电极反应过程中作用不同。表面积主要由微孔的表面积贡献，微孔是电极反应的主要场所，而大孔主要起到离子传输通道作用。

孔形态通常有通孔、半通孔和闭孔三种。通孔一般是离子传输的主要通道，半通孔也有离子传输作用，闭孔一般不能传输离子；通孔和半通孔孔壁是电极反应的主要界面，闭孔孔壁不能进行电化学反应。

孔隙曲折系数是指多孔电极中通过孔隙传输时实际传输途径的平均长度与直通距离之比，曲折系数越大，传输距离越长。

电极厚度主要影响多孔电极内部离子导电和电子导电的传输距离，影响多孔电极的反应深度。如果电极厚度过大，多孔电极内部活性物质不能得到充分利用，导致功率密度和能量密度降低；如果电极的厚度太小，活性物质充装量较少，辅助材料所占比例过大，也会导致能量密度降低。实际应用过程中要根据电池性能要求选择合适的电极厚度。

3.1.2 多孔电极分类

多孔电极按电极反应特征可分为两相多孔电极和三相多孔电极。两相多孔电极中主要包括固、液两相，电解液渗入多孔电极的孔隙中，在液-固两相界面上进行电极反应，也称为全浸式扩散电极。锂离子电池和铅酸蓄电池的正负极属于此类电极。三相多孔电极包括气、液、固三相，电极反应在三相界面处进行，由于有气体参与又称为气体扩散电极。燃料电池中的氢电极、氧电极和锌-空气电池中的空气（氧）电极都属于此类电极。

多孔电极按照电极是否参与氧化还原反应可分为活性电极和非活性电极。活性电极通常是由参加电化学氧化还原反应的粉末组成，锂离子电池多孔电极属于活性电极。非活性电极中的固相网络本身不参加氧化还原反应，只负担电子传输和提供电化学反应表面，也称为催化电极。

粉末多孔电极按制造工艺可分为涂膏式、压成式、烧结式和盒式。涂膏式粉末多孔电极是将活性物质粉末及其他各种组分的粉末用某种溶液调和为膏状物，然后涂覆于集流体上制成电极。锂离子电池正负极就是采用这种工艺制成。压成式粉末多孔电极是将干活性物质粉末及其他成分粉末直接压制而成电极。烧结式粉末多孔电极是将活性物质粉末加压成型后高温烧结而成。盒式粉末多孔电极是将粉末装填于穿孔的金属盒或管中制成电极。例如铅酸蓄电池中的管状正极就是采用这种工艺制成。

3.2
锂离子电池多孔电极动力学

3.2.1 多孔电极过程

化学电池中的多孔电极过程通常包括阳极过程和阴极过程，以及电解质（大多数情况为液相）中的传质过程等。阳极或阴极过程都涉及多孔电极与电解质界面间的电量传递，由于电解质不导通电子，因此电流通过"电极/电解质"界面时，某些组分就会发生氧化或还原反应，从而将电子导电转化为离子导电。而在电解质中，是通过离子迁移的传质过程来实现电量传递的。

通常将电极表面上发生的过程与电极表面附近薄层电解质中进行的过程合并起来处理，统称为"电极过程"。换言之，电极过程动力学的研究范围不但包括在阳极或阴极表面进行的电化学过程，还包括电极表面附近薄层电解质中的传质过程（有时也有化学过程）。对于稳态过程，阳极过程、阴极过程、电解质中的传质过程是串联进行的，即每一过程中涉及的净电量转移完全相同，此时这三种过程相对独立。因此将整个电池反应分解为若干个电极反应进行研究，有利于弄清每种过程在整个电极过程中的地位和作用。但两个电极之间往往存在不可忽视的相互作用，因此还要将各个电极过程综合起来进行研究，以便全面理解电化学装置中的电极过程。

电极过程通常可以分为下列几个串联步骤：

① 电解质相中的传质步骤：反应物向电极表面的扩散传递过程。

② 前表面转化步骤：反应物在电极表面上或表面附近薄层电解质中进行的转化过程，如反应物在表面上吸附或发生化学变化。

③ 电化学步骤：反应物在电极表面上得到或失去电子生成反应产物的电化学过程，是核心电极反应。

④ 后表面转化步骤：生成物在电极表面上或表面附近薄层电解质中进行的转化过程，通常为生成物从表面上的脱附过程，生成物有时也会进一步发生复合、分解、歧化或其他化学变化等。

⑤ 生成物传质步骤：生成物有可能从电极表面向溶液中扩散传递，也有可能会继续扩散至电极内部，或者转化为新相，如固相沉积层或生成气泡。

上述①、③和⑤步是所有电极过程都具有的步骤，某些复杂电极过程还包括②和④步或者其中之一。

下面以石墨负极的首次充电过程来讨论锂离子电池的电极过程，见图 3-1。石墨负极的充电过程属于阴极过程，电极过程没有上述的后表面转化步骤，通常包括下列 4 个步骤：

① 电解质相中的传质步骤：溶剂化锂离子在电解液中向石墨表面的扩散传递。

② 前表面转化步骤：首次充电时的溶剂化锂离子吸附在石墨颗粒表面发生反应形成 SEI 膜，后续的充电过程中溶剂化锂离子在 SEI 膜表面吸附，锂离子经过去溶剂化后穿过 SEI 膜，达到石墨表面。

③ 电化学步骤：锂离子从 SEI 膜内的石墨颗粒表面得到电子，被还原生成

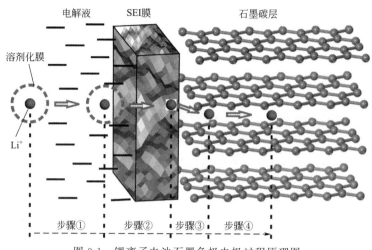

溶剂化膜

电解液　　SEI膜　　　　　　石墨碳层

Li$^+$

步骤①　　步骤②　步骤③　步骤④

图 3-1　锂离子电池石墨负极电极过程原理图

石墨嵌入化合物 Li$_x$C$_6$ （0＜x＜1）。

④ 生成物传质步骤：石墨边缘的嵌入化合物 Li$_x$C$_6$ 中的锂离子从颗粒表面固相扩散至石墨晶体中六角网状碳层内部，并以稳定的嵌入化合物 Li$_x$C$_6$ 形式存在。

SEI 膜是首次充电过程中由溶剂和锂盐在石墨颗粒表面还原产物形成的沉积层，主要成分包括烷基锂、碳酸锂和氟化锂等。由于 SEI 膜能够隔绝电解液与石墨颗粒表面，因此在第 2 次及后续的充电过程中，步骤②中不存在 SEI 膜的形成过程。

电极过程中各个步骤的动力学规律不同，当电极反应速率达到稳态值时，串联过程的各个步骤均以相同的速率进行，则在这些步骤中可以找到一个"瓶颈步骤"，又称为"控制步骤"。整个电极过程的进行速率主要由控制步骤的速率决定，整个电极过程所表现的动力学特征与控制步骤的动力学特征相同。如果液相传质为控制步骤，则整个电极过程的进行速率服从扩散动力学的基本规律；如果电化学步骤为控制步骤，则整个电极过程的进行速率服从电化学反应的基本规律。

当存在单一的控制步骤时，其他非控制步骤的速率都比控制步骤快得多。决定这些非控制步骤过程进行速率的主要因素来自热力学方面——反应平衡常数，而不是动力学方面——反应速率常数。换句话说，这些"非控制步骤"近似地按照平衡状态来处理。例如，若电化学步骤为电极过程控制步骤，就可以近似地认为溶液中不存在浓度极化，表面转化步骤也处在平衡状态。另外，决定整个电极反应速率的控制步骤是可能变化的。如果将原来控制步骤的速度加快了，则非控制步骤中就会出现新的控制步骤。电极过程有可能同时存在两个控制步骤，处于混合控制区，此时动力学特征变得比较复杂。

3.2.2 多孔电极动力学

电极过程动力学主要研究影响电极过程速率的因素及其规律，找到控制电极反应速率的方法。为达到这一目的，首先要研究电极过程中包括的分步骤及其组合顺序，找出控制步骤，测定控制步骤的动力学参数及其他步骤的热力学平衡常数。了解电极过程涉及的固相和液相传质、电化学反应和表面转化过程的动力学特征是识别控制步骤的关键，下面详细讨论这些分步骤电极过程的动力学。

3.2.2.1 固相电极中的电子和离子导电

固体电极可以看作是大量原子或分子的紧密集合体，在许多固态化合物中，电子导电和离子导电过程并存，因此下面分别介绍固态材料中的电子和离子导电过程。

（1）电子导电 电极中的原子核和内层电子有序排列形成三维点阵骨架结构，外层电子有时不再专属于某一原子，可以发生离域运动。良导体的一种可能情况是价带部分充满，其中存在大量空的能级，价电子很容易跃迁到能量相近的空能级上而呈现出高的电导率；另一种可能情况是全充满的价带与上面的空带非常接近或相互重叠，因此价带中较高能级上的电子可以跃迁到空带能级上形成自由电子。半导体中的能带分布情形与绝缘体相似，只是满带与空带之间的间隙较小，即禁带宽度较窄，通常在 $0.5 \sim 3.0 \mathrm{eV}$ 之间。绝缘体的能带特征是最高被充满的能带与其邻近的空带之间存在着很宽的禁带间隙，一般在 $4 \sim 5 \mathrm{eV}$ 以上。

锂离子电池正极材料活性物质通常为过渡金属氧化物，Li_xCoO_2 的能带结构见图 3-2。在 Li_xCoO_2 能带结构中，全充满的 $O:p^6$ 带与 $Co:t_2$ 带部分重叠，而 E_F 位于半充满的 t_2 带的上部。重叠能带中的电子能级要显著低于原来 Co 原子轨道中的 s、d 能级，使电子易于从后者中移走而引起较高的表观阳离子价态。嵌入反应中电子进入（或脱出）的能级位置主要是 t_2 能带中 E_F 附近的能级，因此，当采用具有这类电子能带结构的化合物作为嵌入正极时，所获得的电极电位可能明显高于根据过渡金属离子变价推算出的预期值。

反应过程中嵌入的阳离子主要通过两种方式影响主体晶格的电子结构：一方面，由于嵌入的阳离子总是位于阴离子附近，它所携带的正电荷通过库仑引力降低了 p 电子的能量，其

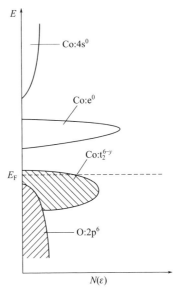

图 3-2 锂离子电池 Li_xCoO_2
正极材料的能带结构示意图

效果是使 p 能带下降；另一方面，嵌入阳离子的正电荷能引起周围阴离子的极化，而阴离子极化后产生的偶极正端又会吸引邻近的 d 电子，使后者的能量降低。这两方面的作用效果都是使电子能级降低。

（2）离子导电　固态化合物离子导电通常是离子不断填充空位和原子在间隙位之间跃迁。在常温下固体结构缺陷所产生的离子导电性不显著，化学掺杂或提高温度可以提高固态化合物的离子导电性。嵌入化合物属于非计量化合物，主体晶格骨架中存在合适的离子空位与离子通道，其中离子通道是由晶格中间隙空位相互连接形成的连续空间。这种间隙空位互相连通的空间结构，决定了离子的导电形式。如果间隙空位只在一条线上相互连通，称为一维离子通道，橄榄石型 $LiFePO_4$ 中的离子通道即属于一维离子通道。一维离子通道很容易受到晶格中杂质或位错影响而堵塞。若间隙空位在一个平面内相互连通，嵌入离子能在整个平面内自由迁移，则称为二维离子通道，Li_xCoO_2、Li_xNiO_2 和石墨中的离子通道均属于二维离子通道。若固体中间隙空位在上下、左右和前后三个方向上均相互连通，则称这种固体中存在三维离子通道，尖晶石型 $LiMn_2O_4$ 中的离子通道属于三维离子通道。Li_xCoO_2 和 Li_xNiO_2 中的二维离子通道层状结构见图 3-3。在这类化合物中，过渡金属离子位于两层氧原子之间的八面体中，金属和非金属原子之间通过化学键结合形成原子密实层；而两层密实层之间则靠范德华力或嵌入阳离子引起的静电力相结合。这种结构中包含的二维离子通道有利于离子嵌入和脱嵌反应。一方面，离子嵌入不会引起原子密实层的结构改变，有利于层状结构的稳定；另一方面，这种弱相互作用的晶格层间空隙中，允许离子良好移动。

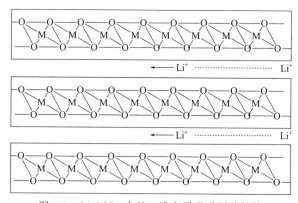

图 3-3　Li_xMO_2 中的二维离子通道层状结构

嵌入离子在通道中的扩散是通过空位跃迁或填隙跳迁方式进行，这与一般固体中的离子迁移类似。但是嵌入离子只能占据主体晶格中的某些空位或空隙位，而不能取代主体离子；在离子嵌入过程中固态化合物同时与外界进行电子交换反应，以保持电中性。因此，在离子迁移的同时，固态化合物的主体晶格不断发生化学组成和电性质的变化，离子扩散机理更为复杂。

在锂离子电池电极材料中，固相扩散通常是以锂离子迁移形式进行，离子迁移推动力为电化学势梯度。设离子 i 在电化学势梯度 $\mathrm{grad}\,\overline{\mu_i}$ 作用下的受力为 $F = -\mathrm{grad}\,\overline{\mu_i}$，迁移速率为 v，则该离子的迁移率为：

$$b_i = \frac{v}{F} = -\frac{v}{\mathrm{grad}\,\overline{\mu_i}}$$

扩散通量可用下式表示：

$$J_i = -c_i b_i \,\mathrm{grad}\,\overline{\mu_i}$$
$$= -c_i b_i \,\mathrm{grad}\,\mu_i - c_i b_i z_i e_0 \,\mathrm{grad}\varphi \tag{3-1}$$

式中，等号右边第一项为化学势梯度的影响，根据 $\mu_i = \mu_i^0 + kT\ln a_i$，也就是活度项 $\ln a_i$ 梯度的影响，可称为扩散项；第二项为电位梯度的影响，可称为电迁项；c_i 为离子浓度；z_i 为离子所带电荷数；e_0 为单位正电荷。对上式中等号右边第一项利用 $c = \mathrm{d}c/\mathrm{d}\ln c$ 的关系变换，x 方向的扩散流量可用下式表示：

$$J_{x,i,D} = -b_i kT \frac{\mathrm{d}\ln a_i}{\mathrm{d}\ln c_i} \times \frac{\mathrm{d}c_i}{\mathrm{d}x}$$
$$= -D_i W \frac{\mathrm{d}c_i}{\mathrm{d}x} = -\widetilde{D_i}\frac{\mathrm{d}c_i}{\mathrm{d}x} \tag{3-2}$$

式中，k 为反应速率常数；T 为热力学温度；$D_i = b_i kT$，为按 Fick 第一定律定义的扩散系数；$\widetilde{D_i}$ 可称为化学扩散系数；校正项 W 称为"W 因子"，为 Wagner 因子的一种表现形式，是由于体系偏离理想状态造成的，可以从库仑滴定曲线（"电极电位-嵌入度"关系曲线）求出。

如果将离子浓度 c_i 与嵌入度 X_i 联系起来（$\mathrm{d}\varphi/\mathrm{d}\ln c_i = X_i \mathrm{d}\varphi/\mathrm{d}X_i$），结合能斯特方程可以导出下式：

$$\frac{\mathrm{d}\ln a_i}{\mathrm{d}\ln c_i} = -\frac{z_i e_0 X_i}{kT} \times \frac{\mathrm{d}\varphi}{\mathrm{d}X_i} \tag{3-3}$$

式中，$\dfrac{\mathrm{d}\varphi}{\mathrm{d}X_i}$ 表示库仑滴定曲线斜率，与式(3-2) 中的 W 因子成正比；φ 为相对电极电位；z_i 为离子所带电荷数。通过式(3-3) 可求出 W 因子与嵌入度 X_i 之间的关系，利用电位阶跃后的电流衰减曲线可以求出化学扩散系数 $\widetilde{D_i}$，根据 Fick 定律求解扩散控制下嵌入过程动力学参数。

3.2.2.2 表面转移控制反应

在分析嵌入电极反应的动力学时，一般将固相扩散作为唯一的反应速度控制步骤来处理，实际上，在嵌入型电极的交流阻抗图的中等频率区，往往呈现出明显的表面反应特征。这里先讨论单纯由扩散过程控制的反应，然后介绍包括考虑表面转移过程影响的动力学处理办法。

嵌入反应的界面步骤是嵌入离子从电极表面附近溶液中转移到电极表面固相层中的过程，决定这一过程的热力学及动力学性质的主要因素应当是电极电位、电极附近液相中嵌入离子浓度和固体表面空位的占据率。由于这种过程与电极表面的特性吸附过程之间存在一定的类似，如果将嵌入反应的界面转移看作是液相中嵌入离子在固体电极表面上的"特性吸附"，按照 Frumkin 吸附等温线可写出表面离子嵌入度（X^s）与电极电位的关系：

$$X^s/(1-X^s) = \exp\left[f(\varphi-\varphi^0)\right]\exp(-gX^s) \tag{3-4}$$

式中，φ 和 φ^0 为平衡状态下电极电位和标准电极电位；g 为相互作用因子；$f = F/RT$；F 为法拉第常数。嵌入度随电位的变化可直接由式(3-4) 微分得到式(3-5)：

$$dX^s/d\varphi = f\left[g + 1/X^s + 1/(1-X^s)\right]^{-1} \tag{3-5}$$

而与嵌入反应相应的微分电容可以下式表示：

$$C_{\text{嵌入}} = Q_{\max}dX^s/d\varphi \tag{3-6}$$

式中，$Q_{\max}$ 为饱和嵌入电荷，相当于单位固体表面上所有可用空隙位均被占据时嵌入离子的电荷量。

考虑嵌入离子表面覆盖度的缓慢电荷转移极化曲线可用下式表示：

$$-i = \overrightarrow{k}(1-X^s)\exp\left[(1-\alpha)f(\varphi-\varphi^0)\right] - \overleftarrow{k}X^s\exp\left[\alpha f(\varphi-\varphi^0)\right] \tag{3-7}$$

式中，k 为指前因子，其上的箭头代表反应方向；i 为电流密度；α 为反应传递系数。

再将式(3-4) 带入到上式中可得到嵌入反应的极化曲线。

Levi 等[2,3]采用这一方法研究了锂在石墨和 Li_xCoO_2 等材料中的嵌入反应动力学。根据 Frumkin 等温线模型计算得出的数据与实验测得的循环伏安曲线和电化学阻抗谱之间能较好地互相吻合。

3.2.2.3 液相扩散动力学

锂离子电池的电解液中锂离子浓度通常较大，因此电解质的传输过程需要用浓溶液理论进行分析。设电解液是由三种物质（正离子、负离子和溶剂分子）组成，以溶剂分子的速率为参比速率，根据 Newman 等[4]的推导，得到各物质通量，可用下式表示：

$$J_+ = -\frac{\nu_+ D_+}{RT} \times \frac{c_T}{c_0}c\,\nabla\mu + \frac{it_+^0}{z_+F} + c_+v_0 \tag{3-8}$$

$$J_- = -\frac{\nu_- D_-}{RT} \times \frac{c_T}{c_0}c\,\nabla\mu + \frac{it_-^0}{z_-F} + c_-v_0 \tag{3-9}$$

$$J_0 = c_0v_0 \tag{3-10}$$

其中

$$i = F\sum_m z_m J_m \tag{3-11}$$

式(3-8) ～式(3-11) 中，c 为电解液中电解质的物质的量浓度；c_0 为电解液中溶剂的物质的量浓度；c_T 为电解液中所有物质的物质的量浓度之和；c_+、c_- 分别为正、负离子的物质的量浓度；D_+、D_- 为相应物质的扩散系数；J_+、J_- 和 J_0 分别为正离子、负离子和溶剂分子的通量；ν_+ 和 ν_- 分别为电离 1mol 电解质产生的正离子及负离子的物质的量；t^0_+ 为正离子的迁移数；t^0_- 为负离子的迁移数；z_m 为离子所带电荷数；v_0 为溶剂分子的移动速率；μ 为化学势；z_+、z_- 分别为正、负离子所带的电荷数；J_m 为物种 m 的通量；i 为流经电解液液相的表观电流密度；F 为法拉第常数。

以上公式中采用化学势梯度作为物种 m 的传输驱动力，将物种 m 通量的热力学驱动力转化为浓度梯度驱动力则得到：

$$J_m = -\nu_m \left[1 - \frac{\mathrm{dln}c_0}{\mathrm{dln}c} \right] D\,\nabla c + \frac{i t^0_m}{z_m F} + c_m v_0 \qquad (3\text{-}12)$$

式中，D 为通常所测定的离子的扩散系数。将离子 m 的通量表达式代入通用的物质的量平衡方程中得到：

$$\frac{\partial c_m}{\partial t} = -\nabla N_m + R_m \qquad (3\text{-}13)$$

式中，R_m 为离子 m 的源项；t 为时间。

把通量方程式(3-8) ～式(3-10) 代入物质的量平衡方程，重排并利用电中性原理，得到守恒关系，可用下式表示：

$$\frac{\partial c}{\partial t} + \nabla [c v_0] = \nabla \left[D \left(1 - \frac{\mathrm{dln}c_0}{\mathrm{dln}c} \right) \right] \nabla c - \frac{i \nabla t^0_+}{z_- \nu_+ F} \qquad (3\text{-}14)$$

及

$$\frac{\partial c_0}{\partial t} = -\nabla (c_0 v_0) \qquad (3\text{-}15)$$

公式(3-14) 是电解质的物质的量平衡方程，公式(3-15) 可以认为是溶剂速率的连续性方程。设溶剂分子速率为 0，则得到公式(3-13) 的一维形式：

$$\frac{\partial c}{\partial t} = \frac{\partial}{\partial x} \left[D \left(1 - \frac{\mathrm{dln}c_0}{\mathrm{dln}c} \right) \frac{\partial c}{\partial x} \right] - \frac{i}{z_+ \nu_+ F} \times \frac{\partial t^0_+}{\partial x} \qquad (3\text{-}16)$$

电解液中电荷的传递是由带电离子通过迁移或扩散实现的，液相中电流密度与电解液相的电位符合修正的欧姆定律，公式如下：

$$\nabla \phi = -\frac{i}{k} + \frac{RT}{F} \left(1 + \frac{\mathrm{dln}f_A}{\mathrm{dln}c} \right) (1 - t^0_+) \nabla \mathrm{ln}c \qquad (3\text{-}17)$$

式中，f_A 为锂盐活度系数；k 为电解液的电导率；ϕ 为电解液相的电位。该公式表明电流和浓度梯度均会引起电位梯度。

公式(3-16) 和式(3-17) 表明描述二元电解质溶液的动力学过程需要 3 个独立的、可测量的传输变量：电导率 k、正离子迁移数 t^0_+ 和电解质（锂盐）扩散系数 D。

3.2.2.4 电化学反应动力学

锂离子电池电化学反应主要是锂离子在正负极活性物质中嵌入和脱出时发生的氧化还原反应。设这两个电化学反应符合 Bulter-Volmer 方程：

$$i_j = i_{0j} \left[\exp\left(\frac{\alpha_j F}{RT} \eta_j \right) - \exp\left(-\frac{\beta_j F}{RT} \eta_j \right) \right] \tag{3-18}$$

式中，i_j 为第 j 个电极反应的反应电流密度；α_j 和 β_j 分别为第 j 个电极反应的阴极反应和阳极反应的传递系数；η_j 为第 j 个电极反应的电化学过电位；i_{0j} 为第 j 个电极反应的交换电流密度，它是电解液中 Li$^+$ 浓度及固体活性物质中锂带浓度的函数：

$$i_{0j} = KF(c)^{\alpha_j} (c_{t,j} - c_{s,j}^0)^{\alpha_j} (c_{s,j}^0)^{\beta_j} \tag{3-19}$$

式中，K 为电极反应动力学常数；c 为电解液中 Li$^+$ 浓度；$c_{t,j}$ 为第 j 个电极中固体活性物质中最大 Li$^+$ 浓度；$c_{s,j}^0$ 为第 j 个电极中固体活性颗粒表面的 Li$^+$ 浓度。

第 j 个电极反应的电化学过电位定义如下：

$$\eta_j = \phi_{1,j} - \phi_{2,j} - U_j \tag{3-20}$$

式中，$\phi_{1,j}$ 为第 j 个电极的固相电位；$\phi_{2,j}$ 为 j 个电极的液相电位；U_j 为第 j 个电极中固体活性物质的平衡电极电位。

3.2.2.5 多孔电极动力学

根据 Newman 的多孔电极宏观均匀理论，多孔电极可以认为是由连续的固相和液相重叠组成的，每一相均有其确定的体积；不考虑孔隙的实际几何形貌，而是用 S^* 标示多孔电极的比表面积。在电极内部的每一点均存在两相界面，因而在界面上进行的电化学反应在物质的量平衡方程中就变成了均相反应项。由于电解液中没有均相化学反应发生，仅有 Li$^+$ 参与电化学反应，并且本文假设电极孔隙率保持恒定，因而电极孔隙中锂盐的物质平衡方程可用下式表示：

$$\varepsilon \frac{\partial c}{\partial t} = \frac{\partial}{\partial x} \left[D_{\text{eff}} \left(1 - \frac{\text{d}\ln c_0}{\text{d}\ln c} \right) \frac{\partial c}{\partial x} \right] + (1 - t_-^0) \frac{S^* J_n}{\nu_-} - \frac{i_{2,x}}{z - \nu_- F} \times \frac{\partial t_-^0}{\partial x} \tag{3-21}$$

式中，ε 为多孔电极中液相体积分数；D_{eff} 为多孔电极的孔隙中电解质的有效扩散系数；J_n 为多孔电极孔壁的 Li$^+$ 通量；S^* 为多孔电极的比表面积；$i_{2,x}$ 为电解液相中距离边界 x 处的传输表观电流密度。

多孔电极中液相电位：

$$\nabla \phi_2 = -\frac{i_2}{k_{\text{eff},2}} + \frac{RT}{F} \left(1 + \frac{\text{d}\ln f_A}{\text{d}\ln c} \right) (1 - t_-^0) \nabla \ln c \tag{3-22}$$

式中，ϕ_2 为液相电位；i_2 为电解液相传输的表观电流密度；$k_{\text{eff},2}$ 为多孔电极孔隙中电解液的有效电导率。对于电极反应：

$$\sum_i S_i M_i^{z_i} \Longrightarrow n e^- \tag{3-23}$$

式中，S_i 为多孔电极第 i 处的比表面积；$M_i^{z_i}$ 为多孔电极第 i 处的化合价。

孔壁的 Li^+ 通量与流经电解液相的表观电流密度的分流成正比：

$$S^* J_n = -\frac{S_+}{nF} \times \frac{\partial i_{2,x}}{\partial x} \tag{3-24}$$

式中，S_+ 为电极反应中 Li^+ 的反应系数。

电极的固相电位变化服从欧姆定律：

$$\nabla \phi_1 = -\frac{i_1}{k_{eff,1}} \tag{3-25}$$

式中，ϕ_1 为固相电位；$k_{eff,1}$ 为多孔电极固相部分的有效电子电导率；i_1 为电极固相导电网络传输的表观电流密度。采用 Bruggeman 关系式的体积修正方法计算电极的有效电导率，假定固相导电网络的 Bruggeman 系数为常用数值（1.5）：

$$k_{eff,1} = \sigma_1 (1-\varepsilon)^{1.5} \tag{3-26}$$

式中，σ_1 为电极基体的电导率。

流经固液两相中的表观电流密度由于电荷平衡而守恒：

$$i = i_1 + i_2 \tag{3-27}$$

式中，i 为多孔电极表观电流密度；i_1 为固相表观电流密度；i_2 为液相表观电流密度。

在多孔介质中，由于传输相的体积会减小及传输路径会变长，多孔电极的传输性能均需采用有效值。采用 Bruggeman 关系式计算有关传输性能（电导率 k，扩散系数 D）的有效值：

$$k_{eff} = k\varepsilon^\alpha, \quad D_{eff} = D\varepsilon^\alpha \tag{3-28}$$

式中，α 为多孔电极及隔膜孔隙的 Bruggeman 系数。

3.2.3 多孔电极极化

当电极过程处于热力学平衡状态时，可逆电极体系的氧化反应和还原反应速率相等，电荷交换和物质交换都处于动态平衡之中，因而净反应速率为零，电极上没有电流通过，即外电流等于零，此时的电极电位为平衡电位。当电极失去了原有的平衡状态，电极上有电流通过时就有净反应发生，电极电位将偏离平衡电位。这种有电流通过时电极电位偏离平衡电位的现象叫做电极极化[5]。电极电位与平衡电位差值称为超电位。极化是研究电极过程的重要手段，下面首先讨论非活性电极极化，然后讨论活性电极极化。

3.2.3.1 非活性电极极化

非活性电极的内部不同深度处电化学极化主要包括固、液相网络中的电阻极化和孔隙中电解质反应粒子的浓度极化。

（1）固、液相网络中电阻极化　设多孔电极一侧接触溶液，并且全部反应层中各相具有均匀的组成，即不发生反应粒子的浓度极化；还设反应层中各相的比体积与曲折系数均为定值。当满足这些假设时，可以用如图 3-4 所示的等效电路来分析界面上的电化学反应和固、液相电阻各项因素对电极极化行为的影响。

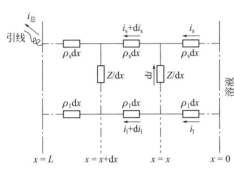

图 3-4　多孔电极等效电路图

图 3-4 中将表观面积为 $1cm^2$、厚度为 L 的多孔电极按平行于电极表面的方向分割成厚度为 dx 的许多薄层，薄层中固相和液相的电位分别用 φ_s 和 φ_l 表示（以下均用下标 s 和 l 表示固、液相）。因此，界面上阴极反应的超电位为：

$\eta = \varphi_l - \varphi_s +$ 常数，或 $d\eta = d(\varphi_l - \varphi_s)$

按 x 方向流经薄层中固相和液相的电流密度分别用 i_s 和 i_l 表示；并用 $\rho_s dx$

及 $\rho_l dx$ 来模拟每一薄层 x 方向的固、液相电阻，其中 ρ_s 及 ρ_l 分别为固相及液相的表观比电阻。电路中还在固、液相电阻之间用 Z/dx 来模拟薄层中电化学反应的"等效电阻"，电荷通过这一电阻在固、液相之间转移。

如果设真实反应表面上的极化曲线为 $i' = f(\eta)$，则反应层中电化学反应的局部体积电流密度为：

$$\frac{di}{dx} = \frac{di_s}{dx} = -\frac{di_l}{dx} = S^* i' = S^* f(\eta) \tag{3-29}$$

式中，S^* 为单位体积多孔层中的反应表面积（即体积比表面积），cm^{-1}。因此，电化学反应的体积等效比电阻（Z）可用下式表示：

$$Z = \eta / \left(\frac{di}{dx}\right) = -\eta / \left(\frac{di_l}{dx}\right) = \frac{\eta}{S^* f(\eta)} \tag{3-30}$$

在固相电子导电良好的多孔电极中一般有 $\rho_s \ll \rho_l$，因此可以认为 $d\varphi_s/dx = 0$，而 $d\eta = d\varphi_l = -i_l \rho_l dx$。由此得到 $\frac{di_l}{dx} = -\frac{1}{\rho_l}\left(\frac{d^2\eta}{dx^2}\right)$，代入式(3-30) 后有：

$$\frac{d^2\eta}{dx^2} = \frac{\rho_l}{Z}\eta \tag{3-31}$$

式(3-31) 为不考虑固相电阻，也不出现浓度极化时多孔电极极化的基本微分方程，其解的具体形式由式(3-30) 和选用的边界条件决定。

作为最简单的情况，可以采用电化学极化很小时的极化曲线公式：

$$i' = i^0 \frac{nF}{RT}\eta$$

式中，i^0 为交换电流密度；n 为反应电子数。

代入式(3-30) 后得到：

$$Z = \frac{RT}{nF} \times \frac{1}{i^0 S^*}$$

对于一定的电极结构和反应体系可当作常数来处理。

多孔电极全部厚度内所产生的总电流密度（即表观电流密度）可用下式表示：

$$i_{\text{总}} = i_{1(x=0)} = -\frac{1}{\rho_1}\left(\frac{\mathrm{d}\eta}{\mathrm{d}x}\right)_{x=0} = \eta^0 (\rho_1 Z)^{-1/2} \tanh(\kappa L) \tag{3-32}$$

式中，η^0 为电极表面电位；κ 为电极电导率。

当 $\kappa L \geqslant 2$ 时，$\tanh(\kappa L) \approx 1$，此时式(3-32) 中的 $\tanh(\kappa L)$ 项可以略去。因此，常设：

$$L_\Omega^* = -\eta^0 \left(\frac{\mathrm{d}\eta}{\mathrm{d}x}\right)_{x=0}^{-1} = 1/\kappa = (Z/\rho_1)^{1/2} = \left(\frac{RT}{nF} \times \frac{1}{i^0 S^* \rho_1}\right)^{1/2} \tag{3-33}$$

式中，L_Ω^* 称为反应层的"特征厚度"。当反应层的厚度 $L \geqslant 2L_\Omega^*$ 时，$i_{\text{总}}$ 就很少随 L 而增大。而对于"足够厚"（$L \geqslant 3L_\Omega^*$）的反应层有：

$$i_{\text{总}} = \eta^0 (\rho_1 Z)^{-1/2} = \eta^0 \left(\frac{nF}{RT} \times \frac{i^0 S^*}{\rho_1}\right)^{1/2} \tag{3-34}$$

式(3-34) 表明，$i_{\text{总}}$ 与 η^0 之间存在线性关系。但是，与平面电极上 $i \propto i^0$ 不同，$i_{\text{总}}$ 与体积交换电流密度（$i^0 S^*$）的平方根成正比。

如果多孔电极中的极化较大，以致不能忽略极化曲线的非线性，则真实反映表面上电化学极化的公式可用下式表示：

$$\begin{aligned}
i_{\text{总}} &= \sqrt{\frac{16 i^0 S^* RT}{\rho_1 nF}} \sinh\left(\frac{nF}{4RT}\eta^0\right) \\
&= \sqrt{\frac{4 i^0 S^* RT}{\rho_1 nF}} \left[\exp\left(\frac{nF}{4RT}\eta^0\right) - \exp\left(-\frac{nF}{4RT}\eta^0\right)\right]
\end{aligned} \tag{3-35}$$

当 $\eta^0 \gg \dfrac{nF}{4RT}$ 时，可以忽略式(3-35) 等号右侧方括号中第二项，经整理后得到：

$$\begin{aligned}
\eta^0 &= -\frac{2.3RT}{nF/4}\lg\left(\frac{4 i^0 S^* RT}{\rho_1 nF}\right)^{1/2} + \frac{2.3RT}{nF/4}\lg i_{\text{总}} \\
&= \text{常数} + \frac{0.236}{n}\lg i_{\text{总}}
\end{aligned} \tag{3-36}$$

由上式所表示的极化曲线形式见图 3-5 中曲线 a，图中曲线 b 为 i^0 相同时平

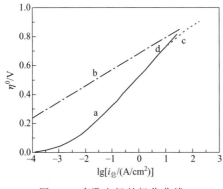

图 3-5　多孔电极的极化曲线

面电极上的极化曲线。比较两曲线可知多孔电极在低极化区比平面电极的极化小得多；在中等极化区，多孔电极上的极化也较小，但由于曲线 a 斜率比曲线 b 大，故迅速接近平面电极上的极化曲线。导致出现这种情况的主要原因是有效反应区随极化增大而迅速减薄，使多孔电极的极化性能越来越趋近平面电极了。从曲线上 d 段的发展趋势看，在高极化区多孔电极上的极化甚至可能超过平面电极，事实上当然不可能如此。当有效反应区的厚度减小到与多孔电极中的微孔孔径相近时，本节中的推导公式就不再有效。在高极化区，实际极化曲线大致按曲线 c 渐趋近平面电极的极化曲线。

若固相电阻的影响不能忽视，则应考虑：

$$\mathrm{d}\varphi_s = -i_s\rho_s\mathrm{d}x$$

$$\mathrm{d}\eta = \mathrm{d}(\varphi_1 - \varphi_s) = (-i_1\rho_1 + i_s\rho_s)\mathrm{d}x$$

$$\frac{\mathrm{d}^2\eta}{\mathrm{d}x^2} = -\rho_1\frac{\mathrm{d}i_1}{\mathrm{d}x} + \rho_s\frac{\mathrm{d}i_s}{\mathrm{d}x} = (\rho_s + \rho_1)\frac{\mathrm{d}i}{\mathrm{d}x} = \frac{\rho_s + \rho_1}{Z}\eta$$

用真实反映表面上的电化学极化公式 $i' = 2i^0\sinh\left(\dfrac{nF}{2RT}\eta\right)$ 代入，整理后得到：

$$\frac{\mathrm{d}^2\eta}{\mathrm{d}x^2} = 2i^0S^*(\rho_s + \rho_1)\sinh\left(\frac{nF}{2RT}\eta\right) \tag{3-37}$$

式(3-37) 中用 $\rho_s + \rho_1$ 代替了 ρ_1。由于固相中存在电压降，边界条件式修改为：

$$\begin{cases}(\mathrm{d}\eta/\mathrm{d}x)_{x=0} = -\rho_1 i \\ (\mathrm{d}\eta/\mathrm{d}x)_{x=L} = \rho_s i\end{cases} \tag{3-38}$$

这样就大大增加了数学分析的复杂性。

（2）电解质中反应粒子的浓度极化　若反应粒子浓度较低，固、液网络导电性良好，则引起多孔电极内部极化不均匀的原因往往是反应粒子在孔隙中的浓度极化。电极内部不同深度处反应界面上电化学极化值相同，且等于按常规方法用置于多孔电极外侧的参比电极测得的数值（η^0）。另外，由于受到电极端面外侧整体液相中反应粒子传质速率的限制，能实现的稳态表观电流密度不能超过整体液相中传质速率决定的极限扩散电流密度。采用多孔电极作为电化学传感器时常利用这一性质。在化学电池和电解装置中，一些杂质在多孔电极上的电化学行为亦由此决定。

进一步可分两种情况来讨论多孔电极上的这类过程。首先，若多孔电极上的表观交换电流密度为：

$$i^{0\prime}=i^0 S^\prime \gg i_{\rm d}$$

式中，$S^\prime$ 为多孔电极表观面积的比表面积；$i_{\rm d}$ 为电极端面外侧液相中传质速率引起的极限扩散电流密度。

则当极化不太大时多孔层中液相内部各点反应粒子的浓度与端面上浓度（$c_{\rm s}$）相同，且等于按电极电位和能斯特方程所规定的数值。换言之，在这种情况下多孔电极与表面粗糙度很大的平面电极等效。由于多孔电极的 $S^\prime$ 一般远大于 1，故满足 $i^0 S^\prime \gg i_{\rm d}$ 要比满足 $i^0 \gg i_{\rm d}$ 更容易，即在多孔电极上更容易出现"可逆型"极化曲线。其次，不能满足 $i^0 S^\prime \gg i_{\rm d}$ 时，若多孔层较薄且孔隙中反应粒子的传输速率足够大，也可以在多孔层内部的反应界面上出现电化学极化而孔隙内反应粒子的浓度仍然保持均匀，并等于端面上的浓度 $c_{\rm s}$。

因此，根据孔隙中反应粒子传输速率的不同，可以出现如图 3-6 所示的三种情况：曲线 1 相当于上段中介绍过的情况（粉层内不出现浓度极化）；而曲线 2、3 分别表示当粉层"不足够厚"和"足够厚"时出现的浓度极化分布情况。当粉层"不足够厚"时，直至粉层最深处（$x=L$）反应粒子的浓度仍明显大于零，因而若粉层更厚则多孔电极可有更大的反应速率（电流输出）。当粉层"足够厚"时，在粉层深处反应粒子的浓度与 $c_{\rm s}$ 相比已降至可以忽略的数值，因此即使增大粉层厚度也不可能输出更大的电流。

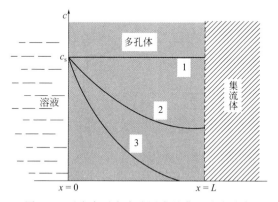

图 3-6　反应离子在多孔层中的典型浓度分布

分析图 3-6 中曲线 1 的情况时，当 $\eta^0 \gg \dfrac{anF}{RT}$ 时电流密度公式和半对数极化曲线公式可分别写成：

$$i_{总} = \frac{c_s}{c_0} i^0 S^* L \exp\left(\frac{\alpha nF}{RT}\eta^0\right) \tag{3-39}$$

$$\eta = -\frac{2.3RT}{\alpha nF} \lg\left(\frac{c_s}{c_0} i^0 S^*\right) + \frac{2.3RT}{\alpha nF} \lg i_{总} \tag{3-40}$$

式中，α 为电解液活度；c_s 为电极端面上的浓度；c_0 为电解液浓度。

当 c_s 随电流密度变化（即电极端面外侧溶液中出现浓度极化）时则有：

$$\frac{2.3RT}{\alpha nF} \lg\left(\frac{i_{总}}{i_d - i_{总}}\right) = 常数 + \eta^0 \tag{3-41}$$

式中，i_d 为整体液相中反应粒子完全浓度极化所引起的极限扩散电流密度。若设 $n=1$，$\alpha=0.5$，则由式（3-40）和式（3-41）表示的半对数极化曲线的斜率均为 118mV。此值称为"低斜率"，表征粉层中不出现浓度梯度。

分析图 3-6 中曲线 2 和 3 所表示的情况，则有：

$$i_{总} = i_{x=0} = -nFD_{有效(l)} \left(\frac{dc}{dx}\right)_{x=0}$$
$$= c_s\left(\frac{nFD_{有效(l)} i^0 S^*}{c_s}\right)^{1/2} \exp\left(\frac{\eta^*}{2}\right) \tanh(\kappa_c L) \tag{3-42}$$

式中，$i_{x=0}$ 为电极表面的电流密度；$D_{有效(l)}$ 为固相有效扩散系数；κ_c 为电极中电解液浓度为 c 时的电导率。

式（3-42）中的 $\tanh(\kappa_c L)$ 项是由于粉层足够厚所引起。当 $\kappa_c L \geqslant 2$ 时这一项可从两式中略去，并由此推出反应层的"有效厚度"为：

$$L_c^* = \left(\frac{nFD_{有效(l)} c^0}{i^0 S^*}\right)^{1/2} \tag{3-43}$$

当 $L \ll L_c^*$ 时，粉层中不存在浓度变化；而当 $L \geqslant 3L_c^*$ 时，粉层深处的反应粒子即粉层已"足够厚"了。因此，图 3-6 中的三种情况大致相当于 $L \ll L_c^*$、$L = 0.1L_c^* \sim 2L_c^*$ 及 $L \geqslant 3L_c^*$。

3.2.3.2　活性电极极化

当涉及有关化学电源中多孔电极的极化问题时，由于电解质相内参加反应粒子（如锂离子电池中的 Li^+，水溶液电池中的 H^+、OH^- 等）浓度一般较高，构成了主要导电组分，因而引起这些粒子移动的机理不仅是扩散，还包括电迁移。对于对称型电解质溶液，反应层的有效厚度可用下式表示：

$$L_c^* = \left(\frac{2nFD_{有效(l)} c^0}{i^0 S^*}\right)^{1/2} \tag{3-44}$$

当设计化学电源电极的厚度时，如果期望以尽可能高的功率输出（即全部粉粒均能同时参加电流输出），则极片厚度不应显著大于 L_Ω^* 或 L_c^*（选其中较小的一个）。计算 L^* 时需要知道 $i^0 S^*$（单位体积中的交换电流），可用测试粉末微电极的方法测出。

在一些容量较大而内部结构较简单的一次电池中，往往采用较厚的粉层电极。当输出较大电流时，在电极厚度方向上极化分布一般是不均匀的。因此，有必要大致估计有效反应区的位置及其在放电过程中的移动情况。在放电的初始阶段，反应区主要是位于粉层表面附近或其最深处（导流引线附近），取决于 ρ_s 和 ρ_l 中哪一项数值较大。随着放电的进行及活性物质的消耗，反应区逐渐向内部或外侧移动。大多数情况下 $\rho_l \gg \rho_s$，这时反应区的初始位置在电极靠近整体液相一侧的表面层中，且随放电进行而逐渐内移。一般说来，这种情况是比较理想的，因为在这种情况下由于放电反应而可能引起的 ρ_s 的增大不会严重影响放电的进行。然而，若反应产物能在孔内液相中沉积（如 Zn 电极、$SOCl_2$ 电极），则由于电极表面层中的微孔逐渐被阻塞，会使表面层中的液相电阻不断增大，导致电极极化增大。从这一角度看，当电极反应可能引起液相中出现沉积时，尽可能减小 ρ_l，使初始反应区的位置处于粉层深处（靠近引流导线一侧），可能是有利的。然而，若放电反应能引起 ρ_s 增大，则深层处活性物质优先消耗也会引起电池内阻显著上升和极化增大。

3.2.4 多孔电极锂离子扩散测量与模拟

在锂离子电池的电极过程中，固相过程、液相过程和固-液界面过程反应速率及其变化特征均与 Li^+ 的扩散问题相关，并直接影响电池性能。下面讨论 Li^+ 扩散的实验测量与数学模拟计算方法。

3.2.4.1 锂离子扩散系数测量

锂离子扩散系数通常可以通过跟踪同位素示踪原子的迁移进行测量，定义示踪扩散系数 D 为：

$$D = \frac{1}{6Nt} \sum_{i=1}^{N} \langle | \vec{r_i}(t) - \vec{r_0}(t) |^2 \rangle \tag{3-45}$$

式中，N 为测量体系中锂离子的数目；t 为时间；$\vec{r_i}(t)$ 为第 i 个锂离子在时间 t 时的坐标；$\vec{r_0}(t)$ 为锂离子在时间 t 的初始坐标。

对于锂离子电池来说，常用电化学测试方法有电流脉冲弛豫（CPR）技术、交流（AC）阻抗技术、恒电流间歇滴定技术（GITT）、阻抗（AC）法和电位阶跃计时电流法（PSCA）等，下面简单介绍各种测量方法。

（1）电流脉冲弛豫（CPR）技术　电流脉冲弛豫技术是在研究锂嵌入式化合物中锂离子的扩散系数时最早使用的。该技术是在电极上施加连续的恒电流扰动，记录和分析每个电流脉冲后电位的响应。在 CPR 技术中，根据 Fick 第二定律，对于半无限扩散条件下的平面电极（$t \ll l^2/D_{Li}$，l 为电极厚度的 1/2），其化学扩散系数可表示为：

$$D_{Li} = \frac{IfV_m}{AF\pi^{1/2}} \times \frac{dU}{dx} \times \frac{dU}{dt^{-1/2}} \tag{3-46}$$

式中，I 为脉冲电流，A；f 为脉冲时间，s；V_m 为摩尔体积，cm^3/mol；A 为阴极或阳极表面积，cm^2；F 为法拉第常数；t 为时间，s；dU/dx 为放电电压-组成曲线上每点的斜率；$dU/dt^{1/2}$ 为弛豫电位 dU（或 ΔU）-$t^{-1/2}$ 直线的斜率。图 3-7（a）是用 CPR 技术测定的 ΔU 与 $t^{-1/2}$ 的关系直线，求出该直线的斜率，就可以求出扩散系数 D_{Li}。

（2）交流（AC）阻抗技术　交流阻抗技术是根据阻抗谱图准确地区分在不同频率范围内的电极过程决速步骤，在各类电池研究中获得了广泛应用。电极阻抗的 Nyquist 图［图 3-7（b）］中，高频区是一个代表电荷转移反应的容阻弧，低频区是一条代表扩散过程的直线。在半无限扩散条件下，Warburg 阻抗可表示为：

$$Z_w = ek^{-1/2} - jek^{-1/2} \tag{3-47}$$

式中，e 为 Warburg 系数；k 为角频率；$j = \sqrt{-1}$。

Warburg 阻抗是一条与实轴成 45°角的直线。根据所测阻抗谱图的 Warburg 系数，再由放电电位-组成曲线所测的不同锂嵌入量下的 dU/dx，就可求出 D_{Li}。

（3）恒电流间歇滴定技术（GITT）　恒电流间歇滴定技术是稳态技术和暂态技术的综合，它消除了恒电位技术等技术中的欧姆电位降问题，所得数据准确，设备简单易行。其基本原理见图 3-7（c），图中 ΔU_t 是施加恒电流 I_0 在时间 t 内总的暂态电位变化，ΔU_s 是由于 I_0 的施加而引起的电池稳态电压变化。电池通过 I_0 的电流，在时间 t 内，锂在电极中嵌入，因而引起电极中锂的浓度变化，根据 Fick 第二定律有：

$$\partial c_{Li}(x,t)/\partial t = D_{Li}\partial^2 c_{Li}(x,t)/\partial x^2 \tag{3-48}$$

初始条件和边界条件为：

$$c_{Li}(x, t=0) = c_0 \qquad (0 \leqslant x \leqslant 1) \tag{3-49}$$

$$-D_{Li}\partial c_{Li}/\partial x = I_0/(AF) \quad (x=0, t \geqslant 0) \tag{3-50}$$

$$\partial c_{Li}/\partial x = 0 \quad (x=1, t \geqslant 0) \tag{3-51}$$

式中，$x=0$ 表示电极/溶液界面；c_{Li} 为电极中锂的实际浓度；c_0 为电极中锂的初始浓度；I_0 为电极流过的恒电流；A 为阳极或阴极的表面积；F 为法拉第常数。当 $t \leqslant l^2/D_{Li}$ 时，由式（3-49）～式（3-51）的条件可得：

$$D_{Li} = \frac{4}{\pi}\left(\frac{V_m}{AFZ_{Li}}\right)^2 \frac{I_0 \dfrac{dU}{dx}}{\dfrac{dU}{d\sqrt{t}}}$$

式中的 dU/dx 的意义同前所述，是开路电位-组成的曲线的斜率，其他参数的意义亦同前。根据恒电流下的 U-t 的关系曲线，作 U-$t^{-1/2}$ 关系图，U-$t^{1/2}$ 呈直线关系，由其斜率可求出 D_{Li}。

（4）电位阶跃计时电流法（PSCA）　电位阶跃计时电流法是根据阶跃后的 $I\text{-}t^{1/2}$ 关系曲线及 Cottrel 方程求扩散系数，是电化学研究中常用的暂态研究方法。先在一定电位下恒定一定时间，使电极中的锂离子扩散达均匀状态，然后再从恒电位仪上给出一个电位阶跃信号，电池中就有暂态电流产生，最后这个电位又达到一个新的平衡。记录这个电位阶跃过程中暂态电流随时间的变化，根据记录的电流-时间暂态曲线和理论计算的电流-时间暂态曲线可求出 D_{Li}。

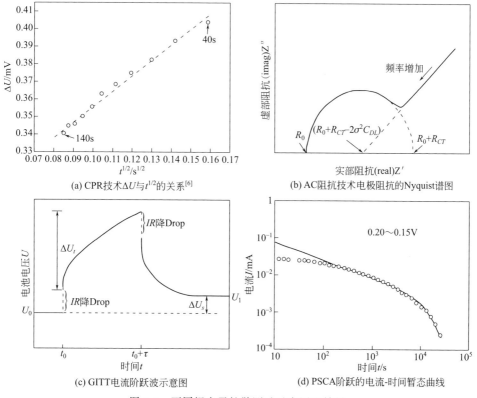

(a) CPR技术ΔU与$t^{1/2}$的关系[6]

(b) AC阻抗技术电极阻抗的Nyquist谱图

(c) GITT电流阶跃波示意图

(d) PSCA阶跃的电流-时间暂态曲线

图 3-7　不同锂离子扩散测试示意图和结果

上述测定离子扩散系数的方法中，CPR、GITT 和 PSCA 适用于扩散过程是电极过程的控制步骤的情况。AC 阻抗技术可通过频率较容易地区分电极过程的决速步骤，对于一些决速步骤难以确定的电极反应是非常有效的方法，但只适用于阻抗平面图上有 Warburg 阻抗出现的情况。PSCA 是把电极当作有限扩散层厚度来处理的，扩散过程包括从电极表面到电极深处的扩散，测试所需时间较长。此外，CPR 技术、AC 阻抗技术和 GITT 都涉及两个难以确定的参数，即开路电位-组成曲线在不同组成下曲线的斜率和电极表面有效表面积的计算。PSCA 虽然只涉及电极表面有效表面积一个参数，但试验所需时间较长。在目前的文献中，用 CPR

技术、GITT 和 AC 阻抗技术测定时都假定锂离子的扩散是在电极表面进行的，所以通常用电极的几何表面积来代替有效表面积进行计算，误差不会太大。

3.2.4.2　锂离子扩散模拟

利用计算机可以模拟锂离子的扩散运动，下面讨论模拟锂离子扩散常采用的蒙特卡罗法、分子动力学法和弹性能带法。

（1）蒙特卡罗法　蒙特卡罗方法对锂离子在固体材料中的传输问题通常选用 Metropolis 算法[7]，将把锂离子迁移过程考虑成马尔可夫（Markov）过程，锂离子每次跳跃的位置都是 Markov 链上的一个节点，而前一个节点到后一个节点跳跃的发生是否成功由一定概率来决定。具体研究思路包括两类：a. 利用经典相互作用进行简化，通过近似表达式计算锂离子在不同格点的位能；b. 通过第一性原理计算方法得到位能。

直接利用经典相互作用简化时，不同材料和不同体系的位能表达式不同，需要建立合理的位能表达式才能提高模拟结果正确性。Ouyang 等[8,9]计算 $LiMn_2O_4$ 中锂离子扩散行为时，将 Li^+ 和 $LiMn_2O_4$ 晶格中 Li^+ 与 Mn 和 O 之间的相互作用平均为一个不变的常数，并认为等于 Li^+ 在其中的化学势 μ，得到每个锂离子格点的位能 ε_i，可用下式表示：

$$\varepsilon_i = n_i \left(J_{NN} \sum n_i + J_{NNN} \sum n_j - \mu \right) \tag{3-52}$$

式中，J_{NN} 和 J_{NNN} 分别为最近邻和次近邻原子之间的相互作用能；μ 为化学势；n 为格点数。

模拟得到不同温度下 $LiMn_2O_4$ 中锂离子浓度与离子导电性之间关系，见图 3-8。

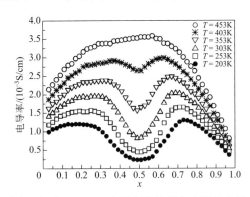

图 3-8　不同温度下 $LiMn_2O_4$ 中锂离子浓度与离子导电性之间关系

第一性原理计算可以精确地计算一些具有代表性原子结构的能量，然后通过集团展开方法拟合出能量与结构参数的一般性表达式，从而获得所有可能结构模型的能量；然后通过蒙特卡罗模拟技术模拟锂离子在各种复杂材料中的扩散和输运性质。通过第一性原理计算获得的能量表达式比经验位能模型能量要准确，同时对于结构复杂难以建立经验模型的体系，也可以比较方便地获得结构能量。Ceder 小组[10,11]发现了锂离子在 Li_xCoO_2 中的双空位扩散机制，得到的锂离子扩散系数如图 3-9 所示。

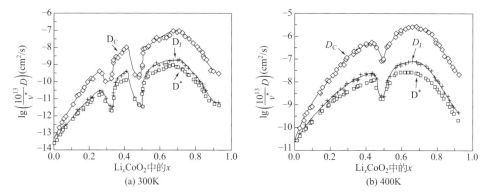

图 3-9　Li_xCoO_2 材料中锂离子浓度与离子导电性之间关系的模拟结果

ν^*—指数前置因子；D_C—化学扩散系数；D_J—跳跃扩散系数；D^*—原子示踪剂扩散系数

蒙特卡罗模拟优势在于模拟体系可以很大，甚至可以直接模拟真实材料大小的体系。Ouyang 等[12]在模拟 $LiFePO_4$ 材料中 Cr 对 Li 离子输运的阻塞效应时采用了尺寸为 $1000 \times 1000 \times 1000$ 的晶胞，模型尺寸和实际 $LiFePO_4$ 材料颗粒尺寸在同一个数量级上，计算模型和阻塞见图 3-10。另外，蒙特卡罗模拟还可以较方便地模拟在外场作用下的离子输运。比如，在外加电场中，锂离子受到电场作用，从一个位置迁移到另外一个位置将增加一项额外电场能，而电场能可以算入迁移概率 P_s 表达式中。这样模拟结果就代表了锂离子在外场中的迁移情况。

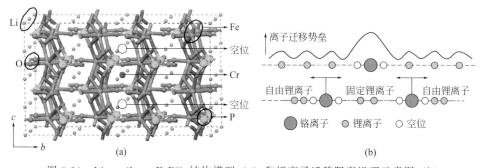

图 3-10　$Li_{29/32}Cr_{1/32}FePO_4$ 结构模型（a）和锂离子迁移阻塞机理示意图（b）

（2）分子动力学方法　分子动力学方法是一种确定性模拟方法，基本思想是通过求解牛顿运动方程来描述粒子运动，在给定的势场下，已知系统中粒子初始位置和速度，可以计算出每个粒子的受力和加速度，通过求解运动方程，就可以确定粒子运动轨迹，最终可以获得每个粒子位置、速度和加速度随时间的变

化[13]。在计算锂离子扩散行为过程中，分子动力学包括经典分子动力学和第一性原理分子动力学模拟。

经典分子动力学方法模拟受到观测时间和模拟体系大小限制，需要引入周期性边界条件、全（漫）反射边界条件、开边界条件等边界条件。对于锂离子电池材料中锂离子扩散行为，需要计算一定温度下的扩散系数，通常可以选择（N，V，T）系综。应用分子动力学模拟锂离子扩散行为，最为关键的是构造出能够精确描述粒子所处势场的模型，进而计算出粒子的精确受力。对于固相材料，通常构造出精确描述粒子受力势场的模型难度很大。目前，利用经典分子动力学方法研究锂离子电池电极材料或固态电解质中锂离子输运问题的报道较少，Tateishi 等[14]构造了描述 $LiMn_2O_4$ 材料中势场的模型，并利用该模型研究了锂离子的扩散问题，结果也不尽如人意。

第一性原理分子动力学模拟基本思想是利用第一性原理方法计算原子间受力，再通过分子动力学方法来计算原子运动，并且分开独立考虑原子运动和电子运动。利用第一性原理分子动力学模拟可以获得比较可信的结果，常用的 Car Parrinello Molecular Dynamics（CPMD）法[15]已经植入到大部分第一性原理计算软件中。利用第一性原理分子动力学方法模拟锂离子迁移，包括两种方法：选择性分子动力学法和完全分子动力学法。选择性分子动力学法，也称为绝热轨道近似法：某个原子沿着某个轨道从一个格点运动到另一个格点位，把整个运动过程分割成一定数目的分子动力学步数进行模拟。运动粒子的每个运动状态（每个分子动力学步），都弛豫运动原子周围的其他原子受力，同时运动原子在其运动方向的垂直平面内也进行弛豫（有些计算也可能忽略运动原子的弛豫）。这样，计算每个运动状态体系的总能量，即可获得运动粒子沿着该运动方向跳跃的迁移势垒。Meunier 等[16]计算了锂离子在碳纳米管中的扩散行为，并预测锂离子很难穿过碳六元环。Ouyang 等[17]利用同样方法计算了锂离子在 $LiFePO_4$ 材料中的迁移势垒，发现锂离子在该材料中的一维输运行为，即锂离子扩散只能沿着晶轴 c 方向进行。事实上，绝热轨道近似方法并不是一种真正意义上的分子动力学模拟，在模拟过程中，仅有部分原子进行了迁移运动，且迁移路径也是事先给定的，模拟过程中仅仅对其他原子进行了弛豫。完全分子动力学法给出了所有原子运动轨迹以及其随时间演变的信息，通过分析这些数据，可以直接获得扩散系数，该法在研究锂离子扩散行为中得到广泛应用。有研究者通过第一性原理分子动力学模拟锂离子电导率非常高的固态电解质材料 $Li_{10}GeP_2S_{12}$，锂离子电导率在 300K 的温度下大约为 $9 \times 10^{-3} S/cm$[18]，与实验测量结果吻合较好。

从模拟体系大小上看，经典分子动力学能够模拟的原子数通常可以达到几千个，大规模计算可以到几十万个。第一性原理分子动力学模拟能够获得比较精确的模拟结果，但是模拟体系相对较小，原子数通常在几百个以内。从模拟时间上看，经典分子动力学通常能够模拟的时间尺度都在纳秒数量级上，有些甚至可以到微秒数量级，而第一性原理分子动力学模拟的时间尺度都在皮秒数量级上。在研究锂离子扩散时，这些限制使得第一性原理分子动力学模拟通常局限在研究扩散机理层面上，而不能真正模拟实际电池体系的扩散行为。不过，随着计算技术和计算条件提高，第一性原理分子动力学模拟在不久将来还是有可能直接模拟实际电池体系的。

（3）弹性能带方法　弹性能带方法通过构造一系列迁移路径上的中间态，并优化这些中间态，达到搜索最低能量路径目的。在优化过程中，原子受到晶体内部势能场梯度产生的力以及外加的弹性力作用。势能场产生的力使得原子从势能面上能量高的位置往能量低的位置运动，而弹性力的作用使得整个迁移路径上每个中间态之间的间距保持不变。在具体操作过程中，弹性力仅考虑投影到势能面的法线方向的分量，从而找出每个中间态的势能面内的最低能量位置，同时保证搜索的路径不会偏离鞍点位置。弹性能带方法是对蒙特卡罗模拟和分子动力学模拟在研究和优化粒子迁移路径方面的缺陷的补充。利用蒙特卡罗模拟和分子动力学模拟得到的扩散系数，都是一定系综下的系综平均结果。而对于粒子在原子层面上的某次迁移的具体路径，蒙特卡罗模拟和分子动力学模拟都没有做更深入的考虑。虽然选择性分子动力学模拟也考虑了一定的粒子迁移路径，但对路径的优化却十分有限。对于迁移路径较为复杂的扩散行为，选择性分子动力学模拟的结果往往和实际情况相比有较大的出入。

利用弹性能带计算锂离子的迁移路径，首先要考虑的是锂离子在晶格中的稳定占位情况。从技术上来说，弹性能带计算需要给出确定的初态和终态。初态代表迁移离子在一个稳定的格点位，而终态代表锂离子在另一个格点位。因此，利用弹性能带计算来研究锂离子的扩散行为，首先必须分析清楚这些格点位有哪些，并考虑锂离子在各种格点间迁移的可能路径。一般而言，锂离子的迁移都是从一个稳定格点向其近邻的稳定格点迁移，因此根据稳定格点最近邻的稳定格点数目，可以预先构造出一系列迁移路径。最后，通过弹性能带计算，优化出每条路径的具体粒子迁移的轨迹和迁移势垒，具体见图 3-11。利用弹性能带方法计算锂离子在 $Li_xTi_5O_{12}$ 电极中的扩散路径和势垒，得到的扩散系数见表 3-1[19]。

表 3-1　锂离子在不同晶格的扩散势垒和扩散系数

晶格	势垒/eV	扩散系数/(cm²/s)		
		$T=300K$	$T=500K$	$T=1133K$
$Li_{4-\delta}Ti_5O_{12}$	0.13	7.2×10^{-5}	5.4×10^{-4}	2.9×10^{-3}
$Li_{4+\delta}Ti_5O_{12}$	0.35	1.4×10^{-8}	3.2×10^{-6}	3.0×10^{-4}
$Li_{7+\delta}Ti_5O_{12}$	1.0	1.7×10^{-19}	8.9×10^{-13}	3.9×10^{-7}
$Li_{7-\delta}Ti_5O_{12}$	0.7	1.9×10^{-14}	9.5×10^{-10}	8.4×10^{-6}

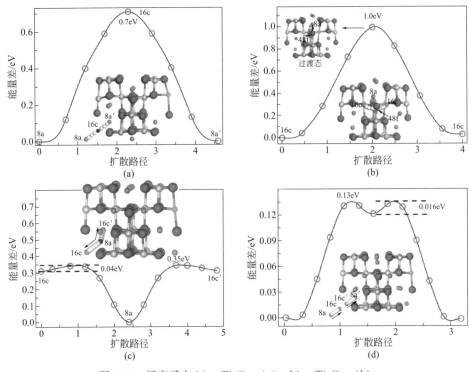

图 3-11　锂离子在 $Li_{4-\delta}Ti_5O_{12}$（a）、$Li_{4+\delta}Ti_5O_{12}$（b）、
$Li_{7+\delta}Ti_5O_{12}$（c）、$Li_{7-\delta}Ti_5O_{12}$（d）晶格中的扩散路径和势垒

　　采用类似方法，人们也模拟了锂离子在 $LiMn_2O_4$ 和 SEI 膜中 Li_2CoO_3 中的扩散系数[20,21]。这些研究一方面可以直接得到锂离子在材料中的迁移势垒，同时还可以从原子尺度上绘制出详细的锂离子的迁移路径，对理解锂离子扩散的微观机理提供直观的物理图像。

3.3
锂离子电池多孔电极电化学性能

3.3.1　多孔电极孔隙结构

　　锂离子电池电极过程通常是在多孔电极的三维空间中进行，多孔电极孔隙结构直接影响电池性能。下面从颗粒间和颗粒内孔隙结构两方面进行详细讨论。

3.3.1.1 颗粒间孔隙结构

颗粒间的孔隙结构与活性物质颗粒、导电剂和黏结剂的加入量以及辊压工艺有关。如辊压压力越大，颗粒间的孔隙率越小。颗粒间孔隙特征的表征方法很多，如可以用液体吸附和压汞法来测定总孔隙率和孔径分布。这些常用方法已经有很多报道，但是这些方法往往不能直观描述孔隙形貌和曲折度等实际情况。近年来，采用聚焦离子束-扫描电子显微镜（FIB-SEM）和纳米断层扫描（Nano-CT）等技术能够获得材料内部分层结构图像，不仅能够进行电极材料微观结构的数值分析，还可以实现材料真实微观结构的重建[22]。下面主要讨论将 FIB-SEM 技术和 Nano-CT 技术与数值仿真技术相结合开展的电池真实结构模拟研究。

（1）FIB-SEM 技术　Wilson 等[23] 利用 FIB-SEM 技术获取了钴酸锂（LiCoO₂）正极微孔结构的一系列二维图像。FIB-SEM 技术是将镓离子束斑聚焦到亚微米甚至纳米级尺寸，在一定的加速电压下轰击样品表面，可对材料和器件进行刻蚀。每进行一次表面刻蚀。在横断面上采用 SEM 进行一次成像，经过多次重复的切割-成像操作获得一系列截面的二维 SEM 图像，利用重构软件（如 3D-Imaging）重构三维图像。LiCoO₂ 电极三维重构颗粒结构网和孔隙结构网见图 3-12。

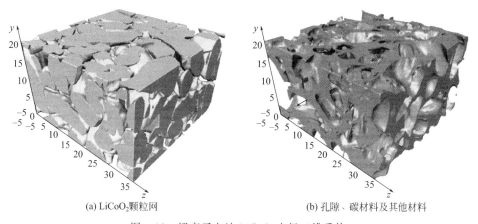

(a) LiCoO₂颗粒网　　　　　　(b) 孔隙、碳材料及其他材料

图 3-12　锂离子电池 LiCoO₂ 电极三维重构

利用切面的 SEM 分析 ［图 3-13（a）］ 还可以重构出钴酸锂的颗粒形状 ［图 3-13（c）］，采用背散射分析识别出晶界 ［图 3-13（b）］，从而重构出颗粒内部晶界和孔隙三维形貌，见图 3-13 的（c）和（d）。重构图像中显示 LiCoO₂ 具有非常明显的形状不均匀性和内部分裂结构，这些分裂结构增大了电极与电解液的接触面，缩短了 Li⁺ 固相传输距离。通过图像处理重构三维孔隙结构网，研究了晶粒边界对锂离子扩散的影响，发现晶粒边界能够在粒子内部形成锂离子传输短

路通道，但该模型没有考虑黏结剂以及其他固相添加剂的形貌。

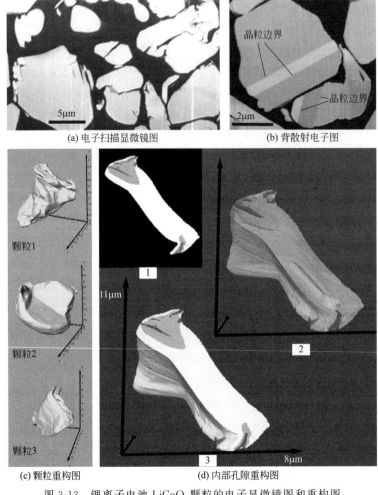

(a) 电子扫描显微镜图

(b) 背散射电子图

(c) 颗粒重构图

(d) 内部孔隙重构图

图 3-13　锂离子电池 $LiCoO_2$ 颗粒的电子显微镜图和重构图

（2）X 射线 Nano-CT 技术　Nano-CT 成像技术具有高检测灵敏度、高图像重建清晰度和高分辨率等优点，得到了越来越多的关注。该技术是在传统 CT 基础上发展起来的一种无损检测技术。其扫描过程一般是 X 射线通过检测目标，检测目标内的各部分会不同程度地吸收 X 射线，从而输出的 X 射线具有不同程度的衰减，利用探测器采集衰减后的 X 射线信息并传输给计算机，此后通过 CT 重建技术，得出被检测目标的二维或三维图像。Yan 等[24]采用 Nano-CT 技术重构了钴酸锂半电池，见图 3-14。

　　将微观传热机理与该半电池介观尺度模型相结合，研究了恒流放电情况下微观传热的演化过程。在高倍率放电情况下所计算电池的生热率要比多孔电极理论

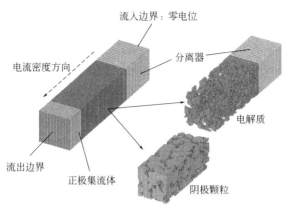

图 3-14　锂离子电池 $LiCoO_2$ 半电池的重构图

所计算的生热率高，在多孔电极理论中通常采用 1.5 作为 Bruggeman 修正系数，低估了电解液的离子阻抗，高估了正极材料的电子阻抗。

Nano-CT 技术与 FIB-SEM 技术进行材料三维重构的过程类似，都是在获取一系列的二维形貌图片基础上进行图像处理从而实现三维结构重构，两者基本流程如图 3-15 所示。但 Nano-CT 技术是利用 X 射线的高穿透性对材料内部微观结构进行检测，是一种非破坏性检测技术。

利用上述技术对电池真实结构进行重构和模拟可以解决很多问题。Stephenson 等[25]基于粒子内应力的集中迁移分析了孔隙率对锂离子传输过程的影响，推导出离子传输路径的宏观扭曲率方程。Ender 等[26]研究了磷酸铁锂体积分数、炭黑体积分数、孔隙率、粒径分布特征以及比表面积对电极性能的影响。吴伟等[27]计算了重构电极有效热导率、电解液有效传输系数，电解液或固相扭曲率。Shearing 等[28]模拟了孔隙率、扭曲率、活性表面积、孔分布以及粒径分布等微观结构对电池性能的影响。Yan 等[29]模拟了不同倍率下电池的恒流放电过程，并且探究了放电过程中正极的局部效应。

3.3.1.2 颗粒内部孔隙结构

（1）常用电极材料　锂离子电池常用的碳负极材料、钴酸锂和磷酸铁锂正极材料的比表面积通常很小，如碳负极材料中石墨负极材料的表面积通常小于 $3m^2/g$；而硬炭为多孔结构，表面积较大。BET 氮吸附是测定比表面积及孔隙分布的常用方法，Ohzawa 等[30]测得硬炭电极材料的孔隙分布见图 3-16，测得硬炭和碳包覆以后的比表面积分别为 $25m^2/g$ 和 $8.5m^2/g$。虽然氮吸附是表征孔径分布的常用方法，但吸附结果与可逆储锂的电性能关联并不好，有时相差很大。Fujimoto 等[31]以煤焦油沥青为原料，采用先预氧化后热解的方法制备硬炭负极材料，利用氦气（He）吸附和丁醇（Bu）吸附分析硬炭的孔隙结构，发现孔径之比 D_{He}/D_{Bu} 与硬炭比容量的关系见图 3-16(b)。他们认为 D_{He}/D_{Bu} 比值越大，

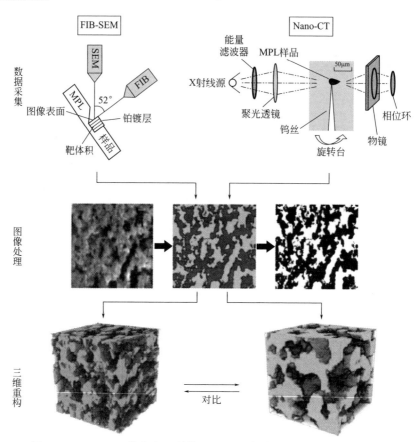

图 3-15　FIB-SEM 技术和 X 射线 Nano-CT 技术电极结构重构流程对比

孔越多。另外，他们还采用 X 射线小角散射（SAXS）进一步分析了硬炭中 10^{-10} m 数量级的孔隙结构，随着氧化剂 P_2O_5 增加，硬炭材料过度烧蚀，导致 0.76nm 左右孔隙减少，2nm 左右孔隙增多，结果见图 3-16(c)。

（2）多孔电极材料　随着锂离子电池在电动汽车领域应用的逐渐开展，动力锂离子电池对电极材料提出了更高的要求，如更快充电速率和更高功率密度等。这些性能与锂离子在电极材料中的固相扩散密切相关。锂离子在电极材料内部的扩散时间（τ_{EQ}）与扩散距离的平方（l^2）成正比，与扩散系数 D 成反比。合成具有更好锂离子通道的材料可以增大扩散系数。使用含有纳米尺度的材料可以缩短锂离子扩散距离，因此多孔电极材料受到人们的关注，Vu[32] 等提出多孔电极材料具有如下优点：

① 多孔材料的比表面积较大，具有更多的表面与电解质接触，有利于电极/电解质界面电荷转移。

② 多孔材料孔壁较薄（几个纳米到几十纳米），减少了离子扩散距离。多孔

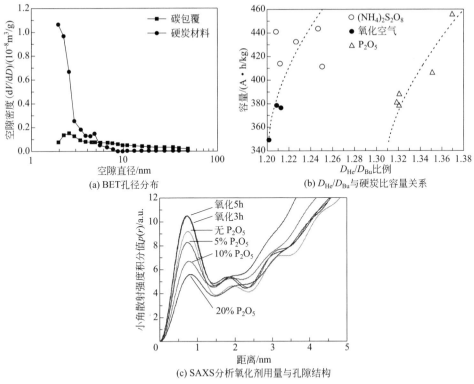

(a) BET孔径分布

(b) D_{He}/D_{Bu}与硬炭比容量关系

(c) SAXS分析氧化剂用量与孔隙结构

图 3-16 锂离子电池碳负极颗粒孔隙表征方法

电极的孔壁和孔隙是连续的，从而提供连续运输路径通过活跃期（墙）和电解质相（孔）。

③ 多孔材料增加了活性物质利用率（更多地利用体积，进行更深的循环），可以增加比容量，特别是在高倍率充放电时的比容量。

④ 孔隙率会降低体积比容量，但是与纳米颗粒电极相比，多孔电极具有更高的体积比容量。

⑤ 多孔电极材料有时可以不使用黏结剂或降低黏结剂用量，也可以与导电相复合，提高导电性和高倍率容量，同时可以减少或不用导电剂。

⑥ 多孔电极材料的孔隙有助于抑制活性物质在循环过程中的生长，可以抑制纳米颗粒中微晶的不可逆相变，更好地适应循环过程中的体积变化。另外，合成复合多孔电极材料，可利用支撑结构来稳定循环过程中大体积变化脆裂的活性物质。

⑦ 与纳米颗粒相比，多孔电极加工过程中，具有纳米尺度孔隙的大颗粒工艺性能更好。

多孔电极材料的孔隙结构可以通过制备方法及其工艺参数进行可控合成。常用的制备方法可以分为模板法和非模板法。模板法中硬模板法合成电极材料具有有序介孔结构，空心球电极材料可以使用聚合物或二氧化硅球等硬模板剂合成，合成路径见图 3-17。例如在模板球表面包覆目标材料的前驱体，然后通过凝胶或热处理进行固化，为了保持包覆的颗粒处于分散状态，通常需要进行搅拌、超声处理或超声喷雾热解，最后通过高温处理或溶剂溶解除去模板球，从而制得空心球，见图 3-17(a)。另外，采用硬模板法可以合成多种电极材料，如 SnO_2、Sb 和 $Li_4Ti_5O_{12}$ 复合材料。

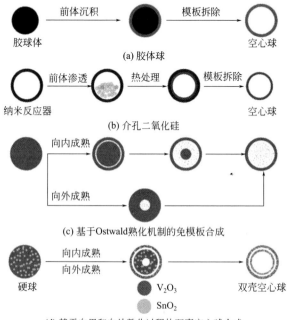

图 3-17　锂离子电池空心球制造途径

　　立方介孔结构可以采用介孔氧化硅 KIT-6 硬模板来合成。KIT-6 内部具有良好定向的立方结构，孔隙约为 4.5～10nm，孔壁 2～4nm，并且孔隙具有良好的连通性，能够保证结构的完全渗透。如金红石结构的 $\beta\text{-}MnO_2$、橄榄石结构的 $LiFePO_4$、尖晶石结构的 $Li_{1+x}Mn_{2-x}O_4$、锐钛矿结构的 TiO_2 等正极材料均可以采用 KIT-6 硬模板来合成。管状多孔材料可以采用介孔分子筛 SBA-15 硬模板来合成，SBA-15 内部具有高定向二维六角介孔结构，孔隙约为 4.6～11.4nm，壁厚约为 3.1～4.6nm，Si/C 复合纳米阵列的合成过程如图 3-18 所示。

　　软模板法一般采用表面活性剂作为结构导向剂（SDAs），这在合成介孔二氧化硅体系中得到了良好的应用，介孔可调控范围很大，合成过程如图 3-19(a) 所示。表面活性剂和溶剂的种类、合成方法及工艺参数都会影响孔隙结构，可以合

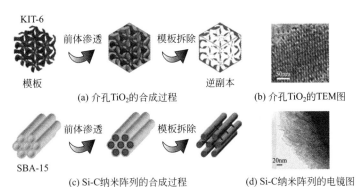

(a) 介孔TiO₂的合成过程　　　　(b) 介孔TiO₂的TEM图

(c) Si-C纳米阵列的合成过程　　　　(d) Si-C纳米阵列的电镜图

图 3-18　采用 KIT-6 合成介孔 TiO₂ 和 SBA-15 合成 Si/C 纳米阵列的示意图

成无规则孔隙以及六方、立方、层状和其他对称体系的有序孔隙。合成条件通常为低温水性反应或水热反应。非水体系通常运用于合成薄膜材料，如蒸发诱导自

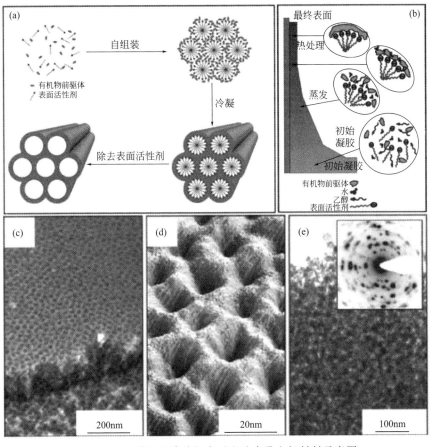

图 3-19　软模板法合成锂离子电池介孔电极材料示意图

(a) 介孔二氧化硅；(b) 薄膜合成过程；(c) ～ (e) 不同多孔 α-Fe₂O₃薄膜

组装法广泛运用于薄膜合成，见图 3-19（b）。不同多孔 α-Fe$_2$O$_3$ 薄膜的合成方法如图 3-19（c）～（e）。低分子的烷基三甲基铵盐类阳离子活性剂不仅可以用于合成正极材料［Li$_3$Fe$_2$(PO$_4$)$_3$，V$_2$O$_5$］[33]，也可以用于合成介孔负极材料（TiO$_2$，SnO$_2$，Sn$_2$P$_2$O$_7$）[34]。如果是成分单一烷基，合成的材料孔径就较小（2～4nm）；如果是混合的烷基，材料的孔径分布较广（3～7nm）。

人们采用模板法合成了多种锂离子电池多孔电极材料，合成的材料、方法和电性能见表 3-2。除上述模板法以外，多孔材料也可以采用电极沉积法、超声波降解法、溶胶凝胶法和水热法等合成。如采用溶胶凝胶法合成介孔和大孔 V$_2$O$_5$ 电极材料，在丙酮溶液中水解四丁基钛盐来合成纳米锐钛矿型 TiO$_2$ 材料，孔径为 5nm 左右。

表 3-2　模板法合成锂离子电池多孔电极材料

模板剂	模板种类	电极材料	物化性质	文献
AAO(多孔氧化铝)	硬模板	LiMn$_2$O$_4$	容量:133.8mA·h/g 比表面积:40m^2/g	35
聚碳酸酯	硬模板	LiFePO$_4$	晶粒尺寸:50nm 容量:165mA·h/g(3C)	36
KIT-6,SBA-15	硬模板	SnO$_2$	孔径:3.8nm 比表面积:160m^2/g 容量:800mA·h/g	37
斯盘-80	软模板	LiCoO$_2$	晶粒尺寸:15～35nm 比表面积:36m^2/g	38

3.3.2　多孔电极电化学性能

锂离子电池结构体系复杂，采用实验研究工作量较大，需要耗费大量时间和经费。将计算机数值仿真技术运用于锂离子电池研究，建立数学物理模型，全面和系统地捕捉电池工作过程各物理场的相互作用机理，分析其演化规律，能够为优化电池结构设计提供理论支撑。

Lee 等[39]用数学模拟方法分析了 Li-MCMB 体系中中间相炭微球（MCMB）电极孔隙率对电池充放电容量的影响。在固定电极厚度条件下，随着电极孔隙率增大，孔隙中电解质的传输性能得到提高，活性物质的充放电比容量增大；然而由于电极中活性物质量减少，电池充放电容量降低；对电池放电容量来说，存在最佳孔隙率。对于 MCMB25-28 电极（固定电极厚度 50μm，及隔膜厚度 50μm，0.5C）在电极孔隙率为 0.45 时，电极具有最大比容量，超过 300mA·h/g；而对于 MCMB6-10 电极，最佳孔隙率为 0.38～0.40，具体见图 3-20。

Wang 等[40]利用三维有限元方法构建和模拟 Li/PEO-LiClO$_4$/Li$_{1+x}$Mn$_2$O$_4$ 多

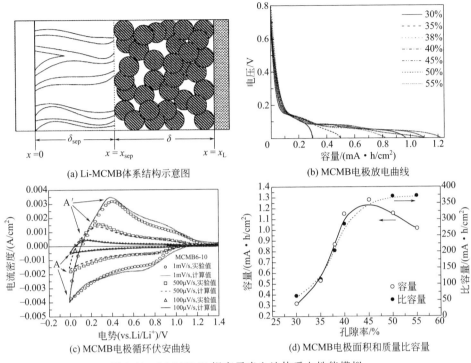

(a) Li-MCMB体系结构示意图

(b) MCMB电极放电曲线

(c) MCMB电极循环伏安曲线

(d) MCMB电极面积和质量比容量

图 3-20　Li-MCMB 锂离子半电池体系电性能模拟

孔正极材料结构，并与实验结合研究了活性颗粒排布方式对电池充放电行为的影响。800℃烧结制备 $Li_{1+x}Mn_2O_4$ 粒度为 $3.6\mu m$，扩散系数为 $4\times10^{-13}cm^2/s$，接触电阻为 $3.5\Omega\cdot cm^2$。活性颗粒按照正方体规则排列，多孔电极曲折系数较小，活性物质具有较高放电容量；活性颗粒随机排列时曲折系数较大，放电容量大幅度降低；小颗粒活性物质有助于高功率放电，具体的重构模型、模拟思路和结果见图 3-21。

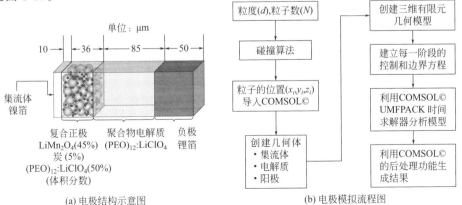

(a) 电极结构示意图

(b) 电极模拟流程图

图 3-21

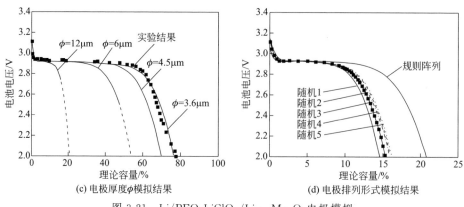

图 3-21　Li/PEO-LiClO₄/Li₁₊ₓMn₂O₄ 电极模拟

Fuller 等[41]采用浓溶液理论描述电解液的传输过程，对锂离子嵌入和脱出过程采用叠加方法（superposition），大幅度简化了数值计算过程，预测了焦炭-LiMn₂O₄ 电池（LiClO₄/PC）恒流放电过程中正极厚度和孔隙率对电池比能量和比功率的影响规律，找到了提高活性物质利用率的途径，建立了锂离子在固相扩散和液相传输过程中控制步骤的评价标准，具体结果见图 3-22。由图可见：随着充电时间的增加，正极中锂离子浓度逐渐降低，负极总锂离子浓度升高，当充电

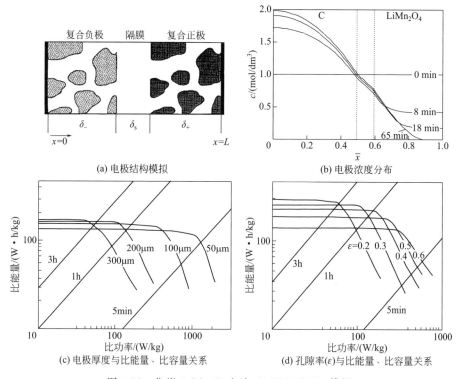

图 3-22　焦炭-LiMn₂O₄ 电池（LiClO₄/PC）模拟

时间为 65min 时，正极中锂离子浓度接近 0；随着电极厚度的降低，电池比功率逐渐增大；随着电极孔隙率的增加，电池的比功率逐渐增大。

Doyle 等[42]提出液相扩散、欧姆阻抗和固相扩散过程中放电容量与放电电流的关系，根据这些关系确定了影响电池放电行为的控制步骤，并针对控制步骤优化电极结构。Arora 等[43]模拟了以 1mol/L LiPF$_6$/EC＋DMC 为电解液的焦炭-LiMn$_2$O$_4$ 体系放电过程，发现多孔电极的 Bruggeman 系数不是常用的数值（1.5），而是 3.3。Dargaville 等[44]模拟了 Li-LiFePO$_4$ 体系的放电过程，分析了电极结构对活性物质利用率的影响。Srinivasan 等[45]模拟了以 1mol/L LiPF$_6$/EC＋DEC 电解液的天然石墨-LiFePO$_4$ 电池的放电过程，计算了电池恒流放电过程中正极厚度、正负极容量配比、正极孔隙率对电动汽车电池比能量及比功率的影响，为电池提供了优化设计方案。

3.3.3 多孔电极结构稳定性

3.3.3.1 电极膨胀及应力

多孔电极结构破坏是锂离子电池容量和循环性能衰减的主要原因之一。锂离子电池多孔电极在充放电过程中会发生体积膨胀和收缩。膨胀包括颗粒嵌锂和颗粒表面形成 SEI 膜引起的化学膨胀，以及黏结剂、隔膜和导电剂的吸液物理溶胀；而收缩主要是由颗粒脱锂引起。这些膨胀和收缩在宏观上表现为电池厚度在充放电过程中的周期性变化[46]。尤其对于在嵌锂过程中体积膨胀倍数大的 Si 基和 Sn 基高容量电极材料，膨胀或收缩更为显著，见图 3-23[47]。

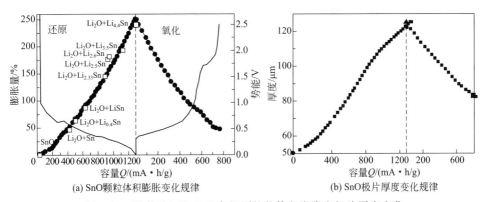

图 3-23 锂离子电池 SnO 负极颗粒的体积膨胀和极片厚度变化

（a）SnO 颗粒体积膨胀变化规律 （b）SnO 极片厚度变化规律

膨胀或收缩引起的应力周期性变化会造成电极材料粉化失效和电极结构的疲劳破坏。采用 X 射线断层技术可以原位观察到 SnO 在充放电过程中单个颗粒随时间变化的化学构图和三维形态变化，见图 3-24。在充电初期，SnO 颗粒从表面逐渐锂化生成 Li$_2$O 和 Sn；随着充电进行，颗粒内 Li$_2$O 和 Sn 逐渐增多，并且颗粒逐渐出现裂纹。这些裂纹沿着原有缺陷萌生和扩展，最终导致材料出现机械断裂和电极结构解体，造成电极材料粉化。

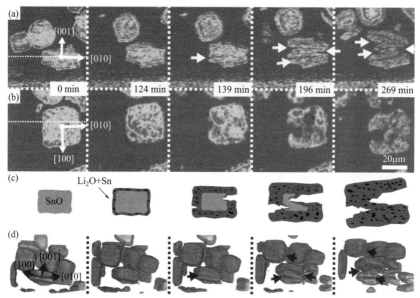

图 3-24　X 射线断层技术原位观察 SnO 负极颗粒三维形态变化规律
(a) 颗粒俯视图；(b) 颗粒主视图；(c) 锂化示意图；(d) 颗粒断裂示意图

多孔电极应力来源主要有在嵌锂和脱锂过程中锂离子扩散引起的扩散诱导应力、形成固体电解质界面（SEI）膜的压应力，以及隔膜、导电剂和黏结剂在电解液中溶胀形成的压应力，反之活性物质收缩时产生拉应力。

应力测量方法主要有激光束偏转法（LBDM）、多光束光学传感器法（MOS）和拉曼光谱法，其中前两种方法测得的是平均应力，拉曼光谱测得的是局部应力。LBDM 基于斯托尼方程[48]，测量时电极衬底一端固定，电极应力的变化会引起衬底自由端位移，使反射激光束落点移动，通过几何关系得到衬底曲率的变化，进而应用斯托尼方程求得电极应力。斯托尼方程要求衬底为刚性，通常采用硅片或石英玻璃片，电极厚度远小于衬底厚度，为薄膜电极，方程中与电极相关的已知参数只有厚度，因此，测量应力时不需要知道充放电过程中活性材料的弹性模量、泊松比的变化和相变等。MOS 的原理与 LBDM 类似，也是基于斯托尼方程，不同的是采用了多光束阵列，测量的是不同光束的间距变化而非单个光束落点的位移，因此避免了振动的干扰。拉曼光谱研究的是光的非弹性散射，散射光频移对应于材料本身的振动模式，材料的应变会导致振动频率变化，从而导致散射光频移发生变化，表现为拉曼峰频移，从而利用微区拉曼成像分析材料的应变/应力分布进行测定。微区拉曼成像能以极高的分辨率（约 $1\mu m$）给出电极应力的平面分布，但拉曼成像耗时较长，难以实现原位实时测量。

3.3.3.2 应力分析与模拟

（1）颗粒应力分析　Lim 等[49]对某企业生产的锂离子电池（SP035518AB）的正负极极片进行了 Nano-CT 切面形貌及表面形貌分析，对石墨和钴酸锂单个颗粒进行三维重构，分析了石墨和钴酸锂颗粒表面的应力分布、切面应力分布、锂离子浓度分布，见图 3-25，充电过程中应力变化规律见图 3-26。结果表明，锂离子嵌入相同体积颗粒时，真实电极颗粒的扩散应力比理想球体的扩散应力大 45%～410%，应力最大区域位于颗粒的尖锐凹陷处。因此，减小颗粒粒径、扩散系数、杨氏模量以及偏摩尔体积绝对值，可以降低电极颗粒的扩散应力。

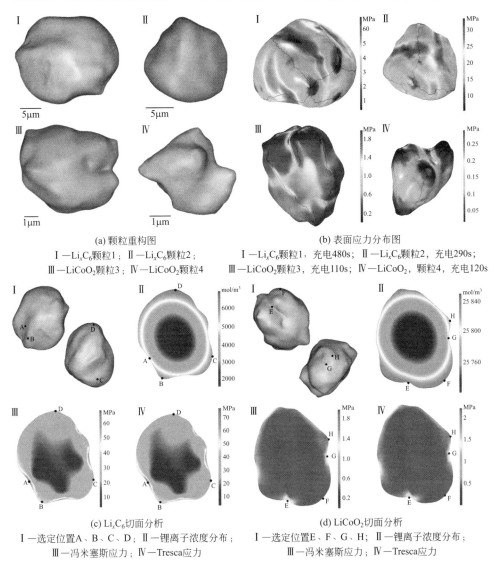

(a) 颗粒重构图

Ⅰ—Li_xC_6颗粒1；Ⅱ—Li_xC_6颗粒2；
Ⅲ—$LiCoO_2$颗粒3；Ⅳ—$LiCoO_2$颗粒4

(b) 表面应力分布图

Ⅰ—Li_xC_6颗粒1，充电480s；Ⅱ—Li_xC_6颗粒2，充电290s；
Ⅲ—$LiCoO_2$颗粒3，充电110s；Ⅳ—$LiCoO_2$，颗粒4，充电120s

(c) Li_xC_6切面分析

Ⅰ—选定位置A、B、C、D；Ⅱ—锂离子浓度分布；
Ⅲ—冯米塞斯应力；Ⅳ—Tresca应力

(d) $LiCoO_2$切面分析

Ⅰ—选定位置E、F、G、H；Ⅱ—锂离子浓度分布；
Ⅲ—冯米塞斯应力；Ⅳ—Tresca应力

图 3-25　锂离子电池石墨负极和钴酸锂正极颗粒三维重构及应力分析（见彩图）

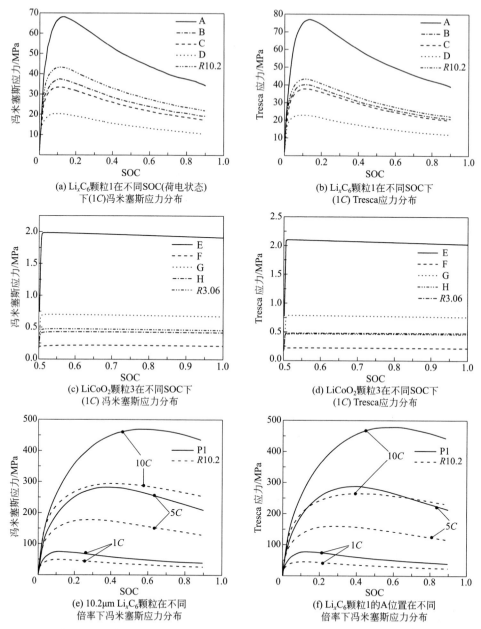

(a) Li_xC_6颗粒1在不同SOC(荷电状态)
下(1C)冯米塞斯应力分布

(b) Li_xC_6颗粒1在不同SOC下
(1C) Tresca应力分布

(c) $LiCoO_2$颗粒3在不同SOC下
(1C) 冯米塞斯应力分布

(d) $LiCoO_2$颗粒3在不同SOC下
(1C) Tresca应力分布

(e) 10.2μm Li_xC_6颗粒在不同
倍率下冯米塞斯应力分布

(f) Li_xC_6颗粒1的A位置在不同
倍率下冯米塞斯应力分布

图 3-26　锂离子电池石墨负极和钴酸锂正极颗粒在充电过程中的应力分析

D_1—Li_xC_6 颗粒 1；$R10.2$—颗粒直径 $10.2\mu m$；$R3.06$—颗粒直径 $3.06\mu m$

　　金属 Si 和 Sn[50,51] 的体积膨胀更明显，这种大倍数膨胀产生较大的内应力。在充放电过程中金属 Si 和 Sn 应力变化如图 3-27 所示。研究发现，硅电极材料的充电速率越快，塑性形变速率越快，应力越大，越容易破裂。与硅类似，锡在充

放电过程中也存在塑性形变，但锡的塑性形变与两相共存区存在明显对应关系，
而在单相阶段呈弹性形变。

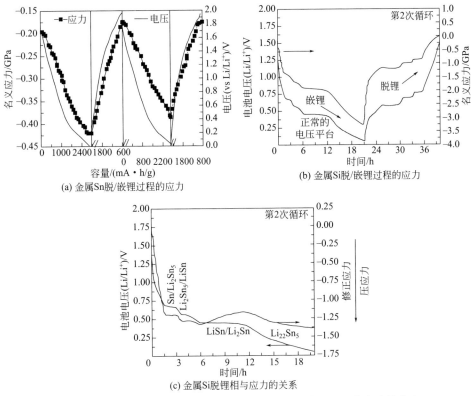

(a) 金属Sn脱/嵌锂过程的应力

(b) 金属Si脱/嵌锂过程的应力

(c) 金属Si脱锂相与应力的关系

图 3-27 锂离子电池负极材料金属 Si 和 Sn 在充放电过程中产生的应力

Choi 等[52] 采用激光束偏转法测量钛酸锂（$Li_4Ti_5O_{12}$）不同电位区间的应力，发现在 1V 以下形成 $Li_ATi_5O_{12}$（$A>7$）的晶格结构与 $Li_7Ti_5O_{12}$ 相存在较大差异，形成的压应力比正常充放电范围应力的最大值高一个数量级。Huggins 等[53] 发现放电时正极材料表面是压应力，而内部是拉应力，内部更容易产生裂纹破坏。Woodford 等[54] 建立了电化学破坏原理图（图 3-28），$LiMn_2O_4$ 为例，材

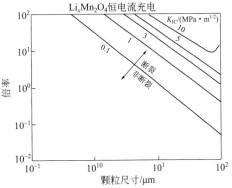

图 3-28 锂离子电池电化学破坏原理图
（K_{IC} 为断裂韧性）

料尺寸越小，能够承受的循环周期越长而不发生破裂。

Hu 等[55] 应用基本断裂力学原理，用断裂面表面能 γ 计算了 $LiFePO_4$ 材料在

脱/嵌锂过程中颗粒发生断裂破坏的临界尺寸，相邻两相的弹性失配应变 ε_m 是储存弹性应变能的主要推动力，因此颗粒临界破坏尺寸 d_0 可以表示为：

$$d_0 = \frac{2\gamma}{Z_{\max} E \varepsilon_m^2} \tag{3-53}$$

式中，$Z_{\max}$ 是裂纹长度 L 和颗粒直径 d 的函数最大值；E 为弹性模量。

锂离子电池应力产生的另一个来源是固体电解质膜（SEI 膜）生长变厚，部分新形成的 SEI 膜物质会在原 SEI 膜内部靠近活性物质区域而非 SEI 膜/电解液界面生成，因此 SEI 膜的形成会使电极产生压应力。实验测得石墨电极表面形成 SEI 膜的压应力为 $1.6\text{MPa} \pm 0.4\text{MPa}$[56]。同样，黏结剂在电解液溶胀过程中也会产生压应力，为 $1 \sim 2\text{MPa}$。

在正极材料中，脱/嵌锂导致的体积变化要比负极小一些，内应力造成失效的影响要比负极端小，但是过充或过放容易导致正极材料晶格破坏。$LiCoO_2$ 充电电压超过 4.2V 时，Li^+ 会从 $LiCoO_2$ 的层状晶格中过度脱出，使得结构遭到破坏。$Li_xMn_2O_4$ 充电时第一主应力最大值出现在 $LiMn_2O_4$ 颗粒表面，放电时出现在颗粒中心处，且随着电流密度的增大而增大，所以减小颗粒粒径和增大比表面积都会减小 $LiMn_2O_4$ 颗粒失效趋势[57]。

（2）多孔电极应力分析　Liu 等[58]采用拉曼光谱研究了软包装电池中石墨电极的频移，如图 3-29 所示，发现石墨电极在辊压后始终处于压应力状态，且应力分布不均匀，通过真空烘烤可以得到部分释放；在充放电过程中，压应力在初期增长较快。

Golmon 等[59]采用多尺度有限元分析方法研究了锂电池（Li/Mn_2O_4）中电化学过程与应力的相互作用，分别建立了宏观与微观尺度的电化学-力学性能模型，以及构建了宏观与微观尺度之间的关系，运用多孔电极理论描述锂离子传递过程与电化学/力学性能的相互作用，得到放电倍率、粒径、孔径分布对径向应力分布与本征应变分布的影响，见图 3-30。

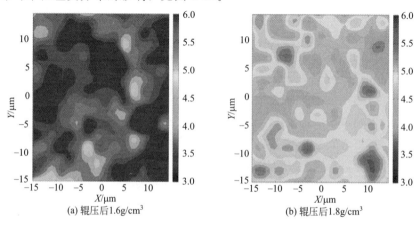

(a) 辊压后1.6g/cm³　　　　(b) 辊压后1.8g/cm³

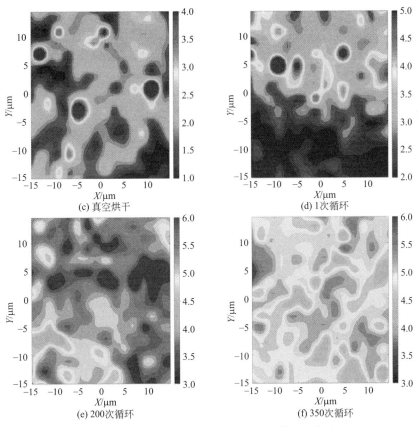

(c) 真空烘干 (d) 1次循环

(e) 200次循环 (f) 350次循环

图 3-29 锂离子电池石墨电极的拉曼光谱（见彩图）

另外，电极膨胀内应力压缩隔膜，会导致隔膜孔径和孔隙率的减小，进而造成锂离子迁移不均匀、内阻增大，甚至引起内部短路。

3.3.4 锂离子电池多孔电极结构设计

上面讨论了多孔电极结构与电池电性能、结构稳定性之间的关系，为锂离子电池的设计提供了理论依据。下面简单介绍锂离子电池的极片结构设计。

（1）活性物质用量设计 为了确定极片中活性物质的用量，首先要确定电池的额定容量和设计容量。所谓额定容量（C_r，单位为 $mA \cdot h$）通常为电池的最低保证容量，根据电器的工作电流（I）和工作时间（t）计算得出，即：

$$C_r = It$$

在化学电源设计时，为了确保电器的工作时间，还考虑到内外电路电阻和电池容量随循环降低的影响，电池生产厂家提供的电池设计容量（C_d）一般要高出额定容量。

比容量是单位质量活性物质具有的放电容量。活性物质的理论比容量（单位

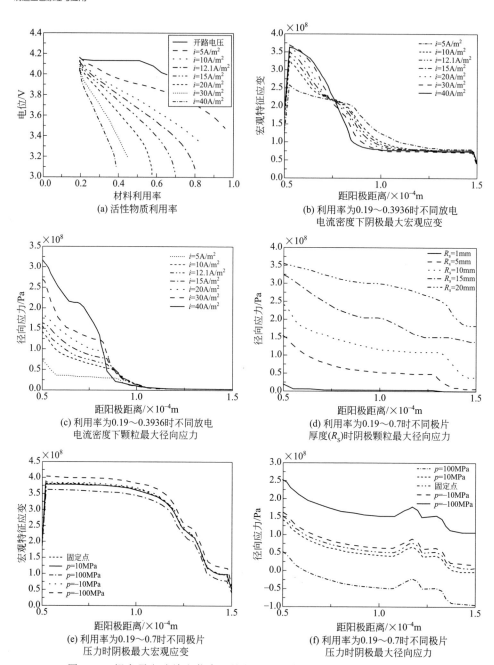

图 3-30 锂离子电池放电倍率、粒径和孔径分布对径向应力分布的影响

为 mA·h/g：

$$C_0 = nF/M$$

式中，n 为转移电子数；F 为法拉第常数；M 为摩尔质量。活性物质的实际比容

量通常比理论值低，实际比容量与理论比容量的比值称为活性物质利用率 η。活性物质实际比容量：

$$C = \eta C_0$$

活性物质的实际比容量或利用率通常要结合实际生产统计结果，或者通过小试或中试实验确定。

活性物质用量：

$$m = C_d / (\eta \times C_0)$$

在锂离子电池容量设计过程中，通常以正极容量设计为标准，负极容量通常高于正极容量，负极容量与正极容量的比值（δ）称为正负极配比。

正极活性物质设计用量：

$$m_+ = C_d / (\eta \times C_0)$$

负极活性物质设计用量：

$$m_- = \delta \times m_+ = \delta \times C_d / (\eta \times C_0)$$

正负极配比 δ 通常大于 1。因此在锂离子电池设计时，要求负极极片活性物质用量大于正极活性物质用量，防止金属锂在负极上析出，造成安全隐患；同时要求负极涂层宽度和长度大于正极活性物质涂层的宽度和长度，防止卷绕时正负极发生错位导致金属锂在负极边缘析出。但是 δ 值也不能过大，造成负极浪费，同时使正极材料容量发挥过大，造成电池的整体性能下降。

（2）电池极片结构设计 这里以方形电池卷绕极片设计为例进行讨论。卷绕式电极极片结构如图 3-31 所示，极片设计包括集流体的尺寸、极耳位置、活性物质涂层位置、厚度和面密度等。

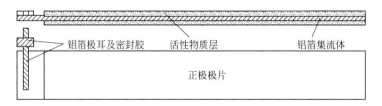

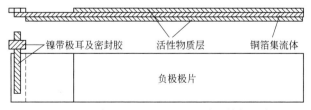

图 3-31 锂离子电池电极极片尺寸和结构示意图

极片面积和厚度。工作电流 I（通常为 1C）确定以后，活性物质涂层面积可以根据极片单位涂层面积允许的电流密度（i_0，单位为 A/m²）来确定。正极

涂覆总面积 S_c（m^2）：

$$S_c = I/i_0$$

则活性物质涂覆面密度：

$$\rho_s = m_+ / S_c$$

极片经过辊压后，活性物质涂层中单位体积活性物质的密度称为充填密度 ρ_f。集流体厚度 h_0、正极极片厚度 h_c 和 ρ 之间的关系为：

$$h_c = \rho_f / \rho_s + h_0 \tag{3-54}$$

当极片厚度一定时，通常充填密度越高，单位体积涂层中充填活性物质的量越大，电池容量越大；但是充填密度过高，极片中孔隙率和孔径变小，影响电解液润湿和离子电导率，使极化增大，发挥出来的比容量减小，电池性能劣化。当充填密度一定时，极片越厚，极片极化越大，活性物质性能越不容易发挥。设计时应该兼顾充填密度和极片厚度。负极的充填密度和极片厚度的设计与正极类似。

极片尺寸设计包括集流体厚度、长度和宽度，极耳厚度、宽度和长度，极耳和涂层的位置等。正极极片的宽度由电池尺寸确定，根据正极涂覆总面积 S_c 和宽度确定正极极片涂层长度，同时还需要考虑极耳焊接预留空白长度以及卷绕设计的空白长度。由于正极极片为双面涂布，正极极片长度通常为正极极片涂层长度和留白长度之和的一半。为了保证卷绕时负极活性物质涂层能够覆盖正极活性物质涂层，负极宽度通常比正极大 1mm 左右，长度通常比正极长 4～6mm，具体值随着正极长度的增加而增长。

需要指出的是，电池的极片结构与电池体积尺寸、电性能和安全性能密切相关，这些性能之间又相互影响，在设计过程中可谓牵一发而动全身，必须综合考虑。

参 考 文 献

［1］ 仲柏，永言．电极过程动力学基础教程［M］．武汉：武汉大学出版社，1989.

［2］ Levi M D, Aurbach D. The mechanism of lithium intercalation in graphite film electrodes in aprotic media: Part 1. High resolution slow scan rate cyclic voltammetric studies and modeling［J］. Journal of Electroanalytical Chemistry, 1997, 421 (1): 79-88.

［3］ Levi M D, Salitra G, Markovsky B, et al. Solid-state electrochemical kinetics of Li-ion intercalation into $Li_{1-x}CoO_2$: simultaneous application of electroanalytical techniques SSCV, PITT, and EIS［J］. Journal of The Electrochemical Society, 1999, 146 (4): 1279-1289.

［4］ Doyle M, Newman J, Gozdz A S, et al. Comparison of modeling predictions with experimental data from plastic lithium ion cells［J］. Journal of the Electrochemical Society, 1996, 143 (6): 1890-1903.

［5］ 查全性．电极过程动力学导论［M］．3 版．北京：科学出版社，2002.

［6］ Uchida T，Itoh T，Morikawa Y，et al. Anode properties and diffusion-coefficient of lithium of pitch-based carbon powder［J］. Denki Kagaku，1993，61（12）：1390-1394.

［7］ 裴鹿成，张孝泽. 蒙特卡罗方法及其在粒子输运问题中的应用［M］. 北京：科学出版社，1980.

［8］ Ouyang C Y，Qi SQ，Wang ZX，et al. Temperature-dependent dynamic properties of $Li_x Mn_2 O_4$ in Monte Carlo simulations［J］. Chinese Physics Letters，2005，22（2）：489.

［9］ Ouyang C Y，Chen L Q. Physics towards next generation Li secondary batteries materials：A short review from computational materials design perspective［J］. Science China Physics，Mechanics and Astronomy，2013，56（12）：2278-2292.

［10］ Van der Ven A，Ceder G，Asta M，et al. First-principles theory of ionic diffusion with nondilute carriers［J］. Physical Review B，2001，64（18）：184307.

［11］ Van der Ven A，Ceder G. Lithium diffusion mechanisms in layered intercalation compounds［J］. Journal of Power Sources，2001，97：529-531.

［12］ Ouyang C Y，Shi S Q，Wang Z X，et al. The effect of Cr doping on Li ion diffusion in $LiFePO_4$ from first principles investigations and Monte Carlo simulations［J］. Journal of Physics：Condensed Matter，2004，16（13）：2265.

［13］ 马文淦. 计算物理学［M］. 合肥：中国科技大学出版社，2001.

［14］ Tateishi K，du Boulay D，Ishizawa N，et al. Structural disorder along the lithium diffusion pathway in cubically stabilized lithium manganese spinel II. Molecular dynamics calculation［J］. Journal of Solid State Chemistry，2003，174（1）：175-181.

［15］ Car R，Parrinello M. Unified approach for molecular dynamics and density-functional theory［J］. Physical Review Letters，1985，55（22）：2471.

［16］ Meunier V，Kephart J，Roland C，et al. Ab initio investigations of lithium diffusion in carbon nanotube systems［J］. Physical Review Letters，2002，88（7）：075506.

［17］ Ouyang C，Shi S，Wang Z，et al. First-principles study of Li ion diffusion in $LiFePO_4$［J］. Physical Review B，2004，69（10）：104303.

［18］ Mo Y，Ong S P，Ceder G. First principles study of the $Li_{10} GeP_2 S_{12}$ lithium super ionic conductor material［J］. Chemistry of Materials，2011，24（1）：15-17.

［19］ Chen Y C，Ouyang C Y，Song L J，et al. Lithium ion diffusion in $Li_{4+x} Ti_5 O_{12}$：From ab initio studies［J］. Electrochimica Acta，2011，56（17）：6084-6088.

［20］ Yan H J，Wang Z Q，Xu B O，et al. Strain induced enhanced migration of polaron and lithium ion in λ-MnO_2［J］. Functional Materials Letters，2012，5（04）：1250037.

［21］ Shi S，Lu P，Liu Z，et al. Direct calculation of Li-ion transport in the solid electrolyte interphase［J］. Journal of the American Chemical Society，2012，134（37）：15476-15487.

［22］ 程昀，李劼，贾明，等. 锂离子电池多尺度数值模型的应用现状及发展前景［J］. 物理学报，2015（21）：137-152.

［23］ Wilson J R，Cronin J S，Barnett S A，et al. Measurement of three-dimensional microstructure in a $LiCoO_2$ positive electrode［J］. Journal of Power Sources，2011，196（7）：3443-3447.

［24］ Yan B，Lim C，Yin L，et al. Simulation of heat generation in a reconstructed $LiCoO_2$ cathode during galvanostatic discharge［J］. Electrochimica Acta，2013，100：171-179.

［25］ Stephenson D E，Walker B C，Skelton C B，et al. Modeling 3D microstructure and ion transport in porous Li-ion battery electrodes［J］. Journal of The Electrochemical Society，2011，158（7）：A781-A789.

［26］ Ender M，Joos J，Carraro T，et al. Quantitative characterization of $LiFePO_4$ cathodes reconstructed by FIB/SEM tomography［J］. Journal of The Electrochemical Society，2012，159（7）：A972-A980.

［27］ 吴伟，蒋方明，曾建邦. $LiCoO_2$ 电池正极微结构模拟退火重构及传输物性预测［J］. 物理学报，2014，63（4）：345-356.

［28］ Shearing P R，Howard L E，Jørgensen P S，et al. Characterization of the 3-dimensional microstructure of a graphite negative electrode from a Li-ion battery［J］. Electrochemistry Communications，2010，12（3）：374-377.

［29］ Yan B，Lim C，Yin L，et al. Three dimensional simulation of galvanostatic discharge of $LiCoO_2$ cathode based on X-ray nano-CT images［J］. Journal of The Electrochemical Society，2012，159（10）：A1604-A1614.

［30］ Ohzawa Y，Yamanaka Y，Naga K，et al. Pyrocarbon-coating on powdery hard-carbon using chemical vapor infiltration and its electrochemical characteristics［J］. Journal of Power Sources，2005，146（1）：125-128.

［31］ Fujimoto H，Tokumitsu K，Mabuchi A，et al. The anode performance of the hard carbon for the lithium ion battery derived from the oxygen-containing aromatic precursors［J］. Journal of Power Sources，2010，195（21）：7452-7456.

［32］ Vu A，Qian Y，Stein A. Porous electrode materials for lithium-ion batteries-how to prepare them and what makes them special［J］. Advanced Energy Materials，2012，2（9）：1056-1085.

［33］ Guerra E M，Cestarolli D T，Oliveira H P. Effect of mesoporosity of vanadium oxide prepared by sol-gel process as cathodic material evaluated by cyclability during Li^+ insertion/deinsertion［J］. Journal of Sol-Gel Science and Technology，2010，54（1）：93-99.

［34］ Das S K，Darmakolla S，Bhattacharyya A J. High lithium storage in micrometre sized mesoporous spherical self-assembly of anatase titania nanospheres and carbon［J］. Journal of Materials Chemistry，2010，20（8）：1600-1606.

［35］ Luo J，Wang Y，Xiong H，et al. Ordered mesoporous spinel $LiMn_2O_4$ by a soft-chemical process as a cathode material for lithium-ion batteries［J］. Chemistry of Materials，2007，19（19）：4791-4795.

［36］ Lim S，Yoon C S，Cho J. Synthesis of nanowire and hollow $LiFePO_4$ cathodes for high-performance lithium batteries［J］. Chemistry of Materials，2008，20（14）：4560-4564.

［37］ Wen Z，Wang Q，Zhang Q，et al. In situ growth of mesoporous SnO_2 on multiwalled carbon nanotubes：A novel composite with porous-tube structure as anode for lithium batteries ［J］. Advanced Functional Materials，2007，17（15）：2772-2778.

［38］ Ergang N S，Lytle J C，Yan H，et al. Effect of a macropore structure on cycling rates of $LiCoO_2$ ［J］. Journal of The Electrochemical Society，2005，152（10）：A1989-A1995.

［39］ Lee S I，Kim Y S，Chun H S. Modeling on lithium insertion of porous carbon electrodes ［J］. Electrochimica Acta，2002，47（7）：1055-1067.

［40］ Wang C W，Sastry A M. Mesoscale modeling of a Li-ion polymer cell ［J］. Journal of the Electrochemical Society，2007，154（11）：A1035-A1047.

［41］ Fuller T F，Doyle M，Newman J. Simulation and optimization of the dual lithium ion insertion cell ［J］. Journal of the Electrochemical Society，1994，141（1）：1-10.

［42］ Doyle M，Newman J. Analysis of capacity-rate data for lithium batteries using simplified models of the discharge process ［J］. Journal of Applied Electrochemistry，1997，27（7）：846-856.

［43］ Arora P，Doyle M，Gozdz A S，et al. Comparison between computer simulations and experimental data for high-rate discharges of plastic lithium-ion batteries ［J］. Journal of Power Sources，2000，88（2）：219-231.

［44］ Dargaville S，Farrell T W. Predicting active material utilization in $LiFePO_4$ electrodes using a multiscale mathematical model ［J］. Journal of the Electrochemical Society，2010，157（7）：A830-A840.

［45］ Srinivasan V，Newman J. Design and optimization of a natural graphite/iron phosphate lithium-ion cell ［J］. Journal of the Electrochemical Society，2004，151（10）：A1530-A1538.

［46］ Cannarella J，Arnold C B. Stress evolution and capacity fade in constrained lithium-ion pouch cells ［J］. Journal of Power Sources，2014，245：745-751.

［47］ Ebner M，Marone F，Stampanoni M，et al. Visualization and quantification of electrochemical and mechanical degradation in Li ion batteries ［J］. Science，2013，342（6159）：716-720.

［48］ Ohzawa Y，Yamanaka Y，Naga K，et al. Pyrocarbon-coating on powdery hard-carbon using chemical vapor infiltration and its electrochemical characteristics ［J］. Journal of Power Sources，2005，146（1）：125-128.

［49］ Lim C，Yan B，Yin L，et al. Simulation of diffusion-induced stress using reconstructed electrodes particle structures generated by micro/nano-CT ［J］. Electrochimica Acta，2012，75：279-287.

［50］ Soni S K，Sheldon B W，Xiao X，et al. Stress mitigation during the lithiation of patterned amorphous Si islands ［J］. Journal of the Electrochemical Society，2011，159（1）：A38-A43.

［51］ Mukhopadhyay A，Kali R，Badjate S，et al. Plastic deformation associated with phase

transformations during lithiation/delithiation of Sn [J] . Scripta Materialia, 2014, 92:
47-50.

[52] Choi Z, Kramer D, Mönig R. Correlation of stress and structural evolution in $Li_4Ti_5O_{12}$-based electrodes for lithium ion batteries [J] . Journal of Power Sources, 2013, 240: 245-251.

[53] Huggins R A, Nix W D. Decrepitation model for capacity loss during cycling of alloys in rechargeable electrochemical systems [J] . Ionics, 2000, 6 (1-2): 57-63.

[54] Woodford W H, Chiang Y M, Carter W C. "Electrochemical shock" of intercalation electrodes: a fracture mechanics analysis [J] . Journal of the Electrochemical Society, 2010, 157 (10): A1052-A1059.

[55] Hu Y, Zhao X, Suo Z. Averting cracks caused by insertion reaction in lithium-ion batteries [J]. Journal of Materials Research, 2010, 25 (06): 1007-1010.

[56] Mickelson L, Castro H, Switzer E, et al. Bulk stress evolution during intercalation of lithium in graphite [J] . Journal of The Electrochemical Society, 2014, 161 (14): A2121-A2127.

[57] Kim Y H, Pyun S I, Go J Y. An investigation of intercalation-induced stresses generated during lithium transport through sol-gel derived $Li_xMn_2O_4$ film electrode using a laser beam deflection method [J] . Electrochimica Acta, 2005, 51 (3): 441-449.

[58] Liu D, Wang Y, Xie Y, et al. On the stress characteristics of graphite anode in commercial pouch lithium-ion battery [J] . Journal of Power Sources, 2013, 232: 29-33.

[59] Golmon S, Maute K, Dunn M L. Numerical modeling of electrochemical-mechanical interactions in lithium polymer batteries [J] . Computers & Structures, 2009, 87 (23): 1567-1579.

第 **4** 章

锂离子电池制浆

4.1
概述

　　锂离子电池制造过程中的制浆，是将正负极活性物质粉体、导电剂粉体、高分子黏结剂和助剂均匀分散于溶剂中形成稳定悬浮液的过程。这种悬浮液在锂离子电池行业中也称为浆料。锂离子电池正极浆料常用体系为：钴酸锂粉体、炭黑（导电剂）、聚偏氟乙烯（PVDF）（黏结剂兼分散剂）等，分散于 N-甲基吡咯烷酮（NMP）中形成悬浮液。负极浆料常用体系为：石墨粉体、炭黑（导电剂）、丁苯橡胶乳液（SBR）（黏结剂）、羧甲基纤维素钠（CMC）（分散剂）等，分散于水中形成悬浮液。

　　常见制浆过程如图 4-1 所示。活性物质颗粒团聚体首先在机械搅拌作用下被打散，然后均匀分散于溶剂中。均匀稳定分散是锂离子电池制浆的基本要求。对于制备好的悬浮液，能否稳定分散，主要取决于悬浮颗粒之间的作用力情况。当颗粒之间的作用力以排斥力为主时颗粒之间不自发产生团聚，有助于悬浮液的稳定分散；当颗粒之间以引力为主时，将自发产生团聚，不能稳定分散，需要对颗粒的受力情况进行调控，以便使其稳定分散。

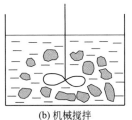
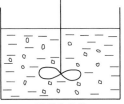

(a) 活性物质颗粒团聚体　　　　　(b) 机械搅拌　　　　　　　(c) 均匀分散

图 4-1　制浆过程示意图

　　本章首先介绍悬浮液稳定分散的基本原理，包括静态悬浮液颗粒的受力情况、静态悬浮液稳定性的判据；然后介绍悬浮液制备及调控原理及方法；最后讨论锂离子电池制浆设备及工艺。

4.2
悬浮液颗粒受力[1]

　　在静态悬浮液中，固体颗粒主要受到颗粒间作用力（引力 F_1 和斥力 F_2）、重力（G）、浮力（F_3）以及布朗运动力（F_4）作用，如图 4-2 所示；而在动态悬浮液中，固体颗粒还受到流体力学力的作用，主要表现为流体的曳力和阻力。

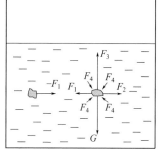

图 4-2　静态悬浮液固体
颗粒受力示意图

4.2.1　颗粒间作用力

颗粒间作用力包括范德华力、静电作用力、溶剂化作用力、疏溶剂作用力和位阻作用力等。

（1）范德华力　范德华力属于引力范畴。单个分子（原子）间的范德华力作用距离非常短，只存在于距离小于 1nm 的两个分子（或原子）之间。单个原子的范德华力与原子间距的六次方成反比，衰减很快。范德华力普遍存在于固、液、气态微粒之间。含有大量原子（或分子）的颗粒与颗粒之间的总作用力是颗粒中的各个原子（或分子）与另一颗粒中的各个原子（或分子）间的所有作用力的总和，故颗粒间的分子作用力不仅可观，而且作用距离较大，可以在 100nm 内表现出来。范德华力受颗粒密度、直径、颗粒间距和表面性质等因素影响，随颗粒间距的增大而减小，随颗粒密度和直径的增大而增加。颗粒间距对范德华力的影响见表4-1。表面吸附对范德华力有影响，吸附层使范德华力减弱。在锂离子电池的制浆过程中，减小颗粒粒度可以减小范德华力，有助于制备稳定悬浮液。

表 4-1　1mm 球形颗粒不同间距时的范德华力（哈梅克常数 $A = 10^{-19}$）

颗粒间距/nm	作用力/N
0.2	2×10^{-3}
10	约 10^{-5}
50	约 3×10^{-8}

（2）静电作用力　颗粒表面通常带有电荷使得颗粒间产生静电作用力。静电作用力有排斥和吸引两种作用。当两个颗粒带有同种电荷时，则颗粒间静电作用力表现为排斥力；而当两个颗粒带有相反电荷时，则表现为引力。同质颗粒通常带有同种电荷，静电作用力表现为排斥力；对于异质颗粒，当不同异质颗粒带有相反电荷时表现为引力，带有同种电荷时表现为斥力。

悬浮液中颗粒表面带有电荷的原因非常复杂，仅在水性体系中，颗粒表面带有电荷就可能是由颗粒表面晶格离子和表面官能团的选择性解离，以及表面晶格缺陷等多种原因造成。悬浮液中颗粒带电时表面存在一个由同种电荷（电位形成离子）形成的电荷层，在颗粒表面电荷层的外面聚集了反号离子，其中一部分反号离子被紧密吸引在表面，称为束缚反离子，形成了吸附层。带电颗粒表面的电荷层与吸附层一起构成了双电层结构，如图 4-3 所示。吸附层有几个分子厚度，通常随着颗粒一起运动。另一部分反号离子由于分子热运动和液体溶剂化作用而向外扩散，并延伸一定距离，直至与溶液中的离子浓度相等，形成了一个扩散层。由于扩散层的反号离子与吸附层的结合力弱，在颗粒运动时，常常脱离颗粒，这个脱开的界面称为滑动面，滑动面通常位于靠近吸附层的某个位置，胶体化学常将吸附层边界近似作为滑动面。

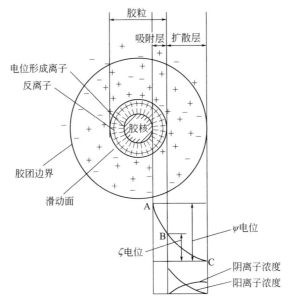

图 4-3　粒子双电层结构及其点位分布

我们将颗粒表面电位形成离子与反离子之间形成的电位称为ψ电位，这个值通常不能测得；滑动面的电位为ζ电位，也称为 zeta 电位，这个值可以由电泳和电渗速度计算出来。常用ζ电位度量颗粒之间相互排斥的强度。ζ电位（正或负）越高，颗粒之间的静电排斥力越大，体系越稳定。反之，ζ电位（正或负）越低，静电排斥力越小，颗粒越倾向于凝结或凝聚，分散容易被破坏。ζ电位与体系稳定性之间的大致关系如表 4-2 所示。

表 4-2　ζ电位与体系稳定性之间的大致关系

ζ电位	体系稳定性
$0 \sim \pm 5$	快速凝结或凝聚
$\pm 10 \sim \pm 30$	开始变得不稳定
$\pm 30 \sim \pm 40$	稳定性一般
$\pm 40 \sim \pm 60$	较好的稳定性
超过± 61	稳定性极好

两个颗粒的静电作用距离与扩散层的厚度有关，扩散层越厚，静电作用距离越远，但是随着距离的变远，作用力减弱。双电层的厚度受离子强度影响，随着离子强度的增加而下降。表面吸附情况不同，引起的静电作用改变十分复杂，可以使静电作用增强或减弱，有时甚至使电位形成离子发生相反改变，这也为人们调节颗粒间静电作用力提供了途径。

（3）溶剂（水）化作用力　固体颗粒在溶剂中分散时，存在着溶剂化膜。最常用的溶剂就是水。在强极性的水介质中，当两个颗粒互相靠近，水化膜开始接触时，就会产生一种排斥作用，称为溶剂化作用力，也叫水化力或结构力。水化力作用范围在 2.5~10nm 之间，约 10~40 个水分子厚度，并且随着距离的增大呈指数衰减。在非极性介质中，固体颗粒溶剂化膜的厚度较小，约几个分子厚，并且结构不稳定，会发生振荡现象，如密度大小的变化。

在水体系中，水化膜可以看作是具有一定结构和厚度的弹性实体，其结构十分复杂。一般认为颗粒表面含有不溶解的离子，其中的阳离子以部分水合的形式与水结合，阴离子以羟基化的形式与水结合，其结合力远超过氢键；在其外面的水再以氢键加偶极作用的方式形成水膜。由于这几种结合力都超过了水相中分子间的氢键力，溶剂化膜能够稳定存在，如图 4-4 所示。溶剂化膜的结构和性质主要受到颗粒表面状况、液体介质的分子极性和体相结构特点、溶质分子和离子种类及其浓度、温度等因素影响。

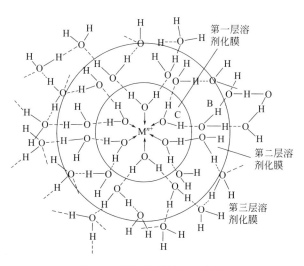

图 4-4　溶剂化膜结构示意图

（4）疏溶剂（水）作用力　因为水是最常用的溶剂，因此我们在这里以疏水作用为例，来讨论疏溶剂作用。疏水作用是在水中发生在非极性颗粒之间的吸引作用。它的作用距离短，在 $10\sim25nm$ 之间。这是因为在水性介质中分散非极性表面的颗粒时，颗粒表面对水的排斥作用，使水分子的极性氢键避免直接指向颗粒表面，而是尽量与颗粒表面平行，产生一种特殊不稳定的"冰状笼架结构"水化膜，如图 4-5 所示。这层水化膜与颗粒表面以较弱的色散力结合，其生成过程属于熵减的过程，有自发破坏的趋势。当两个被这种水化膜包覆的颗粒在水中接近时，这种水化膜会自发破裂将两个颗粒挤到一起，或者将颗粒挤出水面，以减少水化膜的面积，如图 4-6 所示。表现为在水介质中非极性表面颗粒具有吸引力，这就是疏水作用。

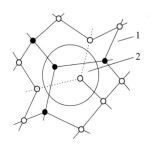

图 4-5　疏水膜的结构示意图
1—水分子"笼状结构"；2—非极性分子

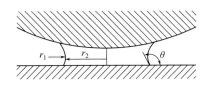

图 4-6　水化膜破裂示意图

疏水作用强度比范德华力大 $10\sim100$ 倍。疏水作用与表面的非极性程度（即疏水程度）有关。水化作用与疏水作用是一对相反的作用，水化作用越强，疏水作用越弱，反之亦然。

（5）位阻作用力　颗粒表面的吸附层对颗粒间的作用有显著影响。当颗粒吸附高分子或长链有机物后，在不同颗粒吸附层发生接触时，便会产生一种可以占支配地位的颗粒间排斥作用，这种作用称为位阻作用。而当颗粒吸附层不接触时，不产生位阻作用。

位阻作用与吸附层高分子的含量有关，即与高分子分散剂的使用浓度密切相关。当高分子分散剂浓度低时（如为 50% 左右时），高分子分散剂主要在颗粒间起架桥作用，使多个颗粒聚团长大，不利于分散稳定，没有位阻效应。而当浓度高、覆盖率接近 100% 时，颗粒吸附的高分子吸附层相互穿插或受到压缩，从而阻止了颗粒之间靠近，使颗粒受位阻作用排斥力而稳定分散，如图 4-7 所示。这种位阻排斥作用距离受到高分子分子量影响，致密的吸附层可达到数十纳米，而对于分子量大于 1 000 000 的高分子可达数百纳米，几乎与双电层作用距离相当。当浓度过高时，空间位阻效应会失效，可能发生新的聚团形为，如图 4-8 所示。

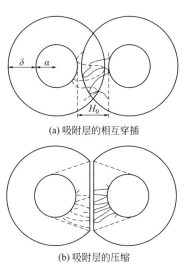

(a) 吸附层的相互穿插

(b) 吸附层的压缩

图 4-7 位阻作用的两种极端情况

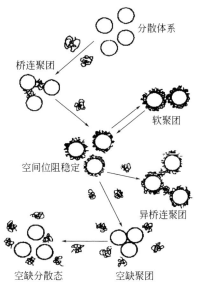

图 4-8 分散剂浓度过高导致位阻效应失效

4.2.2 颗粒受到的其他作用力

（1）重力和浮力 悬浮液处于重力场中。在溶剂中，固体颗粒受到重力 G 和液体浮力 F 的双重作用：

$$G = \rho_p g V$$
$$F = \rho_s g V$$

式中，G 为颗粒受到的重力；F 为颗粒受到的浮力；ρ_p、ρ_s 分别为颗粒和溶剂的密度；g 为重力加速度；V 为颗粒体积。则有如下规律：

当 $\rho_p > \rho_s$ 时，颗粒受到的重力大于浮力，颗粒发生沉降；

当 $\rho_p = \rho_s$ 时，颗粒受到的重力等于浮力，颗粒悬浮在溶剂中；

当 $\rho_p > \rho_s$ 时，颗粒受到的重力小于浮力，颗粒发生上浮。

由上可知，只要颗粒密度不等于溶剂密度，都会自发地沉降或上浮，使悬浮液的溶剂和颗粒分离，颗粒密度与溶剂密度的差值越大，越不稳定。在锂离子电池浆料中，通常颗粒密度大于溶剂密度，悬浮颗粒会沿重力方向向下运动，发生重力沉降。重力沉降会造成颗粒浓度沿重力方向增大，使悬浮体系破坏。

（2）布朗运动力 悬浮液中的所有颗粒，无论粒度大小，都会受到溶剂分子热运动的无序碰撞，从而产生扩散运动，称为布朗运动。这里将使颗粒产生布朗运动的力称为布朗运动力。布朗运动力是无规则的，它们在各个方向存在的概率相等。颗粒在某一方向上做布朗运动时，其运动速率随颗粒质量和尺寸的减小而增大，并且非球形颗粒的布朗运动速率低于球形颗粒。不同粒度颗粒在水中的布

111

朗运动速率见表4-3。

表4-3 不同粒度颗粒在水中的布朗运动速率(温度20℃)

颗粒半径/m	10^{-9}	10^{-8}	10^{-7}	10^{-6}
速率/($\times 10^{-6}$ m/s)	20.5	6.5	2.05	0.65

布朗运动一方面使得悬浮液体系中颗粒随机向任意方向移动扩散,使悬浮液浓度趋于一致,分散均匀;另一方面也使颗粒碰撞机会增加,使颗粒间发生接触而团聚,使粒度增大而发生重力沉降。

(3)流体力学力 流体力学力主要是由流体的黏性而产生的,又称流体黏性力,其本质是分子间的引力作用,也就是范德华力。衡量黏性力的物理量为黏度。这里以上下两个大平行平板之间的流体为例讨论黏度,如图4-9所示。当上面的平板向固定方向水平匀速运动时,紧贴上部平板的流体在平板带动下运动,由于黏性力作用带动下部流体随之运动,在上下两个平板之间流体产生速度梯度。速度梯度大小用 $\mathrm{d}u/\mathrm{d}y$ 表示。当速度梯度恒定时,上下层流体的作用力和反作用力相等,此时的剪切力用 τ 来表示:

$$\tau = \eta \frac{\mathrm{d}u}{\mathrm{d}y} \tag{4-1}$$

其中的比例系数 η 称为黏度(动力黏度),单位为 Pa·s,也可以写成 N·s/m²。黏度的物理意义为当速度梯度等于1时,流体单位面积上由于黏性所产生的内摩擦力(剪切应力)的大小。黏度越大,则在相同剪切力下,流体的相对速度越小。黏度反映了流体在受到外力作用时保持原来形状的能力,即黏度越大,保持原来形状能力越强。流体的黏度不仅因种类而异,而且还受温度、压力影响。同一种液体的黏度随着温度升高而降低,压力的影响可以忽略不计。

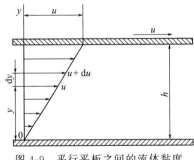

图4-9 平行平板之间的流体黏度

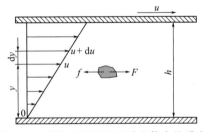

图4-10 颗粒处于相对运动流体中的受力

造成悬浮液中流体相对运动的因素很多,例如温度不均匀引起的自然对流和外力搅拌等。当颗粒处于发生相对运动的流体中时,如图4-10所示,速度大的上层流体将对颗粒产生流体曳力,而速度小的下层流体对颗粒产生阻力,当流体曳力大于阻力时,颗粒将发生运动,当二者变化后达到相等时,颗粒处于匀速直线运动状态。

4.2.3 颗粒间距和粒度对颗粒受力的影响

（1）颗粒间作用力与颗粒间距 对于静态悬浮液，颗粒受到颗粒间作用力的作用，包括范德华力、静电力、溶剂化用力、疏溶剂作用力和位阻作用力，它们的特性见表 4-4。由表 4-4 可见：

① 范德华力和疏水作用力均为引力。前者作用距离长，可达 100nm；后者作用距离短，为 10nm，但是作用强度大。

② 溶剂化作用力和静电力为排斥力。前者作用强度大，但作用距离短；后者作用强度小，但作用距离长。

③ 位阻作用力既可以为引力，也可以为斥力，作用距离长。需要指出的是当高分子在颗粒表面覆盖度低时，位阻作用力表现为引力。

表 4-4　颗粒间作用力的综合特性

项目	范德华力	疏溶剂作用力	静电力	溶剂化作用力	位阻作用力
作用间距/nm	50~100	10	100~300	10	50~100
力的性质[①]	—	— —	+	+ +	主要为+；偶为—

① —为吸引力；+为排斥力；++及——表示很强。

颗粒间作用力测量可以采用表面力测量仪（SFA），距离测量范围在几个微米到 0.1nm 之间，而力的测量灵敏度为 10^{-8}N。使用原子力显微镜（AFM）可以进一步提高表面力的测量精度，灵敏度可超过 10^{-10}N。

（2）颗粒间作用力与颗粒粒度 在静态悬浮液中，颗粒除了受到颗粒间作用力，还受到浮力、重力、布朗运动力作用。而在动态悬浮液中颗粒还会受到流体力学力作用。这些作用力随着粒度不同而不同。Warren 对不同粒度颗粒的粒间作用势能及动能进行了计算对比，假设不同粒度颗粒的布朗运动的动能均为 1 个单位，各种作用能大小对比见表 4-5。

表 4-5　在悬浮液中不同粒度的颗粒的势能和动能大小

作用能种类	对应于给定颗粒尺寸的能量 k_BT		
	0.1μm	1μm	10μm
范德华作用能	10	100	1000
静电作用能	0~100	0~1000	0~10000
布朗运动动能	1	1	1
沉降动能	10^{-13}	10^{-6}	10
搅拌动能	1	1000	10^6

注：k_B 玻耳兹曼常数；T 热力学温度。表中数据是颗粒运动速度为 5cm/s 时的计算结果。

由表 4-5 可知，与布朗运动能相比，对于 0.1μm 颗粒，范德华作用能和静电作用能比较显著；随着粒度的增大，沉降动能和搅拌动能增加显著。

4.3
静态悬浮液稳定性

4.3.1　沉降方式

　　静态悬浮液不稳定时，会发生沉降。我们把固体颗粒总体积占悬浮液体积的百分数称为固体颗粒体积浓度。悬浮液的沉降形为受固体颗粒体积浓度影响，如图 4-11 所示。

　　(1) 自由沉降　当悬浮液的固体颗粒体积浓度在 $3\%\sim5\%$ 之间时，称为极稀悬浮液，颗粒之间相互作用可以忽略，发生的是自由沉降。静置极稀悬浮液的 $Re<1$，球形颗粒的沉降速率 V_0 可用下式表示：

$$V_0=54.5d^2(\delta-\rho)/\eta \tag{4-2}$$

式中，d 为颗粒直径；δ 为颗粒密度；ρ 为溶剂密度；η 为黏度。

　　由上式可知：随着颗粒直径和密度的增大，液体密度和黏度的减小，沉降速率增大；并且沉降速率与颗粒直径是二次方的关系，受颗粒直径影响显著。在一定温度下，悬浮液体系的粉体和溶剂一定时，沉降速率只与颗粒直径有关。当颗粒形状不规则时，会增大沉降阻力，使沉降速率降低。

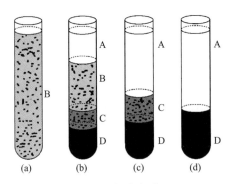

图 4-11　沉降行为

A—清液区；B—等浓度区；
C—变浓度区；D—沉聚区

　　(2) 干扰沉降　当悬浮液的固体颗粒体积浓度在 $5\%\sim20\%$ 之间时称为稀悬浮液，此时发生干扰沉降。上面的颗粒向下沉降时，会取代下面的液体而使液体向上回流，阻碍其他颗粒的沉降，使颗粒的沉降速率下降。由于颗粒之间的彼此干扰，会在沉降过程中形成一个清晰的界面，即上清液和下面悬浮沉积层二者之间的界面，如图 4-11(c) 中的 A 和 C 区之间的界面，整个沉降过程相当于这个界面的下降。

　　对于干扰沉降，可用下式描述沉降

速率 V :

$$V = V_0(1-m)^n \tag{4-3}$$

式中，V_0 为单个颗粒自由沉降速率；m 为颗粒的体积百分数；n 为干扰沉降系数。这里的干扰沉降系数 n 需要由实验确定，可用下式表示：

$$n = 4.65 + 19.5d/D \tag{4-4}$$

式中，D 为器壁直径；d 为颗粒直径。n 的取值在 $4.65 \sim 5$ 之间。对于大多数悬浮液，$n = 4.7$ 时能给出良好相关性。

由上述公式可见，界面的干扰沉降速率随着固体颗粒体积浓度增大而下降。当然还与颗粒的自由沉降速率有关，自由沉降速率越大，界面的干扰沉降速率越大。当颗粒间存在吸引力时，情况还会更加复杂。这时一些颗粒还会松散地结合成不同直径的大颗粒（或者叫二次颗粒），以粒群的形式沉降，相当于颗粒直径增大，使界面的沉降速率加快。

（3）压缩沉降 悬浮液的固体颗粒体积浓度在 $20\% \sim 50\%$ 之间时称为浓悬浮液，其沉降表现为压缩沉降，如图 4-11(b) (c) (d) 中的 D 区。颗粒将进一步靠拢，将水分挤压出去，达到紧密靠拢状态。由于挤出液体上升会阻碍颗粒靠近，因此压缩沉降速率大大降低。这一沉降过程是在上部分悬浮液对下部分悬浮液的压缩下发生的，因此越是 D 区的下边，受到的压力越大，D 区的浓度越高，越密实。如果选择任意一个 D 区中的水平界面，当上层的压力与下层的压应力相等时，悬浮液就会处于平衡状态。

在固体颗粒体积浓度大于 50% 的悬浮液中，此时悬浮液中的固体颗粒已密集到接近紧密排列的程度，也发生压缩沉降。锂离子电池悬浮液多属此类。

（4）器壁效应 器壁对沉降有一种阻碍作用，称为阻滞效应。阻滞效应可用下式表示：

$$V_w = WV_0 \tag{4-5}$$

式中，V_w 为实际沉降速率；V_0 为自由沉降速率；W 为阻碍效应系数。其中 W 随 d/D 比值的增加而下降，d 为颗粒直径，D 为容器直径。对于层流，$W = [1 + 2.35(d/D)]^{-1}$，适用于雷诺数在 $3 \sim 1200$ 之间的流体。

悬浮液的沉降速率主要受固体颗粒体积浓度和颗粒直径的影响，随着浓度的增加和颗粒直径的下降，沉降速率降低。颗粒密度的减小，颗粒形状的不规则，液体的密度和黏度增大，沉降速率也降低，此外颗粒的表面性质也有影响。调整这些参数减小重力沉降速率，就会使悬浮液向稳定方向发展。

4.3.2 稳定悬浮液的判据

（1）临界直径与沉降 由前面可知，布朗运动扩散位移随颗粒直径增大而减小，重力沉降位移随直径增大而增大，这样针对特定的悬浮体系必然存在一个特定的颗粒直径值，使得沉降位移和布朗运动扩散位移相等。我们将这一特定的颗粒直径值称为临界直径。颗粒的密度为 $2000kg/m^3$ 时，其布朗运动扩散位移和重力沉降位移的计算值如表4-6所示。当颗粒的粒度在 $1.0\sim2.5\mu m$ 之间时，会出现临界直径（$1.2\mu m$），此时扩散位移和重力沉降位移相等。大部分颗粒的临界直径在 $1\sim2\mu m$ 之间。

表 4-6　不同直径颗粒的布朗运动扩散位移和重力沉降位移

颗粒粒度/μm	扩散位移/μm	沉降位移/μm
10	0.236	55.4
2.5	0.344	13.84
1.0	0.745	0.554
0.5	1.052	0.1384
0.25	1.49	0.0346
0.10	2.36	0.005

关于悬浮液体系中的颗粒是否具有自发发生沉降趋向，可以做如下判断：

① 当颗粒直径小于临界直径时，布朗运动起决定作用，颗粒没有自发沉降趋向；

② 当颗粒直径大于临界直径时，重力沉降起决定作用，颗粒有自发沉降趋向。

在锂离子电池的浆料中，负极材料石墨颗粒的 d_{50} 在 $17\mu m$ 左右，正极粉体钴酸锂的 d_{50} 在 $8\mu m$ 左右，多数粉体粒子直径在 $2\mu m$ 以上，磷酸铁锂的 d_{50} 在 $2\mu m$ 左右，因此颗粒直径都大于临界直径，所以锂离子电池大部分浆料都有自发沉降趋向。在锂离子电池浆料中有时还有少量导电剂固体颗粒。导电剂颗粒多为纳米材料，小于临界直径，没有自发沉降趋向。

（2）颗粒间作用力与团聚　颗粒间作用力包括范德华力、静电力、溶剂化力、疏溶剂力和位阻作用力，这些作用力具有加和性，计算如下：

颗粒间作用力之和＝范德华力＋静电力＋溶剂化力＋疏溶剂力＋位阻作用力

设排斥力为正值，引力为负值，则颗粒间作用力对静态悬浮液稳定性影响如下：

颗粒间作用力之和＞0，悬浮液处于以斥力为主状态，没有自发团聚趋向；

颗粒间作用力之和＜0，悬浮液处于以引力为主状态，有自发团聚趋向。

但是一般认为，在电解质溶液中，当颗粒作用的势能曲线上的势垒大于 $15k_BT$ 时，颗粒处于稳定分散状态。

（3）悬浮液稳定性判据　静态悬浮液的稳定性既受颗粒间作用力的影响，也受颗粒直径的影响，悬浮液的稳定趋向判据如表4-7所示。

表 4-7　悬浮液稳定性判据

稳定性判据条件		稳定性情况		
颗粒间作用力之和	颗粒直径	团聚趋势	沉降趋势	稳定性
引力为主	任何直径	有	有	不稳定趋向
斥力为主	大于临界直径	没有	有	不稳定趋向
	小于临界直径	没有	没有	稳定趋向

需要注意的是，对于以斥力为主，颗粒尺寸大于临界尺寸的悬浮液体系，势必会发生沉降，使颗粒之间靠近。当颗粒间斥力引起的排斥抵消掉重力引起的靠近时，底部的浓悬浮液体系可能也会处于平衡状态。这时底部悬浮液可以看作高浓度悬浮液，会出现"拟晶体"现象，即规则排列的颗粒间距与光的波长相当时，会发生光的干涉，出现彩虹现象。

4.4
锂离子电池浆料制备原理

悬浮液的制备通常包括粉体润湿、分散、脱出气泡等三个过程。其中粉体润湿是溶剂在粉体表面的浸润铺展过程，直接影响到颗粒能否进入到溶剂中；粉体分散是利用剪切应力将团聚的固体颗粒解聚和打散分散于溶剂中的过程，是制浆核心步骤；脱出气泡是将分散过程中引入到悬浮液中的气泡脱出的过程。下面分别讨论这三个过程。

4.4.1　粉体润湿

粉体润湿是溶剂从固体颗粒表面置换空气的过程。在制备悬浮液的过程中，粉体润湿是第一步。衡量溶剂在颗粒表面润湿性的物理量是润湿角 θ，它可以通过润湿角测定仪测定。当固体物质平面上的液滴处于平衡状态时，θ 角的顶点处在气液固三相接触点上（见图4-12），为沿液-气表面的切线与固-液界面所夹的角。这个三相接触点共受到三种表面张力的作用，固体在液体中的表面张力 σ_{SL}，液体在气体中的

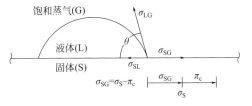

图 4-12　润湿角测定原理

表面张力 σ_{LG}，以及固体在气体中的表面张力 σ_{SG}。在平衡状态时，沿固体表面水平方向的合力为 0，得到：

$$\left.\begin{array}{c} \sigma_{SL}+\sigma_{LG}\cos\theta=\sigma_{SG} \\ \cos\theta=(\sigma_{SG}-\sigma_{SL})/\sigma_{LG} \end{array}\right\} \tag{4-6}$$

上式称为杨氏方程。判断润湿特性的规则如下：

$\theta=0°$，完全润湿；

$0°<\theta<90°$，部分润湿；

$90°<\theta<180°$，不润湿；

$\theta=180°$，完全不润湿。

对于一定固-液体系，在平衡状态时三相点处的 θ 是一定的，据此可以判断颗粒是否能润湿进入到水中。在没有重力场情况下并且颗粒处于平衡状态时：θ 角大于 90°时，颗粒漂浮于液面上；当 θ 角小于 90°时，颗粒全部浸没于液面；当 θ 角等于 0°时，颗粒可以处于液面下任何位置，如图 4-13(a) 所示。而在重力场中时，由于重力作用，颗粒更容易进入水中，如图 4-13(b) 所示。

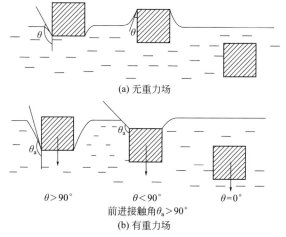

图 4-13　水面颗粒的悬浮情况

当颗粒的形状及密度已知时，例如立方体形、密度为 2500kg/m³ 时，在重力场中可计算出对应于不同接触角的最大漂浮粒度 d_{max}。当颗粒表面的润湿角 $\theta=0°$，任何粒度的颗粒都能自发进入水中；润湿角 $\theta=20°$ 时只有大于 1.0mm 的颗粒才能自发进入水中；润湿角 $\theta=90°$ 时约 3.0mm 的颗粒才能自发进入水中。通过对上面数据的分析，可以进一步认识润湿规则的重要性：当颗粒润湿特性为不润湿或不完全润湿时，颗粒有强弱不等的逃出水面的趋势，或者将在水中聚集成团，不可能获得颗粒在水中的稳定分散。在这种场合，必须添加润湿剂以改变颗粒的润湿性，使其能够被水润湿而进入到水中。

4.4.2 粉体分散

由于粉体颗粒间的引力作用，粉体的聚团现象普遍存在。在粉体聚团内，粉体颗粒之间的黏结力大小与颗粒间总引力大小有关，颗粒总引力越大，则黏结力越大；另外，在粉体聚团内颗粒的机械重叠和咬合也附加了黏结力。这些原生聚团的黏结力有时很大，不能自发分散于溶剂中。通常采用机械搅拌提供的剪切力使粉体的原生聚团解聚和分散。机械搅拌的转速越大，提供解聚的剪切力就越大。只有当机械搅拌提供的剪切力大于颗粒聚团的黏结力时，才能使原生聚团解聚和分散于溶剂中。

制浆过程的粉体分散，就是调节颗粒间作用力处于斥力状态，同时采用机械搅拌的剪切力使粉体聚团解聚并稳定分散于悬浮液中的过程。常用于制浆过程的机械搅拌罐通常由搅拌槽和搅拌桨构成。旋转的搅拌桨是提供剪切力的主要机械装置，下面重点讨论机械搅拌桨的形式及其剪切分散原理。

（1）搅拌桨形式 根据搅拌桨在搅拌槽内产生的流体流型，可以将搅拌桨分为轴流式和径流式两种。轴流式搅拌桨也称为推进式搅拌桨，在旋转时将液体沿轴向排出，槽内流体沿轴向产生循环，如图 4-14（a）所示。这种搅拌桨提供的剪切力小、循环量大，且功率消耗低，适合于均匀混合等场合。为防止水平回转流，在搅拌槽内可以增设挡板，或偏心安装叶轮。径流式搅拌桨也称为涡轮式搅拌桨，在旋转时把液体从轴的方向吸入，而向与轴垂直的方向（径向）排出，排出流遇到罐壁，向上下分开，形成上下循环的流型，如图 4-14（b）所示。其特点是剪应力大、有一定循环排出量、功率消耗大，适用于需要强剪切和有一定排出量的场合。

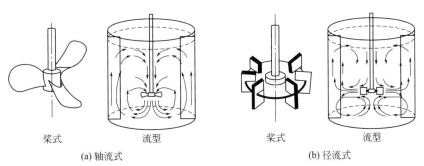

桨式	流型		桨式	流型
(a)轴流式			(b)径流式	

图 4-14 搅拌桨形式与搅拌罐中流体流型

在实际应用时搅拌桨形式有很多种，桨叶的作用也各不相同，产生的流动形式多数介于二者之间，如图 4-15 所示。有些搅拌桨还有其他功能，如框式搅拌桨有刮壁功能，防止黏性浆料的粘壁。

在锂离子电池浆料搅拌罐中，常使用多种搅拌桨相结合的方式。如同时设置

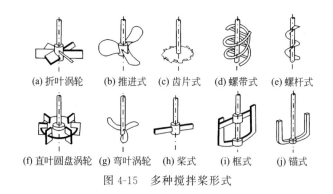

图 4-15　多种搅拌桨形式

两类搅拌桨。一类是小直径的圆盘齿片式搅拌桨，偏心或倾斜安装都会增加剪切作用，同时还设有自转和公转功能。这种搅拌桨适合于高速旋转，提供较大的剪切力，主要用于剪切分散。另一类是直径较大的螺带式搅拌桨。这种搅拌桨转速慢，有助于减少回转流，可以形成轴向流和旋转流动，提供较大的循环量用于浆料均匀混合，还有防止粘壁的功能。当搅拌槽中液层深度大时，常设多层圆盘齿片式搅拌桨和螺带式搅拌桨。

几种典型搅拌罐的搅拌流型，如图 4-16 所示。

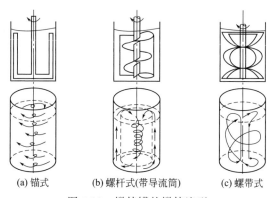

(a) 锚式　　　　(b) 螺杆式(带导流筒)　　　(c) 螺带式

图 4-16　搅拌罐的搅拌流型

（2）搅拌桨临界转速　在重力起主要作用时，搅拌罐中的悬浮液会发生沉降，颗粒越大沉降速率越快。搅拌能使颗粒悬浮起来。对于一定的搅拌体系，随着搅拌转速的增大，颗粒在悬浮体系中的悬浮状态依次呈现底部或角落堆积、完全在底运动、完全离底悬浮和均匀悬浮等四种状态。如图 4-17 所示。

在搅拌转速很低时，底部只有部分颗粒运动，在罐底角落处或底部相对静止区内有颗粒积聚，呈现底部或角落处堆积的运动状态；随着搅拌转速的增加，罐底面上的颗粒不停地运动并变换位置，但是却停留在罐底面上，既不悬浮也不堆积，呈现完全在底运动状态；搅拌转速进一步增加时，颗粒均处于运动之中，没

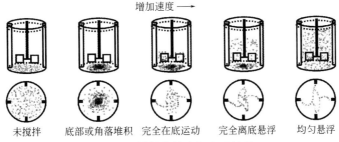

增加速度 →

| 未搅拌 | 底部或角落堆积 | 完全在底运动 | 完全离底悬浮 | 均匀悬浮 |

图 4-17　搅拌桨转速与流型关系

有任何颗粒在罐底停留超过一个很短的时间（例如 1～2s），呈现完全离底悬浮状态；当搅拌转速足够大时，颗粒在整个搅拌罐内浓度分布均匀恒定，而且在一定的粒度范围内，粒度分布也是均匀恒定的，呈现均匀悬浮状态。一般来说，达到均匀悬浮状态需要比产生完全离底悬浮状态高得多的搅拌转速。其实，在颗粒沉降速率很大时，流体很难达到均匀悬浮状态。

我们把完全离底悬浮的搅拌转速称为临界转速，Zwietering 对完全离底悬浮的临界转速提出了如下公式：

$$
\begin{aligned}
N_c &= K d^{-0.85} \nu^{0.1} d_p^{0.2} \left| g \frac{\rho_p - \rho}{\rho} \right|^{0.45} \left| 100 \times \frac{\rho_p \varphi_V}{\rho(1-\varphi_V)} \right|^{0.13} \\
&= K d^{-0.85} \nu^{0.1} d_p^{0.2} \left| g \frac{\rho_p - \rho}{\rho} \right|^{0.45} X^{0.13}
\end{aligned}
\tag{4-7}
$$

式中，N_c 为临界转速，r/s；K 为常数；ρ 为液体的密度，kg/m^3；ρ_p 为固体颗粒的密度，kg/m^3；d_p 为固体颗粒的直径，m；φ_V 为固体体积分数，%；d 为桨径，m；g 为重力加速度，m/s^2；X 为 100 乘上固-液的质量比；ν 为液体的运动黏度，m^2/s。

上式表明，影响临界转速的因素很多，桨叶直径越小、颗粒直径越大、液体的黏度越大、颗粒与液体的密度差越大，临界转速越大。其中颗粒与溶剂液体的密度差实际上是颗粒悬浮的最主要参数之一。

（3）搅拌桨剪切力　搅拌罐内参与循环流动的所有流体的体积流量，称为循环流量。从搅拌桨直接排出的流体体积流量，称为排液量，用 Q 表示，单位为 m^3/s。由于搅拌桨排出流所产生的夹带作用，循环流量可远远大于排液量，二者之比可表示排出流的夹带能力。对于几何相似的搅拌桨，排液量可用下式表示：

$$
Q \propto nd^3
\tag{4-8}
$$

式中，n 为搅拌桨的转速，r/s；d 为搅拌桨直径，m。

设搅拌时的速度头为 H，它可以度量搅拌桨产生的剪切力的大小。液体离开搅拌桨的速度为 u 正比于 nd，于是速度头 H 可用下式表示：

$$
H \propto u^2/2g \propto n^2 d^2
\tag{4-9}
$$

式中，H 为速度头，m；u 为液体离开搅拌桨的速度，m/s。

搅拌桨所消耗的功率为 N，可由下式计算：

$$N \propto HQ \tag{4-10}$$

由式(4-8) 和式(4-9) 可得：

$$Q/H \propto d/n \tag{4-11}$$

排液量和速度头之比用 Q/H 表示。当搅拌功率一定时，Q/H 的大小可以衡量搅拌桨在一定功率下提供的循环混合作用和剪切作用的大小：Q/H 越大，则剪切作用越小，反之亦然。由上面推导可以得到：

$$Q/H \propto d^{8/3} \quad \text{或} \quad Q/H \propto n^{-8/5} \tag{4-12}$$

这说明在消耗相同功率情况下，采用低转速、大直径的叶轮，可以增大循环流量，同时减小流体受到的剪切作用，有利于宏观混合。反之如果采用高转速和小直径的叶轮，结果相反。常用搅拌桨按照推进式、涡轮、平桨的顺序，剪切作用增强。对于不同用途所需的剪切力，按照下面排序增大：均匀混合、传热、固体悬浮、固体溶解、气体分散、不互溶的液液分散等。

4.4.3 脱气、输送和过滤

（1）脱出气泡　在空气中搅拌分散悬浮液时，通常溶剂表面张力较低，很容易将空气吸入，以微小气泡的形式存在于悬浮液中。悬浮液中存在气泡时，气泡的不断溢出会造成悬浮液流变性能的改变，导致悬浮液流变性能的不稳定，尤其是对于后续涂膜还可能造成针孔等涂布缺陷，因此在锂离子浆料分散完成后要将气泡脱出。

当静置液体中存在气泡时，单个气泡的上升速度如图 4-18 所示[4]，随着气泡直径的增大，气泡的上升速度呈现先上升后下降的趋势，存在一个最大值。这是因为气泡直径超过最大上升速度对应的值时，气泡出现变形从而使气泡上升阻

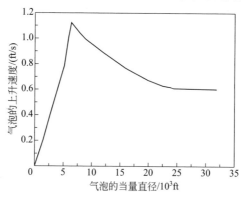

图 4-18　气泡的上升速度示意

（1ft＝0.3048m）

力增大的缘故。这个临界值大约在 1mm 左右，并且在这个临界值之前，气泡上升路径为直线向上。当气泡以群的方式上升时，会出现气泡之间的相互干扰，因此与干扰沉降类似，上升速度大幅度降低。

静置虽然可以使气泡脱出，但是气泡的逃逸脱出速度慢，很难在短时间脱除干净。因此锂离子电池制浆过程中通常采用抽真空加慢速搅拌脱出气泡。

① 当浆料处于真空状态时，悬浮在浆料中的小气泡受到来自悬浮液的压力变小，气泡会长大，从而增大了气泡的浮力，气泡脱出速度加快。但是真空度和时间应该匹配，否则会造成溶剂挥发损失过大，改变浆料流变性能。

② 当浆料处于慢速搅拌状态时，悬浮液处于对流状态，在搅拌罐底部的悬浮液可以随搅拌循环流流到搅拌罐顶部，使其夹带的气泡缩短了溢出距离，加快了气泡的脱出速度。但是搅拌桨速度不能过快，过快可能再次引入气泡。

（2）浆料输送　悬浮液的输送是实现连续生产的基础，因此制备好的悬浮液需要用管道进行输送。输送时的浆料有均匀悬浮、非均匀悬浮、管底有推移层（即滚动或移动）、管底有固定层（即在管底不动或原地摆动）等四种状态，悬浮液颗粒直径与速度的关系见图 4-19。

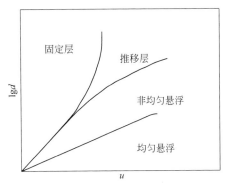

图 4-19　颗粒在管道中的状态与
颗粒直径 d 和流速 u 的关系

均匀悬浮是指被输送的固体颗粒完全均匀地分散在输送液体中。这种状态只有在被输送固体颗粒粒径较小、密度较小、输送速度较大，以至于固液两相流处于完全湍流的情况下才有可能形成。由于沉降还与时间有关，因此在短时间内输送，速度并不需要太快。

（3）浆料过滤　浆料的重要技术指标之一是分散粉体的细度。欲保证浆料分散细度，除严格把握分散操作之外，过滤是必不可少的措施。浆料过滤可以解决电池极片在涂布时由于浆料中含有大颗粒导致极片合格率降低的问题。过滤也可以改善电池充放电性能不佳等问题。

锂离子电池浆料根据涂布设备及工艺要求，既可选择最后单道过滤，也可以选择在生产过程中进行多道过滤。最简单的过滤是手工滤网过滤。根据浆料不同需求选择滤网孔径大小。滤网通常为一次性使用。浆料大生产常用的是袋式过滤器和滤芯过滤器。

① 袋式过滤器。属压力式过滤装置。具有一定压力的浆料（如 0.4MPa）通过滤袋即可得到滤液，滤饼存留在袋内。其过滤机理属于表面过滤，主要靠表面孔隙拦截作用。由于颗粒在表面堆积较快，堵塞也较快，但通过清洗可以反复使

用，如图 4-20 所示。滤袋可为织物、纸及其他纤维制品。随着滤袋技术的不断发展，开发出了具有一定三维深度结构的复合材料滤袋，其表层用于截留大颗粒，使得小孔不易被堵塞，加上孔隙率达 80％，因此具有通过流量大、效率高和不易堵塞的优点。

② 滤芯过滤器。属压力式过滤器。具有一定压力的浆料（0.5MPa）通过滤芯，即可得到滤液。滤芯过滤机理为深层过滤，过滤作用发生于滤芯的全部孔隙中，而非表面，因此使用时间较长，但是过滤速度相对较慢，不可清洗，通常为一次性使用，如图 4-21 所示。滤芯有纸制滤芯、丙纶（聚丙烯纤维）缠绕滤芯和树脂烧结滤芯等几类。如聚丙烯超细纤维热缠绕烧结结构的滤芯，其超细纤维在空间随机构成三维微孔结构，纤维排列不用黏结剂，微孔孔径沿滤液流动方向呈梯度分布，可阻截不同粒径的杂质颗粒。这种滤芯不易变形，孔隙呈蜂窝状，过滤性能好，但价格较高。

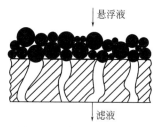

图 4-20　表面过滤示意图

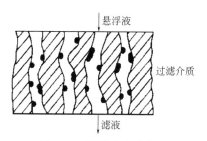

图 4-21　深层过滤示意图

4.5
锂离子电池制浆设备

（1）搅拌分散设备　锂离子电池制浆最常用的设备就是搅拌分散设备，一般组成如下：

① 搅拌罐。罐体直径从 0.1m 到 10m 不等，典型圆柱形搅拌罐的高度与直径几乎相等。罐底的形状多呈碟形，有利于液体呈流线型运动，以减少流体阻力。

② 搅拌装置。包括传动装置、搅拌轴和搅拌桨。核心部件为搅拌桨，通常大型搅拌罐配有多个搅拌桨，设有齿片式剪切分散搅拌桨和螺带式混合搅拌桨，如图 4-22 所示。搅拌桨具有自转和公转功能，有时偏心安装，搅拌器自身间距 2～3mm，搅拌器与搅拌罐内壁间距 2～4mm（100L 以下规格）。

③ 轴封和真空装置。轴封用于与外界气氛隔绝，同时配合抽真空功能，用于浆料的真空脱气。

④ 加热和冷却装置。桶壁和桶底均为双层夹套结构，提供对罐体的冷却和加热。

⑤ 控制和显示单元。控制单元包括控制搅拌桨的转速和时间、加热和冷却温度、抽真空真空度和罐体的开合等控制机构。显示单元包括对搅拌桨转速、时间和真空度等的显示。

（2）研磨设备　球磨机［图 4-23（a）］是最主要的研磨设备，是由圆筒和其中的研磨球组成的。当圆筒旋转时，研磨球与物料一起，在离心力和摩擦力的作用下被提升到一定高度后，由于重力

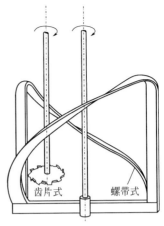

图 4-22　搅拌桨分布示意

作用而脱离筒壁沿抛物线轨迹下落，如此周而复始，使处于研磨球之间的物料受到冲击而被击碎。同时研磨球的滚动和滑动，使颗粒受研磨、摩擦、剪切等作用而被磨碎。球磨机的进料粒度为小于 5mm，出料粒度为 $5\sim74\mu m$。

为增强球磨效果和效率，人们还开发了搅拌磨和砂磨机等设备，如图 4-23（b）、（c）所示。研磨球在高速旋转的搅拌棒带动下对磨筒内的物料施加剪切、摩擦和冲击力，使物料粉碎和分散。其中砂磨机的磨料粒度较小，也叫珠磨机，一般进料粒度小于 0.1mm，出料粒度 $2\sim30\mu m$，可进行连续生产。搅拌磨进料粒度 1mm，出料粒度 $3\sim45\mu m$。

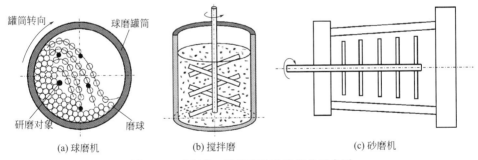

(a) 球磨机　　　　　　　　　(b) 搅拌磨　　　　　　　　　(c) 砂磨机

图 4-23　球磨机、搅拌磨和砂磨机的示意图

（3）双螺杆磨浆机　又称双螺旋磨浆机、双螺旋辊式磨浆机，由两个相互平行、彼此啮合、转向相同的螺杆和与其配合的机壳组成。螺杆上的螺纹正反向交替，反向螺旋上开有数个斜槽，如图 4-24 所示。在磨浆过程中，制浆材料被正向螺旋推向反向螺旋，在正、反向螺旋挤压作用下物料被压缩剪切碎解，由于正向螺旋挤压作用较大，物料被迫从反向螺旋的斜槽通过而被剪切分散、进入下一个挤压区，如此反复，在出料口物料被磨制成浆料。在双螺杆挤压过程中还可以

添加化学试剂和通入蒸汽等。双螺杆磨浆机以其磨浆质量好、能耗低、可连续操作等优良特性，在造纸行业制浆中得到广泛应用，近年来开始在锂离子电池制浆中使用。

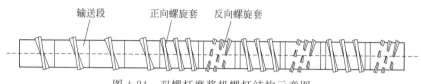

图 4-24　双螺杆磨浆机螺杆结构示意图

（4）Filmix 连续制浆设备　Filmix 是一种新型混合分散装置，它是由圆筒壁上有循环孔的筒状旋转轮，以及圆筒形状的容器构成（图 4-25）。浆料通过筒状旋转轮上的循环孔向圆周方向的外侧流动，同时在巨大的离心作用下被推向圆筒容器的壁面，以厚厚的膜状立在圆筒壁面上，最终使混合机的中心部分形成空洞状态。浆料在筒状旋转轮与容器之间的一定空隙内一边旋转一边混合，其中旋转轮附近的浆料流速高，而容器内表面附近的流速低，Filmix 装置就是利用这种巨大的速度差所形成的剪切力来进行搅拌分散。Filmix 用于纳米级粒子制浆，可以使纳米粒子充分分散。

Filmix 作为一种连续制浆装置，可以单独使用，也可以串联使用，以达到预定的分散效果。

（5）胶体磨　胶体磨是由一对固定磨体（定子）和高速旋转磨体（转子）组成，浆料依靠本身的重量或在外部压力作用下通过定子和转子之间的间隙，在定子和转子相对运动产生的强烈的剪切、摩擦、冲击等作用力以及高频振动的作用下，被有效地粉碎和分散。圆周速度越高，产品粒度越小。

胶体磨也属于连续制浆装置，也可以多级使用，达到分散目的。图 4-26 是盘式胶体磨的结构示意。定子和转子之间有 $0.02\sim1\mathrm{mm}$ 的间隙。进料的原料粒度小于 $0.2\mathrm{mm}$，出料粒度 d_{97} 在 $2\sim30\mu\mathrm{m}$ 之间。

（6）超声波分散设备　由超声发生棒和分散容器构成，如图 4-27 所示。该设备利用超声波在溶剂中产生空化作用所引起的各种效应，以及悬浮体系中各种组分（如集合体和颗粒等）产生的共振效应达到分散与粉碎目的，有时还会附加很多特殊效应。超声波处理效果与超声波强度、介质、颗粒物质和粒度等有关。

超声波对降低纳米颗粒的团聚更为有效。利用超声波空化时产生的局部高温高压或强冲击波，可较大幅度弱化纳米颗粒间的作用能，有效防止粉体团聚而使之分散。但应避免过热分散，过热将使颗粒碰撞概率增加而团聚。过长和过强的超声波处理都对分散不利，容易导致粉体的物理化学性质或结构发生变化。

（7）预混合设备　在锂离子电池制浆过程中，通常需要将粉体与溶剂进行预混合。预混合装置主要有捏合机和混合机。

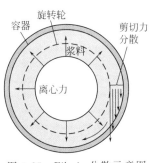

图 4-25 Filmix 分散示意图

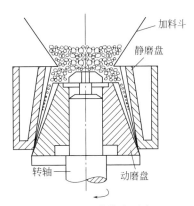

图 4-26 胶体磨示意

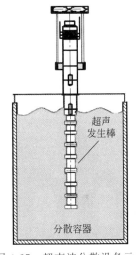

图 4-27 超声波分散设备示意

① 捏合机。捏合机是利用一对互相配合并旋转的 Σ 形桨叶所产生的强烈剪切作用进行混合搅拌的设备，如图 4-28 所示。快桨叶转速通常为 42r/min，慢桨通常是 28r/min。不同的桨速使得混炼的物料能够迅速搅拌混合。捏合机具有搅拌均匀、无死角、捏合效率高等优点，适合于高黏度、弹塑性物料的半干状态或橡胶状黏稠塑料的混合。捏合机通常还配有真空系统、加热系统和冷却系统等。

② 混合机。这里介绍卧式螺带混合机。螺带混合机由 U 形容器、螺带搅拌叶片和传动部件组成，如图 4-29 所示。正反旋转螺条安装于同一水平轴上。螺带状叶片一般做成双层或三层，外层螺旋将物料从两侧向中央汇集，内层螺旋将物料从中央向两侧输送，可使物料在流动中形成更多的涡流。可以在混合时向物料中喷入大量的液体。一般配有加温或冷却、抽真空或充压等辅助设备。能进行粉体与粉体、粉体与液体的搅拌混合，特别适合搅拌膏状、黏稠的或比重较大的物料。

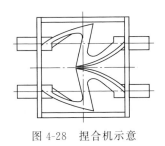

图 4-28 捏合机示意

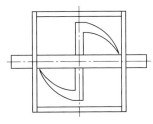

图 4-29 混合机示意图

4.6

锂离子电池制浆工艺

4.6.1 浆料体系及要求

（1）浆料体系特点　在锂离子电池工业中，制备的浆料主要包括正极浆料和负极浆料，常用的体系见表 4-8。

表 4-8　正负极浆料常用的分散体系

项目		油性体系		水性体系
正负极浆料		正极浆料	负极浆料	负极浆料
分散介质		NMP		水
分散介质性质		外观无色透明,沸点 204℃,密度 1.028g/cm³,低毒性物质,一般环境上限 100mg/kg		外观无色透明,密度为 1g/cm³,沸点 100℃
分散质	活性物质	钴酸锂、锰酸锂、镍酸锂、磷酸铁锂、三元材料	石墨、钛酸锂、硅氧化物	
	导电剂	炭黑、石墨粉、石墨烯、碳纳米管		
黏结剂		PVDF		SBR 乳液
分散剂		PVDF		CMC

锂离子电池浆料体系有水性体系和油性体系两大类，浆料具有如下特点：

① 油性体系的粉体活性物质即可以是正极材料，也可以是负极材料，溶剂为 N-甲基吡咯烷酮（NMP），与正负极材料均具有很好的润湿性。油性体系的稳定性受微量水影响，NMP 能与水无限互溶，易吸水，因此制备浆料时应该严重控制原料和环境的水分含量。PVDF 是油性体系使用的黏结剂，同时也是有机高分子分散剂，主要靠位阻作用、增加黏度等作用稳定浆料。由于其黏结性较弱，因此往往添加量较大。为了增加 PVDF 与铝箔集流体的黏合性，有时还会加入黏结助剂，如马来酸、醋酸和草酸等。

② 水性体系主要用于碳素类负极材料体系，由于石墨的润湿角为 69°，为部分润湿，CMC 既是润湿剂又是有机电解质分散剂，其分散主要靠双电层作用和高分子的位阻作用，同时又具有增稠、润湿等多重作用。水性体系黏结剂使用的多是 SBR 分散于水中的乳液。

③ 锂离子电池正负极材料的粒度通常在 $3\sim50\mu m$ 之间，均在临界直径以上，并且密度较大，属于重力沉降作用显著的悬浮液体系，因此制备浆料时一方面通

过分散剂等增大排斥力、增加黏度使其稳定，同时还必须辅以流体力学力调节，使其均匀悬浮存在。

④ 在锂离子电池浆料体系中，为提高活性物质的导电性，常常加入导电剂，最常加入的是炭黑，炭黑是一种纳米材料，团聚作用很强，因此需要强剪切才能分散。

（2）浆料要求

① 浆料分散性和稳定性好，能够稳定保持一定时间。

② 在满足极片要求的前提下，浆料中非活性物质导电剂、黏结剂和分散剂的含量应尽量少。

③ 为了节约溶剂、提高烘干速率、降低能耗，应该尽量制备固含量大的悬浮液。

④ 黏结剂和分散剂应稳定，不参与电化学反应。

⑤浆料流变性应符合涂布要求。

⑥ 浆料溶剂成本低，易回收，无污染。

（3）浆料分散性表征方法　表征浆料分散性的测试方法很多，主要包括黏度法、粒度法和极片法三种。

① 黏度法就是用浆料黏度间接表征分散性能的方法。一般来讲对于一定的浆料体系，制浆后黏度越低，表明分散越好。

② 粒度法是由激光粒度仪和刮板细度计进行测定，主要用于分散后浆料中聚团或颗粒的粒度及其分布测试。浆料中分散颗粒的粒度越小，越接近活性物质粉体的粒度，则表明分散性越好。其中刮板细度计如图 4-30 所示，测试方法为将浆料滴在刮槽深的一边，然后利用刮板向刮槽浅的方向刮，由于槽深不断变浅，颗粒被留在小于它直径的槽深的地方，观察浆料在不同槽深处的残留情况就可以判断出浆料粒度情况，测试范围在 $5\sim100\mu m$ 之间。由于使用者的操作及评判标准的主观性，刮板细度计一般只能用于粗略的测量，但由于其操作的简单、方便、快速，在涂料、油墨的颗粒测量中得到广泛应用。激光粒度仪是取少量浆料，分散于溶剂中，然后进行粒度分布测试。这种方法表征的准确性受二次分散的影响较大。

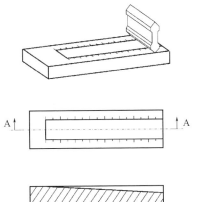

A—A视图

图 4-30　刮板细度计

③ 极片法属于间接判断方法，可以通过 SEM 分析直接观察活性物质颗粒和导电剂的分散情况，也可以测定涂布极片的电导率，来进行导电剂分散效果的间接判断。

（4）浆料稳定性表征方法　稳定性表征方法主要有悬浮液固含量测定法，就是测定悬浮液同一高度处的固含量变化。通常对于不稳定悬浮液，随着沉降时间的延长，顶部位置的固含量下降，而底部位置的固含量上升。顶部固含量下降越慢，底部固含量上升越慢，则浆料越稳定。有时为了快速测定，也采取离心沉降方法加速沉降。还可以采用吸光度方法。悬浮液沉降时，悬浮液的吸光度随之变化。悬浮液顶部的吸光度下降越快，则表明浆料越不稳定，但是由于锂电浆料属于浓悬浮液，因此这种方法用得不多。

4.6.2　制浆工艺步骤

4.6.2.1　制浆主要步骤

（1）制浆准备

① 烘干。将正负极材料、导电剂和 PVDF 等原料烘干，可减少水分对制浆的影响。活性物质的烘干还有助于减少表面吸附物质，增大颗粒的表面能，以便增大对分散剂的吸附。

② 固态分散剂和黏结剂溶液制备。对于固体分散剂和黏结剂，需要配制成溶液使用。如 CMC 溶于水；PVDF 溶于 NMP 制成高浓度的溶液。为加快溶解过程，某些厂家采用球磨设备制备。

③ 导电剂浆料制备。导电剂通常不适合于直接加入，在使用前需要制备成浆料。例如某些厂家采用球磨制备炭黑＋CMC 的导电剂浆料。

（2）活性物质的预混合　将活性物质与润湿剂、分散剂和溶剂进行预先混合。例如对于水性体系，通常将 CMC 溶液、水与石墨粉混合，保证石墨粉充分吸附分散剂，并被溶剂润湿。对于油性体系通常先将正负极粉体与 NMP 混合润湿备用。这一过程通常用捏合或搅拌混合设备完成，以保证充分润湿。

（3）高速搅拌分散　将预混合后的活性物质加入搅拌罐中，进行搅拌分散。高速搅拌分散是由分散机中的圆盘齿片搅拌桨来完成，它直径小、转速高（2000r/min），可提供高剪切力将聚团打散，使粉体分散在溶剂中。同时开动螺带式低速搅拌桨，用于将浆料混匀和防止粘壁。在高速分散过程中，分批次加入溶剂、导电剂浆、黏结剂和分散剂溶液，以达到配方要求。

（4）真空脱气泡　在真空状态下进行慢速搅拌，使气泡脱出。但是真空脱气时间不宜过长，以防过多损失溶剂。一般真空度为－0.06atm（－6.1kPa）时，时间不超过 0.5h。

（5）匀浆过程　是指在不打开高速分散搅拌桨或搅拌桨速度不高的情况下，主要依靠螺带式搅拌桨对流体的低剪切、高循环达到使浆料稳定分散的过程。这个过程是一个长时间的搅拌过程，可达 5～10h。这是因为高分子分散剂在粉体颗粒表面的吸附和紧密排列需要一定时间。这种低速长时间的搅拌，既可以防止颗粒的团聚，又可以使分散剂和黏结剂等进一步均匀紧密吸附于固体颗粒表面，达到使颗粒均匀稳定分散的目的。

（6）过滤　过滤的目的是除去浆料中未分散的大颗粒聚团。通常使用$100\sim300$目的筛网完成。也可以用特制的过滤器来完成。在制浆过程中并非只有最后一次过滤，根据需要可以安排多次过滤，确保浆料具有良好的分散效果。当然，最重要的还是最后一次过滤，这是分离出大颗粒的最后一道屏障。

典型水性体系和油性体系的制浆工艺流程见图 4-31 和图 4-32。具体的加料顺序、加料批次以及工艺参数，因不同的浆料要求、设备、厂家而不同。另外，锂离子电池浆料本身是不稳定的，应在一定时间内使用，否则需要重新分散才可再次使用。

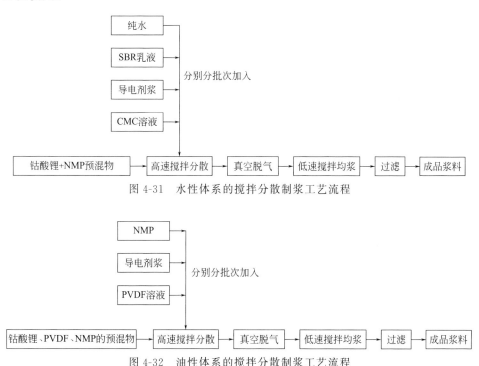

图 4-31　水性体系的搅拌分散制浆工艺流程

图 4-32　油性体系的搅拌分散制浆工艺流程

4.6.2.2　制浆工艺步骤与电性能

制浆工艺流程随着工艺研究不断改进，包括设备的更新和工艺步骤的优化。

Kim 等[5]的研究，采用钴酸锂（颗粒平均直径 $5\mu m$，比表面积 $0.4\sim0.9m^2/g$）作为活性物质，石墨（颗粒平均直径 $2\mu m$，比表面积 $200\sim270m^2/g$）作为导电剂，NMP 作为溶剂，PVDF 作为黏结剂和分散剂（12％PVDF 溶于 NMP 溶液）。钴酸锂：石墨：PVDF 质量比为 89：6：5，浆料固含量为 66.7％，搅拌速度 $1000r/min$，30min。他们采用四种不同制浆工艺流程制备浆料，见图 4-33。

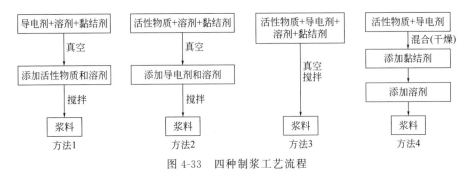

图 4-33　四种制浆工艺流程

　　他们发现制备浆料的最好流程是方法 4，即先将两种比表面积相差很大的活性物质和导电剂进行干混合，然后加入黏结剂溶液，再加入溶剂，获得了最低黏度为 4800mPa·s。图 4-33 所示的第一种方法获得的浆料黏度最大，为 8100mPa·s；第四种方法获得浆料的极片压缩性能最好，制备半电池的充放电循环性能最好。

　　Bauer 等[6]研究浆料制备时也得出干混活性物质和导电剂降低黏度的结论。干混时发现炭黑包覆在 Li(NiMnCo)O$_2$（NMC，8.9μm）表面（图 4-34），而没有干混的则以团聚体形式分散存在。他们认为降低黏度的原因是在包覆状态下炭黑和 NMC 成为一体，没有起到构筑悬浮液网络结构的作用。

　　Bockholt 等[7]采用强化干混设备研究了干混时间对 LiNi$_{1/3}$Co$_{1/3}$Mn$_{1/3}$O$_2$ 颗粒和炭黑混合粉体形貌的影响，见图 4-35，也发现随干混时间延长，炭黑包覆于活性物质表面。他们还测试了干混时间对粉末电阻和堆密度的影响，见图 4-36，随着时间的延长电阻降低，堆密度增加。

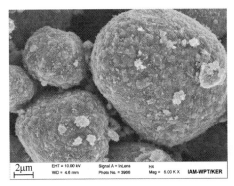

图 4-34　和炭黑干混后 NMC 颗粒 SEM 形貌

图 4-35　LiNi$_{1/3}$Co$_{1/3}$Mn$_{1/3}$O$_2$ 颗粒和炭黑干混后的 SEM 形貌

A—0min；B—1min；C—2min；D—4min

　　Lee 等[8]的研究，采用平均粒度 10μm 的钴酸锂作为活性物质，平均粒度 35nm 的 Denka 炭黑作为导电剂，平均分子量 7×10^4 的 PVDF 作为黏结剂，三者

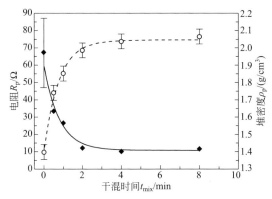

图 4-36　干混时间对粉末电阻和堆密度的影响

◆电阻 R_p，$R_p=48.62\Omega e^{-(t_{mix}/0.79)}+10.95\Omega$；

○堆密度 ρ_p，$v_{t,mix}=16.23m/s$，$\rho_p=-0.64g/cm^3 e^{(t_{mix}/-0.78)}+2.05g/cm^3$

质量比为 95：2.5：2.5。浆料的固含量（活性物质＋导电剂＋PVDF）为 65%，搅拌速度 2000r/min。他们对两种方法制备浆料的极片进行了 SEM 和 EDS 分析（图 4-37），从表面形貌分析和 EDS 的 Co、C、F 元素分布分析看，一步添加 NMP 制浆的极片分散较差，而分步添加 NMP 制浆的极片中颗粒分布和元素分布较为均匀。

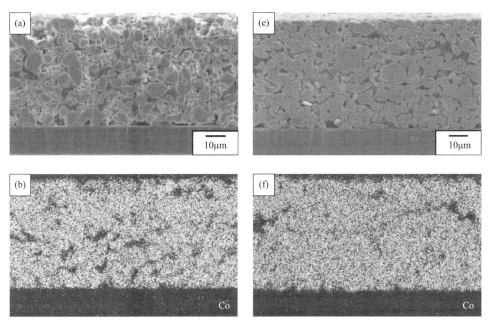

图 4-37

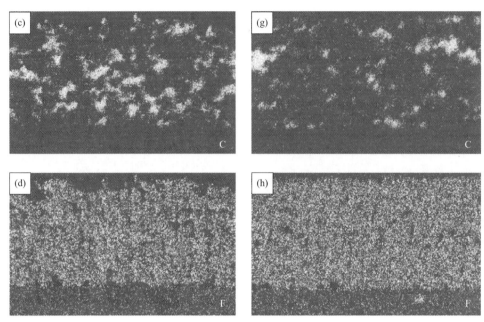

图 4-37　钴酸锂电极侧面 SEM 图和 EDS 分析

（a）一步法制备极片侧片 SEM 图；（b）、（c）、（d）为（a）图中 Co、C 和 F 元素 EDS 分析；
（e）多步法制备极片侧片 SEM 图；（f）、（g）、（h）为（e）图中 Co、C 和 F 元素 EDS 分析

Cho 等[2]研究了浆料的稳定性变化。采用 LiCoO$_2$、导电炭黑（carbon black，CB）Super P、PVDF，质量比为 98.5∶1.0∶0.5。固相组分与 NMP 质量比 70∶30。先将炭黑和 LiCoO$_2$ 干混，然后制浆 1000r/min。在 23.5℃测试流变学性质。浆料中活性物质占 NMP 的体积分数为 47.4%，属于浓悬浮液。

将放置 1 天和 7 天的浆料冷冻干燥后进行 FE-SEM（场发射扫描电镜）分析，结果见图 4-38。由图可以看出：在高浓度的浆料中活性物质处于密堆积状态，黏结剂和活性物质相互作用构成网络结构，黏结剂可使炭黑形成良好的导电通道；而将浆料放置 7 天后，黏结剂的分解降低了其作用。EDS（能谱仪）分析表明在放置过程中，炭黑发生了聚集，而黏结剂成团，活性物质网络被破坏，这种变化示意见图 4-39。

图 4-38　放置 1 天（a）和 7 天（b）浆料 FE-SEM 分析

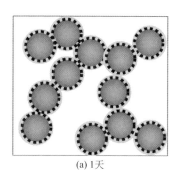 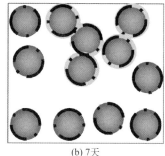

(a) 1天   (b) 7天

图 4-39　浆料分布变化

（灰色线表示黏结剂，黑色间断线表示炭黑）

4.6.3　悬浮液分散性和稳定性调控

为了制得涂布时稳定的锂离子电池浆料，通常需要对悬浮液体系进行调控。调控的主要原则：一是合理选择溶剂；二是调节颗粒间作用力，增大斥力和减少引力，通常是用助剂来调节；三是进行流体力学力调节，利用搅拌提供的流体力学力使粉体向上运动，避免沉降。除了流体力学力调节以外，对于锂离子电池制浆来说，经常调节的因素为活性物质粉体、溶剂、助剂、黏结剂、导电剂、分散剂等的种类及用量。

4.6.3.1　溶剂

悬浮液体系中用量最大的就是粉体和溶剂。粉体颗粒表面性质与溶剂性质的匹配，有利于溶剂在颗粒表面润湿，获得稳定的悬浮液。二者的匹配原则为：非极性颗粒表面的粉体匹配非极性溶剂，极性颗粒表面匹配极性溶剂，即所谓同极性原则。目前在固液悬浮体系中常使用水、有机极性溶剂和有机非极性溶剂三大类型溶剂，其典型代表是水、乙醇和煤油。

锂离子电池正负极浆料常用的分散体系见表 4-8。正极材料多为极性氧化物表面，因此常选择有机极性溶剂 NMP 等，符合同极性原则。而负极材料石墨为非极性表面，水为极性溶剂，水在石墨表面的润湿性差，石墨-水体系浆料不符合同极性原则。仍采用石墨-水体系是因为成本低，加入润湿剂可调节水对石墨的润湿性，获得稳定浆料。

可见，极性相同原则只是悬浮液分散的原则之一。加入润湿剂即可使非极性颗粒在水中也表现出良好的分散行为。这说明悬浮液的一系列物理化学条件调控至为重要。物理化学条件调控能保证固体颗粒在溶剂中实现良好的分散。

4.6.3.2　助剂

（1）助剂的作用　当悬浮液体系粉体和溶剂确定后，调节颗粒间作用力，增大斥力和减少引力，通常是用助剂来完成。所谓助剂主要是表面活性剂和高分子助剂。其中表面活性剂是指能够显著减小表面张力的物质，通常含有亲油基和亲水基。如含有亲油基和亲水基的包含 8 个碳原子以上的有机分子都能显著降低液体的表面张力。因为小分子表面活性剂通常能够溶于电解液中影响电池性能，因此在锂离子电池制浆中很少采用。高分子助剂通常是指含有极性基团、分子量大于 1000 的高分子化合物，由于分子量高、渗透性差，因此改变液体的表面张力能力差，不容易发泡，但形成的泡沫稳定，乳化力强，分散力和絮凝力强。因此高分子物质也根据其用途称为分散剂、润湿剂、乳化剂、增黏剂、絮凝剂、消泡剂和稳泡剂等。有机高分子表面活性剂通常不能溶于电解液，对电池性能影响小，因此在锂离子电池制浆中经常采用。

Sanghyuk Lim 等[3]采用石墨粉体作为活性物质，以分子量 333000 的 CMC 作为分散剂、直径 140nm 的 SBR 水性乳液作为黏结剂，制备不同的浆料，然后将浆料在液氮中冷冻制样，在−140℃进行 SEM 分析，研究了负极浆料的稳定性及助剂的作用。

由石墨与 SBR 制备的水性浆料，在水性溶液中的石墨颗粒以疏水力形成凝胶，不能形成稳定悬浮液。在 SBR 浓度较低时，SBR 吸附在石墨表面，见图 4-40(a) 和 (b)，降低了石墨颗粒之间的疏水力；随着 SBR 浓度进一步增加，石墨颗粒的疏水力转变为 SBR 之间的排斥力，并能很好地分散在水中，浆料具有类液体行为，见图 4-40(c) 和 (d)。

图 4-40　50％（质量分数）石墨不同含量 SBR 负极浆料低温 SEM 形貌分析
(a) 和 (b) SBR 含量为 3％（质量分数）；(c) 和 (d) SBR 含量为 30％（质量分数）

由 CMC 和石墨制备的浆料中，CMC 也能像 SBR 一样吸附在石墨表面，浆料的微结构随着 CMC 浓度发生变化。CMC 浓度低时，石墨颗粒形成凝胶结构，是疏水力造成的，见图 4-41(a) 和（b）。当 CMC 质量分数大于 0.28%时，随着 CMC 浓度增加，CMC 在石墨表面吸附数量也增加，石墨颗粒被吸附在其表面的 CMC 之间的静电斥力分散，见图 4-41(c) 和（d）。当 CMC 大于 1.3%（质量分数）时，随着 CMC 浓度的进一步增加，浆料重新表现出凝胶性质，这是由于 CMC 分子在高浓度时形成了聚合网络结构，见图 4-41(e) 和（f）。在高和低

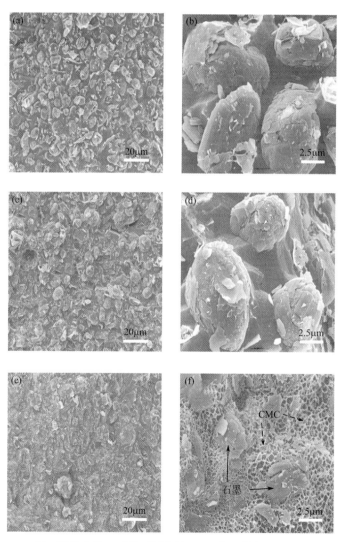

图 4-41　50%（质量分数）石墨不同含量 CMC 负极浆料低温 SEM 形貌分析

(a) 和（b）CMC 含量为 0.07%（质量分数）；(c) 和

(d) CMC 含量为 0.7%（质量分数）；(e) 和（f）CMC 含量为 1.7%（质量分数）

CMC 浓度时候都能形成的凝胶结构，但是结构不同。低浓度时候的凝胶结构是由于石墨颗粒聚集形成，高浓度时候是由于聚合物网络结构形成。

在石墨/CMC/SBR 浆料中，微结构随着 CMC 和 SBR 浓度而变化，在 CMC 浓度比较低的时候，石墨颗粒由于吸附在其表面的 SBR 而分散；在 CMC 浓度高时，由于 CMC 比 SBR 更容易吸附在石墨表面，CMC 取代 SBR 吸附在石墨表面，SBR 则进入溶液中。当 CMC 浓度足够高的时候，CMC 就起到主导的分散作用，见图 4-42。

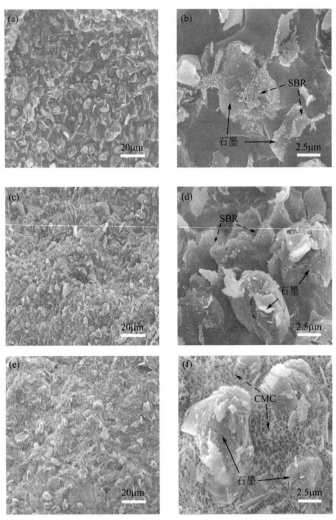

图 4-42　50%（质量分数）石墨不同含量 CMC 和 SBR 负极浆料低温 SEM 形貌分析

（a）和（b）CMC 含量为 0.07%（质量分数）、SBR 含量为 5%（质量分数）；

（c）和（d）CMC 含量为 0.7%（质量分数）、SBR 含量为 5%（质量分数）；

（e）和（f）CMC 含量为 1.7%（质量分数）、SBR 含量为 5%（质量分数）

Zhang 等[9]的研究，采用平均直径 $1\mu m$ 的磷酸铁锂作为活性物质，乙炔黑作为导电剂，PVDF 作为黏结剂。PVDF 溶于 NMP 制成 10％黏结剂溶液备用；磷酸铁锂：乙炔黑：PVDF 质量比为 80：10：10，浆料中磷酸铁锂含量为 20％。分散剂 Triton-100 的添加量为 NMP 的 1％。他们采用 SEM 观察了分散情况，发现添加分散剂的分散性能好，见图 4-43。浆料中粉体分散得好的电池的倍率放电性能，尤其是放电容量和循环稳定性更好。

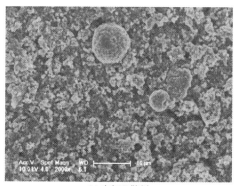

(a) 未加分散剂　　　　　　　　　　(b) 添加分散剂

图 4-43　浆料的扫描电镜图片

制浆常用的分散剂见表 4-9。

表 4-9　常用分散剂

类型		亲水基	结构式	常用品种
无机电解质		磷酸盐		六偏磷酸钠、聚磷酸钠
		硅酸盐		硅酸钠
		碳酸盐		苏打
离子型分散剂	阴离子型	羧酸盐	RCOOM	硬脂酸钠、硬脂酸三乙醇胺盐
			高分子类	羧甲基纤维素、羧甲基淀粉、丙烯酸接枝淀粉、水解丙烯腈淀粉、丙烯酸共聚物、马来酸共聚物、水解丙烯酰胺
		磺酸盐	RSO_3M	十二烷基苯磺酸钠、二丁基苯磺酸钠
			高分子类	木质素磺酸盐、缩合萘磺酸盐、聚苯乙烯磺酸盐
		磷酸盐	RPO_4M_2	高级醇磷酸酯二钠、高级醇磷酸双酯钠
		硫酸酯盐	RSO_4M	十二烷基硫酸钠、十二烷基苯磺酸钠
			高分子类	缩合烷基苯醚硫酸酯
		伯胺盐	RNH_3Cl	
		仲胺盐	$RNH_2R'X$	

类型		亲水基	结构式	常用品种
离子型分散剂	阴离子型	叔胺盐	$RNH(R')_2X$	
		氨基	高分子类	壳聚糖、阳离子淀粉、氨基烷基丙烯酸酯共聚物
		季铵基	$RN(R')_3X$	十六烷基三甲基溴化铵
			高分子类	含有季铵基的丙烯酰胺共聚物、聚乙烯苯甲基三甲铵盐
		吡啶盐	$R(NC_5H_5)\cdot X$	氯化十二烷基吡啶、溴化十六烷基吡啶
	两性离子型	氨基酸	$RN^+(H_2)—R'—COO^-$ $RN^+(H_2)—R'—SO_3^-$	十二烷基氨基丙酸盐
		甜菜碱	$RN^+(R')_2CH_2COO^-$	十八烷基二甲基甜菜碱
		咪唑啉	$RCNH(CH_2)_2N$	
		胺基、羧基等	高分子类	水溶性蛋白质类
非离子型分散剂		聚氧乙烯醚	$RO(C_2H_4O)_nH$	脂肪醇聚氧乙烯醚、烷基酚聚氧乙烯醚
		多元醇	$RCOO\cdot(CH_2CH_2O)_nH$	斯盘(Span)型、吐温(Tween)型
			高分子类	淀粉、甲基纤维素、乙基纤维素、羟乙基纤维素、聚乙烯醇、聚氧乙烯聚氧丙醚、聚乙烯基醚、聚丙烯胺、EO加成物、聚乙烯吡咯烷酮

在使用分散剂调控时，分散剂对不同的颗粒物质具有专用性，所以在使用时应注意颗粒物质与分散剂的匹配，具体的匹配使用都需要通过实验来最后确定。

（2）调控原则　悬浮液稳定性调控时，首先要解决的是颗粒润湿性问题，要保证粉体颗粒能够被溶剂润湿进入到溶剂中，这是制备浆料的前提。润湿性调控使用的助剂是润湿剂。在粉体颗粒进入到溶剂中以后，需要调控的就是颗粒间作用力，就是降低引力和增大斥力，使用的调控助剂是分散剂。助剂的调控原则见表4-10。

表4-10　颗粒的润湿调控与润湿性关系

润湿角 θ	润湿条件	调控原则
$\theta \geqslant 90°$	疏水性、不润湿、不铺展	润湿剂、分散剂
$0 < \theta < 90°$	部分疏水性、部分润湿、不铺展	润湿剂、分散剂
$\theta = 0$	亲水性、润湿、铺展	分散剂

（3）调控方法　当悬浮液体系选择以后，悬浮液稳定性调控主要通过以下方式来实现：

① 增大颗粒表面电位的绝对值，以提高颗粒间的静电排斥作用。当颗粒表

面电位绝对值大于 30mV，静电排斥作用能很大，相对于范德华力而言占主导地位，颗粒互相排斥，悬浮液处于稳定分散状态。当表面电位的绝对值小于 20mV 时，范德华力占主导地位，颗粒间产生聚团现象。

② 添加有机高分子分散剂，当有机高分子吸附层的覆盖度接近 100% 或更大时，位阻效应占主导地位，悬浮液处于稳定分散状态。锂离子电池油性体系使用的 PVDF 就是高分子分散剂。而当高分子吸附层的覆盖度约在 50% 左右时，颗粒可在间距很大时（可能超过 100nm，达到数百纳米）通过高分子的桥连作用互相连接而生成絮团。

③ 添加高分子电解质分散剂，既包括有机高分子电解质，又包括无机高分子电解质。电解质在水中可以电离出带电离子，并吸附在颗粒表面，增大颗粒的表面电位绝对值。同时当高分子电解质用量较大，在颗粒表面覆盖度接近 100% 或更大时，会形成具有一定机械强度的吸附层，以较强的位阻效应阻碍颗粒互相接近，使悬浮颗粒呈稳定分散状态。锂离子电池负极水性体系使用的 CMC 就属于这类高分子分散剂。

④ 调控颗粒表面极性，可以添加无机电解质和表面活性剂，增强溶剂的润湿性；同时增强颗粒表面溶剂的结构化程度，使溶剂化膜排斥力大为增强；还可以减少疏水引力作用。减少溶剂中的非极性成分可以减少疏水颗粒间形成非极性油桥，从而减弱形成颗粒的油聚团。从这里也可以看出助剂的作用往往不是单一的。

⑤ 当有不同种类颗粒需要分散在同一悬浮液中时，应使其带同种电荷，同时使其静电排斥能足够大，达到稳定分散。否则将产生聚团沉降。

4.6.3.3 水性体系调控

在制备锂离子电池水性浆料时，粉体为石墨负极材料，导电剂为炭黑，黏结剂为丁苯橡胶（SBR）乳液，润湿剂和分散剂为 CMC，原料及其性质见表 4-11。可见负极水性体系浆料很复杂，将石墨粉体、导电剂粉体和 SBR 乳液分散于浆料中，润湿剂和分散剂为 CMC。

表 4-11　锂离子电池水性浆料体系组成及性质

悬浮液体系	物质种类	性质
粉体	石墨	粒度 d_{50} 约为 $20\mu m$，水的润湿角为 $79°$
导电剂	炭黑	粒度为纳米级
黏结剂	SBR 乳液	粒度在胶体范围内
润湿剂和分散剂	CMC	高分子电解质

因为石墨和炭黑均属于碳材料，其润湿角较大，在水中润湿性不好，尤其是粒度很小，不能依靠重力进入水中，因此首先需要加入润湿剂来调节润湿性。CMC 为一种高分子电解质（分子量可达 17000），结构如图 4-44 所示。CMC 是

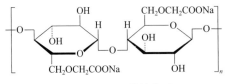

图 4-44 CMC 的结构式

一种白色固体粉末状聚合物电解质，易溶于水，与水形成透明黏稠液体。

CMC 溶于水时，会发生电离反应，电离出的 $RCOO^-$ 带负电荷，由于负电荷的相斥作用，使得 CMC 分子伸展并溶于水中。

$$RCOONa \longrightarrow RCOO^- + Na^+ \tag{4-13}$$

有人将石墨和 CMC 分别溶于水中测定 pH 值，发现石墨粉体溶液的 pH 值降低了 0.2，说明石墨颗粒表面带有负电荷，CMC 溶液的 pH 值升高 0.83，说明 CMC 发生了微弱的水解：

$$RCOO^- + H_2O \Longleftrightarrow RCOOH + OH^- \tag{4-14}$$

在水性体系中，添加 CMC 主要有三种作用：一是 CMC 伸展后吸附于石墨颗粒表面，因为 CMC 含有大量极性基团，增加了石墨颗粒的润湿性，使得石墨粉体顺利进入水中；二是石墨吸附 CMC 后，表面带电，使得产生静电所用力；三是在用量达到饱和吸附时具有空间位阻作用。

① CMC 浓度影响[10]。CMC 添加量不同时，石墨粉体分散于水中的 zeta 电位，如图 4-45 所示。随着 CMC 用量的增大，ζ 电位绝对值逐渐增大，当 CMC 添加量为 0.02 时绝对值就已达到 30mV 以上，此时 CMC 主要通过静电斥力使石墨粒子在水中保持稳定。当 CMC 为 0.045g 时，ζ 电位绝对值达到最大，为 56.81mV，继续增加 CMC 的用量，zeta 电位变化不大，这说明石墨粒子对 CMC 的吸附已经达到饱和，此时静电排斥作用非常大，同时由于 CMC 吸附达到饱和，因此也具有一定的空间位阻作用。

② pH 值影响。pH 值对石墨-H_2O 分散液 ζ 电位的影响，如图 4-46 所示。所测 pH 值范围内，石墨粒子表面带负电荷 $RCOO^-$，在 pH＝3（H^+ 浓度较大）

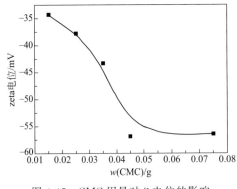

图 4-45 CMC 用量对 ζ 电位的影响

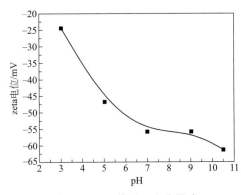

图 4-46 pH 值对 ζ 电位影响

时，石墨粒子表面 RCOO⁻ 会对 H⁺ 产生强烈的选择性吸附，CMC 分子中的醚键氧原子也会吸附溶液中的 H⁺，降低带电荷量，因此 zeta 电位绝对值较小，不能使颗粒依靠静电排斥稳定存在。在 pH=10（H⁺ 浓度较小）时，醚键对 H⁺ 选择吸附大幅度降低，同时过多 OH⁻ 存在减少 RCOONa 的水解，使颗粒表面带负电增多，zeta 电位绝对值大幅度升高，达到 60mV 左右。仅靠静电排斥作用就可以使颗粒稳定存在。

③ 电解质影响。双电层作用受电解质影响。如水中的钙镁离子等，具有压缩双电层作用，因此制浆时要用纯水。使用纯水时，电解质影响可以忽略不计。

4.6.3.4　油性体系调控

在制备锂离子电池油性体系浆料时，常用聚偏氟乙烯（PVDF）作为分散剂。PVDF 属于非离子型有机高分子分散剂，外观为半透明或白色粉体或颗粒，分子链间排列紧密，有较强的氢键作用。高分子作为分散剂，主要是利用其在颗粒表面吸附膜的强大空间位阻排斥效应。高分子分散剂的吸附膜厚度通常能达到数十纳米，几乎与双电层的厚度相当甚至更大。

分散和聚团作用是可以转化的。一般而言，当在颗粒表面的高分子吸附层的覆盖率远低于一个单分子层时，高分子起絮凝作用，是絮凝剂；当表面吸附层的覆盖率接近或大于一个单分子层时，颗粒受位阻效应而稳定分散。

非水体系比水溶液体系更为复杂，因为非水体系不存在确定的离子组分，且非水体系中难以控制的少量水常常产生令人困惑的效果。影响非水体系的因素很多、在这里主要讨论颗粒粒径、水分对分散稳定性的影响。

① 颗粒粒径（d）与稳定性的关系。在非水体系中离子的解离量少，作用于颗粒间的静电排斥势能与颗粒的表面电位、粒径以及溶剂的介电常数成比例。当溶剂固定后，在只有范德华力和静电作用力存在时，设 Hamaker 常数 A 为 10^{-19} J、介电常数为 2.3，当静电排斥作用的 φ_0 为 50mV 时，可计算求出颗粒间的总作用力 U_{max}：

当 $d=1\mu m$，$U_{max}=62\,k_BT>15\,k_BT$，静电斥力远大于范德华引力，悬浮液处于稳定悬浮状态；

当 $d=0.1\mu m$ 时，$U_{max}=4\,k_BT$，静电斥力很小，悬浮液处于介稳态；

当 $d=0.01\mu m$ 时，U_{max} 变为负值，静电斥力远小于范德华引力，悬浮液聚团沉降。

由上可知，静电作用力受粒径影响显著。静电电动电位较大时，如果粒径过小，静电斥力过小，静电斥力不足以使颗粒分散，此时采用空间位阻作用更为有效。

② 水分对颗粒表面 ζ 电位的影响。非水体系中的微量水分很难去除，水可以离解出 H⁺ 和 OH⁻，OH⁻ 被选择性吸附后使颗粒表面带负电荷。随着水分含

量的增加，颗粒表面吸附的 OH^- 增加，表面电位增大；当水分含量再继续增大时，过多的 H^+ 会中和掉 OH^-，导致颗粒表面电位下降。也就是说随着水分的增多，表面电位呈现先增加后减小的趋势，如图 4-47 所示。

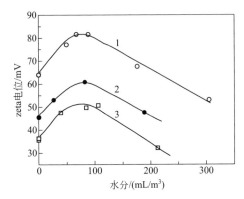

图 4-47　水分含量对悬浮液 ζ 电位的影响

1—钴酸锂含量为 0.001mol/L；2—钴酸锂含量为 0.004mol/L；3—钴酸锂含量为 0.02mol/L

由图 4-47 可见，表面电动电位随着水分含量的增加呈现先增加后降低趋势，说明初期水分含量的增加，有助于浆料的稳定，直到 ζ 电位达到最大值时，水分对浆料的稳定作用达到最大；水分继续增加 ζ 电位下降，当下降到较低值时，就会发生突发聚团絮凝。突发絮凝的区域大约为 35～45mV。基于此原因，非水性正极浆料制备中应该严格控制体系的水分，防止浆料出现不稳定现象。

4.6.3.5　温度调控

温度对悬浮液的稳定性有显著影响。一般来讲，随着体系温度的升高，悬浮液的分散稳定性下降，反之亦然。这是由于分散剂在颗粒表面的吸附性能随体系温度发生了变化。物理吸附时，体系温度升高，分散剂的吸附量下降。另外体系温度对液体密度和黏度也有影响，因而对颗粒间作用力和沉降都会产生影响。因此在实施悬浮分散时，应该充分考虑温度影响，并尽可能使其处于较低温度状态。化学吸附时，随温度升高，吸附量升高。如用 $C_{12}H_{25}C_6H_4O(CH_2CH_2O)_nH$ 分散分子量为 2000 的聚乙烯时，分散性能随着温度的升高而逐渐得到改善并存在一个最佳的分散温度。温度进一步升高，分散性急剧降低。同样温度对炭黑分散的影响也是如此。

4.6.3.6　流体力学力调控

并非所有制备的悬浮液都能长期稳定存在，只有粉体直径小于临界直径，颗粒间总作用力为排斥力时，悬浮液才有可能稳定存在，否则不能稳定存在。对于不稳定的悬浮液，利用机械搅拌等方法能够使悬浮液处于动态稳定状态。如利用机械搅拌提供较大的循环流动能够使沉降的大颗粒被搅动起来，抵消由于重力产生的沉降作用，使之处于沉降与上升的动态稳定状态。流体力学力调控可以使不稳定的悬浮液处于动态稳定状态。需要注意的是只有一定的搅拌强度才能达到目的。

由于悬浮液的复杂性，搅拌的作用也十分复杂。我们以单一粉体只存在双电层和范德华力的简单悬浮液体系进行讨论。这一体系的静电力表现为斥力，恒为正值；而范德华力则为引力，恒为负值，颗粒间总作用力为二者之和。则颗粒间总作用力变化有三种情况，如图 4-48 所示。

当颗粒间的双电层斥力足够大时，颗粒间总作用力恒为排斥力。随着颗粒的逐渐靠近，颗粒之间斥力增大，并且最大排斥力势垒很大，难以逾越，如图 4-48 的插图中曲线 a 所示，此时无论如何施加流体力学力，都不能使颗粒之间总作用力变为引力，因此悬浮液处于稳定分散状态。

当颗粒间的范德华力足够大时，颗粒间总作用力恒为吸引力，典型的曲线

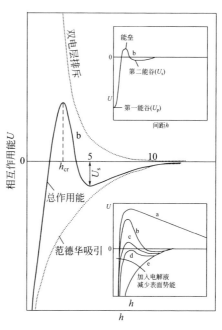

图 4-48　颗粒间距 h 对颗粒间
总势能 U 的影响

如图 4-48 的插图中曲线 e 所示。此时颗粒之间会自发团聚产生沉降，悬浮液处于不稳定状态。利用机械搅拌提供较大的剪切力可以将聚团打散。此时颗粒聚团的大小与搅拌剪切力有关，剪切力越大，则颗粒聚团越小，颗粒处于团聚和碎解平衡的动态稳定状态。

当颗粒间范德华力和双电层力相当时，随着颗粒距离的靠近，颗粒间总作用力先减小，再增大，然后再减小，出现了两个颗粒间总作用力为负值的区间：一个出现在颗粒间距很小的区域，此时颗粒间总作用力为无穷大的引力，称为第一能谷；一个出现在颗粒间距较大的区域，颗粒间作用力为较小的引力，称为第二能谷，如图 4-48 的插图中曲线 b 所示。对于这种体系进行搅拌会出现很复杂的情况：

① 当颗粒间距很大，颗粒之间的作用接近于 0，悬浮液处于亚稳态。缓慢搅拌可以使颗粒间距缩小，当颗粒之间达到第二能谷时，颗粒将发生团聚，颗粒变大发生沉降，导致悬浮液不能稳定存在。在这种情况下缓慢搅拌不利于悬浮液的

稳定存在。

② 当颗粒间距缩小进入第二能谷时，颗粒之间作用力表现为引力，颗粒之间自发团聚，悬浮液处于不稳定状态。通过高速搅拌可以打散聚团的颗粒，使颗粒处于动态稳定状态。在这种情况下高速搅拌有利于悬浮液的稳定存在。

③ 当颗粒间距继续缩小脱离第二能谷时，颗粒之间作用力表现为斥力，悬浮液自发处于稳定状态。

曲线 c 和 d 与曲线 b 类似。

一般锂离子电池应用的悬浮液都能保证颗粒间作用力处于斥力状态。由于锂离子电池正负极粉体材料大多数粒径都大于临界直径，因此都会存在自发沉降使浆料不稳定的现象，因此需要利用不断搅拌使其处于动态稳定之中。在实际使用过程中，制备好的浆料静置超过一定时间，就需要重新进行分散就是这个原因。

悬浮液的一般调控流程见图 4-49。

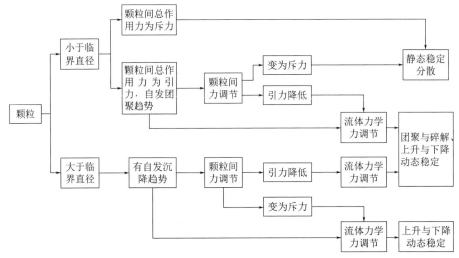

图 4-49　悬浮液分散的调控流程

4.6.4　制浆工艺与极片导电体系

在调节悬浮液的分散性和稳定性过程中，在改变悬浮液配方及助剂时，还要考虑到悬浮液配方和助剂对电池性能的影响，只有在获得高性能电池的同时获得分散性和稳定性好的浆料才是合理的。

Liu 等[11] 的研究，以乙炔黑（AB，平均粒度为 40nm）为导电剂，以 PVDF（密度 1.78g/cm³）为黏结剂，以 NMP 为溶剂，PVDF：NMP 以质量比 5：95 制备成溶液使用。他们首先采用超声波分散方法制备了含有乙炔黑和 PVDF 的浆料，然后将 $LiNi_{0.8}Co_{0.15}Al_{0.05}O_2$（平均颗粒 $10\mu m$）添加到浆料中，利用均质机制备活性物质浆料，这两种浆料中乙炔黑含量固定为 4%。然后分别制备涂膜进行测试。

采用四探针法测试乙炔黑和 PVDF 浆料涂膜的电导率发现，随着 AB/PVDF 比增加，电子电导率上升，当 AB/PVDF 为 1∶1.25 时达到最大，见图 4-50。活性物质电极涂层也具有类似规律。但采用交流阻抗测试活性物质电极涂层界面电阻时，发现随着 AB/PVDF 比增加，离子导电性下降，见图 4-51。也就是说随着 AB/PVDF 比增加，活性物质电极涂层的电子导电性增加，但是离子导电性下降，他们研究还发现电池的倍率性能也随之大幅度下降。

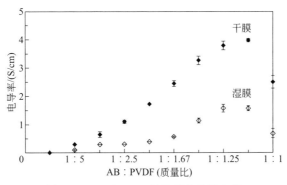

图 4-50　AB/PVDF 的长程电子导电性

这是因为电子导电主要在导电剂和活性物质之间界面进行，离子导电主要在电解液和活性物质之间界面进行，见图 4-52。在 PVDF 用量大时，PVDF 与导电剂形成一体并黏结于活性物质的有限表面上；而 PVDF 用量小时，导电剂与 PVDF 分离，散布于活性物质周围，限制了离子导电性，见图 4-53。而在复合电极中，AB/PVDF 组成比在很宽范围内都能满足锂离子电池长程导电需要，因此界面电阻成为制约因素。所以在 AB/PVDF 比小时，界面电阻变小，功率性能显著提高，而不是远离长程导电最好的 1∶1.25。一般来讲，聚合物黏结剂（PVDF）与大比表面积的炭黑的相互作用，比与小比表面积的活性材料的相互作用更强。这种相互作用决定了电极结构和微观炭黑分布，二者可能以一体化形式存在。

Wenzel 等[12]认为只有当炭黑包覆在活性物质颗粒表面时，才能在沿着颗粒的表面形成电子导电的主通道，见图 4-54(a)，而避免由于炭黑团聚体处于颗粒之间的空隙内部形成次要导电通道，见图 4-54(b)。次要导电通道可能会阻碍离子导电。

Wenzel 等[12]认为原始团聚结构的炭黑与活性物质均匀分布，见图 4-55 中结构 1。在混合过程中，团聚的炭黑几乎同时发生解聚和分散，见图 4-55 中结构 2。

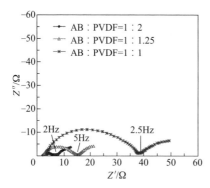

图 4-51 锂作为对电极时的
交流阻抗分析（40% DOD）

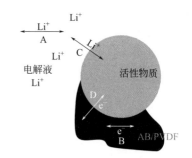

图 4-52 微观正极示意

A—锂离子在电解液中的质量传递；

B—在 AB/PVDF 复合物中的电子通道；

C—锂离子在电解液和活性物质界面的传递；

D—电子在 AB/PVDF 复合物与活性物质

之间界面的传递

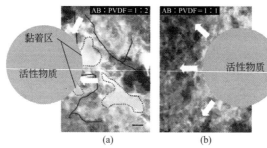

图 4-53 活性物质颗粒和复合物 AB/PVDF 的相互作用

（a）自由黏结剂相提供黏结将 AB 拉向活性物质（白色箭头表示）；

（b）缺少黏结剂相，由于高 AB 浓度并且自身凝聚力大而导致 AB 离开活性物质表面

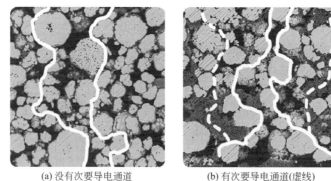

(a) 没有次要导电通道   (b) 有次要导电通道(虚线)

图 4-54 不同 $60\mu m \times 60\mu m$ 电极结构的 SEM 形貌

图 4-55 中结构 3 为导电剂膜包覆在活性物质表面的混合状态，是最佳分布状态。

图 4-55　锂离子电池极片的可能颗粒结构

　　笔者认为导电剂用量是影响容量的重要因素，在电池实际生产过程中，减少导电剂用量，可以提高电池容量，也就是说在满足导电需求的前提下尽量减少导电剂用量。但是对于导电性能良好的活性物质也不能不用导电剂，因为在充放电过程中电极发生膨胀，会造成颗粒失去电接触，从而使电性能下降，见图 4-56（a）和（e）。导电剂以团簇形式处于两颗粒的接触点附近，并且随电极膨胀而变形，可以使电极膨胀时持续保持颗粒之间的电接触，因此用量很小就能满足导电要求，见图 4-56（b）。当颗粒导电性很差，而离子导电性很高时，则应该使用大量导电剂，构筑电子导电网络，见图 4-56（d）。当颗粒电子导电性和离子导电性适宜时，导电剂的用量介于图 4-56 的（b）和（d）之间，可兼顾离子导电和电子导电需求，见图 4-56（c）。

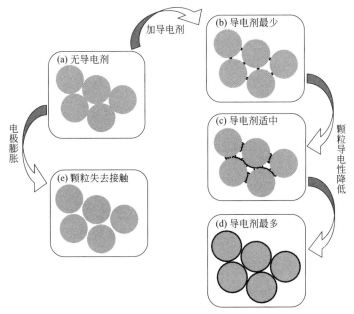

图 4-56　导电剂用量与颗粒导电性之间关系

参 考 文 献

［1］ 卢寿慈. 工业悬浮液——性能，调制及加工［M］. 北京：化学工业出版社，2003.

［2］ Cho K Y，Kwon Y I，Youn J R，et al. Evaluation of slurry characteristics for rechargeable lithium-ion batteries［J］. Materials Research Bulletin，2013，48（8）：2922-2926.

［3］ Lim S，Kim S，Ahn K H，et al. The effect of binders on the rheological properties and the microstructure formation of lithium-ion battery anode slurries［J］. Journal of Power Sources，2015，299：221-230.

［4］ 杨小生，陈荩. 选矿流变学及其应用［M］. 长沙：中南工业大学出版社，1995.

［5］ Kim K M，Jeon W S，Chung I J，et al. Effect of mixing sequences on the electrode characteristics of lithium-ion rechargeable batteries［J］. Journal of Power Sources，1999，83（1）：108-113.

［6］ Bauer W，Nötzel D. Rheological properties and stability of NMP based cathode slurries for lithium ion batteries［J］. Ceramics International，2014，40（3）：4591-4598.

［7］ Bockholt H，Haselrieder W，Kwade A. Intensive powder mixing for dry dispersing of carbon black and its relevance for lithium-ion battery cathodes［J］. Powder Technology，2016，297：266-274.

［8］ Lee G W，Ryu J H，Han W，et al. Effect of slurry preparation process on electrochemical performances of $LiCoO_2$ composite electrode［J］. Journal of Power Sources，2010，195（18）：6049-6054.

［9］ Zhang W，He X，Pu W，et al. Effect of slurry preparation and dispersion on electrochemical performances of $LiFePO_4$ composite electrode［J］. Ionics，2011，17（5）：473-477.

［10］ 王恒飞，黄芸，何伟，张其土. CMC 对石墨-H_2O 分散液稳定性的影响［J］. 材料科学与工程学报，2009，03：460-464.

［11］ Liu G，Zheng H，Simens A S，et al. Optimization of acetylene black conductive additive and PVDF composition for high-power rechargeable lithium-ion cells［J］. Journal of The Electrochemical Society，2007，154（12）：A1129-A1134.

［12］ Wenzel V，Nirschl H，Nötzel D. Challenges in Lithium-Ion-Battery Slurry Preparation and Potential of Modifying Electrode Structures by Different Mixing Processes［J］. Energy Technology，2015，3（7）：692-698.

第 5 章

锂离子电池涂布

锂离子电池涂布是利用涂布设备，将含有正负极活性物质的悬浮液浆料均匀涂布于 Al 箔或 Cu 箔片幅上，然后干燥成膜的过程。图 5-1 是刮刀涂布装置示意图，涂布过程具体包括剪切涂布、润湿和流平、干燥等三个工序。

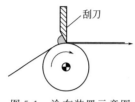

图 5-1　涂布装置示意图

① 剪切涂布。在刮板和辊面间缝隙中有一层作为片幅的金属箔片，在刮刀的左侧有浆料。片幅以一定速度沿如图所示方向向右运动，剪切涂布就是在机械力剪切作用下，将浆料涂于片幅表面的过程。

② 润湿和流平。包括润湿和流平两个过程。浆料首先在片幅表面铺展并附着在片幅表面上，这就是润湿过程。从微观角度看，沿片幅运转方向（纵向），在片幅表面的浆料膜存在厚度不均的纵向条纹，这些条纹会在表面张力的作用下产生流动而使浆料涂膜变得平整，这就是流平过程。

③ 干燥。干燥是将经过流平的涂膜，通过与热空气接触使其中的溶剂蒸发并被空气带走，涂膜附着在片幅上的过程。有时在干燥的初期也存在流平现象。

悬浮液表面化学性质和流变学性质对涂膜质量有重要影响。因此，涂布技术涉及的基本理论主要包括表面物理学和流变学，前者是研究润湿现象的科学，后者是研究流动和变形的科学。在第 4 章中我们讨论了表面物理学，这一章我们重点讨论悬浮液的流变学。了解、掌握并预测悬浮液流动及其界面相互作用的基本规律，是有效设计浆料配方及其涂布工艺的前提。然后介绍涂布原理、工艺和方法，最后讨论干燥原理及其对涂布过程和质量的影响。

5.1
涂布流变学基础

5.1.1　悬浮液分类

流变学的研究对象为流体，主要研究流体的流动与变形。其中黏度是流变学中方便测量的重要物理参数，它反映了剪切力与剪切速率的关系［见式(4-1)］，同时也反映了流体在受到外力作用时保持原来形状的能力。在剪切力相同时，黏度越大，流体的剪切速率就越小，变形性越小，流动性越差，反之亦然。

悬浮液流变学狭义上讲是研究悬浮液黏度变化规律的科学。当对纯液体施加剪切力时，液体开始流动，并产生一定的剪切速率。而对静置悬浮液施加剪切力时，液体首先流动，遇到静置悬浮颗粒在颗粒周围发生偏离和扰流，如图 5-2 所示，同时在颗粒与流体之间产生了速度差，二者之间产生的内摩擦力带动颗粒跟随运动。因此欲使悬浮液中液体在水平方向保持相同的剪

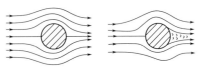

图 5-2　悬浮液中液体的偏离和扰流

切速率，不但要提供液体水平方向流动的剪切力，还要额外提供使液体偏离和扰流的剪切力，这就导致了悬浮液黏度的增加。也就是说，由于扰流和偏离存在，悬浮液黏度均大于相应纯液体的黏度。

相对于均相流体来讲，悬浮液黏度变化更为复杂。悬浮液的浓度越大，黏度越大。当悬浮液浓度足够大时，即可出现类固体性质，在很小的剪切应力下不会流动。悬浮液只有受到超过一定数值的剪切应力后，才能具有流动性，这种性质称为悬浮液的屈服性。这个使悬浮液流动的最低剪切应力，称为屈服应力或屈服值。屈服性与颗粒间作用力密切相关。悬浮液的颗粒之间以排斥力为主时，流动性好，不存在屈服应力。悬浮液的颗粒之间不受力或者以引力为主，并且浓度高时，一般存在絮凝或凝聚结构，具有抵抗剪切的能力，因此存在屈服应力，如图 5-3 所示[1]。例如对于黏土和水的分散系，黏土颗粒在沉积过程中，可以形成层状的絮凝结构，能抵抗剪切力，即产生屈服应力。在剪切作用下，结构型悬浮液颗粒的网络结构总是从最弱处开始断裂，断裂的难易程度决定了悬浮液的屈服应力的大小。当剪切力超过屈服应力后，悬浮液就开始流动。显然，颗粒的粒度、形状和浓度是影响絮凝网络结构形成的主要因素。随着颗粒浓度增加、粒度的下降、形状不规则增加，屈服应力增大。

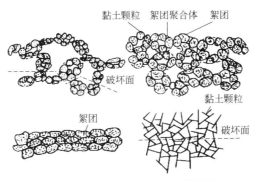

图 5-3　悬浮液沉积形成的絮体结构

按照悬浮液黏度变化规律不同对悬浮液进行分类，见表 5-1。任一点上的剪切力都同剪切速率呈线性函数关系［式(4-1)］的流体称为牛顿流体，反之称为非牛顿流体。在一定的温度、压力下，牛顿流体的黏度是一常数。非牛顿流体的黏度变化更为复杂，有些非牛顿流体的黏度既随剪切应力改变，也随时间改变，

称为触变体或震凝体。

表 5-1　悬浮液的分类

分类			黏度变化
	牛顿流体		剪切力增大,黏度不变
与时间 无关	非牛顿 流体	纯黏性 流体 拟塑性流体	剪切速率增大,黏度减小
		膨胀性流体	剪切速率增大,黏度增大
		黏塑性 流体 宾汉流体	当剪切应力大于屈服值时,剪切速率增大,黏度不变
		非宾汉流体	当剪切应力大于屈服值时,剪切速率增大,黏度发生变化
与时间 有关	触变体		随剪切时间延长,黏度减小
	震凝体		随剪切时间延长,黏度增大

5.1.2　剪切与黏度

（1）拟塑性流体和膨胀性流体　塑性是指在剪切应力作用下形状发生永久改变的性质。拟塑性流体的特征为随剪切速率增加，剪切应力增加幅度减小，黏度变小。但是对于实际应用的拟塑性悬浮液来讲，随剪切速率增加，黏度变化通常并非都一直是下降的，一般呈如图 5-4(a) 所示的关系：只在剪切速率处于某一区间内时，呈现拟塑性体特征，随剪切速率增大黏度变小；而在剪切速率较小时，黏度不发生变化，处于第一牛顿区；当剪切速率很大时，黏度也不发生变化，处于第二牛顿区。为了更好地理解悬浮液的拟塑性，以杆状颗粒悬浮液为例进行说明，如图 5-4(a) 中的插图所示。当剪切速率较低时，悬浮液运动缓慢，杆状颗粒以布朗运动为主，处于空间随机分布状态，由于此时的偏离和扰流较大，悬浮液黏度很大，并且不随剪切速率增大而发生变化，处于第一牛顿区。而当剪切速率增大时，流体黏性力逐渐增大，颗粒逐渐沿流动方向定向排列，布朗

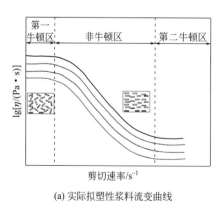

(a) 实际拟塑性浆料流变曲线

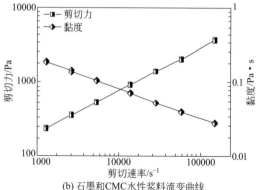

(b) 石墨和CMC水性浆料流变曲线

图 5-4　正负极材料浆料的流变曲线

运动不足以使颗粒恢复随机状态，流体的偏离和扰流逐渐降低，悬浮颗粒层逐渐定向，颗粒层扰动逐渐减小，表现为黏度下降剪切变稀，呈现明显拟塑性特征。当剪切应力达到某一临界值以后，颗粒高度定向，形成不同的颗粒层，层间是连续相（清液），悬浮液颗粒层受到的扰动消失，黏度达到最小值，随着剪切速率的继续增大，黏度不再继续下降，形成第二牛顿区。当剪切停止后，形成的流动结构消失，经过一段时间后达到新的平衡。以锂离子电池石墨负极材料和 CMC 制备浆料的流变曲线见图 5-4(b)[2]，属于拟塑性流体范畴。

膨胀性流体，随剪切速率增加，剪切力先增加较慢，然后增加较快，表观黏度逐渐变大，见图 5-5。膨胀性流体一般很少见，只在一定浓度范围内形状不规则固体颗粒的悬溶液中才会观察到。

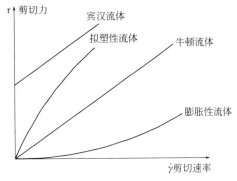

图 5-5　典型流变曲线

拟塑性流体和膨胀性流体的剪切力与黏度的关系通常可用下式表示：

$$\tau = K\dot{\gamma}^n \tag{5-1}$$

$$\eta = \tau/\dot{\gamma} = K\,\dot{\gamma}^{n-1} \tag{5-2}$$

式中，τ 为剪切应力，Pa；K 为稠度系数，或称为幂律系数，$Pa \cdot s^n$；n 为流性指数，或称为幂律指数，量纲为 1；$\dot{\gamma}$ 为剪切速率，s^{-1}。

当剪切速率在一定范围内时，n 值可当作常数处理。因为这个关系为指数形式，符合上式的拟塑性流体和膨胀性流体称为幂律流体。n 值也是流体是否为牛顿流体的判据，当 $n<1$ 时为拟塑性流体；当 $n=1$ 时为牛顿流体；当 $n>1$ 时为膨胀性流体。

（2）宾汉流体和非宾汉流体　宾汉流体具有如下两个重要特征：一是存在屈服应力，当剪切应力小于屈服应力时不发生流动或发生弹性变形；二是当剪切应力大于屈服值时开始产生流动，并且随着剪切应力的增加，黏度不发生变化，类似于牛顿体，见图 5-5。泥土、灰尘、细分散矿物、石英、污泥、涂料的水悬浮液，在中等浓度范围就表现为宾汉流体。

对于存在屈服应力，开始流动后随着剪切速率增大黏度下降的流体，称为屈服-拟塑性流体，反之称为屈服-膨胀性流体。有时也将屈服-拟塑性流体和屈服-膨胀性流体统称为非宾汉流体。工程上为了便于处理，在允许误差范围内可将其视为宾汉流体。

（3）触变体和震凝体　前面讨论的悬浮液黏度有一个共同特点就是与时间无关。还有一些悬浮液的黏度与剪切时间有关，表现出时间依赖性。随剪切时间延长黏度降低的性质称为触变性，而具有这一性质的流体称为触变体。触变性并非有害，剪切时间延长，黏度降低，有利于涂覆，而剪切涂覆后黏度恢复有利于防止流挂。具有触变性的流体有加入高分子油类、氧化铁、五氧化钒、矿石、黏土及煤的悬浮液等。

触变体的流变曲线如图 5-6（a）所示。可以看出，随着剪切速率的先增大（曲线Ⅰ）后再减小（曲线Ⅱ），得到的上、下两条流变曲线不是重合的，而是构成一个滞后回路。滞后回路所围的面积越大，触变性越强，反之亦然。如果上下流变曲线重合，则说明该体系没有触变性。图 5-6（b）中的黏度曲线也表明了相同的特性，即随剪切速率增大，黏度下降；但是当剪切速率再减小时，黏度并没有回复到原来的数值，而是比原来的变小了。这就是触变性的结果：随着剪切时间延长，剪切力和黏度都在下降；当剪切速率减小时，剪切力和黏度却不能回复到原来的值，而是比原来的降低了。

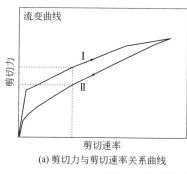
(a) 剪切力与剪切速率关系曲线

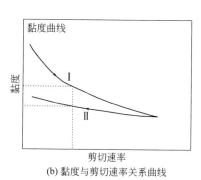
(b) 黏度与剪切速率关系曲线

图 5-6　触变体的流变曲线和黏度曲线

触变性多与絮凝体的解体和重建有关。颗粒之间以引力为主时，并且浓度较高时，悬浮液容易出现触变性。如悬浮液中颗粒形成链状絮凝体，并在整个悬浮液中形成网络结构，当悬浮液受到剪切力作用时，网状结构不断被打破，絮凝体颗粒不断减小，表现为随着剪切时间的延长，黏度降低；当在剪切力作用下建立起了新的团聚和解聚平衡，体系黏度不再下降。而剪切速率减小或停止时，絮凝体会重新生成，黏度增加。絮凝体重建的动力是布朗运动。大颗粒体系破坏快，重建慢；小颗粒体系破坏慢，而重建快。应注意的是不能把拟塑性与触变性混淆。拟塑性流体的黏度与剪切时间无关，随着剪切速率增大而减小；触变体是在一定剪切速率下，黏度随剪切时间延长而减小，只是随着剪切速率增大，剪切时间也在延长，因此触变体的黏度也在下降。

震凝体的流变曲线和黏度曲线与图 5-6 类似，所不同的是剪切速率增大曲线

（Ⅰ）在剪切速率减小曲线（Ⅱ）的下方，黏度曲线也是如此。属于震凝体的有矿浆、膨润土溶胶、泥浆及超细水煤浆等。

（4）悬浮液的弹性　当悬浮液中颗粒之间存在着双电层或高分子位阻作用时，悬浮液通常具有黏弹性。对聚丙乙烯橡胶分散系进行流变测量表明，浓度较低时，黏性分量大于弹性分量；浓度较高时，弹性分量大于黏性分量。只有在较窄的浓度（14%～16%）范围内，黏性和弹性同时存在。增大电解质浓度压缩双电层或使吸附层厚度降低，都可使表示悬浮液黏弹性的剪切模量降低。

5.1.3　润湿与流平

（1）悬浮液的润湿　悬浮液浆料在片幅表面的润湿是影响涂层质量的重要因素。要实现浆料在片幅表面自发润湿，要求悬浮液在片幅表面的接触角范围为$0° \leqslant \theta < 90°$，否则浆料的润湿性差，容易导致缩孔、露白等涂布弊病出现。调节润湿性有几个方面，使用低表面张力的溶剂或混合溶剂减小悬浮液表面张力、清洁片幅油污、增大片幅的表面张力等均是改善润湿性的有效途径。片幅粗糙度越大越有利于润湿。具体理论和调节方法可以借鉴上一章中制浆过程溶剂对固体颗粒的润湿的相关内容。

（2）悬浮液的流平　在悬浮液浆料与片幅已实现适当润湿的情况下，由于涂布设备的加工精度难以达到绝对平整，刚刚涂布出来的浆料膜会出现波纹和皱纹等厚度不均现象。需要在涂膜固化前通过流平来使厚度变得均匀，以获得良好的涂膜质量。

流平的主要驱动力为表面张力，阻力为黏性力，流平结束时表面张力的梯度消失。设浆料无屈服应力存在，在垂直于涂布方向横断面上涂膜厚度呈现正弦波变化时，涂层平均厚度为h，波长或波峰之间距离为λ，如图5-7所示。

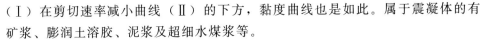

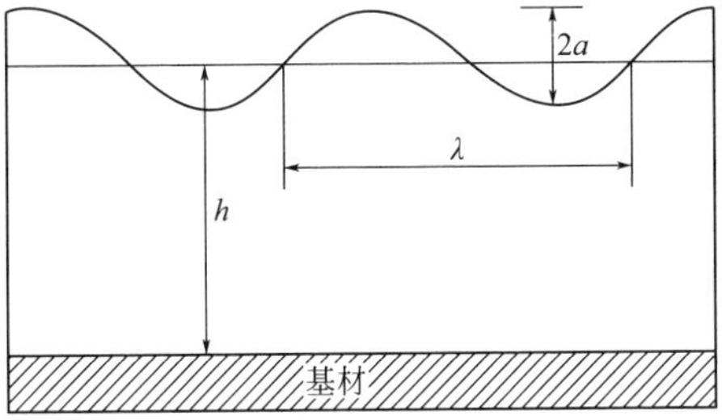

图5-7　理想的正弦波式表面

在$\lambda > h$时，则流平速率u_L计算公式[3]如下：

$$u_L = \frac{16\pi^4 h^3 \sigma}{3\lambda^3 \eta} \ln\left(\frac{a_t}{a_0}\right) \tag{5-3}$$

式中，a_t为流平时间为t时的涂层波幅（波峰高度）；a_0为流平时间为0时的涂层波幅；σ为表面张力；h为涂层厚度；η为浆料黏度；λ为波长或波峰之间距离。

从上式中可以看出，流平速率受涂层平均厚度h和波长λ影响显著，波长大的薄涂层很难流平。由于流平通常是在低剪切或没有剪切下完成，需要注意在利用流平公式计算时，应该采用在非常低剪切速率时的黏度值，甚至采用零剪切速率时的黏度值。

当浆料存在屈服应力时，作用于浆料的剪切力必须大于屈服应力才能流平，涂层由于凸凹不平产生的最大剪切力 τ_{max} 可用下式[3]计算：

$$\tau_{max} = \frac{4\pi\sigma^3 ah}{\lambda^3} \tag{5-4}$$

式中，σ 为涂料的表面张力；a 为涂层波幅；h 为涂层厚度；λ 为波长。

只有当 τ_{max} 大于屈服值时才能发生流平。由上式可知，τ_{max} 受表面张力和波长影响显著。一般增加表面张力和涂层厚度可以提高剪切力，但实际上提高剪切力受到很多限制。悬浮液黏度随剪切速率增大而下降有利于流平。对于黏度很高的涂料，当 τ_{max} 小于屈服值时，单纯延长流平时间和减小黏度都不能克服屈服值障碍，因为涂层产生的 τ_{max} 与时间和黏度无关。屈服值为 0.05Pa 时，产生的刷痕很细，不明显；但屈服值高达 2Pa 时，采用刷涂工艺产生的刷痕非常明显。

（3）涂布悬浮液要求　涂层质量主要受悬浮液的表面物理性质和流变学性质影响，浆料表面张力和黏度对涂膜质量的影响规律见图 5-8[3]。表面张力较小时流平性较差，过高会导致浆料对片幅的润湿性差，有时候会出现缩孔和露白等涂布弊病。黏度较小容易造成边缘涂布性能差，过高时流平性差。因此，涂膜需要悬浮液的表面张力和黏度两者平衡和匹配。

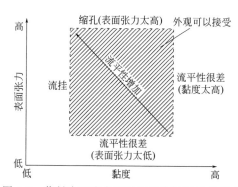

图 5-8　浆料表面张力和黏度对涂膜质量的影响

在涂布不同阶段对浆料黏度有不同要求，以满足涂膜的质量要求：

① 在低剪切速率（存储阶段）时，要求具有较高黏度，防止储存时沉淀。

② 在剪切涂布时（涂布阶段），要求黏度较低，有利于流平和高速涂布。涂布时的剪切应力应该大于屈服值；并且浆料具有一定的拟塑性和触变性，在剪切力作用时黏度变小，有利于涂布流平。

③ 在涂布后（干燥阶段），要求适时恢复黏度，能防止分层和流挂现象。

5.2

黏度和表面张力调控

为获得良好涂膜，需要对悬浮液的流变学性能和表面张力进行调节。二者主要受悬浮液的组成和环境影响。悬浮液组成包括固体颗粒粉体、溶剂、分散剂、黏结剂和助剂等。悬浮液调节的目的是要兼顾黏度和表面张力，满足涂布技术需求。当然这种调节十分复杂，黏度调节时会影响表面张力，表面张力调节时反过来又会对黏度产生影响，因此这种调节最终还需要以实验验证为准。

这里首先讨论各因素对黏度的影响规律及其调节；然后讨论对表面张力影响规律及调节；由于组成中助剂对黏度和表面张力均影响较大，单独讨论助剂对黏度和表面张力的影响规律及调节；最后讨论环境温度和制浆工艺对黏度和表面张力的影响及调节。

5.2.1 黏度调控

5.2.1.1 粉体浓度和粉体性质

（1）体积浓度 悬浮液中粉体浓度通常采用固相体积分数（φ_s）或固体体积浓度来表示，即固体颗粒总体积占整个悬浮液体积的百分数。当悬浮液中粉体处于最紧密堆积状态，颗粒间孔隙由液体充填满，不存在过剩液体，则此时悬浮液中的固相体积浓度达到最大值，称为最大固相体积分数（$\varphi_{s,max}$）。对于等径球粉体形成的悬浮液，最大固相体积分数（$\varphi_{s,max}$）为 0.74。

悬浮液黏度经验计算公式[4]，适用于剪切速率较小的各种分散体系，也适用于固体颗粒分散于有交联的和无定形的黏弹性材料中形成的悬浮液。

$$\eta=[1+0.75(\varphi_s/\varphi_{s,max})/(1-\varphi_s/\varphi_{s,max})]^2 \tag{5-5}$$

式中，η 为黏度；φ_s 为固相体积分数；$\varphi_{s,max}$ 为最大固相体积分数。

上式很好理解：随着固相体积浓度增大，可流动液体成分越少，悬浮液黏度越大。固相体积浓度对悬浮液浓度影响显著：当固相体积浓度很小时，黏度呈线性变化；当浓度较大时，则呈现非线性变化；最后黏度急剧上升趋于无穷大，此时悬浮液形成高度有序结构体，颗粒自由活动空间很小，颗粒振动幅度比颗粒本身尺度小得多，体系表现出明显固态粉体的流变特性。

粉体性质会通过改变 φ_s 和 $\varphi_{s,max}$ 来影响悬浮液黏度。由于颗粒的粒度、粒度分布、颗粒形状、比表面积和表面性质不同，颗粒的 φ_s 和 $\varphi_{s,max}$ 不同，会带来黏度的不同。

（2）粒度大小和比表面积　粒度对水煤浆黏度的影响见图5-9（a）[1]。由图可见，在固相体积分数相同条件下，剪切速率相同时，粉体粒度越小，水煤浆黏度越大；粉体粒度相同时，黏度随剪切速率增大而增大，当中值粒径小于$2\mu m$时，黏度增大显著。比表面积对水煤浆相对黏度的影响见图5-9（b）[1]。由图可见，在固相体积分数相同条件下，粉体比表面积越大，黏度越大；在比表面积相同时，固相体积分数越高则黏度越大。在颗粒内部无孔隙时，颗粒粒度越小，比表面积越大，二者具有相关性。

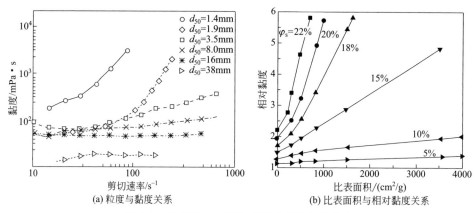

图5-9　水煤浆粒度和比表面积对黏度的影响

这是因为在颗粒表面吸附溶剂形成了滞流底层，滞流底层厚度见表5-2。由表可知，对一种物料来说，滞流底层厚度在较大浓度范围内变化不大，滞流底层厚度与颗粒大小的比值δ/d却随着颗粒粒径的减小而增大。滞流底层中的水分类似于结构水，会造成可流动水的减少，相当于增大了悬浮液中固相体积分数。因此颗粒越小，单位质量固体颗粒的表面积越大，滞流底层体积占比越大，相当于φ_s增大，而$\varphi_{s,max}$不变，计算黏度也增大了。当颗粒内部存在孔隙、比表面积增大时，进入孔隙中的水分会随颗粒一起运动，造成流动水分减少，黏度增大；相当于颗粒紧密堆积时，更多水分进入颗粒间隙使$\varphi_{s,max}$减小，而φ_s不变，因此黏度增大。

表5-2　滞流底层厚度[1]

| 试验 | 统计平均粒径 $(d)/\mu m$ | 不同固相体积分数时的滞流底层厚度 δ | | | | | 平均滞流底层厚度 $(\delta)/\mu m$ | 比值 $\dfrac{d}{\delta}$ |
		5%	10%	15%	18%	20%		
a	279	6.71	6.15	5.78	6.37	6.98	6.4	43.7
b	210	7.17	6.68	6.18	6.32	6.92	6.7	31.3
c	151	6.77	6.05	5.73	6.43	6.93	6.4	23.6

续表

试验	统计平均粒径 $(d)/\mu m$	不同固相体积分数时的滞流底层厚度 δ					平均滞流底层厚度 $(\delta)/\mu m$	比值 $\dfrac{d}{\delta}$
		5%	10%	15%	18%	20%		
d	89	5.08	4.35	4.29	5.09	—	4.7	18.8
e	38	3.33	2.47	2.91	—	—	2.9	13.1

（3）粒度分布　对于球形单分散体系，实际颗粒之间排列不能达到最紧密堆积状态，所以最大固相体积分数小于 0.74，通常取 0.65。对于球形双分散体系，在相同固相体积分数情况下，双分散体系黏度要比单分散的低。这可能是在大颗粒之间的小颗粒起到了滚珠轴承作用。由式(5-5) 也可以得到解释，小颗粒充填于大颗粒之间堆积紧密，使 $\varphi_{s,\max}$ 增大，而 φ_s 不变，计算得到的黏度降低。当小颗粒的体积占到固相体积的 25%～30% 时能获得最低黏度。当然小颗粒直径与大颗粒直径之比 d_p/D_p 也有影响，当 $d_p/D_p<1/10$ 时，这种作用逐渐减弱，小颗粒仅能被作为大颗粒之间的流体对待。

在锂离子电池浆料中，通常加有纳米粉体导电剂。按照级配来看，纳米粉体导电剂与活性物质粉体颗粒相比太小，因此不但不会降低黏度，反而由于其表面积大，其团聚使更多水分被沉淀在颗粒上和颗粒之间，造成可流动水分降低，主要起到的是增加黏度作用。

（4）颗粒形状　当颗粒体积分数低时，黏度随着颗粒球形度变差而增大，不同颗粒形状的黏度排序为：棒＞扁平＞砾＞球状，见图 5-10[1]。而随着体积分数升高，不规则颗粒还会出现黏度随着剪切速率增大而下降的现象。

随剪切速率升高，黏度下降，其原因是悬浮液处于静置状态时，粉体在悬浮液空间里处于随机分布状态，颗粒形状越不规则，处于随机无序运

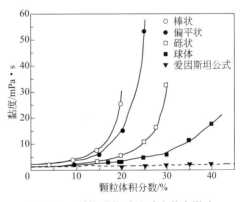

图 5-10　颗粒形状对悬浮液黏度影响

动状态的流动阻力越大，因此黏度越大，见图 5-11（a）。相当于式(5-5) 中随机分布的颗粒进行堆积时，最大固相体积分数 $\varphi_{s,\max}$ 很小，而 φ_s 不变，所以黏度大。而随着剪切速率增加，运动悬浮液中不规则颗粒会沿运动方向进行取向，流动阻力减小，黏度降低。对于可变形颗粒，由于剪切会造成悬浮气泡由圆形变为椭圆形，会造成高分子由卷曲状态变为线状，都会使黏度下降，见图 5-11（b）。颗粒排列更加规则紧密，造成式(5-5) 中 $\varphi_{s,\max}$ 增大，因而使黏度下降。定向排列时颗粒紧密使体积减小越多，$\varphi_{s,\max}$ 增大越多，则黏度下降越多。对于球形颗粒，

剪切力对排列状态影响最小，因此黏度变化最小。

(a) 静止时的液体

(b) 流动时的液体

图 5-11　颗粒形状对黏度影响

5.2.1.2　溶剂和有机高分子

（1）溶剂　溶剂对悬浮液黏度影响主要体现为溶剂自身黏度越大，悬浮液黏度也越大。当溶剂为牛顿流体时，悬浮液可能为牛顿流体；而当溶剂为非牛顿流体，则悬浮液一定为非牛顿流体。溶剂对悬浮液黏度的影响还在于对固体表面的溶剂化作用，当粉体表面形成溶剂化膜时，与滞流底层类似，会使流动溶剂减少，黏度增大。

（2）高分子熔体黏度　浆料中使用的黏结剂和分散剂多为有机高分子物质，为了解有机高分子黏度，我们分高分子熔体黏度、高分子溶液黏度两个方面讨论。这里先讨论高分子熔体黏度。

分子量是确定聚合物熔体流变性质的最重要结构因素。设 M_e 为熔体大量出现链缠结时的分子量，当分子量大于 M_e 时，高分子链产生缠结，这时加在一个

不流动时

流动拉伸时

图 5-12　聚合物分子的缠结及其在流动场中分子取向

聚合物链上的力会传递并分配到许多其他链上去，就会使流动变得相当困难，此时在低剪切速率下的黏度约与重均分子量 M_w 的 3.4 次方或 3.5 次方成正比，见图 5-12 中不流动时情况。当分子量小于 M_e 时，聚合物熔体黏度大致与重均分子量 M_w 成正比。同一种聚合物的两种不同分子量组成的混合物的熔体黏度似乎也主要是由 M_w 确定。大多数聚合物的 M_e 约在 10000～40000 之间，如线型聚乙烯的 M_e 为 4000，聚甲基丙烯酸甲酯 M_e 为 10400。

短支链一般对聚合物熔体黏度影响不大，而长支链可能有显著影响，尤其是当支链很大本身就能产生缠结时。在低剪切速率时，支链聚合物黏度要比分子量相同的线型聚合物高。而在高剪切速率时，支链聚合物黏度几乎都比分子量相同的线型聚合物低。主要是因为支化分子间相互作用往往比较小，导致黏度降低。

氢键能使尼龙、聚乙烯醇和聚丙烯酸等聚合物熔体黏度有一定程度增加；强极性使聚氯乙烯和聚丙烯腈黏度增加，甚至在熔融状态就可能有少量结晶；聚合物电解质中存在离子键能使黏度大大增加，其联结力几乎强如交联。

对于分子量相当的聚合物，柔性链黏度比刚性链低。柔性很强的聚有机硅氧烷和含有醚键的聚合物，其黏度特别低。而刚性很强的聚酰亚胺和其他芳环缩聚物的黏度都很高。以上仅为一般规律，具体黏度还要以实验测定为准。

（3）高分子溶液黏度　溶剂强烈影响高分子溶液黏度。溶剂主要作用是降低聚合物玻璃化温度 T_g，使聚合物缠结点分子量 M_e 增加，另外由于稀释作用也可使高黏度液体黏度下降。Lim 等[5]测得 CMC 水溶液黏度随浓度的变化，发现随 CMC 浓度下降，溶液黏度大幅度下降，见图 5-13。对于自身黏度相差不大的溶剂，由于高聚物溶解性不同，会造成高分子链伸展情况、链间相互作用力不同，从而带来对黏度的显著影响，相差可达几百至几千毫帕秒。在良溶剂中，分子比较伸展，所占有流体力学体积大，因而黏度大，反之则较小。

不同浓度聚合物溶液的黏度-剪切速率关系见图 5-14[6]。这组曲线说明聚合物溶液浓度愈稀，保持牛顿性的剪切速率便愈高。这是因为分子链段取向是引起非牛顿性的主要原因，见图 5-12 流动时的拉伸取向。而高分子浓度越低，M_e 越大，分子缠结越少，分子链段取向越差，越容易保持牛顿性。

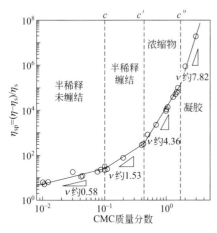

图 5-13　聚合物浓度对黏度影响
ν—比黏度的幂指数

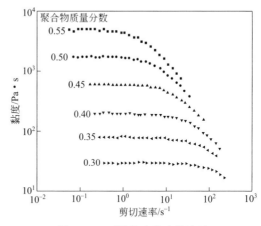

图 5-14　不同浓度聚合物溶液
的黏度-剪切速率关系

当高分子溶液中含有固体颗粒组成浆料时，黏度变化更为复杂。Lim 等[5]在研究石墨与 CMC 水性浆料时，发现高分子浓度处在中间范围内时非牛顿区较长，过高和过低时非牛顿区变短，见图 5-15。Bauer 等[7]研究了高分子物质浓度和分子量对锂离子电池浆料流动性质和黏度的影响，以分子量 370000～450000、牌号为 761 的 PVDF 和分子量 900000～1300000、牌号为 HSV 的 PVDF 为黏结剂

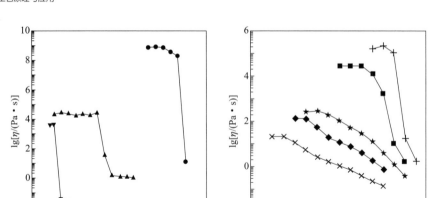

图 5-15　50％（质量分数）石墨不同含量 CMC（质量分数）水性浆料的黏度与剪切力的关系

CMC：●0％；▲0.07％；▼0.1％；×0.4％；◆0.7％；★1.0％；■1.4％；＋1.7％

和分散剂，以 NMP 为溶剂，分别研究了 LiFePO₄（LFP，粒度中值 130nm）浆料和 Li(NiMnCo)O₂（NMC，8.9μm）-炭黑（CB）浆料的流动性质，发现分子量增大和浓度增加均使得在相同剪切速率下的黏度增加，见图 5-16 和图 5-17。

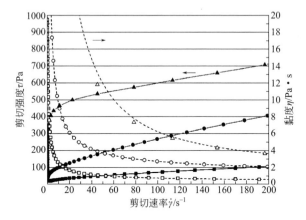

图 5-16　LiFePO₄ 浆料流动性质（实心符号）和黏度（空心符号）

△、▲ 20％（体积分数）LFP、5％（质量分数）HSV；○、● 20％（体积分数）LFP、10％（质量分数）761；□、■ 20％（体积分数）LFP、5％（质量分数）761

5.2.1.3　pH 值影响

浆料黏度一般随 pH 值变化而变化，通常在一定 pH 值范围内黏度变化较明显。细颗粒硅铁和石英浆料黏度与 pH 值关系见图 5-18。由图可见：pH 值小于 6.5 时，浆料黏度明显较大；pH 值大于 7.0 时，浆料黏度保持较低数值，这主

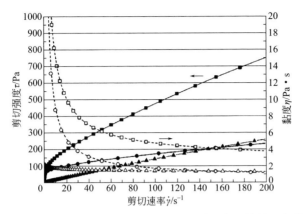

图 5-17 Li(NiMnCo)O₂ 和炭黑 (CB) 浆料的流动性质 (实心符号) 和黏度 (空心符号)

○、● 20％ (体积分数) NMC、5％ (质量分数) 761，4％ (质量分数) CB；

□、■ 20％ (体积分数) NMC、5％ (质量分数) HSV，4％ (质量分数) CB；

△、▲ 20％ (体积分数) NMC、5％ (质量分数) HSV，4％ (质量分数) CB 干混

要是因为颗粒表面双电层变化改变了颗粒的凝聚与分散状态。pH 对悬浮液黏度影响还与悬浮液浓度有关：浓度较高时颗粒间作用距离短更容易凝聚，受 pH 影响较大。如当浓度大于 25％时悬浮液黏度受 pH 的影响较明显，见图 5-19[1]。

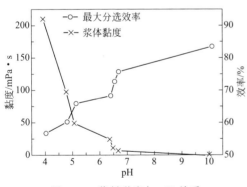

图 5-18 浆料黏度与 pH 关系

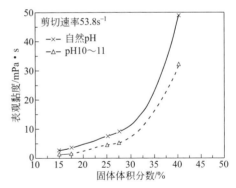

图 5-19 浆料黏度、体积分数与 pH 关系

5.2.2 表面张力调节

5.2.2.1 液体和固体的表面张力

（1）液体表面张力 液体表面张力是分子间作用力（范德华力和氢键）引起的，分子间作用力越大，表面张力越大。就有机化合物而言，极性化合物分子间力一般高于非极性化合物，因此其表面张力也大于非极性化合物，如水和甘油的表面张力就高于苯和己烷的。表 5-3 为常见物质的表面张力。

表 5-3　常见物质的表面张力

物质	温度/℃	σ/(mN/m)	物质	温度/℃	σ/(mN/m)
汞	20	485.0	乙醇	20	22.30
水	20	72.8	二异戊酮	20	22.24
甘油	20	64.5	正辛烷	20	21.77
甲酰胺	20	58.2	五聚二甲基硅氧烷	20	19.0
四溴乙烷	20	49.6	正己烷	20	18.43
硝基苯	20	43.38	乙醚	20	17.10
硝基甲烷	20	36.82	蓖麻油	20	39.0
溴苯	20	36.26	橄榄油	20	35.8
一氯丙酮	20	35.27	棉籽油	20	35.4
油酸	20	32.50	液体石蜡	20	33.10
二硫化碳	20	31.38	H_2	−253	2.01
苯	20	28.86	N_2	−198	9.41
辛酸	20	28.82	CH_4	−163	13.71
甲苯	20	28.40	C_2H_6	−92.4	16.63
乙酸	20	27.60	O_2	−196	16.48
正辛醇	20	27.53	Fe(液)	1770	1880
氯仿	20	27.13	Cu(液)	1120	1270
四氯化碳	20	26.66	Cu(固)	1080	1430
甲基丙烯甲酮	20	24.15	Ag(液)	1000	920
丙酮	20	23.70	Ag(固)	750	11.40

（2）固体表面张力　固体表面同样具有表面张力。固体物质密度高于液体密度，原子间和分子间的作用力更大，因此通常比同种物质的液体具有更高的表面张力。石蜡和聚苯乙烯树脂的表面张力较小，表面能小于 100mJ/m^2，这类固体表面称为低能表面；而金属和无机盐固体的表面张力较大，表面能超过 100mJ/m^2，在 $500\sim5000\text{mJ/m}^2$，这类表面称为高能表面。部分有机物的表面张力见表 5-4。

表 5-4　部分有机物的表面张力

有机物	温度/℃	表面张力/(mN/m)	有机物	温度/℃	表面张力/(mN/m)
聚二甲基硅氧烷	20	19.8	聚对苯二甲酸乙二醇酯	20	43.0
聚四氟乙烯	20	23.9	聚甲基丙烯酸	20	43.2
聚丙烯	20	29.8	聚氯乙烯	20	44.0
聚乙烯	20	35.7	乙丙橡胶	20	44.0
聚乙酸乙烯酯	20	37.0	聚偏氯乙烯	20	45.8
聚乙烯醇	20	37.0	尼龙66	20	46.5
聚苯乙烯	20	40.6	聚氨酯	20	49.6
聚乙二醇	24	42.5	环氧树脂	20	52.7

液体易于流动，可以通过减少表面积来降低表面能量。固体无法改变形状来减小表面能，但可以通过吸附气体来降低表面能量，可以从溶液中吸附某些物质来降低界面张力。当吸附小分子时，通常为单分子层或多分子层吸附。当吸附高分子时，由于分子量大且具有柔性，通常呈多点吸附，且脱附困难。吸附点的多少与作用基团密度有关，也与高分子在溶液中的形态有关。溶液中高分子在固体表面的吸附还受溶剂影响：在良溶剂中，高分子链比较舒展，所占有流体力学体积较大，吸附点多；而在不良溶剂中，高分子链卷曲收缩，则其所具有流体力学体积较小，吸附点也相应较少。

5. 2. 2. 2 溶液、浆料的表面张力

对于溶液来讲，溶质在表面层浓度与内部浓度不同。当溶质表面张力较小时，溶质在表面层中富集而使溶液表面张力减小；当溶质表面张力较大时，则倾向于在溶液内部富集，对表面张力影响较小。

在温度一定时，溶液表面张力随溶质浓度变化大致有三种情况：①表面张力随溶质浓度增加而增加，如 NaCl、KOH、蔗糖和甘露醇的水溶液。②表面张力随溶质浓度增加而降低，通常开始时降低快一些，后来则降低缓慢，如醇、醛、酮、酯和醚等大多数可溶性有机物的水溶液。③表面张力在溶质浓度很低时就急剧下降，至一定浓度后，几乎不再变化，如 8 个碳以上直链有机酸的碱金属盐、磺酸盐和苯磺酸盐等的水溶液。从广义上讲，能使液体表面张力降低的溶质都可称为该液体的表面活性物质，但习惯上，只把那些在浓度很低时能显著降低表面张力的溶质叫做表面活性物质或表面活性剂。

高分子在溶剂中形成树脂溶液，与一般溶液表面张力变化类似：当树脂表面张力比溶剂的表面张力低时，溶液表面将富集树脂，使高分子溶液的表面张力降低；反之，则表面将富集溶剂分子，高分子对表面张力影响变小。

粉体与溶剂形成的悬浮液，其中含有固体粉体，当粉体表面张力小时，粉体倾向于浮出溶剂表面，而使悬浮液表面张力下降；反之则会悬浮于溶液中，对于表面张力影响较小。通常悬浮液表面张力介于固体和液体表面张力之间。

5. 2. 3 助剂调节

助剂是调节悬浮液黏度和表面张力的重要手段。

（1）表面活性剂 表面活性剂主要用来降低体系的表面张力。表面活性剂既可以用来降低液体的表面张力，也可以用来降低固体的表面张力，也可以二者兼而有之。表面活性剂在降低表面张力同时也对浆料黏度产生影响。常用的无机表面活性剂有水玻璃、六偏磷酸钠、三聚磷酸钠和聚丙烯酸钠等，有机表面活性剂包括胺类、磺酸盐类、羧酸类和聚合物类等。

表面活性剂添加于浆料中对浆料黏度的影响见图 5-20[1]。由图可见，在相同

剪切速率下，添加十二烷基磺酸钠的水煤浆黏度比未添加的黏度明显下降。表面活性剂用来降低粉体颗粒表面能时对浆料相对黏度的影响见图 5-21[1]。由图可见，在颗粒表面覆盖一层硅油，可降低粉体表面张力，增大颗粒疏水性，浆料黏度明显降低。可能有两方面原因：一方面颗粒表面张力降低使表面吸附滞流底层厚度减小，流动液体增多，黏度减小；另一方面是表面张力降低使颗粒表面双电层变薄，从而使悬浮液黏度减小。

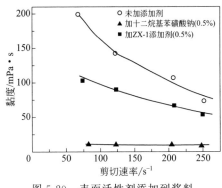

图 5-20　表面活性剂添加到浆料
中对黏度的影响

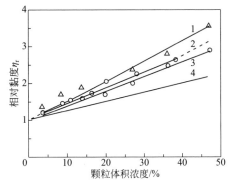

图 5-21　表面活性剂覆于颗粒表面对黏度影响
1—未覆盖硅油；2—覆盖硅油；3—覆盖与未覆盖硅油
颗粒混合（50∶50）；4—爱因斯坦公式

（2）增稠剂和分散剂　增稠剂和分散剂多为含有亲水和疏水基团的高分子有机物，其中增稠剂可以与水形成结构水降低流动水含量，同时在体系中形成网络结构，起到增加黏度作用。分散剂可以在颗粒表面吸附，增大颗粒间排斥力，起到分散的作用。通常增稠剂和分散剂对表面张力影响要比表面活性剂影响小得多。

增稠剂和分散剂通过改变颗粒之间作用力对黏度产生影响。增稠剂和分散剂有时可以是同一种物质，如羟甲基纤维素钠（CMC）在水性体系中，既是增稠剂，又是分散剂。当 CMC 浓度较低时，颗粒间作用力为引力，颗粒将絮凝形成絮状物。絮状物可能近球形，也可能形成一种"珍珠链"样的结构。这些结构将连续相"固化"其中，使黏度大幅度增加。此时，添加电解质可以降低颗粒间的引力，使黏度降低。当 CMC 浓度较高时，颗粒间作用力为斥力。当斥力足够大和颗粒浓度很高时，可以形成一种拟网络结构，颗粒之间相互排斥而使颗粒运动受到限制，剪切时颗粒被迫离开原来位置，造成低剪切时，黏度增大。

Boris Bitsch 等[8]采用球形人造石墨作为活性物质，炭黑为导电剂，SBR 为黏结剂，CMC 为分散剂，在石墨∶炭黑∶CMC∶SBR 质量比为 93∶2∶2.5∶2.5 配比下制备浆料。添加正辛醇对浆料结构和黏度的影响见图 5-22，发现添加正辛醇后浆料在低剪切时黏度大幅度增加。他们认为这是因为正辛醇存在于活性物质颗粒之间，通过毛细作用使活性物质颗粒结构化。使用这种浆料改善了条缝涂布时的边缘变厚。这里正辛醇起到了增稠剂的作用。

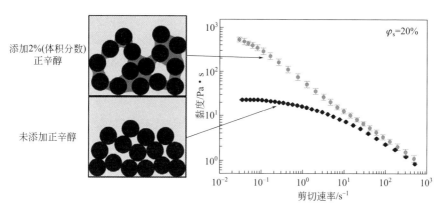

图 5-22 添加正辛醇对浆料结构和黏度的影响

增稠剂和分散剂主要有纤维素醚类，如羧甲基纤维素和羟乙基纤维素。锂离子电池悬浮液的增稠剂通常为羧甲基纤维素钠。近年来，开发了碱敏性丙烯酸聚合物增稠剂和聚环氧乙烷骨架的缔合性增稠剂。其增稠作用与羟乙基纤维素不同，是利用表面活性剂分子两端的亲水和疏水基团，与颗粒相互作用构成网状结构。这种网状结构在剪切力的作用下可被破坏，使浆料具有良好的流变性能。

（3）触变剂 触变剂是能使浆料黏度随着剪切时间延长而降低，而当剪切撤销时，黏度又在一定时间内恢复的助剂。加入触变剂后，悬浮液体系中能产生网状低强度的絮体结构。在低剪切应力作用下，这种结构足以阻碍浆料流动。而在中至高剪切应力下，浆料中的絮体结构将被破坏。随着剪切时间延长，絮体结构破坏增多，黏度降低；至这种结构完全破坏时，黏度降至最低。但当剪切应力消除后，又可以一定速度重新恢复这种絮体结构。如果这种恢复是即刻发生的，则体系属于假塑性，不存在触变性。如果需要一定时间才能恢复，则该体系具有触变性。常用触变剂为二氧化硅粉末和膨润土。

（4）黏结剂 在锂离子电池水性浆料制备过程中，通常采用 SBR 做黏结剂，一般为直径 140nm 的 SBR 在水中的分散液。Lim 等[5]研究了 50%（质量分数）石墨与不同含量 SBR 黏结剂水性浆料的流变性质，见图 5-23，其中嵌入的图为黏度随剪切力变化曲线。而不同含量的 CMC 和 SBR 浆料流变性质见图 5-24。

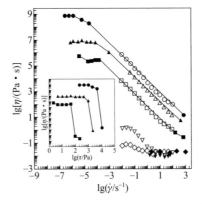

图 5-23　50％（质量分数）石墨与不同含量 SBR 黏结剂浆料流变性质

（实心符号为剪切力控制下获得的曲线，空心符号为速率控制下得到的曲线）

SBR 质量分数：●、○ 0％；▲、△ 3％；■、□ 8％；▼、▽ 15％；◆、◇ 30％

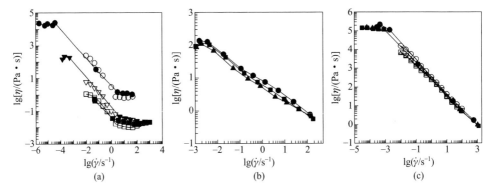

图 5-24　50％（质量分数）石墨与不同含量 SBR 黏结剂和 CMC 的浆料流变性质

（实心符号为剪切力控制下获得的曲线，空心符号为速率控制下得到的曲线）

（a）CMC 0.07％；（b）CMC 0.7％；（c）CMC1.7％

SBR 质量分数●、○ 0％；▲、△ 2％；■、□ 5％

5.2.4　温度调节

（1）黏度　溶剂和聚合物黏度均随着温度升高而降低，聚合物溶液黏度的温度依赖性则介于聚合物和溶剂之间。聚合物溶液黏度受温度影响见图 5-25。悬浮液黏度受温度影响还体现在如下两个方面：一方面温度改变溶剂和分散剂在固体颗粒表面的吸附状态，随着温度升高，悬浮液中高分子更为柔顺，高分子在粉体表面吸附量增加，溶剂在表面的结构化膜可能会减薄；另一方面温度变化造成热胀冷缩。随着温度升高，溶剂热胀明显，固相体积分数降低，使悬浮液黏度降低。总的来讲，随着温度升高，悬浮液浆料黏度降低，并且随着固相体积浓度增加，这种影响增大。

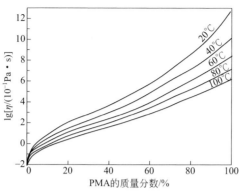

图 5-25 聚合物溶液黏度与温度关系[6]

（2）表面张力 温度升高时大多数液体表面张力呈下降趋势。随着温度升高，体系密度降低，分子间作用力降低，同时表面分子的动能增加有利于克服液体内部分子的吸引，从而使表面张力下降可以预料。当液体温度趋于临界温度时，分子内聚力接近于零，气液界面消失，其表面张力也将不复存在。

由于温度对黏度和表面张力均有显著影响，因此改变温度能够同时调节黏度和表面张力，但是温度对黏度和表面张力的影响幅度不同，因此温度影响具有复杂性，具体调节程度还需要实验来确定。

5.2.5 制浆工艺调节

Kim 等[9]采用钴酸锂作为活性物质，平均直径 $2\mu m$ 石墨作为导电剂，NMP作为溶剂，PVDF 作为黏结剂，钴酸锂∶石墨∶PVDF 质量比为 89∶6∶5，浆料固含量为 66.7%，采用四种不同制浆工艺制备浆料：第一种是将导电剂、溶剂、黏结剂溶液混合，抽真空，再添加活性物质和溶剂，搅拌制备浆料，如图 5-26（a）所示；第二种是将活性物质、溶剂、黏结剂溶液混合，抽真空，再添加导电剂和溶剂，搅拌制备浆料，如图 5-26（b）所示；第三种是将导电剂、溶剂、黏结剂溶液、活性物质混合，抽真空，搅拌制备浆料，如图 5-26（c）所示；第四种是将活性物质与导电剂干混，加入黏结剂溶液后搅拌，再加溶剂搅拌制备浆料，如图 5-26（d）所示。他们发现制备浆料的最好顺序是将两种比表面积相差很大的材料进行干混合，然后加入黏结剂溶液，加入溶剂，获得的最小黏度为 4800mPa·s。而第一种方法获得的黏度最大，为 8100mPa·s。第四种方法获得浆料的极片压缩性能最好，制备半电池的充放电循环性能最好。

Lee 等[10]的研究，采用钴酸锂作为活性物质，炭黑作为导电剂，PVDF 作为黏结剂，三者质量比为 95∶2.5∶2.5，浆料的固含量（活性物质＋导电剂＋PVDF）为 65%。发现分步添加 NMP 制浆和一步添加 NMP 制浆流变学性质不同，见图 5-27 和图 5-28。在最终浆料的固体负荷一样时，一步法制成的浆料属

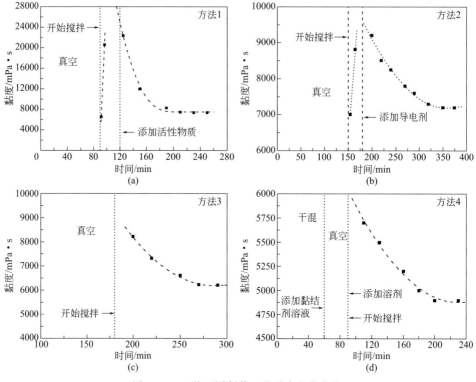

图 5-26 四种不同制浆工艺黏度变化曲线

于溶胶-凝胶，在体积填充网络结构内粉末单元相互连接，从而产生高黏度类固体状行为。与之相反，多步骤制成的浆料基本上属于低黏度溶胶，其中颗粒单元彼此分离。这是因为在初始阶段浆料处于高度黏性状态，溶剂负载较小，施加用于混合的剪切速率更高时，网络结构更容易被打破。

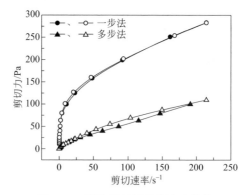

图 5-27 两种制备过程的流动曲线

(剪切速率先增加后下降，实心符号为上升流动曲线，而空心为下降流动曲线，多步骤制备浆料存在滞后环)

Cho 等[11] 的研究，采用 LiCoO₂（LICO）、CB（Super P）、PVDF，质量比为 98.5∶1.0∶0.5，固相组分与 NMP 质量比 70∶30。先将炭黑和 LICO 干混，然后制浆（1000r/min）。他们研究了浆料的稳定性变化。浆料中活性物质占 NMP 的体积分数为 47.4%，属于浓悬浮液，在 23.5℃测试其流变学性质。

图 5-29(a) 为静置后 1 天和 7 天的剪切黏度与剪切速率的函数关系。

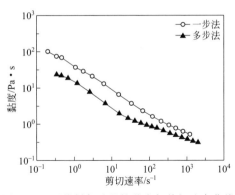

图 5-28 两种制备过程的黏度与剪切速率曲线

静置不同时间的浆料显示出相似的剪切变稀行为，剪切黏度与剪切速率近似呈线性关系，表明浆料为幂律流体。并且随着剪切速率的增加，浆料黏度下降幅度变小，表明浆料内部网络结构的结合强度与剪切速率相比下降。图 5-29(b) 表明了不同的触变行为。剪切黏度随着时间先上升后下降，表明有屈服现象。尤其是放

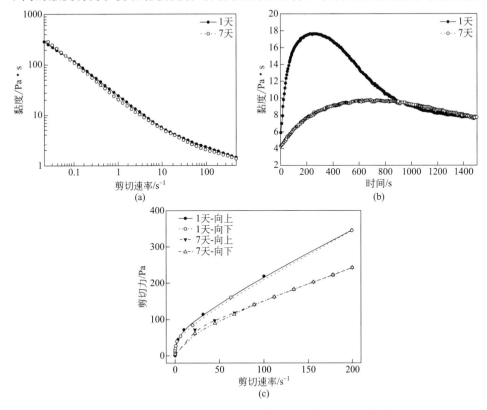

图 5-29 放置时间对锂离子电池钴酸锂浆料流变性质影响

置 1 天的浆料表现出震凝和触变行为。这与内部结构变化有关，如在最大值处存在内部网络。图 5-29(c) 显示了剪切力和剪切速率的滞后，这表明结构发生了不可逆破坏，放置 1 天的浆料比放置 7 天的浆料具有更高的触变指数，这表明放置 1 天的浆料具有更为突出的网络结构，具有类固体性质。

5.3
辊涂原理与工艺

5.3.1 辊涂简介

辊涂有单辊、双辊和多辊涂布方式，见图 5-30。单辊涂布方式应用较为最广泛，双辊和多辊涂布主要用于高速涂布或薄层涂布。因为单辊涂布原理容易理解，是多辊涂布的基础，我们首先介绍单辊涂布，然后介绍双辊和三辊涂布。

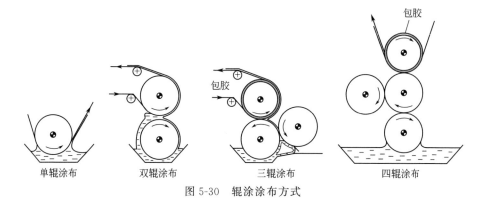

图 5-30 辊涂涂布方式

5.3.2 单辊涂布

5.3.2.1 弯曲表面和毛细现象

（1）弯曲表面附加压强　在平面上液体受到的压强为大气压 p_0，而在弯曲液面受到一个附加压强 Δp 的作用，则压强 p 可用下式表示：

$$p = p_0 \pm \Delta p \tag{5-6}$$

在凸液面上，作用于液体边界微小区域上的表面张力形成一个指向液体内部圆心的合力，这个力产生对液体的附加压强为 Δp，见图 5-31(a)，这时公式(5-6)取正号，$p=p_0+\Delta p$，凸面上微小区域液体受到的总压强大于大气压。在凹液面上，作用于液体边界的微小区域上的表面张力的合力方向指向液体外部凹面的圆心，见图 5-31(b)，这时公式(5-6) 取负号，$p=p_0-\Delta p$，附加压强与大气压方向相反，凹面上液体受到的总压强小于大气压。

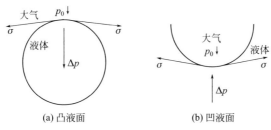

(a) 凸液面   (b) 凹液面

图 5-31　弯曲液面的附加压强

弯曲表面附加压强总是试图减少液体的表面积，降低表面能。由流体力学可知，表面上某点处的附加压强，可根据拉普拉斯公式进行计算：

$$\Delta p=\sigma(1/R_1+1/R_2) \tag{5-7}$$

式中，Δp 为弯曲表面附加压强；σ 为表面张力；R_1 和 R_2 为弯曲表面某点法线上两个正交面的曲率半径。

对于球形弯曲表面，$R_1=R_2=R$，附加压强为：

$$\Delta p=2\sigma/R \tag{5-8}$$

对于圆柱形弯曲表面，$R_1=\infty$、$R_2=R$，$1/R_1\approx0$，则附加压强为：

$$\Delta p=\sigma/R \tag{5-9}$$

（2）毛细作用　附加压力引起毛细管内液面与管外液面有高度差的现象，称为毛细管现象。对于润湿性液体，当毛细管插入液体中时，管内液面升高；当平行板插入水中时，狭缝中液面上升；当平板斜插入水中时，在夹角为锐角的一侧液体液面上升，见图 5-32。同理对于不润湿的液体，会引起管中液面下降。

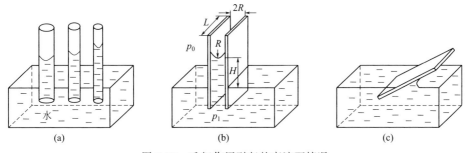

(a)   (b)   (c)

图 5-32　毛细作用引起的弯液面情况

对于润湿性液体，这里液面上升是由于液体在固体表面润湿引起的。由杨氏方程［式(4-6)］可知，在润湿线（气、液、固三相交界点的连线）上三相界面处，表面张力总是将液面拉向未润湿的固体表面，以保持液体与固体表面的夹角为润湿角。这样在毛细管中、双平板夹缝内、平板与液面夹角锐角侧都会形成弯液面。同时由于弯液面处液体还受到向下的重力作用，当二者平衡时，弯液面半径稳定不变。

对于毛细管和平行板夹缝，弯液面表面张力的合力越大，液面上升高度越大。由于静止液柱所受的表面张力合力与其所受重力相等，所以它们对液柱作用产生的压强也相等。重力产生的压强为：

$$p_{重} = \rho g H \tag{5-10}$$

式中，ρ 为液体密度；g 为重力加速度；H 为液柱的高度。而表面张力合力产生的压强即为式(5-7)所计算的附加压强。

所以有：

$$\Delta p = \sigma(1/R_1 + 1/R_2) = \rho g H \tag{5-11}$$

对于毛细管中具有球形弯液面的液柱，有：

$$\Delta p = 2\sigma/R = \rho g H \tag{5-12}$$

对于平行板狭缝中具有圆柱形弯液面的液柱，则有：

$$\Delta p = \sigma/R = \rho g H \tag{5-13}$$

由上可知，静止液柱的弯液面半径与液体表面张力成正比，与液体密度成反比，与液面上升高度成反比。

（3）弯曲表面液体流动　当液体表面弯曲时，在凸面上附加压强是正值，总压强大于大气压；在凹面上，附加压强是负值，总压强小于大气压。液体在流动时总是从压强大的地方流向压强小的地方，即处于表面的液体总是由凸面处流向平面，再由平面流向凹面。附加压强的作用结果是减小液体表面积和表面能。

如图 5-33 所示，在水平放置缩颈毛细管中存在一段液体（润湿角小于 90°），液体两端均有毛细作用形成的弯液面，两端受到的总压强为 p_R 和 p_r。有 $\Delta p_R =$

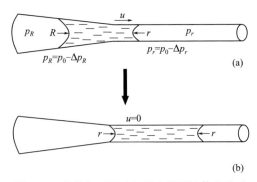

图 5-33　在粗细不同毛细管中润湿液体的流动

$2\sigma/R$、$\Delta p_r = 2\sigma/r$，由于 $R > r$，所以 $\Delta p_R < \Delta p_r$，则 $p_R > p_r$，管中液体由压强大的一端流向压强小的一端，见图 5-33(a)，因此管中液体向直径小的一端流动。直到液体全部流到细管中，液体两端半径相同，水平方向合力为零，液体处于平衡状态，见图 5-33(b)。当润湿角大于 90° 时，运动方向相反。这就是毛细管中液体运动的原因。

5.3.2.2 单辊涂布原理与工艺

单辊涂布就是将绕有片幅的单个涂布辊部分浸入到浆料槽中，涂布辊和片幅以一定速度旋转将浆料涂到片幅上的过程。单辊涂布的涂布过程简单，操作方便，但涂层较厚，精度不高。

单辊涂布原理见图 5-34。当把带有片幅的涂布辊浸入到浆料槽中时，由于浆料均为润湿性流体，表面张力的作用使浆料在靠近片幅表面狭缝处形成了一个稳定的弯液面（半径 R）。随着涂布辊的旋转，片幅从浆料表面上拉出，在弯液面处附着的浆料层会被片幅带走。由于片幅的向上运动，靠近片幅表面浆料层受到片幅表面张力作用与片幅一起向上运动，涂层表面的浆料层则受到片幅表面浆料层黏性力作用也随之向上运动。这种向上运动破坏了静止的弯液面，使得涂层表面的浆料层还受到弯液面表面

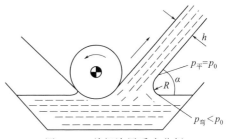

图 5-34　单辊涂层受力分析

张力的作用而有向下运动的趋势。这是因为涂层表面的浆料层，在弯液面上方曲率为零处受到的压强等于大气压，而在其下方弯液面曲率最大处受到的压强小于大气压，导致涂层表面浆料层向弯液面流动。同时这层流体还会受到向下的重力。当向上的拉曳力与向下的作用力平衡时，在弯液面处建立了新的平衡，弯液面保持稳定，涂布过程稳定。

计算涂布厚度 h 的公式可用下式表示[12]：

$$h = \frac{0.94(v\eta)^{2/3}}{(1+\cos\alpha)^{1/2}(\rho g)^{1/2}\sigma^{1/6}} \tag{5-14}$$

$$h = 1.32R\left(\frac{v\eta}{\sigma}\right)^{2/3} \tag{5-15}$$

$$h = K(v\eta)^{2/3} \tag{5-16}$$

式中，h 为涂布厚度，cm；K 为常数；v 为片幅运行速度，生产中常称为车速，cm/s；η 为黏度，$\times 10^{-1}$ Pa·s；ρ 为浆料密度，g/cm³；α 为片幅拉出角，(°)；σ 为表面张力，$\times 10^{-3}$ N/m；g 为重力加速度，980cm/s²；R 为弯液面曲率半径，cm。

上述三个公式有助于理解影响涂布厚度的工艺因素,这些因素主要有片幅的涂布车速、拉出角、曲率半径、浆料密度、黏度和表面张力。温度的影响是通过影响浆料密度、黏度和表面张力而间接体现出来的。

① 弯液面曲率半径。从式(5-15)可以看出,弯液面曲率半径 R 越小,涂层厚度越薄。这是因为 R 越小,弯液面处受到的压强越小,涂层表面的浆料层受到的向下的拉力越大,向下流动的浆料越多,涂层越薄。

R 受涂布辊浸入液面深度、拉出角、挡板的影响。随着拉出角减小、浸入深度变浅和加入挡板,涂布弯液面半径变小,涂布厚度变薄,见图5-35。浸涂弯液面半径在正常情况下为 4～6mm。当用挡板时可将其缩小到 1～3mm。随挡板距离的减小,涂布弯液面半径变小。但这个数值不应作为控制因素而任意改变。它不同于挤压涂布的弯液面可随浆料输送量与涂布量的比例而自行调节,最小可调节到 0.5mm,最大调节到 4～6mm。工程上常通过观测弯液面稳定性来控制浸涂稳定性。

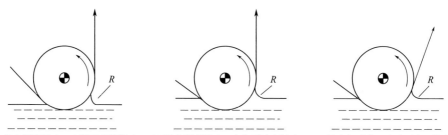

(a)浸入深度较小,弯液面半径较小 (b)浸入深度增大,弯液面半径较大 (c)拉出角减小,弯液面半径较小

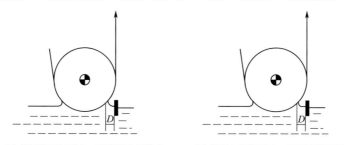

(d)挡板与辊间距小,弯液面半径较小 (e)挡板与辊间距大,弯液面半径较大

图 5-35　浸入深度、拉出角和挡板对弯液面半径的影响

② 涂布速度。公式(5-16)最为简单,表明在实际生产中,影响浆料涂布厚度的因素主要是车速和黏度,已经广泛应用于生产过程中。其他因素影响较小,并且大多数是相对固定的,因此可以把它们合并在一个系数 K 里。由式(5-16)可以看出,随着涂布速度增加涂层厚度变大。这是因为随着涂布速度的增加,靠近涂层表面浆料层来不及在表面张力和重力作用下向下流动就被片幅带走,使涂

层厚度增加。浸涂的车速比较低，一般在 $5\sim15m/min$ 之间。

③ 浆料性质。浆料黏度影响最显著。浆料黏度越大，片幅向上黏性拉曳力越大，涂层厚度越大。通常通过溶剂量来调节黏度，此时浆料相对密度随之变化。浆料表面张力越大，通常涂层厚度越薄。实际涂布过程中，表面张力调节通常与润湿相矛盾，浆料表面张力越大，片幅表面润湿性就越差。因此涂布时首先要保证浆料润湿性，在满足润湿条件下，才能对表面张力进行调节。浆料密度越大，重力作用越大，有利于靠近涂层表面浆料层向下流动，涂层厚度越薄。但是重力作用通常在薄层涂布时作用不明显。

④ 浆料温度。在式(5-14)～式(5-16)中没有温度这个物理量，并不说明温度对浸涂没有影响。温度是通过对黏度、表面张力和密度等因素的改变来影响涂布过程的。弯液面处浆料温度直接影响弯液面曲率半径，从而对涂布厚度产生影响。弯液面温度介于浆料槽中浆料温度和片幅表面温度之间，是二者换热的结果。温度对黏度影响较大，控制弯液面处浆料温度是精确控制涂布厚度和涂布质量的保证。浆料黏度随温度变化各有不同，一般选择黏度受温度影响小的区域进行涂布。

调节辊涂涂布量可控因素主要是黏度和车速。但这两项因素又受其他条件限制可调范围并不很大。在生产中作为临时调整的是温度和车速。只有当它们已无法调整时，才改变配方调整黏度。

5.3.3 双辊涂布

双辊涂布方式有顺转辊涂布和逆转辊涂布两种。顺转辊涂布是双辊间最小间隙位置的线速度方向相同的涂布方法，见图 5-36(a)。顺转辊涂布时，浆料经过双辊的缝隙，按照一定比例将浆料分配到两个转辊表面，浆料涂布于经过计量辊的片幅表面。逆转辊涂布是双辊间最小间隙位置的线速度方向相反的涂布方法，

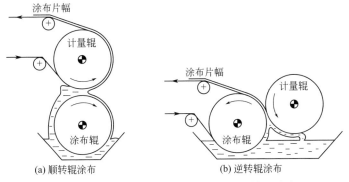

(a) 顺转辊涂布　　　　　　　　(b) 逆转辊涂布

图 5-36　双辊涂布中的顺转辊涂布和逆转辊涂布

见图 5-36(b)。逆转辊涂布时计量辊将片幅表面的浆料减薄，完成涂布过程。

5.3.3.1 双辊涂布原理与工艺

（1）顺转辊涂布 顺转辊涂布时辊缝间浆料流动特征见图 5-37[13]。在上游浆料被涂布辊带入间隙，在下游经过辊缝的浆料膜被分裂成了覆于双辊上的两层膜，形成了膜分裂弯液面。其中计量辊表面缠有片幅将其上涂膜带走，完成涂布过程。

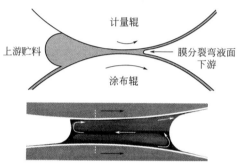

图 5-37 顺转辊涂布时辊缝间浆料的流动特征

两个辊表面涂膜的厚度是两个辊子速比的函数，总的来讲是转速快的带走更厚的涂膜。对于牛顿流体，两个辊表面涂膜厚度可用下式计算：

$$h_m/h_a = (v_m/v_a)^{0.65} \tag{5-17}$$

式中，h 为涂膜膜厚；v 为辊表面线速度；下角 a 代表涂布辊；下角 m 代表计量辊。

在速比很小时，计量辊速度慢，带走浆料膜厚度小，而速度大的涂布辊带走浆料膜厚度大。随着速比增大，当速比为 1 时，两辊速度相同，此时两辊带走的浆料厚度相同，辊缝 50% 的浆料传递到片幅上。对于剪切变稀的非牛顿流体，在同等速比情况下，二辊之间膜厚度差异减小。

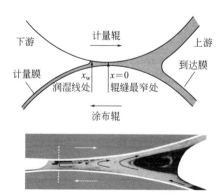

图 5-38 逆转辊涂布时辊缝间浆料流动特征

（2）逆转辊涂布 逆转辊涂布时辊缝间浆料流动特征见图 5-38[13]。计量辊和涂布辊向相反方向旋转，涂布辊（applicator roll）和计量辊（metering roll）的辊速（表面线速度）分别用 v_a 和 v_m 表示，涂布辊上覆有较厚的浆料膜，经过逆转的计量辊使涂膜被定量变薄，并被涂布辊上片幅带走。而计量辊在计量膜一侧存在润湿线。

在讨论多辊涂布时，毛细管数是一个重要的特征数，毛细管数 Ca 可表示为：

$$Ca = \eta v / \sigma \tag{5-18}$$

式中，η 为浆料黏度；σ 为表面张力；v 为涂布速度，对于逆转辊涂布 v 取涂布辊表面线速度 v_a，对于顺转辊涂布 v 取 v_m 和 v_a 的平均值。

毛细管数反映的是浆料在涂布和流动过程中，黏性力与表面张力之比，其中黏性力是黏度和速度乘积。

Coyle 等[14]采用有限元模拟研究了速比对辊间隙流动和膜厚影响，见图 5-39。在图 5-39(a) 中，润湿线在涂布辊液膜流的下游时，润湿线位置 x 为负值，反之为正值，$x = 0$ 在最小间隙处，通常润湿线位置用无量纲位置 $x_w = x / H_0$ 来表示，其中 H_0 最小辊缝间隙。辊间隙流动模拟[$Ca = 0.1$，$D / (H_0 / 2) = 1000$，D 为辊子平均直径]，增加速比使润湿线向上游移动，并且可以完全越过最小间隙处，同时弯液面缩小，再循环流动则始终存在。由图 5-39(b) 可以看出，随着速比增大，润湿线向上游靠近，润湿线处辊间隙减小，涂膜厚度减小；当润湿线在辊间隙最小附近时，对应涂布厚度最小；速比进一步增大，润湿线继续向上游移动，伴随着涂布厚度的增大。逆转辊涂布模型见图 5-39(c)。

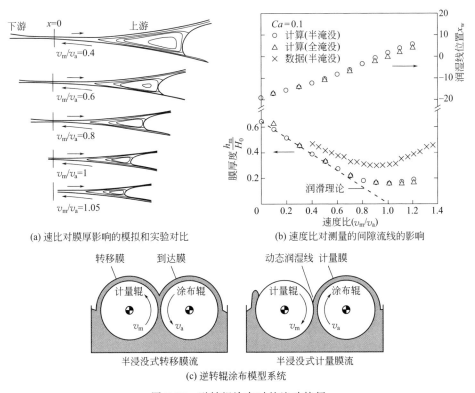

(a) 速比对膜厚影响的模拟和实验对比   (b) 速度比对测量的间隙流线的影响

(c) 逆转辊涂布模型系统

图 5-39 逆转辊涂布时的流动特征

毛细管数 Ca 的影响见图 5-40(a)，毛细管数对辊间隙流动模拟 $[v_m/v_a =$ $0.4, D/(H_0/2) = 1000]$ 的影响见 4-40(a)，随着毛细管数增加，涂珠收缩，再循环流动减弱至消除，不过毛细管数对润湿线影响没有速比的影响强烈。模拟发现随着毛细管数增大，涂膜厚度出现最小值的速比下降；速比相同时，随着毛细管数增大，涂膜厚度增大。见图 5-40(b)。

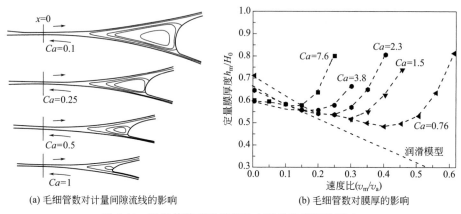

(a) 毛细管数对计量间隙流线的影响　　　(b) 毛细管数对膜厚的影响

图 5-40　毛细管数对逆转辊涂布流动和膜厚的影响

由图 5-40(b) 可以看出，在低速比时接近润滑模型，涂层厚度与速比呈线性变化，涂布厚度 h_m 可由下式[15]计算，需要注意的是下式只适合于低速比范围，而在高速比时则不适用。

$$h_m/H_0 = (\lambda/2)(1 - v_m/v_a) \tag{5-19}$$
$$\lambda = Q_V/(H_0 u)$$

式中，h_m 为计量膜厚度；v_a 和 v_m，分别为涂布辊和计量辊表面速度，均取正值；H_0 为辊间间隙；λ 为无量纲流速，通常取 $1.33 \sim 1.23$；Q_V 为单位宽度上流量；u 为流体速度，逆转辊涂布 $u = v_a$。

雷诺数（$Re = \rho v_a H_0/2\eta$）对计量厚度的影响见图 5-41(a)。由图可以看出，相同毛细管数时，雷诺数越大，曲线越平缓。到达膜厚度对计量膜厚度的影响见图 5-41(b)，随着到达膜厚度增大，计量膜厚度先增加，后趋势变得平缓。在到达膜厚度比间隙薄很多时，到达膜厚度将会强烈影响计量膜厚度。

Thompson 等[16]采用实验及有限元（FE）预测研究了料液高度对流速的影响，见图 5-42。在速比 $S(= v_m/v_a)$ 较低时，随着供料高度增加，流量增大。在润湿线远离下游间隙时，流量随液面高度线性增加，但是润湿线接近间隙时，调节液面可以使润湿线穿过间隙，并且液面对流量的影响是非线性的，液面同样影响喷涌的开始。图 5-42 中：

$$q = 0.67 Ca^{2/3} r_d \left(1 + \frac{2}{3} Bo r_d^2\right)$$

式中，q 为无量纲流量；r_d 为润湿线处弯液面无量纲半径；$Bo = StCa$；St 为浆料的斯托克斯数；Ca 为浆料的毛细管数。

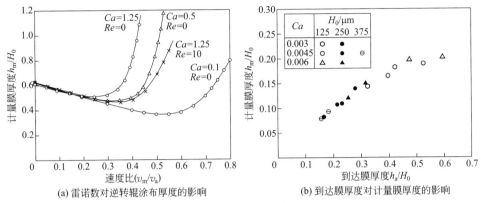

(a) 雷诺数对逆转辊涂布厚度的影响   (b) 到达膜厚度对计量膜厚度的影响

图 5-41　雷诺数和到达膜厚度对膜厚度的影响[14]（$2R/H_0 = 1000$，$v_m/v_a = 1.0$）

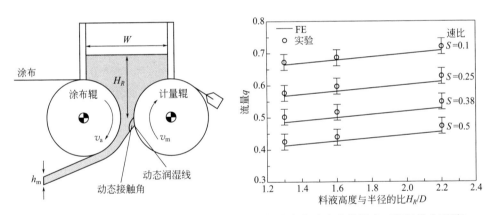

图 5-42　实验数据及相应的有限元预测显示了料液高度对流速的影响（润湿线在下游）

（3）辊缝压力和辊缝间隙　顺转辊涂布时，除计量膜弯液面处（在 $x=0$ 附近）外，压力场均是一维的，p 只随 x 变化。涂布液经过辊缝时受到的压力也发生了变化。在辊缝最小处（$x=0$）附近，由上游到下游（横坐标由正值到负值）液膜的压力呈现上升趋势，见图 5-43(a)[15]［$\tan\theta = x/(DH_0)$］。逆转辊涂布时，压力场也是一维的（p 只随 x 变化），但在辊缝最小处（$x=0$）附近，由上游到下游呈现下降趋势，见图 5-43(b)[15]。

辊间间隙通过调整辊间压力来实现。当辊子转速、涂料黏度一定时，随着压力增大，缝隙变小，涂膜变薄。但间隙调整量应适当，间隙过大会使漆膜表面产生流平纹或厚度不均；间隙过小，会使漆膜厚度过薄，并使涂辊受力增大影响涂辊使用寿命。

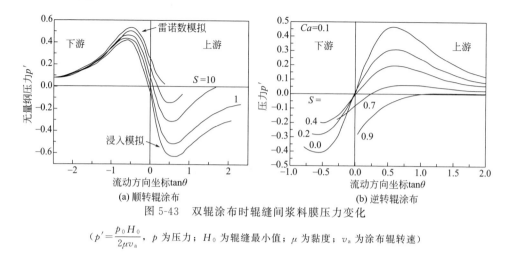

(a) 顺转辊涂布　　　　　　　　(b) 逆转辊涂布

图 5-43　双辊涂布时辊缝间浆料膜压力变化

$(p' = \dfrac{p_0 H_0}{2\mu v_a}$，$p$ 为压力；H_0 为辊缝最小值；μ 为黏度；v_a 为涂布辊转速$)$

（4）涂布辊硬度和辊径　涂布辊硬度与涂膜厚度密切相关。涂布辊硬度高时，适用于薄涂膜，厚涂膜时容易产生竖向条纹。硬度稍低的涂布辊对于厚、薄两种涂膜都适用。使用同一涂料进行作业，涂布辊直径不同，可相应调整涂料黏度。当涂布辊直径小时，需将涂料黏度设定高些。

5.3.3.2　涂布窗口

逆转辊涂布时，涂层稳定性受速比 S、毛细管数 Ca 和辊缝间隙的影响见图 5-44[15]（实线是实验数据，虚线是理论计算）。图中分为三类区域：稳定区、竖条道区和喷涌区。

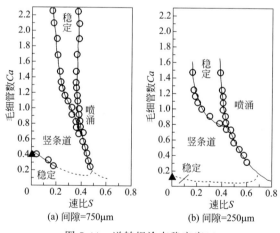

(a) 间隙=750μm　　　　　　(b) 间隙=250μm

图 5-44　逆转辊涂布稳定窗口

在足够低的毛细管数时，任何速比的流动都是稳定均匀的，这个区域称为稳定区；随着毛细管数增大，涂布变得不稳定，稳定涂布区域消失；在高毛细管数时，当速比低时出现竖条道缺陷，在中间速比时，涂布稳定区域重新出现，涂膜没有弊病，这个区域也称为稳定区。在较大速比时出现喷涌缺陷。随着毛细管数增大，出现竖条道速比降低，涂布稳定区的速比区间变宽。当间隙由 $750\mu m$ 减小到 $250\mu m$ 时，出现竖条道的速比进一步降低。竖条道和喷涌示意图见图 5-45。

(a) 竖条道   (b) 喷涌

图 5-45　竖条道和喷涌缺陷

（1）条道产生机理　在顺转辊涂布时，沿着辊子轴向弯液面上的液体总是呈现极小幅度的波动，见图 5-46。从 x-y 平面即涂布辊横截面看，双辊间弯液面存在极小幅度的波动 ε。从 x-z 平面即涂布辊轴向看，呈波动曲线状。其中平面未波动区域点 1 处的压力为 p_1，波动凸起区域处下面点 2 和上面点 3 的压力为 p_2 和 p_3，则 $p_1 = p_3 = p_{大气}$，而 p_2 和 p_1 的压力不同。如果 $p_2 > p_1$ 则 2 点处流体向 1 点流动，不会出现条道；如果 $p_2 < p_1$ 则 1 点处流体向 2 点流动，出现条道。

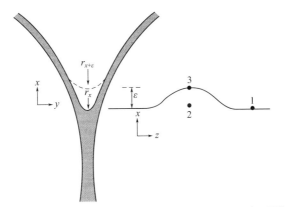

图 5-46　在顺转辊涂布中膜分裂弯液面的扰动示意图[15]

当表面张力可以忽略不计时，$Ca = \infty$，则

$$p_2 = p_3 - \varepsilon \frac{\mathrm{d}p}{\mathrm{d}x}$$

在顺转辊涂布时，$x=0$ 附近由上游到下游的压力是逐渐上升的，压力梯度 $\mathrm{d}p/\mathrm{d}x$ 为正值，因此 $p_2 < p_3 = p_1$，2 点处流体向 1 点处流动，容易形成条道。此时只有表面张力增大才能促进凸起处附加压力增大，促进浆料由凸起处向平面流动。因此顺转辊涂布通常在 Ca 比较小时是稳定的。涂布窗口较小。

竖道在逆转辊涂布中的形成机理与顺转辊涂布产生条道机理类似，表面张力增大仍然是使流动稳定不出现条道的因素。不同的是在逆转辊涂布时，$x=0$ 附近由上游到下游的压力逐渐减小，压力梯度为负值，因此可以使流动稳定，不出现条道。这是逆转辊涂布在表面张力小、高毛细管数时稳定涂布的原因。因此与顺转辊涂布相比，逆转辊涂布的窗口更大。

（2）喷涌产生机理　逆转辊涂布时，当速比较小时，如图 5-47 中 $v_\mathrm{m}/v_\mathrm{a}=0$ 和 0.26 的位置所示，膜厚度随速比增加而减薄，润湿线向上游移动。在高速比时，如图 5-47 中 $v_\mathrm{m}/v_\mathrm{a}=0.42$ 的位置所示，计量膜和润湿线越过辊间隙最窄处，处于上游。当速比继续增加超过临界值时，会产生与时间相关的不稳定流动，计量膜厚度随时间发生变化。当膜厚度达到 H_0（两辊间最小辊缝间隙）时，计量膜会连接到计量辊表面上，会将原来计量膜上的空气夹在计量辊与计量膜之间形成气泡。气泡会从下游的计量辊表面脱出，随后开始第二个循环。当速比很大时，定量间隙进一步移向上游，此时液体与大量气体形成的大气泡混杂在一起被挤出辊缝，形成喷涌现象，沿横贯片幅方向出现形状类似锯齿状的横条道干扰，也叫"海边状"弊病。所以逆向辊涂是有速比限制的。此时减小间隙，空气夹带减小，有时能够恢复稳定涂布，这就是缝隙减小时涂布窗口变大的原因。而浆料的黏度越高，间隙越大，越容易产生喷涌，但是过小的间隙使涂布辊和计量辊相互挤压，额外地增加了电机和减速机的负载，造成不正常的磨损。

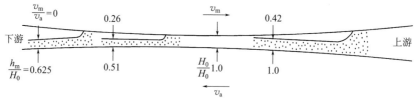

图 5-47　三个快要产生喷涌的速比 $v_\mathrm{m}/v_\mathrm{a}=0.0$、0.26、0.42 时的定量膜自由表面形状

（润湿线位于最小间隙处的上游，但定量膜厚度比辊间隙大[14,15]；

$v_\mathrm{m}/v_\mathrm{a}$ 的值为 0 和 0.26 时，膜厚度接近最小值；$v_\mathrm{m}/v_\mathrm{a}$ 的

值为 0.42 时，膜厚度接近喷涌开始的厚度，即等于 H_0）

（3）非牛顿流体影响　以上介绍的是牛顿流体的情况。与牛顿流体比较，非牛顿流体的模拟计算改变很小，对于剪切变稀高分子溶液，最大差别在于低速比时计算厚度增大 5%～7%。如果毛细管数是以上述剪切速率计算，喷涌出现和

牛顿流体相比没有改变。

5.3.4 三辊涂布

三辊涂布如图 5-48 所示。三辊逆转辊涂布时，其中涂布辊和计量辊、涂布辊和上背辊均以逆转辊形式进行旋转。由涂布辊将浆料带上来，通过计量辊对涂布膜进行定量，最后将涂布辊上的定量膜全部转移到上背辊的片幅上，见图 5-48（a）。三辊顺转辊涂布时，涂布辊和计量辊、计量辊和上背辊均以顺转形式进行旋转，由涂布辊将浆料带上来，经过刮刀定厚，然后通过涂布辊和计量辊缝进行分裂，计量辊上涂膜在进入计量辊和上背辊间隙时再次进行分裂，上背辊上的涂层留在片幅上得到最终涂层，见图 5-48（b）。

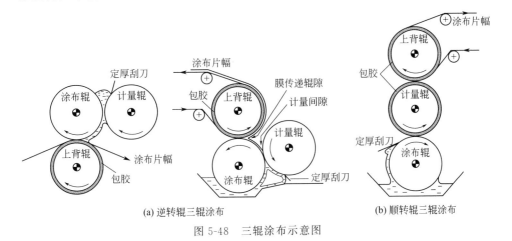

(a) 逆转辊三辊涂布　　　　(b) 顺转辊三辊涂布

图 5-48　三辊涂布示意图

锂离子电池极片涂布为双面单层涂布，浆料湿涂层较厚，在 $100\sim300\mu m$ 之间，涂布片幅为厚度 $8\sim20\mu m$ 的铝箔和铜箔，涂布精度要求高，浆料为非牛顿高黏度流体，极片涂布速度不高。目前锂离子电池生产中应用较多的逗号刮刀涂布见图 5-49。计量辊被固定的逗号刮刀所取代，相当于计量辊转速为 0 时的逆转

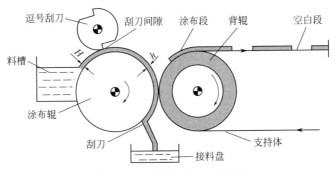

图 5-49　逗号刮刀涂布示意图

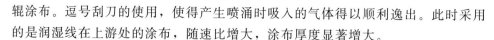

辊涂布。逗号刮刀的使用，使得产生喷涌时吸入的气体得以顺利逸出。此时采用的是润湿线在上游处的涂布，随速比增大，涂布厚度显著增大。

三辊涂布与双辊涂布的不同之处在于：首先是涂布辊和计量辊直接接触，片幅没有包在涂布辊上，定量膜厚度更为准确；其次是涂布辊将定量膜全部转移到上背辊的片幅上时，增加了一个影响厚度因素就是涂布辊和上背辊之间的速度之比。当辊直径相同和转速之比为 1∶1 时，膜厚度等于涂布辊上的定量膜厚度。当上背辊转速增大时，涂层减薄；而转速减小时，则涂层加厚。

5.4
预定量涂布原理与工艺

预定量涂布是从浸涂工艺过渡发展起来的，它是将定量输入到涂布头上的浆料全部涂于片幅上的涂布方式。20 世纪 50 年代中期美国柯达公司首先开发了这一新工艺技术，60 年代广泛应用于工业生产中。预定量涂布具有高速、定量、薄层和多层等优点，在锂离子电池涂布中也得到了应用。预定量涂布可以分为坡流涂布、条缝（挤压）涂布和落帘涂布三大类。这里重点介绍坡流涂布和条缝涂布。

5.4.1 坡流涂布原理与工艺

5.4.1.1 坡流涂布设备简介

坡流涂布设备主要部件由涂布模头、涂布辊和负压箱组成，见图 5-50。其中涂布模头由几块堰板组成，堰板之间存在狭缝，几块堰板上部构成一倾斜的滑动面，每一个狭缝流出一种浆料，对应一个涂层，多个涂层沿倾斜滑动面流下，并且保持不互相混合的状态。直至流到涂布模头唇口位置，并被片幅带走形成多层涂层。负压箱设置在涂布模头与涂布辊的下方。负压目的是稳定涂布模头唇口与片幅之间的弯液面和减小弯液面半径。

坡流涂布模头的几何参数如图 5-51 所示。有三个夹角，分别为：倾斜坡流面与水平夹角 β，在 $15°\sim30°$ 之间，称为坡流面夹角；涂布模头唇口端面与片幅之间夹角 γ，称为冲击角；涂布唇口对应的圆周位置与经过涂布辊中心水平线的夹角 α，称为应用角。模头唇口与片幅之间距离称为涂布间隙 H_G，范围为 $0.1\sim0.5mm$，一般在 $0.2\sim0.4mm$ 之间。

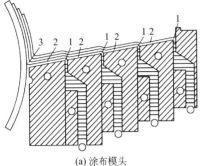

(a) 涂布模头
1—缝隙；2—坡流面；3—弯液面

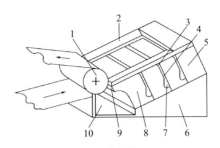

(b) 设备结构
1—涂布轴；2—边导板；3—狭缝出口；4—阻流狭缝；
5—最上游堰板；6—垫板；7—腔体；8—堰板；
9—涂布唇；10—负压箱

图 5-50 坡流涂布设备

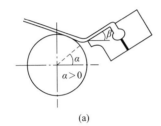

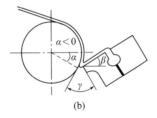

图 5-51 涂布膜头的几何参数

5.4.1.2 坡流涂布原理

当浆料被定量地挤出隙缝，在坡流面上叠合在一起流向涂布模头唇口时，在涂布模头唇口与片幅的间隙处形成一个弯液面，也称为液桥和涂珠，完全处于悬空状态。当润湿线被锚定在唇口的最边缘，弯液面稳定而清晰时，涂层稳定均匀，如图 5-52(a) 所示。

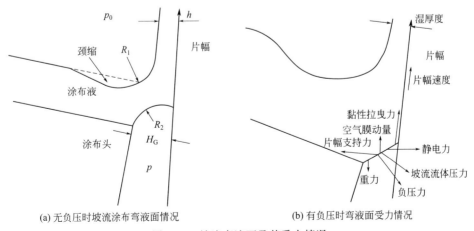

(a) 无负压时坡流涂布弯液面情况

(b) 有负压时弯液面受力情况

图 5-52 坡流弯液面及其受力情况

189

坡流涂布的弯液面完全处于悬空状态,不同于浸沉涂布那样有槽液相托,这就决定了坡流涂布弯液面的不稳定性。稳定弯液面成为坡流涂布研究的核心问题。存在上表面(上弯液面,半径为 R_1)和下表面(下弯液面,半径为 R_2)两个弯液面。要想理解弯液面的稳定性,首先要了解弯液面的受力情况,见图 5-52(b)。

我们将弯液面表面层液体所受的力分为稳定力和不稳定力两大类。不稳定力是指破坏弯液面稳定的力,通常是指将弯液面液体向上撕裂带走或将弯液面从片幅上剥离的力。主要有黏性拉曳力、空气膜动量等。稳定力是有助于弯液面稳定的力,通常是指有助于弯液面向下贴近唇口或贴近片幅的力,主要有负压力、静电力、坡流流体压力、片幅支持力和重力等。其中由于涂层很薄,重力、片幅支持力很小,通常可以忽略不计,这里不做讨论。

(1)不稳定力

① 黏性拉曳力。是将弯液面向上带走的力,属于破坏弯液面稳定存在的力。悬空弯液面很容易受到黏性拉曳力作用而变形,甚至撕裂,从而造成涂布不稳定。黏性拉曳力正比于黏度和剪切速率,见下式:

$$\tau = \eta \mathrm{d}u/\mathrm{d}y \propto \eta \times v/H_G \tag{5-20}$$

式中,η 为浆料黏度;u 为流体速度;$\mathrm{d}u/\mathrm{d}y$ 为垂直于片幅,由片幅接触线到唇口接触线方向某处的剪切速率;v 为片幅速度;H_G 为间隙。假设片幅接触线处的流体速率近似为片幅速度 v,唇口接触线处剪切速率为零,中间呈线性变化,则剪切速率为片幅速度除以间隙 H_G。则黏性拉曳力正比于黏度和片幅速度,反比于间隙。

② 空气膜动量。在片幅表面总是存在一层滞流底层空气膜与片幅一起运动,施加给弯液面一个将弯液面从片幅上剥离开的力,属于不稳定力。空气膜动量产生的压强表示为 $\rho_{空气} v^2/2$,片幅速度 v 越小,$\rho_{空气}$ 越小,则空气膜动量越小。空气膜动量随负压增大而减小,$\rho_{空气}$ 变小有助于减小空气膜动量。

(2)稳定力

① 负压力。当对弯液面下方抽真空时,弯液面上方为常压,下方为负压,负压对弯液面产生的向下作用力有助于弯液面贴近唇口和贴近片幅,因此负压力属于稳定力。当然负压力也不能过大,过大时会把弯液面吸破,造成不能持续涂布。

② 静电力。对涂布辊充电和使涂布模头接地可以产生一个把浆料拉向片幅的静电力。静电力属于稳定弯液面的力。

③ 坡流流体压力。坡流面上浆料流下时,由于流体运动的惯性而施加在弯液面上使弯液面靠近片幅的作用力,这个作用力随浆料输送量增大而增大,有助于弯液面稳定。

在没有静电力作用时，稳定弯液面的作用力主要有负压力和坡流流体压力，坡流流体压力在涂布速度较大时比较显著。而不稳定力主要为片幅黏性拉曳力和空气膜动量。在稳定涂布时，应使弯液面受到的稳定力大于等于不稳定力，此时弯液面能紧贴片幅表面，三相点 A 的位置稳定，见图 5-53。

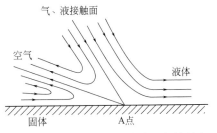

图 5-53　空气膜动量（A 点为三相接触点）

5.4.1.3　坡流涂布工艺

（1）涂布厚度　在正常涂布时，浆料涂布量可由输送量决定，由输送量来调节。涂膜湿厚度 h(cm) 与单位宽度上的体积流量和涂布片幅线速度有关，具体可由下式计算：

$$h = Q/(vL) \tag{5-21}$$

式中，Q 为单位时间泵送浆料的体积流量，cm^3/s；v 为涂布片幅线速度，cm/s；L 为涂布片幅宽度，cm。由上式可以看出，输送的浆料量越大，片幅的线速度越慢，则涂布的厚度越厚，反之亦然。坡流涂布车速可以高达 4m/s。

（2）负压与涂布间隙　施加负压时弯液面的改变见图 5-52(b)。负压作用很多，主要有两个方面：一是稳定弯液面实现高速涂布；二是在相对大间隙下，减小涂布上弯液面半径，在避免条道情况下实现薄层涂布。

① 稳定弯液面。与单辊涂布相比，坡流涂布时稳定弯液面的表面张力大幅度减小，弯液面处于悬空状态，变得更加不稳定，很容易受到黏性拉曳力作用离开唇口，使润湿线波动。因此稳定坡流涂布弯液面要比单辊涂布更加重要。施加负压有利于弯液面贴近唇口稳定润湿线，使弯液面处于绷紧状态减小各种扰动的影响。另外负压还可以减小片幅表面滞流底层空气膜的密度，从而减小了空气膜动量对弯液面的冲击剥离作用。

涂布时负压对涂布的影响见图 5-54。由图可见，在浆料输送速度相同时，随着负压增大，出现条道的涂布速度增大，表明负压使涂布窗口扩大。

一般来说，随着涂布速度提高，黏性拉曳力越大，弯液面越不稳定，因此负压应该相应提高稳定弯液面。但涂布速度很高时，坡流面上浆料流量增大，坡流流体压力增加，有利于弯液面稳定，因此负压反而不必太高。

如果负压过大，浆料黏度和塑性不大时，容易使弯液面无法经受所产生的变形而被"抽空"。当模具唇口端面特别短，或者切削得很锐时，也易造成溢流。

② 涂布间隙。坡流涂布湿厚度 h 与上弯液面半径 R_1 同样存在类似单辊浸涂的相关关系，也就说稳定涂布时 h 变小，R_1 则随之减小。负压可以根据需要调节弯液面半径。

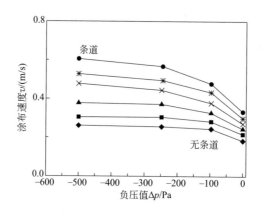

图 5-54　负压对涂布的影响

单位宽度体积流量：◆ 0.5cm²/s；■ 1.0cm²/s；▲ 1.5cm²/s；

✳ 2.0cm²/s；✻ 2.5cm²/s；● 3.0cm²/s

$\eta = 52.0\text{mPa·s}$，$\sigma = 66.8\text{mN/m}$，$\alpha = -23°$，$H_G = 200\mu\text{m}$

弯液面半径与涂布间隙具有相关性，涂布间隙越小，弯液面半径越小。这很好理解：一个很薄的浆料膜在唇口和片幅之间平滑流过时，在片幅与坡流面两个平面越近时，其中接缝处流体的夹角就越小。为了获得薄涂层，人们倾向于通过减小涂布间隙来减小弯液面半径，进行薄层涂布。但是当涂布间隙过小时，浆料中的大颗粒物和气泡会截留在弯液面处、涂布间隙处或唇口边缘，引起细条道（也称拉丝），这是在坡流涂布时最为常见的弊病。涂布间隙加大，有助于减少颗粒物和气泡的截留，减少条道。因此坡流涂布时通常需要在相对较大的间隙涂布，如在 $200\sim400\mu\text{m}$ 之间。浆料中夹带的粉体颗粒越大，涂布间隙就应该越大。但是涂布间隙越大，弯液面半径越大，越需要施加负压使弯液面半径变小，使薄层涂布可以进行。当然涂布间隙也不能过大，弯液面很薄时容易受到各种扰动影响，会使弯液面不稳定，涂层也不稳定，有时还会出现横条道弊病。因此负压的另一个重要作用是在涂布间隙较大时减小涂布上弯液面半径，避免拉丝，实现稳定的薄层涂布。

涂布负压和间隙选择实例：如国外有的公司车速 30m/min、间隙为 $0.3\sim0.4\text{mm}$，负压为 $100\sim150\text{mm H}_2\text{O}$（$981\sim1471\text{Pa}$，$1\text{mm H}_2\text{O}=9.80665\text{Pa}$）。在涂布开始时由于弯液面未形成，真空度达 $300\sim400\text{mm H}_2\text{O}$（$2942\sim3923\text{Pa}$）以消除厚层，浆料弯液面形成后降至正常值。

需要注意的是，虽然涂布厚度决定于浆料流量和片幅的线速度，要想获得稳定良好的涂布质量还需要满足稳定力要大于等于不稳定力，同时 h 与 R_1 之间，涂布间隙和弯液面半径均要符合相关关系。

（3）坡流面倾斜角和应用角　浆料层从唇口边缘过渡到片幅时流动方向出现

急转弯，存在着较大的塑性变形，在 $10^{-2}\sim10^{-3}$ 秒时间内浆料层的厚度减薄 $1/5\sim1/10$。由于上下各层变形不一致，过渡到片幅上就有先有后，有快有慢，这样层与层之间就发生摩擦、剪切，甚至各层之间界面被破坏而产生混层。坡流面倾斜角度对浆料层在弯液面处的平滑流动影响很大。人们研究发现，当坡流面上唇口边缘设计有 $145°$ 夹角时，弯液面处浆料层流动平滑性好，涂布效果好，流型见图 5-55[17]。

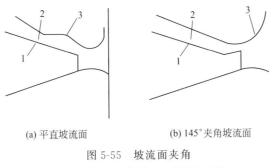

(a) 平直坡流面 (b) 145°夹角坡流面

图 5-55　坡流面夹角

1—坡流面；2—浆料；3—浆料上表面

应用角对坡流涂布影响见图 5-56。由图可以看出，在输送浆料量一定条件下，当负压一定时，随着应用角的增大，出现细条道的片幅速度先增加后下降；在应用角为 $0°\sim25°$ 时出现最大值，涂布窗口变大。这可能是因为应用角在 $0°\sim25°$ 之间时，坡流流体压力更有利于三相点 A 位置的稳定。

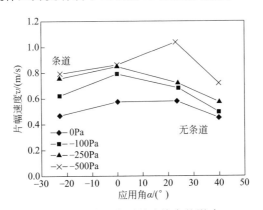

图 5-56　应用角对坡流涂布的影响

（$\eta=20.5\mathrm{mPa\cdot s}$，$\sigma=67.9\mathrm{mN/m}$，$H_G=200\mu m$，单位宽度流量$=3.0\mathrm{cm^2/s}$）

（4）表面张力

① 润湿性。表面张力影响最大的是涂层润湿性。浆料表面张力越大，在片幅上的润湿性越差。随着浆料涂层厚度降低，润湿性也在下降，当薄膜厚度很小

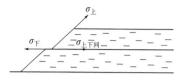

图 5-57 表面张力对两层涂布
时上层铺展作用[15]

$\sigma_{上}$—上层浆料表面张力；

$\sigma_{下}$—下层浆料表面张力；

$\sigma_{上下间}$—上下层浆料之间界面张力

时还会看到浆料膜因表面张力作用而分裂成许多单个液滴。在单层涂布时，浆料表面张力低于坡流面和片幅的表面张力时，浆料才能润湿。而在多层涂布时，还存在各层之间润湿，通常要求下层浆料先流到坡流面上，然后上层浆料流到下层浆料上，这时要保证上层浆料表面张力低于下层浆料的表面张力，以便保证上层浆料在下层浆料表面润湿，保证流动稳定，得到稳定多层涂膜，见图 5-57。而在互相混溶的涂层液体间无界面张力存在，只要保证上层能覆盖所有其他涂层即可，涂层浆料表面张力大小次序对涂层并不重要。

但是上层浆料的表面张力也不能过小，过小则不利于流平，因此 $\sigma_{上}$ 和 $\sigma_{下}$ 之间需要适当的平衡。

② 表面活性剂 通常在多层涂布时采用表面活性剂调节表面张力。但是表面活性剂对坡流涂布弯液面处各层表面张力影响会相应降低，这是因为：一方面浆料层从坡流面唇口过渡到片幅上，其厚度减薄 1/5～1/10，产生大量新的表面；另一方面浆料在弯液面处流动时，如果涂布间隙为 $200\mu m$，车速为 $2m/s$，则其流动时间很短，为 0.1ms，底部弯液面速度仅为涂布车速的一半，因此实际弯液面寿命是计算流动时间 0.1ms 的二倍，这个数值仍然远远小于表面活性剂扩散至表面的时间。也就是说表面活性剂还未来得及扩散至表面就已经通过了。因此弯液面处各层表现出来更多的是溶剂表面张力。

（5）黏度 与浸涂相比，黏度作为调整涂布量的因素，已降到次要地位。但控制浆料适宜的黏度，仍是不可忽略的。由图 5-58 可知，在单位宽度流量相同时，随着黏度的降低，出现拉丝的片幅速度升高，可以涂出更薄的涂层。这表明黏度降低有助于涂布速度提高和薄层涂布。

随着涂布间隙加大，为获得薄的涂层（浆料供应量一定），负压必须加大，浆料弯液面的变形也就加剧，这就要求浆料有较大的黏度和塑性，特别是一次多层涂布浆料的黏度必须是较高的。在坡流涂布过程中，弯液面处的剪切速率≈片幅速度/间隙，在 $10000～100000s^{-1}$ 之间，剪切速率非常大。坡流涂布浆料又通常为剪切变稀的拟塑性流体。因此在弯液面区黏度可能很低，可能已经进入了第二牛顿区。

浆料拉伸率定义为拉伸速度沿拉伸方向距离的变化 du/dx，拉伸黏度定义为拉伸力与拉伸率的比值。浆料的拉伸黏度越大，拉伸时抵抗外界拉伸变形的能力越强。聚合物浆料拉伸黏度的数量级为 $1000s^{-1}$。在没有负压时，液体的拉伸黏度是维持涂布稳定的关键因素，只有"拉不破"时才能实现稳定涂布。非牛顿流

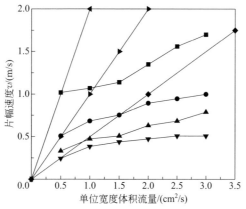

图 5-58 黏度对涂布的影响

（$\sigma = 68.9 \text{mN/m}$，$\alpha = 0°$，$H_G = 200\mu\text{m}$，$\Delta p = 100\text{Pa}$）

涂层厚度：◄─ $50\mu\text{m}$；── $100\mu\text{m}$；── $200\mu\text{m}$

黏度：■ $2.6\text{mPa}\cdot\text{s}$；● $8.8\text{mPa}\cdot\text{s}$；▲ $20.5\text{mPa}\cdot\text{s}$；▼ $52.0\text{mPa}\cdot\text{s}$

体比牛顿流体承受更大的拉应力而断开。拉力越大，黏度越低，变形越好，有助于进行高速涂布。

（6）流型及稳定性　浆料从挤压嘴缝隙流出，经过坡流面和弯液面流到片幅上的过程，类似于液体在重力作用下沿倾斜和垂直壁面的薄膜流动。令薄膜的平均流速为 u，厚度为 h，运动黏度为 ν，则决定流型的雷诺数可用下式表述：

$$Re = uh/\nu \tag{5-22}$$

当 $Re < 30$ 时，薄膜流动处于层流状态，膜厚度不变，并且多层涂布不发生混层；

当 $Re > 1500$ 时，薄膜流动处于湍流状态，膜厚度发生改变，并且多层涂布发生混层；

当 $30 < Re < 1500$ 时，薄膜流动处于层流、湍流间的过渡状态。

由上可知，液体薄膜流动的临界雷诺数 $Re_{临}$ 为30。实际上人们还发现，即使薄膜层流的 $Re < Re_{临}$，在受到外界干扰时，也可能转变为湍流。这种现象在日常生活中也是常见的，如香烟点燃后散发出的上升烟气流，当无干扰时，在很大一段中都是层流状态；但当有外界微弱的气流干扰时，就转化为了湍流状态。这说明 $Re < Re_{临}$ 只是保持层流的必要条件，而不是充分条件。只有当 $Re < Re_{临}$，并将引起向湍流转化的各种干扰都严格控制在允许范围内，才能得到稳定层流。

坡流面上多层薄膜层流，尤其是弯液面处多层层流，对各种扰动更为敏感。在坡流多层涂布过程中，存在着不少可能引起层流向湍流转化的干扰。例如：

① 当底层浆料从涂布嘴条缝挤出时，在缝隙出口处对上一层（或上几层）浆料会形成冲击干扰。车速越高，浆料的流量越大，这个冲击干扰也越大。

② 若两层浆料间润湿不好，会造成某个涂层的分布不均匀，形成扰动导致层流状态的破坏，会造成凹坑、划圈、花斑等许多弊病。

③ 若浆料参数配比不当，可能导致层流状态的破坏。如当黏度大的上下两层中间夹一层黏度小的浆料时，层流状态易遭到破坏，涂层出现花斑。

④ 多层弯液面极易受到干扰发生流型改变。如涂层特性参数、间隙、涂量和负压等因素匹配不当，就有可能使弯液面不稳定，破坏其层流状态。其中间隙的影响最大，间隙的跨度越大，弯液面就越不稳定。

⑤ 机器振动是一种常见不容易避免的干扰。如机器本身振动及其带来的薄膜附近气流扰动，45～60kHz声波干扰都可使层流转变为湍流。机器振动会使弯液面的两端抖动，从而迫使弯液面不稳定，破坏多层浆料薄膜的层流状态。

由上面一些例子不难看出，在坡流多层挤压涂布过程中，要把引起层流向湍流转化的干扰完全消除，是不可能的，关键是要弄清不至造成转化的干扰允许范围，即有关参数的最优依赖关系范围，并找到将有关参数严格控制在最优范围内的手段。如果有关条件没有被控制好，多层浆料不能形成稳定的层流，那就要产生弊病，甚至出现混层，造成废品。

5.4.1.4 坡流涂布窗口

（1）最大涂布速度 最大涂布速度指在没有涂布厚度限制情况下，当涂布速度的增大使得涂布质量恶化，涂布过程不能继续进行时的涂布速度。

当涂布浆料层与静止片幅接触时，浆料在片幅表面存在固定的润湿角。通常浆料表面张力小于片幅表面张力，因此润湿角小于$90°$，如图 5-59（a）所示。当

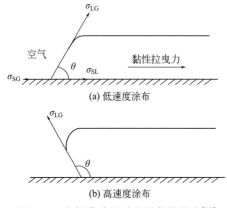

(a) 低速度涂布

(b) 高速度涂布

图 5-59　空气膜动量对润湿角的影响[15]

涂布片幅快速运动时，片幅表面存在一层空气薄膜，与片幅一起运动，空气膜动量冲击靠近片幅表面的浆料层，使浆料在片幅表面润湿角增大，该润湿角称为动态接触角。涂布速度的越大，空气膜动量越大，动态接触角越大，如图 5-59（b）。

当动态接触角大于$90°$时，片幅携带的空气膜就会被带入到浆料涂层内，并且破碎成很小的气泡，或溶解在涂层内部，这时对涂布效果影响不大。随着片幅速度逐渐增大，动态接触角逐渐增大，涂层夹带空气量不断加大，当动态接触角达到$180°$时，浆料与片幅完全不浸润，大量气体被带入到浆料涂层中，此时不能得到光滑涂层，发生凸条、

小细道、一边或两边颈缩涂层变厚、弯液面断裂、涂布面上散布干斑点等缺陷。我们将动态接触角达到 180°时的涂布速度称为最大涂布速度 v_{180}。

为研究动态接触角与涂布速度的关系，人们将片幅插入浆料中，测定动态接触角与插片速度的关系，见图 5-60(a)。需要注意的是：用插片求得的空气夹带速度与无负压涂布条件下的最大涂布速度相同。采用牛顿流体实验测得动态接触角和插片速度之间关系如图 5-60(b) 所示，由图可知，随着插片速度增加，接触角先增加较快，后增加缓慢，直至达到最大值 180°。

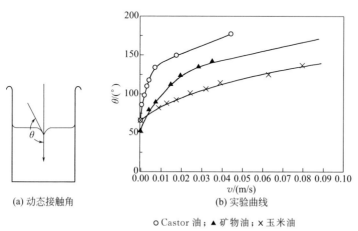

(a) 动态接触角　　　　(b) 实验曲线

○ Castor 油；▲ 矿物油；× 玉米油

图 5-60　动态接触角与插片速度关系[15]

同样得到的动态接触角和毛细管数关系见图 5-61。随着毛细管数增大，动态接触角升高，见图 5-61(a)。作为一般情况为当毛细管数很低时，动态接触角等于固定值，而当毛细管数较大时，动态接触角随毛细管数增加而增大，见图 5-61(b)。

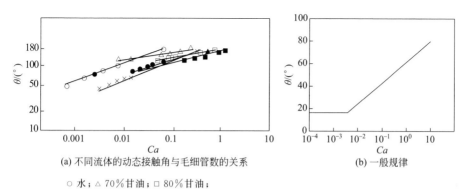

(a) 不同流体的动态接触角与毛细管数的关系　　　(b) 一般规律

○ 水；△ 70%甘油；□ 80%甘油；

● 玉米油；× 异丙醇；▲ 矿物油；■ Castor 油

图 5-61　接触角与毛细管数关系[15]

最大涂布速度 v_{180} 与浆料表面张力 σ 和浆料黏度 η 的关系可用下式表示：

$$v_{180} = \sigma/(4\eta) \tag{5-23}$$

有的研究提出的公式中甚至没有表面张力：

$$v_{180} = 5.11/\eta^{0.67} \tag{5-24}$$

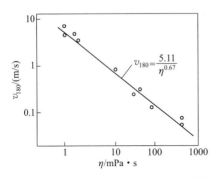

图 5-62　最大涂布速度与黏度的关系[15]

这说明 v_{180} 受黏度影响大，而受表面张力影响小。式（5-24）用图来表示见图 5-62，随着黏度增大，夹带空气的速度降低，也就是说黏度越大，涂布速度越低。

人们在做片幅插入浆料试验时，发现表面粗糙度对空气夹带影响较大，表面粗糙时夹带量大，并且夹带的空气易从粗糙表面的"峰"或"谷"中逃逸。实验结果见表 5-5。

表 5-5　插入片带的空气夹带速度与粗糙度关系[15]

插入片带材料	粗糙度/μm	空气夹带速度①		
		平均	低	高
聚苯乙烯①	0.2	1.00	1.00	1.00
聚酯	0.3	0.92	0.46	1.41
聚丙烯	0.40	1.21	0.88	2.32
聚丙烯	1.0	1.05	0.78	1.22
聚丙烯	1.0	1.20	0.82	1.98
氧化钡	1.0	1.08	0.25	1.39
聚乙烯	1.8	5.0	3.5	11.2
聚乙烯	2.4	5.8	3.5	11.2
纸	5.0	4.7	1.5	11.2
纸	5.0	1.6	0.34	2.92

① 对黏度为 50~2800mPa·s 的牛顿流体，将聚苯乙烯的空气夹带速度设为标准值 1。

为提高涂布速度，有人采取挥发性液体在片幅上建立先导膜的方式进行涂布，见图 5-63(a)。实验表明有先导膜时产生条道的涂布速度会有大幅度增加，见图 5-63(b)。

（2）最小涂布厚度　最小涂布厚度极限，指在一定涂布条件下，增加片幅速度或降低输送浆料量，涂布厚度下降至涂布出现缺陷，涂布过程无法继续进行时的涂布厚度。该最小涂布厚度是在一定条件下获得的系列值。

Gutoff 等[18]研究了牛顿流体的坡流涂布。在坡流角为 30°，坡流面和片幅夹

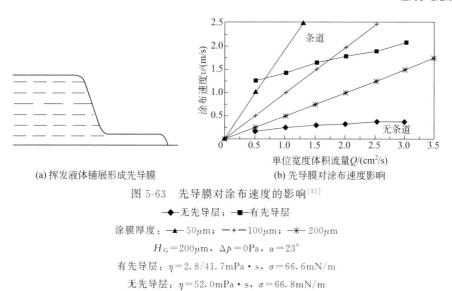

(a) 挥发液体铺展形成先导膜   (b) 先导膜对涂布速度影响

图 5-63   先导膜对涂布速度的影响[15]

—◆— 无先导层；—■— 有先导层

涂膜厚度：—▲— $50\mu m$；—+— $100\mu m$；—*— $200\mu m$

$H_G = 200\mu m$，$\Delta p = 0Pa$，$\alpha = 23°$

有先导层：$\eta = 2.8/41.7 mPa \cdot s$，$\sigma = 66.6 mN/m$

无先导层：$\eta = 52.0 mPa \cdot s$，$\sigma = 66.8 mN/m$

角为 70°，涂布浆料流量固定、片幅速度调整到可以得到好的涂布结果情况下，提高涂布速度直到形成条道不能进行涂布。用不加表面活性剂的高表面张力浆料涂布测定一定流量时的最小涂布厚度，不计在弯液面上部有短暂不润湿的情况。实验结果见图 5-64。

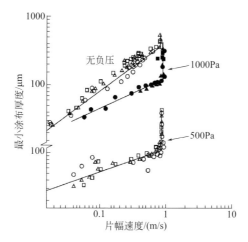

图 5-64   浓度为 70% 的甘油的最小涂布厚度与片幅速度关系[15]

间隙：○、● $100\mu m$；△、▲ $200\mu m$；□、■ $300\mu m$

从图 5-64 中可以看出，最小涂布厚度随片幅速度增加而变大；当片幅速度增大到一定值时，最小涂布厚度急剧增大，实际上此时已无法正常涂布。最小涂布厚度随施加负压而变薄。将图中曲线反向延长至横坐标为 0，就可以得到最小涂布厚度的极限，可知施加更高的负压，最小涂布厚度的极限稍有增大。

很多人都提出了低流量极限时最小厚度 h_{min} 的计算公式，如 Tallmadge 等[19]研究了坡流涂布的极限情况得出了下式：

$$h_{min} \geqslant k \eta^{0.5} v^{0.3 \sim 0.4} / H_G^{-0.15} \tag{5-25}$$

式中，k 为常数；η 为黏度；v 为涂布速度；H_G 为涂布间隙。

与上式相同，很多公式中都没有表示出负压的影响，有的公式将其归纳到常数或指数中，通过常数和指数的不同取值来体现。

（3）最大涂布厚度　最大涂布厚度与表面波有关，表面波形成于坡流面上液体向下流动的过程中，也可能形成于多层涂布相邻涂层的界面上。表面波会使涂层形成横向不平的波纹弊病。这类似于下大雨时从山坡向下流动的水帘，水帘流下断裂波波长可达 300mm。

坡流面上流动稳定性与坡流面夹角有关。当坡流面水平夹角 β 为零时，流动最稳定；随着 β 角增大，流动变得不稳定；当 β 角为 90° 时流动最不稳定。因此坡流角变小时流动趋向于稳定。同样，动力黏度越高流动也越稳定。

Benjamin[20] 首先研究并给出了坡流面产生这类波的临界流量 q_c，q_c 为单位时间单位涂布宽度上的浆料体积，可用下式表示：

$$q_c \approx 1.116 \left(\frac{\eta}{\rho^4 g \sin\beta} \right)^{1/5} \varepsilon^{3/5} \tag{5-26}$$

式中，β 为坡流面水平夹角；ρ 为浆料密度；η 为浆料黏度，g 为重力加速度；ε 为与表面弹性相关的物理量。ε 与表面张力和单位表面积上的表面活性剂浓度有关，可用下式表示：

$$\varepsilon = \frac{\partial \sigma}{\partial \Gamma} = -\Gamma \frac{\partial \sigma}{\partial \Gamma} \tag{5-27}$$

式中，σ 为表面张力；Γ 为单位表面积上的表面活性剂浓度，mol/m^2。

当流量低于 q_c 时不会产生表面波。为防止出现表面波，坡流涂布时必须限制不超过临界流量。我们将临界流量时的涂布厚度称为最大涂布厚度，最大涂布厚度就等于临界流量除以片幅速度。

流动稳定性和表面活性剂作用有关。许多研究人员注意到加入表面活性剂的液体从垂直面上下流时，即使流量超过临界流量，也不产生波纹。这是因为该液体混有表面活性剂后，在表面上形成的弹性膜抑制了表面波的生成。

当然以上是单层流动所得到的结果，对于多层流动相邻层之间还会产生界面波，界面波则更为复杂，层与层之间的黏度、密度、界面张力均有影响，如下层的密度大、相邻层黏度差小于 1/3、弱的界面张力等均有助于抑制界面波的产生。

（4）润湿线与涂布窗口　图 5-65 为坡流涂布润湿线与工艺条件的关系，其中图 5-65(a) 为弯液面润湿线位置的适合状态，而图 5-65(b)～(f) 为润湿线不适合状态。导致的原因主要是涂布速度过低、涂布厚度过大、黏度过小、涂布间隙过大、负压过大等，这些因素均使润湿线下移，不能得到连续稳定的涂布。上述我们对适涂工艺的讨论实质上与润湿线的稳定是一致的，在正常条件范围内可以将润湿线控制在合理位置，而工艺条件不合理时，润湿线位置不正常，得不到稳定涂层。

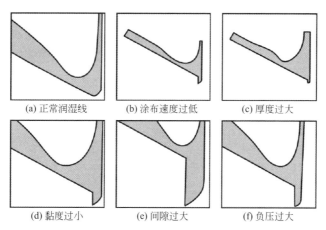

(a) 正常润湿线　　(b) 涂布速度过低　　(c) 厚度过大

(d) 黏度过小　　(e) 间隙过大　　(f) 负压过大

图 5-65　润湿线与工艺条件关系示意图

涂布窗口是指能进行稳定、连续、均匀涂布的参数范围。涂布窗口主要取决于涂布产品的要求。采用片幅速度和体积流量，以及负压和涂层间隙确定涂布窗口的曲线见图 5-66。

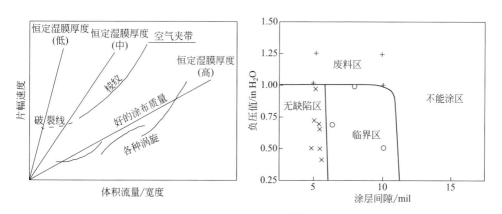

图 5-66　涂布窗口[21]

(1inH$_2$O＝25.4mmH$_2$O＝249.08891Pa，1mil＝25.4μm)

5.4.2　条缝和挤压涂布原理与工艺

5.4.2.1　条缝和挤压涂布简介

条缝涂布与挤压涂布都是将浆料从缝隙中直接挤压到片幅上的预定量涂布方法，如图 5-67 所示，其中条缝涂布浆料是润湿唇口断面的。通常为使涂布头对准背辊，条缝出口垂直于片幅，有时也有夹角大于 90°的情况，或者能够进行调节。挤压涂布的浆料是以带状离开模具唇口并且不润湿唇口端面，可用于高黏度浆料涂布，具有较高精度。条缝涂布和挤压涂布涂布量由挤出量决定，当缝隙一定时，挤出量又由挤压压力决定。条缝涂布与挤压涂布同样需要真空，也可以进行双层及多层涂布，条缝涂布的真空和双层涂布见图 5-67。

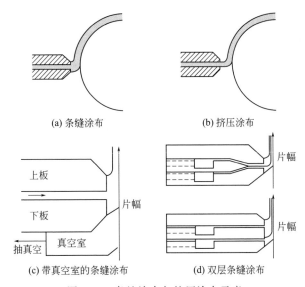

(a) 条缝涂布　　　　　　　　　(b) 挤压涂布

(c) 带真空室的条缝涂布　　　(d) 双层条缝涂布

图 5-67　条缝涂布与挤压涂布示意

5.4.2.2　条缝涂布原理与工艺

条缝涂布存在的上下弯液面及其典型流线如图 5-68 所示。与坡流涂布一样，当弯液面清晰稳定、润湿线处在唇口边缘和不晃动时，才能获得良好的涂布效果。

涡流是造成弯液面不稳定的重要原因。当层流流动浆料层遇到表面凹陷或凸起时，受到扰动的层流层在凹陷和凸起的角落处易产生涡流，如图 5-69(a) 所示。与此类似，在条缝涂布涂布间隙处也易形成涡流，当涂布间隙过宽（湿厚度小于 1/3 涂布间隙）、涂布间隙过窄、涂布速度过低、真空度不足、条缝太宽（大于湿厚度 5 倍）时都会在涂布间隙不同位置产生涡流，如图 5-69(b) 所示。

需要注意的是，与坡流涂布不同，条缝涂布挤出浆料的条缝直接对着片幅，并在涂布间隙内，因此条缝宽度是影响涂布性能的重要参数之一。

（1）涂布厚度与涂布间隙　条缝涂布也是预定量涂布，因此与坡流涂布相同，输送浆料量和片幅速度决定涂布厚度，具体计算公式与坡流涂布的相同，即式(5-21)。也就是说输送浆料量越大，片幅速度越小，涂层越厚。

条缝涂布时涂布厚度与涂布间隙存在相关性。当片幅平行于涂布唇口正常涂布时，上唇口和片幅间浆料流型是层流，片幅表面上浆料流速等于片幅速度 v，唇口表面的流速为零。对于牛顿流体，涂布间隙浆料平均流速是片幅速度的一半，则浆料流量：

$$Q = H_G L u = H_G L \frac{v}{2}$$

式中，H_G 为涂布间隙；L 为涂布片幅宽度；u 为浆料平均流动速度；v 为片幅运行速度。又由式(5-21) 可得：

$$Q = hvL$$

由上两式可以得到条缝涂布时，涂层厚度 h 是涂布间隙 H_G 的一半：

$$\frac{H_G}{2} = h \ \text{或} \ H_G = 2h \tag{5-28}$$

弯液面的稳定与上述关系密切相关，对于牛顿流体，在 $H_G = 2h$ 附近涂布有助于弯液面稳定。例如当涂布间隙过宽时，涂布间隙内残留弯液面流体太多，造成流动不稳定涡流；

图 5-68　条缝涂布
弯液面及其典型流线

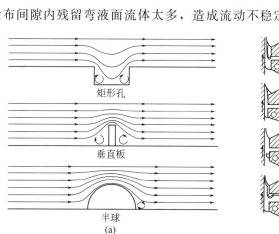

矩形孔

垂直板

半球

(a)

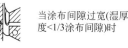

当涂布间隙过宽(湿厚度<1/3涂布间隙)时

当涂布间隙过窄，涂布速度太低时

当液桥真空不足够时

当条缝过宽，大于湿厚度5倍时

(b)

图 5-69　条缝涂布的涡流[21]

相反当涂布间隙过小时，涂布间隙容不下较多弯液面流体，会使浆料从间隙溢出到条缝上部产生涡流。

式(5-28)仅适用于牛顿流体，对于非牛顿流体，由于剪切稀化，涂布厚度会比计算结果变薄一些。

条缝涂布时的最小涂布厚度是人们普遍关注的。在一定涂布条件下时，随着减小流量涂层厚度减小，直至不能形成完整涂层时的涂层厚度，就是最小涂层厚度。如以牛顿流体黏度为 $50 mPa \cdot s$ 的甘油水溶液为浆料，得到的涂布间隙对条缝涂布最小涂布厚度影响见图5-70。当涂布间隙为 $1000 \mu m$ 时，最小涂布厚度随着涂布速度的提高而增大；当涂布间隙小于 $1000 \mu m$ 时，最小涂布厚度随着涂布速度提高呈现先增大而后稳定不变，即小涂布间隙和高涂布速度时，最小涂布厚度不受涂布速度影响。

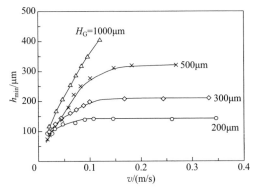

图 5-70　涂布间隙对条缝涂布最小涂布厚度影响[15]

黏度 $50 mPa \cdot s$，条缝宽度 $250 \mu m$，$\beta = 0$

唇口倾斜或偏置有利于非常薄的涂布，此时涂布间隙和涂布厚度关系会稍有不同，见图5-71。当涂布间隙非常小约为 $100 \mu m$ 时，在涂布嘴下脏物积聚易形成条道，造成操作困难；另外过小的涂布间隙容易撕裂片幅。为了涂出更薄涂层，条缝涂布器有时设计成对没有支撑、柔软和有弹性的片幅进行涂布。此时涂布间隙还受很多因素影响：片幅张力越大、刚性越大、深入片幅深度越大、浆料流速越小，则涂布间隙越小。通常很难涂出平均厚度 $10 \sim 20 \mu m$ 的涂层，而采用特殊的条缝涂布嘴可以涂出 $1 \sim 5 \mu m$ 涂层。条缝挤压涂布也可以做成多个缝隙，可以涂 $2 \sim 3$ 层，然而对于低黏度的用坡流更为方便。

（2）浆料性质　浆料黏度对最小涂布厚度影响见图5-72。当间隙较大为 $1000 \mu m$ 时，浆料黏度低时，随涂布速度增加，最小厚度先增加较快后平稳；当浆料黏度增大到 $350 \sim 1000 mPa \cdot s$ 时，涂布速度对最小涂布厚度的影响不明显。当间隙较小为 $200 \mu m$ 时，黏度对最小涂布厚度影响规律类似，但影响程度减弱。

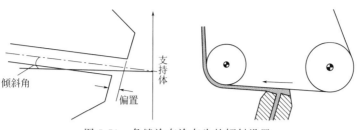

图 5-71 条缝涂布涂布头的倾斜设置

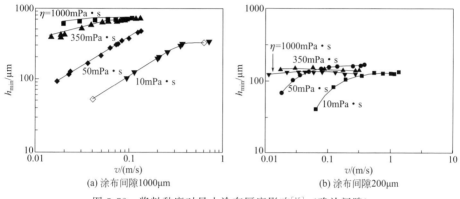

(a) 涂布间隙1000μm

(b) 涂布间隙200μm

图 5-72 浆料黏度对最小涂布厚度影响[15]（确认间隙）

浆料毛细管数对条缝涂布无量纲最小厚度 h_{min}/H_G 影响见图 5-73。在涂布间隙一定时，随着毛细管数增加无量纲最小涂布厚度呈现先增加后保持稳定不变的趋势，当毛细管数超过某个值时，无论涂布间隙是多少，无量纲最小湿涂层厚度几乎是常数，我们将这个毛细管数称为临界毛细管数。临界毛细管数与涂布间隙的关系如图 5-74 所示，随着涂布间隙增大，临界毛细管数增大。

Marcel Schmitt 等[22]采用 $15\mu m$ 非球形石墨，以 PVDF 为黏结剂，制得浆料 1，颗粒固相体积分数为 0.27；在浆料 1 中加入 $d_{50} < 3\mu m$ 的导电剂，颗粒体积分数为 0.28，制得浆料 2。浆料均为幂律流体［式（5-1）］，浆料 1 的 K 为 24.08，n 为 0.49；浆料 2 的 K 为 50.02，n 为 0.42。他们研究了无量纲间隙宽度 H_G^*（间隙宽度 H_G/涂膜厚度 h）和毛细管数对锂离子电池浆料涂布的影响，见图 5-75。他们还给出了浆料涂布窗口。

在条缝涂布过程中，浆料从涂布模头中挤出就直接进入涂布间隙。涂布模头挤出条缝对浆料存在较强的剪切作用，这种剪切作用直接影响非牛顿流体进入涂布间隙时的黏度，影响涂布间隙处流体流动。如拟塑性的非牛顿流体，黏度随剪切速率增大而降低。条缝处的剪切强度越大，则进入涂布间隙时黏度越低。涂布模头条缝对浆料剪切速率受流量和缝隙宽度影响。随着流量增加和条缝宽度降低，剪切速率增大。

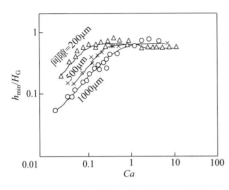

图 5-73　毛细管数对条缝涂布无量纲
最小涂布厚度影响[15]

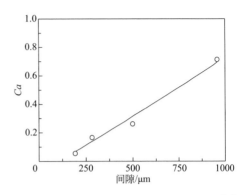

图 5-74　临界毛细管数与涂布间隙的关系[15]

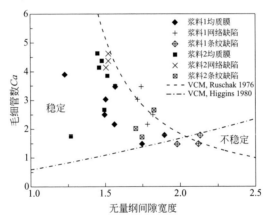

图 5-75　127μm 间隙浆料 1 和 2 的涂布窗口

　　Lee 和 Liu 等[23]采用甘油水溶液、硅油等进行实验，发现涂布嘴和水平夹角为 0°和 45°时对涂布低流量极限没有任何影响，重力影响不显著。他们发现条缝宽度无论是 250μm 还是 1000μm 都不起作用，表明流体压力如此之低，无助于稳定弯液面。

　　（3）负压　负压对最小涂布厚度影响见图 5-76[23]：当负压一定时，随着片幅速度增大，最小涂布厚度先增加而后稳定；随着真空度增加，最小涂布厚度减小。真空有助于涂出更薄的涂层。

　　Lee 等[24]研究了负压对牛顿流体和非牛顿流体的影响。牛顿流体为质量分数 80％的甘油（GL）水溶液，用 N 表示；非牛顿流体为质量分数 50％的甘油水溶液，其中含有 400mg/kg 的黄原胶，用 S 表示。N 和 S 均为幂律流体，其中 N 的 K 值为 0.045，n 为 1；S 的 K 值为 0.25，n 为 0.53。上述研究所采用的条缝涂布实验装置见图 5-77。

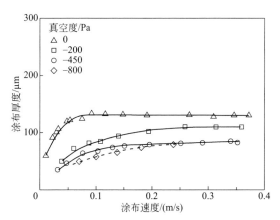

图 5-76　弯液面负压对最小涂布厚度影响（黏度 50mPa·s）

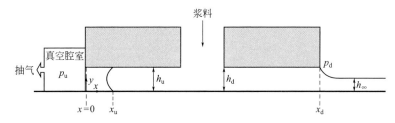

图 5-77　条缝涂布实验装置示意图

p_u—上游压力；h_u—上游条缝间隙；h_d—下游条缝间隙；p_d—下游压力；h_∞—涂膜厚度

在正常涂布速度范围内，负压很小时弯液面分裂（又称珠裂，bead breakup），随着负压增大进入稳定涂布区间，负压过大时上游弯液面膨胀，甚至泄漏，达到理论适涂极限，见图 5-78。牛顿流体的涂布范围要大于非牛顿流体。对于牛顿流体，当上游间隙小于下游间隙时，涂布负压窗口变大，见图 5-79。

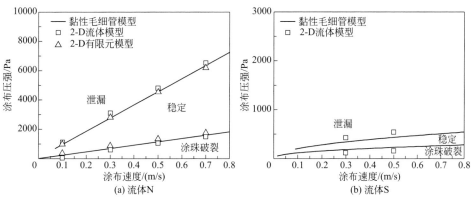

图 5-78　负压对操作窗口影响

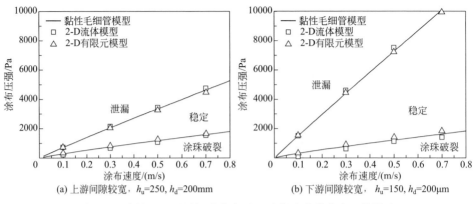

(a) 上游间隙较宽，h_u=250, h_d=200mm (b) 下游间隙较宽，h_u=150, h_d=200μm

图 5-79 条缝上、下游间隙宽度对 N 牛顿流体涂布窗口的影响

与坡流类似，当速度过大时会产生空气夹带造成不能稳定涂布。浆料黏度为 25mPa·s，涂膜厚度为 85μm，涂布间隙 250μm 的涂布窗口见图 5-80。

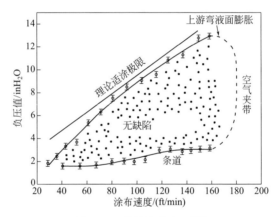

图 5-80 条缝涂布窗口[21]

（黏度 25mPa·s，间隙 250μm，液体厚度 85μm）

（1in H$_2$O=25.4mm H$_2$O=249.08891Pa，1ft/min=5.08×10^{-3}m/s）

（4）扰动敏感性 Lee 等[24]建立了模型，预测了各种扰动对涂膜厚度振幅与施加扰动振幅之比值的影响。当对涂布间隙施加扰动时，随频率增大，振幅比先增加后平稳；而随着上游弯液面位置（x_u）变大，负压变小，振幅比减小，见图 5-81，但是对牛顿流体的影响要比非牛顿流体大。不同扰动因素对振幅比的影响程度不同。如对于非牛顿流体，频率低时，流量和涂布速度扰动对振幅比的影响较大，而高频时则涂布间隙和涂布压强扰动对振幅比的影响较大。而牛顿流体则影响更为复杂，涂布间隙扰动对振幅比的影响在高频时显著增大，见图 5-82。

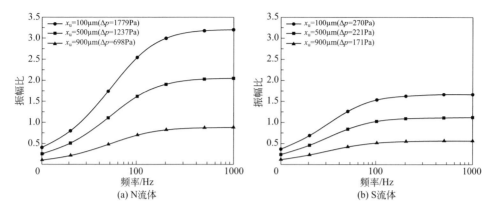

图 5-81　当对涂布间隙施加正弦扰动时，上游弯液面位置 x_u 对膜厚振幅比
（即膜振幅与施加扰动振幅的比值）的影响

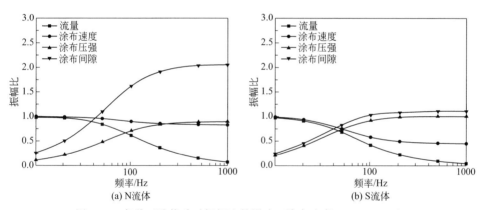

图 5-82　各种正弦扰动对振幅比的影响（涂布速度 $v_{web}=0.2\mathrm{m/s}$）

5.4.2.3　挤压涂布原理与工艺

挤压涂布多用于高分子黏性流体的涂布，如图 5-83 所示。流体经过挤出口后首先形成流体膜，流体膜在挤出后和与片基接触之前被拉伸变薄，然后涂覆于片幅上。与条缝涂布的区别是流体膜不润湿挤出口，由于缝隙（D）较窄，同时液体膜很宽，所以径缩相对较小。

Weinstein 等[25]分析了幂律流体形状和流场。他们认为黏性液膜变薄的物理行为对确定挤出涂层窗口至关重要。当涂布上下游存在压力降时，流体膜中心线呈圆弧形，见图 5-83(a)。流体膜的变化见图 5-84(a)，可见牛顿流体的涂膜厚度大于非牛顿流体；流体膜无量纲局部速度 u（$u=UD/q$，U 为液体膜速度，q 为

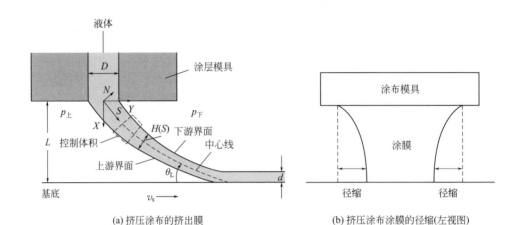

(a) 挤压涂布的挤出膜　　　　　　　　(b) 挤压涂布涂膜的径缩(左视图)

图 5-83　挤压涂布示意及其几何尺寸

D—涂布模具缝隙宽度；L—涂布头与基片的距离；v_s—基片速度；

θ_L—基片与流体膜接触夹角；$p_上$ 和 $p_下$—涂布模具上下游压强；

X、Y—平面坐标系坐标；N—中心线切线方向；S—法线方向；d—涂膜厚度

单位宽度的体积流量，D 为涂布模具缝隙宽度）与从挤出口到片幅的无量纲垂直距离 x 之间的关系见图 5-84(b)，随着 x 的增大，流速 u 呈现先缓慢增加后快速增加的趋势，随着 n 的减小先增加变得缓慢，后上升变得剧烈；膜的厚度变化见图 5-84(c)。他们还得出了涂布窗口，负压、无量纲厚度比 b、幂律指数决定的涂布窗口见图 5-84(d)；负压、片幅接触角和无量纲厚度决定的涂布窗口见 5-84(e)；对于 $n=0.4$ 幂律流体由负压、片基接触角和无量纲厚度决定的涂布窗口 5-84(f)，当然作者指出这里给出的涂布窗口不是充分条件，而是必要条件。

典型坡流涂布与条缝涂布对比见图 5-85[23]。在毛细管数低时，二者的最小涂布厚度非常接近，而在毛细管数高时，坡流涂布的最小涂布厚度继续增加，而条缝涂布的则不再增加。这可以用坡流涂布和条缝涂布中弯液面流动形态来解释，见图 5-86。条缝涂布与坡流涂布不同之处在于前者有个上唇板。在毛细管数低时，条缝涂布的上唇板对下游弯液面影响很小，两个涂布器的下游弯液面相当于浸涂的自由表面，所以二者的最小涂布厚度非常接近。在毛细管数高时，条缝涂布的上唇板像刮刀一样开始对下游弯液面起到限制作用，防止涂膜随涂布速度增大而变厚。而坡流涂布没有上唇板，所以它的最小涂布厚度则随毛细管数的增加而继续增大。

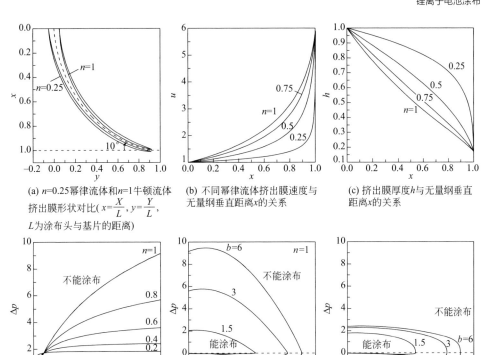

(a) $n=0.25$幂律流体和$n=1$牛顿流体
挤出膜形状对比($x=\dfrac{X}{L}$, $y=\dfrac{Y}{L}$,
L为涂布头与基片的距离)

(b) 不同幂律流体挤出膜速度与
无量纲垂直距离x的关系

(c) 挤出膜厚度h与无量纲垂直
距离x的关系

(d) 负压、无量纲厚度比b、幂
律指数决定的涂布窗口

(e) 负压、片基接触角和无量
纲厚度决定的涂布窗口

(f) 对于$n=0.4$幂律流体由负压、
片基接触角和无量纲厚度决定
的涂布窗口

图 5-84　挤压涂布挤出膜和涂布窗口模拟

$$[b=v_s/(q/D)=D/d，h=H/D，x=X/L]$$

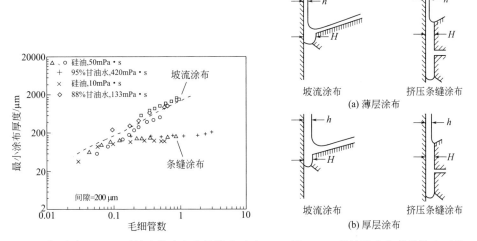

图 5-85　间隙为 $200\mu m$ 时坡流涂布与条缝涂布对比

图 5-86　坡流涂布和条缝涂布对比

5.4.3 涂布弊病及消除

（1）拉丝和细条道

① 现象和原因：拉丝是沿涂布方向在片幅上出现的细条纹，也称为细条道和铅笔道，是与稳定性无关的一种涂布弊病，见图 5-87（右）。这主要是由于片幅、浆料和空气中夹带的颗粒或气泡污染涂布头表面引起的。如干黏结剂在挤压头条缝出口、涂布头和片幅间隙、弯液面内停留造成的涂布头表面污染。涂布头出现小缺口也会造成类似于颗粒物的影响。多层涂布相邻层流速不同或差别很大时这种影响会更大。涂布下游弯液面存在颗粒团聚体造成涂布缺陷的原理示意见图 5-88。

图 5-87　均匀涂膜（左），低速度极限时出现的间断（中），
大颗粒撞击下游弯液面时形成的条道（右）[26]

② 消除措施：加强过滤以去除杂质，如在浆料过滤基础上涂布头处再次进行过滤；采用片幅清洁器清洁片幅、采用较宽的挤出条缝和涂布间隙；调控各涂层的流速使相邻层流速差减小；提供各层之间良好的润湿铺展性能；采取有效的消泡过滤措施和保护机头环境卫生；控制挤压机头锈蚀；也可以采用在线清除的方法。

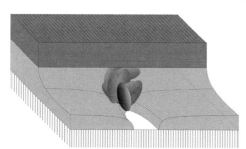

图 5-88　大颗粒和团聚体撞击在
下游弯液面时形成的涂布缺陷

（2）纵条道

① 现象和原因：纵条道为片幅上存在的纵向条道，通常沿涂布方向的反向形成，也称为竖条道。是一种所有涂布都会出现的问题。通常是由高毛细管数、涂层厚度和间隙比 h/G 过小造成的。与拉丝和细条道不同，纵条道沿片幅的横向周期性存在。黏弹性在扩大可涂能力极限上是有帮助的，但是过大也会造成纵条道。当片幅表面存在纵条道缺陷时，也会产生这种情况。

② 消除措施：可以采用低黏度、低车速、高表面张力、厚涂层和大间隙等措施。改善片幅质量。选用合理的工艺参数使浆料输送量与涂布量达到平衡。

（3）横条道

① 现象和原因：横条道为沿片幅宽度方向周期性均匀出现的条道弊病，表现为顺片幅方向遮盖率的变化。大部分是由于片幅速度、张力、弯液面的波动，以及机械振动引起的。片幅或片幅底层上的横条道也能引起类似现象。

② 消除措施：减少机械振动和共振、减少空气扰动等可以稳定车速、片幅张力和弯液面。在流体方面，通常提高负压、减小间隙、降低车速也可以改进此缺陷。片幅质量的改进可以提高涂布质量。

（4）局部脱涂

① 现象和原因：挤压机头变形，局部地方片幅与挤压机头唇口距离过大，弯液面被破坏。浆料输送量小于涂布量。弯液面局部破裂，动润滑性能不好。

② 消除措施：校正挤压机头。调整工艺参数使浆料输送量与涂布量达到平衡。调整表面活性剂，提供良好的动润湿性能。

（5）涂布不均与闪动

① 现象和原因：底层涂布不均造成浆料润湿性能差异导致出现涂布量不均匀现象。各涂层间润湿铺展性能不好引起涂布不均。计量泵输送浆料有脉冲现象，形成有规律的闪动。弯液面受气流波动影响而不稳定，浆料各涂层间流速差大，造成涂层间的相互冲刷。

② 消除措施：改善片幅底层的涂布均匀度；提供各涂层间良好的润湿铺展性能；改善浆料输送使之稳定（如提高计量泵转速，增添缓冲措施，或改用电磁流量计控制等）；加强弯液面的防护措施（如增设机头罩，前后托板等）；控制调整各层流速，减少流速差。

（6）气泡、沙眼和斑点（色点）

① 现象和原因：涂层液中的泡沫未除净，环境或工艺通风生产条件差。

② 消除措施：在浆料进入挤压嘴前，采用有效的多组过滤消泡装置（包括超声波消泡装置）并配合有效的消泡剂；加强浆料输送系统的密封和恒温，以消除浆料运行中可能产生的气泡；加强过滤和卫生措施以消除尘埃。

（7）橘皮状与磨砂状

① 现象和原因：浆料各湿层间流速差大，形成冲刷；干燥过速引起明胶层收缩不均；各涂层间的表面张力值差别过大，引起各涂层在干燥后收缩不均；配方中某些组分配比不适当。

② 消除措施：控制和调整湿涂层在坡流面和弯液面上的流速，使其差值缩小；合理调整干燥参数以进行均匀干燥；调整表面活性剂用量以调整各层间的表面张力，使其差别缩小；调整配方中不适当的组分比例。

（8）脱膜和起皱

① 现象和原因：片幅底层牢度不好；浆料层坚膜不够，吸水胀量大。

② 消除措施：改善底层粘牢度；改善浆料层坚膜效果和吸水胀量（如采用新型坚膜剂、共聚物护膜、明胶增塑收乳等）。

（9）一致性不高

① 现象和原因：片幅与挤压机头涂布间隙误差大，浆料挤出条缝间隙误差大，以及浆料在坡流面上分布不均（以上为机械误差因素）。坡流面与弯液面横向各点温差大造成黏度不均。

② 消除措施：改善和调整机械精度，缩小误差；改善机头的保温措施或提高弯液面处的浆料温度，以减少温差对浆料黏度的影响。

5.5
涂布方法选择

5.5.1　涂布方法

涂布方法很多。浸涂涂布方法有浸涂、辊涂、刮刀涂和缠线棒涂布等方法，预定量涂布有坡流、条缝、挤压和幕帘涂布等方法。上面我们已经重点讨论了几种涂布方法，下面我们对其他涂布方法做简单介绍。

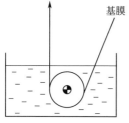

图 5-89　浸涂涂布方法

（1）浸涂　浸涂是将片幅在浆料槽中连续浸入和拉出，多余浆料重新流回槽内的涂布方法，见图 5-89。浸涂通常为双面涂布，因此片幅拉出方向通常与液面垂直，保证片幅两侧涂膜厚度一致。通常涂布层厚度取决于黏度、密度和车速和拉出角，片幅表面的浆料涂层厚度随浆料黏度和涂布速度增加而变厚。当然浸涂也适用于间歇操作的复杂工件，但是溶剂挥发速度快时有流痕，涂层质量不好。

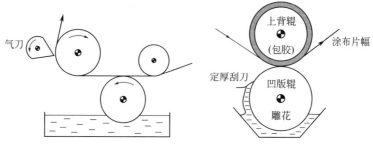

图 5-90　刮刀涂布

（2）刮刀涂布　刮刀涂布法就是利用刮刀将涂布辊或片幅上浆料涂层厚度减薄至规定厚度的涂布方法，见图 5-90。其中气刀涂布涂层厚度和涂布量取决于气刀压力和气流喷射速度，特别适用于涂布低黏度或中低黏度的水性浆料。若采用有机溶剂型浆料时，应注意避免大量空气和可燃性溶剂蒸气形成爆炸混合物。

（3）落帘涂布　落帘式涂布是将浆料从条缝挤出并以液帘方式直落于运行片幅上的涂布方法，属于预定量涂布方法，见图 5-91。由于挤压嘴与片幅间距离较大，落帘上没有气泡存在，在消除拉丝、划伤等弊病方面有突出优势。由于落帘的动能更大，有助于稳定弯液面，因此能够达到较高涂布速度。车速可以达到 $100m/min$ 以上。

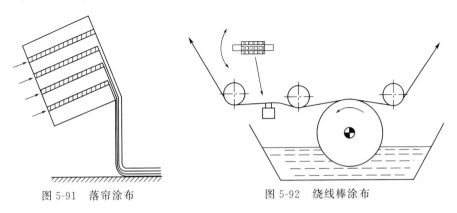

图 5-91　落帘涂布　　　　　　图 5-92　绕线棒涂布

（4）缠线棒涂布　缠线棒涂布是用缠线计量棒将液体均匀地涂布在柔软片幅上的涂布方法，见图 5-92。缠线棒是将磨光不锈钢线紧紧缠绕在芯棒上制成的，缠线棒也称为涂漆棒和刮棒。当缠线很细时能够使涂层厚度精确度到几个微米之内。因为低黏度液体在缠绕金属丝上容易流动，适合涂装低黏度液体。使用特殊涂装棒，涂布黏度可以比较高，涂层厚度可达 $225\mu m$。棒涂速度一般限制在 $304m/min$。

5.5.2　涂布方法选择

涂布方法选择是个系统工程，需要考虑的因素很多，下面介绍选择涂布方法时应该考虑的主要因素：

（1）涂布层数　大多数涂布方法适合一次涂布一层，在一层干燥以后再涂另一层。有些方法可以同时涂布多层，如坡流涂布，在彩色胶片涂布时可以至少同时涂布 9 层。落帘涂布的涂布头就是坡流涂布头，在边缘流下涂层，也可进行多层涂布。条缝涂布和挤压涂布通常进行单层涂布，但是也可以有两三条挤出缝隙，进行多层涂布。

（2）涂层厚度　缠线棒涂布适合薄层涂布；挤压涂布、逆转辊涂布和落帘涂布适合厚涂层涂布，可以达到 $400\sim750\mu m$。一般来讲越是薄涂层，涂布难度越大。需要注意的是这里提及的厚度是湿涂层厚度，干涂层和湿涂层的差别很大。

（3）浆料黏度 黏度和黏弹性是反映流变性质的物理量。每一种涂布方法适应的黏度和剪切速率都有一定范围。浆料黏度最好按照涂布剪切速率下测定的黏度去选择，因为黏度随剪切速率而发生变化。但是在预定量涂布过程中，通常浆料受到的剪切速率过大，以至于用目前仪器难以达到如此高的剪切速率，所以进行的黏度估算也都是粗略的，最后还是要以实验结果为准。黏弹性虽然很重要但很难预测，有一些黏弹性有助于改善某些涂布的运行状况，但是高黏弹性却会引起竖道等弊病。

（4）涂布精度 精密条缝涂布、坡流涂布和落帘涂布等方式的涂布精度较高，其他涂布方法的精度则取决于流体性质、滚筒几何形状以及转动速度等因素。任何涂布方法都有一个较宽的涂布范围，取决于涂布装置的结构和运行方式，只有非常精细地使系统最佳化才能得到良好的涂布效果。

（5）片幅情况 片幅可以为非渗透性的，也可以是渗透性的。对于渗透性的片幅可以将孔封闭后涂布。同样还要考虑在片幅上的粗糙度和表面张力。浆料表面张力要低于片幅的。

（6）涂布速度 涂布速度涉及生产效率，在可能情况下涂布速度越快越好。所有涂布方法都有涂布速度限制，但是有些方法在高速涂布更好。落帘涂布需要有一个最小流量，以保证落帘本身形状，在薄层涂布时就不能进行高速涂布。坡流涂布时，当涂层很薄时会产生涂层不稳定，较高的车速、涂层较厚有助于避免涂层不稳定。同样，光滑、非渗透性片幅可以进行更高车速涂布。当然涂布速度还跟干燥区段长短有关，干燥区段越长，则越有利于提高干燥速率。

涂布方法及其适用范围见表 5-6。

表 5-6 涂布方法及其适用范围[15,21]

分类	涂布方法	剪切速率 /s^{-1}	黏度 /Pa·s	湿厚度 /μm	涂布精度 /%	最高车速 /(m/min)	片幅粗糙度影响
流平	流平	$0.01\sim0.10$	—	—	—	—	—
单层	空气刮刀	—	$0.005\sim0.5$	$2\sim40$	5	500	大
	刮棒（绕线）涂布	—	$0.02\sim1$	$5\sim50$	10	250	大
	刮刀涂布	$1000\sim10000$ $20\sim40000$	$0.5\sim40$	$1\sim30$	—	1500	大
	逆转辊涂布	$100\sim10000$ $1000\sim100000$	$0.1\sim50$	$5\sim400$	5	300	轻微
	条缝涂布	$3000\sim100000$	$0.005\sim20$	$15\sim250$	2	400	轻微
	挤压涂布	—	$50\sim5000$	$15\sim750$	5	700	—

分类	涂布方法	剪切速率 /s^{-1}	黏度 /Pa·s	湿厚度 /μm	涂布精度 /%	最高车速 /(m/min)	片幅粗糙度影响
多层	坡流涂布	10000～100000 3000～120000	0.005～0.5	15～250	2	300	轻微
	落帘涂布	10000～1000000	0.005～0.5	2～500	2	300	轻微

　　锂离子电池电极极片涂布方法为辊涂和挤压涂布。逆转辊涂需要较高的剪切速率，适合黏度稍高的浆料，获得的涂膜较厚，涂层质量好，是目前锂离子电池最常用的涂布方法。挤压涂布是较为先进涂布技术，涂布时给浆料施加一定的压力，可用于较高黏度浆料的涂布，获得的极片具有较高的精度，涂布速度快。随着锂电技术发展，挤压涂布应用会更加广泛。

5.6
干燥

5.6.1　干燥简介

　　固体物料中含有的水分或其他溶剂成分统称为湿分，含有湿分的固体物料称为湿物料。固体物料的干燥就是对湿物料加热，使所含湿分汽化，并及时移走所生成蒸气的过程。

　　按照加热方式，干燥过程可以分为传导干燥、对流干燥和热辐射干燥。其中对流干燥是使热空气以相对运动方式与湿物料接触，向物料传递热量，使湿分汽化并被带走的干燥方法。锂离子电池极片涂布干燥主要采用空气对流干燥。传导干燥是通过传热壁面以热传导方式将热量传给湿物料，使湿分汽化并被去除的干燥方法。辐射干燥通常以红外热辐射方式加热湿物料表面，物料吸收辐射能后转化为热能，使湿分汽化。

　　按照操作压力可分为常压干燥和真空干燥。其中常压干燥就是在大气压下的干燥过程，锂离子电池涂层的干燥属于常压干燥。真空干燥是在抽真空，具有一定真空度情况下完成的干燥过程，具有操作温度低、可以深度除湿、热经济性好、溶剂回收容易等优点。适用于热敏性、易氧化、有毒、易燃易爆物料的干燥。

　　按操作方式不同，干燥还可分为连续干燥和间歇干燥。工业生产中多为连续干燥，生产能力大、产品质量较均匀、热效率较高、劳动条件较好。间歇干燥投资费用较低，操作控制灵活方便，故适用于小批量、多品种或要求干燥时间较长物料的干燥。

工业中应用最多的是对流干燥，水是工业中最常用的溶剂，所以本章主要介绍以热空气为干燥介质除去水分的对流干燥。

5.6.2 干燥原理与工艺

锂离子电池极片涂布的最后一道工序是烘干，是将涂膜中水或其他溶剂蒸发，使湿膜固化的过程。在锂离子电池制造过程中还有很多环节需要干燥技术，如原材料干燥、注液前电芯干燥、空气中水分的除湿等。下面以水分干燥为例讨论干燥基本原理与工艺。

5.6.2.1 空气中水分

空气中通常含有水分，水分含量越多空气越潮湿。空气中水分含量通常用绝对湿度和水蒸气分压来表示，其中绝对湿度简称为湿度，是指湿空气中单位质量干空气所含有的水汽质量，用 H 表示，单位为 g/kg；当空气压力不大时，可以视为理想气体，空气的湿度也可以用水蒸气分压 p_w 来表示，单位为 Pa。二者的关系可用 5-29 表示：

$$H = 0.622 p_w / (p - p_w)$$ （5-29）

式中，p 为湿空气的总压力，Pa。

在一定温度和压力下，当空气中绝对湿度达到最大值时，此时的湿度称为饱和湿度，用 H_0 表示；此时水蒸气的分压力称为水的饱和蒸气压，用 p_s 表示；此时的空气称为饱和空气。相对湿度是指空气中的水蒸气分压与饱和蒸气压的比值，用 φ 表示：

$$\varphi = p_w / p_s$$ （5-30）

φ 可以直观地表示空气的不饱和程度，相对湿度越小，空气中可接纳的水分就越多。在一定温度下，则有：

当 $\varphi < 1$，$p_w < p_s$ 时，为不饱和空气，此时空气具有继续容纳水分的能力，可以作为干燥热载体使用。

当 $\varphi > 1$，$p_w > p_s$ 时，为过饱和空气，此时空气中水分会凝结成露珠和液态水，空气中的水分有减少趋势。

当 $\varphi = 1$，$p_w = p_s$ 时，为饱和气体，此时空气中的水分达到饱和状态，即不会增加也不会减少。

空气中水蒸气饱和蒸气压和水分含量的关系见表5-7。由表可见湿空气中饱和蒸汽含量受温度影响很大，在 100℃ 时 1kg 湿空气中的水汽含量可以达到 1000g，而 20℃ 时仅有 14.4g。

表 5-7 水的温度与饱和压力关系

温度/℃	饱和空气水汽分压/MPa	1m³ 湿空气水汽含量/g	1kg 湿空气水汽含量/g
0	0.0061	4.9	3.8
10	0.0123	9.4	7.5
20	0.0233	17.2	14.4
30	0.0425	30.1	26.3
40	0.0738	50.0	46.3
50	0.1234	82.3	79.0
60	0.1992	129.3	131.7
65	0.2501	160.0	168.9
70	0.3116	196.6	216.1
75	0.3855	239.9	276.0
80	0.4738	290.7	352.8
85	0.5788	350.0	452.1
90	0.7014	418.8	582.5
95	0.8456	498.3	757.6
100	1.0133	589.5	1000

5.6.2.2 物料中水分

（1）非结合水分和结合水分 按照物料中水分的平衡蒸气压不同可以将水分分为非结合水分和结合水分。

① 非结合水分。非结合水分是机械地附着在固体表面和内部大空隙中的水分。非结合水分蒸气压 $p_{非结合}$ 等于纯水饱和蒸气压 p_s。通常物料含水量较多时才含有非结合水分。在相同温度和压力下，含有非结合水分物料与空气接触时则有：

当空气为不饱和空气时，$p_{非结合}＝p_s＞p_w$，则水分由物料表面向空气中扩散，物料中非结合水分不断去除，物料得到干燥，直至空气变得饱和为止。

当空气为饱和空气时，$p_{非结合}＝p_s＝p_w$，则物料表面水分与空气中水分平衡，物料中的水分不发生变化。

当空气为过饱和空气时，$p_{非结合}＝p_s＜p_w$，则空气中水分冷凝析出，物料表面吸收水分，含湿量增大。

非结合水分较容易去除，物料干燥的推动力为 $p_s－p_w$，此值越大则干燥速率越快。通常在提高温度到 $50～80℃$，使空气饱和蒸气压 p_s 增大，推动力增大，水分就能更快地去除。

② 结合水分。通过物理和化学作用与固体物料相结合的水分称为结合水分。

结合水与物料结合力较强，其蒸气压低于同温度下水的饱和蒸气压。如存在于固体物料中直径小于 $1\mu m$ 毛细管中的水分、细胞中溶胀的水分、存在于晶格中的结晶水等均属于结合水分。

这部分水分通常较难去除。在一定温度和压力下，这部分水分能否脱除与所接触的未饱和空气的水蒸气分压 p_w（$p_w < p_s$）有关。用 $p_{结合}$ 表示结合水的蒸气压。则有：

当 $p_{结合} > p_w$ 时，物料表面附着水分向空气中扩散，属于空气对物料的干燥过程；

当 $p_{结合} < p_w$ 时，物料表面和孔隙从空气中吸收水分，属于物料对空气的干燥过程；

当 $p_{结合} = p_w$ 时，物料中水分与空气中水分处于平衡状态，二者分压力不再改变。

在 $p_{结合} > p_w$ 的情况下，干燥推动力为 $p_{结合} - p_w$，在干燥过程中 $p_{结合}$ 逐渐降低，直至二者相等时，干燥过程停止。对于毛细管中的水分，$p_{结合}$ 随着孔径减小而减小，越小孔中水分的干燥推动力越小，越不容易烘干。通常毛细管水分需要 $105 \sim 110℃$ 烘干，才能完全去除。

结晶水并不是液态水，它们多以化学键形式结合，存在于化合物晶格中，其脱除温度通常较高，有时可达 200℃ 以上。

物料中可能同时含有结合水和非结合水；也可能不含有非结合水，只含有结合水分，因此结合水分也被称为剩余水分；也可能不含任何水分，此时的物料称为绝干物料。

（2）平衡水分与自由水分　当物料与空气接触，物料将释放水分或吸收水分，直至物料表面所产生的水蒸气分压与空气中水蒸气分压相等，物料中所含水分不再增减，含水量恒定，此时物料的含水量称为平衡含水量，用 X^* 表示。物料中被空气干燥除去的水分，即大于平衡水分的那部分水分称为自由水分。

在一定温度下，当一定相对湿度的不饱和空气与物料接触达到平衡状态时，四种水分之间的关系见图 5-93。由图中可以看出，由于 $p_{非结合} = p_s > p_w$，因此非结合水分很容易全部去除。随着结合水分的去除，结合水分的蒸气压 $p_{结合}$ 逐渐降低，当 $p_{结合} = p_w$，二者处于平衡状态，结合水分不再发生变化。此时未被去除的结合水分称为平衡水分，被去除的结合水分与非结合水分一起称为自由水分。

图 5-94 表示空气温度在 25℃ 时某些物料的平衡含水量曲线。相对湿度 φ 越小，则物料的平衡含水量越小，干燥效果越好。在一定空气温度和相对湿度条件下，物料的干燥极限为 X^*。要想进一步干燥，应减小空气湿度或提高温度。只有在干空气中才有可能获得绝干物料，即 $\varphi = 0$ 时，$X^* = 0$。平衡水分还随物料种类的不同而有很大的差别。

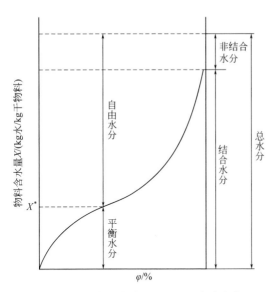

图 5-93 物料中各种水分的关系（温度为定值）

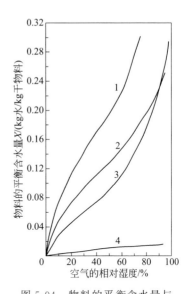

图 5-94 物料的平衡含水量与
空气相对湿度关系[26]

1—烟叶；2—羊毛、毛织物；3—木材；4—陶土

5.6.2.3 干燥工艺

锂离子电池涂膜干燥通常是采用烘道式干燥方式，空气作为热载体，利用对流加热涂膜，使涂膜中水分或其他溶剂汽化并被空气带走，达到涂膜固化干燥的目的，如图 5-95 所示。

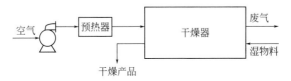

图 5-95 空气干燥器对流干燥示意图

干燥速率为单位时间在单位干燥面积上汽化的水或溶剂的质量，用 U 表示，单位为 $kg/(m^2 \cdot s)$。干燥速率与空气和物料状态都有关。当空气的温度、湿度、流量以及与物料接触方式都不变的情况下，典型干燥速率曲线如图 5-96 所示。对于明胶型涂层沿着烘道长度方向，物料的膜温度、湿含量变化如图 5-97 所示。

由图 5-96 可知，按照干燥速率曲线

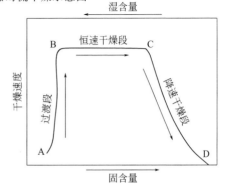

图 5-96 对流干燥速率曲线

221

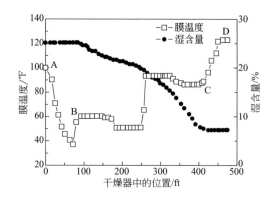

图 5-97　非内部扩散控制干燥膜温度和含水量曲线[15]

$$\left[t/\text{℃}=\frac{5}{9}\ (t'/\text{℉}-32),\ 1\text{ft}=0.3048\text{m}\right]$$

可以将干燥分成三个阶段：过渡段、恒速干燥段和降速干燥段。下面分别讨论。

（1）过渡段　过渡段对应于图 5-96 和图 5-97 的 AB 段，涂膜先降温后升温，位于干燥箱前面。这一阶段涂膜进入干燥箱后，由于水或其他溶剂汽化吸热，膜温度显著下降，这是过渡段的温度变化特征，通常这一阶段干燥速率快，时间不长，然后就进入了恒速干燥阶段。

其中容易忽视的是涂布后进入干燥段前的准备阶段，此时挥发性溶剂已经开始蒸发。另外如果空气不清洁，也会引起涂布弊病。

（2）恒速干燥段　恒速干燥段对应于图 5-96 和图 5-97 的 BC 段，由 4 个恒温段组成，位于干燥烘道的中段。这一阶段涂层表面有足够的非结合水分，物料表面蒸气压与同温度纯水的饱和蒸气压相等，与物料内部水分及其运动状况无关。这一阶段干燥速率受外部条件控制，当外部条件不发生变化时物料的吸热与汽化处于平衡状态，温度通常处于恒定不变状态，这是恒速干燥段的温度变化特征。大部分水分或其他溶剂在这个阶段汽化。至于图 5-97 中有 4 个温度不变的恒温段，主要是根据涂膜干燥要求，分段改变干燥条件进行不同速率干燥的结果。

在恒速干燥段，当一定量的热空气与一定量的涂层接触时，大部分被排除的水分是非结合水，$p_水=p_s$，干燥的推动力为 p_s-p_w。当常温下空气湿度为 p_w 时，提高温度使 p_s 增大，可以增大推动力。推动力越大，干燥速率越快。

干燥速率还受到传热量的影响，高温度的空气将热量传递给涂层中的溶剂，使溶剂升温和汽化，从而使物料得以干燥。传递热量越多则干燥越快。热量传递速率可以用下式计算：

$$Q_{对流}=hA(T_{空气}-T_{物料}) \tag{5-31}$$

式中，h 为传热系数，对于恒速干燥段 $h=Kv^{0.6\sim0.8}$，其中 v 为空气流速；A 为物料与空气的传热面积；$T_{空气}$、$T_{物料}$分别为空气温度和物料温度。

由恒速干燥的特点可知，恒速干燥段的干燥速率与物料的种类无关，与物料内部结构无关，主要受以下因素影响。

① 干燥介质条件。指空气温度、湿度和流动速度的影响。提高空气温度，降低空气湿度，提高空气流速，可增大对流传热系数与对流传质系数，所以能提高恒速干燥段的干燥速率。

② 物料条件。指物料尺寸、与空气接触面积 A 和物料速度的影响。物料尺寸较小时提供的干燥面积大，干燥速率高。当物料速度增大即涂布速度增大时，相当于传热面积增大，传热量随之增大，但由于空气接触的物料增多，干燥速率反而会下降。

③ 物料与空气接触方式。对于同样尺寸物料，物料悬浮于气流中的接触方式最好，不仅对流传热系数与对流传质系数大，而且空气与物料接触面积也大；其次是气流穿过物料层的接触方式；气流掠过物料层表面的接触方式干燥速率最低。如图 5-98 所示。

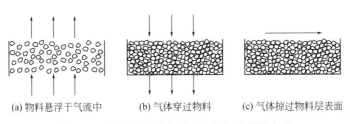

(a) 物料悬浮于气流中　　(b) 气体穿过物料　　(c) 气体掠过物料层表面

图 5-98　物料与干燥介质（空气）的接触方式

（3）降速干燥段　降速干燥段对应于图 5-96 和图 5-97 的 CD 段，温度上升，处于干燥烘道的后面。图 5-96 的 C 点是恒速与降速的临界点。从 C 点开始，物料表面已经不再全部润湿，部分表面结合水分（如毛细管水分）开始汽化，并且内部水分移动到表面的速度跟不上表面的汽化速度，汽化速度逐渐下降。干燥速率受水分由物料内部移动到表面的速度控制。在这一阶段由于汽化水分量减少，物料温度上升，这是降速干燥阶段的温度变化特征。通常到达 D 点时，非结合水分全部蒸发完毕，部分结合水汽化掉了，受空气传热限制和空气饱和度限制，还有部分结合水留在涂层中，达到了新的平衡状态。与恒速干燥段相比，降速干燥段移除的水分少，由于扩散的影响干燥时间大幅度延长，例如对于水分为 0.29的物料下降到平衡水分 0.1，干燥时间可长达 9h。

降速干燥段的特点是物料中只有结合水分，干燥介质温度和速率增加对干燥速率影响减弱，此时干燥速率主要受如下因素影响：

① 物料本身性质。包括物料内部结构、物料与水的结合形式、物料粒度和

形状等性质。这些因素对干燥速率有很大影响。如物料内部孔隙直径越小，蒸气压越小，烘干速度越慢；物料层越薄或颗粒直径越小对提高干燥速率越有利。不过物料本身的性质，通常是不能改变的因素。

② 物料温度。在同一湿含量的情况下，提高物料温度可以增大物料内部空隙中水的蒸气压，提高推动力，同时提高温度还可以增大扩散速度，使干燥速率加快。

③ 物料与气体接触方式。这个影响与恒速干燥段的相同，这里不再赘述。

（4）干燥点控制　干燥点通常是指物料在干燥过程中恒速干燥段的终点。涂布后干燥过程中，通常需要根据干燥物料性质和干燥系统来预设干燥点在长干燥器中的位置，称为预定干燥点位置。控制涂层的干燥点是保障产品产量和质量的重要因素。干燥过程中湿涂层温度比干涂层的温度低，一般在干燥末尾段设一些测温点，以便建立一个温度曲线，由这个曲线就可以判断出涂层处于恒速干燥段还是降速干燥段，以及涂层是否已经干燥和干燥点的位置。图 5-99 是干燥点过早、预定和过晚三条曲线。

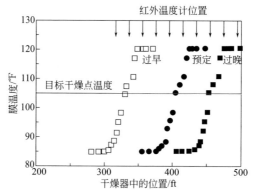

图 5-99　干燥点附近（降速干燥段）的温度变化[15]

$$[t/℃ = \frac{5}{9}(t'/℉ - 32)，1ft = 0.3048m]$$

知道干燥点以后，就可以对干燥点进行调节。当干燥点过晚时，需要调节送风系统和涂布车速将干燥点前移，反之亦然。送风系统调节包括空气干球和湿球温度、喷嘴风量调节和空气循环/排放比率。一般随着干球温度和风量的升高，随着循环比率的减小，干燥速度加快，干燥点前移。当然，送风风口排布方式、送风量大小分布也是影响干燥速度和均匀程度的重要工艺参数。涂布车速的减小，可以使干燥点前移，反之则后移。

通过优化空气速度节省干燥运转费用，涂层的机械稳定性、干燥的最大风速是限制因素，应综合考虑设备费用和运行成本。一般在降速干燥段对气速不敏感，应取速度较低；恒速干燥段对气速敏感，取较高速较为有利。

5.6.3 干燥时涂膜的流变性质及缺陷预防

5.6.3.1 涂膜干燥时流变性质

干燥过程和涂布过程各自独立，又相互联系。片幅干燥速率直接影响涂层中浆料黏度和表面张力，从而影响流平时间和流平性能。为得到满意涂膜，应该在干燥前通过悬浮液流平使缺陷消除。减小干燥速率降低溶剂蒸发速度，更换沸点高的溶剂，都会延长流平时间，有利于流平。反之溶剂蒸发过快，黏度升高太快，会造成流平不好，有时会造成皱皮和龟裂。干燥速率过慢容易流挂和生产效率下降。因此干燥生产能力与涂布生产能力应该相互匹配。

涂料涂布于基材后，在各种因素的影响下黏度开始增加，见图5-100。由图5-100可见：涂布时浆料具有一定黏度（图5-100中Ⅰ）；涂膜完成后，随着进入干燥阶段，涂膜黏度开始快速上升。一是涂膜以后剪切消除，拟塑性体黏度恢复，这个增加量是个定值（图5-100Ⅱ）。二是触变体引起的涂膜黏度恢复，这一恢复需要一定时间，因此达到黏度最大值的时间要比剪切力消失引起黏度上升慢一些（图5-100中Ⅲ）；这一时段也同时发生了冷却，冷却也造成黏度上升。三是溶剂蒸发和乳液聚合造成的黏度升高，随着干燥进行引起了黏度大幅度提高（图5-100中Ⅳ）。图5-100说明了不同因素引起的黏度增加量。这是在低固体浓度溶液涂料中黏度的变化，当然高固体浓度溶液涂料的有关变化量与此不同。其中在温度接近熔点时，一些粉末涂料的黏度增加是由冻结引起的。

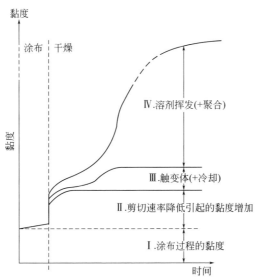

图5-100 涂布和干燥过程中涂料黏度变化示意图[3]

测量浆料黏度随剪切和时间的变化有助于了解涂布发生各种现象所需要的时

间。浆料只有在流动时，才可能发生流平和流挂现象；当黏度增加时流平和流挂的作用减弱，如果黏度超过 10000Pa·s 时，流平和流挂现象可以忽略。采用摆动技术测定黏度增长的方法很受欢迎，如具有宽范围稳定剪切的流变仪和在固定应力下测试蠕变与恢复的流变应力流变仪。它们可以在低剪切幅度下测试，这近似于涂料涂装后的条件。同样，可以通过测试弹性模量估算固化点。为了模拟涂布后的瞬间状态，摆动测试前，材料应预先经受较高速率的剪切，以达到与实际涂装方法一致。试验中，斜面剪切终止后，扭矩/应力的平均波幅随着时间延长而增长。尽管依据波幅变化计算黏度变化并不容易，但是可以近似估算黏度。另外，可以利用应力波幅建立关系式。

5.6.3.2 表面张力为主引起的弊病

（1）"火山口" "火山口"通常是指涂层中存在的类似火山口形状的缺陷，也叫缩孔，见图 5-101。这类斑点是由表面上低表面张力斑点引起的，如由脏物、油点和不溶性硅缺陷引起的。涂层中液体在表面张力作用下，会自发地由从低表面张力的斑点中心流向四周高表面张力区域，从而形成了斑点处于中心位置，斑点周围涂膜很薄的火山口缺陷。实验已经证明，这一流速非常快，可达到 0.65m/s。

在干燥过程中许多弊病可以导致孔洞。涂层在干燥的最初阶段是流体状态，对颗粒非常敏感，灰尘、油、脂和任何粒子被吹到涂布层上都能形成弊病。孔的外观取决于污染物，油和脂造成的孔完全没有或只有部分浆料。灰尘会造成不连续孔洞，使用清洁空气可以消除这些弊病。

当然通过减薄涂层，提高黏度来减少表面张力梯度也能够降低缩孔现象。使用表面活性剂可以消除表面张力梯度，从而消除这种弊病。有的研究发现缩孔也与表面活性剂有关，表面活性剂超过溶解极限时，也会出现缩孔。

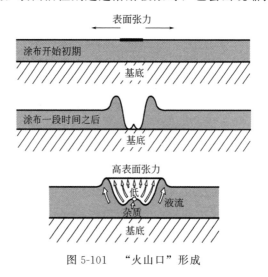

图 5-101 "火山口"形成

（2）对流蜂窝　对流蜂窝有时看起来像紧密排列的六角形，见图 5-102。是由涂层上下的温度梯度引起的密度梯度，或表面张力梯度所造成的。温度梯度是缺陷形成的主要诱因。对于涂层来讲，涂层表面上溶剂蒸发会吸热导致涂层表面温度降低，低于底层温度，从而造成涂层表面密度大于底层密度，涂层表面的张力大于底层的张力。溶剂不同组分蒸发速度不同也是涂层表面温度梯度的原因。

对于比较厚涂层（>4mm），主要是密度梯度驱使其流动，浆料流动方向是由密度高的表面流向密度低的底层，造成中心低，而四周为平衡这种流动又会隆起，从而形成对流蜂窝。而对于比较薄涂层，主要是表面张力梯度驱使其流动，流体由表面张力低的底层向表面张力高的上层流动，涡流原点犹如火山口喷发出下层浆料，这些表面张力低的涂料向表面张力高的表层铺展，于是形成隆起部分，并使湿膜形成另一种六角形对流蜂窝。大多数涂层均小于1mm，因此出现的多为表面张力梯度引起的对流蜂窝。

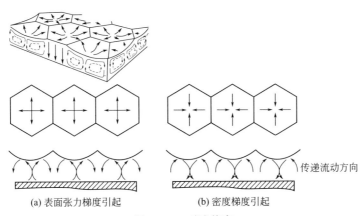

图 5-102　对流蜂窝

（a）表面张力梯度引起　　　（b）密度梯度引起

高表面黏度、高整体黏度、表面弹性都能够减缓表面流动。当然改变溶剂系统有时能够消除对流蜂窝，可以加入低挥发溶剂或表面活性剂，降低干燥速率等。

（3）厚边与画框　在涂布时边缘变厚的现象称为厚边或画框。在片幅边缘区域涂布时，在涂布过程中，表面张力会使边缘区域形成弧形［见图 5-103（a）］，使边缘部分的表面积减少，从而使片幅边缘的膜变薄。当涂层进入干燥区域时，虽然在单位面积内蒸发速率相同，但是由于边缘区域较薄，使得边缘浓缩速比较快，而由于固体颗粒的表面张力大于溶剂，所以边缘处表面张力变

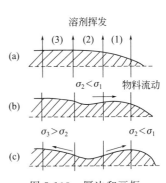

图 5-103　厚边和画框

（a）边缘附近新形成的膜；

（b）涂料从区域 2 流向区域 1；

（c）涂料从区域 2 继续注射周围区域

大，结果导致物料由低表面张力流向高表面张力区域，即向边缘区域移动，如图 5-103(b) 所示由区域 2 流到区域 1。由于露出的底层材料含有较高浓度的溶剂，所以新形成的区域 2 表面具有较低表面张力，结果区域间的表面张力梯度促使更多物料从区域 2 向周围区域 1 和 3 流动 ［图 5-103(c)］，最后形成厚边或画框缺陷。

提高黏度和减小涂层厚度都可以增大流动阻力，这样可以减少厚边的发生。

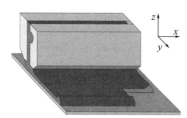

图 5-104　当间歇涂布锂离子电池
电极时涂布模头示意图
（界面表示典型超高在涂层侧边和开始端）

使用表面活性剂也可以减少厚边发生，因为表面活性剂覆盖于颗粒上，使颗粒表面张力与溶剂的相同，这样就减少了表面张力梯度，从而减少厚边发生。

Schmitt 等[2]采用水性乳胶，CMC 作为增稠剂，鳞片石墨作为活性物质制备浆料。采用条缝涂布研究边缘影响，实验装置示意图和相关尺寸定义见图 5-104、图 5-105。

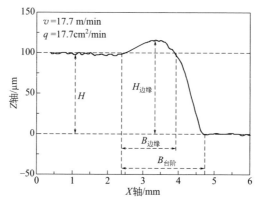

图 5-105　相关尺寸定义
（在 y 方向的一个典型的平均剖面上提出的定义和曲线结构，
用于确定边缘效应的尺度。可通过这条曲线确定描述边缘形貌的四个值）

他们发现：涂布速度在 $10\sim30\mathrm{m/min}$ 时，对涂层边缘超出高度无明显影响；而随着速度增加，边缘梯度 ［$R^* = H/(B_{台阶} - B_{边缘})$］ 变得尖锐，见图 5-106。涂布间隙对涂布边缘不产生影响，但无量纲间隙 G^*（$G^* = G/H$，H 为涂膜厚度，G 为间隙高度）对无量纲边缘 B^*（$B^* = B_{边缘}/H$，边缘宽度与涂膜厚度之比）有影响，见图 5-107。增大无量纲间隙，涂层边缘影响区域扩大至涂层中心位置，这可能与更高的拉伸比具有更大的内缩量有关，极有可能是由拉伸或表面张力引起的。所以为获得理想边缘，减小无量纲间隙是合理的。虽然涂布边缘作用已经部分地与拉伸有关，但该研究的结果显示边缘超高不受涂布速度和无量纲间隙的影响。

（4）黏结剂和固体颗粒分布不均匀　黏结剂和固体颗粒分布不均匀包括两个方面。一是垂直于涂布方向片幅横切面从上到下的不均匀和表面的不均匀。在恒速干燥段，以淀粉为黏结剂的黏土涂层常会发生这种横切面上的不均匀。涂层内的液体会由于毛细作用而由内部移动到表面，在这个过程中黏结剂随液体移动，会留在靠近表面的地方，而内部较少。这种黏结剂的移动在锂离子电池涂布干燥过程中也可能出现。若溶剂通过汽化后扩散的形式运动到表面则不会出现黏结剂上下不均现象。二是沿涂布方向纵切面的不均匀。这是在干燥过程中，颗粒浓度增大，固体颗粒的不均匀聚集造成的。其实质性原因可能是由于干燥过程中离子浓度增大，使得浆料颗粒间作用力发生变化，稳定性下降引起的不均匀聚集。黏度足够大、干燥速率足够快时，固体颗粒来不及聚集，可减少这一现象。

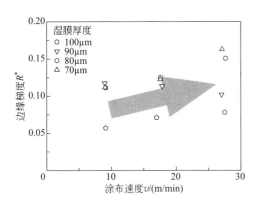

图 5-106　不同湿膜厚度的边缘梯度
R^* 与涂布速度的关系（间隙＝101.6 μm）

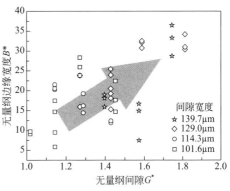

图 5-107　不同间隙宽度的无量纲边缘
宽度 B^* 与无量纲间隙 G^* 的关系

以上讨论说明，浆料只有具备高表面张力和低黏度，才能达到良好的流动性和流平性。但是，高表面张力却可能导致润湿性不好，出现缩孔，而黏度过低又会造成流挂和边缘涂布性能差。所以为了获得最佳涂层，表面张力和黏度之间的平衡很重要。涂装是一个相当复杂的过程，需要考虑很多因素才能得到最佳结果。

5.6.3.3　空气运动为主引起的弊病

（1）带状弊病　当干燥空气从圆形的喷嘴喷出，空气流速大到足以使涂层表面受到扰动时，就可能出现带状弊病。其宽度约等于喷嘴的直径。当干燥空气由长孔喷出，在孔的长度方向气流均匀，带状弊病就较少形成。

实际上这种涂层带状弊病反映的是气流不均。随气速增大、涂层厚度增加、黏度减小，带状弊病发生增多。由于随着溶剂蒸发，涂层黏度增大，涂层抗扰动能力增强，因此这种弊病多发生于干燥初期，常出现于干燥段开始处。降低气速是最主要手段，因为气速过大时，即使涂层薄、黏度大也同样会发生带状弊病。

降速干燥段也可能观察到这种弊病，这是因为此阶段虽然溶剂浓度降低了，但是高温可导致黏度下降。通常采用加快干燥速率，迅速提高黏度来减少这种弊病的产生。在降速干燥段，经常采取的做法是向空气中添加溶剂，来加快干燥速率。这是因为此时涂层表面溶剂浓度几乎为 0，溶剂在涂层内部的扩散是干燥速率的控制步骤，严重阻碍涂层表面溶剂向空气中的扩散，加入溶剂后会增大溶剂由表面向空气中的扩散速率。而在干燥末期应该使用干空气。

（2）斑状弊病　是由空气不均匀扰动引起的呈花纹状或斑状的弊病。可能是由于片幅进入干燥段之前，或在进入干燥段过程中，或在冷凝段时，有空气吹过涂层造成的。可以通过减少空气运动、增加浓度、减小湿涂层厚度、增加溶剂黏度、加大增稠剂含量等方法来减少这一弊病。重要的是在进入冷凝段或干燥器之前，加屏蔽防止杂乱气流进入。当然片幅上滞流底层上的空气进入也会出现扰动，这时通常是在冷凝段或干燥器入口维持低的负压来消除。

5.6.3.4　其他干燥弊病

（1）应力引起的弊病　卷曲和裂纹是干燥时涂层体积收缩导致的常见弊病。由于片幅不会减小，干燥时涂层体积缩小只发生在厚度方向上，并且越往上收缩越大。这样在涂层内就会产生收缩应力，并且也越往上越大。当涂层已经固化时，收缩应力就不会再通过流体流动而释放，都集中于片幅的横向。这时会产生两种情况：当涂层和片幅的韧性好时，涂层释放应力将使得片幅向内卷曲，实际上可以通过测定弯曲程度推测出收缩应力的大小；若片幅刚度很好，而涂层的韧性不足，强度不高时，涂层会被撕裂，形成泥土状的开裂。有时二者兼而有之。增塑剂的使用、减薄涂层，可以减少卷曲和开裂。在较低干燥速率时，应力能在涂层永久定型前释放出来，也有助于减少卷曲和开裂。

（2）气孔　干燥时滞留于涂膜中的气泡冲破涂膜留下像被针尖刺过的空洞称为气孔。浆料带入或涂布时引入的空气气泡、溶剂中溶解空气的逸出、溶剂挥发等均可以形成气泡造成气孔。降低黏度、降低涂布速度、片幅表面预先吹干和加入消泡剂等均可以消除气泡，减少气孔。浆料中的溶剂挥发形成气孔，多数是由于恒速干燥段很短，在降速干燥段空气温度高，涂层温度可能超过溶剂沸点而形成气泡，当气泡破裂后留下气孔。因此在降速干燥阶段，降低空气温度能够消除此类弊病，空气温度不应该超过溶剂沸点。有时表面会迅速形成表面干皮，溶剂通过干皮的扩散速率减慢，在干皮内留下的溶剂可形成蒸气泡，最终导致气孔的产生。可通过加入少量易挥发溶剂、降低干燥速率来消除。

（3）网眼状弊病　网眼状弊病是涂层中呈现的许多山丘和山谷图形的现象。这种弊病在干燥结束时是看不见的，必须将涂层放入溶剂中溶胀以后才能发现。其实质是干燥过程中的不均匀，使溶胀应力不均匀造成的。垂直于片幅的溶胀不会产生这种弊病，而平行于片幅的溶胀不均匀却是产生这种弊病的原因。这种网眼状弊病的出现还与黏结剂系统强度有关，黏结剂的强度决定了涂层会有多少变形产生。

（4）黏附力失效　干燥产生的应力可以导致黏结剂的失效或涂层和片幅之间的分离脱模。表面活性剂系统强烈影响黏附力的失效以及黏结剂在干燥时的迁移。在多层涂层中，这些应力会引起层与层的黏结失效。

（5）颗粒　颗粒是指涂膜上有明显颗粒状物存在的弊病。造成涂膜颗粒的因素很多，包括作业环境的灰尘多、涂料没有过滤、涂料中悬浮颗粒的絮凝返粗（如涂料中的炭黑就容易返粗，水分使局部颗粒絮凝）和存在溶解性差的树脂等。清洁作业环境、使用清洁空气、浆料过滤、稳定浆料、油性浆料避免与水接触等均是对症处理的有效办法。

（6）发白　干燥时溶剂涂层形成乳白色的现象，也称为褪色。产生原因是在恒速干燥段溶剂快速蒸发带走大量热量，引起表面温度低于露点，加上作业环境湿度太大，从而使水分在涂层表面凝结形成一种薄云状膜。产生这一现象后，会产生两种结果：一是涂层上的水滴膜优先溶剂挥发掉，则褪色弊病自动消失；二是水分引起聚合物在表面沉淀，聚合物不溶于水，水分蒸发后，涂层表面光泽度降低。避免这种弊病的方法是涂层温度保持在空气露点以上，或者降低空气的湿度、降低空气的露点。

5.6.3.5　缺陷与电性能

缺陷对安全性能和电性能有影响。如颗粒影响安全性能。Mohanty 等[27] 的研究，采用正极材料 NMC：PVDF：炭黑的质量比为 95：5：5，均匀分散在 NMP 中；负极石墨：PVDF：Super P 的质量比为 92：6：2；电解液为 1.2mol 的 $LiPF_6$/EC：EMC(3：7)，制成扣式电池，研究了四种不同类型的缺陷包括团聚体、针孔、金属颗粒污染物和不均匀涂层对电池性能的影响。典型缺陷如图 5-108 所示。

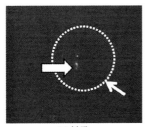 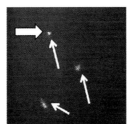

(a) 针孔　　　　　　　　　　(b) 金属颗粒

图 5-108　针孔和金属颗粒缺陷光学图像

在较高电流密度下电极团聚体和针孔库仑效率较低。电极针孔、金属颗粒污染物和不均匀的涂层倍率性能较差，尤其是在更高倍率的情况下。团聚的电极容量衰减更快。此外，容量降低的速率有可能更快，尤其是在涂覆区域和未涂覆区域之间存在更多界面时。对团聚的微观结构研究表明，团聚区域主要是富碳的，并且团聚可能降低在较高倍率下的电化学性能。他们认为用扣式电池的研究对大电池有指导意义。

5.6.4 干燥设备

（1）干燥设备简介　以锂离子生产厂家常用的辊涂为例介绍涂布干燥设备及其流程。涂布干燥设备见图5-109。涂布设备主要有如下几个系统：涂布系统（4），是将浆料剪切涂布于片幅上的设备系统；干燥系统（5），是完成涂膜干燥操作的设备系统；收放卷系统是由放卷装置（1）、张力控制装置（2）和（6）、自动纠偏装置（3）和（7）、收卷装置（8）等组成，主要进行放卷、输送片幅、收卷的过程，保证片幅的连续稳定运行。

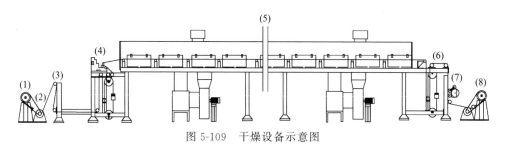

图5-109　干燥设备示意图

涂布的工艺流程为放卷（1）→张力控制（2）→自动纠偏（3）→涂布（4）→干燥（5）→张力控制（6）→自动纠偏（7）→收卷（8）。正常涂布时，在收卷电极的拉动下，片幅以恒定速度运动进入涂布装置进行涂布，然后进入烘干装置进行烘干，烘干后的片幅经过收卷装置进行收卷，单面涂布完成。然后再涂另一面。

（2）干燥器形式　锂离子电池中常用单面冲击干燥器和双面漂浮干燥器。单面冲击干燥器的片幅输送是由驱动辊和被动导辊联合完成的，片幅上部设有喷嘴将正压空气直接吹到干燥表面进行涂膜的干燥，见图5-110。在有效范围内，采用高速空气直接吹到片幅干燥表面上是冲击干燥的主要特征。在对流干燥过程中，片幅上面的边界层最容易为空气所饱和，因此边界层越厚，对水分的扩散阻碍越大，干燥效率越低，因此边界层问题成为对流干燥的主要控制步骤。在冲击式干燥器中使用了很高的空气气速，可达 $1000ft/min \sim 2000ft/min$（$5.08 \sim 10.16m/s$，$1ft/min=5.08 \times 10^{-3} m/s$），同时还要让片幅在喷嘴的有效范围内，让干燥空气的高速冲击减薄边界层，从而提高干燥效率。双面漂浮干燥器也称为漂浮式干燥器,由喷嘴从两面向片幅吹空气进行干燥,见图 5-111。空气的代替滚筒传输系统实现传输和支撑片幅的作用,同时起到对片幅进行干燥的作用。与单面冲击干燥相比,双面干燥涂层不受损伤,热效率高、干燥速率快。

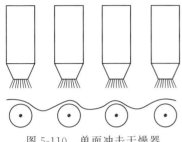

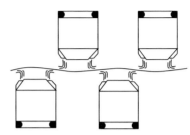

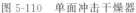

图 5-110　单面冲击干燥器　　　　　　　图 5-111　双面漂浮干燥器

(3) 溶剂安全和回收　干燥过程一定要确保干燥环境中溶剂浓度处于安全范围之内,同时不要泄漏到工作环境中。干燥通风系统设计一般在负压下操作,以防止干燥溶剂蒸气泄漏到涂布机的工作环境。负压对干燥速率也有影响,负压越大则干燥速率越快。

锂离子电池浆料通常采用较昂贵的 NMP 溶剂,直接排放至空气中会污染环境。极片涂布机一般应具有溶剂回收系统。NMP 回收系统分为冷冻式回收和吸附式回收两种。冷冻式回收是利用冷却水和冷冻水盘管使得 NMP 从空气中冷凝出来,然后通过收集达到回收目的。吸附式回收采用分子筛吸附回收,处理后废气可以直接排放,分子筛吸附 NMP 后进行脱附再生循环使用。

参 考 文 献

[1] 杨小生. 选矿流变学及其应用 [M]. 长沙:中南工业大学出版社,1995.

[2] Schmitt M,Scharfer P,Schabel W. Slot die coating of lithium-ion battery electrodes:investigations on edge effect issues for stripe and pattern coatings [J]. Journal of Coatings Technology and Research,2014,11 (1):57-63.

[3] Satas,Tracton. 涂料涂装工艺应用手册 [M]. 赵风清,肖纪君,等译. 2 版. 北京:中国石化出版社,2003.

[4] 卢寿慈. 工业悬浮液:性能,调制及加工 [M]. 北京:化学工业出版社,2003.

[5] Lim S,Kim S,Ahn K H,et al. The effect of binders on the rheological properties and the microstructure formation of lithium-ion battery anode slurries [J]. Journal of Power Sources,2015,299:221-230.

[6] 尼尔生. 聚合物流变学 [M]. 范庆荣,宋家琪,译. 北京:科学出版社,1983.

[7] Bauer W,Nötzel D. Rheological properties and stability of NMP based cathode slurries for lithium ion batteries [J]. Ceramics International,2014,40 (3):4591-4598.

[8] Bitsch B,Dittmann J,Schmitt M,et al. A novel slurry concept for the fabrication of lithium-ion

battery electrodes with beneficial properties [J] . Journal of Power Sources，2014，265：81-90.

[9] Kim K M，Jeon W S，Chung I J，et al. Effect of mixing sequences on the electrode characteristics of lithium-ion rechargeable batteries [J] . Journal of Power Sources，1999，83 (1)：108-113.

[10] Lee G W，Ryu J H，Han W，et al. Effect of slurry preparation process on electrochemical performances of LiCoO_2 composite electrode [J] . Journal of Power Sources，2010，195 (18)：6049-6054.

[11] Cho K Y，Kwon Y I，Youn J R，et al. Evaluation of slurry characteristics for rechargeable lithium-ion batteries [J] . Materials Research Bulletin，2013，48 (8)：2922-2926.

[12] 张景禹. 彩色胶片 [M] . 北京：轻工业出版社，1987.

[13] Gaskell P H，Innes G E，Savage M D. An experimental investigation of meniscus roll coating [J] . Journal of Fluid Mechanics，1998，355：17-44.

[14] Coyle D J，Macosko C W，Scriven L E. The fluid dynamics of reverse roll coating [J] . AIChE Journal，1990，36 (2)：161-174.

[15] 柯亨，古塔夫. 现代涂布干燥技术 [M] . 赵伯元，译. 北京：中国轻工业出版社，1999.

[16] Thompson H M，Kapur N，Gaskell P H，et al. A theoretical and experimental investigation of reservoir-fed，rigid-roll coating [J] . Chemical Engineering Science，2001，56 (15)：4627-4641.

[17] 张海南. 简化的多层坡流挤压涂布 [J] . 感光材料，1992 (2)：27.

[18] Gutoff E B，Kendrick CE. Low flow limits of coatability on a slide coater [J] . AIChE Journal，1987，33 (1)：141-145.

[19] Tallmadge J A，Weinberger C B，Faust HL. Bead coating instability：a comparison of speed limit data with theory [J] . AIChE Journal，1979，25 (6)：1065-1072.

[20] Benjamin T B. Waveformation in laminar flow down an inclined plane [J] . Journal of Fluid Mechanics，1957，2 (6)：554-573.

[21] Gutoff E B，Cohen E D. Coating and drying defects：troubleshooting operating problems [M] . Hoboken，New Jersey：John Wiley & Sons，2006.

[22] Schmitt M，Baunach M，Wengeler L，et al. Slot-die processing of lithium-ion battery electrodes-coating window characterization [J] . Chemical Engineering and Processing：Process Intensification，2013，68：32-37.

[23] Lee K Y，Liu L D，Ta-Jo L. Minimum wet thickness in extrusion slot coating [J] . Chemical Engineering Science，1992，47 (7)：1703-1713.

[24] Lee S H，Koh H J，Ryu B K，et al. Operability coating windows and frequency response in slot coating flows from a viscocapillary model [J] . Chemical Engineering Science，2011，66 (21)：4953-4959.

[25] Weinstein S J，Gros A. Viscous liquid sheets and operability bounds in extrusion coating

［J］. Chemical Engineering Science，2005，60（20）：5499-5512.

［26］ 张宏丽，周长丽，阎志谦编. 化工原理［M］. 北京：化学工业出版社，2006.

［27］ Mohanty D，Hockaday E，Li J，et al. Effect of electrode manufacturing defects on electro-chemical performance of lithium-ion batteries：Cognizance of the battery failure sources ［J］. Journal of Power Sources，2016，312：70-79.

第 **6** 章

锂离子电池极片辊压

6.1
概述

极片辊压一般安排在涂布干燥工序之后，裁片工序之前，是正负极金属集流体（正极是铝箔，负极是铜箔）上的涂布粉体电极材料经过辊压机压实的过程，如图 6-1 所示。极片进入辊压机后，在对辊压力的作用下，极片中的活性颗粒发生流动、重排以及嵌入，颗粒之间的空隙减少，排列紧密化。辊压主要目的是减小极片厚度，提高粉体层单位体积的活性物质担载量，即提高充填密度，从而达到提高电池容量的目的。辊压良好的极片具有较大的充填密度，厚度均匀，同时极片柔软、不引入杂质，极片金属不产生塑形变形，或者塑形变形量很小。

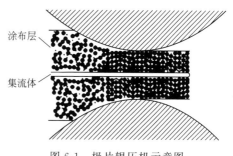

涂布层
集流体

图 6-1　极片辊压机示意图

极片辊压过程是粉体的重排和致密化过程，涉及粉体学基础知识和辊压的基本知识。因此本章首先介绍粉体学原理和辊压原理，然后介绍锂离子电池中的辊压设备和工艺。

6.2
粉体基本性质

粉体具有与液体类似的流动性，与气体类似的可压缩性，且具有固体的抗变形能力，因此常把粉体作为第四种物态来考虑。粉体学就是研究具有各种形状粒子集合体性质的科学。粉体学研究的粒子尺寸大部分在 $0.1\sim100\mu m$ 之间，少部分粒子也可小到 1nm 或大到 1mm。粉体的辊压过程主要受粉体基本性质的影响，如粉体的粒度及其分布、形态、密度、比表面积、空隙分布、表面性质、力学性质和流动性能等，表现为充填性能和压缩性能的不同。下面首先对粉体基本性质进行讨论，然后讨论粉体的充填性能和压缩性能。

6.2.1 粒度与形状

（1）粒度　粒度指粒子占据空间的三维尺寸。球形颗粒可以直接用直径即粒径来表示粒度。实际粉体颗粒通常为不规则形状，因此人们定义了很多种等效直径的粒度表达方式。如三轴径法［图 6-2(a)］，在一水平面上，将一颗粒以最大稳定度放置于每边与其相切的长方体中，用该长方体的长度 l、宽度 b、高度 h 的平均值定义粒度平均值；定向径法［图 6-2(b)(c)(d)］采用固定方向测定颗粒的外轮廓尺寸或内轮廓尺寸作为粒度，对应一个颗粒可以取多个方向的平均值，对应粉体可以取多个方向的统计平均值；投影圆当量径法［图 6-2(e)］，采用与颗粒投影面积相同的圆的直径作为等效直径；还有球当量径法，把等体积球的直径定义为颗粒的等效直径，或把等表面积球的直径作为颗粒等效直径[1]。

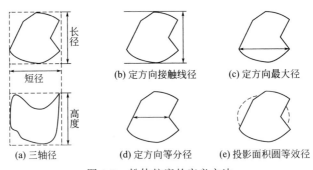

图 6-2　粉体粒度的定义方法

由于实际粉体颗粒的大小不同，通常用平均粒度来表示粉体颗粒的直径，平均粒度是颗粒直径的统计平均值，这些粒子直径的表达方式通常具有统计学意义。

（2）颗粒形状　实际粉体颗粒具有不同的形状，电池常用的正负极材料颗粒形状见图 6-3 和图 6-4。人们对颗粒形状通常采用定性描述，例如，纤维状、针状、树枝状、片状、多面体状、卵石状和球状等。有时人们也用空间维数来表示，如一维颗粒，表示线形或棒状颗粒，二维颗粒表示平板形颗粒，三维颗粒表示颗粒长宽高具有可比性的颗粒。

为规范颗粒形状的表示方式，人们常用真球形度、实用球形度和圆形度来定量表示。真球形度为颗粒等体积球的比表面积与颗粒实际比表面积之比；实用球形度为与颗粒投影面积相等圆的直径与颗粒投影图最小外接圆直径之比；圆形度为与颗粒投影面积相同圆的周长与颗粒投影轮廓周长之比。

（3）粒度分布　粒度分布是不同粒径的粒子颗粒群在粉体中的分布。通常用一定步长的粒径宽度范围内，颗粒的体积占颗粒总体积的百分数表示这个粒径宽度范围的分布，以粒径为横坐标，以百分数为纵坐标作图可以得到方框形粒度分

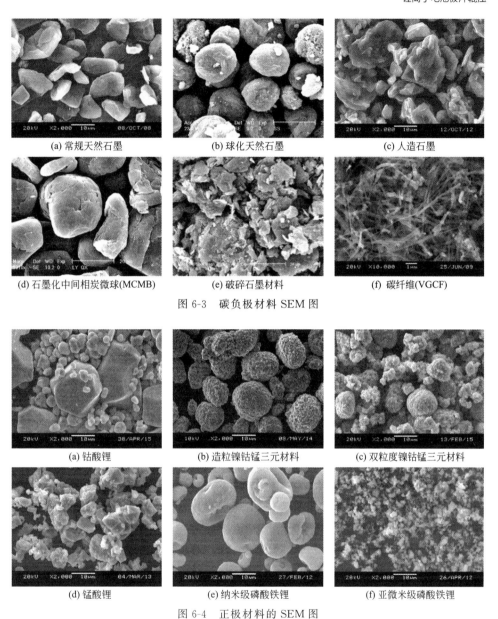

(a) 常规天然石墨　　　　　(b) 球化天然石墨　　　　　(c) 人造石墨

(d) 石墨化中间相炭微球(MCMB)　　(e) 破碎石墨材料　　　　(f) 碳纤维(VGCF)

图 6-3　碳负极材料 SEM 图

(a) 钴酸锂　　　　　(b) 造粒镍钴锰三元材料　　　　(c) 双粒度镍钴锰三元材料

(d) 锰酸锂　　　　　(e) 纳米级磷酸铁锂　　　　　(f) 亚微米级磷酸铁锂

图 6-4　正极材料的 SEM 图

布曲线（图 6-5）。其中图 6-5(a) 为微分型分布曲线，也叫频率分布曲线或区间分布曲线，表示一定粒度区间中颗粒体积或质量占颗粒总量的百分比[1]。图 6-5(b) 为颗粒的累计分布曲线，通常表示粒度小于或大于某个粒度的颗粒体积占总体积的百分率。二者之间关系是从累计曲线的导数可以得出粒度频率分布曲线。上面介绍的是以体积分数来表示的，也可以用质量分数来表示。当粒径宽度的步长无限小时，就可以得到圆滑的粒度分布曲线。

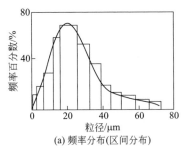
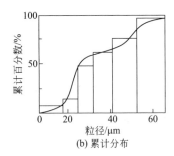

(a) 频率分布(区间分布)　　　　(b) 累计分布

图 6-5　粒度分布示意图

人们通常用筛下累计百分率为 10％、50％、90％和 100％时的 4 个粒度值表示颗粒直径及分布状况，相应表示为 d_{10}、d_{50}、d_{90} 和 d_{100}。d_{10} 指小于该粒度值的颗粒数量占颗粒总量的 10％，可间接表示细颗粒多少；d_{50} 表示颗粒度大于该值和小于该值的颗粒各占 50％，也叫中位径；d_{90} 指粒度小于该粒度时的颗粒数量占总量的 90％，可间接表示粗颗粒多少；d_{100} 对应的粒度可以认为是最大粒度值。在粒度分布曲线上，可以读出粉体的最大直径和最小直径。

频率分布曲线可分别由体积分数和粒子数量分数表达，如图 6-6(a) 是同一

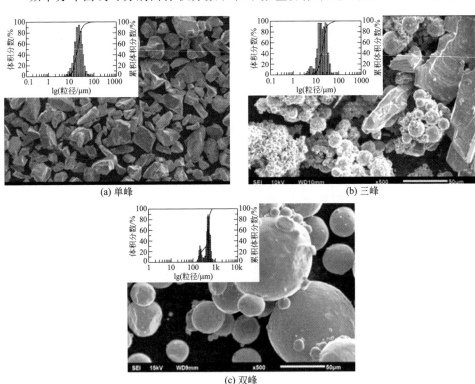

(a) 单峰　　　　　　　　　　　　(b) 三峰

(c) 双峰

图 6-6　粒度形貌及分布曲线

样品的体积频率分布曲线和粒子数量频率分布曲线。图 6-6(a) 呈单峰正态分布，说明比 d_{50} 小的粒子体积和比 d_{50} 大的粒子体积各占一半。在图 6-6(b)(c) 以粒子数量计量的频率分布曲线上，对比 d_{50} 左右的峰下面积大小可以表示颗粒大小分布的偏移情况，d_{50} 左侧的峰下面积大时，表明小颗粒数量多。图 6-6(b) 显示的为三峰分布，图 6-6(c) 显示的为双峰分布。常见电极材料的粒度分布情况见表 6-1。

表 6-1　常见电极材料的粒度分布和比表面积

电极材料	$d_{10}/\mu m$	$d_{50}/\mu m$	$d_{90}/\mu m$	比表面积/(m^2/g)
天然石墨粉末	6.0～13.5	12.4～24.8	25.2～35.1	1.5～3.0
鳞片石墨粉末	≥3.5	8.6～32.5	≤45.2	0.5～2.0
钴酸锂粉末	≥1.2	5.0～12.8	≤35	0.15～0.6
磷酸铁锂粉末	1.2～6.2	8.2～28.3	29.2～38.1	10～15
$LiNi_xCo_yMn_zO_2$	≥5	9～15	≤25	0.25～0.6
锰酸锂粉末	≥2.0	8～25	≤40	0.4～1.0

6.2.2　群聚集性质

（1）粉体的密度　粉体密度为粉体的总质量与总体积之比。因粉体总体积的定义不同，有三种形式的粉体密度，即充填密度、颗粒密度和真密度[2]。充填密度对应的粉体总体积包含有颗粒间的空隙和颗粒内部的微孔，也叫堆密度。颗粒密度对应的粉体总体积为颗粒的体积之和，只包含颗粒内部的微孔，不包含颗粒间的空隙，也叫视密度。真密度对应的粉体总体积为不包括颗粒内微孔和颗粒外空隙的真实体积之和。粉体密度大小顺序为，真密度＞颗粒密度＞充填密度。

充填密度又分为松装密度、振实密度和压实密度。其中松装密度是颗粒在无压力下自由堆积的密度；振实密度是利用振动使颗粒之间排列更为紧密后测定的充填密度；在加载压力时，经过外部载荷挤压后测定的充填密度叫压实密度。通常充填密度的大小顺序为压实密度＞振实密度＞松装密度。

在锂离子电池设计过程中，重点关注压实密度。

$$压实密度＝面密度/(极片碾压后的厚度－集流体厚度)$$

锂离子电池中应用材料的密度见表 6-2。

表 6-2　几种电极材料的密度

电极材料	松装密度/(g/cm^3)	振实密度/(g/cm^3)	压实密度/(g/cm^3)	真密度/(g/cm^3)
石墨	≥0.4	≥0.9	1.5～1.9	2.2

电极材料	松装密度/(g/cm³)	振实密度/(g/cm³)	压实密度/(g/cm³)	真密度/(g/cm³)
锰酸锂	≥1.2	1.4~1.6	2.9~3.1	4.28
$Li(Ni_xCo_yMn_z)O_2$	≥0.7	2.2~2.5	3.3~3.6	4.8
钴酸锂	≥1.2	2.1~2.8	3.6~4.2	5.1
磷酸铁锂	≥0.7	1.2~1.5	2.1~2.4	3.6

（2）充填率、空隙率和孔隙率　在锂离子电池中，正负极活性物质的空隙和孔隙是电解液和锂离子的扩散通道，充填率、空隙率和孔隙率是从密度以外的另一个角度衡量活性物质充填情况的指标[3]。

粉末集合体的充填密度与真密度的比值称为充填率，计算公式可用下式表示：

$$\eta = \rho_A / \rho_T \tag{6-1}$$

式中，η 为充填率；ρ_A 为充填密度；ρ_T 为真密度。

粉末集合体颗粒间的空隙占颗粒堆积体积的百分数称为空隙率，计算公式可用下式表示：

$$\varepsilon = 1 - \rho_A / \rho_T \tag{6-2}$$

式中，ε 为空隙率；ρ_A 为充填密度；ρ_T 为真密度。

粉末集合体颗粒中的孔隙体积占颗粒体积的百分数，称为孔隙率，计算公式可用下式表示：

$$\varepsilon' = 1 - \rho_p / \rho_T \tag{6-3}$$

式中，ε' 为孔隙率；ρ_p 为颗粒密度；ρ_T 为真密度。

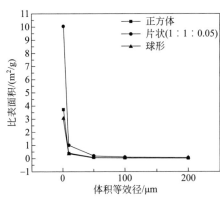

图 6-7　颗粒形态、粒度与比表面积的关系

（3）粉体的比表面积　粉体的比表面积为单位质量粉体具有的表面积，用 m^2/g 表示。表面积包括颗粒的内部孔隙的表面积和颗粒外表面积。当颗粒内部没有孔隙时，则表面积为颗粒的外表面积之和，此时粉体比表面积与直径的关系见图 6-7。由图 6-7 可知，当颗粒形状相同时，随着粒度的减小，比表面积增大。而当体积等效直径相同时，颗粒的球形度越大，则表面积越小。所以，球形粉体的比表面积最小[4]。当颗粒内部存在孔隙时，粉体的比表面积要大于图 6-7 中的比表面积。锂离子电池正负极材料的粒径和比表面积见表 6-1。

（4）粉体的流动性　粉体在重力下的流动性能称为流动性。评价粉体流动性的测试方法很多，如采用重力流动形式时是测定粉体的休止角。休止角越大，流动性越差，如图6-8所示。

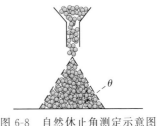

图6-8　自然休止角测定示意图

通常采用的评价方法见表6-3，不同流动性评价方法所得结果也有所不同，应采用与处理过程相对应的方法定量测量粉体的流动性。

表6-3　流动形式和相对应的流动评价方法

流动形式	现象或操作	流动性的评价方法
重力流动	粉体由加料斗中流出,使用旋转型混合器充填	测定流出速度、壁面摩擦角、休止角
振动流动	振动加料,振动筛充填、流出	测定休止角、流出速度、视密度
压缩流动	压缩成形(压片)	测定压缩度、壁面摩擦角、内部摩擦角
流态化流动	流化层干燥,流化层造粒,颗粒的空气输送	测定休止角、最小流化速度

锂离子电池制备过程中比较重视的是压实密度和空隙率，通常应采用压缩流动表征粉体流动性。在一定范围内，粉体的压缩流动性能越好，则越容易压实加工[5-8]，单位体积充装的活性物质越多，制备电池的容量越大。

6.3
粉体充填模型和充填密度

6.3.1　理想充填模型

（1）单一粒径球形粉体充填模型　当粉体颗粒为单一粒度的球形时，理想情况下，颗粒的规则堆砌方式有6种（见图6-9），不同堆积方式的空隙率和配位数（单颗粒周围直接接触的颗粒数量）见表6-4。其中密度最大、配位数最大、空隙率最小的为面心立方充填［图6-9(c)］和六方最密充填［图6-9(f)］，配位数均为12，空隙率均为0.2595。

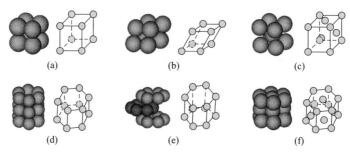

图 6-9　Graton-Fraser 等大球形粒子的排列

表 6-4　各种充填方式的体积和空隙率

代号	充填方式	空隙率	配位数
(a)	立方体充填、立方最密充填	0.4764	6
(b)	四方系正斜方体充填	0.3954	8
(c)	面心立方充填或四方系菱面体充填	0.2595	12
(d)	六方系正斜方体充填	0.3954	8
(e)	楔形四面体充填	0.3019	10
(f)	六方最密充填或六方系菱面体充填	0.2595	12

（2）双粒径球形粉体的充填模型　双粒径球形粉体的充填可以采用 Hudson 充填模型。Hudson 充填模型中，将半径为 r_2 的小直径等径球充填到半径为 r_1 的较大直径的均一球六方最密充填体的空隙中。6 个大粒径的球形颗粒密集堆砌形成四角孔，4 个大粒径的球形颗粒堆砌形成三角孔，利用小粒径球形颗粒充填四角孔和三角孔，研究当两种粒径 r_2/r_1 在不同值时装入四角孔和三角孔的小粒径颗粒数量及空隙率。当 $r_2/r_1 < 0.414$ 时，粒子可充填到四角孔中；$r_2/r_1 < 0.225$ 时，还可充填到三角孔中。将 r_2 球按照一定数量充填到 r_1 体系中时，空隙率见表 6-5，由表可知 $r_2/r_1 = 0.1716$ 时的三角孔支配的充填最为紧密。

表 6-5　Hudson 充填模型数据

充填状态	装入四角孔的球数	r_2/r_1	装入三角孔的球数	空隙率
四角孔支配的充填	1	0.4142	0	0.1885
	2	0.2753	0	0.2177
	4	0.2583	0	0.1905
	6	0.1716	4	0.1888
	8	0.2288	0	0.1636
	9	0.2166	1	0.1477
	14	0.1716	4	0.1483
	16	0.1693	4	0.1430
	17	0.1652	4	0.1469
	21	0.1782	1	0.1293
	26	0.1547	4	0.1336
	27	0.1381	5	0.1621

续表

充填状态	装入四角孔的球数	r_2/r_1	装入三角孔的球数	空隙率
	8	0.2248	1	0.1460
三角孔支配的充填	21	0.1716	4	0.1130
	26	0.1421	5	0.1563

（3）多粒径球形粉体的充填模型　多粒径球形颗粒的充填形式多而复杂，应用较广的充填模型为 Horsfield 充填模型。Horsfield 充填模型研究了用多种不同粒径的圆球分别填入最大粒径等径圆球充填形成的空隙形成最密充填的情况。在六方最密排列中，堆砌模型空隙形式有两种孔形，即 6 个球围成的四角孔和 4 个球围成的三角孔。将构成这两种孔形最大的球称为一次球（半径 r_1），填入四角孔中的最大球称为二次球（半径 r_2），填入三角孔中的最大球称为三次球（半径 r_3），其后，再填入四次球（半径 r_4），五次球（半径 r_5），最后以微小的均一球填入残留的空隙中，这样就构成了六方最密充填，见图 6-10。

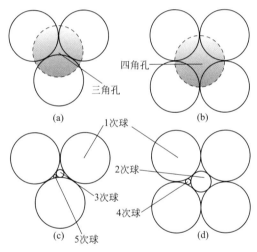

图 6-10　Horsfield 充填

经过计算，表 6-6 列出了球逐次填入时的空隙率，当以 r_1 球单独充填时，空隙率为 0.260，当按照一定比例，引入二次球 r_2、三次球 r_3 等，空隙率不断下降。五次球加入后，空隙率降低到 0.149，空隙率的极限值是 0.039。

表 6-6　Horsfield 充填的空隙率

充填状态	球的半径	球的相对个数	空隙率
一次球	r_1		0.260
二次球	$0.414r_1$	1	0.207
三次球 K	$0.225r_1$	2	0.190

续表

充填状态	球的半径	球的相对个数	空隙率
四次球 L	$0.177r_1$	8	0.158
五次球 M	$1.116r_1$	8	0.149
充填材料	极小	极多	0.039

（4）非球形粉体充填模型和最大充填密度　非球形颗粒形状一般有多面体状、棒状和圆片状等。对于均一粒度的粉体，在理想规则排列情况下，当颗粒形状为棒状和圆片状时，它们的空隙率同为 0.2150，均小于球形粉体的空隙率 0.2595；而颗粒形状为多面体时，理想的六面体可以堆积出空隙率为零的最大充填密度，而其他多面体也可以类似积木状堆积排列，可以得到较低的空隙率[9-11]，如图 6-11 所示。对于粒度不均匀的粉体，小颗粒可以充填到大颗粒间的空隙中，可以得到更高的充填密度。

(a) 球形颗粒　　(b) 不规则颗粒　　(c) 六面体颗粒

图 6-11　颗粒粉体的理想充填模型

6.3.2　实际粉体充填密度

（1）实际粉体的充填特点　均一粒径球的实际粉体，配位数降低、间隙增大、存在空位和搭桥。由均一粒径球组成的实际粉体，充填时并非以图 6-9 中（c）和（f）的规则最紧密堆砌，而是由于颗粒间力的作用还存在间隙增大、空位和搭桥等缺陷，如图 6-12 所示。充填缺陷所占空间越大，充填密度越小。均一球构成的实际粉体的空隙率大于理想最密充填空隙率的 0.2595（表 6-4），充填率小于 0.7405。以图 6-9 中（c）和（f）堆砌所占比例越大，平均配位数越大，充填密度就越大。

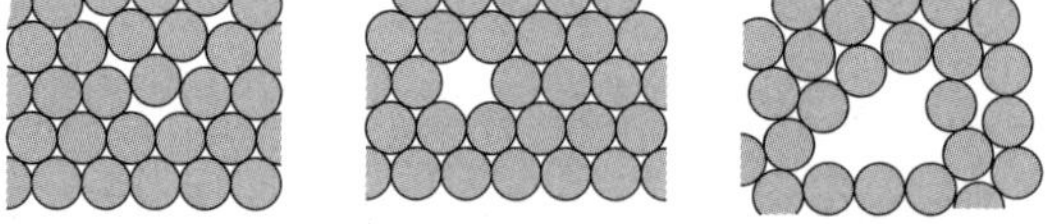

(a) 间隙增大　　　　(b) 空位　　　　　(c) 搭桥

图 6-12　粉体的间隙增大、空位和搭桥

由于实际粉体的粒径、分布、形状、表面粗糙度和颗粒间力的不同，可能导致实际充填情况变得更为复杂[12-14]。比如棒状颗粒粉体虽然在理想充填情况下可以获得比球形粉体更大的充填密度，但实际充填过程中存在的交叉和搭桥等现象严重，一般充填密度较低。对于多面体状颗粒的粉体，在松装充填时，充填密度比球形颗粒充填密度小；但在压力充填时，充填密度比球形颗粒的大。

（2）不连续粒度体系实际粉体充填　从粉体的粒度分布看，可分为不连续粒度体系和连续粒度体系。不连续粒度体系由几级间断的粒度尺寸的颗粒组成。不连续粒度体系更易形成最密充填[15]。Tanaka 等[16] 对双粒径球组成的实际粉体充填进行了研究。实验采用的是实际充填率均为 0.6 的粉体。他们将直径为 503～590μm 的粗颗粒粉体与不同体积分数的细颗粒粉体混合，所得粉体的充填率如图 6-13 所示。由图 6-13 可知，两种颗粒混合体系的充填率均大于单一颗粒体系的充填率。并且随着粗颗粒体积分数的增大，充填率先直线上升，然后直线下降，在大颗粒体积分数为 71％时出现最大值。充填率最大值随着细颗粒直径的减小而增大，在细颗粒粒径为 74～88μm 时，空隙率最小，此时细颗粒与粗颗粒直径之比为 0.148 左右。当细颗粒与粗颗粒直径之比更小时，可能空隙率更小。

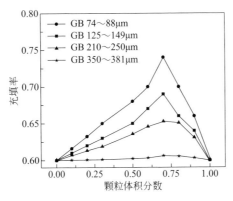

图 6-13　大颗粒玻璃球（GB 503～590μm）与小颗粒玻璃球混合的充填率

由 Furnas 最早提出：当由多级粒度颗粒组成堆积时，如果采用三种不同粒度颗粒，中间颗粒应恰好充填在粗颗粒的空隙中，而细颗粒恰好填入粗颗粒、中间颗粒形成的空隙中，由此可构成最紧密堆积。如果由多级不连续粒度组成，加入越来越细的颗粒时，便可使空隙率越来越接近于零。但构成这种粒度分布时，各级颗粒量要形成几何级数。

（3）连续粒度体系实际粉体的充填　连续粒度体系的粉体是由某一粒径范围所有尺寸的颗粒组成。Fuller 曲线是报道的一种最密充填粒度分布经验曲线，当连续粒径体系累积分布曲线符合 Fuller 曲线（图 6-14）时，就可以实现最密充填。Fuller 曲线中，在粒径比 0.1 时累计筛下率（$U_{(d_p)}$）为 37.3％，大于该粒径比的部分呈直线，小于该粒径比的部分近似于椭圆形，累计筛下 17％处与纵坐标相切（图 6-14）。

Andreasen 研究了连续粒度分布时粉体的空隙率，他用下式表示连续粒度分布情况：

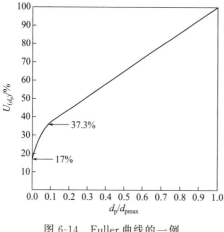

图 6-14　Fuller 曲线的一例

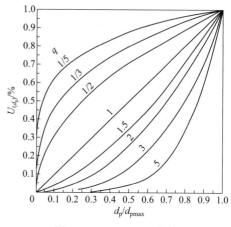

图 6-15　Andreasen 曲线

$$U_{d_p} = \left(\frac{d_p}{d_{pmax}}\right)^q \tag{6-4}$$

式中，U_{d_p} 为累计筛下百分数；d_p 为粒径；d_{pmax} 为最大粒径；q 为 Fuller 指数。

　　取不同 q 值做出连续粒度分布曲线，如图 6-15 所示。Andreasen 认为空隙率随着 q 的减小而下降，当 q 在 1/3～1/2 范围内，具有最小空隙率，此时粒度分布曲线与 Fuller 曲线类似。

6.4
实际粉体压缩性能

6.4.1　压缩过程

　　粉体在压力作用下的充填过程十分复杂，如图 6-16 所示。初始状态，粉体之间充填不紧密，粉体间的空隙率大，见图 6-16(a)。当对粉体施加压力作用，粒子滑动重新排列形成紧密堆积状态，颗粒之间的空隙率减小，见图 6-16(b)。随着压力的增大，粒子发生弹性变形，颗粒之间的空隙率变化不大，但孔径有所减小，见图 6-16(c)。再进一步增大压力，一些粉体发生塑性变形（不可恢复的形变），孔径进一步减小见图 6-16(d)，另一些脆性体系则发生破碎，见图 6-16(e)，由于破碎颗粒充斥空隙中，所以孔径减小显著。

　　实际上压缩过程可能是复合过程，弹性与塑性形变交织在一起，在弹性形变

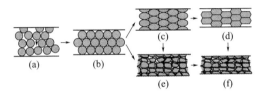

图 6-16 粉体在压力下的充填过程

中有部分塑性形变，而在塑性形变中也有部分弹性形变。当粉体发生变形时，其中的塑性形变部分不可恢复，而弹性阶段的变形可以恢复。只有脆性较强的体系才能直接由弹性形变（c）进入破碎状态（e）。进入破碎变形充填阶段，可以得到更高的压实密度，但是在锂离子电池极片制备过程中，要控制合适的空隙率，不希望发生粉体破碎。

6.4.2 压缩曲线

压缩曲线是研究粉体在压力作用下充填过程的重要工具。压缩曲线的测定方法，根据压制压强可分为定压测定法和变压测定法。一般为方便比较不同粉体的压缩性能，采用定压法测量压缩曲线的较多。根据不同研究需要，压缩曲线有压实密度-压强曲线、压缩循环曲线、压缩应力-压缩位移曲线、Heckel 曲线等。

测定压缩曲线的典型装置如图 6-17 所示。测定时，将粉体装入模具内，以恒定速度平稳地加压，测定压缩上冲位移、上冲压力 F_V、径向力 F_R、摩擦力（损失力）F_D、下冲力 F_L。压坯的高度与直径之比小于1.0，模具在最高实验压强下的径向弹性形变 $\varepsilon = 0$。可以用于测定压实密度-压强曲线、压缩循环曲线和压缩力-压缩位移曲线等。

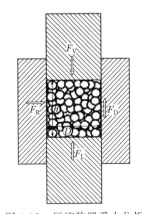

图 6-17 压缩装置受力分析

除此以外，还有一些简易的压缩曲线测定装置，如单轴单向压制，通常只用来测定压实密度-压强曲线。

（1）压实密度-压强曲线 将压制压强与压实密度作图，可以得到压制压强与压实密度曲线，即压实密度-压强曲线。锂离子电池电极材料压实密度-压强曲线如图 6-18 所示，随着压制压强的增大，压实密度先快速上升后缓慢上升。

（2）压缩循环曲线 将压缩过程中轴向压强与径向压强的关系作图，可以得到图 6-19 的压缩循环图，反映了在压缩过程中径向压强随轴向压强的变化规律。其中，OA 段，径向压强随着轴向压强增大而增大，呈现线性关系，反映的是粉体的弹性变形过程；AB 段，径向压强随着轴向压强增大而增大，呈现线性关系，但是斜率增大，反映的是粉体的塑性变形或颗粒的破碎过程；BC 段，压缩过程在 B 点时解除施加的压力，径向压强随着轴向压强减小而减小，BC 段平行于 OA 段，是弹性恢复阶段；CD 段，径向压强随轴向压强减小而减小，但是斜率变小，CD 段平行于 AB 段；DO 段，表示残留模壁压强，其大小反映物料的塑性大小。

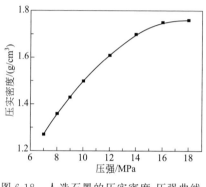

图 6-18 人造石墨的压实密度-压强曲线

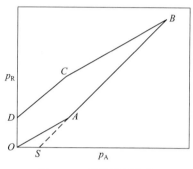

图 6-19 压缩循环曲线

（3）压缩应力-压缩位移曲线 将压缩应力（压强）与压缩位移作图，得到如图 6-20 曲线。实际粉体的压缩曲线是实线 $OQAC$。OQ 段，随着压缩位移增大，压缩应力不发生变化，属于粉体移动、紧密排列阶段；QA 段，随着压缩位移增大，压缩应力逐渐增大，但不是线性增大，此为压制过程；AC 段，在 A 点解除压力，A 表示最终压缩应力，此段压缩位移变小，压缩应力也变小，为弹性恢复过程。AC 段越接近垂直，粉体越接近塑性物质；当曲线变为 AB 时，为纯塑性物质。

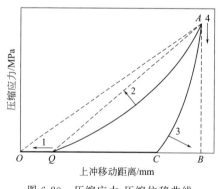

图 6-20 压缩应力-压缩位移曲线

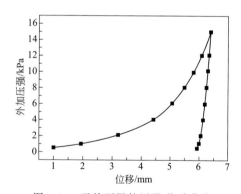

图 6-21 天然石墨的压强-位移曲线

利用压缩应力-压缩位移曲线，可以通过功的计算了解压缩过程中的能量消耗情况。功等于上冲力与位移的乘积。由于压缩应力随上冲移动距离的变化而变化，因此在压缩过程中所做的总功是压缩曲线 QA 下的面积，即 QAB 所围的面积，其中 CAB 所围的面积表示弹性恢复所做的功。总功减去弹性功得到用于压缩成型所做的功，即 QAC 所围的面积。用于压缩成形所做的功包括粒子重排时克服颗粒间的摩擦力和排斥力所做的功、塑性变形所做的功、粒子破碎所做的功和粒子与模圈壁之间摩擦所做的功。在锂离子电池极片辊压过程中所做的功可能以粒子重排时克服颗粒间的摩擦力和排斥力所做的功为主。图 6-21 为天然石墨的压强-位移曲线。

（4）Heckel 方程　空隙率-压强关系常用 Heckel 方程表示，它是总结压缩应力和密度变化关系整理的半经验公式，其表达式如下[17]：

$$\ln[1/(1-D)]=kp+A \tag{6-5}$$

式中，p 为压强；D 为压强为 p 时粉体柱的相对密度；k 和 A 为常数，可以从 $\ln[1/(1-D)]$ 与 p 的关系中的直线部分的斜率和截距中获得。A 的物理意义可由 $A=\ln[1/(1-D_A)]$ 来理解，其中相对密度 D_A 为在低压下粒子发生重排后，形变之前的最大密度。此值可能与锂离子电池极片的压实密度密切相关。k 是衡量粉体可塑性大小的参数。k 值越大，即相同的压力改变引起的密度变化越大，粉体的可塑性越大。实验结果表明，当 k 为常数时为直线关系，表明粉体相对密度变化是由塑性变形引起的；如果 k 是变量则为曲线关系，表明相对密度变化是由重新排列、破碎等引起的。

取两到三种粒度的同一类粉体，测定 Heckel 曲线。可得三种曲线，见图 6-22。A 型粉体，随压强增加，$\ln[1/(1-D)]$ 增加，曲线保持平行变化。一般来说 A 型粉体先进行粉体重排，然后由于塑性流动引起致密化，如 NaCl。B 型粉体，随压强增加，$\ln[1/(1-D)]$ 增加，开始阶段曲线稍有弯曲，之后合为一条曲线。为 B 型粉体粉末的致密化是由粒子的破碎所致，不同初始堆积状态对之后的致密化没有影响，如乳糖和蔗糖等。C 型粉体，随压力增加，$\ln[1/(1-D)]$ 增加，开始时呈陡峭直线，之后合为一条水平直线。为 C 型粉体的致密化是塑性流动引起

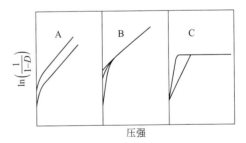

图 6-22　根据 Heckel 方程划分
的压缩特性的分类

的，但是初始阶段观察不到粒子的重新排列。

Heckel 方程通常适用于中高压、低空隙率的物质。由于粉体的压缩过程十分复杂，迄今为止，仍然没有一个方程能够描述整个压缩过程，很多压缩过程还需要实验确定。

6.4.3 充填和压实的调控

极片涂层粉体的充填和压实过程，体现为粉末流动和重排、弹性和塑性变形、破碎这几种现象。需要克服摩擦力、表面作用力、弹性变形、塑性变形和破碎等做功。下面从粉体的粒度及其分布、颗粒形状、表面粗糙度、颗粒的强韧性、添加剂、水分等方面讨论影响充填和压缩的因素[17-19]。

（1）粒度及其分布　对于同一物质、粒径单一、几何形状相似的粉体，在松装情况下：颗粒直径大于$200\mu m$时，比表面积小，导致颗粒间的接触面积小，颗粒间相互作用力包括机械纠缠力和摩擦力小，流动性较好，充填密度大，空隙率小；颗粒直径小于$100\mu m$时，比表面积大，颗粒间机械纠缠力、摩擦力、黏着力大于重力，流动性较差，充填密度小，空隙率大。颗粒直径介于$200\sim$ $100\mu m$之间时处于过渡阶段。尺寸较小、不规则颗粒的空隙率明显大于尺寸较大颗粒的空隙率，球形颗粒也表现出相同规律。

在压力作用下，粉体更容易流动和重排，颗粒直径大于$200\mu m$时的压实密度要大于颗粒直径小于$100\mu m$时的压实密度，这是因为颗粒大时，颗粒间接触面少，接触面积小，颗粒间摩擦力小，颗粒间隙占据体积小，更容易得到大压实密度[20]。

实际粉体都有相应的粒度分布，粒度分布对充填的影响更显著。对于同一物质、颗粒几何形状相似和筛分尺寸相当的粉体，在松装情况下：粒度分布范围较大的粉体，松装密度小；而粒度分布范围较小的粉体，松装密度大。这是因为尺寸分布宽度大的粉体具有更多小颗粒，流动性差，导致松装密度小，空隙率大[21]。

在压力作用下，粉体的充填表现出与松装相反的性质。当压力大于$2MPa$时，粒度分布范围较大的粉体，压实密度大于粒度分布范围较小的粉体。这是因为在压力作用下，发生流动和重排，尺寸分布宽度大的粉体具有更多小颗粒充填到空隙中，导致压实密度大，空隙率小。

（2）颗粒形状　在松装情况下，一般认为颗粒球形度大时，流动性好，空隙率小。当颗粒呈球形时，在流动情况下，颗粒较多发生滚动，颗粒间摩擦力小，所以流动性较好，易于充填，空隙减小。而颗粒形态偏离球形，一般偏离越大、形状越不规则，其休止角越大，流动性就越差，不利于充填，空隙越大。

在压力作用下，多面体状粉体比球形颗粒粉体的压实密度更大。这是因为在压力作用下，多面体状粉体的流动性得到改善，相互结合更紧密，更容易得到比球形颗粒粉体更大的压实密度[22-24]。如图6-23所示，球磨后粉体棱角已经消除，较未球磨的粉体填充密度小。

（3）表面粗糙度　颗粒表面越粗糙，表面积越大，颗粒间摩擦力越大，流动性越差，拱桥效应更加显著，粉体内部空隙越多，空隙率越大，见图6-24。显而易见，在压力作用下，能够克服颗粒间的摩擦力，改善流动性，使颗粒排列更紧密[25]。

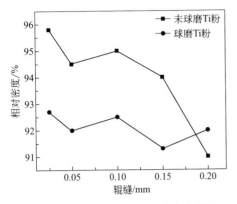

图 6-23　粒子尺寸和形状对密度的影响
（相对密度指与同质量同种无空隙致密物质的密度相比）

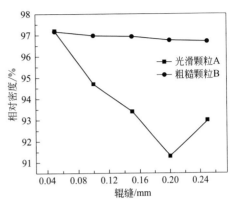

图 6-24　表面粗糙度对密度的影响

（4）颗粒的强韧性　在压力作用下，粉末不但发生流动和重排，还会发生变形和破碎。颗粒塑性变形和破碎有利于压实密度增大，当颗粒发生塑性变形时，颗粒之间的接触面积增加，空隙率降低，压实密度增大。脆性粉体颗粒粉碎后，更为细小的新生颗粒会充填到空隙中，显著提高压实密度。而颗粒弹性变形不利于压实密度增大，当粉末颗粒弹性变形在压力撤销后恢复时，空隙率也随之恢复变大。在锂离子电池中，正负极材料通常具有改性的包覆层，不希望破碎现象发生，但材料能够塑性变形，有利于获得更大压实密度。

（5）添加剂　在粉体中加入的具有一定功能的其他物质称为添加剂。常见的影响粉体充填和压实性能的添加剂包括助流剂、黏结剂和导电剂。

助流剂附着于颗粒的表面，能够改善颗粒的表面性质，吸附颗粒中的气体，从而减小了粒与粒之间的摩擦力，使之光滑，有助于改善流动性，增大充填密度。滑石粉和微粉硅胶就是典型的助流剂。

黏结剂为可溶性的有黏结作用的高分子材料，它包裹于活性物质表面，充填在颗粒空隙之间。黏结剂会增大流动阻力，降低流动性能。将锂离子电池的粉体材料和黏结剂制浆、浇注和干燥，制备出粉体柱，进行压缩，测定压缩曲线。加入黏结剂后，与未加入黏结剂的相比，需要更大的压力获得相同压实密度；并且不同黏结剂也会获得不同的压实密

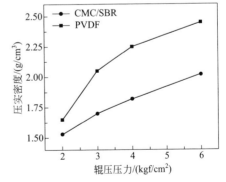

图 6-25　黏结剂对石墨电极压实密度的影响[26]
（1kgf/cm² ＝ 98.0665kPa）

度，如图 6-25 和图 6-26。当黏结剂加入量增大后，压力也随之增大。因此，极片的压缩过程不但要克服颗粒间的摩擦力和作用力，还要克服颗粒间黏结剂的黏结力、黏结剂的弹性和塑性变形抗力，致使粉体的流动和重排阻力大幅度增加。

在黏结剂存在的情况下，不同的导电剂对压实密度具有不同的影响：导电石墨和炭黑有利于压实密度提高，碳纳米管和气相生长碳纤维不利于压实密度提高。这是因为前两者为三维颗粒状物质，容易充填；后两者为纤维状，容易搭桥，导致粉体压实密度低。

（6）水分　水分对流动性和压缩过程的影响是表面作用的结果。粉体在干燥状态时，其流动性一般较好。而粉体在相对湿度较高的环境中吸附一定量水分后，粒子表面形成了一层吸附水膜，使表面能增大，颗粒之间吸引力增大，从而使流动性变差，颗粒重排不容易进行。在压力作用下，颗粒内部孔隙中的水会被挤出，在颗粒之间存在较多水分形成更厚的水膜，这层更厚的水膜在颗粒间起到润滑作用，使压力传递更好，压力分布均匀，从而增大压实密度。

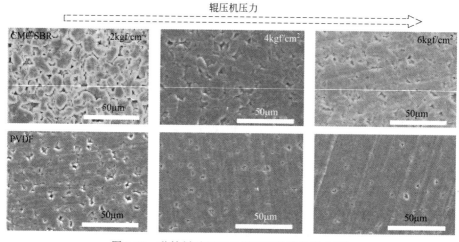

图 6-26　黏结剂对石墨电极压实形貌的影响[26]

（1kgf/cm^2＝98.0665kPa）

6.5
极片辊压原理与工艺

辊压开始时，极片与轧辊接触，并靠二者之间的摩擦力，使得极片被轧辊咬住，极片被拽入辊缝，在变形区（图 6-27 中弧 AB 和 CD 之间）内发生变形，极片从辊缝出来后完成辊压变形。极片不断进入变形区，并连续发生变形，进入稳定压制阶段。当极片末端完全脱离变形区以后，辊压过程结束。在板带轧制中，如果两个轧辊同时驱动、直径相同且转速相同，被轧件作等速运动，除受轧辊施加的力外，无其他外力作用，且被轧件的力学性能是均匀的，则称为简

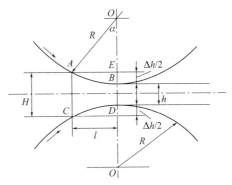

图 6-27　简单辊轧过程变形区图示

单轧制。电池极片辊压时，条件非常接近简单轧制。

　　在锂离子电池极片的辊压过程中，极片的宽度和长度变形很小，集流体厚度不发生变化，对极片的辊压可降低涂层厚度、增加压实密度、提高涂膜黏结性，达到稳定电极结构和提高电池容量的目的。极片的辊压过程是单位面积质量不变而体积减小的过程。压制后的厚度 h 可用下式计算：

$$h=(m-m_0)/\rho+h' \tag{6-6}$$

式中，h' 为极片集流体厚度；ρ 为压制后充填密度；m 为单位面积极片的质量；m_0 为单位面积集流体质量。

6.5.1　辊压力

　　极片的辊压力也叫轧制力，是指轧辊对极片作用的总力的垂直分力，计算方法还没有文献可供参考，这里参照金属箔片的轧制力计算来进行讨论。简化计算辊压力时可以按照简单轧制进行，如图 6-28 所示，单位宽展辊压力 F（N）可用下式表示：

$$F=\bar{p}A \tag{6-7}$$

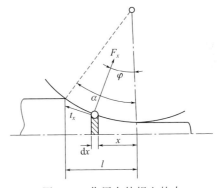

图 6-28　作用在轧辊上的力

$$\bar{p}=\frac{1}{A}\int_0^1 F_x\,\mathrm{d}x$$

式中，$\bar{p}$ 为平均压强；A 为接触面积，是指轧件和轧辊实际接触弧柱面的水平投影。对于简单轧制，A 可用下式表示：

$$A=\frac{B+b}{2}\sqrt{R\,\Delta h} \tag{6-8}$$

式中，B、b 分别为入、出口处带材宽度；R 为轧辊半径；Δh 为压下量。

6.5.2 厚度控制

（1）辊压机弹性曲线 辊缝尺寸是控制极片厚度的重要参数，受到辊压机各部件接触缝隙影响。设辊压机（图6-29）空载时，辊缝的尺寸为S_0，当稳定施加辊压力F时，轧辊、轴承、压下螺丝、机架等部件的接触缝隙会变小，同时会发生弹性变形，使辊缝增大。这种辊缝增大的现象称为辊压机弹跳或辊跳。将辊压力和辊缝作图得到辊压机的弹性曲线，见图6-30。

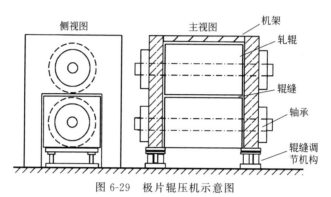

图 6-29 极片辊压机示意图

图6-30中S_0'为辊压机空载时，影响辊缝间隙变化的轧辊、轴承、压下螺丝和机架等部件的接触缝隙值之和；$\Delta S = F/k$，为辊压时辊压机发生的弹性变形，为轧辊、机架、压下螺丝和机架的弹性形变之和，见图6-31。

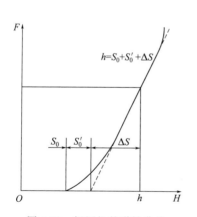

图 6-30 辊压机的弹性曲线

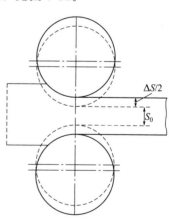

图 6-31 辊缝弹跳量示意图

ΔS—辊缝弹跳量；S_0—空载时设定辊缝；
--- 空载时轧辊位置；— 轧制时轧辊位置

辊压时实际缝隙由空载时的S_0增大到S，则辊压极片的厚度h可由下式计算：

$$h = S = S_0 + S_0' + \Delta S = S_0 + S_0' + F/k \tag{6-9}$$

式中，F 为辊压力或轧制力，N；k 为刚度系数，表示辊压机弹性变形 1mm 所需的力，N/mm。

当然，由于偏心、磨损和热膨胀等因素，辊压机在实际使用过程中，其原始辊缝的 S_0 和 S_0' 也都会发生相应变化，其中偏心会使辊缝周期性变大变小，磨损会使辊缝变大，热膨胀会使辊缝变小。

（2）薄板的塑性特性曲线　薄板轧件的塑性特性曲线是轧件在指定轧制压力的作用下产生塑性变形时，轧制压力与厚度之间的关系曲线，见图 6-32。一般随着轧制力的增大，轧件厚度变小。其中轧件变形抗力大的塑性曲线较陡峭，而变形抗力小的塑性曲线较平缓。变形抗力与材料成分、微观组织和变形条件相关，一般纯金属小于合金的变形抗力，粗晶粒组织材料小于细晶粒组织材料的变形抗力，高温、低速变形时小于低温、高速变形时的变形抗力，极片的尺寸及力学性能参数见表 6-7。

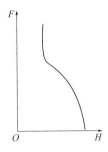

图 6-32　轧件的塑性特性曲线

表 6-7　极片的尺寸及力学性能参数

板带性质	材质和结构	宽度 /mm	辊压前厚度 /mm	辊压后厚度 /mm	抗拉强度 σ_b /MPa	伸长率 δ /%
正极极片	粉体涂层＋铝箔（16μm）	＜500	＜0.15	＜0.1	≥120	1.3～1.6
负极极片	粉体涂层＋铜箔（10μm）	＜500	＜0.15	＜0.1	≥220	0.6～1.5

（3）弹塑性曲线　在金属薄板轧制过程中，当轧机、轧件和轧制工艺参数被选定后，轧机的弹性曲线和轧件的塑性曲线也随之确定，将轧件塑性曲线与轧机弹性曲线集成于同一坐标图上时，就得到了轧制过程的弹塑性曲线，也称轧制的 F-H 图，如图 6-33 所示。图中两曲线交点的横坐标为轧件厚度，纵坐标为对应的轧制压力。

影响轧机弹性曲线的轧制工艺参数主要有辊缝、轧制力。对于辊缝恒定的轧制过程，轧制力由轧机的弹性变形所提供，是不可调参数。轧机的弹性变形越大，轧制力越大。轧机的最大轧制力由轧机最大允许的弹性变形量决定。影响轧件塑性曲线的参数有轧件厚度、张力、轧制速度。调整这些工艺参数可以调整弹塑性曲线的交点，从而获得需要厚度的轧制产品。与金属薄板轧制相比，锂离子电池极片辊压过程中，辊压力较小，轧件的塑形曲线倾斜比较小，变化较为平缓。

（4）厚度控制方法

① 辊缝调整　在其他辊压条件一定的情况下，设置初始辊缝为 S_{01}，则辊压机的弹性曲线 A 和轧件的塑性曲线 B 如图 6-34 所示，这时得到的轧件厚度为它

们的交点对应的横坐标 h_1。当需要减小辊压厚度 δh 时，需要减小辊缝尺寸 δS，即辊缝由 S_{01} 变为 S_{02}，辊压机的弹性曲线左移到 A'，A' 与塑性曲线 B 的交点横坐标为 h_2，此时辊压厚度为 h_2，减小 δh。反之，增大辊缝将会增大辊压厚度。

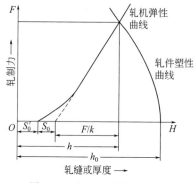

图 6-33　辊压时弹塑性曲线

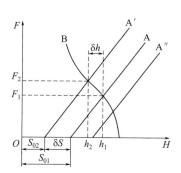

图 6-34　辊缝调整原理图

来料厚度不同时的辊缝调整，如图 6-35 所示。当来料出现厚度增大 δH 时，即板厚由 H_1 增大到 H_2，在原始辊缝和其他条件不变时，轧件塑性曲线由图中 B 右移为 B'，此时辊压机的弹性曲线为 A，导致弹塑性曲线交点横坐标由 h_1 右移到 h_2，辊压厚度增大 δh。为矫正极片厚度产生的 δh 偏差，调整初始辊缝由 S_{01} 变为 S_{02}，则辊压机的弹性曲线由 A 变为 A'，辊压厚度（A' 和 B' 交点横坐标）重回设计辊压厚度 h_1。

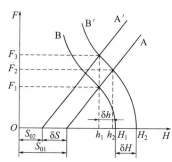

图 6-35　来料厚度变化时辊缝调整

② 张力调整　辊压过程中，极片前端大于后端的速度，就会在极片中产生拉应力，也称为张力。与辊缝调整相比，通过张力调整改变薄板的辊压厚度具有反应快、精确度高、效果好等特点。张力调整是通过改变轧件塑性曲线的倾斜度，来调整辊压机弹性曲线与轧件塑性曲线的交点位置，达到调节辊压厚度的目的[27]。如图 6-36 所示，当张力变大时，塑性曲线由 B 变为 B'，倾斜度变小，塑性曲线与弹性曲线的交点左移，辊压厚度减小 δh。反之，当需要增大辊压厚度时，减小张力，塑性曲线由 B' 变为 B，弹性曲线和塑性曲线的交点右移，辊压厚度变大。

针对不同厚度来料的张力调整，如图 6-37 所示。当来料厚度增大 δH，则塑性曲线由 B 右移到 B'，弹塑性曲线的交点由 h_1 右移到 h_2，辊压厚度增大 δh；通过增大张力，使塑形曲线斜率下降，由 B' 变为 B''，弹塑性曲线交点左移 δh，辊压厚度回复到 h_1。

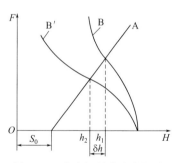

图 6-36　张力调整或速度调速

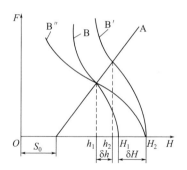

图 6-37　来料厚度变化时张力调整

张力分为前张力和后张力，前张力来源于收卷速度与辊压速度的差值，差值越大，则前张力越大；后张力来源于辊压速度和放卷速度的差值，差值越大，则后张力越大。需要注意的是后张力比前张力对辊压厚度的影响幅度更大。一般来说，后张力大于前张力，带材不易拉断，保证带材不跑偏，较平稳地进入辊缝。但后张力过大会增加主电机负荷。相反前张力大于后张力时，可以降低主电机负荷，有利于辊压时工作辊的稳定性，能使变形均匀，对控制板形效果显著，但是过大的前张力会使极片卷得太紧，易产生黏结和断带。另外张力的调整范围不宜过大，最大张应力值不能大于或等于金属的屈服强度，否则会造成带材在变形区外产生塑性变形，甚至断带，破坏辊压过程或使产品质量变坏。一般锂电极片辊压的前张力 1～10kgf（9.8～98N，1kgf＝9.80665N），后张力 2～15kgf（19.6～147N）。

③ 辊压速度调整　辊压速度调整会改变轧件塑性曲线的倾斜度。辊压速度越快，则极片塑性曲线越陡，与辊压机弹性曲线交点越靠右，辊压厚度变大；降低辊压速度，会使极片塑性曲线倾斜度降低，辊压厚度减小，其调整原理与张力调整相同，见图 6-36。辊压速度的调整还会影响到辊压温度、轧辊与电池极片的摩擦系数等因素，目前极片辊压速度为 2～40m/min。

④ 辊压力调整　一般情况下，辊压力属于因变量。在轧件及辊缝、张力、速度等辊压工艺参数一定时，辊压力也随之确定。辊压力大小等于轧件变形抗力或辊压机的弹性变形力。要得到较准确的辊压力数据，需要用实际测量的方法。影响辊压力的因素很多，电池极片的初始厚度越大，电池极片的绝对压下量越大，辊压温度越低，辊压速度越快，轧辊与电池极片间的摩擦系数越大，电池极片的宽度和轧辊直径越大，变形抗力越大，辊压力越大。

6.5.3　伸长率

锂离子电池极片的辊压过程中还存在极片的伸长现象。极片的厚度压缩是集流体与涂膜的同时压缩，极片上粉体颗粒与集流体之间也存在相互作用。如图 6-

38 所示，颗粒之间、颗粒与集流体之间都存在黏结剂将它们结合在一起。在辊压过程中，拱形颗粒的上层颗粒受辊压作用产生挤压流动，使与集流体接触的颗粒向前后两个方向移动，对集流体产生拉力，当拉力大于集流体的屈服强度时，集流体就会伸长。极片过度伸长会降低极片的柔韧性，通常辊压后的极片沿长度方向的伸长率应控制在小于 5% 之内。

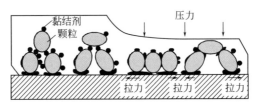

图 6-38　极片辊压伸长原理示意图

极片的伸长不仅受辊压力、张力和速度的影响，还受粉体压缩性能的影响。不同活性物质由于其压缩性能不同，产生的伸长率也不同。杨绍斌等[28]取不同的石墨负极材料，采用同样的配方和方法制备极片，使用 SBR 做黏结剂，CMC 为分散剂，$12\mu m$ 铜箔为集流体，双面涂布，活性物质的涂布密度为 $88g/m^2 \pm 2g/m^2$，以不同压力进行辊压，得到极片的伸长率和压实密度的关系，如图 6-39 所示。

比较这四种材料发现伸长率与压实密度均有线性变化阶段出现。由图 6-39 可见，对于石墨化中间相炭微球 MCMB，当压实密度较低（小于 $1.35g/cm^3$）时，极片伸长率很小并处于波动状态，表明这一阶段颗粒由松散堆积状态向重排和致密化转变，活性物质粉体颗粒与集流体开始紧密接触。当压实密度大于 $1.35g/cm^3$ 时，随着压实密度的增大，极片的伸长率快速增大，接近线性关系。此时，拱形颗粒随着压力增大位移增大，对集流体产生的拉力增大，导致伸长率增大。破碎状人造石墨 CZ 和球化天然石墨 DMAC 也存在类似的现象，而纤维状材料 CF 直接进入线性阶段。当压实密度过大时，导致伸长率过大、极片变形严重，不能正常使用。极片辊压一般应处于线性初始阶段，此时极片伸长率的一致性好，颗粒保持紧密接触，极片的压实密度和空隙率稳定。

杨绍斌等[28]在专利中建议以伸长率为 1% 时的压实密度作为衡量极片压缩性能的指标，见表 6-8。其中球化天然石墨球形度好、表面光滑，有利于颗粒流动和重排；另外球化石墨呈卷心菜形状，结构不

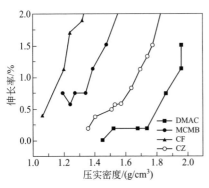

图 6-39　负极材料极片伸长率
与压实密度关系

致密，易发生塑性变形，有利于压实密度的提高，因此压实密度最大，为 $1.932g/cm^3$。而纤维状材料，很难流动重排，压缩性能最差，压实密度仅为 $1.18g/cm^3$。

表 6-8　负极材料 1%伸长率时压实密度

材料种类	压实密度/(g/cm^3)
球化天然石墨	1.932
破碎石墨	1.674
石墨化中间相炭微球	1.371
碳纤维	1.18

这种方法除了可以研究材料本身压缩性能以外，还可以研究集流体的厚度、拉伸强度和柔软性，涂布密度，浆料配方，辊压机种类和辊压次数等极片辊压性能的影响。有关伸长率与压实密度关系曲线的含义还有待于进一步研究。

6.6
辊压极片与电池性能

6.6.1 压实密度对电池性能的影响

（1）压实密度影响电极空隙率　通过调整电极材料的粒度、颗粒形貌和压实密度可以调整空隙率、空隙分布。活性物质的粒度及其分布、压实密度直接影响极片的空隙率和空隙直径分布，见表 6-9[29]。由表可知，活性物质的粒度越小，最频空隙直径也越小。当 $d_{50}=8.22\mu m$ 时，石墨 B 的最频空隙直径为 400nm、640nm、950nm；而当 $d_{50}=18.24\mu m$ 时，石墨 A 的最频空隙直径为 2200nm、3200nm 和 3900nm，比前者大一个数量级。压实密度越大，空隙率越低，最频空隙直径越小[30]。

表 6-9　不同材料的粒度、压实密度和空隙参数

活性材料	压实密度/(g/cm^3)	粒度 $d_{50}/\mu m$	空隙率/%	最频空隙直径/nm
$LiFePO_4$	1.5	7.23	41.33	355
	1.8		34.82	180
	2.0		27.97	130
	2.2		23.96	110

续表

活性材料	压实密度/(g/cm³)	粒度 $d_{50}/\mu m$	空隙率/%	最频空隙直径/nm
石墨 A	1.0	18.24	40.72	3900
	1.2		35.65	3200
	1.5		27.87	2200
石墨 B	1.0	8.22	48.99	950
	1.2		39.99	640
	1.5		27.67	400

粒度分布会影响空隙直径分布。由 Horsfield 最紧密充填模型可知，选择粒度分布窄的一次颗粒充填，则空隙率大，有利于存留足够电解液和离子传递通道，但是不利于充填密度的提高。选择二次颗粒充斥于一次颗粒之间，能够把空隙直径减小，提高充填密度。添加颗粒的次数越高，体系的空隙直径越小。当空隙直径过小时，不利于离子传递，则电池的大倍率充放电性能下降。影响空隙直径分布的因素还有很多，如颗粒形状、颗粒粗糙度等影响压缩性能的因素都会影响空隙直径分布。

颗粒形状、粒度及排列方式影响空隙率、离子传导曲折度。通过电解液有效电导率计算多孔电极的曲折系数，发现 LiFePO$_4$ 与 LiCoO$_2$ 电极的曲折系数大体符合以下经验公式[31]（图 6-40）：

$$\tau = 1.8\varepsilon^{-0.53} \tag{6-10}$$

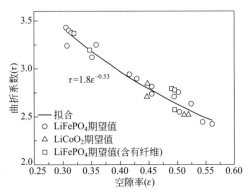

图 6-40 曲折系数与空隙率的关系

也可以通过数值模拟的方法研究颗粒形貌及颗粒排列方式对空隙曲折系数的影响。研究发现，均一球形颗粒按面心最紧密立方堆积的空隙率为 0.26，电解液有效电导率与空隙率的关系符合指数规律：

$$\sigma_{eff} = \varepsilon^{\alpha}\sigma_0$$

式中，σ_{eff} 为有效电导率；ε 为空隙率；α 为 Bruggeman 系数；σ_0 为电极电导率。

Bruggeman 系数 α 约等于 1.3 时体心立方排列与面心立方类似[32]。面心立方最紧密堆积时加入更小球形颗粒形成八面体或四面体，有效电导率与空隙率关系偏离指数规律；将球形颗粒压缩成圆片状，Bruggeman 系数迅速增大。在接近实际电极的空隙率范围（0.3）时，Bruggeman 系数 α 为 1.60～1.70。采用 XRD分析石墨负极中活性颗粒的分布方位，发现在辊压的剪切应力作用下，片状石墨在极片中倾向于定向排列而使电极具有各向异性的特点。石墨颗粒越大，石墨颗粒越容易平行排列。C 轴与电极表面方向垂直的程度越高，Li^+ 扩散到嵌锂位置的路程越长，宏观表现为空隙曲折系数增大。曲折系数越大，离子扩散阻力越大，不利于电池性能发挥[33-35]。

（2）压实密度影响电池容量　从材料角度讲，提高电池容量的办法有两种：一是提高单位质量活性物质的容量，二是提高单位体积材料的充填量即压实密度。前者是制备材料时衡量材料性能的重要指标，而后者通常在使用过程中体现出来，经常为制备材料者所忽视。图 6-41 为石墨负极材料压实密度与单位体积活性物质容量的关系。由图可知，在质量比容量不变的情况下，压实密度增加 $0.1g/cm^3$，单位体积容量增加 27～35mA·h/cm^3，可见压实密度对电池容量有较大的影响。尤其是随着材料制备技术的进步，目前石墨负极材料的质量比容量已经接近理论容量，通过提高压实密度来提高电池容量具有十分重要的现实意义。

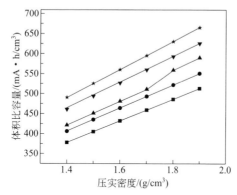

图 6-41　石墨负极材料压实密度对体积比容量的影响

质量比容量：★ 350mA·h/g；▼ 330mA·h/g；

▲ 310mA·h/g；● 290mA·h/g；■ 270mA·h/g

虽然压实密度越大，活性物质充填量越多，电池的体积比容量越大，但是实际极片的压实密度并非越大越好，压实密度对电池容量的影响见表 6-10。由表可知，随着压实密度的增大：材料的质量比容量先增加，后持平；内阻、循环性能、倍率放电性能逐渐减小；低温性能先不变，后减小。

表 6-10　石墨负极材料的压实密度与电池性能的关系

压实密度 /(g/cm³)	质量比容量 /(mA·h/g)	内阻 /mΩ	倍率放电性能 (20mg/cm²)	循环性能 /次	低温性能 (-20℃)①
1.4	350	90	10C	1000	80%
1.5	355	75	8C	800	80%
1.6	360	65	5C	500	80%
1.7	360	60	3C	300	80%
1.8	360	55	1C	100	60%

① 相对于室温容量的比例。

注：内阻测试采用四探针法，测试柱直径6mm。

天然石墨的可逆容量和不可逆容量均随电极密度增大而轻微下降。表观密度较低时，电池的3C放电容量随电极密度的增大而增大；在表观密度为$0.9g/cm^3$时达到最大值；电极表观密度继续增大，3C放电容量逐渐降低。可以认为在表观密度较高的电极中，Li^+向活性物质扩散的路径受到阻塞。另外随电极表观密度增大，嵌锂电位轻微下降，脱锂电位轻微上升，即电化学反应的可逆性下降[36-39]。在电极制造过程中，随着辊压压力增大，石墨（KS-44）负极的不可逆容量和可逆容量均减小，而可逆容量受压力的影响比不可逆容量更大，同时电极总体极化趋势增大[40]，如图6-42所示。

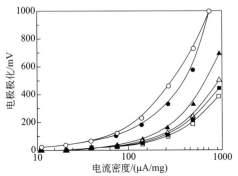

图 6-42　不同辊压压强制造的石墨（KS-44）电极的极化曲线

辊压压强：—□— 0MPa；—■— 19.6MPa；—△— 39.2MPa；

—▲— 78.5MPa；—○— 372.7MPa；—●— 755.1MPa

Liang 等[41]利用交流阻抗研究锂离子电池的正负极性，采用的正极组成为92% $LiMn_2O_4$、4% 导电炭及4% PVDF，负极组成为91% 石墨化中间相炭微球CMS、3% 导电炭及6% PVDF。在半电状态下，正极电化学阻抗起初随电极涂层表观密度的增大而降低，在表观密度为$2.55g/cm^3$时达到最小，表观密度进一步增大，电化学阻抗又逐渐增大，如图6-43(a)所示。在半电状态下，负极的电化学阻抗随电极表观密度的变化趋势与正极相同，在表观密度为$1.25g/cm^3$时出现最小值，如图6-43(b)所示。他们认为电极涂层的表观密度太低时，颗粒之间的接触松散，电极的电子导电性能降低，而涂层表观密度太高时，电解液中离子传输又变得困难。

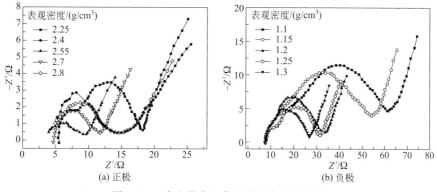

图 6-43 半电状态正负极的电化学阻抗谱

压实密度过高时，电解液的体积分数降低，在循环过程中会导致电解液供应不足，循环性能下降，容量下降，如图 6-44。另外压实密度过高也会影响电池的制备过程，比如注液后的电解液的浸润效果差、浸润时间延长，极片合格率可能会下降[29]。液相的传质在空隙率相近时，受到空隙分布的影响，从而造成电池性能的差异。当大空隙、中空隙和小空隙不匹配时，离子的传导速度主要受三种空隙中扩散最慢的小空隙控制。有的厂家在制备电极材料时将粒度小的部分筛分掉，目的是增大最小空隙的直径，提高扩散系数。因此，只有分布合理时才能获得最大的传导速度。

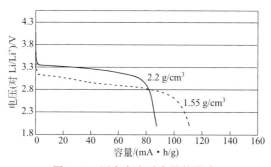

图 6-44 压实密度对容量的影响

由于正极材料和负极材料种类和厂家不同，采用的压实密度也有较大的差别。正极材料钴酸锂的压实密度通常在 $3.3\sim3.6g/cm^3$，负极的一般为 $1.55\sim1.90g/cm^3$。一般大倍率充放电性能要求空隙率在 30% 以上。当然正负极的压实密度也需要相互匹配，比如负极压实密度偏小时，配对正常的正极片会出现析锂现象，只有正负极的电导率一致，电解液充足，才能制备出性能优良的电池。

6.6.2　电极特性对电池充放电性能的影响

（1）电极厚度影响电池放电性能　若电极活性涂层厚度过大，则电子和 Li^+ 的传导阻抗增大，部分活性物质不能得到充分利用，导致电池的比功率和比能量降低。而如果电极活性涂层太薄，电池辅助部件的所占的比例过大，也会导致电池的比功率和比能量降低。

Denis 等[42]研究 18650 电池中电极结构参数对 $LiFePO_4$ 电极性能的影响，发现在电解液和电极材料、电极密度相同的条件下，放电容量随电极厚度和放电倍率而发生变化，如图 6-45(a)～(c) 所示。他们还设定能够放出 50％容量的最大放电电流为 I_{50}，发现 I_{50} 随电极厚度增大而下降，I_{50} 的对数值与电极厚度呈线性关系（斜率为－2），认为这是液相扩散过程控制，如图 6-45(d) 所示[42]。

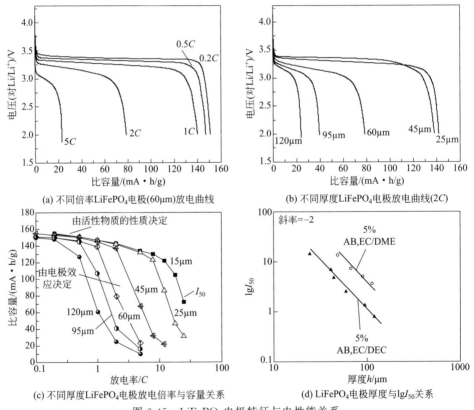

(a) 不同倍率LiFePO₄电极(60μm)放电曲线

(b) 不同厚度LiFePO₄电极放电曲线(2C)

(c) 不同厚度LiFePO₄电极放电倍率与容量关系

(d) LiFePO₄电极厚度与lgI_{50}关系

图 6-45　$LiFePO_4$ 电极特征与电性能关系

电极极片活性物质成分（质量分数）：5％AB，90％$LiFePO_4$，3％PAN，2％NMP

电解液：EC/DME，EC/DEC

AB—乙炔黑；EC—碳酸乙烯酯；DME—1,2-乙二醇二甲醚；

DEC—碳酸二乙酯；PAN—聚丙烯腈；NMP—N-甲基吡咯烷酮

焦炭/LiMn$_2$O$_4$电池以较小的电流恒流充电，然后分别以不同的电流放电，放电容量随放电电流的逐渐增大而下降，当放电容量下降到原来的 1/3 时，定义此时的电流为"电流极限"。发现电流极限随电极厚度的增大而降低，如图 6-46 所示[43]。

石墨负极以 0.01C 的电流在 0.01～2V 之间进行充放电，石墨所能够达到的嵌锂状态（Li$_x$C$_6$）随电极厚度的增大而呈现线性下降的趋势，斜率约为 −0.53，如图 6-47 所示[44]。

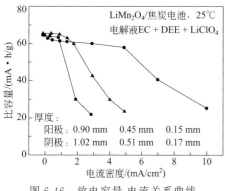

图 6-46　放电容量-电流关系曲线
DEE—乙二醇二甲醚

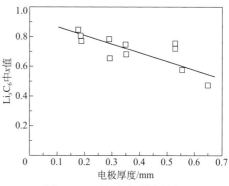

图 6-47　石墨电极最大嵌锂
计量系数与电极厚度

（2）电极空隙率和厚度影响电池充电性能　粒度小于 $44\mu m$ 的鳞片石墨（SFG）的极片空隙率和厚度对充电性能影响见图 6-48 和图 6-49（图中电极为 1mol LiPF$_6$ 溶于 1∶1 的 EC/DMC）。由图可见，在充电电流小于 3C 时，恒流充电量占总充电量的百分比变化不大；而当充电电流为 3C 时，恒流充电量占总充电量的百分比随电极空隙率增大和厚度减小而增大。

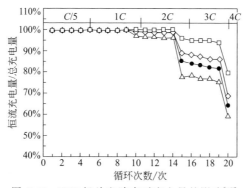

图 6-48　SFG 极片空隙率对充电量的影响[45]

	极片辊压前厚度/mm	极片辊压后厚度/mm	空隙率/%
△	140	68	52.5
●	140	80	57
◇	140	86	59.3
□	140		76

（3）电极粉体粒度影响电池充电性能　对比最大粒度为 $44\mu m$ 和 $15\mu m$ 的粉体的充电性能，发现粒度较小（$15\mu m$）的粉体制成的电极具有较好的充电性能，如图 6-50 所示。由图 6-51 分析可知，电极活性物质颗粒越小，电极厚度越薄，锂离子扩散路径短，则充电性能越好[45]。

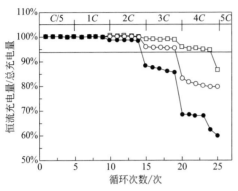

图 6-49　SFG 石墨极片厚度对
充电量的影响[45]

石墨极片厚度（相对空隙率）：—□— $100\mu m$（60.9%）；

—○— $120\mu m$（58.6%）；—●— $140\mu m$（59.3%）

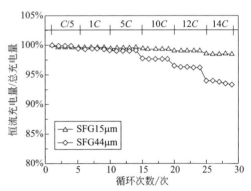

图 6-50　SFG 石墨粒度对充电量的影响
（电极为 $1mol$ $LiPF_6$ 溶于 $1:1$
的 EC/DMC，厚度 $140\mu m$）[45]

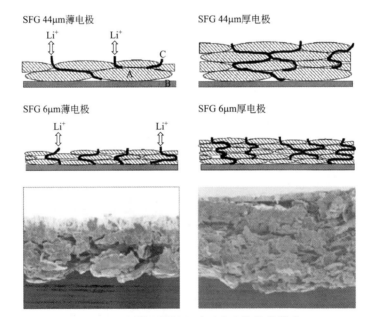

图 6-51　厚度和颗粒尺寸对充电性能的影响

A—石墨颗粒；B—集流体；C—锂离子的扩散路径

6.7
极片辊压设备

6.7.1 辊压机

电池辊压机是从轧钢机械演变过来的。一般辊压机主要由机架、轧辊、测控系统组成，此外还配有放卷机、收卷机、切边机等，可实现连续辊压生产，常用有机架型辊压机，如图 6-52 所示。辊压机机架通常为"门"字形框架，起到固定和安装轧辊和其他零部件的作用。这种辊压机的特点是在辊压过程中，辊压力要通过轧辊传给机架，应力线（辊压力通过轧辊经过受力零件传递到机架的连线）较长，辊压机刚度系数小，只能通过增大机架截面尺寸提高机架刚度，从而提高辊压力。轧辊通常采用 65HRC 以上高硬度材料制备，长径比小于 1，来提高刚度，减小压扁率和表层弹性变形。测控系统测量辊出极片厚度、辊缝、辊压力、张力、辊压速度，反馈到控制系统，对辊压工艺进行实时控制，保证辊压过程的稳定性[46]。放卷机的作用是在辊压前将成卷极片放开展平，并调整合适的输送速度将极片送入轧辊间。收卷机的作用是辊压后，将极片卷绕成卷。

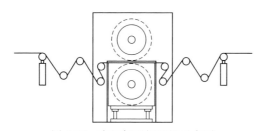

图 6-52　有机架型辊压机示意图

某厂家某型号的辊压机性能参数见表 6-11。

表 6-11　某型号辊压机的性能参数

项目	参数
轧辊规格	ϕ400mm×450 mm
输出转速（变频调速）	2～10r/min
碾压线速度（变频调速）	2.5～12.5m/min
辊间压力范围	4903.3～14710.0MPa（50～150tf）
主电机功率	7.5kW
系统工作压力	21MPa

续表

项目	参数
张力调节范围	22.56～196.13N(2.3～20kgf,无级调整)
辊缝调节范围	0～1.5mm
纠偏精度	±0.4mm
极片宽度	最大 400mm,最小 100mm
碾压极片精度	≤±0.003mm
轧辊装机径向跳动	≤±0.003mm
极片卷直径	400mm(最大)
极片卷重量	400kg(最大)
S 辊预加热温度	室温至 150℃(可调)
辊缝调整精度	0.001mm(触摸屏显示)
主机外形尺寸	约 2.8m×1.1m×1.8 m
主机重量	约 6t

注:1kgf=9.80665N;1tf=9806.65N。

用于锂离子电池极片辊压的辊压机还有无机架辊压机,如图 6-53 所示,由 4 个纵向拉杆和轴承座挡板取代了门形机架,应力线缩短,提高了机床的刚度系数,弹性变形减小,可获得较高的尺寸精度,也叫短应力线辊压机。此外,还有短变应力线辊压机,它是在短应力线辊压机基础上,在上、下轧辊轴承座上分别设有压下、压上液压油缸,辊压前由上、下液压油缸同时施压使受力构件承受预紧力,使其产生预压缩或预拉伸弹性变形,来增加受力构件的刚度系数,可以提供更大的辊压力,提高辊压精度,也叫预应力辊压机。

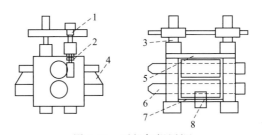

图 6-53　无机架辊压机

1—辊缝调整机构;2—轧辊轴向调整机构;3—拉杆;
4—支座;5—上拉杆梁;6—轧辊装配;7—下导卫梁;8—导卫支座

6.7.2　附加装置

(1)收放卷机构　放卷是将卷绕成卷的极片放卷展开的过程,收卷是将涂布、辊压或分切完毕的极片卷曲成卷的过程。一般包括接带机构、牵引系统、张力控制系统、纠偏系统几个主要部分。在电池生产的涂布、辊压和分切的工艺环节中均涉及收卷和放卷工序。

① 接带机构。在涂布、辊压和分切时，需要将导入带一端与极片一端用胶带粘接，并利用导入带将极片导入设备。当整卷极片涂布、辊压或分切完毕放置新卷极片时，或者质量不合格需要切断极片再次涂布、辊压或分切时，都需要接带机构将极片导入设备。接带机构一般配置独立接料平台，由两组气缸分别压住极片的首和尾，用胶带手动完成接带或自动接带。

② 牵引系统。牵引系统采用伺服电机驱动牵引辊，牵引辊两端的气缸驱动橡胶辊压向牵引辊，使两辊间极片被压紧，牵引辊转动，通过摩擦力带动极片绕辊运动实现放卷。分别设置放卷、辊压、分切和收卷的牵引系统就实现了放卷张力、辊压、分切和收卷张力完全分开控制。

收卷驱动方式有两种，一种是靠背轮压向收卷轴，通过与极片间的摩擦力施加收卷动力，这种方法能在不借助张力和线速度检测装置的情况下保证张力和线速度稳定，结构简单。另一种是采用收卷轴驱动，结合张力传感器和控制器控制收卷张力和线速度。收卷是放卷的逆过程，张力和线速度控制原理方法与放卷相同。

③ 张力控制系统。张力控制系统具有在放卷、收卷、辊压、分切过程中高速、低速或紧急刹车等情况下，保证张力稳定不损坏极片的功能。目前较为常见的张力控制系统由张力控制器、张力检测器和磁粉制动器或离合器等必要部件组成，如图 6-54 所示。在放卷过程中，在送料马达的驱动下，送卷装置和收卷装置同速转动，放卷装置在磁粉制动器的作用下形成放卷阻力使极片保持绷紧状态，并通过张力检测器测量极片张力大小，由张力控制器发出控制信号，实时调节磁粉制动器阻力实现恒张力控制，普遍适用于收卷和放卷。此外，还有四种张力控制方法：变频器直接速度控

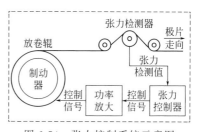

图 6-54 张力控制系统示意图

制，使用在靠背轮施加动力、收卷轴无动力的收卷机构或放卷机构中；线速度检测变频器控制，通过速度反馈装置将速度反馈给变频器，实现线速度控制，一般用于收卷结构中；变频器＋张力传感器，实现速度和张力同时控制，使用范围不受限制，可用于收卷、放卷和中间段；变频器开环张力控制，采用线速度反馈控制，仅限用于收放卷。

④ 纠偏系统。纠偏系统是为保证极片放卷、收卷过程卷绕整齐，分切宽度一致而出现的极片运动检测系统。较为简单的纠偏系统为机械限位纠偏，通过设置固定尺寸的限位槽或限位辊，使带材按照预定轨迹运动，适用于厚度或强度较大的材料。目前普遍采用光电边缘位置控制（EPC，edge position control）器对放卷材料进行自动跟踪纠偏，保证极片运行整齐。在放卷轴放出极片的两侧和收卷轴卷起极片的两侧放置跟踪光电眼，检测极片边缘是否发生偏斜，将检测信号

输入给同步电机实时调整放卷和收卷及时纠偏。

（2）刷粉吸尘机构　在辊压的过程中，由于电池极片活性物质粉体的滑移性、吸潮性，加之轧辊与活性物质粉体的静电作用，活性物质粉体易脱落并黏附在轧辊表面，造成极片变形严重。轧辊表面脱落的粉料又会黏附到极片上，从而会影响加工的电池极片的质量，直接影响电池的性能和安全性。因此电池极片辊压机在轧辊上设有除粉装置。

在剪切过程中，极片上的粉体脱落和剪切金属屑不可避免地产生粉尘，若散落在极片上有造成刺穿隔膜的风险，增大电池安全隐患，因此分条过程需要进行刷粉吸尘。一般在收卷前设置碳纤维毛刷，除掉剪切中脱落的粉尘和金属碎屑。

目前的除尘装置有两种。一种是一体式刮粉刀具，刀面与轧辊工作面接触，结构简单。另一种是分体刮粉刀具，由刮粉刀架和若干分体的刮粉刀组成，在刮粉刀与刮粉刀架之间平衡设置有电磁弹簧，电磁弹簧驱动刮粉刀压向对应辊的辊体表面进行除粉，除粉可靠性更高。

（3）加热机构　一些辊压机设有附加加热系统，可精确控温和自动恒温。在辊压过程中对极片加热（有的厂家的预热温度为180℃），可减少极片内应力和反弹，防止在分切时，内应力释放产生蛇形、翻转等不良现象；可以使黏结剂接近或处于熔融状态，增强活性物质与集流体之间的黏结力，防止膜层脱落和掉粉；可降低极片变形抗力，使活性物质的孔架结构不被破坏，有利于提高极片的吸液量指数，有利于提高极片的辊压精度（可达$\pm 2\mu m$）；同时还有提高压实密度，减少极片中水分的作用。

（4）热平衡技术　轧辊通常具有一定凸度。为防止轧辊的弹性弯曲和压扁引起的极片中间厚两边薄的板型缺陷，获得合格的板型，有些辊压机设有轧辊热平衡系统。主要通过外加冷却手段控制温度，通过对轧辊轴向温度分布的控制以获得理想的辊凸度。因此热平衡在控制板形方面有重要作用。另外，极片的摩擦系数减小可以减少热量产生，减小轧辊纵向温度差。

6.8
极片质量与控制

6.8.1　极片缺陷及控制

通常良好的板带材具有表面平整度高、色差均匀一致、任意横纵截面厚度一致、外形平直等特点。但是实际薄板辊压过程中会出现很多缺陷，如瓢曲、起拱、波浪、侧弯、褶皱、裂边、翻边等不良板形，颗粒突起、凹陷、空洞、气泡、花纹、粉体脱落、色差等表面缺陷，见表 6-12。图 6-55 列出了一些常见缺陷照片。

表 6-12　极片的常见缺陷及防止措施

缺陷种类	缺陷特征	产生原因	防止措施
波浪	沿辊压行进方向呈波浪状的连续突起和凹陷	两侧辊缝不等且周期性变化；来料沿辊压方向存在周期性的厚度变化，板形不良，同板强度差超标或卷取张力周期性变化	采用高精度设备保证辊缝均匀；提高来料板型质量，提高厚度和强度一致性；控制卷取力均匀性
瓢曲	因横向和纵向都出现弯曲而形成的板体翘曲	过大的辊压力、较大张力或轧辊凸度过大，会使凸形轧辊中间区域变形量大，形成翘曲	配置合适凸度的轧辊，设置合适的辊压力和张力
侧弯	纵向向某一侧弯曲的非平直状态	两端辊缝不等，送料不正；来料两侧厚度不一致；波浪带材剪切后展开出现的侧弯	采用高精度设备保证辊缝均匀和送料对正；保证极片来料厚度均匀，剪切时将存在缺陷处剪掉
翻边	带材边部翘起现象	来料横向厚度差大、变形抗力不一；送料不正等引起局部变形过大，变形量小部分的拉应力作用引起翻边	控制来料厚度和变形抗力均匀，保证送料对正，保证变形均匀
裂边	边部破裂，严重时呈锯齿状	极片塑性差；板形控制不当，使带材边部出现拉应力；卷取张力调整不当；端面碰伤；辊压下量过大	控制卷取张力小于屈服极限，防止变形；选择合适辊形，防止极片边缘受力过大
褶皱	极片表面呈现的细小的、纵向或斜向局部凸起的、一条或多条圆滑的槽沟，称皱纹	辊压偏斜、辊压变形不均、辊压力过低、极片厚度不均导致应力分布不均产生褶皱；来料板型不好或有横波，同时卷取时张力不够；卷取轴不平、套筒不圆等导致卷曲张力不均匀	保证极片辊压行进方向与轧辊轴线垂直；辊压时适当减小压下量，增大卷取时张力，使变形趋于均匀；控制极片来料的厚度、板形，符合辊压要求；随时检查套筒的质量，发现套筒不圆，立即报废
起拱	局部凸起	局部厚度过大，辊压后变形量大于周围，由于压应力引起凸起	提高集流体厚度和涂布厚度一致性
颗粒突起	极片表面的局部大颗粒	辊压时掉粉并黏附在极片上	防止掉粉或高效发挥除粉系统作用
凹陷	极片表面的局部凹陷	漏涂或涂布时存在气泡缺陷；辊压前掉粉	防止漏涂和气泡，防止辊压前掉粉
花纹	辊压过程中产生的滑移线，呈有规律的松树枝状花纹，有明显色差	辊压时压下量过大，或辊压速度过快，极片在轧辊间由于摩擦力大，流动速度慢，产生滑移；辊形不好，温度不均；轧辊粗糙度不均；张力过小，特别是后张力小	控制辊压的压下量和辊压速度处于合适的范围内；保证轧辊温度分布均匀，粗糙度均匀并符合要求；调整张力符合要求
粉体脱落	辊压后局部出现的粉体脱落	粘辊；黏结性不好；局部厚度大导致辊压力过大	提高轧辊表面光洁度，防止粘辊；提高活性物质黏结性；提高涂布质量，保证辊压力均匀

续表

缺陷种类	缺陷特征	产生原因	防止措施
色差	极片辊压后表面色彩不一致	粉料搅拌不均导致涂布面密度不均；轧辊表面光洁度不均匀	提高涂布面密度的一致性和轧辊表面粗糙度一致性

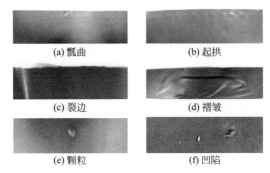

(a) 瓢曲　　　　　　　　　(b) 起拱

(c) 裂边　　　　　　　　　(d) 褶皱

(e) 颗粒　　　　　　　　　(f) 凹陷

图 6-55　极片的常见缺陷

6.8.2　收放卷缺陷

（1）错层　错层是极片端面处层与层之间不规则错动造成的断面不平整现象。卷取张力控制不当、压下量不均匀、套筒窜跳、卷取系统中对中系统异常等都会引发错层。控制卷取张力在合适范围内，轧辊压下量均匀，提高卷取套筒精度等可以避免错层。

（2）塔形　带卷层与层之间向一侧窜动形成塔状偏移的现象称为塔形。来料板形不好，卷取对中调节控制系统异常，通常会引起塔形。保证来料板形质量，提高卷取对中精度可以预防塔形。

（3）松层　松层是卷取和开卷时层与层之间产生松动的现象，严重时会波及整卷。产生松层的原因包括卷取过程中张力不均或者张力过小，以及搬运时钢带或卡子不牢固。控制措施有保证卷取张力均匀，增大张力，固定装置牢固等。

（4）燕窝　燕窝是指带卷端面产生局部"V"形，这种缺陷在带卷卷取过程中或卸卷后产生，有些放置一段时间后才产生。产生原因：带卷卷取过程中前、后张力使用不当；胀轴不圆或卷取时打底不圆，卸卷后由于应力不均匀分布而产生；卷芯质量差。控制措施：保证卷取和辊压速度合理配合；卷取张力不宜过大。

6.8.3　极片强韧性

极片的强韧性即极片强度和韧性。极片的强韧性对辊压、卷绕有重要影响：如果强韧性过低，辊压、卷绕和循环过程中容易折断，造成电池容量和安全性能下降。

（1）测试方法

① 拉伸试验法：通过拉伸试验机进行极片强韧性的测试，可以测得极片的断裂强度和延展率。其中极片断裂时的延展率也是衡量极片韧性的指标，延展率越大，韧性越好。极片拉伸曲线如图6-56、图6-57所示。

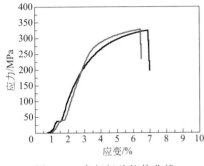

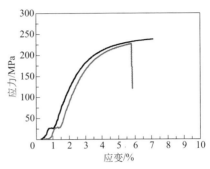

图 6-56　负极极片拉伸曲线　　　　图 6-57　正极极片的拉伸曲线

② 粉体涂层的柔韧性测试：包括轴棒测试法和锥形弯曲法，其中轴棒式测试采用一套粗细不同的钢制轴棒，将极片在轴棒上进行180°弯转，观察转弯处涂层的开裂情况，以不开裂时最细轴棒直径来表征涂层的柔韧性，直径越小柔韧性越好。值得注意的是，此项测试的结果是涂层弹性、塑性和附着力的综合体现，测试时应保持变形时间与速度一致。锥形弯曲测试法，采用一个锥形测试棒，将极片绕测试棒弯转，观察转弯处涂层的开裂情况，读出涂层开裂处的直径来表征涂层的柔韧性，该测试方法避免了轴棒测试的不连续性。

（2）影响柔韧性的因素

① 集流体强韧性。集流体强韧性受材料的成分、结构和加工工艺影响，如锂离子电池阳极集流体常用1060、1050、1145、1235等纯铝箔，Fe、Si为其主要杂质元素，Cu、Mg、Zn、Mn等为痕量元素。杂质元素的存在会使铝层错能降低，交滑移变得困难，塑性变形向孪生转变，同时对位错有钉扎作用，降低铝箔的塑韧性，提高强度。在结构上，晶粒细小的铝箔比晶粒粗大的强韧性更好。在工艺上，冷轧比热轧的晶粒更细小，连铸连轧坯料比连续铸造坯料的晶粒更细小，强韧性更好。

② 压实密度。极片压缩时，由于拱桥颗粒的重新分布，造成与颗粒粘接的金属箔伸长，当压实密度过大时，集流体变形量过大，会使极片变脆，同时颗粒之间空隙小，不容易变形，易产生涂层断裂和脱落。极片压实密度与极片强韧性的数据，见图6-58。

③ 黏结剂种类和加入量。不同种类的黏结剂具有不同的柔韧性。黏结剂的分子量越大，分子越容易发生变形，添加增塑剂，则柔韧性越好。同种黏结剂加

入量越大，颗粒间的黏结面积增大，粉体更容易产生多颗粒协同变形，极片的柔韧性越好。

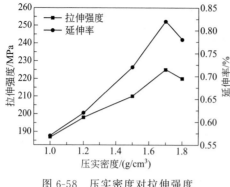

图 6-58　压实密度对拉伸强度
和延伸率的影响

④ 活性物质。活性物质越接近球形，粉体层越容易发生塑性变形，在弯折时对金属的拉力下降，因此极片的韧性越好。一般认为活性物质粒度较小时，比表面积大，在黏结剂量相同的情况下黏结剂覆盖率下降，颗粒之间黏结性能下降，抵抗变形能力差，极片的柔韧性较差，如磷酸铁锂的极片柔韧性差就是因为粒度小的原因[46]。

6.8.4　极片黏结性

极片活性物质需要黏结剂黏结，并使其牢固地附着在集流体上。极片黏结性差将导致活性物质脱落，会造成成品率下降。

（1）测定方法　极片黏结性的测试方法有以下几种：一种是划格法，用划格器在极片上划出横竖交叉的网格，使涂膜被划破，然后通过观察涂膜的脱落程度来为极片的黏结性划分等级；另一种是拉力法，采用胶带粘在极片表面上，然后以一定速度将胶带和极片分离，记录胶带和极片分离的拉力，通过拉力大小来判断极片的黏结性好坏；第三种方法为超声波振动法，对极片施加一定时间的超声波振动，使极片上的涂膜脱落，然后通过脱落量来判定黏结性的优劣。

（2）影响黏结性的因素

① 集流体表面性质。集流体表面性质包括表面吸附性质、粗糙度。一般原子序数大的金属表面内聚能大，液体容易在表面吸附，铜箔比铝箔表面吸附性强，更有利于黏结剂在集流体表面润湿铺展，黏结性能好。粗糙度增大一般降低表面吸附性能，但粗糙度越大，黏结剂与集流体的黏结面积越大，黏结性能越好。

② 粉体性质。当活性物质颗粒为球形时，颗粒间点接触，接触面积小，导电性和黏结性都不好，需要加入导电剂和黏结剂增加导电性和黏结性。当球形颗粒在压力作用下产生塑性变形时，颗粒间接触面积增大，电导率提高，黏结面积增大，可以减少加入导电剂，少加入黏结剂。而破碎状颗粒间属于面接触，导电性好，同时由于颗粒互相镶嵌增加了结合力，因此也可以不加或少加导电剂，少加黏结剂。

③ 压实密度。压实会造成活性物质颗粒的流体重排，减小空隙，促进颗粒表面黏结剂充分均匀分布，增大颗粒间黏结面积，增强黏结性。所以压实密度越

大，黏结性越好。但如果极片被过压，会出现粉体剥落、粘辊、极片表面平直度差、极片硬化等现象，导致极片分切时毛刺出现概率大。因此，电池极片的辊压密度应在合适范围内。

参 考 文 献

[1] Allen T. Particle size measurement [J]. Springer，2013：50-60.

[2] Wen-Zhen Z，Ke-Jing H，Zhao-Yao Z，et al. Physical model and simulation system of powder packing [J]. ACTA Physica Sinica，2009，58：S21-S28.

[3] Karim A，Fosse S，Persson K A. Surface structure and equilibrium particle shape of the $LiMn_2O_4$ spinel from first-principles calculations [J]. Physical Review B，2013，87 (7)：075322.

[4] Göktepe A B，Sezer A. Effect of particle shape on density and permeability of sands [J]. Proceedings of the ICE-Geotechnical Engineering，2010，163 (6)：307-320.

[5] Kwan A K H，Chen J J. Adding fly ash microsphere to improve packing density，flowability and strength of cement paste [J]. Powder Technology，2013，234：19-25.

[6] Puppala A J，Chittoori B，Raavi A. Flowability and Density Characteristics of Controlled Low-Strength Material Using Native High-Plasticity Clay [J]. Journal of Materials in Civil Engineering，2014，27 (1)：06014026.

[7] Koynov S，Glasser B，Muzzio F. Comparison of three rotational shear cell testers：powder flowability and bulk density [J]. Powder Technology，2015，283：103-112.

[8] Ghoroi C，Jallo J L，Gurumurthy L，et al. Improvement in flowability and bulk density of pharmaceutical powders thorough surface modification [C]//Proceedings of the AIChE Annual Meeting. Salt Lake City，2010.

[9] Zhuang L，Nakata Y，Kim U G，et al. Influence of relative density，particle shape，and stress path on the plane strain compression behavior of granular materials [J]. Acta Geotechnica，2014，9 (2)：241-255.

[10] Zhang Y，Wang Y，Wang Y，et al. Random-packing model for solid oxide fuel cell electrodes with particle size distributions [J]. Journal of Power Sources，2011，196 (4)：1983-1991.

[11] Wensrich C M，Katterfeld A. Rolling friction as a technique for modelling particle shape in DEM [J]. Powder Technology，2012，217：409-417.

[12] Härtl J，Ooi J Y. Numerical investigation of particle shape and particle friction on limiting bulk friction in direct shear tests and comparison with experiments [J]. Powder Technology，2011，212 (1)：231-239.

[13] Kyrylyuk A V，Philipse A P. Effect of particle shape on the random packing density of amorphous solids [J]. Physica Status Solidi (a)，2011，208 (10)：2299-2302.

[14] Yu W，Muteki K，Zhang L，et al. Prediction of bulk powder flow performance using comprehensive particle size and particle shape distributions [J]. Journal of Pharmaceutical Sciences，2011，100 (1)：284-293.

[15] Allen K G, Von Backström T W, Kröger D G. Packed bed pressure drop dependence on particle shape, size distribution, packing arrangement and roughness [J]. Powder Technology, 2013, 246: 590-600.

[16] Tanaka Z, Shima E, Takahashi T. Variation of Packing Density in binary partide systems [J]. Journal of the Society of Powder Technology, Japan, 1982, 19 (8): 457-462.

[17] Jiao M H, Sun L, Gu M, et al. Mesoscopic Simulation on the Compression Deformation Process of Powder Particles [J]. Advanced Materials Research, 2013, 753: 896-901.

[18] Gaderer M, Kunde R, Brandt C. Measurement of Particle Properties: Concentration, Size Distribution, and Density [J]. Handbook of Combustion, 2010: 243-272.

[19] Ding D, Wu G, Pang J. Influences of electrode surface density on lithium ion battery performance [J]. Chinese Journal of Power Sources, 2011, 12: 008.

[20] Plumeré N, Ruff A, Speiser B, et al. Stöber silica particles as basis for redox modifications: Particle shape, size, polydispersity, and porosity [J]. Journal of Colloid and Interface Science, 2012, 368 (1): 208-219.

[21] Song J, Bazant M Z. Effects of nanoparticle geometry and size distribution on diffusion impedance of battery electrodes [J]. Journal of the Electrochemical Society, 2013, 160 (1): A15-A24.

[22] Höhner D, Wirtz S, Scherer V. Experimental and numerical investigation on the influence of particle shape and shape approximation on hopper discharge using the discrete element method [J]. Powder Technology, 2013, 235: 614-627.

[23] Yang J, Wei L M. Collapse of loose sand with the addition of fines: the role of particle shape [J]. Geotechnique, 2012, 62 (12): 1111-1125.

[24] Azéma E, Estrada N, Radjai F. Nonlinear effects of particle shape angularity in sheared granular media [J]. Physical Review E, 2012, 86 (4): 041301.

[25] Fu X, Huck D, Makein L, et al. Effect of particle shape and size on flow properties of lactose powders [J]. Particuology, 2012, 10 (2): 203-208.

[26] Yoon-Soo Park, Eun-Suok Oh, Sung-Man Lee. Effect of polymeric binder type on the thermal stability and tolerance to roll-pressing of spherical natural graphite anodes for Li-ion batteries [J]. Journal of Power Sources, 2014, 248: 1191-1196.

[27] Zhang J, Wang L, Yang R. Study on Tension Control Technique of Squal Lithium Ion Battery Winding Machine [J]. Modular Machine Tool & Automatic Manufacturing Technique, 2009, 2: 020.

[28] 杨绍斌, 范军, 刘甫先, 等. 电池电极材料充填性能测试方法: 200410027394.6 [P]. 2005-12-07.

[29] Oladeji I O. Composite electrodes for lithium ion battery and method of making: US 9666870 [P]. 2017-05-30.

[30] 杨鹏. 锂离子电池容量衰减的研究 [D]. 上海: 上海交通大学, 2013: 15-36.

[31] Thorat I V, Stephenson D E, Zacharias N A, et al. Quantifying tortuosity in porous Li-

ion battery materials [J]. Journal of Power Sources，2009，188（2）：592-600.

[32] Patel K K，Paulsen J M，Desilvestro J. Numerical simulation of porous networks in relation to battery electrodes and separators [J]. Journal of Power Sources，2003，122（2）：144-152.

[33] Liu Q，Zhang T，Bindra C，et al. Effect of morphology and texture on electrochemical properties of graphite anodes [J]. Journal of Power Sources，1997，68（2）：287-290.

[34] Sawai K，Ohzuku T. Factors affecting rate capability of graphite electrodes for lithium-ion batteries [J]. Journal of the Electrochemical Society，2003，150（6）：A674-A678.

[35] Buqa H，Goers D，Holzapfel M，et al. High rate capability of graphite negative electrodes for lithium-ion batteries [J]. Journal of the Electrochemical Society，2005，152（2）：A474-A481.

[36] Shim J，Striebel K A. Effect of electrode density on cycle performance and irreversible capacity loss for natural graphite anode in lithium-ion batteries [J]. Journal of Power Sources，2003，119：934-937.

[37] Shim J，Striebel K A. The dependence of natural graphite anode performance on electrode density [J]. Journal of Power Sources，2004，130（1）：247-253.

[38] Striebel K A，Sierra A，Shim J，et al. The effect of compression on natural graphite anode performance and matrix conductivity [J]. Journal of Power Sources，2004，134（2）：241-251.

[39] Wang C W，Yi Y B，Sastry A M，et al. Particle compression and conductivity in Li-ion anodes with graphite additives [J]. Journal of the Electrochemical Society，2004，151（9）：A1489-A1498.

[40] Novak P，Scheifele W，Winter M，et al. Graphite electrodes with tailored porosity for recha-geable ion-transfer batteries [J]. Journal of Power Sources，1997，68（2）：267-270.

[41] Liang R，Wang Z，Guo H，et al. Fabrication and electrochemical properties of lithium-ion batteries for power tools [J]. Journal of Power Sources，2008，184（2）：598-603.

[42] Denis Y W，Donoue K，Inoue T，et al. Effect of electrode parameters on $LiFePO_4$ cathodes [J]. Journal of The Electrochemical Society，2006，153（5）：A835-A839.

[43] Guyomard D，Tarascon J M. Li metal-free rechargeable $LiMn_2O_4$/carbon cells：Their understanding and optimization [J]. Journal of The Electrochemical Society，1992，139（4）：937-948.

[44] Shu Z X，Mc Millan R S，Murray J J. Electrochemical intercalation of lithium into graphite [J]. Journal of The Electrochemical Society，1993，140（4）：922-927.

[45] Hilmi Buqa，Dietrich Goers，Michael Holzapfel，Michael E Spahr，Petr Nova'k. High rate capability of graphite negative electrodes for lithium-ion batteries [J]. Journal of The Electrochemical Society，2005，152（2）：A474-A481.

[46] Han L，Liu Y M，Xiao F. A study and discussion on inspection method of electrode defects of the Li-ion power battery [J]. Advanced Materials Research，2013，765：1916-1919.

第 **7** 章

锂离子电池极片分切

分切是利用相应设备将涂布辊压之后的大片极片分裁成单个极片的过程。分切分为纵切和横切，纵切的目的是将大片极片沿长度方向分切成长条状，而横切是指沿垂直于长度方向进行切断操作，见图7-1。经过纵切和

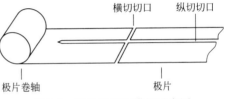

图 7-1　极片纵切和横切示意图

横切以后就可获得所需设计尺寸的正负极极片。由于锂离子电池中分切的极片多为塑性材料，所以本章以塑性材料为主进行讨论。

7.1
极片分切方法

分切在机械加工中称为剪切，按照剪切刀具的形式可以分为斜刃剪、平刃剪、滚切剪和圆盘剪等剪切方法。

斜刃剪上下两剪刃间呈一个固定的角度，其倾斜角一般为 $1°\sim6°$，一般上刀片是倾斜的，如图 7-2(a) 所示。由于上下剪刃不平行，存在沿着剪刃方向的力，易造成切口扭曲变形，但剪切作用面积小，剪切力和能量消耗比平刃剪切要小，故用于大、中型剪板机中剪切厚板[1]，极片分切一般不采用。

平刃剪与斜刃剪结构相同，只是上下剪刃口平行，如图 7-2(b) 所示。剪切无扭曲变形，剪切质量好，但剪切力大，多用于小型剪板机和薄板、薄膜下料[1,2]和极片横切。

滚切剪又称圆弧剪刃滚切，采用刃口呈圆弧状的刀具，刀具绕两个固定轴回转摆动完成剪切过程，如图 7-2(c) 所示。主要用于实现定长横切、头尾横切和切边纵切，一般剪切中厚板具有质量高、能耗小、寿命长和产量高等特点[3]。

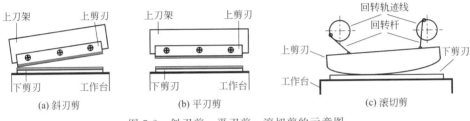

图 7-2　斜刃剪、平刃剪、滚切剪的示意图

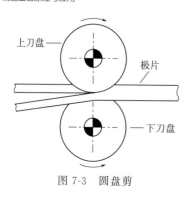

上刀盘

极片

下刀盘

图 7-3 圆盘剪

圆盘剪纵剪是通过上下两个圆盘状刀盘连续旋转来完成剪切，如图 7-3 所示。剪切时，开卷极片进入圆盘剪口，经过剪切被分成多条[4]。圆盘剪广泛用于薄板、薄膜和金属箔的纵切分条。

在锂离子电池生产中，极片的纵切通常采用圆盘剪，而横切采用平刃剪，自动化生产线通常先进行纵切，然后进行横切。一般对锂离子电池极片分切有如下要求：

① 极片尺寸精度高；

② 极片边缘平整无毛刺，缺陷少，不破坏极片涂布层；

③ 合格率高，生产效率高。

7.2
极片剪切过程

对于塑性材料，可以将剪切过程分为三个阶段[5,6]：

① 刀片开始压入板材，剪刃间板材发生塑性变形流动，至塑性变形量达到塑性应变极限时为止，称为第一阶段。在这一阶段板材被剪切，形成光滑剪切面，见图 7-4(a)。

② 刀片继续压入板材，剪刃间板材裂纹萌生、扩展和贯通，剪刃间板材在拉应力作用下发生撕裂，至上下刀刃在同一水平面时为止，称为第二阶段。这一阶段板材被撕裂，形成无光撕裂面，见图 7-4(b) 和（c）；

③ 刀片继续下压，由于塑性流动，剪刃间板材被挤出到重叠刀刃的细小夹缝中间。随着刀刃重叠量的增大，夹缝中间的板材被撕裂拉断，在边部形成毛刺，见图 7-4(d)，至刀具分开为止，称为毛刺形成阶段。刀具分开过程中，刀具会对板材产生磨平或挤压作用，使无光撕裂面和毛刺形貌发生改变，但是改变不大。

剪切后形成的剪切断口如图 7-5 所示，由光滑剪切面、无光撕裂面和边缘毛刺等三个部分组成[6-8]。无光撕裂面也称为脆性断裂面，其宽度与材料的塑性有关，塑性越好的材料，无光撕裂面越小，光滑剪切面越大，产生的金属流动越多，越容易产生毛刺，反之对于脆性材料则不存在光滑剪切面。

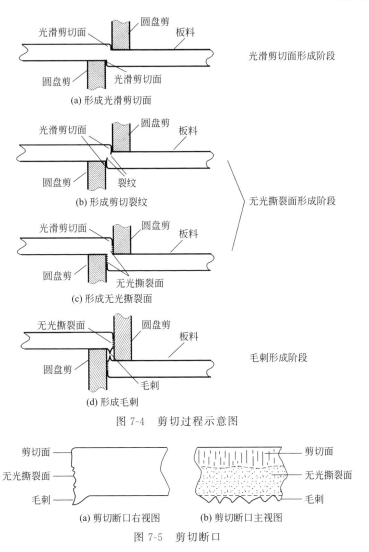

图 7-4 剪切过程示意图

图 7-5 剪切断口

7.3
极片剪切工艺

7.3.1 剪切材料

锂离子电池生产中，需要对正极极片、负极极片、极耳和隔膜等材料分切，这些材料的性质如表 7-1 所示。

表 7-1　极片辊压后的典型性质

板带性质	材质和结构	宽度/mm	厚度/mm	力学性能参数		
				拉伸强度 σ_b/MPa	伸长率 δ/%	硬度/HV
正极极片	粉体涂层＋铝箔（16μm）	＜500	＜0.15	50～90	1.3～1.6	
负极极片	粉体涂层＋铜箔（10μm）	＜500	＜0.15	≥350	0.6～1.5	
隔膜	聚丙烯＋聚乙烯复合多孔膜或聚乙烯多孔膜	＜100	＜0.025	≥100	600～650	
铝塑复合膜	铝箔与高分子多层复合膜	＜100	0.012	48～55	1.2～1.6	
铝极耳	铝合金	3.5	0.12	≥75	15～46	20～25
镍极耳	镍	3.5	＜0.12	≥345	≥30	85～100

7.3.2　剪切力

在剪切进刀过程中，取微小的进刀深度 ε，在此进刀深度内剪切力与进刀面积之比，即在单位断面面积上的剪切力，称为剪切阻力，也称为剪切抗力，用 τ 表示[9]。当取进刀深度无限小时，可得到单位剪切阻力与进刀深度的微分曲线，也称为剪切阻力曲线，如图 7-6 所示。由图中可以看出，剪切阻力随进刀深度先快速增加后缓慢增加达到最大值，然后下降，这里的最大值称为最大剪切阻力，用 τ_{max} 表示。

剪切阻力与材料本身性质密切相关。剪切阻力曲线是计算剪刀施加剪切力大小的主要依据。最大剪切力 p_{max} 与剪切材料的剪切阻力和截面积尺寸相关，可按照下式[10]计算：

$$p_{max} = K\tau_{max}S \tag{7-1}$$

式中，S 为被剪卷材的剪切面积，mm^2；K 为刀刃磨损、刀片间隙增大而使剪切力提高的系数，小型剪切机通常为 1.2 到 1.4；τ_{max} 为被剪卷材的最大剪切阻力，MPa。

当材料无 τ_{max} 的数据时，可用 $k\sigma_{bt}$ 代替 τ_{max}（$\tau_{max} = k\sigma_{bt}$）进行计算。其中 σ_{bt} 为脆性材料的拉伸强度极限；$k = \tau_{max}/\sigma_{bt}$，为剪切阻力与材料抗拉强度的比例系数[10]。$k$ 的取值通常在 0.2～0.8 之间。

剪切面积 S 与剪切方法有关，滚切的剪切面积约为弓形面积的一半，见图 7-7 中黑色部分。剪切面积 S 与刀盘直径有关，刀盘直径越大，半弓形面积越大，剪切面积越大，最大剪切力也会随之增大。

剪切阻力曲线是在一定条件下测定的，因此随着剪切材料和剪切测试条件而改变。剪切阻力曲线主要受材料本身性质影响，材料强度极限越大，材料塑性越差，则达到最大剪切力时的进刀深度越小，剪切面积越小。剪切阻力曲线还与剪切温度有关，在不考虑刀具性能随温度变化的情况下，剪切温度较高，特别是高于金属材料的回复、再结晶温度或高分子材料的软化点温度时，剪切材料硬度大幅度下降，塑性大幅度提高，进刀深度增大。通常硬状态材料易于剪切，半硬状态材料较难剪切，软状态材料如退火金属一般不能剪切，甚至出现粘刀现象。剪切阻力曲线也受剪切速率影响，当剪切速率大于材料剪切断裂速率时，剪切所造成的裂纹前端应力得不到松弛，形成应力集中，造成裂纹前端应力硬化，使断裂向脆断方向发展，进刀深度减小。当然随着剪切阻力曲线的改变，剪切阻力也会随之发生变化。

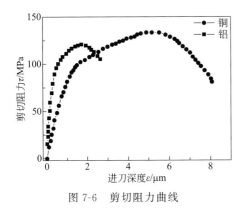

图 7-6　剪切阻力曲线

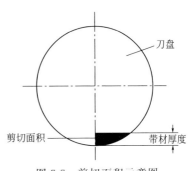

图 7-7　剪切面积示意图

7.3.3　刀盘水平间隙和垂直间隙

切面形貌是判断剪切效果的重要依据，一般光滑剪切面的宽度是板材壁厚的 $1/3 \sim 1/2$、光滑剪切面和无光撕裂面边界平直、边缘毛刺较小时，剪切效果较好。分切时刀盘的水平间隙和垂直间隙（如图 7-8 所示）直接影响切面形貌，另外切面形貌也是判断水平间隙和垂直间隙合理性的依据[11]。

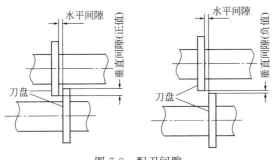

图 7-8　配刀间隙

（1）水平间隙　水平间隙大小取决于被剪金属板材的强度与厚度，一般随着被剪板材厚度与强度的增加，水平间隙应适当增加。材料较软时，水平间隙可取材料厚度的5%～10%，材料较硬时，可取10%～20%。表7-2中给出了水平间隙和垂直间隙的参考值。

表7-2　水平间隙和垂直间隙的参考值

厚度/mm	水平间隙/mm	厚度/mm	垂直间隙/mm
0.00～0.15	几乎为0	0.25～1.25	材料厚度的1/2
0.15～0.5	材料厚度的6%～8%	1.5	0.55
0.5～3	材料厚度的8%～10%	2	0.425

在剪切过程中，水平间隙对剪切变形和受力影响见图7-9。板材在上、下刀盘剪切力的作用下产生变形，图7-9中给出了剪刃间板材的受力分析，上下剪切力与板材表面平行方向的分力，作用于剪刃间板材两端且方向相反，称为拉应力；而垂直于表面方向的力，称为压应力，主要起剪切作用。剪切力产生的拉应力和压应力的大小主要与水平间隙有关，水平间隙越大，拉应力越大，压应力越小。

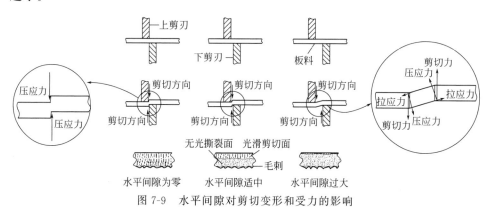

图7-9　水平间隙对剪切变形和受力的影响

当水平间隙过小时，相同剪切力产生的拉应力较小而压应力较大，剪刃间板材受力以压应力为主。当达到金属屈服极限时，金属沿着压应力发生流动切断，因此剪切面以光滑剪切面为主，几乎占据整个剪切面。同时部分材料将被挤出，形成毛刺。另外，夹在剪刃间的板材对剪刃形成了反方向胀大压力，导致剪刃磨损，严重时甚至会发生设备过载和崩剪刃等事故。

当水平间隙过大时，相同剪切力产生的拉应力较大而压应力较小，剪刃间板材受力以拉应力为主。在拉应力作用下板材产生裂纹，裂纹扩展联通完全断裂，因此剪切面以无光撕裂面为主，几乎占据整个剪切截面。塑性材料拉断时产生的毛刺较大，甚至还可能导致剪切区域过大形成翻边，在剪切进行时形成撞刀事故[12]。

当水平间隙适中时，相同剪切力产生的拉应力和压应力分配适中，在剪切初期，受力以压应力为主，剪刃间板材被剪切形成光滑剪切面；在剪切后期，受力以拉应力为主，剪刃间板材被拉断形成无光撕裂面。水平间隙适中时，光滑剪切面的宽度是板材壁厚的 $1/3\sim1/2$，光滑剪切面和无光撕裂面边界平直，形成的毛刺较小。

阎秋生等[13]的研究采用圆盘剪对 1.6mm 镀锌板进行剪切，发现随着水平间隙的增大光滑剪切面宽度逐渐减小，见图 7-10(a)；毛刺高度先呈现在较小尺寸波动，后急剧增大，如图 7-10(b)。俞家骅[14]的研究采用圆盘剪对 2mm 厚钢板剪切，得到水平间隙对剪切力的影响，如图 7-11 所示。由图可见，随着水平间隙增加，剪切力一般呈先上升后下降趋势。

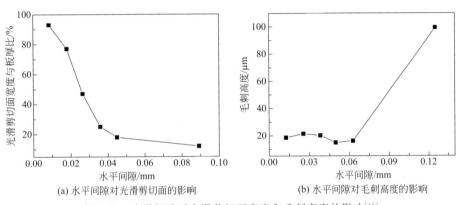

(a) 水平间隙对光滑剪切面的影响　　(b) 水平间隙对毛刺高度的影响

图 7-10　水平间隙对光滑剪切面宽度和毛刺高度的影响[13]

（2）垂直间隙　垂直间隙是指在垂直方向上刀盘的最大重叠量，上下刀盘重叠时取正值，反之取负值。当垂直间隙过小时，上下剪刃处裂纹不能重合，会出现局部弯曲或切不开现象[12]；垂直间隙适合时，光滑剪切面和无光撕裂面的宽度分布合理，形成的毛刺较小；垂直间隙过大时，会使光滑剪切面增大，无光撕裂面减小甚至消失，边缘出现变形（翘边或荷叶边）、毛刺增大等缺陷。

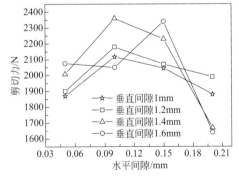

图 7-11　水平间隙对剪切力的影响[14]

（刀盘半径 284mm，剪切速率 20mm/s）

不同板材厚度对应的垂直间隙参考值见表 7-2。由表可见，随着板材厚度增加，垂直间隙先增加后减小，在板材厚度为 1.5mm 时垂直间隙最大，为 0.55。

水平间隙对垂直间隙也有影响，当水平间隙较大时，垂直间隙往往不需要较大，即可以满足剪切需要。

剪刃的垂直间隙还与带材塑韧性有关。一般塑性较好的材料需要增大垂直间隙，增大剪切区面积，减小撕裂区面积，以增加断面平整度。

7.3.4　剪切速率

剪切是金属塑性变形、裂纹萌生到扩展断裂的过程，需要在一定时间内完成。当剪切速率大于塑性变形和断裂速率时，就会引起脆性增强、变形抗力增大，如 300℃ 的超细晶纯铜在变形速度 $8000s^{-1}$ 时的变形抗力为 $2000s^{-1}$ 时的 8 倍[15]。因此，剪切速率的提高，对于塑性材料可促使切面脆性断裂，增大无光撕裂面，减小光滑剪切面，改善剪切面品质；而对于脆性材料不会改变剪切断面形态。但剪切速率过快，会使剪切力过大，刀具温升增大，磨损加剧，剪切稳定性下降。表 7-3 给出了常用剪切速率的经验数据。

表 7-3　圆盘剪常用剪切速率[5]

板材厚度/mm	0.007～0.05	0.05～2	2～5	5～10	10～20	20～35
剪切速率/(m/s)	1～4	1.5～3.2	1.0～2.0	0.5～1.0	0.25～0.5	0.2～0.3

极片的集流体通常为塑韧性较好的铝和铜，不易得到整齐的切面，较快的剪切速率可以使极片趋向于脆性断裂，更容易获得整齐的切面，减小毛刺。一般圆盘剪切机的剪切速率可达到 500m/min。

7.3.5　张力

张力是板材收放卷过程中作用于从动轴上的阻尼力或摩擦力。在收放卷过程中，张力的作用是使板材处于绷紧状态而不产生塑性变形，保证放卷和收卷过程稳定、匀速进行。在纵切过程中，张力的作用是通过保证运行紧绷和平稳，提高剪切尺寸精度，使剪切质量稳定。在横切过程中，张力会增大剪切区域的拉应力，提早使板材屈服，产生裂纹并断裂，因此张力会使剪切力下降，同时还可使切面形貌得到改善，如由楔形变得较为平整、宽展明显减小、相对切入深度减小等。

张力选择主要依据材料的强度、厚度和宽度。通常随着材料的厚度和宽度减小，运行张力正比减小。表 7-4 为开卷机和卷取机张力推荐值，依据以下经验公式设定：

$$张力＝带材厚度 \times 宽度 \times 张力推荐值 \tag{7-2}$$

表 7-4 推荐张力值

厚度范围/mm	开卷机张力/MPa	卷取机张力/MPa
0.007~0.101	15(最大)	15(最大)
0.101~0.375	4.8	12.4
0.376~3.000	3.4	9.0
3.001~9.375	2.8	6.9

张力过小时，带材运行速度产生波动，导致测速信号差，控制不稳定，在卷取过程中易产生松层现象；纵切过程中易产生分切精度降低现象[16]；横切过程中易产生剪切力增大，切口质量变差，切入深度增大的现象。张力过大则会由于局部塑性变形在板材表面出现横向波纹，造成纵切过程中边部损伤，带材在套筒上绷得太紧还易造成擦伤。

7.4
极片分切设备

7.4.1 纵切设备

纵切机，也叫连续分条机，根据剪切工艺步骤包括放卷机构、分切机构、收卷机构等[17]，见图 7-12。

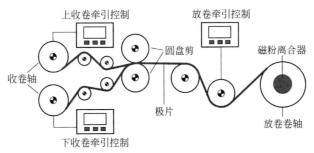

图 7-12 纵切设备的工作示意

（1）分切机构 电池极片分切装置，一般包括框架、底座、刀轴调节螺栓、轴承座、上刀轴、下刀轴、圆盘刀、定位套筒、驱动电动机等[17]，如图 7-13。在框架的垂直导向的轨道上安装有可以上下调节的上刀轴轴承座与下刀轴轴承座。通过调节轴承座，使下刀轴与上刀轴呈平行设置，在刀轴上固定有分切圆盘刀和圆盘刀间套接的定位套筒，在刀轴的端部固定有紧固套筒；圆盘刀的水平间隙可通过更换不同尺寸的定位套筒单个调整，也可以通过水平移动刀轴整体调整；垂直间隙可通过刀轴调节螺栓调整。在上刀轴与下刀轴的同一端部设有传动机构，主电机经过减速机减速传动，通过传动机构，分别驱动圆盘剪的上下刀轴，从而带动装在上下刀轴上的圆盘刀相对旋转，将通过刀间的极片分切成条。

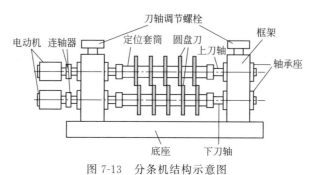

图 7-13　分条机结构示意图

（2）分切刀具

① 刀具性能和材质要求。极片分条一般采用圆盘剪悬空分切操作，要求刀具具有高的刚度、硬度、韧性和耐磨性，刃口锋利。为满足性能要求，常见刀具主要采用 9CrSi、Cr12MoV、W6Mo5Cr4V2、W18Cr4V 等优质工具钢、高合金模具钢和硬质合金制造，其中硬质合金刀具硬度达到 $67\sim70\mathrm{HRC}$。在成本允许情况下，从延长刀具寿命，提高生产率的角度，应选用高硬度的硬质合金刀具。

② 剪切配刀。剪切时，根据实际生产需要，先选定刀具直径和厚度，之后找到刀盘的水平间隙（也叫侧向间隙）和垂直间隙（也叫重叠量）最佳值，并进行刀盘的精确安装和调整，称为配刀。刀盘直径 D 与被剪切带材的厚度 h、刀盘重叠量 s 与允许咬入角 α_0 有关，用下式[5]表述为：

$$D = (h + s)/(1 - \cos\alpha_0) \tag{7-3}$$

刀盘厚度应满足刚度要求，一般取 $(0.06\sim0.1)D$。刀具厚度影响刀片的倾斜量，刀具越厚，倾斜量越小，从而使剪切的条带剪切面更整齐。一般刀片厚度约为材料厚度的 4 倍。

剪刃水平间隙整体调整通过上下刀轴轴向移动来完成，单个刀片水平间隙通过推出环、间隔环调整[18]。剪刃垂直间隙整体调整通过上下刀轴调节丝杠实现，单个刀片的垂直间隙调整通过偏心套的偏心角实现。调整数据根据分切材料及质量要求确定，参考表 7-2 进行。为减少配刀时刀盘、推出环以及隔离环间隙的累计误差，配刀时应在刀盘、推出环和隔离环原始检测的基础上，上下对称配刀。即上刀轴配一把厚刀，那么下刀轴也要配一把厚刀；上边薄，下边也薄。通过对称配刀，可将刀盘的精密度提高一个档次，这是配刀一般原则。

分切时，刀尖水平抖动造成刀盘水平间隙发生变化，刀尖的垂直抖动造成刀盘垂直间隙的变化，刀轴的轴承温度会上升，刀轴因此也会发生热膨胀引起间隙量的变化，这会影响分切尺寸精度和剪切面的质量，诱发切断品质的恶化。可从以下几方面加以克服：使用径向精度高的刀轴；使用内径公差小、外径研磨精度高、真圆度尽量高的刀具；选择合适的刀轴直径，回避超出范围的条数、板厚材料的分切，这可以减小刀尖垂直抖动；采用平坦度、平行度好的高精度刀具（$3\sim5\mu m$ 以内）和高精度间隔环；配刀时对刀具和刀轴进行清扫，保证安装精度；使用液压螺母，保证水平压力均匀，可减小刀尖水平抖动；由于刀具磨损和定位套筒松动而导致水平间隙逐渐增大，应定期检查或更换刀具。

（3）设备主要性能指标 随着锂离子电池生产的自动化程度逐渐提高，自动化多功能型生产设备不断出现。表 7-5 给出了两个公司生产的两款极片分条机技术参数。

表 7-5 分条机的技术参数

技术指标	分条机 X02-7-650-4-DZ	分条机 YF060A-50
电源	3Φ380V 50Hz[①]	3Φ380V 50Hz
放卷卷径	最大 $\phi600mm$	最大 $\phi450mm$
卷材幅宽	最大 650mm	最大 680mm
收卷直径	最大 $\phi450mm$	最大 $\phi450mm$
可分切极片厚度	$80\sim130\mu m$	
机械速度	最大 50m/min(连续可调)	最大 50m/min
分切规格	可根据用户要求制定	可根据用户要求制定
分切精度	±0.05mm	±0.2mm
外形尺寸	约 2900mm×2230mm×2200mm	
设备重量	约 6T	

① 3Φ 表示三相交流电。

7.4.2 横切设备

目前锂离子电池极片横切主要采用平刃剪横切机。平刃剪横切机由上剪刃、下剪刃、驱动机构（伺服电机或步进电机驱动）、光电跟踪修正系统、出料分离及拉带输送系统和人机交互控制系统组成。按照平刃剪的工作动作分上切式和下切式两种剪切方式，相应有两种剪切机，即上切式剪切机和下切式剪切机。上切式剪切机的上刀片固定在刀架上，下刀片固定在工作台上，剪切时，刀架带动上刀片切向下刀片，下刀片不动。下切式剪切机由下刀片运动完成剪切，上刀片不动，其他装置的功能相同。

横切操作时，通过人机交互控制系统进行加工批次、长度、数量设定，光电跟踪修正系统对加工过程中的横切尺寸实时监测并将数据传递给控制系统以进行自动修正，保证精确裁切，出料分离和拉带输送系统完成高精度堆垛。横切完毕可自动停机。表 7-6 给出一种横切机的技术参数。

表 7-6　一种横切机性能指标

项目	参数
料卷	长度≤450mm，卷芯内径 3in[①]
最大成型面积	330mm×270mm
成型长度	20~500mm
成型定位精度	±0.1mm
适切极片厚度	70~150μm
主机功率	4kW
主牵引伺服电机	2.2kW
成型压力平整度	0.02mm
润滑方式	自动循环供油
行程调节量	±3.5mm
主机运行速度	15~45 冲次/min;

① 1in=0.0254m。

7.5
激光分切

为满足新能源汽车应用及新技术发展需求，锂离子电池的更高安全性对分切质量提出更高要求。目前广泛采用的机械分切方法，在分切过程中极片的活性物质涂层严重磨损刀具，造成刀具变钝和分切质量显著下降。为保证分切质量需要经常磨刀或更换刀具，严重影响生产效率。激光分切具有非接触式加工、无磨损，加工过程灵活、适应不同形状加工的优点。随着激光技术的发展，激光分切逐渐应用于极片分切。

7.5.1　激光分切简介

7.5.1.1　激光器原理

激光器是控制受激原子光释放方式的设备。产生激光的必不可少的条件是粒子数反转和增益大于损耗，所以装置中必不可少的组成部分有激励（或抽运）

源、具有亚稳态能级的工作介质两个部分。激励是工作介质吸收外来能量后激发到激发态，为实现并维持粒子数反转创造条件。激励方式有光学激励、电激励、化学激励和核能激励等。工作介质具有亚稳能级，使受激辐射占主导地位，从而实现光放大。激光器中常见的组成部分还有谐振腔，但谐振腔（见光学谐振腔）并非必不可少的组成部分。谐振腔可使腔内的光子有一致的频率、相位和运行方向，从而使激光具有良好的方向性和相干性。

7.5.1.2 设备分类

（1）按工作物质分类 根据工作物质物态的不同可把所有的激光器分为以下几大类：

① 固体（晶体和玻璃）激光器。这类激光器所采用的工作物质，是通过把能够产生受激辐射作用的金属离子掺入晶体或玻璃基质中构成发光中心而制成的。

② 气体激光器。它们所采用的工作物质是气体，并且根据气体中真正产生受激发射作用之工作粒子性质的不同，而进一步区分为原子气体激光器、离子气体激光器、分子气体激光器、准分子气体激光器等。

③ 液体激光器。这类激光器所采用的工作物质主要包括两类：一类是有机荧光染料溶液；另一类是含有稀土金属离子的无机化合物溶液，其中稀土金属离子（如 Nd）起工作粒子作用，而无机化合物液体（如 SeOCl）则起基质的作用。

④ 半导体激光器。这类激光器是以一定的半导体材料作工作物质而产生受激发射作用，其原理是通过一定的激励方式（电注入、光泵或高能电子束注入），在半导体物质的能带之间或能带与杂质能级之间激发非平衡载流子而实现粒子数反转，从而产生光的受激发射作用。

⑤ 自由电子激光器。这是一种特殊类型的新型激光器，工作物质为在空间周期变化磁场中高速运动的定向自由电子束，只要改变自由电子束的速度就可产生可调谐的相干电磁辐射，原则上其相干辐射谱可从 X 射线波段过渡到微波区域，因此具有很诱人的前景。

（2）按运转方式分类 由于激光器所采用的工作物质、激励方式以及应用目的的不同，其运转方式和工作状态亦相应有所不同，从而可区分为以下几种主要的类型：

① 连续激光器。其工作特点是工作物质的激励和相应的激光输出，可以在一段较长的时间范围内以连续方式持续进行。以连续光源激励的固体激光器和以连续电激励方式工作的气体激光器及半导体激光器，均属此类。由于连续运转过程中往往不可避免地产生器件的过热效应，因此多数需采取适当的冷却措施。

② 单次脉冲激光器。对这类激光器而言，工作物质的激励和相应的激光发射，从时间上来说均是一个单次脉冲过程。一般的固体激光器、液体激光器以及

某些特殊的气体激光器,均采用此方式运转,此时器件的热效应可以忽略,故可以不采取特殊的冷却措施。

③ 重复脉冲激光器。这类器件的特点是其输出为一系列的重复激光脉冲,为此,器件可相应以重复脉冲的方式激励,或以连续方式进行激励,但以一定方式调制激光振荡过程,以获得重复脉冲激光输出。

7.5.1.3 激光分切特点

激光分切是由激光器所发出的水平激光束经 45° 全反射镜变为垂直向下的激光束,后经透镜聚焦,在焦点处聚成一极小的光斑,在光斑处会焦的激光功率密度高达 $10^6 \sim 10^9 \, \text{W/cm}^2$。利用高功率密度激光束照射被分切材料,使材料很快被加热至汽化温度,蒸发形成孔洞,随着光束相对材料的移动,孔洞连续形成宽度很窄(如 0.1mm 左右)的切缝,完成对材料的分切。

(1)激光分切的优点

① 分切质量好。激光分切切口细窄,切缝两边平行并且与表面垂直,分切零件的尺寸精度可达 ±0.05mm。分切表面光洁美观,表面粗糙度只有几十微米,甚至激光分切可以作为最后一道工序,无需机械加工,零部件可直接使用。材料经过激光分切后,热影响区宽度很小,切缝附近材料的性能也几乎不受影响,并且工件变形小,分切精度高,切缝的几何形状好,切缝横截面形状呈现较为规则的长方形。

② 分切效率高。由于激光的传输特性,激光分切机上一般配有多台数控工作台,整个分切过程可以全部实现数控。操作时,只需改变数控程序,就可适用不同形状零件的分切,既可进行二维分切,又可实现三维分切。

③ 分切速度快。用功率为 1200W 的激光分切 2mm 厚的低碳钢板,分切速度可达 600cm/min;分切 5mm 厚的聚丙烯树脂板,分切速度可达 1200cm/min。材料在激光分切时不需要装夹固定。

④ 非接触式分切。激光分切时割炬与工件无接触,不存在工具的磨损。加工不同形状的零件,不需要更换"刀具",只需改变激光器的输出参数。激光分切过程噪声低,振动小,无污染。

⑤ 分切材料的种类多。与氧乙炔分切和等离子分切比较,可激光分切材料的种类多,包括金属、非金属、金属基和非金属基复合材料、皮革、木材及纤维等。但是对于不同的材料,由于自身的热物理性能及对激光的吸收率不同,表现出不同的激光分切适应性。

(2)激光分切的缺点 由于受激光器功率和设备体积的限制,激光分切只能分切厚度较小的板材和管材。随工件厚度的增加,分切速度明显下降。激光分切设备费用高,一次性投资大。

7.5.1.4 激光分切的分类

（1）汽化分切 利用高能量密度的激光束加热工件。在短时间内汽化，形成蒸气，在材料上形成切口。材料的汽化热一般很大，所以激光汽化分切时需要大的功率和功率密度。激光汽化分切多用于极薄金属材料和非金属材料（如纸、布、木材、塑料和橡皮等）的分切。极片的分切可采用汽化分切。

（2）熔化分切 激光熔化分切时，用激光加热使金属材料熔化，喷嘴喷吹非氧化性气体（Ar、He、N_2 等），依靠气体的强大压力使液态金属排出，形成切口。所需能量只有汽化分切的 1/10。激光熔化分切主要用于一些不易氧化的材料或活性金属的分切，如不锈钢、钛、铝及其合金等。

（3）氧气分切 它是用激光作为预热热源，用氧气等活性气体作为分切气体。喷吹出的气体一方面与分切金属作用，发生氧化反应，放出大量的氧化热；另一方面把熔融的氧化物和熔化物从反应区吹出。其分切速度远远大于激光汽化分切和熔化分切。激光氧气分切主要用于碳钢、钛钢以及热处理钢等易氧化的金属材料。

（4）划片与控制断裂 激光划片是利用高能量密度的激光在脆性材料的表面进行扫描，使材料受热蒸发出一条小槽，然后施加一定的压力，脆性材料就会沿小槽处裂开。激光划片用的激光器一般为 Q 开关激光器和 CO_2 激光器。

7.5.2 激光分切工艺

（1）激光分切速度 激光分切速度取决于激光功率和脉冲频率。使用连续激光分切时，功率越高分切速度越快。在激光功率 100W 时，分切速度已经高于常规机械分切速度（60m/min），并且在相同功率情况下，负极极片比正极极片的分切速度更快[19]，如图 7-14（a）所示。脉冲激光的能量输出与功率相关，在功率相同的情况下，频率高对应的分切速度也较高。100Hz 和 50Hz 是较为常用的

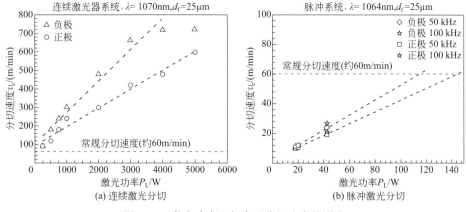

图 7-14 激光功率和频率对分切速度的影响

λ—激光的波长；d_f—激光焦点处直径。

频率，在相同功率情况下，100Hz比50Hz的分切速度略微提高，并且在相同功率和相同频率情况下负极的分切速度大于正极的分切速度，如图7-14(b)所示。

（2）激光分切深度 激光的分切深度是激光功率的分段函数。如图7-15所示，在活性物质去除之前，激光功率增大分切深度显著增加，当分切到集流体时，激光功率增大时分切深度变化平缓。极片中集流体由于导热性优良对分切深度的影响（阻碍分切深度增加）较活性物质层更为显著。与活性物质比，集流体具有更高的热导率和更低的光吸收率，因而具有更高的熔化阈值和更低的材料去除率[20]。

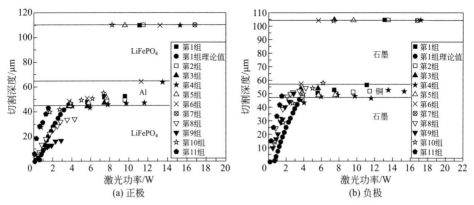

图7-15 正极和负极的分切深度与激光功率的关系[20]

（3）激光分切质量 对激光分切电极完整性和实用性的最重要要求是较小的机械缺陷、涂层分层和裂纹。机械缺陷的潜在风险是隔膜的完整性。分层会降低活性物质的传导性进而降低电池容量。并且，电极的加热会导致活性物质层的氧化和热影响区附近正极活性物质的降解，这种缺陷会导致分切边缘的容量减小。在激光分切过程中，如果脉冲激光频率持续时间过长，会导致集流体金属熔化并沉淀于活性物质表面形成球形颗粒；持续频率减小时，沉淀颗粒尺寸会减小甚至消失，但是活性物质层会出现裂纹缺陷，如图7-16所示。

连续激光的功率以及激光脉冲通量、频率是影响分切质量和效率的重要因素。激光最小分切功率和分切边缘质量与激光脉冲通量和频率密切相关。$LiNiMnCoO_2$正极、石墨负极需要最低的平均分切能量频率是20kHz，激光脉冲通量110～150J/cm^2；$LiFePO_4$正极的需要最低分切能量频率是100kHz，激光脉冲通量35～40J/cm^2。得到的分切质量良好的极片见图7-17。$LiFePO_4$正极分切质量只与上述的过程参数有关，与极片的参数关系不大[21]。

由于激光分切过程中，可能由于活性物质和集流体的熔化产生新的杂质，从而影响电池性能，因此激光分切应用目前仍然十分慎重，需要谨慎评估。

图 7-16　正极激光分切边缘的形貌图

分切速度 100mm/s，脉冲持续时间（a→e）：4ns，30ns，30ns，200ns，200ns；
频率（a→e）：500Hz，500Hz，100Hz，100Hz，20kHz[20]

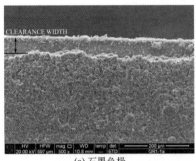
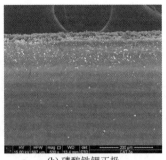

(a) 石墨负极　　　　　　　　　　　(b) 磷酸铁锂正极

图 7-17　激光分切的合格切口[21]

7.6
极片分切缺陷及其影响

在锂离子电池生产过程中，需要分切的材料很多，包括正负极极片、隔膜、铝塑复合膜、镍铝条带等，这里主要讨论极片的分切缺陷，通常包括毛刺、粉尘和翻边等缺陷，以及它们对电池性能和安全性能的影响。

7.6.1　分切缺陷

（1）毛刺　毛刺是边缘存在大小不等的细短丝或尖而薄的金属刺。一般集流体两面都涂满活性物质，剪切后毛刺较少；而单面涂覆或纯集流体时剪切则毛刺较多。细短丝型毛刺尖端朝向大多与集流体平面平行，尖而薄的毛刺与集流体平面垂直，如图 7-18。毛刺的检验方法很多，直接方法是利用电子显微镜测量毛刺高度和观察毛刺表面形貌[22,23]；间接方法主要是导通电流法，如在极片层间放置隔膜，在一定压力作用下电路导通的则表明毛刺刺穿隔膜，毛刺尺寸过大时，极片不合格[24]。这种导电测试方法还与测试电压有关。将极片置于一定高度的平行金属板缝隙之间，设定缝隙高度为毛刺容忍高度，则有电流通过时表明毛刺高度超标[25,26]。

产生毛刺的原因很多，包括剪刃不锋利、剪刃润滑不良和剪刃水平间隙调整不当等。剪刃不锋利时，刃口切入阻力增大、压应力减小，带材受压应力产生的变形量变小，光滑剪切面变小，受拉应力产生的变形量变大，无光撕裂面变大，对于塑性材料断口平整度变差，易使毛刺增多。剪刃润滑不良时，剪刃与带材之

图 7-18　极片边缘的毛刺

间存在滑动摩擦，摩擦力会作用于剪刀间板材形成附加拉应力，使总拉应力增大。水平间隙过大时，也会导致拉应力过大，拉应力的增大会使无光撕裂面增大，毛刺增多。因此，保持剪刃锋利、剪刃润滑良好、合理使用水平间隙等可以减少毛刺产生。

极片毛刺的后处理也可以消除毛刺的不良作用。早期极片分切加工和控制精度低，毛刺产生较多，除去毛刺，可以采用压边或辊边方法将毛刺压平或压向集流体平面平行方向[27]，或采用电感耦合等离子体刻蚀极片边缘[28]，或采用气体电离产生的等离子体除去正极集流体分切边缘[29]熔掉毛刺等方法。对极片分切边缘辊压并涂胶的方法可以消除毛刺影响[30]，在叠片式锂离子电池中采用极片自由端涂抹树脂的办法可防止毛刺刺穿薄膜[31]，在极片毛刺多的卷曲端部张贴胶带[32]可降低刺穿隔膜的风险。

另外采用新型分切技术如激光分切，利用激光能量密度高加热速率极快，可以将极片沿分割处熔化或汽化而切开，加上不存在剪切力作用，因此断面平直光滑，可以减少毛刺和粉尘的产生[33]。

（2）粉尘　极片辊压和分切过程中，剪切作用会使部分涂层边缘的粉体脱落并附着在极片表面，称为极片粉尘，见图 7-19。在剪切过程中，带材剪切区存在局部拉伸变形，引起涂布在上面的粉体脱落，拉伸变形量越大，变形区域越大，粉体脱落越多。随着毛刺和翻边等缺陷出现的增多，粉尘也增多，也就是说引起毛刺和翻边等缺陷的因素都会不同程度地产生粉尘。另外，极片中粉体的黏结性越差，辊压和分切产生的粉尘也越多。环境中的粉尘过多，也会造成极片被粉尘污染。

因此适当增大涂布层黏结性，减少毛刺和翻边等缺陷的出现，保持环境清洁，可以减少粉尘的脱落。但粉尘仍无法避免，需要采取除尘装置对粉尘进行去除，如利用毛刷和真空吸入相结合方式清除粉尘[34]。

（3）翻边　翻边是极片边部翘起和弯折的现象，如图 7-20 所示。水平间隙过大时，上下剪刃将塑形好的极片弯折拉断，断口处于弯折处，与极片不在同一平面，即出现翻边。当翻边缺陷普遍存在时，应减小水平间隙，避免剪切时产生弯折。当翻边缺陷在局部周期出现时，应考虑是否是刀具翘曲造成的。

剪刀垂直间隙过大也会造成剪切时撕裂过程延长，撕裂区末端与极片平面不在同一平面，形成翻边。当翻边缺陷普遍存在时，应减小剪刀垂直间隙，避免剪切时产生过长撕裂区。当翻边缺陷在局部周期出现时，应考虑是否是刀具径向跳动误差造成的。

图 7-19　掉粉

图 7-20　翻边

7.6.2　分切缺陷的影响

毛刺和粉尘是分切的主要缺陷，毛刺和粉尘的存在可能穿破隔膜，造成电池自放电率的提高，降低电池合格率；甚至引起电池的内短路，降低电池的安全性能。尤其是在不良环境下使用电池时，如在高温下电池隔膜强度下降，毛刺和粉尘更容易穿破隔膜引发电池膨胀、发火或爆炸。

由于壳体的束缚，随着电芯装壳、注液和充放电，极片和隔膜的距离逐渐靠近；注液使极片溶胀会使二者距离更加靠近；而在充满电之后极片膨胀至最厚，此时二者之间距离最近。毛刺严重时，装壳以后就能测出短路，随着注液之后、充放电之后极片与隔膜距离的靠近，更短毛刺产生的短路才能被测出。毛刺和粉尘产生的很微小的短路，可以称为自放电，需要电池搁置一段时间才能测出。有人做过实验，随着分切刀水平间距的增大，自放电率有提高的趋势。因此自放电率是衡量粉尘和毛刺影响的标志量。

粉尘影响与毛刺不同，毛刺大时可以直接刺破隔膜引起短路，但是粉尘多引起的是自放电。粉尘颗粒以突出点的形式与隔膜接触，会在充放电的反复膨胀收缩作用下压迫隔膜产生孔洞，这是一个逐渐加重的过程，开始时多属于微短路。来自空气中的粉尘或者制成时极片、隔膜沾上的金属粉末都会造成自放电。生产时绝对的无尘是做不到的，一般应控制在粉尘不足以达到刺穿隔膜进而使正负极短路接触的程度，因此电池生产厂家对极片表面残留的粉尘粒径和数量要求较高，一般要求电池极片在卷绕前表面粉尘的最大颗粒度在 $8\mu m$ 以下[34]。另外，存在于涂布层与隔膜间的粉尘，会增大涂布层和隔膜层间距，增大离子扩散的自由程，导致充放电效率下降。

锂离子电池隔膜很薄，手机电池主流隔膜厚度在 $10\sim16\mu m$ 之间，而 Sony

聚合物电池隔膜只有 $9\mu m$。加之，随着锂离子电池容量提升，对电池安全性能要求的提高，隔膜变得越来越薄，电芯厚度占壳体厚度的比例也越来越大，金属壳体对电芯压力增加，毛刺和粉尘刺破隔膜带来短路和自放电的风险越来越大，因此对极片毛刺和粉尘的控制越来越严格。

参 考 文 献

［1］ 蒋佳佳. 滚切剪剪切机构研究及力学分析［D］. 湘潭市：湘潭大学，2010.

［2］ 王继明，闻国民，陈登丽，等. 一种剪切装置：CN203109123U［P］. 2013-8-7.

［3］ 马立峰，王刚，黄庆学，等. 复合连杆机构复演滚动轨迹的特性研究［J］. 中国机械工程，2013，24（7）：877-881.

［4］ 路家斌，潘嘉强，阎秋生. 不锈钢薄板圆盘剪分切过程有限元仿真研究［J］. 机械工程学报，2013，49（9）：190-198.

［5］ 贾海亮. 圆盘剪剪切过程的有限元模拟和实验研究［D］. 太原：太原科技大学，2010.

［6］ Chen B，Liu S H，Yang J. Simulation research for strip shearing section level distribution［J］. Applied Mechanics and Materials，2012，157：231.

［7］ 刘书浩，陈兵，杨竞. 带钢剪切断面层次分布对剪切工艺影响探究［J］. 机械设计与制造，2012，（10）：108-110.

［8］ 阎秋生，赖志民，路家斌，等. 金属板材无毛刺精密分切新工艺分切断面形貌特征［J］. 塑性工程学报，2013，20（2）：20-24，39.

［9］ 张冠兰. 电解镍板剪切力与剪切抗力的研究［D］. 昆明：昆明理工大学，2010.

［10］ 李华. 板带材轧制新工艺、新技术与轧制自动化及产品质量控制实用手册［M］. 北京：北京冶金出版社，2006.

［11］ 马立峰，黄庆学，黄志权，等. 中厚板圆盘剪剪切力能参数测试及最佳剪刃间隙数学模型的建立［J］. 工程设计学报，2012，19（6）：434-439.

［12］ Jia X，Wang Q，Huang Z Q，Huang Q X. The Finite Element Imitate of the Best Adjusting of Shear Blade Clearance of Disk Shear in Cutting Plate［J］. Advanced Materials Research，2012，422：836-841.

［13］ 阎秋生，赖志民，路家斌，等. 镀锌板圆盘剪分切侧向间隙对断面形貌的影响［J］. 塑性工程学报，2014，（4）：69-73.

［14］ 俞家骅. 变宽度圆盘剪切机金属板材曲线剪切剪切力研究［D］. 北京：北方工业大学，2013.

［15］ 王稳稳. 超细晶纯铜高应变速率变形［D］. 南京：南京理工大学，2013.

［16］ 王旭. 电池极片轧制与分切设备的控制系统研究［D］. 天津：河北工业大学，2013.

［17］ 王燕清，涂新平. 全自动极片分切机：CN 203018821 U［P］. 2013-6-26.

［18］ 杨景斌，全光飞，盛永峰，等. 一种铝箔圆盘剪间隙调节装置：CN 204657617 U［P］. 2015-9-23.

［19］ Luetke M，Franke V，Techel A，et al. A comparative study on cutting electrodes for batteries with lasers［J］. Physics Procedia，2011，（12）：286-291.

［20］ Lutey A H，Fortunato A，Ascari A，Carmignato S，Leone C. Laser cutting of lithium iron phosphate battery electrodes：Characterization of process efficiency and quality［J］. Optics & Laser Technology，2015，65：164-174.

［21］ Lutey A H A，Fortunato A，Carmignato S，et al. Quality and productivity considerations for laser cutting of LiFePO$_4$ and LiNiMnCoO$_2$ battery electrodes［J］. Procedia CIRP，2016，（42）：433-438.

［22］ Hidekazu OMI. Apparatus for automatically detecting core burr：JP2014185899（A）［P］. 2014-10-2.

［23］ Yamagata Kazuyoshi，Tabata Masashi. Image-burr correcting system of camera：US20060-245663A1［P］. 2006-11-2.

［24］ 鄢劲松，张健，李世军，等. 一种电池极片毛刺检测装置：CN203785617U［P］. 2014-8-20.

［25］ Corp PANASONIC. Battery electrode plate and battery using the same：JP2013098022（A）［P］. 2013-5-20.

［26］ 吴金权，卓达高，毛杰芳，等. 检测极片毛刺的装置和方法：CN102175126A［P］. 2011-9-7.

［27］ 段秋生，纪新康. 一种电池极片去毛刺方法及其去毛刺装置：CN 101068045A［P］. 2007-11-7.

［28］ Zhang Rong，Zhi Ting，Tao Tao，et al. Method for removing burrs of battery electrode plates by inductively coupled plasma dry etching：US09276254B2［P］. 2016-3-1.

［29］ 周中心，姚植森. 锂离子电池正极极片的干法去毛刺方法：CN102694148A［P］. 2012-9-26.

［30］ Corp TOYOTA-IND. Positive electrode and negative electrode for secondary battery，and secondary battery：JP2013080629（A）［P］. 2013-5-2.

［31］ Ltd KAWASAKI-HEAVY-IND. Secondary battery，electrode for secondary battery，and method and apparatus for manufacturing secondary battery：JP2013069527（A）［P］. 2013-4-18.

［32］ Takamura Yuichi，Hanai Hiroomi，Kawabe Shigeki，et al. Pressure-sensitive adhesive tape for battery：KR20130031223（A）［P］. 2013-3-28.

［33］ Jin PARK-HONG，Hyun SUH-JONG，Woo CHO-KWANG，et al. Method for cutting electrode of secondary battery using laser：KR20130016516（A）［P］. 2013-2-18.

［34］ 姜亮，孙占宇. 一种极片分条机清除粉尘装置：CN202621476U［P］. 2012-12-26.

第**8**章

锂离子电池装配

　　锂离子电池的装配通常是指将正负极片、隔膜、极耳、壳体等部件装配成电池的过程。装配过程通常可以分成卷绕和叠片、组装、焊接等工序。卷绕和叠片是将集流体上焊接有极耳的正负极片和隔膜制成正极—隔膜—负极结构的方形或圆柱形电芯结构的过程。组装是指将电芯、壳体、盖板和绝缘片等装配到一起的过程。焊接是将极耳、极片、壳体、盖板按工艺要求连接在一起的过程。本章主要讨论卷绕和叠片、组装以及装配质量检验。焊接将在下一章进行讨论。

8.1

电极卷绕和叠片

8.1.1　卷绕和叠片工艺

　　(1) 电芯结构　卷绕通常是首先将极耳用超声焊焊接到集流体上，正极极片采用铝极耳，负极采用镍极耳，然后将正负极极片和隔膜按照顺序正极—隔膜—负极—隔膜进行排列，再通过卷绕组装成圆柱形或方形电芯的过程，如图 8-1 所示。

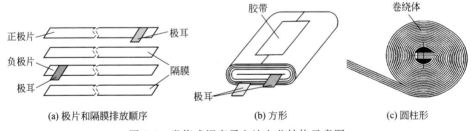

(a) 极片和隔膜排放顺序　　　　(b) 方形　　　　(c) 圆柱形

图 8-1　卷绕式锂离子电池电芯结构示意图

　　叠片通常是以集流体作为引出极耳，将正负极极片和隔膜按照正极—隔膜—负极顺序，逐层叠合在一起形成叠片电芯的过程，叠片过程如图 8-2 所示。叠片方式既有将隔膜切断的直接叠片的积层式，也有隔膜不切断的 Z 字形叠片的折叠式。

　　(2) 工艺要求　卷绕与叠片的具体工艺要求如下：

　　① 负极活性物质涂层能够包住正极活性物质涂层，防止析锂的产生。对于卷绕电芯，负极的宽度通常要比正极宽 0.5～1.5mm，长度通常要比正极长 5～10mm；对于叠片电芯，负极的长度和宽度通常要大于正极 0.5～1.0mm。负极

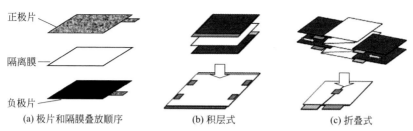

正极片

隔离膜

负极片

(a) 极片和隔膜叠放顺序　　　(b) 积层式　　　(c) 折叠式

图 8-2　叠片式锂离子电池结构示意图

大出的尺寸与卷绕和叠片的工艺精度有关，精度越高，留出的长度和宽度可以越小。

② 隔膜处于正负极极片之间能够将正负极完全隔开，并且比负极极片更长更宽：对于卷绕电芯，隔膜的宽度通常比负极要宽 $0.5 \sim 1.0 mm$，长度通常要比负极长 $5 \sim 10 mm$；对于叠片电芯，隔膜的长度和宽度通常要大于负极 $1 \sim 2 mm$。隔膜的具体长度与电芯结构设计有关。

③ 卷绕电芯要求极片卷绕的松紧适度，过松浪费空间，过紧不利于电解液渗入，同时还要避免电芯出现螺旋；叠片电芯要求极片和隔膜叠片的整齐度高，极片的极耳等部件装配位置要准确，从而减小空间浪费和安全隐患。

④ 卷绕和叠片过程要防止极片损坏，保持极片边角平整，无毛刺出现。

（3）卷绕与叠片各有优势　卷绕采用对正负极片整体进行卷绕的方式进行装配，通常具有自动化程度高，生产效率高，质量稳定等优点；但是卷绕电芯的极片采用单个极耳，内阻较高，不利于大电流充放电；另外卷绕电芯存在转角，导致方形电池空间利用率低。因此卷绕电芯通常用于小型常规的方形电池和圆柱形电池。

叠片电芯的每个极片都有极耳，内阻相对较小，适合大电流充放电；同时叠片电芯的空间利用率高。但是叠片工艺相对烦琐，同时存在多层极耳，容易出现虚焊。因此叠片电芯通常适用于大型的方形电池，也可用于超薄电池和异形电池。

（4）工艺流程　全自动卷绕机的工艺流程如图 8-3 所示。隔膜、正负极极片利用放卷机主动放料进入输送过程，隔膜经过除静电后进入卷绕工位，在卷针转动的驱动下进行预卷绕；极片经过除尘、极耳焊接、贴胶后进入卷绕工位，依次插入到预卷绕的隔膜中进行共同卷绕；切断极片和隔膜，贴胶固定电芯结构，进行短路检测，进入传输装置送入下一工序。

全自动叠片机的工艺流程见图 8-4。正负极极片经过定位后传输至叠片台，隔膜从料卷放卷后也引入叠片台；极片经过精确定位后依次叠放在叠片台上，隔膜左右往复移动形成正极/隔膜/负极的叠片结构，叠片完成后，自动贴胶，完成后送入下一工序。

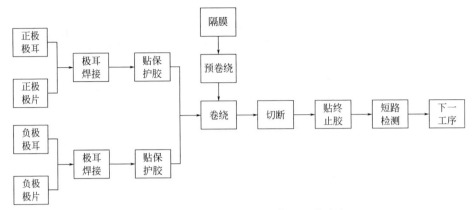

图 8-3　锂离子电池全自动卷绕机工艺流程

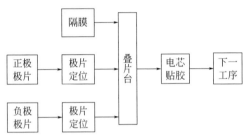

图 8-4　锂离子电池全自动叠片机工艺流程

（5）工艺参数与缺陷　卷绕工艺中主要的参数有卷绕速度、卷绕张力以及附带的焊接参数和贴胶参数等。不同设备对应的具体参数不同，其中极片和隔膜的张力控制直接影响电芯的松紧度及其一致性。在电芯卷绕过程中，张力过大会导致极片和隔膜拉伸发生塑性变形，严重时甚至拉断；张力过小会导致电芯的松紧度过低，还可能使卷绕不能正常进行。因此在卷绕过程中必须对张力进行合理的控制。隔膜的张力控制为 $0.3 \sim 1N$，极片为 $0.4 \sim 1.5N$。

相对于圆柱形电池，采用片式卷针的方形电池卷绕时张力波动更大。张力严重波动会导致电芯内部的电极产生膨胀，造成电芯变形、卷绕不整齐、电池表面不平整等。张力控制时要考虑为电芯在后续充放电过程中的膨胀预留膨胀空间。常见的张力过大导致的缺陷为电芯内部褶皱和中心孔反弹，见图 8-5。这些褶皱可能是由电芯内部压力过大导致的，中心孔反弹可能是由张力过大造成的。

纠偏直接影响极片卷绕的整齐度，当纠偏精度降低或出现故障时会出现螺旋现象。有螺旋现象电池和正常电池的 X 射线微焦衍射透视如图 8-6 所示。螺旋直接使电池的安全性能下降和降低空间利用率，手工卷绕时螺旋现象和不整齐现象严重，这是手工卷绕逐渐被淘汰的原因。

对于隔膜连续的叠片电池，张力影响电芯的形状，如果张力过大容易导致叠

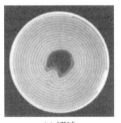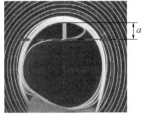

(a) 褶皱   (b) 中心孔反弹

图 8-5 圆柱形电池卷绕的褶皱和隔膜中心孔反弹

好的   不好   不好   不好

图 8-6 方形电池卷绕的螺旋现象

片电芯的隔膜边缘翘曲，导致电芯不平整。同时在叠片过程中，极片的精度控制和纠偏影响电芯的结构，精度控制较低容易导致负极包不住正极，存在安全隐患。

（6）贴胶设备 贴胶是将胶带贴于极片和电芯的过程。对于卷绕和叠片电芯，应对电芯的底部、侧面、顶部和卷绕终止处进行贴胶。对于卷绕的极片，在极片的头尾部、焊接极耳处以及极耳引出部位也需要贴胶，如图 8-7 所示。

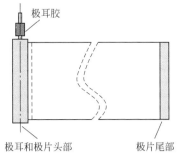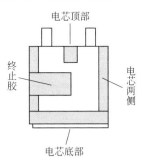

图 8-7 典型贴胶固定方式

贴胶的作用主要有固定电芯形状和提高电池安全性能。极片和极耳贴胶主要是防止极片和极耳上的毛刺刺破隔膜以及在使用不当时的短路，提高电池的安全性能。在电芯底部、侧面、顶部和卷绕终止处的贴胶可以起到固定电芯、方便后续入壳装配和提高安全性能等多种作用。

胶带的质量、贴胶位置和尺寸影响电池厚度和安全性能。贴胶过多会导致电池的有效体积降低，电池容量的下降。胶带的耐高温性能、耐针刺强度、抗拉强度、耐电解液腐蚀性和电气绝缘性也会影响安全性能。锂离子电池极耳胶带通常采用丙烯酸类胶料和聚酰亚胺基材，终止固定及其他部位的胶带通常采用丙烯酸类胶料和聚丙烯基材。良好胶带需要具有适当的黏着力和揭开后不留残胶。

8.1.2 卷绕和叠片设备

8.1.2.1 卷绕设备分类

锂离子电池卷绕设备主要有全自动卷绕机、半自动卷绕机和手工卷绕三大类。手工卷绕是将焊有极耳的正负极极片和隔膜利用脚踏控制卷针旋转进行卷绕，由于设备成本低、极片尺寸适用性广和精度要求低，在国产电池生产早期曾经大规模使用。但由于卷绕松紧度和极片螺旋靠人工控制，卷绕精度低、一致性差，手工卷绕逐渐被淘汰。全自动卷绕机能够实现极耳焊接、卷绕、贴胶、除尘和除静电、相关质量检验等全过程的自动化生产，产品一致性高，安全性好。全自动卷绕机逐渐得到普及，但设备成本高，对极片质量要求严格。半自动卷绕机能够实现极片的自动卷绕，极片可以人工分级配对；对极片精度要求较低，螺旋和松紧度控制得好，对不同型号极片的适应能力较强。但是半自动卷绕机卷绕过程中存在部分人工操作，对极片有一定的损伤。目前生产厂家通常采用全自动卷绕机和半自动卷绕机进行生产，下面主要介绍全自动卷绕设备和工艺。

8.1.2.2 全自动卷绕设备

锂离子电池全自动卷绕机包括放卷系统、焊接系统、卷绕系统、贴胶系统、控制装置和其他装置等，具有卷绕成型、焊接极耳和粘贴胶带功能，结构示意见图 8-8，下面分别介绍这些系统。

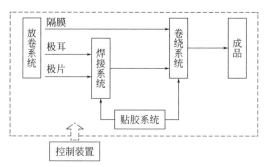

图 8-8 锂离子电池全自动卷绕机结构示意

（1）放卷系统 放卷系统是将极片、极耳和隔膜卷打开并输送至后续工位的装置。由起始的放卷电机和中部设置的主动送料电机共同提供放卷动力；中部还设有挂轴，由气缸带动张紧机构通过对料卷的固定，来控制极片和隔膜的停止和放卷。同时还设有料卷用完检测装置和自动换卷装置。

（2）焊接系统　焊接系统是将通过放卷系统传输的极耳采用超声波的方法焊接于极片集流体上的装置。由极耳挂轴定位装置和边缘位置传感器联动来控制极耳的给入焊接位置，通过超声波焊接器对极耳与极片集流体进行焊接，由气缸带动焊接头实现间歇焊接；然后切断极耳，贴极耳保护胶，对焊接质量进行检测。

（3）卷绕系统　卷绕系统是将正极/隔膜/负极卷绕成电芯的装置。将隔膜送入卷针，由伺服电机带动卷针旋转进行预卷绕，然后将正负极极片依次送入预卷绕的隔膜中间进行共同卷绕，采用切刀切断正负极极片，采用热剪切切断隔膜，然后贴胶固定形成电芯。对电芯进行短路检验，合格产品通过输送带送入下一工序。

卷针是卷绕工序中的核心部件，按照形状分为片式卷针和圆形卷针。卷针的形状和尺寸决定于电芯的形状和大小。方形电池常用片式卷针，由上下两个相同尺寸的金属片组成，有效卷绕部分呈长方形，两层金属片之间留有微小的间隙，能够穿过并夹住隔膜；金属片外表面为光滑的扁平弧形，拔出端为半圆弧形，如图 8-9（a）所示。卷针的长度通常大于隔膜宽度，横断面的周长略小于电芯最内层的设计周长。电芯的设计要求能够从卷针上顺利拔出，避免带出内层隔膜、破坏电芯对齐度等弊病出现。

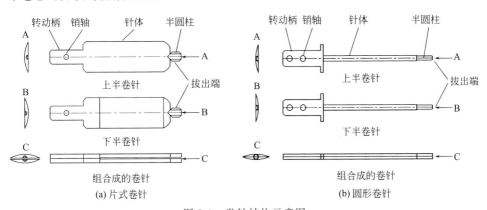

图 8-9　卷针结构示意图

圆柱形电池常用圆形卷针，由两个半圆柱体的金属棒组成，可以夹住隔膜进行卷绕，卷针拔出端也设计成有利于拔出的形状，见图 8-9（b）。卷针的直径应尽量小，但是不能小于极耳的宽度。圆形卷针早期也用于方形电池，圆柱形的电芯进行压扁后制成方形电池，电芯里层的宽度略大于圆形卷针周长的一半。这种压扁电芯的内部张力大，厚度不容易控制，后来被片式卷针取代。

（4）贴胶系统　贴胶系统是对极耳焊接部位、极片尾部和电芯终止部位粘贴胶带的装置。极耳焊接部位的贴胶：由输送和定位装置将胶带送至机械手，利用真空吸住胶带，切断后送至极耳处进行贴胶，用于防止极耳毛刺刺穿隔膜造成内短路，提高电池的安全性能。电芯在卷绕终止部位的贴胶：利用滚筒真空吸住胶带，然后旋转到贴胶部位进行贴胶，固定电芯结构，防止松卷。

与自动卷绕机配套的贴胶系统，只能完成与卷绕相关的部分贴胶工作，其他贴胶工作则由专门的贴胶设备来完成。根据生产线要求，通常由全自动贴胶机完成贴胶工作。

（5）控制装置　控制装置主要包括张力控制装置和纠偏装置。张力控制装置主要用于调节卷绕过程中施加在极片和隔膜的张力，来调控电芯的松紧度。卷绕过程是动态时变过程，张力控制也是动态时变过程。对于圆形电池，卷绕过程中张力的大小及其波动相对容易控制。

对于方形电池，卷绕过程中的张力波动较大，当片式卷针以恒角速度转动时，极片和隔膜的线速度发生类似于正弦波的周期性变化，线速度的最大值和最小值相差幅度很大，且在运行过程中出现尖角，相应的加速度变化很大，从而导致极片对应的张力也发生类正弦的周期性波动，变化幅度也很大。在一个卷绕周期内极片的线速度变化和张力变化曲线如图 8-10 所示。

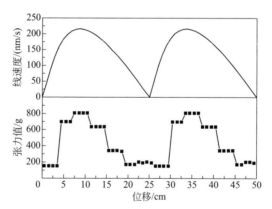

图 8-10　极片的线速度和张力变化曲线

对于方形电池，控制重点在于减少卷绕过程中卷绕线速度波动，使张力趋于恒定。张力恒定控制的方式主要有卷针自转加入公转、加入调速机械凸轮调节送料速度等，如图 8-11(a) 和 （b）所示。随着自动化水平发展，逐渐采用数字控制方式来减少卷绕时张力波动，特别是动态张力的波动，如图 8-11(c) 所示。

张力大小控制主要在极片和隔离膜挂轴处，采用低摩擦气缸和电动压力控制来调整张力；利用伺服电机的速度来控制极片和隔膜传输过程中的张力稳定；在卷绕前的极片缓存机构处，采用磁粉离合器和电机控制来调整张力，实现逐圈减张力卷绕。

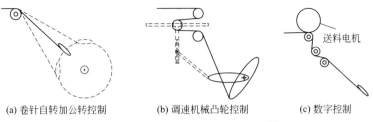

(a) 卷针自转加公转控制　　(b) 调速机械凸轮控制　　(c) 数字控制

图 8-11　卷绕过程中张力控制方法[1]

纠偏装置主要用于纠正极片和隔膜在放卷、输送和卷绕过程中偏离预定位置的装置。放卷纠偏通过电机控制放卷机构进行平移来实行，采用边缘对中纠偏（EPC）方式进行纠偏。

(6) 其他装置　除粉和除静电装置一般设在正负极极片和隔膜挂轴处。通过刷粉集尘装置的防静电毛刷旋转、自动与极片接触和分离来实现除粉功能；通过负离子发生器除静电装置来去除隔膜的静电；还可以通过加装磁铁除去极片和隔膜磁性粉尘。

短路检测装置一般采用电芯短路测试仪来测试，通过测量正负极之间的电阻值来判定电池是否合格。

全自动电芯卷绕机在电芯卷绕过程中全自动控制，卷绕精度高、生产能力强。常见卷绕机适用范围、卷绕性能和精度见表 8-1。

表 8-1　卷绕机适用范围、卷绕性能和精度

设备型号	原料适用范围/mm			卷绕精度/mm		电芯厚度/mm	生产能力/(个/min)
	宽度	厚度	长度	宽度	长度		
KAIDO KAWM-4BTH	35～70	70～300	250～1000	±0.3	±1	3～10	10
深圳雅康 YKJR—9090	30～100	40～130	400～1300	±0.5	—	3～10	3～10

8.1.2.3　叠片设备

锂离子电池自动叠片机通常包括极片储料模块、极片定位模块、输送模块、隔膜供料模块、叠片模块、贴胶模块、取出模块和控制模块，具体见图 8-12。极片储料模块是存放分切好的正负极极片的装置，定位模块控制从储料模块取出的极片在定位器中精确摆正方向和位置，由输送模块采用真空吸盘取出并输送入叠片模块。隔膜供料模块是将隔膜料卷经过放卷后输送至叠片模块。叠片模块的叠片台上设有隔膜、正极极片和负极极片的叠片放置、压紧和纠偏装置，能够按照正极—隔膜—负极顺序进行精确叠片放置，然后经过贴胶固定成为叠片电芯。由取出模块将电芯取出送至下一工序。全自动叠片机生产效率高、叠片精度高，可自动跟踪叠片速度。

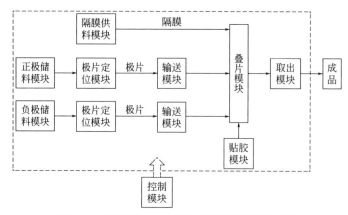

图 8-12 锂离子电池自动叠片机结构模块示意图

8.2
锂离子电池组装

8.2.1 组装工艺

（1）软包装锂离子电池　软包装锂离子电池的封装流程如图 8-13 所示。首先将铝塑复合膜冲压成型制成壳体，然后将卷绕或叠片形成的电芯放入壳体内，再进行热封装。封装时通常先进行顶部热封和一边侧封，然后从留有气囊一侧的开口进行注液，再进行抽真空侧封，然后电池进行预化成，预化成后从气囊封口边剪开，用真空封口机抽去电池内部气体后侧封、整形。气囊的作用是增大电池内部空间，防止气胀时内压过大而将电池的软包装胀裂，造成电池漏液。溶胶凝胶聚合物锂离子电池通常是将隔膜两面极片加入 PVDF 系列黏结剂，然后与正负极片辊压成型，经过卷绕或叠片制备电芯，后续工艺与软包装锂离子电池类似。

（2）方形锂离子电池　方形铝壳电池的封装流程如图 8-14 所示。首先将贴胶的电芯装入铝壳。入壳后在电芯上部放置绝缘片和盖板，然后将正极铝极耳和铝壳盖板采用电阻焊焊接作为电池的正极端子，将负极镍极耳和盖板上的镍钉采用电阻焊焊接作为电池的负极端子。然后采用激光点焊接将盖板预固定在壳体上，再采用激光将盖板与壳体进行连续密封焊接。然后进行烘干和注液，预化成后采用钢珠封口。

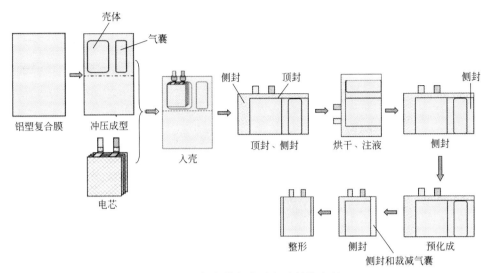

图 8-13　软包装锂离子电池封装流程

　　方形钢壳电池的装配与铝壳电池流程大致相同，但正负极端子与方形铝壳电池正好相反。

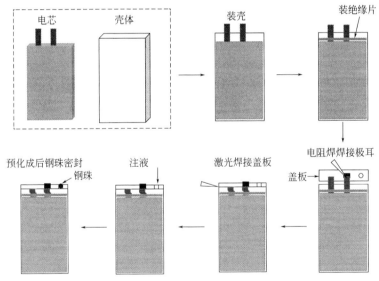

图 8-14　方形铝壳电池封装流程

　　（3）圆柱形钢壳电池　圆柱形钢壳电池的封装流程如图 8-15 所示。先将下绝缘底圈放入圆柱形壳体，再将卷绕电芯插入壳体，采用电阻焊将负极极耳焊于钢壳，插中心针，再进行钢筒滚槽，真空干燥后注液，再将盖帽焊到正极极耳上，最后进行封口。经过清洗后的电池进行喷码、外观检查、X 射线检测、分容分选后进行包装、出厂。

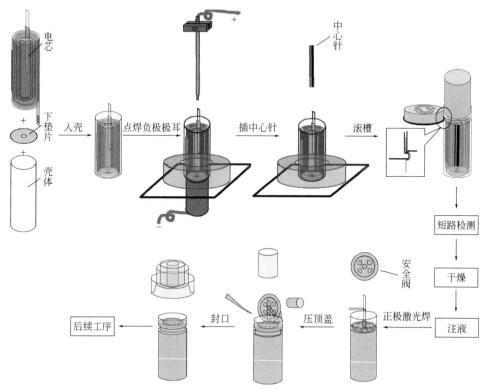

图 8-15　圆柱形钢壳电池封装工艺

圆柱形锂离子电池的顶盖由安全阀、气孔、顶盖、垫片以及密封圈五部分组成，主要结构见图 8-16 所示。盖帽组装按照从内到外的顺序通常为：将正极耳激光焊接在安全阀上；再采用密封圈卡住安全阀边缘；然后将安全阀主体和气孔激光焊接在一起；随后将垫片放在顶盖和气孔之间；最后组合顶盖，利用胶圈将钢壳外壁和盖帽绝缘，防止正负极短路。安全阀是保证电池的使用安全的重要部件，当电池内部压力上升到一定数值时气孔翻转，与安全阀脱离而断路，同时垫片还起着过流保护作用，而普通垫片仅起到密封的作用。

（4）薄膜锂离子电池　薄膜锂离子电池通常包括全固态薄膜锂离子电池和聚合物薄膜锂离子电池。全固态薄膜锂离子电池典型的制备工艺如图 8-17（a）所示，正负极材料和电解质通常采用磁控溅射、化学气相沉积等方法直接进行沉积，电池厚度可以控制低于 0.1mm。但由于设备价格昂贵，工艺精细，气氛苛刻，难以进行大规模商业化生产；同时制备电池的内阻非常大，难以满足高功率要求。

聚合物薄膜锂离子电池的典型工艺图 8-17（b）所示，大部分聚合物锂离子电

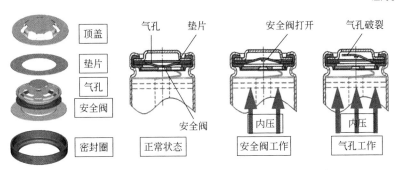

图 8-16　顶盖的结构示意图和安全阀工作原理

池采用的都是凝胶电解质技术，多孔电极能够吸收大量的电解液，电池内部没有游离的电解液存在。另外也有采用液态软包装电池（ALB）技术来制备薄膜电池，ALB 技术前段工艺采用普通锂离子电池生产技术，后段采用软包装锂离子电池生产技术，两者结合的技术成熟，工艺路线简单；同时电池的内阻较小，大倍率放电特性比常规聚合物锂离子电池要好。

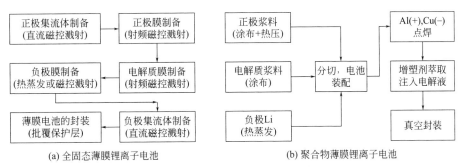

(a) 全固态薄膜锂离子电池　　　　　　(b) 聚合物薄膜锂离子电池

图 8-17　薄膜锂离子电池生产工艺

8.2.2　组装设备

锂离子电池装配质量要求符合锂离子电池设计要求，产品外观良好、合格率高、一致性要好，装配流程相对简单、效率高和生产成本低，因此需要对组装工艺进行优化改进，如：

① 不断开发和完善组装设备和自动化设备；

② 不断开发和完善专用工装夹具；

③ 不断开发和完善产品质量检测和评估方法。

8.2.2.1　组装设备

锂离子电池组装设备的开发及自动化水平始终是一个不断开发和完善的过程。国内早期主要采用脚踏式手工卷绕进行电芯卷绕、手工进行入壳和贴胶。目前国内通常采用半自动化或全自动化设备进行卷绕或叠片、入壳和贴胶，提高了电池装配质量、一致性和产品合格率。随着设备的开发及自动化水平的提高，锂离子电池的精度控制和装配效率还将继续提高。

下面主要介绍软包装电池、方形电池和圆柱形电池装配过程涉及的铝塑复合膜的冲壳设备、压扁设备、贴胶设备、入壳机和滚槽设备等。

（1）冲壳设备　冲壳设备主要用于软包装锂离子电池壳体——铝塑复合膜的冲压成型，即将平面的铝塑复合膜拉伸成长方体型腔，该工序称为冲压成型。典型的冲压设备包括冲头、磨具和加压系统等主要部件。首先将铝塑复合膜放在磨具上压紧，然后在一定压力和速度下将冲头压下获得一定形状的壳体，冲压过程和冲压后壳体如图 8-18 所示。冲压设备还包括铝塑复合膜的放卷、送料系统和切断系统，此外通常还具有刷尘装置，减少生产过程中形成的粉尘。

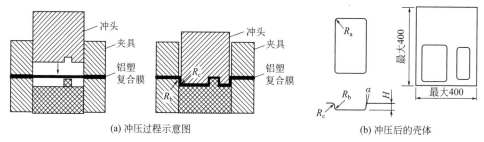

(a) 冲压过程示意图　　　　　　　　　　　　　　(b) 冲压后的壳体

图 8-18　冲压过程示意图和冲压后的壳体

在冲压过程中，要求铝塑复合膜各层的延展性好，同时要求冲压模具的表面光滑，防止损伤铝塑复合膜，并且对模具长方体型腔四周 R_a 角的过渡半径、拉伸 R_b 和 R_c 角的过渡半径以及拉伸深度有一定限制。根据电池芯的大小，一般拉伸长方体型腔的四周 R_a 角的过渡半径为 2～4mm，拉深 R_b 和 R_c 角过渡半径为 1mm，拉伸深度为 3.5～5.5mm，α 为 4°～5°。

铝塑复合膜在冲压过程中的受力如图 8-19 所示。在冲压力的作用下，铝塑复合膜在冲头径向产生拉伸应力 σ_1；在冲头切向产生压应力 σ_3。在应力 σ_1 和 σ_3 共同作用下，凸缘区的材料发生塑性变形而被冲入凹模内，成为长方体型腔。根据应力应变状态的不同，可将铝塑复合膜划分为五个区域，其中底部转角稍上的区域称为"危险断面"。此处传递拉延力的截面积最小，产生的拉应力 σ_1 最大，变薄最严重，成为整个铝塑复合膜强度最薄弱的地方，如果此处的应力 σ_1 超过材料的强度极限，则铝塑复合膜在此处将拉裂或变薄严重而报废。

铝塑复合膜的冲压成型方式有两种：延伸性冲深和补偿性冲深，见图 8-20。延伸性冲深夹具压力较大，被夹具夹住的部位完全固定，不参加成型形变；只有冲头接触的部分发生延伸成型，边缘部分完全由底部补偿，成型部分比较薄容易破裂。延伸性充深的冲深浅，可调性差，目前较少采用。补偿性冲深夹具压力可调，冲深部位可由边缘和底部补偿，整体运动成型，薄厚均匀，此方法冲深较

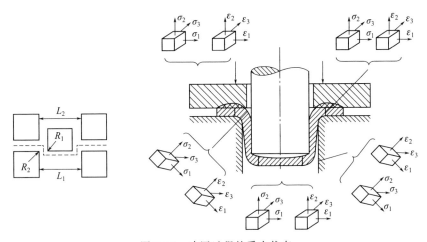

图 8-19 冲压过程的受力状态

σ_1、ε_1—材料径向（毛坯直径方向）的应力与应变；

σ_2、ε_2—材料厚度方向的应力与应变；σ_3、ε_3—材料切向的应力与应变

深，目前被普遍采用。

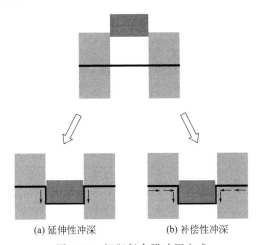

(a) 延伸性冲深   (b) 补偿性冲深

图 8-20 铝塑复合膜冲压方式

在铝塑复合膜冲压过程中，压力和冲压速度是重要的影响因素。冲压压力过大容易导致铝塑复合膜在转角处发生破裂，模具不合理也会导致铝塑复合膜破裂，从而造成漏液。

（2）压扁设备 压扁设备主要用于方形卷绕电池，圆柱形电池不需要压扁。电芯压扁是利用上下平板对电芯进行加压操作的过程。方形电芯由于存在弹性作用，中部容易鼓起，压扁可以降低电芯在厚度上的弹性膨胀，保持扁平的塑性变形状态，更容易进行贴底胶和顶胶，避免电芯入壳时出现损伤。

压扁设备类似于平板硫化机。压扁时通常压力越大或时间越长，压扁效果越好。但是压力过大时，会使极片毛刺和较硬的极耳毛刺刺伤隔膜造成短路、极片掉粉、最内层极片断裂、电芯变形，存在安全隐患。需要适当的压力和时间才能保证电芯压扁定型的效果，某些电池厂家还将电芯加热到一定温度下进行压扁，使极片更容易进入塑性变形状态。

（3）入壳机　在方形电池和圆柱形电池装配过程中，涉及电芯的入壳工序。早期通常采用手工将电芯装入壳体，然后再按压电芯上部将其推入壳体底部，或者采用向下敲击桌面方式利用惯性装入。手工入壳的最大缺点是会在一定程度上损害极片和电芯的形状，增加短路概率。为了减小电芯的损伤和提高入壳效率，后期采用入壳机。

入壳机属于装壳的机械辅助手段，是对手工入壳的一种改进。目前入壳有利用离心作用入壳或者机械手入壳两种方式。离心入壳机是利用机械旋转产生离心作用使电芯进入壳体，要求电芯入壳后露出壳体的长度为±2mm，良品率要求不低于99.9%。机械手入壳是通过机械手将电芯装入电池壳体中，需要注意的是电芯直径须一致，电芯负极极耳须压平盖住下保护片，入壳后电芯必须接触电芯壳体底部。

（4）滚槽设备　滚槽设备用于圆柱形电池，滚槽就是在电芯入壳后注入电解液前，对电池上部用滚刀滚出一圈凹坑，使电芯在电池壳中不能上下晃动和托住电池盖，为后续焊接电池盖板和密封做准备。滚槽通常采用全自动滚槽机进行。全自动滚槽机通常包括滚槽位、检测位、除铁屑位和吸尘位等。电池自动连续送入滚槽定位装置，多工位连续运转，定位装置与电池、滚槽刀同步旋转，全自动电气与机械凸轮控制，滚槽完毕后自动输出。

（5）其他设备　圆柱形电池封口设备是采用机械手将焊接好的电池送入封口工位，在封口模具中进行封装成型的过程，最后机械手将电池取出送入下一工序。封口时需要注意观察电池外观，保证电池无毛刺、无刮痕和无凹坑。

8.2.2.2　工装夹具

锂离子电池装配工艺优化的过程也涉及锂电工装夹具的开发，锂离子电池在注液、整形、焊接、气密性和导电性检测过程中都需要采用工装夹具，可以大幅度提高装配效率和装配精度，提高电池的一致性。

（1）注液夹具　在锂离子电池注液过程中，尤其是采用倒吸注液方式时，注液夹具可以提高注液效率。注液夹具通常包括底板、挡板和电池放置腔，挡板和底板采用可调式固定连接，这样可以提高夹具的通用性。

（2）整形夹具　锂离子电池封口整形夹具，抽真空后直接对电池进行整形并封口，避免了先抽真空除气后再转移电池进行整形封口的烦琐。夹具主要包括盖体、推板和箱体。推板通过控制机构实现夹紧或挤压锂离子电池以实现锂离子电池的整形。

(3) 极耳焊接夹具 极耳手工焊接过程通常是操作者一手拿电池盖一手拿电芯。若不使用夹具，由于电池盖和极组均没有定位工装，焊接过程随意性较大，经常出现电池盖极柱焊点偏移、极耳伸出端的长度不一等问题。既影响产品的良品率，又会影响后工序的操作，最终造成电池性能一致性较差，同时存在安全隐患。

(4) 激光封口焊接夹具 激光焊接是一种精密焊接方式，夹具的精确程度与激光焊接的质量高低紧密相关。夹具的性能既影响生产率，又直接关系到产品的质量。

8.3
锂离子电池装配质量检验

锂离子电池装配过程中早期的检测方法比较缺乏和粗糙，导致合格率较低。比如毛刺，在早期通常采用肉眼或者光学显微镜进行观察。随着科技的发展，人们开始采用影像测量仪、扫描电子显微镜（SEM）和微焦X射线检测等大型现代检测设备观察毛刺和电芯的内部结构，发现新的缺陷，从而制定相应的质量标准，提高电池装配质量和合格率。

(1) 电芯结构检验 电芯在装配完成后是无法用肉眼观察电芯内部结构的，因此卷绕电芯或叠片电芯的内部结构通常采用X射线微焦衍射透视进行检测。主要在卷绕完成后和包装成品前进行两次在线检测。卷绕之后的检测是观察正负极极片的整齐度和覆盖是否满足设计要求；包装成品前的检测主要是检测正负极极片在经过多道工序之后，覆盖是否超出规格要求，是否有损伤或者瑕疵，装配过程是否到位，焊接是否具有虚焊等。不符合要求的都要淘汰，确保将安全隐患降至最低。X射线微焦衍射透视的成像一般是二维图像，目前最新的设备已经采用了三维成像技术。

(2) 盖板焊接强度检测 将电极上的正、负极耳焊接到封口体组件上，在焊接强度不足或虚焊、脱焊的情况下，电池受到振动或冲击时将影响导电性，导致内阻增大；最坏的情况下，电池会失效。因此有必要对盖板焊接强度进行检测。盖板焊接强度检测通常采用抽样方法，用拉力机来检查焊接后的剥离强度。不仅要检查焊接强度，还要注意焊点的状态。

(3) 气密性检测 在锂离子电池组装过程中，产品密封不良会导致电池性能严重下降、电解液渗漏、电池鼓胀甚至爆炸等严重后果，因此锂离子电池密封性的优劣至关重要。锂离子电池气密性不良，可能是由于壳体本身具有的裂纹和气泡产生的，也可能是壳体焊接过程产生的裂纹或微孔造成的。目前，通常采用负压对电池进行抽气，并使气体流经带有液体的检测瓶，通过观察检测瓶中气泡的速度来判断电池漏气与否。这种检测方法只是人工直观地肉眼观察，无法定量检测，容易使刚超过漏气界线的漏气电池被误判为不漏气电池，使存在质量缺陷的电池流入市场。

（4）短路检测　金属异物的混入、极耳或电极箔切割后的碎屑掉入、电极涂层的脱落、隔膜在卷绕过程中的破损等，均会导致内部短路或微短路，因此要检测卷绕后卷绕体的绝缘性能。一般采用在线内阻表进行全数内阻测量，可发现并排除已经产生内部短路的卷绕体。短路检测设备包括部分短路测试仪、真空负压手套箱、PE作业手套等。同时可以配合使用X射线来检查卷绕体的内部状态，观察电极或隔膜是否有破损、是否有异物混入等，以排除存在内部短路隐患的电芯。

参 考 文 献

[1]　王梓文. 冷轧卷取机恒张力研究及参数优化［D］秦皇岛：燕山大学，2012.

第9章

锂离子电池焊接

锂离子电池装配过程中，极耳与集流体、极耳与壳体、极耳与电极引出端子、壳体外底部与电极引出端子、壳体与盖板等都需要焊接，涉及的焊接方法有超声波焊、电阻焊和激光焊等。焊接方法和工艺的合理选用直接影响电池的可靠性与安全性，还决定着电池的生产成本。本章主要介绍锂离子电池装配过程中涉及焊接方法的基本原理、设备与工艺。电池的装配还包括铝塑复合膜的热封，本章最后简要介绍此部分内容。

9.1
焊接概述

焊接是两种或两种以上同种或异种材料通过加热、加压或是两者并用，填充或不填充材料，使工件的材质达到原子间的结合而形成永久性连接的工艺过程[1]。

（1）焊接方法分类　焊接方法主要分为熔化焊、压力焊和钎焊三大类，见图 9-1。

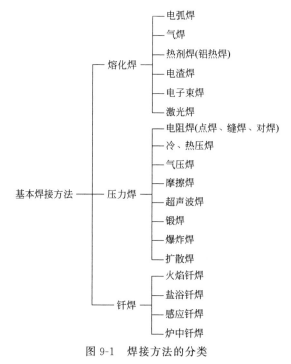

图 9-1　焊接方法的分类

熔化焊方法是在不施加压力情况下，外加（或不加）填充材料，将待焊处母材加热至熔化状态，冷却结晶后形成焊接接头的连接方法。焊接时母材熔化而不施加压力是其基本特征。根据热源的不同，熔化焊方法又可分为以电弧作为主要热源的电弧焊，以化学热作为热源的气焊和热剂焊，以熔渣电阻热作为热源的电渣焊，以高能束作为热源的电子束焊和激光焊等。

压力焊方法是在施加压力情况下，加热（或不加热）形成焊接接头的连接方法。焊接时施加压力是其基本特征。压力焊，一种是加热情况下，将焊件局部加热至高塑性状态或熔化状态，然后施加一定压力形成牢固焊接接头，如电阻焊、摩擦焊、气压焊、扩散焊、锻焊和热压焊等；另一种是在不加热情况下，施加足够大压力，使接触面产生塑性变形而形成牢固焊接接头的连接方法，如冷压焊、爆炸焊和超声波焊等。

钎焊方法是采用比母材熔点低的钎料，将焊件和钎料加热到高于钎料熔点、低于母材熔点的温度，利用液态钎料填充接头间隙并与母材相互扩散，冷却结晶形成焊接接头的连接方法。根据钎焊热源和保护条件可分为火焰钎焊、盐浴钎焊、感应钎焊、炉中钎焊等若干种。钎焊接头存在强度差、耐热性能差及母材被溶蚀等缺点，因此锂离子电池装配过程中一般不采用钎焊方法。

在锂离子电池装配过程中，金属壳体外底部与复合镍带、壳体与盖板通常采用激光焊接，极耳与集流体通常采用超声波焊接；极耳与壳体、极耳与电极引出端子通常采用电阻点焊和激光点焊。软包装电池和聚合物电池涉及铝塑复合膜与铝塑复合膜、铝塑复合膜与极耳的热压连接或密封方法，也属于焊接范畴。

（2）接头形式　焊接接头的基本形式分为对接接头、搭接接头、T型接头和角接接头等四种[2]，如图9-2所示。焊接接头形式的选择取决于工件形状、工件厚度、强度要求、焊接材料消耗量及焊接工艺方法。

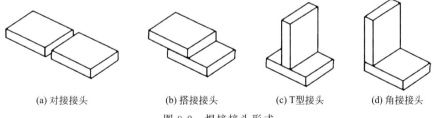

(a) 对接接头　　　　(b) 搭接接头　　　　(c) T型接头　　　　(d) 角接接头

图 9-2　焊接接头形式

对接接头受力比较均匀，节省材料，但对下料尺寸和装配精度要求较高。搭接接头焊前准备、下料尺寸和装配精度要求相对较低，适合于箔类、薄板、不等厚度薄板之间的焊接。角接接头和T型接头承载能力差，适于一定角度或直角连接。锂离子电池焊接时，极耳与集流体、极耳与壳体、极耳与电极引出端子、铝壳壳体外底部与复合镍带通常采用搭接接头，如图9-3所示；壳体与盖板通常采用角接接头，有时为保证装配精度和烧穿需要采用锁底接头，如图 9-4 所示。

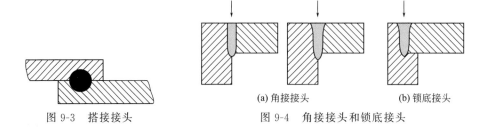

图 9-3 搭接接头

(a) 角接接头   (b) 锁底接头

图 9-4 角接接头和锁底接头

（3）焊接接头组织 熔焊使焊缝及其附件的母材经历了一个加热和冷却的过程，由于温度分布不均匀，焊缝受到一次复杂的冶金过程，焊缝附近区域受到一次不同规范的热处理，因此必然引起相应的组织和性能的变化。图 9-5 为低碳钢熔化焊接头的组织变化。根据受热温度的不同可以分为焊缝区、熔合区及热影响区。

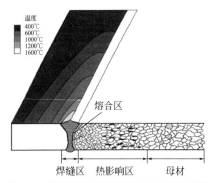

图 9-5 低碳钢熔化焊接头的组织变化[3]

① 焊缝区组织是由熔池金属结晶得到的铸造组织，晶粒呈垂直于熔池壁的柱状晶形态。焊缝熔池的结晶首先从熔合区处于半熔化状态的晶粒表面开始，晶粒沿着与散热最快的方向的相反方向长大，因受到相邻的正在长大的晶粒的阻碍，向两侧生长受到限制，因此，焊缝中的晶体是指向熔池中心的柱状晶体。

② 熔合区是焊接接头中焊缝金属向热影响区过渡的区域。该区很窄，两侧分别为经过完全熔化的焊缝区和不熔化的热影响区。熔合区加热的最高温度范围在合金的固相线和液相线之间。熔合区具有明显的化学不均匀性，从而引起组织不均匀，其组织特征为少量铸态组织和粗大的过热组织。

③ 热影响区是指在焊接过程中，母材因受热影响（但未熔化）而发生组织和力学性能变化的区域。

（4）焊接质量检验 焊接检验贯穿于焊接生产的始终，包括焊前、焊接生产过程中和焊后成品检验。焊接检验是评价和保证焊接质量的重要环节。焊接检验通常包括破坏性检验、非破坏性检验以及工艺性检验。其中被检对象被破坏的检验称为破坏性检验；不破坏被检对象的检验称为非破坏性检验。焊接检验方法见表 9-1。对于锂电池来讲，通常进行材料的化学成分分析、拉伸试验和气密性试验。

表 9-1　焊接检验方法

类别	检验项目	检验内容和方法
破坏性检验	力学性能	拉伸、冲击、弯曲、硬度、疲劳、韧度等试验
	化学分析与试验	化学成分分析、晶界腐蚀试验
	金相与断口试验	宏观组织分析、微观组织分析、断口检验与分析
非破坏性检验	外观检验	母材、焊材、坡口、焊缝等表面质量检验,成品或半成品的外观几何形状和尺寸的检验
	整体强度试验	水压强度试验、气压强度试验
	致密性试验	气密性试验、吹气试验、载水试验、水冲试验、沉水试验、煤油试验、渗透试验
	无损测试试验	射线探伤、超声波探伤、磁粉探伤、渗透探伤、涡流探伤

9.2

锂离子电池激光焊接

　　激光焊接是利用高能量密度的激光束作为热源的一种高效精密焊接方法。激光焊接属于无接触式加工,具有许多优点:焊接热量集中、焊接速度快、热影响区小;焊接变形和残余应力小;焊接温度高,可以焊接难熔金属,甚至可以焊接陶瓷以及异种材料等[4];易于实现高效率的自动化与集成化;焊接精度高,工件越精密,激光焊接的优势越明显。因此,激光焊接在锂离子电池装配中得到广泛使用[5,6]。

9.2.1　激光焊接原理

　　激光是经过受激辐射放大的光。在物质原子中有不同数量粒子(电子)分布在不同能级上,在高能级上的粒子受到某种光子的激发,会从高能级跃迁到低能级上,这时将会辐射出与激发光相同性质的光,在某种状态下能出现一个弱光激发出一个强光的现象,即"受激辐射的光放大",简称激光。激光具有单色性好、方向性好、亮度高和相干性好等特点[7]。

　　激光焊是激光照射到非透明焊接件的表面,一部分激光进入焊件内部,入射光能转化为晶格的热振动能,在光能向热能转换的极短(约为 10^{-9} s)时间内,热能仅局限于材料的激光辐射区,而后热量通过热传导由高温区向低温区传递,引起材料温度升高,继而局部金属产生熔化、冷却、结晶,形成原子间的连接。一部分激光被反射,造成激光能量的损失。激光焊微观上是一个量子过程,宏观上则表现为加热、反射、吸收、熔化和汽化等现象。

根据焊件激光作用处功率密度不同，可将激光焊接分为热传导焊和深熔焊。其中激光热传导焊的激光辐照功率密度小于 $10^5\,\mathrm{W/cm^2}$，将金属表面加热到熔点与沸点之间。焊接时，金属材料表面将所吸收的激光能转变为热能，使金属表面温度升高而熔化，然后通过热传导方式把热能传向金属内部，使熔化区逐渐扩大，凝固后形成焊点或焊缝，其熔深轮廓近似为半球形，如图 9-6 所示。热传导焊接过程稳定、熔池搅动较低、外观良好且不易产生焊接缺陷，适合于薄板焊接，对微细部件精密焊接具有独特优势。

激光深熔焊的激光辐照功率密度大于 $10^6\,\mathrm{W/cm^2}$，将金属表面温度在极短时间内（$10^{-8}\sim10^{-6}\,\mathrm{s}$）升高到沸点，使金属熔化和汽化，汽化的金属蒸气以较高速度逸出，对熔池内液态金属产生反作用力（如铝 $p\approx11\mathrm{MPa}$；钢 $p\approx5\mathrm{MPa}$），使熔池表面向下凹陷，形成小孔效应。当光束在小孔底部继续加热时，逸出金属蒸气的反作用力使小孔进一步加深，同时逸出的蒸气将熔化金属挤向熔池四周，这个过程进行下去，便在液态金属中形成细长的孔洞。当金属蒸气的反作用力与液态金属的表面张力和重力平衡后，小孔深度保持稳定。这种焊接方式称之为激光深熔焊，又称激光小孔焊，如图 9-7 所示。图 9-8 为模拟小孔的形成过程 [（a）～（e）] 及与实际结果的对比 [（f）]。激光深熔焊能获得熔深较大的焊缝，有利于实现中厚板材料的焊接。

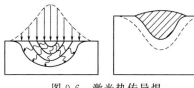 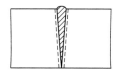

图 9-6　激光热传导焊　　　　　　　图 9-7　激光深熔焊

9.2.2　激光焊接设备

激光焊接设备主要由激光器、激光控制器、光束传输及聚焦系统、计算机数字控制（CNC）系统、CNC 工作台、气体供给系统、循环水冷系统等部件组成，如图 9-9 所示。

激光器是激光焊接设备中的重要部分，提供加工所需的光能。目前用于工业加工的激光器主要包括 CO_2 激光器和 Nd：YAG（钕掺杂钇铝石榴石）激光器。CO_2 激光器，又称气体激光器，产生波长为 $10.6\mu m$ 的红外激光，可以连续工作并输出很高的功率。Nd：YAG 激光器，又称固体激光器，产生波长为 $1.06\mu m$ 的红外激光，光束易通过光导纤维传输，省去复杂的光束传送系统，易实现焊接柔性化和自动化等。

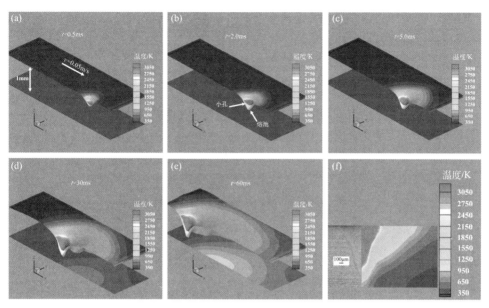

图 9-8　激光深熔焊模拟结果[8]

（a）焊接起始时的温度场；（b）小孔形成时的温度场；（c）、（d）形成小孔后不同时刻的温度场；
（e）焊接快结束时的温度场；（f）焊接后实际结果（左）与模拟结果（右）的对比

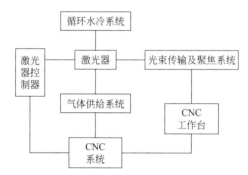

图 9-9　激光焊接设备的组成

　　锂离子电池的金属壳体外底部与复合镍带、壳体与盖板的激光焊接过程中需
要输出功率不高。与气体激光器相比，固体激光器波长短，吸收率高，因此固体
激光器在锂离子电池焊接过程中得到广泛应用。下面主要介绍锂离子电池焊接中
应用的固体激光器。

　　固体激光器主要由激光工作物质、激励源（泵浦源）、聚光腔、谐振腔和冷
却系统组成。固体激光器通常以掺杂 Nd^{3+} 的钇铝石榴石 $Y_3Al_5O_{12}$（YAG）晶体
作为激光工作物质。激励源是一种能够给激光物质提供能量的光源，由电源给激
励源提供能量。聚光腔使激励源产生的泵浦光能够最大限度地照射到激光工作物

质上，提高泵浦光的利用率。谐振腔使光子数量显著增加，形成一定频率和方向的激光束。冷却系统则用于冷却激光器，保证激光器能够稳定、正常、可靠地工作。固体激光器结构见图9-10。激光器性能见表9-2。

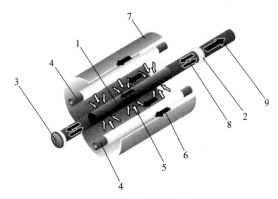

图 9-10　固体激光器结构

1—活性介质（晶体棒）；2—输出镜；3—后镜；

4—泵浦灯；5—泵浦光；6—冷却水；7—反射镜；8—受激发射；9—激光束

表 9-2　焊接用激光器的性能

激光器	波长/μm	振荡方式	重复频率/Hz	输出功率或能量范围	主要用途
红宝石激光器	0.6943	脉冲	0～1	1～100 J	电焊、打孔
钕玻璃激光器	1.06	脉冲	0～10	1～100 J	电焊、打孔
YAG 激光器（钇铝石榴石）	1.06	脉冲	0～400	1～100J	电焊、打孔
		连续		0～2kW	焊接、切割、表面处理

激光焊设备主要有日本米亚基（MIYACHI）、德国通快等品牌。国内激光焊设备技术水平有待突破，价格相对较低，知名的激光焊设备主要有：深圳大族激光、华工激光、武汉楚天激光。根据锂离子电池焊接部件的不同，激光焊接机可以有多种选择。表 9-3 为武汉楚天激光所生产激光焊接机技术参数，其中JHM-1GY-300/400B 型焊接机与 JHM-1GY-300/400/500E 型焊接机可用于锂离子电池壳体的缝焊，锂离子电池极耳、安全帽的点焊。

表 9-3　激光焊接机技术参数

项目	JHM-1GY-300/400/500E	JHM-1GY-300/400B	JHM-1GY-300/400D
激光工作介质	Nd:YAG	Nd:YAG	Nd:YAG
激光波长	1.06μm	1.06μm	1.06μm
额定输出功率	300W/400W/500W	300W/400W	300W/400W
单脉冲能量	60J/80J	60J	70J
能量不稳定度	≤3%	≤3%	≤3%

项目	JHM-1GY-300/400/500E	JHM-1GY-300/400B	JHM-1GY-300/400D
光斑直径	0.2～0.6mm	0.2～0.6mm	0.2～0.6mm
脉冲宽度	0.1～20ms(连续可调)	0.1～20ms(连续可调)	0.1～20ms(连续可调)
脉冲频率	1～100Hz/150Hz(连续可调)	1～150Hz(连续可调)	1～150Hz(连续可调)
供电电源	AC380V±10%，50Hz	AC380V±10%，50Hz	AC380V±10%，50Hz
输入功率	10/15kW	12/15kW	10/12kW
制冷系统	内循环水冷却， 制冷机组(选配)	内循环水冷却， 制冷机组(选配)	内循环水冷却， 制冷机组(选配)
连续工作时间	≥24h	≥24h	≥24h

9.2.3 脉冲激光缝焊

激光缝焊的主要工艺参数有功率密度、焊接速度、脉冲波形、脉冲宽度、光斑直径、离焦量和保护气体。

（1）功率密度 功率密度是激光加工中最关键的工艺参数之一。根据热能传导方程，可求出达到一定温度时所需的功率密度 $q(\mathrm{W/cm^2})$：

$$q = \frac{0.886TK}{(\alpha\tau)^{1/2}} \tag{9-1}$$

式中，T 为温度，℃；α 为热扩散率；K 为热导率；τ 为脉宽，s。

设当工件表面温度达到熔点 T_m 时，所需功率密度为 q_1；当工件表面温度达到沸点 T_v 时，所需功率密度为 q_2；当功率密度超过一定值 q_3 时，材料产生强烈蒸发。电池壳常用材料铝和钢的功率密度见表9-4。

表9-4 不同金属功率密度值

金属	T_m/℃	T_v/℃	τ/s	$K/[\mathrm{W/(cm^2 \cdot ℃)}]$	$\alpha/(\mathrm{cm^2/s})$	$q_1/(\mathrm{W/cm^2})$	$q_2/(\mathrm{W/cm^2})$	$q_3/(\mathrm{W/cm^2})$
钢	1535	2700	10^{-3}	0.51	0.51	5.8×10^4	1.0×10^5	6.7×10^5
铝	660	2062	10^{-3}	2.09	2.09	4.1×10^4	1.3×10^5	8.6×10^5
铜	1083	2300	10^{-3}	3.89	1.12	1.1×10^5	2.34×10^5	1.4×10^6
镍	1453	2730	10^{-3}	0.67	0.24	5.4×10^5	1.0×10^5	7.5×10^5
不锈钢	1500	2700	10^{-3}	0.16	0.041	3.5×10^5	6.3×10^5	

在实际应用中，普通热传导焊接所需功率密度 $<10^6\,\mathrm{W/cm^2}$。功率密度的选取除取决于材料本身特性外，还需根据焊接要求确定。在薄壁材料（0.01～0.10mm）的焊接中，其功率密度 q_0 应选为 $q_1 < q_0 < q_2$，以避免材料表层汽化成孔，影响焊接质量。在厚材料（>0.5mm）的焊接中，大多数金属材料通常取 $q_0 = q_2$，这时即使出现一定量的汽化也不会影响焊接质量；厚材料的功率密度也可以取高一些，q_0 可选为 $q_2 < q_0 < q_3$。电池壳材料厚度一般在 0.2～0.6mm

之间，有一定熔深要求，在实际焊接过程中，功率密度通常取 $q_0=q_2$，能够满足壳体连接的要求。

（2）焊接速度　焊接速度影响单位时间内的热输入量。与其他焊接方法不同，对于激光焊接，特别是高速焊接，由于热传导在侧面比较微弱，在给定功率时可以使用以下经验公式计算焊接速度：

$$0.483P(1-R)=vW_{weld}\delta\rho C_p T_m \tag{9-2}$$

式中，P 为激光功率，W；v 为焊接速度，m/s；R 为反射率；W_{weld} 为焊缝宽度，m；ρ 为材料密度，kg/m^3；δ 为板厚，m；C_p 为比热容，$J/(kg \cdot K)$；T_m 为材料熔点温度，K。

焊接速度过慢时，热输入量过大，易导致工件烧穿；焊接速度过快时，热输入量过小，易造成工件未焊透。有时采用降低焊接速度的方法来增大熔深。当焊接速度增加时，熔池的尺寸和流动方式也会改变。在低速焊接情况下，熔池大而宽，且容易形成下塌，这时熔化金属的量较大，由于金属熔池的重力过大，表面张力不足以承受住焊缝中的熔池，因而会从焊缝中间滴落或下沉，会在表面形成凹坑。高速焊接时，原朝向焊缝中心的匙孔尾部强烈流动的液态金属不能够重新分布，会凝固在焊缝两侧，出现咬边缺陷。由于锂离子电池壳体与盖板厚度都较薄，在保证焊透情况下，应采用较快的焊接速度。图 9-11 为在其他条件一定的情况下，焊接速度对焊接接头温度分布的影响[9]。焊接速度越快，熔池尺寸越小。这是因为焊接速度越快，材料对激光能量的吸收越少，温度越低，熔化区域越少。

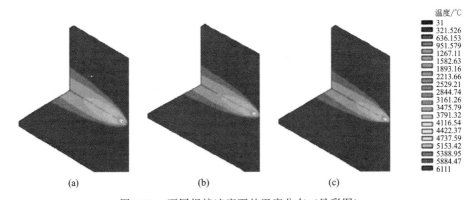

温度/℃
31
321.526
636.153
951.579
1267.11
1582.63
1893.16
2213.66
2529.21
2844.74
3161.26
3475.79
3791.32
4116.54
4422.37
4737.59
5153.42
5388.95
5884.47
6111

（a）　　　　　　　　　（b）　　　　　　　　　（c）

图 9-11　不同焊接速度下的温度分布（见彩图）

（a）500mm/min；（b）600mm/min；（c）700mm/min

（3）脉冲特性　激光的脉冲特性是由激光强度、脉冲宽度、脉冲波形和脉冲频率共同决定的。矩形激光脉冲的激光强度 I 与时间 t 的关系如图 9-12 所示。其中 τ 为激光作用时间，称为脉宽；T 为脉冲周期；$1/T$ 为脉冲频率，即单位时间脉冲次数。

激光的单脉冲能量越大，熔化量越大；而当激光单脉冲能量一定时，脉冲宽度 τ 越大，激光强度 I 越小。其中脉冲宽度对熔深影响最大，由于材料的热物理性能不同，获得最大熔深时的脉宽不同，如钢的脉冲宽度为 $5\times10^{-3}\sim8\times10^{-3}$ s。

激光脉冲波形有很多种，主要有缓降、平坦、缓升和预脉冲等，如图 9-13 所示。

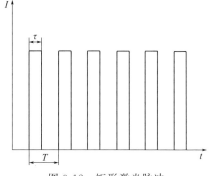

图 9-12　矩形激光脉冲

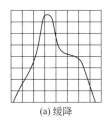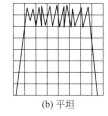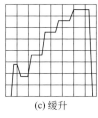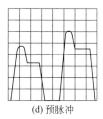

(a) 缓降　　　　　　(b) 平坦　　　　　　(c) 缓升　　　　　　(d) 预脉冲

图 9-13　激光脉冲波形

当高强度激光束入射至材料表面时，$60\%\sim98\%$ 的激光能量因反射产生损失，且反射率随表面温度上升而下降。对于铝合金和铜等材料，反射率高且变化较大。当焊接开始时，材料表面对激光的反射率高，当材料表面熔化时激光吸收率迅速升高，一般采用指数衰减波或带有前置尖峰的波形，如图 9-13(a) 所示。对于不锈钢等材料，焊接过程中反射率较低且变化不大，宜采用平坦波形，如图 9-13(b) 所示。对于镀锌板等表面易挥发的金属材料可选择缓升波形，如图 9-13(c) 所示。对于表面杂质含量较多的材料可选择预脉冲波形，如图 9-13(d) 所示。

（4）光斑直径和离焦量　根据光的衍射理论，焦点处的光斑直径（d_0）最小，计算公式如下：

$$d_0 = \frac{2.44 f\lambda}{D(3m+1)} \tag{9-3}$$

式中，d_0 为最小光斑直径；λ 为激光波长；f 为透镜焦距；D 为聚焦前光束直径；m 为激光振动膜的阶数。

激光的焦点并非总是位于材料表面，焦点与表面的距离称为离焦量。调节离焦量可以改变激光光斑大小。在一定功率条件下，焦点处功率密度最大，随光斑直径增大功率密度减小。当焦点处于焊件表面上方时称为正离焦（$\Delta F>0$），加热工件的能量仅为聚焦处下方的能量；反之为负离焦（$\Delta F<0$），加热工件的能量为聚焦处上方、焦点和下方的能量，如图9-14所示。一般正离焦用于薄板焊接，焦点处于表面上方，而负离焦用于厚板焊接，焦点处于表面下方。锂离子电池薄

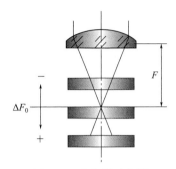

图 9-14 离焦量示意图

板激光焊接过程中，一般采用正的离焦量。

（5）保护气体　激光焊接过程中，保护气体常使用氦、氩及氮等惰性气体，可以起到驱除等离子体，防止表面氧化，预防产生裂纹、改善外观质量、防止设备光学器件污染的作用。保护气体种类和气流大小、吹气角度等因素对焊接结果有较大影响，不同的吹气方法也会对焊接质量产生一定的影响。气流量过小时，起不到应有的作用；而气流量过大时，又会使熔池由层流状态转变成湍流，影响焊接质量。

铝合金激光焊接的常见缺陷是气孔。空气中的水分以及氧化膜中吸附的水分是产生焊缝气孔的主要原因。采用氮气保护激光焊接，可以减少壳体表面焊接过程中氧化，减少焊缝气孔，同时保护聚焦镜片。

（6）缝焊接头设计　在锂离子电池的装配过程中，壳体与盖板需要采用激光焊缝焊进行连接，图 9-15 为壳体与盖板焊接装配后的典型缝焊接头。

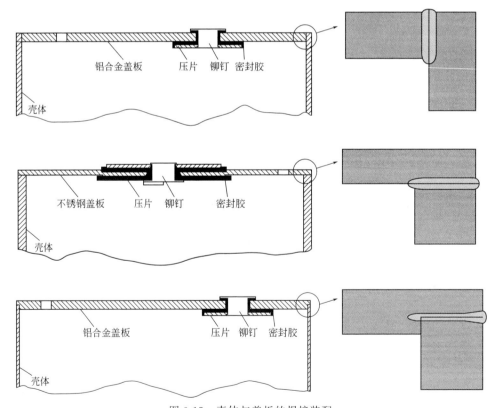

图 9-15　壳体与盖板的焊接装配

壳体和盖板接头装配间隙对焊缝成形、装配后的电池尺寸精度影响显著。接头装配间隙小和焊面高度差小时，焊接质量好。装配间隙的热量传递由于存在空气以对流传热形式为主，而在接头金属内的热量传递主要以热传导为主，传热量远大于空气对流传热，从而影响焊缝上下的温度分布和熔化状态。在装配间隙小于熔深的15％，金属受光面高度差小于熔深的25％时，可以防止沿焊缝方向产生裂缝，能获得较好的焊接效果。随着功率减小、光斑尺寸减小、脉冲宽度减小，间隙与高度差的要求越来越严格。

在实际的电池激光焊接加工过程中，电池盖和电池壳间需用工装夹具提供夹紧力，利用点焊装配定位，防止产生间隙和焊接变形。

9.2.4 脉冲激光点焊

激光点焊是指在同一位置上由单一的激光脉冲或一系列激光脉冲来熔化和焊接，如图9-16所示。激光点焊符合激光缝焊的一般过程和规律，唯一区别是点焊时激光束与焊件之间没有相对运动。激光点焊也分为热传导焊和深熔焊。热传导型激光点焊比较适合焊接厚度小于0.5mm的金属。深熔焊型激光点焊可形成较大熔深，适合厚板焊接。

激光点焊的优点有：速度快，精度高，热输入和变形小，焊接质量高；系统柔性强，自由度大，对接头尺寸和结构设计要求不高，可实现全位置点焊；焊接不同厚度板、异种材料和特殊材料的效果优于传统方法。

锂离子电池电极引出端子与壳体焊接、电池电极与保护线路板焊接、盖板与壳体的点焊通常采用激光点焊。铝镍复合带和铝合金壳体的点焊接头见图9-17。

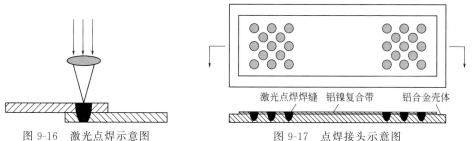

图9-16 激光点焊示意图　　　　　图9-17 点焊接头示意图

激光点焊的工艺参数主要有激光功率、点焊时间、离焦量和脉冲特性等。激光功率主要影响焊点熔深，点焊时间主要影响焊点尺寸，离焦量同时影响光斑大小和功率密度，从而影响焊点的整体尺寸。脉冲波形和脉冲时间影响激光点焊缺陷，优化脉冲波形可以控制焊点凝固冷却速度，降低内应力，抑制裂纹。采用锯齿形脉冲和延长脉冲作用时间，可以抑制气孔和防止下塌。

9.2.5　激光焊接性

金属的激光焊接性是指金属在激光焊接时获得优质焊接接头的难易程度。通常焊接接头的冷热裂纹倾向小、抗腐蚀能力强、力学性能和使用性能好，即称材料的焊接性好。影响焊接性的因素有材料化学成分、焊接方法、焊接工艺、结构形式和服役环境。

激光焊的热输入很快，焊缝冷却结晶速度快，组织较细小，来不及偏析；激光焊具有净化效应，使杂质降低；焊缝区残余拉应力较小。这些都有利于提高焊缝的力学性能和抗裂性。对于常规熔焊方法焊接性较差的金属及合金，在激光焊接时具有较好的焊接性。

锂离子电池中通常涉及的同种材料焊接有铝和铝焊接、不锈钢和不锈钢焊接等，异种材料焊接有不锈钢和镍焊接、铜和镍焊接等。

（1）不锈钢的焊接　奥氏体不锈钢的热导率只有碳钢的1/3，激光能量散失比碳钢少，因此奥氏体不锈钢的熔深稍大一些。其中根据化学成分计算的Cr与Ni当量比值对焊接性具有较大影响，当该比值处于1.5～2.0之间时，不会轻易发生热裂，激光焊接性好[10]，如18-8系列的304奥氏体不锈钢；而该比值小于1.5时，镍含量较高，焊缝热裂纹倾向明显提高，焊接性变差，如25-20系列的310S奥氏体不锈钢。所以钢壳锂离子电池的壳体和盖板常用304奥氏体不锈钢。另外，由于激光焊具有很快的加热和冷却速度，有利于提高接头的抗晶间腐蚀能力，加之能量高度集中，激光加热对电池内部隔膜和活性物质影响小，所以激光焊才被广泛采用。

（2）铝及铝合金的焊接　铝壳锂离子电池中的铝壳体和盖板广泛采用激光焊接。铝及铝合金焊接的最大问题是对激光的高反射率和铝的高导热性。焊接起始时，铝及铝合金表面对波长为 $1.06\mu m$ 的 Nd：YAG激光的反射率为80%左右，因此焊接时需要较大的起始功率，而达到熔化温度以后，吸收率迅速提高，甚至超过90%，从而使焊接顺利进行。

铝及铝合金激光焊时，随着温度的升高，氢的溶解度急剧升高，快速冷却时不易逸出而形成氢气孔；另外铝合金中硅、镁等易挥发元素在焊缝中更易形成气孔。通常在高功率、高焊接速度和良好的保护下可消除焊缝的气孔缺陷[11]。另外，材料状态对激光焊接也有影响，如热处理态铝合金激光焊难度比非热处理态要高一些。

（3）异种材料　异种材料的焊接性取决于两种材料的物理性质，如熔点、沸点和导热性等。图9-18是两种金属A和B的熔点、沸点的示意图。将金属的熔点和沸点之间连成线段，若两种金属的线段存在重叠区间（A熔点与B沸点之间），如图9-18(a)和（b）所示，焊接温度选在这个重叠温度区间内，A和B两种金属可以同时熔化，则可以进行激光焊接。A 熔点和 B 沸点之间的重叠温度区间越大，激光焊接参数范围越大，焊接性越好。若两种金属的线段不存在重叠区间（A 熔点＞B 沸点），如图 9-18(c) 所示，A 熔点和 B 沸点相差较远，焊接过程中不能同时使两种金属熔化，很难实现激光焊接。

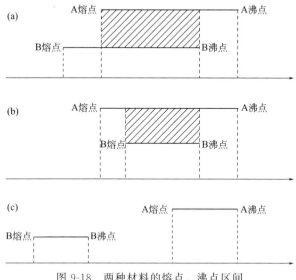

图 9-18　两种材料的熔点、沸点区间

铝和镍焊接时，镍的熔点为 1453℃、沸点为 2732℃，铝的熔点为 660℃、沸点为 2327℃，符合图 9-18(a) 中的规律，即铝沸点＞镍熔点＞铝熔点、镍沸点＞铝沸点＞镍熔点。因此铝和镍在 1453～2327℃存在同时熔化区间，可以进行激光焊连接。

镍和不锈钢焊接时，不锈钢的熔点约为 1500℃，沸点约在 Cr 的沸点 2601℃至镍的沸点 2732℃之间，因此镍和不锈钢约在 1500～2601℃存在同时熔化区间，符合图 9-18(b) 中的规律，也可以进行激光焊连接。

9.2.6　焊接检验及缺陷预防

激光焊接常见的焊接缺陷有气孔、裂纹、未焊透、咬边和夹杂等[12,13]，如图 9-19 所示。

（1）气孔　焊接时熔池中气体在金属凝固前未来得及上浮逸出，残存于焊缝中形成空穴称为气孔。气体可能是熔池从外界吸收而来，也可能是焊接冶金过程中反应生成。如锂离子电池常用的铝合金材料焊接时，铝合金表面的水分分解产生氢，在冷却结晶过程中氢的溶解度急剧下降，析出的氢来不及逸出而形成氢气孔。铝合金中的低熔点合金元素在高温下因蒸发烧损也易导致气孔。焊前烘干或

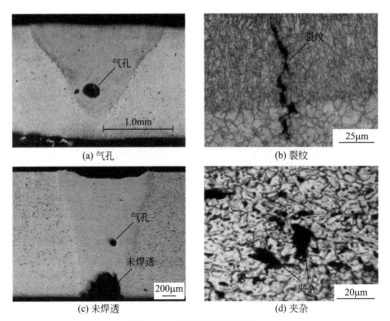

图 9-19　常见的焊接缺陷

预热减少表面水分、采用惰性气体保护、焊前清理均可以有效防止气孔产生。

（2）热裂纹　指焊接接头中局部区域的金属原子结合力遭到破坏形成新界面而产生的缝隙。锂离子电池壳体和盖板所用材料焊接时产生的裂纹通常是热裂纹，可分为结晶裂纹和液化裂纹等。

铝合金采用常规方法焊接时，在焊缝区固态金属的冷却收缩过程中，低熔点液态物质不足，不能及时填充收缩留下的空间，受到收缩产生的拉应力作用发生沿晶开裂，产生结晶裂纹。激光焊接能够产生净化作用，减少了低熔点物质含量，降低了热裂纹的敏感性。

奥氏体不锈钢采用常规方法焊接时，在高温下近缝区的奥氏体晶界上低熔点共晶被熔化，或者在不平衡加热冷却时金属化合物分解和合金元素的扩散，造成局部区域出现共晶成分而产生局部晶间液化，在冷却收缩所导致的拉伸应力作用下沿奥氏体晶界开裂形成液化裂纹。常用的防止措施为减少焊接热输入及降低焊接接头的焊接残余拉应力。而激光焊接能量高度集中，焊接热影响区的热输入小，同时焊接残余应力较常规焊接低，所以液化裂纹敏感性较常规焊接方法低。

（3）未熔合与未焊透　焊缝金属和母材之间存在未完全熔化结合的现象称为未熔合。焊接接头根部未完全熔透的现象称为未焊透。这两种现象通常是由焊接速度过快，焊接热源停留时间短所致。另外，界面上残留有油污、氧化物时，易在焊道下和焊缝根部产生未完全熔化结合。适当增大激光器输出功率、降低焊接速度、严格清理工件表面可有效防止未熔合与未焊透。

（4）咬边　沿焊趾（或焊根）处出现低于母材表面的凹陷或沟槽称为咬边。导致咬边的因素很多，如焊接速度过快，熔池尾部指向焊缝中心的液态金属来不及重新分布，在焊缝两侧凝固易形成咬边；接头装配间隙过大，填缝熔化金属减少易产生咬边；激光焊接结束能量下降过快时，熔池容易塌陷易产生局部咬边；激光功率过高或焊接速度过小、保护气流量过大也会导致熔池两侧向下凹陷。提高接头装配精度减小接头缝隙，防止保护气流过大，在保证焊透的条件下应尽量采用较小功率、较高焊速的焊接规范，可以避免咬边。

9.2.7　激光焊接防护

激光器输出功率或能量非常高，设备中有数千伏至数万伏的高压激励电源，容易造成电击和火灾，对人体和财产造成损害。激光的亮度要比太阳光和电弧亮度高十个数量级，会对皮肤和眼睛造成严重的损伤。材料被激烈加热而蒸发、汽化，产生各种有毒的金属烟尘和等离子体云，对人体也有一定损害。为此要对设备和操作人员实行安全保护。主要防护措施如下：

① 在现场操作人员必须配备激光防护眼镜。

② 操作人员应穿白色工作服，以减少漫反射的影响。

③ 不允许无经验的工作人员进行操作。

④ 焊接区应配备有效的通风或排风装置。

⑤ 激光设备及加工场地应设安全标志，并设置栅栏、隔墙、屏风等，防止无关人员误入。

9.3
锂离子电池超声波点焊接

超声波焊接是利用超声频率（超过 16kHz）产生的机械振动能量并在静压力的共同作用下，连接同种或异种金属、半导体、塑料及金属陶瓷的焊接方法。在锂离子电池生产中，极耳与集流体之间、叠片式电池多层极耳之间的连接常采用超声波焊接[12]。

9.3.1　超声焊接原理及特点

（1）超声波焊接原理　在金属超声波焊接过程中，焊件被夹持在上声极和下声极间，通过上声极向焊件输入超声波产生的弹性振动能量，而下声极支撑焊件，两焊件接触面在静压力和高频弹性振动能量的作用下实现连接。

首先通过超声振动使上声极与上焊件之间产生摩擦而形成暂时的连接，然后通过上焊件将超声振动直接传递到焊件接触面，依靠振动摩擦去除焊件接触面的油污和氧化物杂质，使纯净金属表面暴露并相互接触。随着振动摩擦时间延长，接触表面温度升高（达到熔点的35%～50%），发生塑性流动，微观接触面积越来越大，塑性变形不断增加，出现焊件间的机械结合。咬合点数和面积逐渐增加，促进金属表面原子扩散与结合，形成共同的晶粒或出现再结晶现象，形成牢固的接头。而对金属与非金属之间焊接，在结合面上发生犬牙交错机械嵌合的焊接接头，如图9-20所示。

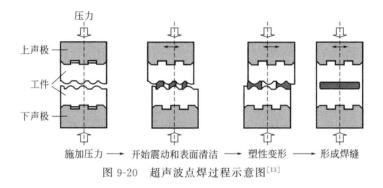

图9-20　超声波点焊过程示意图[13]

（2）分类　按照超声波弹性振动能量传入焊件的方向不同可将超声波焊接分成切向传递和垂直传递两类。其中切向传递适用于金属材料的焊接，而垂直传递焊接主要用于塑料焊接，如图9-21所示。

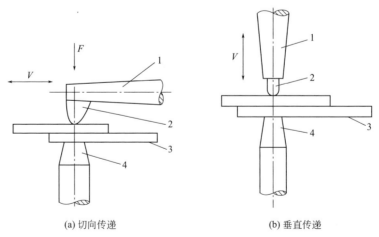

(a) 切向传递　　　　　　　　(b) 垂直传递

图9-21　超声波焊接的两种基本类型

V—振动速度；F—静压力；1—聚能器；2—上声极；3—焊件；4—下声极

超声波点焊是应用最广的一种焊接形式，锂离子电池生产过程中应用的主要是点焊。根据振动能量传递方式可分为单侧点焊和双侧点焊，如图 9-22 所示。锂离子电池焊接目前主要应用单侧式点焊。

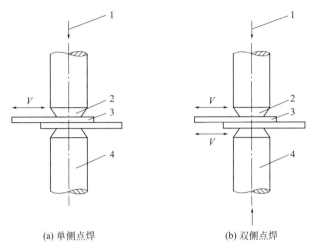

(a) 单侧点焊   (b) 双侧点焊

图 9-22 超声波点焊形式

1—静压力；2—上声极；3—焊件；4—下声极

（3）超声波焊接特点 超声波焊接焊件无电流通过、无外加热源，特别适合高导电、高导热性的材料（如金、银、铜、铝等）和一些难熔金属的焊接，也适用于导热、硬度、熔点等性能相差悬殊的异种金属材料、金属与陶瓷或玻璃等非金属材料、塑料与塑料的焊接。还可以实现厚度相差悬殊、多层箔片、细丝以及微型器件等特殊结构的焊接。

超声波焊接对焊件表面氧化膜具有破碎和清理作用，焊接表面状态对焊接质量影响较小，焊前焊接表面准备工作相对简单，甚至可以焊接涂有油漆或塑料薄膜的金属。

超声波焊属于固态焊接，不受焊接冶金性的约束，焊缝不熔化、无氧化、无喷溅，对焊件污染小，焊接耗能小（仅为电阻焊的 5%），接头变形小，焊接过程稳定，焊件静载强度和抗疲劳强度较高，再现性好。

超声波焊接所需的功率随工件厚度及硬度的提高呈指数增加，大功率超声波点焊机制造困难且成本很高。因此超声波焊接不利于大型、厚件的焊接，也不利于硬而脆材料的焊接，接头形式仅限于搭接接头。

9.3.2 超声焊接设备

超声波焊接设备主要由超声波发生器、电-声换能耦合装置（声学系统）、加压机构和控制装置等组成，如图 9-23 所示。

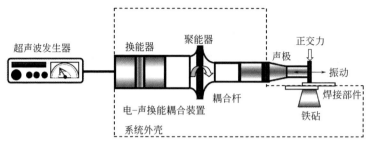

图 9-23　超声波焊接结构图示意[14]

超声波发生器是一种产生超声频率的正弦电压波形的电源。作用是将工频（50Hz）转换成 15～80kHz 的超声频率的交流电。

电-声换能耦合装置由换能器、聚能器、耦合杆和声极组成。换能器的作用是将超声波发生器的电磁振荡转换成相同频率的机械振动。磁致伸缩式换能器工作稳定，但能量交换效率低，多用于大功率超声波焊机；压电式换能器能量交换效率高，但使用寿命较短。聚能器（变幅杆）的作用是放大换能器输出的振幅，

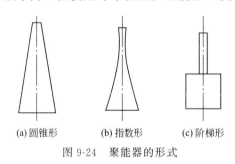

(a) 圆锥形　　(b) 指数形　　(c) 阶梯形

图 9-24　聚能器的形式

耦合并传输到焊件，常见聚能器形式如图 9-24 所示。其中，指数形换能器的放大系数高、结构强度高、工作稳定。耦合杆（传振杆）的作用是改变振动形式，一般将聚能器输出的纵向振动转换成弯曲振动。声极的作用是将超声振动能传递给工件，分上声极和下声极，通用上声极端部制成球面，下声极通常用以支撑工件和承受所加压力。

加压机构是用于向焊接部位施加静压力的装置，大功率焊机多采用液压方式，小功率焊机多用电磁加压或弹簧杠杆加压。控制器主要用于完成超声波焊接机的声学反馈和自动控制，控制预压时间、焊接时间和消除粘连时间。焊接完成后，压力解除，超声振幅继续存在一定时间，消除声极与焊件的粘连。

超声波焊机型号及技术参数见表 9-5。目前超声波焊接机所用的振动能量从 0.5W 到 5kW，使用振动频率为 17～45kHz，位移振幅值是 10～40μm，施加压力由十几牛顿至 3kN。

表 9-5　超声波焊机的型号及技术参数

型号	发生功率 /W	谐振频率 /kHz	静压力 /N	焊接时间 /s	焊接速度 /(m/min)	工件厚度 /mm
CHJ-28 点焊机	0.5	45	15～120	0.1～0.3	—	30～120μm
SD-0.25 点焊机	250	19～21	13～180	0～1.5	—	0.15+0.15

续表

型号	发生功率 /W	谐振频率 /kHz	静压力 /N	焊接时间 /s	焊接速度 /(m/min)	工件厚度 /mm
SD-1 点焊机	1000	18～20	980	0.1～3.0	—	0.8+0.8
SD-2 点焊机	2000	17～18	1470	0.1～3.0	—	1.2+1.2
SD-5 点焊机	5000	17～18	2450	0.1～3.0	—	2.0+2.0
P1925 点焊机	250	19.5～22.5	20～195	0.1～1.0	—	0.25+0.25
CHD-1 点焊机	1000	18～20	600	0.1～3.0	—	0.5+0.5
FDS-80 缝焊机	80	20	20～200	0.05～6.0	0.7～2.3	0.06+0.06
SF-0.25 缝焊机	250	19～21	300		0.25～12	0.18+0.18
CHF-3 缝焊机	3000	18～20	600	—	1～12	0.6+0.6
Viper-20 点焊机	3000	18～20	3000	0.005～10	1～10	0.5+0.6

9.3.3 超声波点焊工艺

超声波焊接接头的质量主要由焊点质量决定，影响焊点质量的因素主要包括接头设计、焊件表面处理及工艺参数。其中工艺参数主要有超声波功率 P、超声振动频率 f、振幅 A、静压力 F 和焊接时间 t 等。

（1）接头设计 超声波焊接接头只限于搭接一种形式。接头设计参数包括边距 s、点距 e 和行距 r 等，见图 9-25。边距 s 为焊点到板边的距离，保证声极不压碎或穿破薄板边缘。点距 e 和行距 r 应根据接头强度和导电性要求进行设计，一般 e 和 r 越小，接头承载能力越高，导电性越好，有时还可以进行重叠点焊。

（2）表面处理 对于铝、铜与黄铜等金属，若未被严重氧化，在轧制状态下就能焊接。带有较薄的氧化膜不会影响焊接质量，焊接时氧化膜会被破碎和分散开来，对焊接质量影响不大。若严

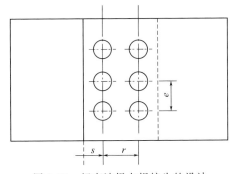

图 9-25 超声波焊点焊接头的设计

重氧化或表面已有锈皮，则必须进行清理，通常用机械磨削法或化学腐蚀法去除。如果工件表面带有保护膜或绝缘层也可以进行超声波焊接，但需要提高超声波能量，否则焊前仍需清除保护膜或绝缘层。

（3）超声波焊接所需功率 超声波焊接所需功率 P（W）主要取决于被焊材料的硬度 H（HV）和厚度 δ（mm）。一般来说，焊接所需功率随工件的厚度和硬度的增大而增加，可按下式确定：

$$P = k H^{\frac{3}{2}} \delta^{\frac{3}{2}} \tag{9-4}$$

式中，k 为系数。

对公式取双对数作图，得到所需功率与工件厚度、硬度的关系为线性关系，如图 9-26 所示。

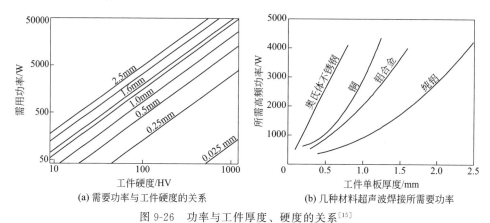

(a) 需要功率与工件硬度的关系   (b) 几种材料超声波焊接所需要功率

图 9-26　功率与工件厚度、硬度的关系[15]

（4）频率和振幅　超声波频率和振幅是超声波焊机的主要参数，超声波焊机功率与频率和振幅的关系采用下式计算：

$$P = 4\mu S F A f \tag{9-5}$$

式中，P 为超声波功率；μ 为摩擦系数；S 为焊点面积；F 为静压力；A 为振幅；f 为振动频率。

在摩擦系数 μ、焊点面积 S 和静压力 F 不变的情况下，由公式可以看出，超声波功率与频率和振幅的乘积成正比。

① 振动频率 f　超声波振动频率一般在 $15 \sim 75\mathrm{kHz}$ 之间。振动频率选择主要受焊接材料物理性能及厚度影响。在焊件硬度及屈服强度都比较低时，通常选用较低振动频率。焊件较薄时宜选用较高的谐振频率，因为在保证功率不变的情况下，提高振动频率可以相应降低振幅，可减少因振幅过大引起的交变应力造成的焊点疲劳破坏。而焊件较厚时需要选择低的谐振频率，以减少振动能量在传递过程中的损耗，但焊件越厚所需焊接功率越大，因此此时应相应选择较大的振幅。

振动频率一般决定于焊机系统给定的频率，但是实际焊件所得到的谐振频率随声极极头、工件、压紧力的改变而变化。保证焊件获得的振动频率接近给定频率并保持稳定，焊件质量才能较稳定。例如超声波焊接过程中压紧力发生变化，可能会出现随机的失谐现象，导致焊点质量不稳定。

② 振幅 A　超声波焊接的振幅一般在 $5 \sim 25\mu\mathrm{m}$ 之间，振幅大小与焊件接触表面间的相对移动速度密切相关，决定着焊接结合面的摩擦生热大小，因而影响

焊接区的温度和塑性流动。通常焊件硬度及厚度越高，选择的振幅越高，这是因为振幅由声极表面传递到上下工件的界面处时发生了衰减，选择大的振幅是为了保证界面处的摩擦生热效应。另外振幅还关系到焊接区表面氧化膜的去除，通常振幅越大，表面氧化膜越容易去除。

对于铜/铜焊接、铝/铝焊接，在其他焊接条件不变的情况下，随着振幅的增加，接头拉剪力逐渐增加。对于铜/铜焊接，当振幅从 $17\mu m$ 增大到 $25\mu m$ 时，接头拉剪力从 728N 增大到 793.4N；对于铝/铝焊接，当振幅从 $17\mu m$ 增大到 $25\mu m$ 时，接头拉剪力从 374N 增大到 448.7N。

对于金属极片铝/镀镍钢片焊接，在其他焊接条件不变的情况下，随着振幅的增加，接头剥离力增加，如图 9-27 所示。当振幅较大时，高能量输入使得焊接区域内产生大量摩擦热，瞬间温度升高有利于金属塑性流动，促进形成良好焊点，因此使接头剥离力增加。但需要注意的是不可在振幅较大的同时保持长时间的能量输入，这样超声振动会产生持续剪切力破坏已形成的焊点，降低焊接接头强度。

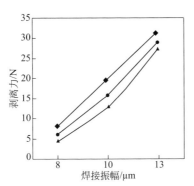

图 9-27　焊接振幅对剥离力的影响[16]
——◆——压强 0.15MPa；——●——压强 0.20MPa；——▲——压强 0.25MPa

（5）静压力 F　静压力 F 的作用是保证声极将超声振动有效传递给焊件。当静压力过低时，超声波难以传递到焊件，不能使焊件之间产生足够的摩擦功，超声波能量几乎全部消耗在上声极与上焊件之间的表面上，不能形成有效连接。当静压力增大到一定范围时，超声振动得以有效传递，焊接区温度升高，材料变形抗力下降、塑性流动逐渐加剧；同时界面接触处塑性变形面积增大，因而接头的破断载荷也会增加，能够形成有效连接。当静压力超过一定范围，过大的静压力会使摩擦力过大，进而造成焊件间摩擦运动减弱，甚至会使振幅降低，焊件间的连接面积不再增加或有所减小，加之材料压溃造成截面削弱，而使焊点强度降低。在其他条件不变情况下，选用偏高一些的静压力可在较短时间内得到相同强度的焊点。与偏低的静压力相比，偏高的静压力能在振动早期相对较低温度下形

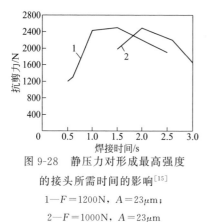

图 9-28　静压力对形成最高强度
的接头所需时间的影响[15]

1—$F=1200\text{N}$，$A=23\mu\text{m}$；
2—$F=1000\text{N}$，$A=23\mu\text{m}$

成相同程度的塑性变形，在较短时间内到达最高温度，使焊接时间缩短，提高焊接生产率。图 9-28 是厚度为 1.2mm 的硬铝超声波点焊在只改变静压力的情况下，焊接时间与抗剪切力的关系。

　　静压力的选择取决于材料硬度及厚度，静压力随材料硬度和厚度的增加而增加。这是因为当材料硬度较高时，较大的静压力可增加接触面积，同时材料表面温度升高、塑性变形增大，形成有效连接；当材料厚度较大时，较大的静压力能够加大材料在厚度方向上的塑性变形，从而形成有效连接。

　　静压力可以与超声波焊机功率的要求联系起来加以确定。表 9-6 为各种功率超声波焊接的压力范围。

表 9-6　不同功率超声焊接机提供的焊接压力范围

焊接功率/W	焊接压力/N	焊接功率/W	焊接压力/N
20	0.04～1.7	1200	270～2670
50～100	2.3～6.7	4000	1100～14200
300	22～800	8000	3560～17800
600	310～1780		

　　对于铜/铜焊接、铝/铝焊接，在其他焊接条件不变的情况下，焊接压力增大到一定范围时，接头存在一个最大拉剪力，但当焊接压力超过一定范围，接头拉剪力下降。

　　对于金属极片铝/镀镍钢片焊接，接头剥离力随压强的升高而下降，如图 9-29 所示。这是因为施加过大的压力会使工件表面产生剧烈变形导致工件边缘处断裂，也易使工件与上声极的焊点产生粘连撕裂现象破坏焊件的完整性。

　　(6) 焊接时间　焊接时间 t 是指超声波能量输入焊件的时间。形成有效焊点存在一个最短焊接时间，小于最短焊接时间不能进行有效焊接。一般随着焊接时间的延长，接头强度增加，然后逐渐趋于稳定。但当焊接时间超过一定值后，焊件受热加剧、塑性区扩大，声极陷

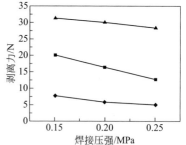

图 9-29　焊接压强对剥离力的影响[16]
→时间 250ms；→时间 300ms；
→时间 350ms

入焊件，使焊点截面减薄，同时引起焊点表面和内部的疲劳裂纹，接头强度降低。

焊接时间的选择随材料性质、厚度及其他焊接参数而定，高功率和短时间的焊接效果通常优于低功率和长时间的焊接效果。当静压力、振幅增加，材料厚度减小时，超声波焊接时间可取较低数值。表9-7为几种典型材料超声波焊接的工艺参数。

表 9-7　几种典型材料超声波焊接的工艺参数

| 材料 | | 厚度/mm | 焊接工艺参数 | | | 上声极材料 |
种类	牌号		压力/MPa	振幅/mm	焊接时间/s	
铝及铝合金	1050A	0.3～0.7	200～300	14～16	0.5～1.0	45 钢
		0.8～1.2	350～500	14～16	1.0～1.5	
	5A03	0.6～0.8	600～800	22～24	0.5～1.0	
	5A06	0.3～0.5	300～500	17～19	1.0～1.5	
	2A11	0.3～0.7	300～600	14～16	0.15～1.0	
	2A12	0.3～0.7	300～600	18～20	1.0～1.5	轴承钢 GCr15
		0.8～1.0	700～800	18～20	0.15～1.0	
纯铜	T2	0.3～0.6	300～700	16～20	1.5～2	45 钢
		0.7～1.0	800～1000	16～20	2～3	
钛及钛合金	TA3	0.2	400	16～18	0.3	上声极头部堆焊硬质合金，硬度 60HRC
		0.25	400	16～18	0.25	
		0.65	800	22～24	0.25	
	TA4	0.25	400	16～18	0.25	
		0.5	600	18～20	1.0	
非金属	树脂68	3.2	100	35	3.0	钢
	聚氯乙烯	5	500	35	2.0	橡胶

　　对于铜/铜焊接，过小的焊接时间使接头虚焊；过大的焊接时间也使接头强度降低；焊接时间适中时，才能够得到强度最高的接头。合适的焊接时间为 0.10～0.20s。

　　对于铝/铝焊接，在其他焊接条件不变的情况下，存在一个最佳焊接时间使接头强度最大。小于该时间时接头极易发生虚焊；大于该时间，接头强度迅速下降。

　　对于铜/铜焊接、铝/铝焊接，焊接压力、焊接时间过小和过大都会降低接头强度，焊接振幅增大有利于提高接头强度。合格接头的焊接工艺参数如表9-8所示。

表 9-8　合格接头的焊接工艺参数[16]

项目	焊接压力/kN	焊接振幅/μm	焊接时间/s
铜/铜	1.5～2.5	17～25	0.10～0.20
铝/铝	1.0～1.5	17～25	0.05～0.08

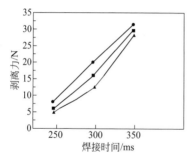

图 9-30　焊接时间对剥离力的影响[16]

—●—压强 0.15MPa；—■—压强 0.20MPa；
—▲—压强 0.25MPa

对于金属极片铝/镀镍钢片焊接，接头剥离力会随着焊接时间的延长而升高，如图 9-30 所示。焊接时间适当时振动能量可以充分传递，焊接界面之间的摩擦使得金属表面迅速升温，促使焊接区域金属塑性变形和分子间作用力发生作用，形成固态连接。若焊接时间太短，超声振动能量无法完全将能量传递到工件上，会使得金属结合界面的摩擦与塑性变形不足，超声振动作用结束后，焊点还尚未形成，导致接头剥离强度较小。

（7）其他工艺参数　上声极所用材料、端面形状和表面状况等会影响到焊点的强度和稳定性。图 9-31（a）为模拟上声极在一定焊接条件下应力变化情况，以此分析声极材料在焊接过程中是否超过其屈服强度，并合理地设计声极形状及焊接工艺。声极材料应具有较大的摩擦系数、较高的硬度和耐磨性、良好的高温强度和疲劳强度，以保证声极的使用寿命和焊点强度稳定。高速钢、滚珠轴承钢多用于铝、铜、银等较软金属焊接，沉淀硬化型镍基超合金等多用于钛、锆、高强度钢及耐磨合金焊接。平板搭接点焊时，上声极端部多制成球面，球面半径一般为相接触焊件厚度的 50～100 倍。球面半径过大会导致焊点中心附近脱焊；半径过小会引起压痕过深。可见半径过大或过小都会使焊接质量和重复性发生波动。

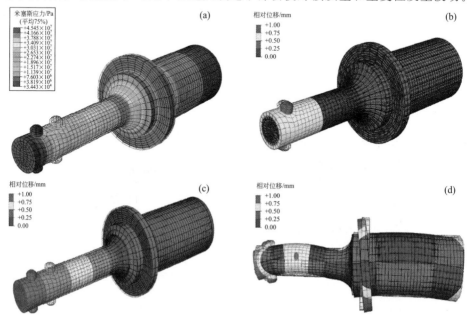

图 9-31　一定焊接条件下声极的应力分布（a）和扭转变形（b）～（d）云图[17]（见彩图）

　　上声极与工件的垂直度对焊点质量影响较大，随着上声极与工件的垂直度降低，接头强度将急剧下降。上声极横的弯曲和下声极的松动，也会引起焊接畸变。图 9-31（b）～（d）为模拟上声极在不同焊接条件下扭转变形情况，以此分析焊接工艺是否合理。

　　对声极进行不同处理或工件厚度不同都会对焊接质量产生不同影响。图 9-32为不同处理状态的声极及工件厚度对温度场的影响。

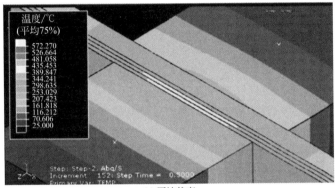

(a) 原始状态

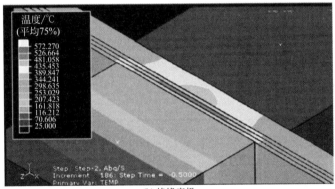

(b) 绝缘声极

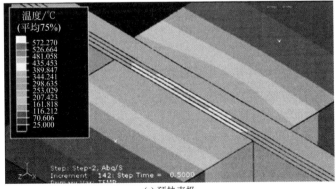

(c) 预热声极

图 9-32

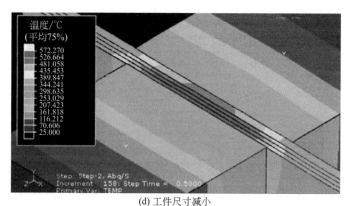

(d) 工件尺寸减小

图 9-32　温度场云图[12]

另外，超声波焊一般不需要气体保护，但在特殊场合，如钛的焊接、锂与钢的焊接时需要使用氩气保护。

（8）锂离子电池中的超声波焊接（预焊工艺）　为满足锂离子电池的容量及功率要求，叠片式工艺广泛应用于铝壳电池与软包电池中。叠片式铝壳电池首先要对多层极耳（0.08～0.016mm）进行预焊，再将预焊后的多层极耳分别与盖板和引出端子焊接起来。若极耳层数较少，可直接将多层极耳分别与盖板和引出端子进行焊接，无需预焊。若盖板极耳引片厚度较大，即使极耳层数较少，也需进行预焊。预焊起到整形的作用，有利于盖板极耳引片与极耳之间的焊接。对于同于一台设备，可同时进行预焊和盖板焊接，但频繁调整焊接参数，易导致焊接效果不稳定。预焊时可选择功率较小的设备，盖板焊接时可选择功率较大的设备。为保证焊接质量，预焊和盖板焊接所用设备应分开选择。叠片式软包电池与铝壳电池不同，多层极耳预焊后，再将极耳引片与多层极耳焊接在一起，然后将极耳引片与铝塑复合膜封装在一起，完成封装过程。

焊接完成后，需要使用拉力设备检验焊接效果，也可以进行焊接接头的电阻检验，根据测试结果对焊接参数进行调整，直至焊接效果最佳。

9.3.4　超声焊焊接性

超声波焊接可以实现同种金属材料和异种金属材料的可靠连接，能够进行超声波焊接的纯金属组合如图 9-33 所示。超声波焊接金属材料时，最常用的方法是点焊。利用超声波焊接不同厚度的焊件时，超声振动应从比较薄的焊件一方导入，焊接参数应根据薄焊件的厚度来确定。

超声波不仅可以焊接金属材料，还可以对塑料进行焊接。对于物理性质相差悬殊的异种材料，如金属与半导体、金属与陶瓷、非金属以及塑料等也能够进行焊接。

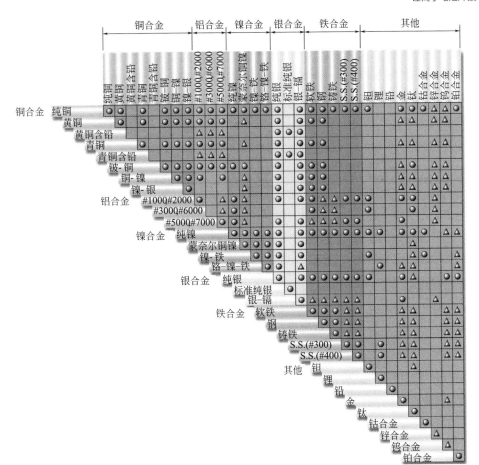

图 9-33　超声波焊接材料[14]

（数据仅做参考，结合强度受实际材质和其他因素影响）

＃1000、＃2000、＃3000、＃5000、＃6000、＃7000—铝合金系列牌号；

S.S.（＃300）、S.S.（＃400）—碳素结构钢牌号

⬤ 结合良好；▲ 适中；□ 未知或较差

（1）同种金属材料的焊接　同种金属材料焊接性，随材料性质发生变化。对强度较低的铝合金，超声波点焊和电阻焊点焊的接头强度大致相同；而对较高强度的铝合金，超声波焊接接头强度可以超过电阻焊的强度。对于钼、钨等高熔点材料，由于超声波可避免接头区的加热脆化，能够获得高强度的焊接接头。但是焊接声极和工作台应选用硬度较高的材料，焊接参数也应该适当偏高。当然对于高硬度金属之间的焊接，以及焊接性较差金属之间的焊接，也可以采用另一种硬度较低的过渡层。

① 铝及其合金的超声波点焊。焊接铝及其合金时，表面准备要求比其他方法都低，正常情况下只需要脱脂处理。但铝合金热处理后或合金中的镁含量高时，会形成一层厚的氧化膜，为了获得质量良好的焊接接头，焊前应将这层氧化膜去除。

349

铝及其合金的超声波焊接参数见表 9-9（超声波振动频率的变化范围为 19.5～20.0kHz，振动头的球形半径为 10mm）。接头的抗剪力见表 9-10，表中焊点的平均直径等于 4mm。

表 9-9 铝及其合金的超声波焊接参数

材料	厚度/mm	焊接参数			振动头材料	振动头材料硬度/HV
		静压力 F/N	时间 t/s	振幅 A/μm		
Al	0.3～0.7	200～300	0.5～1.0	140～160	45 钢	
	0.8～1.2	350～500	1.0～1.5	14～16	45 钢	160～180
	1.3～1.5	500～700	1.5～2.0	14～16	45 钢	—
5A02	0.3～0.5	300～500	1.0～1.5	17～19	45 钢	160～180
5254	0.6～0.8	600～800	0.5～1.0	22～24	45 钢	160～180
2024-O	0.3～0.7	300～600	0.5～1.0	18～20	Gr15	330～350
	0.8～1.0	700～800	1.0～1.5	18～20		—
	1.1～1.3	900～1000	2.0～2.5	18～20	—	—
	1.4～1.6	1100～1200	2.5～3.5	18～20		—
2024-T6	0.3～0.7	500～800	1.0～2.0	20～22	Gr15	330～350
	0.8～1.0	900～1100	2.0～2.5	20～22		—
	1.1～1.3	1100～1200	2.5～3.0	20～22		—
	1.4～1.6	1300～1600	3.0～4.0	20～22		—
经过阳极处理的 2024	0.4	500	1.0	22～24	Gr15	330～350
	0.6	600	1.25	22～24		—
	0.8	800	1.0	22～24		—
	1.0	1000	2.0	22～24		—

表 9-10 铝及其合金超声波点焊接头的抗剪力

材料	厚度/mm	抗剪力/N			试验件数	接头的破坏点
		最小	最大	平均		
Al	0.5	430	550	530	15	断裂
	1.0	970	1080	1030	9	断裂
	1.5	970	1650	1500	10	断裂
5A02	0.5	1300	1200	1090	5	断裂
5254	0.8	910	1320	1080	7	断裂
2024-O	0.5	620	800	720	9	断裂
	1.0	2090	2290	2200	7	断裂
	1.2	2330	2730	2500	15	断裂
	1.5	2140	2560	2360	6	断裂

续表

材料	厚度/mm	抗剪力/N			试验件数	接头的破坏点
		最小	最大	平均		
2024-T6	0.8	1400	1540	1460	5	断裂
	1.0	1370	2180	1630	9	断裂
	1.5	1600	1720	1700	4	断裂
经过阳极处理的 2024	0.4	470	680	590	6	断裂
	0.6	1030	1200	1100	7	断裂
	0.8	1440	1620	1530	5	剪断
	1.0	1720	2010	1860	7	剪断

图 9-34 是纯铝及铝合金焊点的金相组织，显示出强烈的塑性流动，原因是金属界面间摩擦所破坏的氧化膜以旋涡状被排除在焊点周围，在结合面上没有熔化迹象，只是出现了局部的再结晶现象[18]。

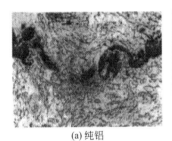 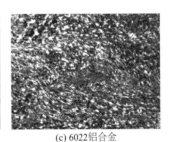

(a) 纯铝   (b) 6011铝合金   (c) 6022铝合金

图 9-34 金相组织

从铝合金焊点的疲劳强度来看，超声波焊接头比电阻焊的接头优良，如铝铜合金约提高 30%，如图 9-35 所示。但是对于铸造组织的合金材料，超声波焊点的抗疲劳强度没有得到显著改善。

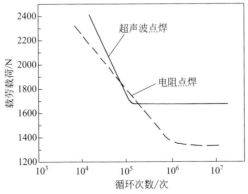

图 9-35 铝合金（2024-T3）焊点疲劳载荷[15]

② 铜及其合金的超声波焊接。铜及其合金的焊接性好，焊前需要对表面进

行清洗，去除油污，焊接参数和设备选择与铝合金相似。表 9-11 是铜 T2 的焊接参数，接头的抗剪力见表 9-12，表中焊点的平均直径等于 4mm。在电机制造尤其是微电机制造中，超声波点焊方法正在逐步替代原来的钎焊及电阻点焊，几乎所有的连接工序都可用超声波焊来完成，包括通用电枢的铜导线连接、整流子与漆包导线的连接、铝励磁线圈与铝导线的焊接以及编织线与电刷之间的焊接等。

表 9-11 铜 T2 的超声波焊接参数

厚度/mm	焊接参数			振动头		
	静压力 F/N	时间 t/s	振幅 $A/\mu m$	球形半径/mm	材料	硬度/HV
0.3～0.6	300～700	1.5～2	16～20	10～15	Gr45	160～180
0.7～1.0	800～1000	2～3	16～20	10～15	Gr45	160～180
1.1～1.3	1100～1300	3～4	16～20	10～15	Gr45	160～180

表 9-12 铜 T2 的超声波点焊接头抗剪力

厚度/mm	抗剪力/N			试验件数	接头的破坏点
	最小	最大	平均		
0.5（单点）	1020	1220	1130	6	断裂
0.5（双点）	2600	2750	2670	4	两焊点全部断裂
1.0	2100	2360	2240	4	局部断裂

（2）异种材料的焊接 不同材料之间的超声波焊接决定于两种材料的硬度，两种材料的硬度越接近、越低，超声波焊接性越好；硬度相差悬殊时，只要一种材料硬度较低、塑性较好时，也可以形成良好的接头。当两种材料的塑性都较低时，可通过添加塑性较高的中间层来实现焊接。不同硬度金属材料焊接时，一般硬度较低的放在上面，使其与上声极接触，焊接参数及焊接功率取决于上焊件性质。将厚度薄的金属箔焊接于厚金属件上也具有很好的焊接性，焊件的厚度比没有限制。一般将薄焊件置于厚焊件的上方。

镍与铜的超声波焊接性好，较软的铜以犬牙交错的形式嵌入镍材中，并在界面形成固相连接。对于镍与铜的超声波焊接，虽然最大剥离力可以表示不同焊接参数对接头强度影响，但是它不能区分是否形成有效连接，如焊不足及焊过度。研究发现镍与铜的超声波焊接接头失效形式分为五种，如表 9-13 所示。当焊接质量要求严格时可采用种类Ⅲ作为标准。种类Ⅰ和Ⅱ代表焊不足，而种类Ⅳ和Ⅴ代表焊过度。

表 9-13 镍与铜的超声波焊接接头失效形式[14]

种类	失效模式	描述	失效图片	力(N)-位移(mm)曲线
I	未结合式断裂截面	失效区域为接头内部,镍-铜之间未发生黏附,接头区域无裂纹,低剥离力		
II	部分黏附式断裂截面	失效区域为接头内部,断裂截面小部分黏附(无撕裂),中等剥离力		
III	大部分撕裂式断裂截面	失效区域为接头内部及基体,材料发生撕裂,中高剥离力		
IV	小部分撕裂式断裂截面	失效起源于焊接裂纹,材料发生撕裂,中低剥离力		
V	圆周式断裂截面	沿焊接区域完全断裂,纽扣状断裂(无撕裂),纽扣式断裂剥离力		

9.3.5 缺陷及预防

超声波焊接常见缺陷是焊接不足(表 9-13 种类 I)和焊接过度(表 9-13 种类 V)。

(1)焊接不足 焊接不足是指焊点处纯净金属之间没有形成有效连接的现象。焊接不足产生的主要原因有功率不足、压力过小、时间不足或振幅过小。当功率不足时,传递到工件上的能量不足,不能使金属间产生连接作用;加载压力过小，不能使声极与工件间产生足够大的摩擦，也不能有效破碎氧化膜，且产生的热量不足，未能使工件间产生有效的塑性流动；振幅过小会使工件表面温度不够，焊件塑性不足，同时氧化膜不易被破碎，难以形成更多的连接；焊接时间不足，没有达到使工件相连接的有效时间，在工件发生结合前，就停止了焊接，焊接强度达不到要求。因此，增加设备功率、适当增大加载压力及焊接时间，可以有效减小焊接不足。

（2）焊接过度　焊接过度是指声极在上焊件表面的压痕过深，甚至造成表面粘连撕裂的现象。焊接过度产生的主要原因是静压力过大或焊接时间过长。当压力过大时，声极易在工件表面形成较深的压痕，导致接头承载能力下降，例如在焊接纯铝等较软的金属时，就容易出现因压力过大造成的焊接过度。当焊接时间过长时，焊件表面甚至会产生熔化现象，使声极和焊件上表面形成永久连接，声极抬起后造成工件表面撕裂，使接头被破坏。因此合理选择静压力和焊接时间可防止焊接过度现象的产生。

9.4
锂离子电池电阻点焊

自从 1886 年第一台电阻焊机出现以来，电阻焊在工业领域获得了广泛的应用。电阻焊是将被焊工件压紧于两电极之间，并通以电流，利用电流流经工件接触面及临近区域产生的电阻热将其加热到熔化或塑性状态，使之形成金属结合的一种方法。电阻焊通常分点焊、缝焊和对焊三种，在锂离子电池生产中，极耳与引出端子、极耳与盖板之间、引出端子与导线的连接主要应用的是电阻点焊。

9.4.1　电阻点焊原理及特点

（1）电阻点焊原理及焊接过程　电阻点焊是利用柱状电极对搭接焊件施加压力，并通电产生电阻热，使焊件局部熔化形成熔核，冷却结晶后形成焊点的电阻焊方法，如图 9-36 所示。点焊时焊接产生的热量由下式决定：

$$Q = I^2 R t \tag{9-6}$$

式中，Q 为热量；I 为焊接电流；R 为电极间电阻；t 为焊接时间。其中 R 包括工件内部电阻 R_1、两工件间接触电阻 R_2、电极与工作间接触电阻 R_3，即 $R = R_1 + R_2 + R_3$。接触电阻析出热量约占内部热源的 $5\% \sim 10\%$，且与焊件的材质、表面状态（清理方法、表面粗糙度等）、电极压力及温度有关。接触电阻析热占比例不大，并很快降低、消失，但对初期温度场的建立、对扩大接触面积、促进电流分布的均匀化有重要作用。内部电阻是焊接区金属本身所具有的电阻，其析出热量占总热量的 90％～95％。影响内部电阻的因素有：材料的热物理性质（电阻率）、力学性能（压溃强度）、焊接参数及特征（电极压力及规范）和焊件厚度等。

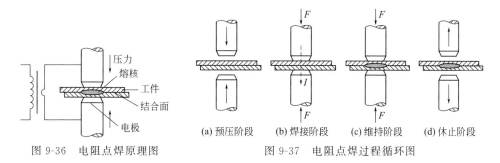

图 9-36 电阻点焊原理图　　　图 9-37 电阻点焊过程循环图

焊点形成一般分为四个阶段，分别为预压阶段、焊接阶段、维持阶段和休止阶段，如图 9-37 所示。

① 预压阶段：是对电阻点焊电极施压的过程，包括电极压力的上升和恒定。目的是建立稳定电流通道，保证焊接过程获得重复性好的电流密度。

② 焊接阶段：是在预压阶段结束后通电加热的过程。当输入热量大于散失热量时，温度上升，形成高温塑性状态的连接区，中心部位出现熔化区并不断扩大，外围形成塑性封闭环并隔绝空气，保证熔化金属不被氧化，形成熔化核心。

③ 维持阶段：是在切断电流后继续保持压力的过程，使熔核在压力下冷却结晶，防止缩孔、裂纹的产生，形成力学性能高的焊点。

④ 休止阶段：解除焊接压力，电极上升，第一次焊接结束。电极随后第二次向下运动，进入下一个焊接循环过程。

（2）电阻点焊分类　按照供电方式可将电阻点焊分为双面单点焊、单面单点焊、单面双点焊和双面双点焊等，如图 9-38 所示。双面单点焊是指从焊件两侧对单个焊点馈电，见图 9-38（a）；双面双点焊是指从焊件两侧同时对两个焊点供电，可使分流和上下板不均匀加热现象大为改善，且焊点可布置在任意位置，见图 9-38（b）。单面单点焊是指从焊件单侧馈电，主要用于零件一侧电极可达性很差或零件较大时的情况。单面双点焊是指从一侧馈电时尽可能同时焊两点以提高生产率，见图 9-39（d），单面馈电往往存在无效分流现象浪费电能，点距过小时将无法焊接。

（3）电阻点焊特点　电阻点焊属于局部加热，熔核冶金过程始终被塑性环封闭，保护效果好，热影响区很小，变形与应力小；焊点形成时间短，通常为零点几秒，工作效率很高；在焊接过程中，不需要焊丝和焊条等消耗材料；在焊接过

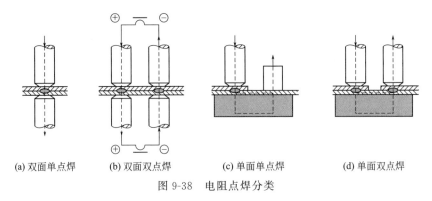

(a) 双面单点焊　　　(b) 双面双点焊　　　(c) 单面单点焊　　　　(d) 单面双点焊

图 9-38　电阻点焊分类

程中无有害气体和烟尘产生，劳动条件好；操作方便，易于实现自动化，适于批量生产。

电阻点焊主要缺点是接头形式和工件厚度受到一定限制，通常采用搭接接头，单板厚度小于 3mm，且接头质量目前只能靠试样的破坏性实验来检测。

9.4.2　点焊设备

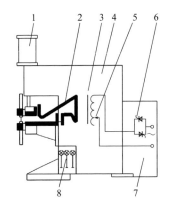

图 9-39　电阻点焊设备示意图

1—加压机构；2—焊接回路；

3—阻焊变压器；4—机身；

5—功率调节机构；6—主电力开关；

7—控制设备；8—冷却系统

电阻点焊设备由供电、控制、机械装置等三个主要部分组成，如图 9-39 所示。

（1）供电装置　由阻焊变压器、功率调节机构和焊接回路等组成，如图 9-39 所示。其主要特点有：输出大电流（通常为 1～100kA）和低电压（通常在 12V 以内）；电源功率大且可调节，一般无空载运行，负载持续率较低。其中焊接回路是指电阻点焊中焊接电流流经的回路，一般是由阻焊变压器的二次绕组、电极臂、电极及焊件等组成。

（2）控制装置　由主电力开关、控制设备、冷却系统组成。控制装置主要功能有：提供信号控制电阻焊机动作；接通和切断焊接电流；控制焊接电流值；进行故障监测和处理；控制电极冷却。

（3）机械装置　主要由机身和加压机构组成。加压机构应有良好的随动性和可实现的压力曲线。

斯特精密双脉冲可编程点焊机（PR50 型），主要特点是：电脑数字控制，焊接能量精确可调，并可记忆 10 种焊接规范，以适应多种焊接要求；放电时间精确可控；焊接静压力、焊头速度可微调；可靠性及效率高。适用范围：锂离子电池的电芯负极、铝镍复合带、保护板等的焊接，厚度在 0.25mm 以下的电池极片焊接。表 9-14 为其技术参数。

表 9-14 斯特精密双脉冲可编程点焊机技术参数

项目		参数	项目		参数
电气参数	功率	12kV·A(最大)	机械结构	气缸行程	20mm(最大)
	输入频率	50Hz/60Hz		电极直径	3.0mm
	输入电压(交流)	220V		最小电极距离	1mm
	输入气源	700~800kPa	焊接控制	脉冲数	0~8
	初级电流	5~30A		脉冲能量级	0~999
	次级短路电流	1800A		自动补偿范围	−40V~+40V
	次级空载电压	5.5V		面板数字显示	7 段 LED 显示
	最大工作气压	588kPa		系统主控电脑	8 位微处理
	最小工作气压	147kPa		系统记忆器	EEPROM
	进气接头	快速接头		参数调节按钮	触摸按钮开关
机械结构	整机结构	一体化结构	外观规格	操控控制方式	脚踏开关控制
	焊臂结构	伸缩摆动控制		外围尺寸	550mm×240mm×390mm
	电极至机体距离	100mm		总重量	40kg
	气缸直径	20mm			

9.4.3 电阻点焊工艺

电阻焊用于负极极片上镍极耳（厚度约为 0.15mm）与盖板镍电极的点焊，以及正极极片铝极耳与铝壳壳体的点焊连接。在钢壳电池中，用于正极铝极耳与盖板镍电极，负极镍极耳与壳体不锈钢的焊接。主要是不同材质和不同厚度的焊接。影响焊点质量的主要工艺因素有：接头设计、表面清理、焊接参数、电极材料及结构等。

（1）接头设计　点焊的电极由导热性能好的铜制成，电极和工件一般不会焊在一起。但是在焊接第二个焊点时，一部分电流会流经旁边已焊好的焊点，称为点焊分流现象，如图 9-40 所示。点焊分流会使实际的焊接电流减小，使焊接质量变差。

影响焊接分流的因素主要有焊件厚度、焊点间距、焊件层数和焊件表面状况。一般随着焊点间距的减小、焊件厚度的增大以及焊件层数增多，分路电阻减小，分流程度增大，通过焊接区的电流减小。当焊件表面存在氧化物或脏物时，两焊件间的接触电阻增大，同样使通过焊接区的电流减小。分

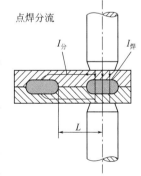

图 9-40 点焊分流现象

流对焊点质量产生不利影响，如使焊点强度降低、单面点焊产生局部接触表面过热和喷溅等。因此应进行合理的点焊接头设计，使金属在焊接时具有尽可能好的焊接性。推荐的点焊接头尺寸见表9-15。

表 9-15　推荐的点焊接头尺寸

焊件厚度 δ/mm	熔核直径[1] d/mm	单排焊缝最小搭边[2] b/mm		最小工艺点距[3] e/mm			备注
		轻合金	钢、钛合金	轻合金	低合金钢	不锈钢,耐热钢,耐热合金	
0.3	2.5^{+1}	8.0	6	8	7	5	
0.5	3.0^{+1}	10	8	11	10	7	
0.8	3.5^{+1}	12	10	13	11	9	
1.0	4.0^{+1}	14	12	14	12	10	
1.2	5.0^{+1}	16	13	15	13	11	
1.5	6.0^{+1}	18	14	20	14	12	
2.0	$7.0^{+1.5}$	20	16	25	18	14	

① 右上角数字为允许偏差。
② 搭边尺寸不包括弯边圆角半径 r;点焊双排焊缝或连接三个以上零件时,搭边应增加 25%～35%。
③ 若要缩小点距,则应考虑分流而调整规范;焊件厚度比大于 2 或连接三个以上零件时,点距应增加 10%～20%。

点焊通常采用搭接接头或折边接头。接头可由两个或两个以上等厚度或不等厚度、相同材料或不同材料组成，焊点可单点或多点，尺寸及形式见图9-41。

主要尺寸确定方法如下：

① 熔核直径：$d=2\delta+3$ 或 $d=5\sqrt{\delta}$。

② 焊透率：$A=(h/\delta)\times100\%$。

③ 压痕深度：$c'\leqslant0.2\delta$。

④ 点距：$e>8\delta$。

⑤ 边距：$s>6\delta$。

⑥ 搭边量：$b=2s$。

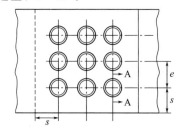
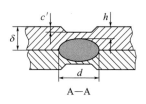

图 9-41　点焊接头尺寸及形式

（2）焊前表面清理 在焊前必须进行工件表面清理，以保证接头质量及其稳定性。清理方法分机械清理和化学清理两种。常用的机械清理方法有喷砂、喷丸、抛光以及用砂布或钢丝刷打磨等；化学清理则采用不同溶液进行处理，如去除铝合金的氧化膜时，在碱溶液中去油和冲洗后，将工件放进正磷酸溶液中腐蚀，为了减慢新膜的成长速度和填充新膜孔隙，在腐蚀的同时进行钝化处理。常见金属焊前清理所用化学试剂见表9-16。

表 9-16 常见金属焊前清理所用化学试剂

金属	腐蚀用溶液	中和用溶液	R 允许值/$\mu\Omega$
低碳钢	1. 每升水中 H_2SO_4 200g、NaCl 10g、缓冲剂六亚甲基四胺 1g，温度 50～60℃ 2. 每升水中 HCl 200g、六亚甲基四胺 10g，温度 30～40℃	每升水中 NaOH 或 KOH 50～70g，温度 20～25℃	600
结构钢、低温合金	1. 每升水中 H_2SO_4 100g、NaCl 50g、六亚甲基四胺 10g，温度 50～60℃ 2. 每 0.8L 水中 H_3SO_4 65～98g、Na_3PO_4 35～50g、乳化剂 OP 25g、硫脲 5g	1. 每升水中 NaOH 或 KOH 50～70g，温度 20～25℃ 2. 每升水中 $NaNO_3$ 5g，温度 50～60℃	800
不锈钢、高温合金	在 0.7L 水中 H_2SO_4 110g、HCl 130g、HNO_3 10g，温度 50～70℃	质量分数为 10% 的苏打溶液，温度 20～25℃	1000
钛合金	每 0.6 L 水中 HCl 16g、HNO_3 70g、HF 50g	—	1500
铜合金	1. 每升水中 HNO_3 280g、HCl 1.5g、炭黑 1～2g，温度 15～25℃ 2. 每升水中 HNO_3 100g、H_2SO_4 180g、HCl 1g，温度 15～25℃	—	300
铝合金	每升水中 H_3PO_4 110～155g、$K_2Cr_2O_7$ 或 $Na_2Cr_2O_7$ 1.5～0.8g，温度 30～50℃	每升水中 $NaNO_3$ 15～25g，温度 20～25℃	80～120
镁合金	在 0.3～0.5 L 水中 NaOH 300～600g、HNO_3 40～70g、$NaNO_2$ 150～250g，温度 70～100℃	—	120～180

（3）焊接参数

① 焊接电流 I_w。焊接电流是影响析热的主要因素。随着焊接电流增大，熔核的尺寸或焊透率增加，如图9-42所示。电流过低时，热量不足造成熔核尺寸小甚至未熔合，焊点拉剪载荷较低。正常情况下，随着焊接电流增大熔核尺寸增加，由于焊点拉剪载荷与熔核直径呈正比，当熔核尺寸达到最大时焊点的力学性能最佳。当电流过高时，热量过大，引起金属过热，塑性环被破坏产生喷溅或压痕过深等焊接缺陷，使焊点质量下降。所以电极压力一定时，使焊接电流稍低于飞溅电流值，可获得最大的点焊强度。

焊接电流陡升与陡降会因加热和冷却速度过快引起飞溅或熔核内部产生收缩

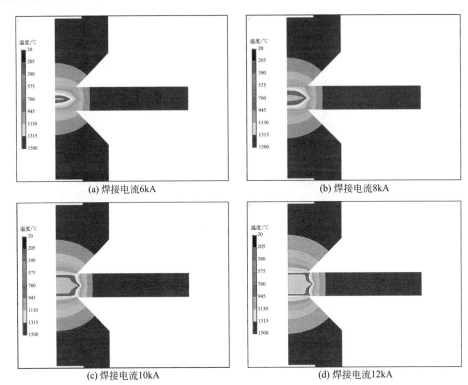

(a) 焊接电流6kA   (b) 焊接电流8kA

(c) 焊接电流10kA   (d) 焊接电流12kA

图 9-42　焊接电流对温度场和熔核尺寸的影响[19]　（见彩图）

性缺陷。而缓升与缓降的电流波形则有预热与缓冷作用，可有效减少或防止飞溅与内部收缩性缺陷，可以改善接头的组织与性能。

② 焊接时间 t_w。焊接时间是指电流脉冲持续时间，它既影响产热又影响散热。在规定焊接时间内，焊接区析出的热量除部分散失外，将逐渐积累，用于加热焊接区使熔核逐渐扩大到所需的尺寸，如图 9-43 所示。所以焊接时间对熔核尺寸的影响也与焊接电流的影响基本相似，焊接时间增加，熔核尺寸随之扩大，但过长的焊接时间就会引起焊接区过热、飞溅和压痕过深等。

③ 电极压力 F_w。电极压力对接触电阻、加热和散热，焊接区塑性变形和熔核的致密程度有直接影响。当电极压力过小时，工件间的变形范围及变形程度不足，造成局部电流密度过大或过小，引起塑性环不均匀或密封性不好，从而产生内喷溅。同时电极和工件接触电阻过大会引起电极与工件粘损或产生外喷溅，影响焊接过程。当电极压力过大时，将使焊接区接触面积增大，电流密度减小，导致熔核尺寸过小或焊透率不够，同时压痕过深，影响表面质量和力学性能，如图 9-44所示。

一般认为，参数之间相互影响、相互制约。当采用大焊接电流、短焊接时间参数时，称为硬规范；而采用小焊接电流、适当长焊接时间参数时，称为软规

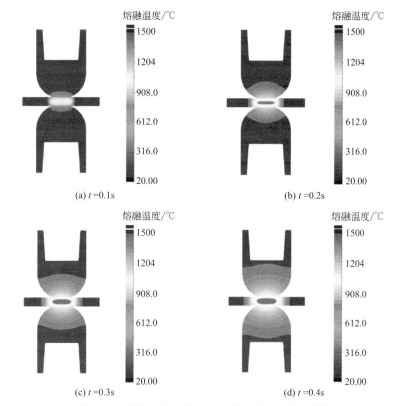

图 9-43 焊接时间对温度场和熔核尺寸的影响[20]

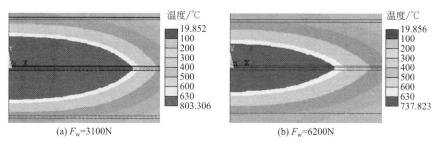

图 9-44 电极压力对温度场和熔核尺寸的影响[21]（见彩图）

范。在调节电流、时间使之配合成软或硬规范时，必须相应改变焊机压力，以适应不同加热速度，以满足不同塑性变形能力的要求。硬规范时所用电极压力显著大于软规范焊接时的电极压力。

（4）电极材料及结构　电极材料要求有足够的高温硬度与强度、高的抗氧化能力、高的再结晶温度、与焊件材料形成合金的倾向小、良好的常温和高温导电性及导热性、良好的加工性能等。焊接不锈钢时，需要较大的焊接压力，选择电极材料时应优先保证高温强度和耐磨硬度，适当降低电导率和热导率要求，通常选择铬锆铜电极。焊接铝及其合金时，选用电极材料应优先保证高电导率和高热导率，适当降低对高温强度和硬度要求，并减少电极与焊件的粘连等，通常采用纯铜、镉铜及铬铜等。镍的焊接一般采用纯铜和铬锆铌铜电极等。

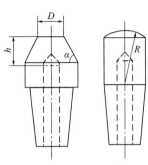

图 9-45　电极头结构

电极头是指点焊时与焊件表面相接触的电极端头部分，其形状、尺寸及冷却条件影响着熔核几何尺寸与强度。图 9-45 为常用电极头结构，其中 D 为锥台形电极头端面直径，α 为锥台形的夹角，R 为球形面电极头球面直径，h 为水冷端距离。

为提高点焊质量的稳定性，要求焊接过程中电极工作面直径变化尽可能小。对于圆锥形电极，α 角一般在 $90°\sim140°$ 之间。α 角过大时，端面磨损带来的电极工作面直径和面积快速增大，焊接电流不变时，电流密度和散热波动大，造成焊接质量不稳定。若 α 过小，则散热差，表面温度高，易变形磨损。图 9-46 为不同 α 角对电极温度场的影响[22]。对于球面形电极，散热好，电极强度高，不容易变形，较高压力下变形小。电极头形状及其适用范围见表 9-17。有时将电极做成帽状，电极磨损之后只需更换电极帽就可以了，还有利于节约铜合金。

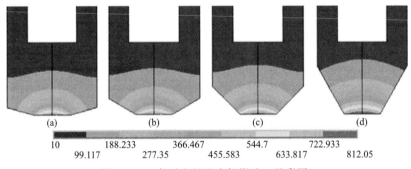

10	188.233	366.467	544.7	722.933
	99.117	277.35	455.583	633.817	812.05

图 9-46　α 角对电极温度场影响（见彩图）

(a) 165°；(b) 150°；(c) 135°；(d) 120°

表 9-17　点焊电极头形状及其适用范围

头部名称	形状示意图	特点与适用范围
尖头		圆锥尖头。适用于电极垂直运动的点焊机，起点焊比较狭窄的地方，上、下电极需同轴，可焊接各种低碳钢和低合金钢
圆锥		圆锥平顶。适用于电极垂直运动的点焊机。安装时要求保证上、下，端面平行，可焊接低碳钢、低合金金刚、镀锌钢板
球面		半圆球形。可提高电极强度、散热较好，电极对中方便，易于修整维护，常用于摇臂式点焊机和悬挂式钳状点焊机，可焊接低碳钢、低合金钢等一般焊件

头部名称	形状示意图	特点与适用范围
弧面		在较高电极压力下变形小,修正方便,广泛用于铝及铝合金的焊接
平面		电极工作面较大,端面平整,主要用于要求焊件表面无印痕场合
偏心		电极工作面与杆体不同心。用于焊接靠近边缘弯曲等地方。焊接时电极压力不通过电极轴线,电极压力过大时,会发生弯曲变形

9.4.4 常用材料焊接性

影响金属材料电阻点焊焊接性的主要因素有如下几个方面:

① 导电性和导热性。通常电阻率大而热导率小的金属材料焊接性较好。

② 高温塑性。高温屈服强度大,塑性温度区间窄的金属材料,高温塑性差,点焊时塑性变形困难、易产生喷溅,焊接性较差。

③ 材料对热循环的敏感性。易生成与热循环有关的焊接缺陷的金属材料,其焊接性较差。如 65Mn 在点焊时冷却速度较快,容易出现淬硬组织及冷裂纹、热裂纹焊接缺陷,焊接性较差。

④ 具有熔点高、线膨胀系数大、硬度高等特点的金属材料,焊接性一般也较差。

在评定金属材料点焊焊接性时,应综合考虑各种因素,并通过实验来进行评价。下面讨论锂离子电池常用材料的电阻点焊焊接性。

(1) 同种材料点焊

① 镍。镍电阻率低、热导率高,点焊时生热少,散热大。镍的点焊要增大焊接电流才能获得良好的焊接接头。大电流时容易与电极粘连。减少焊接电流和时间、增加电极力与电极间距有助于减少电极头与工件表面的粘连倾向。因此焊接时应综合考虑选择电流值。

另外,在镍及镍基合金焊接中的主要有害杂质锌、硫、碳、铋、铅、镉等能增加镍基合金的焊接裂纹倾向;镍及镍基合金点焊前要去除表面氧化层,这是因为表面氧化物熔点高 (2040℃) 而镍熔点低 (1400℃) 易造成未焊接。

② 铝。铝合金分为冷作强化型 3A21 (LF21)、5A02 (LF2)、5A06 (LF6) 等和热处理强化型 2A12-T4 (LY12CZ)、7A04-T6 (LC4CS) 等。铝的导电性好,有利于焊接;但是铝导热性好,散热快,不利于熔核的完整形成,焊接性均较差。因此铝合金宜采用硬规范进行焊接,焊接电流常为相同板厚低碳钢的 4~5 倍。同时,铝及铝合金的点焊宜采用缓升和缓降焊接电流起到预热和缓冷作用,采用阶梯形或马鞍形压力曲线提供较高锻压力,有利于防止喷溅、缩孔及裂

纹等缺陷。

另外，铝表面有氧化物钝化膜，清理后很容易再次生成，焊前必须按工艺文件仔细进行表面化学清洗，并规定焊前存放时间。

③ 不锈钢。奥氏体不锈钢电阻率大，热导率小，具有很好的焊接性。可采用较小焊接电流和较短时间进行焊接，同时由于电阻率大，减少了电流分流，可适当减小点距。加热时间过长时，热影响区扩大并出现过热，近缝区晶粒粗大，甚至出现晶界熔化现象，冷轧钢板则出现软化区，使接头性能降低，故宜采用偏硬的焊接条件。如采用硬规范焊接则宜加强冷却来提高焊接质量和生产效率。

不锈钢的高温强度高，故需提高电极力，否则会出现缩孔及结晶裂纹。不锈钢线膨胀系数大，焊接薄壁结构时，易产生翘曲变形。

表 9-18 给出了常用金属材料点焊焊接性综合，表中所列举的具体金属材料均可作为该类材料的典型代表。

表 9-18　常用金属材料点焊焊接性综合表

金属材料	强度损失		接头塑性降低	对喷溅敏感性	电极粘损倾向	缩松裂纹倾向	对热循环敏感性	焊接电流	焊接时间	焊接压力	锻压压力	热量递增	预热电流	缓冷电流	焊后热处理
	焊缝	近缝区													
低碳钢(10 钢)	小	小	小	小	小	小	小	中	中	小	需要	不要	不要	不要	不要
可淬硬钢 (30CrMnSiA)	中	中	大	中	小	大	大	中	大	中	需要	希望	需要	需要	希望
奥氏体不锈钢 ($1Cr_{18}Ni_9Ti$)	小	小	小	中	小	小	小	小	小	大	需要	不要	不要	不要	不要
耐热合金 (GH_{39})	小	小	小	大	小	中	中	小	大	大	需要	希望	希望	希望	不要
塑性铝合金 (LF_{21})	小	小	小	小	中	小	小	大	小	小	需要	不要	不要	不要	不要
低塑性铝合金 (LF_6)	小	小	小	中	中	中	小	大	小	大	需要	希望	希望	希望	不要
高强铝合金 ($LY_{12}CZ$)	中	小	小	中	中	大	中	大	小	中	需要	不要	不要	希望	不要
钛合金 (TA_7)	小	小	小	小	小	小	小	小	中	中	需要	不要	不要	不要	不要
镁合金 (MB_8)	中	小	小	大	大	大	小	大	小	大	需要	不要	不要	不要	不要
铜合金 (H_{62})	小	小	小	中	小	中	小	大	小	中	需要	不要	不要	不要	不要

（2）异种材料的点焊

① 镍和不锈钢。纯镍与奥氏体不锈钢的热物理性能，如热导率、线膨胀系数、熔点等有着显著区别。导致焊后熔合区产生较大的焊接残余热应力。周期性的热循环还会产生交变应力，从而使焊接接头因疲劳而过早破坏。

纯镍与奥氏体不锈钢熔化焊时，在两层金属之间会形成一个过渡层，成分介于纯镍与奥氏体不锈钢之间，化学成分的不均匀性引起力学性能的不均匀性。纯镍金属侧焊缝具有粗大的树枝状组织，在它们的边界上集中了一些 Ni-S 共晶和 Ni-P 共晶低熔点共晶体，降低了焊缝金属的抗裂性能；不锈钢金属侧焊缝内 Ni 的含量显著提高，也会产生 Ni-S 共晶和 Ni-P 共晶低熔点共晶体，使焊缝金属产生显著热裂纹的倾向。因此焊缝中镍含量越高，热裂纹倾向越大，塑性差。熔合区是整个焊接接头最薄弱的地带。

② 铝和镍。纯镍与铝合金都具有较高的热导率，但两种材料的线膨胀系数、熔点存在着一定的不同。因此焊接时需要采用较大的电流，并宜采用缓升和缓降焊接电流方式起到预热和缓冷作用，减少焊后熔合区较大的焊接残余热应力，避免焊接接头因疲劳而过早破坏。或采用阶梯形或马鞍形压力曲线提供较高锻压力，防止喷溅、缩孔及裂纹等缺陷。

纯镍与铝合金点焊时，化学成分的不均匀性会引起两工件之间形成一个过渡层，易形成 γ、ε 等金属间化合物相，导致界面结合区产生脆性断裂。但在锂离子电池的制造中镍极耳较薄，在与铝壳体的点焊过程中形成镍铝的低熔点共晶相，形成良好的结合。

9.4.5 缺陷及预防

电阻点焊常见的焊接缺陷有飞溅、收缩性缺陷、粘连、虚焊及弱焊、压痕过深、焊点扭曲、焊穿等[23,24]，如图 9-47 所示。

（1）飞溅 在点焊电极压力作用下，熔核周围未熔化的高温母材会产生塑性变形及再结晶，形成可以密封液态熔核的塑性环，能够有效防止熔核中液态金属在内压作用下的向外喷出。随着加热的进行，熔核区压力逐渐增大，塑性环和熔核都不断向外扩展。当输入热量过多时，熔核的扩展速度就会大于塑性环，塑性环就会被熔化破坏，导致熔核飞溅产生，也称为内部飞溅，如图 9-47（a）所示。内部飞溅产生时极易在焊接熔核内形成缩孔缺陷。在焊接条件不合理时，焊件上表面局部有时会烧穿、溢出，甚至发生喷溅，称为外部喷溅，如电极太尖锐、电极和焊件表面有异物、电极压力不足等。外部飞溅破坏了工件表面状态，恶化了焊接工作环境条件，也在一定程度上影响了焊点的有效承载能力，如图 9-47（b）所示。

焊接电流越大、焊接时间越长时，电极压力越小，电极与工件之间、工件与

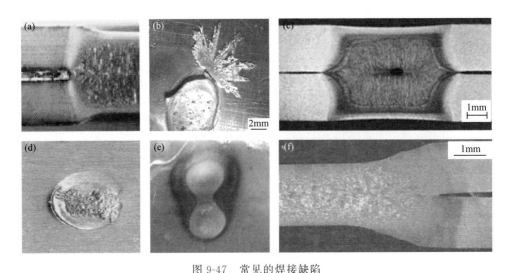

图 9-47   常见的焊接缺陷

(a) 内部飞溅；(b) 外部飞溅；(c) 缩孔；(d) 粘连；(e) 虚焊及弱焊；(f) 压痕过深

工件之间的接触面积越小，电极散热作用越差，越易产生飞溅。在实际生产中应在保证焊接质量的前提下尽量适当减小焊接时间及电流、增大电极压力，采取对焊件表面进行清理、预热等方法，避免金属的瞬间过热和产生飞溅。

（2）收缩性缺陷   主要指焊点出现缩孔和收缩性裂纹的现象，如图 9-47（c）所示。点焊的焊接区加热集中，温度梯度大，加热与冷却速度很快，液态金属被包围在塑性环中，因此接头易出现收缩性缺陷。

缩孔的产生主要原因是熔核区存在温度梯度，中心温度最高最后凝固，当焊接电流切断后马上撤掉电极压力时，熔核边缘液体金属已凝固结晶，而熔核中心液态金属凝固时产生的收缩无法获得周围液体金属补充形成缩孔或疏松组织。缩孔减小了点焊承载面积，对冲击和疲劳载荷有一定影响，特别是同时伴有裂纹的影响特别明显，但对接头静载强度影响不大。防止缩孔主要靠提高电极压力或延长保压时间，通过电极压力产生锻压力来进行缩孔补偿，从而避免缩孔和疏松等缺陷的形成。

裂纹形成的原因与缩孔类似。熔核结晶后期液态金属量大大减少，电极压力大多被已结晶的枝晶吸收，不足以使液态金属补充到枝杈缝隙中，故形成裂纹；维持电极压力时间过长，也会使焊点产生裂纹等缺陷。焊接淬火倾向较大的材料时可能产生裂纹，如钢铁材料焊接时如果冷却速度太快就会使硬度和脆性升高，增加产生裂纹倾向。因此，为了防止裂纹产生应适当增加焊接压力并且维持时间不宜过长。

（3）粘连   粘连是点焊时电极与零件产生非正常连接的现象，如图 9-47（d）

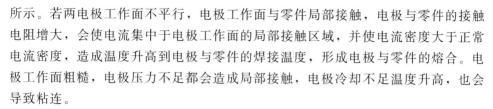

所示。若两电极工作面不平行，电极工作面与零件局部接触，电极与零件的接触电阻增大，会使电流集中于电极工作面的局部接触区域，并使电流密度大于正常电流密度，造成温度升高到电极与零件的焊接温度，形成电极与零件的熔合。电极工作面粗糙，电极压力不足都会造成局部接触，电极冷却不足温度升高，也会导致粘连。

使用高压力、大电流和短通电时间的焊接参数，保证表面光滑平整、与工作面平行，保证电极冷却效果，可以有效避免粘连。另外，电极表面处理提高工作面熔点也可以破坏电极与零件之间的焊接性，减少粘连。

（4）虚焊及弱焊 虚焊及弱焊可以通过外观检验和破坏性检验来识别。虚焊及弱焊时，外观检验可以发现焊点表面塑性环不完整，焊点颜色发白，焊点压痕浅，有时会有较严重的焊点扭曲现象。破坏性检验可以发现焊点内部热影响区明显可见，塑性环不完整，焊接面光滑，如图9-47(e)所示。虚焊及弱焊主要原因有：焊钳错位和焊点扭曲导致熔核不能轴向形成，焊接电流小，焊接压力过大导致焊件间电阻减小，电极面积过大，焊接中有分流（如点距过小），焊接时焊钳与焊件干涉、焊钳与工装干涉等。这些都会导致电流密度减小，产生热量不足以形成熔核或熔核直径过小，焊点强度无法满足要求。

适当增大焊接电流及时间、减小焊接压力、增加点距、不焊接边缘焊点、摆正焊接角度、保持电极冷却防止电极高温磨损、电极头部面积合适等可以避免虚焊及弱焊。

（5）压痕过深 压痕过深是指点焊电极在焊件表面形成压痕深度过大和过高凸肩的现象，如图9-47(f)所示。压痕过深会导致焊件受力时易出现应力集中，动载使用会降低承载能力，同时还影响焊件外观。压痕过深多是由于通电时间过长、电极压力过大、电流流过表面过热而产生。保证电极端面符合工艺要求、减小焊接时间及电极压力、改善冷却条件等可避免因表面过热而造成的深压痕、凸肩等缺陷。

（6）焊点扭曲 焊点扭曲是指点焊面与板材扭曲超过25°的现象。焊点扭曲易发生脱焊和虚焊等问题。上下电极未对正、电极端部通电时滑移、电极端部整形不良、焊接角度不正、工件与电极不垂直、焊接结束前焊钳摆动等情况易产生焊点扭曲。通过修磨电极头、使上下电极头对中、保持搭接平整不产生离空现象、摆正焊接角度等措施可以避免焊点扭曲产生。

（7）焊穿 焊穿是指焊接区域出现穿孔、零件被烧穿的现象。电极端面太小、焊接电流及时间过大、零件之间有间隙或杂质、冷却效果差、电极头表面不平或有杂质等都易造成焊穿。通过修磨电极头、适当增加预压时间、减小电流、保持零件表面清洁等可以避免焊穿现象。

9.5

锂离子电池塑料热封装

热封是利用外界条件（电加热、高频电压、超声波等）使铝塑复合膜封口部位的聚合物（如PP）变成黏流状态，并借助于热封模具的压力，使上下两层薄膜彼此融合为一体，冷却后能保持一定强度的封装过程。软包装锂离子电池的热封过程通常是将铝塑复合膜壳体上下两层对齐后进行热封，包括侧封、顶封和底封，如图9-48所示。其中顶封通常包含铝塑复合膜与极耳、铝塑复合膜与铝塑复合膜之间的热封装，侧封和底封为铝塑复合膜之间的热封装。当电池很薄时，铝塑膜仅一半冲壳，另一半对折，这样就省去了底封过程。

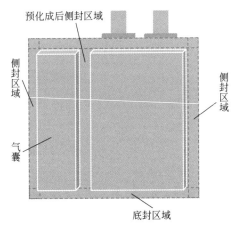

预化成后侧封区域

侧封区域

侧封区域

气囊

底封区域

图 9-48　铝塑复合膜封装部位

9.5.1　热封装原理与设备

关于高分子材料的热封有两种作用：一种是在加热和压力的双重作用下，在封口处两层铝塑复合膜之间及铝塑复合膜与极耳胶的界面间，处于黏流状态的聚合物大分子依靠剧烈的热运动，互相渗透和扩展，实现密闭封口的作用，称为扩散作用；另一种是聚合物在加热和压力作用下发生变形，大分子在引力作用下实现密封，称为黏弹作用。

热封设备通常由上下两个细长条形的加热封头和施加气压压力的装置组成。将电芯放入壳体后将铝塑膜复合膜折叠，内层的CPP胶层面相对，放入到一定温度的封头之间，压紧并加热，热量最先传递给最外层尼龙层，经中间铝层传递给 CPP 胶层和极耳胶层，在一定的封装时间下铝塑复合膜的 CPP 层和极耳胶相互融合，冷却后胶层紧密粘贴在一起，达到装封的目的，如图 9-49 所示。侧封是铝塑复合膜之间的热封，不涉及极耳胶。

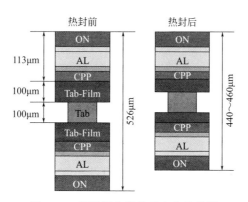

图 9-49　铝塑复合膜前后变化示意图

ON—延伸尼龙；AL—铝箔；CPP—流延聚丙烯；Tab—极耳；Tab-Film—极耳胶

9.5.2　热封工艺

（1）热封窗口　热封窗口是指能够获得满意密封效果的热封温度、时间和压力等热封工艺参数的范围。为确定合理的热封窗口，首先要了解铝塑复合膜的热重（TG）分析曲线和差示扫描量热（DSC）分析曲线，见图 9-50。由图可见，铝塑复合膜内层的熔融温度范围在两个吸热峰之间，也就是 160～215℃。

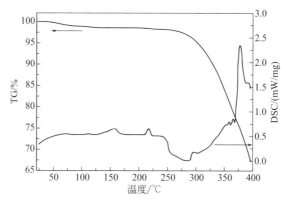

图 9-50　铝塑复合膜 TG、DSC 曲线

热封时间与热封温度的关系见图 9-51。热封温度越高，可进行热封操作的时

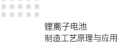

间范围越窄。当热封温度低于热封窗口下限时，虽然聚丙烯已经开始熔化，但是没有达到聚丙烯大分子链运动所需的温度，无法使聚丙烯与胶层相互融合。当热封温度在热封窗口内时，聚丙烯熔融且其分子链开始运动，有充裕的时间使其在压力的作用下与胶层分子相互缠结，使得两层物质封合到一起。当温度接近热封窗口上限时，热封时间范围非常窄，热封过程很难控制，超过窗口时间后聚丙烯层完全熔融，被烧焦，甚至发生严重变形。热封压力对热封效果也有影响，压力过低有可能导致热封强度不够，热封压力过高容易挤走部分热封料，使得封口边缘形成半切断状态。

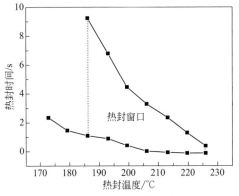
图 9-51　热封时间与热封温度的关系

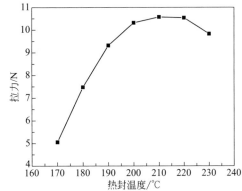
图 9-52　铝塑复合膜在不同温度热封后接口的拉力

（2）热封温度与拉力　铝塑复合膜在不同温度热封后接口的拉力见图 9-52。从图可知，在热封温度未达到铝塑复合膜内层聚丙烯的熔点时，聚丙烯未完全熔化，因此热封拉力很小；在热封温度为 210℃时，拉力达到最大值；继续升高热封温度热封拉力会下降。这是因为，当热封温度过高时，聚丙烯全部熔化，在压力的作用下会向外溢出，在冷却过程中产生微裂纹，使拉力降低。

因此，热封温度过低、时间过短、压力过低会导致铝塑复合膜聚丙烯内层不能融合到一起，反之会导致铝塑复合膜内层聚丙烯完全熔融、烧焦，影响铝塑复合膜表面的平整度甚至发生严重变形。在实际生产中，需要根据材料的熔限来判断热封温度范围，同时根据试验和经验来确定热封时间。

（3）热封典型参数　由于封头传递出的热量在封头胶纸、铝塑膜尼龙层和铝层均有消耗，最终到铝塑复合膜的聚丙烯内层的温度比封头温度大约要低 10℃，所以封装设备的温度应该在 185～225℃之间。结合经验值，铝塑膜的侧封、底封的温度设置为 185℃；顶封由于涉及极耳胶，热封温度通常较高，设置为 215℃，上下浮动值 5℃，以便不同规格电芯装配及不同操作环境时，可以有一定的调整空间。

在热封强度达到要求的基础上，考虑到热辐射和热传导会对电池性能造成不良影响，热封时间越短越好，热封温度越低越好。现软包装材料的热封封条大多采用凹凸模形式，极耳采用带胶块的形式。凹凸模具是通过控制包装材料热封后的厚度来控制热封效果，从而避免由于压得过深使极耳接触到铝箔而造成短路，从而能有效地控制热封效果。

为了避免热封机封头直接与铝塑膜接触，目前上封头通常为光杆封头，封头外加一层铁氟龙粘贴；下封头为封头封接面开一凹槽，凹槽面宽度大于上封头的宽度，将一条厚度较薄扁平的硅胶条放入下封头的凹槽内，外加一层铁氟龙包裹封头和硅胶条实现封装。

（4）热封缺陷　铝塑复合膜热封操作不当，容易产生热封缺陷导致漏液。漏液原因很多，如热封时电池与模具的预留位不够，热封条件（时间、压力、温度）不足，电解液注液在封口残留造成热封强度不足，长时间放置以后极耳被电解液腐蚀而漏液。另外，铝塑复合膜各层之间的黏结性不足，或者电解液腐蚀有可能导致分层现象。

参 考 文 献

[1]　柯伸道. 焊接冶金学［M］. 北京：高等教育出版社，2012.

[2]　邹增大. 焊接手册［M］. 北京：机械工业出版社，2014.

[3]　Brüggemanna G，Mahrle A，Benziger T. Comparison of experimental determined and numerical simulated temperature fields for quality assurance at laser beam welding of steels and aluminium alloyings［J］. NDT and E International，2010，33（7）：453-463.

[4]　Dal M，Fabbro R. An over view of the state of art in laser welding simulation［J］. Optics and Laser Technology，2016，78：2-14.

[5]　Monsuru O Ramoni. Laser surface cleaning-based method for electric vehicle battery remanufacturing［D］. Lubbock，Texas：Texas Tech University，2013.

[6]　Kirchhoff M. Laser applications in battery production - from cutting foils to welding the case［C］//2013 3rd International Electric Drives Production Conference（EDPC）. IEEE，2013：1-3.

[7]　关振中. 激光加工工艺手册［M］. 北京：中国计量出版社，2007.

[8]　Wang Renping，Lei Yongping，Shi Yaowu. Numerical simulation of transient temperature field during laser keyhole welding of 304 stainless steel sheet［J］. Optics and Laser Technology，2011，43（4）：870-873.

[9]　Shanmugam N Siva，Buvanashekaran G，Sankaranarayanasamy K，et al. A transient finite element simulation of the temperature and bead profiles of T-joint laser welds［J］. Materials and Design，2010，31（9）：4528-4542.

[10]　Shanmugam N S，Buvanashekaran G，Sankaranarayanasamy K. Experimental investigation and finite element simulation of laser beam welding of AISI 304 stainless steel sheet［J］. Experimental Techniques，2009，34（5）：25-36.

［11］ Muhammad Zain-ul-abdeina, Daniel Néliasa, Jean-Francois Jullien, Dominique Deloisonb. Experimental investigation and finite element simulation of laser beam welding induced residual stresses and distortions in thin sheets of AA 6056-T4 ［J］. Materials Science and Engineering：A，2010，527（12）：3025-3039.

［12］ Lee Dongkyun, Kannatey-Asibu Elijah, Cai Wayne, et al. Ultrasonic welding simulations for multiple layers of lithium-ion battery tabs ［J］. Journal of Manufacturing Science and Engineering, 2013，135：061011.

［13］ Kim T H, Yum J, Hu S J, Spicer J P, Abell J A. Process robustness of single lap ultrasonic welding of thin, dissimilar materials ［J］. CIRP Annals-Manufacturing Technology, 2011，60：17-20.

［14］ Al-Sarraf. A study of ultrasonic metal welding ［D］. Glasgow, Scotland：University of Glasgow，2013.

［15］ 赵熹华，冯吉才. 压焊方法及设备 ［M］. 北京：机械工业出版社，2011.

［16］ 林坤艺. 异种合金材料的超声焊接工艺及其机理研究 ［D］. 厦门：集美大学，2015.

［17］ Al-Sarraf Z, Lucas M. A study of weld quality in ultrasonic spot welding of similar and dissimilar metals ［J］. Journal of Physics：Conference Series, 2012，382：12013-12018.

［18］ Bakavos D, Prangnell P B. Mechanisms of joint and microstructure formation in high power ultrasonic spot welding 6111 aluminium automotive sheet ［J］. Materials Science and Engineering A，2010，527：6320-6334.

［19］ Wan Xiaodong, Wang Yuanxun, Zhang Peng. Department Modelling the effect of welding current on resistance spot welding of DP600 steel ［J］. Journal of Materials Processing Technology，2014，214：2723-2729.

［20］ 王敏. DP590双相钢电阻点焊过程的数值模拟及实验分析 ［D］. 上海：上海交通大学，2008.

［21］ 刘文明. 镁合金电阻点焊的数值模拟 ［D］. 合肥：合肥工业大学，2012.

［22］ Li Yongbing, Wei Zeyu, Li Yating, et al. Effects of cone angle of truncated electrode on heat and mass transfer in resistance spot welding ［J］. International Journal of Heat and Mass Transfer，2013，65：400-408.

［23］ Holzer M, Hofmann K, Mann V, et al. Change of hot cracking susceptibility in welding of high strength aluminium alloy AA 7075 ［J］. Physics Procedia，2016，83：463-471.

［24］ Srikunwong C, Dupuy T, Bienvenu Y. Numerical simulation of resistance spot welding process using FEA technique ［C］//Proceedings of 13th international conference on computer technology in welding. Orlando, Florida：NIST and AWS，2003：53-64.

第 **10** 章

锂离子电池化成

装配好的锂离子电池需要经过注液、化成和老化三个工序才能制备出成品电池。注液是将电解液注入真空干燥深度脱水电池壳体内的过程。化成是对注液后的电池进行充电的过程，包括预化成和化成两个阶段。预化成是在注液后对电池进行小电流充电的过程，通常伴有气体产生（方形电池需将气体排出）。化成是在预化成后以相对较大的电流对电池充电的过程，气体生成量很少。老化是将化成后的电池在一定温度下搁置一段时间的过程。其中化成在电池后工序中占有关键地位。本章主要讨论锂离子电池化成原理、化成工艺及设备（包含注液、化成和老化设备与工艺）；由于水分对电池化成及性能影响显著，本章还将讨论水分控制工艺及设备，最后介绍电池制成后的分容分选。

10.1
锂离子电池化成原理

10.1.1 化成反应

锂离子电池石墨负极材料的首次充电曲线和放电曲线并不完全重合，见图 2-20。放电容量也称为可逆容量，通常小于充电容量，充电容量和放电容量的差值称为不可逆容量。不可逆容量主要与形成 SEI 膜反应和其他副反应有关，其中 SEI 膜形成对应充电曲线中 0.8V 左右的不可逆平台。SEI 膜是离子可导、电子不可导的固体电解质膜，化成的主要目的是使负极表面形成完整的 SEI 膜，从而使电池具有稳定的循环能力。

在锂离子电池化成反应研究过程中，研究得较多的是碳负极材料。锂离子电池电解液通常由 $LiPF_6$、碳酸乙烯酯（EC）、碳酸二甲酯（DMC）、碳酸二乙酯（DEC）、碳酸甲乙酯（EMC）等组成，还含有各种添加剂、微量 H_2O 和溶解 O_2 等，在负极表面发生的化成反应主要包括溶剂、电解质以及杂质的还原反应，具体见表 10-1。由表可知，化成反应过程中在负极表面形成的固体产物主要包括烷基碳酸锂（$ROCO_2Li$）、烷氧基锂（ROLi）、碳酸锂（Li_2CO_3）、LiF、Li_2O、LiOH 等，这些固体产物形成了 SEI 膜[1]。气体产物包括 C_2H_4 等烃类气体和 CO_2、H_2 等无机气体。液体产物生成后溶解在了电解液中。

表 10-1　化成反应所有可能发生的化学反应[2]

种类	名称	化学反应
溶剂	EC	$EC+2e^-\longrightarrow CH_2{=}CH_2\uparrow+CO_3^{2-}$，$CO_3^{2-}+2Li^+\longrightarrow Li_2CO_3(s)$ $EC+2e^-+2Li^+\longrightarrow (CH_2CH_2OCO_2)Li_2$ $EC+e^-\longrightarrow EC^-$（阴离子基） $2EC^-\longrightarrow CH_2{=}CH_2+CH_2(OCO_2)^-CH_2(OCO_2)^-$ $CH_2(OCO_2)^-CH_2(OCO_2)^-+2Li^+\longrightarrow CH_2(OCO_2Li)CH_2OCO_2Li(s)$
	DEC	$CH_3CH_2OCO_2CH_2CH_3+e^-+Li^+\longrightarrow CH_3CH_2OLi+CH_3CH_2OCO\cdot$ 或 $CH_3CH_2OCO_2CH_2CH_3+e^-+Li^+\longrightarrow CH_3CH_2OCO_2Li+CH_3CH_2\cdot$
	DMC	$2DMC+2e^-+2Li^+\longrightarrow CH_3OCO_2Li+CH_3OLi+CH_3\cdot+CH_3OCO\cdot$
	EMC	可以生成 $CH_3CH_2OCO\cdot$、$CH_3CH_2O\cdot$、$CH_3OCO\cdot$、$CH_3O\cdot$ 等自由基
锂盐	LiPF$_6$	$LiPF_6\longrightarrow LiF+PF_5$ $PF_5+H_2O\longrightarrow 2HF+PF_3O$ $PF_5+2xe^-+2xLi^+\longrightarrow xLiF+Li_xPF_{5-x}$ $PF_3O+2xe^-+2xLi^+\longrightarrow xLiF+Li_xPF_{3-x}O$ $PF_6^-+2e^-+3Li^+\longrightarrow 3LiF+PF_3$
杂质	O$_2$	$1/2O_2+2e^-+2Li^+\longrightarrow Li_2O$
	H$_2$O	$LiPF_6\longrightarrow LiF+PF_5$ $PF_5+H_2O\longrightarrow 2HF+PF_3O$ $Li_2CO_3+2HF\longrightarrow 2LiF+H_2CO_3$ $H_2CO_3\longrightarrow H_2O+CO_2(g)$ $H_2O+e^-\longrightarrow OH^-+\dfrac{1}{2}H_2(g)$ $OH^-+Li^+\longrightarrow LiOH(s)$ $LiOH+Li^++e^-\longrightarrow Li_2O(s)+\dfrac{1}{2}H_2(g)$

10.1.2　固体产物及 SEI 膜

化成的主要目的是在活性物质表面形成稳定的 SEI 膜。SEI 膜是一种具有良好离子导电性和电子绝缘性的固体电解质膜。SEI 膜具有的电子绝缘性可以阻止溶剂分子在电极表面的还原反应，防止溶剂化锂离子嵌入石墨层间，稳定石墨负极的碳层结构，从而使碳负极具有稳定循环的能力；同时 SEI 膜具有良好的离子导电性，Li$^+$ 能够自由进出 SEI 膜[3]。SEI 膜的结构直接影响电池的循环寿命、稳定性、自放电和安全等性能[4]。

SEI 膜模型最早由 Peled[5] 建立：当金属锂与电解液接触时，会在负极表面形成厚度为 1～2 个分子层厚的第一层钝化层。该钝化层薄而密实，是由电极与电解液反应产生的不溶性产物所组成，可以阻止电解液组分进一步还原。如果第一层钝化层表面还存在第二层钝化层，可能是疏松的多孔结构。第一层钝化层具有固体电解质的特征，故称之为"固体电解质界面膜"，锂离子穿越 SEI 膜的过程是电极动力学过程中的控制步骤。这一模型揭示了电极界面膜的本质，但却无

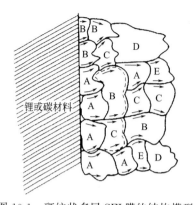

图 10-1　斑纹状多层 SEI 膜的结构模型

A—Li_2O；B—LiF；C—Li_2CO_3；

D—聚烯烃；E—烷基碳酸锂

法解释一些高化学活性的膜组分稳定存在于电极表面的现象。如 Li_2CO_3 在金属 Li 或 LiC_6 界面上会自发还原成 Li_2O（$\Delta G = -136kJ/mol$），而作为 SEI 膜重要组分的 Li_2CO_3 却能够稳定存在。另外，这种模型的单分子层假设与一般 SEI 膜的实际厚度（5～50nm）不相符。随后 Peled 认为 SEI 膜由多种微粒的混合相态组成更合理，如图 10-1 所示，这种结构的膜厚度为 5～50nm，可以较好地模拟电极界面膜的阻抗行为。

Kanamura 等[6]采用 X 射线光电子能谱法（XPS）研究发现，SEI 膜为多层分子界面膜，与电极界面紧密相连的是比较稳定的 Li_2O、Li_2S 或 LiF，与电解液紧密相连的是溶剂分子的单电子还原产物，如聚丙烯等。Bhattacharya 等[7]采用扫描电子显微镜（SEM）和透射电子显微镜（TEM）观察了石墨电极表面 SEI 膜的分布和组成，SEI 厚度为 $1\mu m$ 左右，结果见图 10-2。但是也有文献[8]中指出 SEI 膜的厚度为 50nm 的较多。

(a) 截面SEM图

(b) 表面SEM图

(c) TEM图

(d) (c)中(1)～(3)的TEM衍射图

图 10-2　石墨负极表面 SEI 膜的分布和组成

Zhang 等[9]在石墨电极上用阻抗法研究半电池中 SEI 膜形成过程，他们认为在 0.25V 以上充电时生成了疏松的高阻膜，在 0.25～0.04V 之间继续充电则生成了致密、高导和稳定的 SEI 膜。Leroy 等[10]以高定向热解石墨（HOPG）为原料在 EC/DEC/DMC 的 $LiPF_6$（1mol/L）电解液中，采用 XPS 研究了 SEI 膜在全电池充放电过程中的生成情况，见表 10-2 和表 10-3。他们认为首次充电至 3.0V 时 SEI 膜刚刚开始形成，到 3.8V 时主要是碳酸锂的生成，同时有少量 LiF 和 CH_3OCO_2Li 生成，在 4.2V 时主要是盐的分解，所以外层的主要化合物是 LiF、少量的 CH_3OCO_2Li 和碳酸锂。随后在放电时部分溶解，而在充电时又会生成。尽管整体不可逆，但是至少前五周充放电时会发生溶解和再生成。

表 10-2　首次充电过程中负极元素的结合能和含量的 XPS 分析

峰	3.0V		3.5V		3.8V		4.2V	
	结合能/eV	原子分数/%	结合能/eV	原子分数/%	结合能/eV	原子分数/%	结合能/eV	原子分数/%
C 1s	284.5	23	284.2	8	283.7	0.9	—	
	285.1	27	285.0	26	285.0	16	285.0	11
	287.0	16	286.9	11	286.7	5	286.9	7
	289.0	2.9	288.8	2.7	288.7	1	288.8	1
	—	—	290.1	3.5	290.0	11	290.2	3.4
O 1s	532.2	7	532.4	12	532.6	28	531.6	20
	533.6	8	533.8	10	533.5	9	533.5	7
F 1s	684.9	1	685.1	3	684.9	1	685.0	17
	686.9	7	686.9	9	687.1	3	686.9	4
P 2p	134.5	0.4	134.1	0.6	134.2	0.2	134.3	2.6
	137.2	1.7	137.2	2.2	137.3	0.9	137.1	1
Li 1s	56.4	6	56.1	12	55.8	24	56.0	26

表 10-3　五次充电过程中负极元素的结合能和含量的 XPS 分析

峰	3.0V		3.5V		3.8V		4.2V	
	结合能/eV	原子分数/%	结合能/eV	原子分数/%	结合能/eV	原子分数/%	结合能/eV	原子分数/%
C 1s	284.1	9	284.0	4	—		—	
	284.9	21	285.1	19	285.0	13	285.0	16
	286.9	11	287.0	7	286.8	6	286.8	5
	288.7	2.1	288.9	1.7	288.7	1	288.9	2.4
	290.1	5.4	290.2	8	290.1	11	290.2	2
O 1s	532.0	17	532.1	23	532.3	30	532.1	17
	533.4	8	533.4	8	533.4	7	533.5	3.3
F 1s	685.2	2.2	685.3	2.4	685.1	0.8	685.0	20
	687.1	8	687.3	6	687.3	4	687.1	3.5
P 2p	134.4	0.5	134.2	0.4	134.6	0.2	134.1	1.8
	137.4	1.8	137.2	1.5	137.4	1	137.5	1
Li 1s	56.1	14	55.9	19	55.9	26	56.0	28

SEI 膜的组成、结构和性能与电极材料、电解液和化成工艺有关。对于常用

的石墨负极材料，虽然石墨化度越高，容量越高，但却更容易发生溶剂共嵌入，更加难以形成致密的 SEI 膜。在天然石墨表面包覆一层无定形炭形成核壳结构，有助于形成致密稳定的 SEI 膜。电解液的溶剂、电解质盐、添加剂和杂质（H_2O）都会影响 SEI 膜的组成结构和厚度[11]。溶剂还原活性与还原分解电压不同，电解质盐与溶剂的反应活性不同，得到 SEI 膜的组成和厚度不同。如碳酸丙烯酯（PC）溶剂在石墨表面容易发生溶剂共嵌入不能形成稳定的 SEI 膜，而 EC 溶剂则能够形成稳定的 SEI 膜。电解液成膜添加剂可促使负极表面形成有效的 SEI 膜，无机添加剂 SO_2、CO_2、LiI、LiBr 等可以提高 SEI 膜的离子导电性，Li_2CO_3 可以抑制 DMC 分解减少产气量，使 SEI 膜离子导电性更高。有机添加剂碳酸亚乙烯酯（VC）、亚硫酸乙烯酯（ES）、1,3-丙磺酸内酯（PS）等在首次充电过程中会先于电解液溶剂分解形成 SEI 膜，从而抑制了溶剂还原分解，降低不可逆容量。电解液中水分含量较大时，水与 $LiPF_6$ 反应生成 HF，具体反应见表 10-1。HF 会破坏 SEI 膜结构，如与 Li_2CO_3 发生反应降低 SEI 膜的离子导电性；同时 HF 又会腐蚀集流体和正极物质。水分还使电池发生膨胀、内阻升高和循环性能变差等，见图 10-3[12]，甚至使负极极片活性物质从集流体表面脱落。化成工艺的电流和温度对 SEI 膜有影响，如小电流密度有利于形成良好的 SEI 膜。

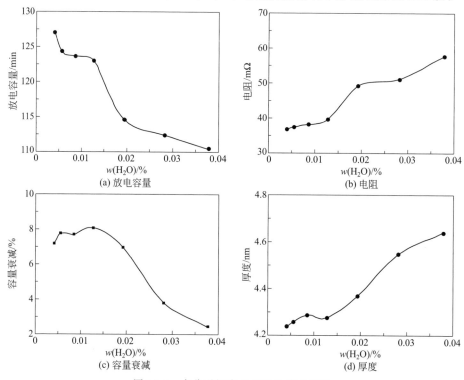

图 10-3　水分对锂离子电池性能的影响

最新研究[13]表明，锂离子电池 $LiCoO_2$ 正极材料也会发生化成反应生成 SEI 膜，成分与负极 SEI 膜类似，厚度较薄，在 $1\sim2nm$ 之间，但这类研究成果相对较少，这里不做详细讨论。

10.1.3 气体产物与水分

（1）气体产物　在化成过程中，生成 SEI 膜反应以及副反应都会生成气体，包括 C_2H_4 等烃类气体和 CO_2、H_2 等无机气体，具体生成气体的反应见表 10-1。气体的种类和气体量与化成电压有关，见表 10-4。由表可知，化成电压低于 2.5V 时产气量不大，产生气体主要为 H_2 和 CO_2，主要由杂质 H_2O 的还原反应生成；化成电压在 $3.0\sim3.5V$ 时产气量最大，这一时期也是 SEI 膜形成的主要时期，到 3.5V 时的产气量达到总气体量的 90% 以上，气体主要由 C_2H_4、CO、CH_4、H_2 组成；化成电压超过 3.8V 以后，产气量很少，以 CH_4 为主。

表 10-4　化成至不同电压下的总产气量和组成[14]

编号	样品	产气体积 /mL	各气体的体积分数/%									
			H_2	CO_2	C_2H_4	CH_4	C_2H_6	C_3H_6	C_3H_8	CO	O_2	N_2
1	0.02C 恒流充电至 2.5V	2.00	36.46	51.65	0.66	0.00	0.00	0.00	0.00	10.58	0.05	0.60
2	2.5V 恒压充电 24h	1.50	20.60	52.84	3.95	0.00	0.30	0.00	0.00	21.97	0.05	0.29
3	3.0V 恒压充电 24h	10.00	4.76	18.21	70.75	0.96	0.81	0.03	0.00	4.46	0.00	0.00
4	3.5V 恒压充电 24h	8.50	5.37	4.34	73.78	5.71	1.54	0.16	0.02	9.06	0.01	0.02
5	3.8V 恒压充电 24h	1.50	7.67	3.74	45.06	32.95	4.06	0.60	0.03	5.88	0.01	0.03
6	4.0V 恒压充电 24h	0.50	3.28	5.67	13.74	61.53	6.29	0.58	0.00	2.75	0.35	1.24
7	恒流充电至 4.3V,之后 4.2V 恒压充电 24h	0.10	5.52	8.95	0.48	65.11	7.03	0.59	0.13	11.59	0.11	0.48

正是由于化成时产生大量的气体，因此对于方形铝壳和钢壳锂离子电池，通常先要在开口情况下进行预化成，将产生的气体排出，然后封口后进行化成。对于钴酸锂与石墨体系，预化成的充电电压通常要达到 3.5V，具体电压值与电池体系及电池设计有关。另外预化成时也可以采用充电量来控制，通常需要充电至电池容量的 20% 左右。

影响产气量的因素主要有电极材料、电解液和化成工艺。对于常用的石墨负极材料，容易发生溶剂共嵌入，生成气体量较大，而无定形炭包覆的核壳结构石墨材料则容易形成致密稳定的 SEI 膜，气体生成较少。随着石墨比表面积的增大，气体产生量也增大。石墨晶体结构（端面和基面占比）与不可逆容量密切相关，端面由于发生较多的副反应导致不可逆容量较大，见图 10-4，进而使气体量较大。产气量与电解液溶剂、锂盐和杂质含量有关。单一 EC 和 DEC 电解液产气量较大：EC 电解液主要产生 C_2H_4；DEC 电解液主要产生 C_2H_6 和 CO。DMC 电解液产气量较少，主要产物为 CH_4 和 CO。EMC 电解液产气量较少。三元溶剂电解液的产气量明显较少[15]。

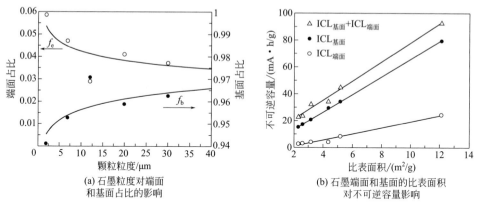

图 10-4　石墨端面和基面比例及其表面积对不可逆容量影响

f_e—端面占比；f_b—基面占比；ICL—不可逆容量

（2）水分　水分是化成过程中最易引入的杂质，进入电解液中的水分产生的 HF 会破坏 SEI 膜使电池性能变差，同时会导致化成过程产气量增大。

Bernhard 等[16]采用电化学质谱法对石墨和金属 Li 半电池的产气进行了研究，以双三氟甲基磺酰亚胺锂（LiTFSI）溶于 EC/EMC 作为电解液，结果如图 10-5（a）和（b）所示。水分含量较低条件下（$<20\mu g/g$），形成的气体主要为 C_2H_4，H_2 和 CO_2 量较少；在水分含量较高的条件下（$4000\mu g/g$），形成的 H_2 和 CO_2 大幅度增加。电解液中添加 VC 有助于减少 H_2 和 CO_2 的产生，见图 10-5（c）。

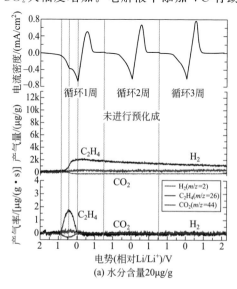

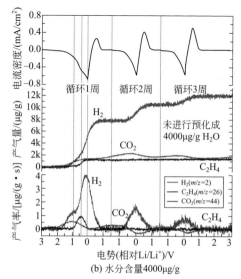

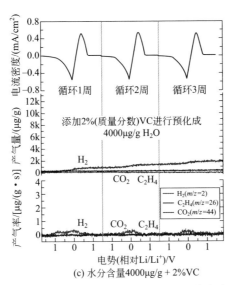

图 10-5　锂离子电池电解液产气量及其成分

由图 10-5 还可以看出，这些气体不仅在首次充放电过程中产生，并且在随后的 2 次循环中还会继续产生，随着循环次数的增加，产气量逐渐减小。这也表明化成反应在首次充放电过程时进行得并不完全，在后续的充放电过程中化成反应还会持续进行，这是电池需要进行后续老化的主要原因之一。水分含量影响电池厚度，在电池封口以后，对于含水量较高的电解液，后续化成过程产生大量 H_2 和 CO_2 可能不容易溶解于电解液，会引起电池发生气胀；而对于含有水量较低的电解液，第 2 次循环以后产生的少量 C_2H_4 气体可以溶解到电解液中，不会导致电池体积发生膨胀。同时，水分过多还会导致电池首次不可逆容量增大[17]，如图 10-6 所示。

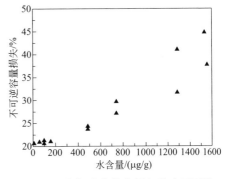

图 10-6　电解液水分含量与首次不可逆容量的关系（$1mol/L$ $LiClO_4$/ EC＋DMC）

不同负极材料在化成过程中产气量也不同，Belharouak 等[18]采用锰酸锂（LMO）为正极材料，对比了钛酸锂（LTO）与石墨（G）负极的产气量，见图 10-7。他们发现钛酸锂在电解液中水分含量极低情况下产气量较小，在后续的 30 天放置过程中，LTO/LMO 电池的内阻变化不明显，G/LMO 电池的内阻明显增加。当电解液中含水量较大时，LTO 同样会产生大量气体，如形成 H_2 的反应：

$$\text{Li}_7\text{Ti}_5\text{O}_{12} + 3\text{H}_2\text{O} \longrightarrow \text{Li}_4\text{Ti}_5\text{O}_{12} + 3\text{LiOH} + \frac{3}{2}\text{H}_2$$

气体导致电池发生严重气胀。LCO（钴酸锂）/LTO 电池在不同水含量电解液的气胀率如图 10-8[19]所示，随着水含量增加，气胀增大。

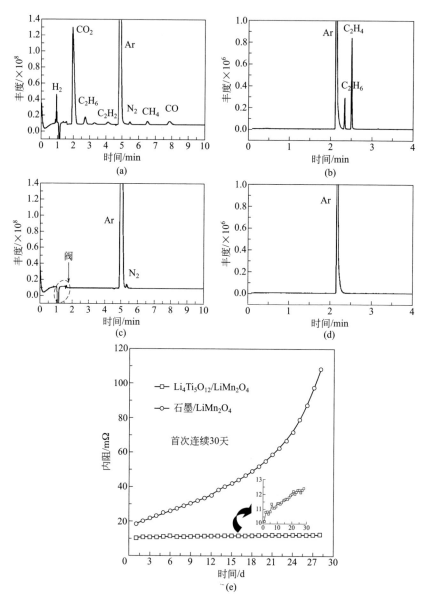

图 10-7　钛酸锂和石墨负极材料产气量的气相色谱分析、质谱分析和内阻变化

（a）石墨/锰酸锂电池气相色谱分析；（b）石墨/锰酸锂电池质谱分析；

（c）钛酸锂/锰酸锂电池气相色谱分析；（d）钛酸锂/锰酸锂电池质谱分析；（e）两种电池内阻变化

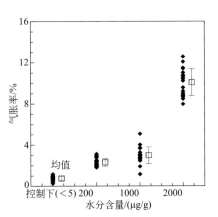

图 10-8　LCO/LTO 电池电解液含水量与电池气胀率关系（1mol/L LiPF$_6$/EC＋EMC）

10.1.4　极片的膨胀

极片和隔膜在注液后的静置和化成过程中会发生膨胀现象，会导致电池的厚度增加[20]。极片的膨胀包括电极材料颗粒的膨胀、黏结剂的溶胀和极片中颗粒间应力松弛等三个方面。

（1）电极材料颗粒的膨胀　电极材料膨胀主要是由锂的嵌入和表面 SEI 膜的形成引起的。

嵌锂膨胀研究很多[21,22]，石墨是最常用的负极材料。石墨在嵌锂过程中，形成的稀释二阶 LiC$_{18}$、三阶 LiC$_{18}$、二阶 LiC$_{12}$ 和一阶化合物 LiC$_6$，如图 10-9 所示。

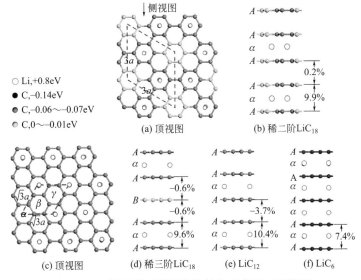

图 10-9　石墨嵌锂过程的晶胞结构示意图（见彩图）

嵌锂过程中石墨碳层间距和晶胞体积的变化见表 10-5。随着嵌锂量增大，碳层间距逐渐增大，晶胞体积也逐渐增大，当嵌锂量最大形成一阶化合物时，碳层间距增大 7.4%，晶胞体积增大约为 10%，这说明石墨嵌锂过程中体积膨胀主要是由碳层间距增大造成的。

表 10-5　石墨嵌锂的层间距和晶胞体积[23]

石墨嵌锂化合物	计算层间距/Å（膨胀率/%）	XRD 层间距/Å	计算晶胞体积/Å³（膨胀率/%）
石墨	3.302	3.355	51.38
LiC_{18}（稀释二阶）	3.469（+5.1%）	3.527	54.37（+5.8%）
LiC_{18}（三阶）	3.395　（+2.8%）	—	53.22　（+3.6%）
LiC_{12}（二阶）	3.417　（+3.5%）	3.533	53.76　（+4.6%）
LiC_6（一阶）	3.547　（+7.4%）	3.706	56.51（+10.0%）

注：1 Å=0.1nm=10^{-10}m。

Moon 等[24]采用第一性原理建立了 Si 和 Sn 嵌锂模型，随着锂嵌入到 Si 和 Sn 晶格中，Si 和 Sn 的体积发生膨胀，嵌锂模型结构如图 10-10 所示。Si 在嵌锂过程中晶体结构逐渐发生变化，形成 LiSi、$Li_{12}Si_7$、Li_7Si_3、$Li_{13}Si_4$、$Li_{15}Si_4$、$Li_{21}Si_5$ 相，Sn 在嵌锂过程中逐渐形成 Li_2Sn_5、LiSn、Li_7Sn_3、Li_5Sn_2、Li_3Sn_5、Li_7Sn_5、$Li_{22}Sn_5$ 相。

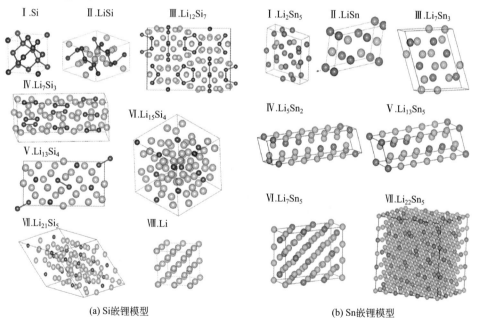

图 10-10　Si 和 Sn 嵌锂结构模型图（见彩图）

他们计算了嵌锂过程中 Si 的体积变化，随着嵌锂量 x 的增加，Si 的体积显著增大，当 x 为 4.4 时 Si 的体积膨胀倍数接近 4 倍，见图 10-11(a)。同时他们还计算了 Si 和 Sn 的应力变化规律，发现随着 x 的增加，Si 和 Sn 的应力变化呈现降低趋势，应变逐渐呈现增大趋势，见图 10-11(b)。因此，在研究 Si 和 Sn 过程中，降低体积膨胀，是提高结构稳定性的关键。

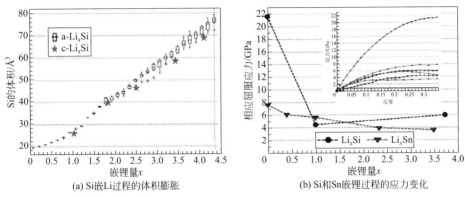

(a) Si 嵌 Li 过程的体积膨胀 (b) Si 和 Sn 嵌锂过程的应力变化

图 10-11 Si/Sn 嵌 Li 过程的体积膨胀和应力变化情况

正负极材料在不同充电范围所呈现的体积变化不同，例如 $Li_{1-x}Ni_{0.5}Co_{0.3}Mn_{0.2}O_2$ 在电压窗口为 $2.0 \sim 4.3V$ 时，其体积变化率为 1.0%；当电压窗口为 $2.0 \sim 4.9V$ 时，其体积变化率为 2.3%。不同电极材料在嵌锂过程中的最大体积膨胀率见表 10-6[25]。

表 10-6 电极材料膨胀率

电极材料	嵌锂相	膨胀率/%	电极材料	嵌锂相	膨胀率/%
石墨	LiC_6	9.7	$Ni_{1/3}Co_{1/3}Mn_{1/3}O_2$	$LiNi_{1/3}Co_{1/3}Mn_{1/3}O_2$	2
Si	$Li_{4.4}Si$	400	$FePO_4$	$LiFePO_4$	5
Sn	$Li_{4.4}Sn$	200	Mn_2O_4	$LiMn_2O_4$	6.8
CoO_2	$LiCoO_2$	2			

表面形成 SEI 膜也会导致极片膨胀[26]。在首次充电过程中，负极极片中石墨颗粒表面会形成 SEI 膜，SEI 膜覆盖在活性物质颗粒表面，导致石墨颗粒体积增大，造成极片膨胀。但由于 SEI 膜很薄，由此造成的极片厚度膨胀可能不明显。

（2）黏结剂的溶胀 极片中黏结剂吸收电解液中的溶剂后会自身发生溶胀，使得颗粒间隙增大，导致极片厚度增加。影响黏结剂溶胀的因素有黏结剂的添加量、颗粒粒度和电解液成分等，黏结剂越多，溶胀越大；颗粒粒度越小，颗粒间隙越多，溶胀越大。尤其是导电剂多为纳米粒子，颗粒间隙大幅度增多，因此黏结剂的溶胀更明显。电解液的溶剂黏度低时负极极片膨胀明显，添加助剂提高黏度会导致渗透性下降，减小极片的膨胀程度。

（3）应力松弛　颗粒间的应力松弛膨胀是经过电解液浸泡以后，极片内部活性物质颗粒之间、导电剂颗粒之间以及活性物质颗粒和导电剂颗粒之间内部应力释放，使得极片结构松弛，导致电池极片厚度进一步增大的过程。这种应力释放与极片压实密度有关，压实密度越大，极片内部颗粒间的应力越大，应力释放造成的膨胀越明显。应力松弛与极片结构密切相关，不同粒度及其形貌的活性物质产生的内应力也不同。对于球形颗粒属于点接触，更容易释放应力膨胀，而对于破碎状颗粒由于属于面接触，互相咬合，黏结剂更容易将颗粒黏在一起，如图 10-12所示。预化成时产生气体的压力也会导致极片颗粒间内应力分布不均匀，这些应力的释放都会导致极片厚度增加。

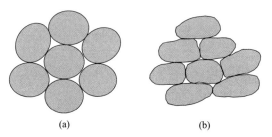

图 10-12　球形颗粒（a）堆积和破碎状颗粒（b）堆积形式

综上所述，在电池厚度设计时需要考虑极片和隔膜的膨胀问题。其中极片的膨胀比较显著，极片的膨胀包括注液后的膨胀和化成过程中的膨胀两部分。注液后的极片膨胀包括黏结剂的溶胀和颗粒间的应力松弛膨胀。化成膨胀包括颗粒嵌锂体积膨胀和应力松弛膨胀。

Fu 等[27]采用原位测量法发现，$LiCoO_2$/石墨软包装电池在化成初始阶段电池厚度增加最明显，随后增幅逐渐减小，初期增加的厚度约为 4%，这部分增加的厚度在随后放电过程中不可恢复；在随后的充放电过程中，电池的厚度随着充

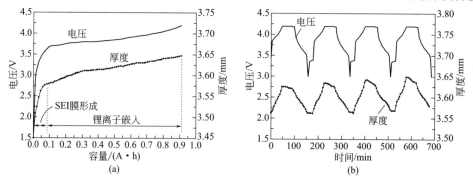

图 10-13　化成过程中 $LiMnO_2$/石墨软包装电池厚度与容量（a）及时间（b）的关系

放电过程出现周期性变化规律，电池厚度增加幅度有所降低，约为 2%，具体见图 10-13。Lee 等[28] 通过实验发现，LiMnO$_2$/石墨电池在电池荷电状态（SOC）从 0% 增加到 100% 时，电池厚度增加了 0.07mm，当 SOC 小于 40% 时和大于 70% 时电池厚度随 SOC 呈线性变化，而 SOC 在 40%～70% 之间电池厚度基本上保持不变，见图 10-14。LiFePO$_4$/石墨电池经过 1800 次循环后电池厚度增加了 14.1%。

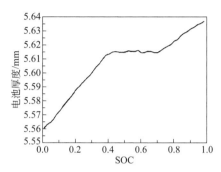

图 10-14　LiMnO$_2$/石墨电池荷电状态（SOC）与电池厚度的关系

10.2
锂离子电池化成工艺及设备

10.2.1　注液工艺及设备

10.2.1.1　注液过程

注液包括两个过程，一是电解液由电池外部流入电池内部的流体输送过程，二是电解液进入极片、隔膜、颗粒间空隙以及颗粒内部孔隙的浸润过程。电解液对极片的浸润程度对电性能影响明显，经过完全浸润的电池才能进行化成，如果极片润湿不足容易导致电池局部化成不足，化成不均匀，甚至在封口后容易出现气胀。

注液的基本过程是将电池注液孔与真空系统连接，进行抽真空使电池壳体内部形成负压，电解液在负压作用下，通过注液管进入到电池内部。这与人们呼吸时肺部处于扩张状态产生负压，新鲜空气在肺部内外的压差作用下被吸入肺部的原理一样。注液的动力是外界与电池内部的压差（$\Delta p = p_0 - p_1$），真空度越高，压力差越大，电解液进入壳体的速度越快。当然也可以在注液管内施加一定的压力，加快注液速度，但是加压过大有可能造成电池壳体变形[29]。

浸润是电解液通过极片与隔膜的缝隙进入电池内部，直至隔膜内部的孔隙和极片颗粒间的孔隙，被电解液完全润湿或充满。浸润过程如图 10-15 所示。润湿是液体与空气争夺固体表面的过程，抽真空消除气相，有利于液体的润湿。电解液在这些孔隙的浸润与压力差作用和表面力作用有关。

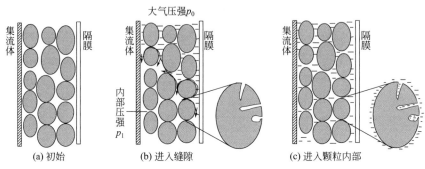

图 10-15　电解液浸润过程示意图

（1）压差作用　经过压实的正负极极片内部具有丰富的孔隙。极片中的这些孔隙通常为毛细孔和微孔，正极极片的孔隙率为 $10\%\sim20\%$，直径 D_{50} 为 $200\sim300\mathrm{nm}$；负极极片的孔隙率更高，为 $20\%\sim30\%$，D_{50} 为 $650\sim900\mathrm{nm}$。

如果将电解液的浸润看作是流体在细小管道的流动，流体流过无限长圆形毛细管时的理论流量 Q 和最大流速 $v_{\max}$ 可用下式表示：

$$Q=\frac{\pi d^{4}\Delta p}{128\mu l} \tag{10-1}$$

$$v_{\max}=\frac{d^{2}\Delta p}{16\mu l} \tag{10-2}$$

式中，Q 为流体流量，$\mathrm{m^3/s}$；$v_{\max}$ 为最大流速，$\mathrm{m/s}$；d 为管直径，cm；μ 为流体运动黏度，$\mathrm{m^2/s}$；l 为管长度，cm；Δp 为管道两端压力差，$\mathrm{kgf/cm^2}$（$1\mathrm{kgf/cm^2}=98.0665\mathrm{kPa}$）。因此，增大压差 Δp 或延长真空度保持时间有助于提高浸润速度；而孔隙直径 d 对电解液的浸润速度影响显著，如孔隙直径 d 减小一半时，浸润速度会降低到原来的 1/4，流量会减少到原来的 1/16。

电解液在电极极片的浸润速度还与毛细管道的粗糙度和曲折度有关。由于电解液在这些微小孔隙中浸润的速度较慢，因此锂离子电池注液以后需要静置一段时间，让电解液充分进入极片和隔膜的孔隙，达到充分浸润[30]。

（2）表面力作用

① 毛细作用。即使外部压力差消除以后，电解液在极片中的润湿还会受到表面力的作用。当极片或隔膜的孔隙直径为毛细孔范围（$0.2\sim500\mu\mathrm{m}$）时，表面张力引起的毛细作用使电解液在孔隙中流动。毛细管中液面上升的高度 h 可用下式表示：

$$h = \frac{2\gamma\cos\theta}{\rho g r} \tag{10-3}$$

式中，h 为毛细管中液面上升高度，cm；γ 为表面张力系数，N/m；θ 为接触角；ρ 为流体密度，g/cm^3；g 为重力加速度，m/s^2；r 为毛细管半径，cm。

毛细作用具有促进润湿和阻碍电解液润湿的双重作用。在均一直径的孔隙中，当润湿角＜90°时，毛细作用对润湿有促进作用；当润湿角＞90°时，毛细作用对润湿有阻碍作用。

由于锂离子电池电解液多为润湿角＜90°的体系，对均一孔径体系，毛细作用一般是有益的；但是对非均一直径的孔隙，毛细作用的影响不同。对于直径逐渐减小的孔隙，毛细作用有利于促进电解液流动进入这些孔隙中；对于直径逐渐变大的孔隙，毛细作用会阻碍电解液进入孔隙中；在直径先减小后增大的孔隙中，电解液易停留在这些孔隙的蜂腰处。由于正负极片活性物质颗粒之间的孔隙是连通结构，电解液会自发地从大孔径向小孔径进行浸润。对于活性颗粒中存在的封闭的墨水瓶孔，电解液浸润将会受到毛细作用的阻碍。虽然毛细作用随着直径减小而增大，但是电解液的流动速率受到孔隙尺寸的限制而急剧降低，因此电解液的浸润时间是由毛细作用和孔隙尺寸共同决定的。

② 吸附作用。当电解液进入极片或隔膜的微孔（＜2nm）孔隙时，产生明显的吸附作用。这时微孔的孔径与电解质和电解液分子处于同一数量级，相对孔壁的势能场相互叠加增强了固体表面与液体分子间的相互作用力，使微孔对电解液的吸附能力更强，吸附作用对电解液的浸润有推动作用[31]。但是电解液在这些微孔中宏观意义上的流动几乎停止，通常利用吸附扩散进入这些微孔中，浸润速度可能更慢。对于颗粒中存在的封闭的墨水瓶孔，电解液也是通过在孔口的汽化和内部吸附过程来实现浸润的。

因此，减小极片的宽度、减薄极片厚度，减小压实密度和降低极片孔隙曲折度等都有助于提高电解液的浸润速度。

10. 2. 1. 2　注液工艺

封装后的电池内部，理论上可以容纳电解液的最大空间 V_{max}（mL）可以采用下式计算：

$$V_{max} = V_0 - V_1 - V_2 - V_3 - V_4 - V_5 \tag{10-4}$$

式中，V_0 为电池封装后壳体内部的空间，mL；V_1 为活性物质所占空间，mL，可用活性物质质量/真密度计算；V_2 为导电剂所占空间，mL，可用导电剂质量/真密度计算；V_3 为隔膜所占空间，mL，可用隔膜质量/真密度或隔膜体积×（1-孔隙率）计算；V_4 为黏结剂所占空间，mL，可用黏结剂质量/密度计算；V_5 为集流体、极耳、贴胶、绝缘片所占空间，mL，分别用长、宽、高计算。

锂离子电池的理论最大注液量为 $m = V_{max}\rho$，其中 ρ 为电解液的密度。在壳体尺寸和电池体系固定后，正负极活性物质、导电剂和黏结剂充填量越多，隔膜、集流体和极耳等越厚，则所能充装的最大电解液量就越小。以铝壳 523450 型号电池为例，分别以钴酸锂、镍钴锰酸锂、锰酸锂和磷酸铁锂为正极活性物质，天然球化鳞片石墨为负极活性物质组成锂离子电池，采用真密度仪测试电池封口前后的体积来确定最大注液量，见表 10-7。

表 10-7　不同正极材料的最大理论注液量

活性物质种类	标称容量 /mA·h	压实密度 /(g/cm³)	电芯厚度 /mm	内部空间体积 /cm³	最大理论注液量 /g
钴酸锂	1000	3.9	4.45	2.563	3.15
镍钴锰酸锂	800	3.45	4.44	2.872	3.53
锰酸锂	600	2.8	4.47	3.185	3.92
磷酸铁锂	600	2.3	4.45	3.126	3.84

注液量对锂离子电池的电性能影响显著，以上述钴酸锂为正极活性物质、天然球化鳞片石墨为负极活性物质组成的锂离子电池为例，根据最大理论注液量，分别设计了 2.5g、2.8g、3.1g 和 3.4g 四个注液量的电池，电化学性能测试结果

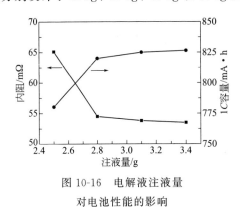

图 10-16　电解液注液量
对电池性能的影响

如图 10-16 所示。由图可见：当电解液量较少时，不能充分浸润极片和隔膜，引起内阻偏大、容量发挥较低、循环性能不好；电解液增多，极片和隔膜充分浸润，内阻变小、活性物质容量增大，电池循环性能也随电解液增多而变好。但是电解液过量会导致电池副反应增多，产气量和固体产物增多，循环性能也会变差，过多的游离电解液也会参与燃烧和爆炸等剧烈反应，导致安全性能降低。故电解液注液量以 3.1g 为宜。

随着电池技术的发展，为获得更高容量，充装活性物质量增大，通常也需要消耗更多的电解液维持其性能[32]。但由于电池内部总体空间有限，电池的最大注液量逐渐下降，因此只有将电池的注液量和充填活性物质量相互匹配的设计才是合理的。

10.2.1.3　注液设备

锂离子电池注液通常采用多工位转盘注液机注液、真空倒吸注液机注液和手工注液等三种方式。由于手工注液效率低、精度低，已经逐渐趋于淘汰，这里只介绍前两种注液方式使用的设备。

多工位转盘注液机由排除电池壳体内部气体的抽真空系统、精确控制注液量

的电解液计量系统、输送电解液的注入通道、用于恢复常压的惰性气体（氮气/氩气）注入系统以及适宜流水作业的电池传送系统等组成，主要结构部件见图10-17(a)。多工位转盘注液机的注液过程见图10-17(b)和（c）。将电池注液孔朝上放置，利用抽真空排除电池壳体内部的气体，形成负压，电池内部的压力为p_1；经过计量的电解液进入注液管中，随着氮或氩气的注入，电解液在压力差Δp的作用下自动流入电池内部，直到电池内部恢复至常压，使电解液完全进入电池壳体内部，同时防止空气及其水蒸气进入电池。多工位转盘式注液机的特点是注液量均匀一致，节省电解液，电池表面无残留电解液，并且对不同型号电池的适应性广。

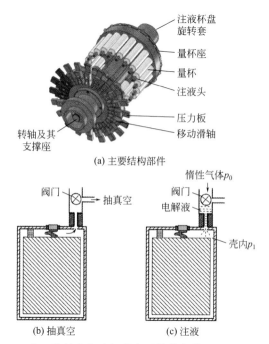

图 10-17　多工位转盘注液机的主要结构部件和注液过程示意图

真空倒吸注液机的注液过程：首先将电池倒置并放入密封的注液箱中，通过真空系统对注液箱抽真空，在电池内部形成负压，然后将电池浸入电解液槽中，随着氩气/氮气惰性气体的通入，电解液在压力差$\Delta p = p_0 - p_1$的作用下倒吸进入电池内部，直到电池内部逐渐恢复至常压，使电解液完全进入电池壳体内部；最后将电池取出完成注液过程。与多工位转盘注液机相比，真空倒吸注液机的特点是真空度高，属于间歇性操作，注液量不能精确控制，并且电池接触电解液容易腐蚀电池壳体表面，容易浪费电解液。

10.2.2　化成工艺及设备

锂离子电池化成工艺的主要目的为：通过预化成排除化成反应中产生的气

体，防止电池封口后的气胀（正压圆柱形电池除外）；通过预化成和化成生成均匀稳定的 SEI 膜，使得电池具有稳定的循环性能；通过充电使电池极片内应力逐渐释放，极片膨胀和孔隙率增大，获得稳定的电池厚度；化成将电池充电至一定的电位，便于后续老化工序后对自放电电池的挑选甄别；对于钢壳电池开口化成能使钢壳负极的电压升高，降低电解液对电池钢壳壳体的腐蚀。

10.2.2.1　化成工艺

（1）预化成　在电池预化成时，产生的气体首先以微小气泡形式附着在负极颗粒表面；随着化成的进行产生气体量逐渐增多，微小气泡不断长大，开始相互接触和合并长大；随着气体量进一步增大，气泡持续长大，内部压力 p_1 持续增加，较大的气泡依靠内部压力冲开隔膜与极片的间隙，逐渐在二者间隙处聚集，并向压力较低的极片边缘扩展；当压强 p_1 超过大气压强 p_0 和极片内部孔隙形成的气体流动阻力时，气泡扩展至边缘与大气连通，便形成了稳定的气体溢出通道（气路），此后气体沿这些通道不断溢出至壳体外。气路形成的过程见图 10-18。

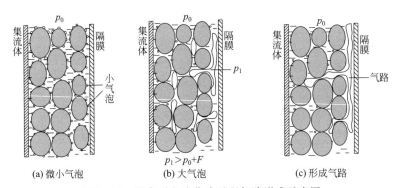

图 10-18　锂离子电池化成过程气路形成示意图

在预化成后，极片表面可以观察到指向极片边缘的河流状气路，如图 10-19。由于极片与隔膜之间存在的气体为绝缘体，气路形成时，会使极片气路通道上的预化成反应停止，导致极片化成不均匀；气路面积过大时，化成不均匀性增大，同时会使后续化成产生气体增多，导致电池的气胀。不同壳体的锂离子电池形成的气路面积不同，软包装、铝壳、钢壳电池壳体的夹紧力依次增大，气路面积依次降低，预化成均匀程度依次增大。

图 10-19　极片中观察到的气路

　　预化成的气体逸出还会造成电解液损失。在预化成过程中，产生的气泡会占据电解液的部分空间，使电解液体积膨胀溢出，造成电解液损失；随着预化成的进行，气体量增大，气泡长大，电解液溢出量增大，电解液损失增大；当极片中形成稳定的气路以后，电解液的溢出量减少。理论上讲，电解液的损失与气路占据的体积有关，气路占据体积越大，电解液损失越大。电池壳体强度和预化成电流影响电解液的损失。钢壳电池电解液的损失量通常比铝壳电池少。软包装电池预化成时有电解液溢出进入气囊，化成后又回到电池中，电解液几乎不损失，但仍有必要在施加夹紧力后再进行预化成，这样有助于减少气路面积，增大化成均匀性。预化成电流影响电解液损失：采用小电流产生气体的速度较慢，有利于气路面积减小，减少电解液损失；大电流形成气体的速度快，容易形成较大气路面积，造成电解液损失增大，同时有可能造成化成不均匀。有些厂家在预化成后进行二次补液，补充电解液的不足；而有些厂家则采取分步注液方法，以减少预化成电解液的损失，从而节约电解液成本。

　　预化成工艺对 SEI 膜也会产生影响。电流密度大时，形核速度快，导致 SEI 膜结构疏松，与颗粒表面附着不牢。因此预化成采用小电流密度有利于形成致密稳定的 SEI 膜。

　　锂离子电池预化成制度选择的主要原则如下：

　　① 电流应该尽量小，利于减少气路面积，提高化成均匀性，减少电解液损失。

　　② 截止电压不宜过低或过高。电压过低时，气体不能充分逸出，造成电池封口后气胀；电压过高时，会使预化成时间延长，电池容易吸收环境中的氧气或水分等杂质，造成电池性能下降或封口后气胀。

　　③ 对电芯施加一定的夹紧力，可以防止气体排出时极片与隔膜被冲开而分离，减少气路形成面积，提高极片预化成的均匀性。

　　（2）化成　化成的主要目的是继续完成化成反应，形成完整的 SEI 膜。另外对于预化成反应不足的气路或气泡区域，在随后的化成过程中电解液继续润湿这些极片区域，继续完成化成反应，使极片不同部位的化成程度趋于均匀。

　　化成截止电压的选择还与自放电检测有关。自放电通常是指在未放电时发生的电量损失的现象。国标中自放电的检测方式时间过长。由于自放电电池比正常电池的电压降低速度快，生产厂家通常采用短时间内的电压降来测试电池的自放电。为了尽快检测出自放电电池，生产厂家通常将电池充电至电压 ΔU（V）与容量 ΔQ（mA·h）的比值较大的电压处。从图 10-20 中电池充电曲线可以看出，充电电压在 3.5～4.0V 时，$\Delta U/\Delta Q$ 值变化较小，很难在短时间内检测出电池的自放电；当充电电压高于 4.0V 时，$\Delta U/\Delta Q$ 值变化较大，当电池电量降低 ΔQ 幅度一定时，ΔU 值相对较大，即短时间内可以用电压降来检测电池的自放电，有助于缩短自放电电池的检验时间。但是充电电压不能过高，过高容易导致电池

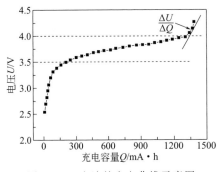

图 10-20　电池的充电曲线示意图

过充，导致负极表面析锂、破坏 SEI 膜和产生气体。

化成电流可以适当提高。这是因为化成时，SEI 膜已经基本形成，产气反应变慢，产气量大幅度降低，提高电流可以缩短化成时间，提高化成设备效率。

（3）典型化成制度　锂离子电池的典型化成制度为：预化成电流一般为 $0.02C\sim0.05C$，由注液后自然形成的电压充电到截止电压 3.4V 或充电到容量的 20% 左右；化成电流一般为 $0.1C$，充电截止电压为 3.9V 以上。具体的化成电流和截止电压与锂离子电池的型号和原材料等设计因素有关。聚合物电池的典型化成制度见表 10-8。

表 10-8　聚合物电池(＜2000mA·h)典型的化成制度

化成阶段	化成制度
预化成	(1)0.2C 恒流充电至 4.10V,限时 150min (2)在化成柜上读取电压值,若电压值低于 3.80V,需要分析原因并进行返工预充
化成	(1)0.5C 恒流充电至 4.2V 后,转 4.2V 恒压充电,截止电流是 0.05C,限时 120min,静置 10 min (2)0.5C 恒流放电至 2.75V,限时 150min;静置 10 min (3)1.0C 恒流充电至 4.2V 后,转 4.2V 恒压充电,截止电流是 0.05C,限时 120 min;静置 10 min (4)1.0C 恒流放电至 2.75V,限时 100 min;静置 10 min (5)1.0C 恒流充电至 3.85V,限时 45min;然后转 3.85V 恒压充电,截止电流是 0.01C,限时 120min

化成温度对 SEI 膜影响显著，温度过高会导致形成的 SEI 膜溶解速度加快，而 SEI 膜的生成速度对温度不敏感，致使 SEI 膜结构疏松；温度过低，会导致极化过大，容易在表面析锂。因此化成的最适宜温度为 20～35℃，并且选择稍高温度有利于化成。

（4）电池封口　在预化成过程中气体形成的通路会导致电极极片与隔膜发生分离，导致内部电芯的厚度增加。这种气胀会使电池的厚度增加，增加的幅度与电池的壳体强度有关。厚度增加最明显的是软包装锂离子电池，铝壳锂离子电池次之，钢壳锂离子电池增加幅度最小。

因此，钢壳锂离子电池可以直接封口；铝壳锂离子电池需要通过压扁使壳体恢复至设计尺寸后再进行封口；软包装锂离子电池在化成过程中需要使用夹具将电池夹紧，防止气路过大导致极片与隔膜分离，化成不均匀，进入气囊的气体采用抽真空方法将其排除，然后进行封口。

10.2.2.2　化成设备

电池化成柜是电池化成的主要设备，通常由充电控制器、中央控制板、恒流恒压源和通道控制板 4 个部分组成[33]。化成柜的工作示意如图 10-21 所示，充电控制器接受操作人员输入的充电工步，并根据充电工步发出控制信号给中央控制板。中央控制板根据充电控制器发出的信号，并与柜上采集到的电流电压信号一起处理发出恒流恒压源的控制信号。恒流恒压源根据中央控制器发出的信号，输出相应的电流或电压。通道控制板提供电流通道，并进行开路、短路检测与控制。

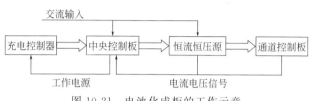

图 10-21　电池化成柜的工作示意

电池化成柜一般采用主从控制方式，每台化成柜有多个通道，每个通道之间完全独立，可以进行独立编程，编程步数不少于 200 步。化成柜的工作模式可调，具有电流充放电、恒电压充电、恒功率放电、恒阻放电、静置等模式。化成柜对电压和电流的精度有一定要求，如蓝电化成柜电压精度为 0.05％RD±0.05％FS（控制及检测），电流精度为 0.05％RD±0.05％FS。

10.2.3　老化工艺及设备

老化通常是指将化成后的电池在一定温度下搁置一段时间使电池性能稳定的过程，也称为陈化。在老化过程中，自放电电池的电压比正常电池下降快，因此通过老化还可以筛选出不合格的自放电电池。老化主要有持续完成化成反应、促进气体吸收和化成程度均匀化等作用。化成反应虽然在首次充电时已经接近完成，但是最终完成还需要较长时间，直至化成反应结束。封口化成过程中还会产生微量气体，老化过程中电解液会吸收这些气体，有助于减小电池气胀现象。封口化成以后，存在气路或气泡的极片区域与其他区域的化成反应程度还没有达到完全一致，这些区域之间存在电压差。这些微小的电压差会使极片不同区域化成反应程度趋于均匀化。极片不同区域的电压差很微小，这种均匀化速度很慢，这也是老化需要较长时间的原因之一[34]。

按照老化温度通常将老化分为室温老化和高温老化。室温老化是电池在环境温度下进行的老化过程，不用控制温度、工艺简单。但是由于室温波动不能保证不同批次电池的一致性。高温老化是电池在温度通常高于室温的最高温度下进行的老化过程，优点是高于环境温度，能够控制老化温度的一致性，从而有助于保证不同批次电池的一致性。同时高温还可以加速老化反应速度，使潜在的不良电池较快地暴露出来。但是过高温度可能会造成电池性能下降。因此高温老化所需的温度和时间需要具体的实验来确定。锂离子电池厂家通常采用高温老化[35]，温度在45~50℃之间，搁置1~3天，某些厂家还会在常温下搁置3~4天。某厂家聚合物锂离子电池（<2000mA·h）的老化工艺如下：首先在45℃中进行8h高温老化；然后抽真空进行整形封口；最后封口后的电池再在45℃高温房烘烤48h。

在老化过程中，随着时间的延长，电池的电压逐渐降低并趋于稳定。并且老化温度越高，电池电压降低越快，趋于平稳的时间越短。而自放电电池的电压下降速度比正常电池快，正常电池和自放电电池电压随时间的变化规律示意见图10-22。老化时间越长，自放电电池

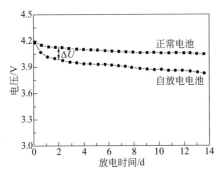

图 10-22　锂离子电池自放电电压降示意

与正常电池的电压差越显著，因此老化时间的延长有助于鉴别自放电电池。

10.3

锂离子电池制造水分控制

10.3.1　水分控制工艺

锂离子电池在各个生产环节中都需要严格控制水分含量。电池中水分包括电极极片、隔膜、壳体吸附的水分，以及电解液溶解的水分。水分来源可能是原材料自身含有的水分，也可能是从环境中吸收的水分。这些水分最终都会进入电解液中，影响化成过程中SEI膜的形成、产气以及电性能。下面主要讨论电池制造过程中的水分控制。水分控制主要有干燥脱除水分、减少环境水分吸收和降低原材料含水量等三个方面，下面分别介绍。

（1）干燥脱水　受干燥温度和干燥时间限制，要将装配后电池的水分控制得更低，就必须减少装配后电池带入的水分。干燥前电池水分含量越小，在相同干燥条件下电池的含水量越小，干燥效果越好。因此在装配过程中要严格控制水

分，确保注液前干燥能够脱出更多水分。在锂离子电池装配过程前首先要对极片和其他原材料进行干燥。正极极片干燥条件通常为：真空度−0.1MPa，温度80～130℃，干燥时间9～24h；负极极片干燥条件通常为：真空度−0.1MPa，温度70～120℃，干燥时间9～24h。

为防止干燥后的极片和电池重新吸水。经过干燥的极片和电池应分批取出，迅速转入装配和注液环节，防止极片和电池从环境中重新吸水。

注液前的电池干燥最为重要，它是控制装配后电池中水分的最后一道工序。通常采用真空干燥进行深度脱水，干燥效果主要与干燥真空度、温度和时间有关。通常真空度和温度越高，时间越长，脱水效果越好。由于在真空干燥过程中，水分子脱除属于分子扩散过程，尤其是水分含量很低时扩散速度很慢，因此真空干燥需要较长时间。电池注液前真空干燥条件通常为真空度−0.1MPa、温度为70～90℃、干燥时间9～36h。

需要注意的是锂离子电池隔膜在较高温度干燥或较长时间干燥，有可能会造成聚合物隔膜收缩和孔隙结构改变使电池内阻升高，因此装配后电池干燥温度不宜过高，干燥时间也不宜过长。有些厂家采用先低温后高温两段干燥工艺对电池进行脱水，低温用于脱出大部分水分，微量水分则采取高温干燥，防止隔膜发生变形。或者在真空干燥时多次充入惰性气体，然后将惰性气体抽出，利用惰性气体将微量水分带出来，用对流扩散代替分子扩散，提高真空干燥速率。典型干燥工艺为：先抽真空至−0.095MPa后维持20min，再充氩气/氮气至−0.05MPa后维持20min，然后再抽真空至−0.095MPa，重复3～5个循环后保持真空干燥状态，直到取出前1h再进行一次循环。需要注意的是充入的氩气/氮气应该是脱水的。

（2）减少环境水分吸收　任何未达到饱和含水率的物质在含水环境中都会吸收水分。在装配过程中，锂离子电池原材料、电解液、极片和电芯都会重新吸收环境中水分，见图10-23。例如干燥的钴酸锂粉体置于温度45℃，露点32℃的潮湿环境中，只要放置3h，水分含量就接近4000μg/g。在注液过程和预化成过程中，电解液极易吸收环境水分，环境含水率越高，吸收越多。由于电解液与水分发生反应，即使置于水分含量极低的干燥环境中也会吸收水分。

吸收水分量主要与环境湿度、暴露时间和环境温度有关。环境湿度越低、暴露时间越短和环境温度越高，吸收水分越低。因此减小从环境中吸收水分有缩短与空气接触时间、降低环境湿度和升高温度三条途径，这些水分控制途径通常贯穿在锂离子电池整个生产过程中。

降低空气湿度可以减小极片吸水量。装配环境湿度一般要求小于30%；化成时为减少电池和电解液吸收水分，环境湿度一般要求＜20%。在相同环境湿度下，缩短极片和未封口电池暴露在环境中的时间可减少吸水量。同时还要对注液

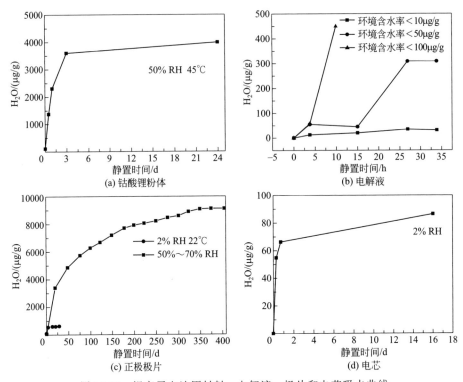

图 10-23　锂离子电池原材料、电解液、极片和电芯吸水曲线

口进行暂时密封处理，减少与环境中水分的接触。环境温度和湿度主要受气候影响，通常夏季温度高（26℃）、湿度大（70%），冬季温度低（16℃）、湿度小（20%）。在相同暴露时间下，夏季极片的吸水量明显高于冬季极片的吸水量。这就是电池早期生产过程中，冬季生产电池的厚度合格率比夏季高的主要原因。

电池水分控制需要真空干燥、环境除湿和减少暴露时间三者配合。在生产环节中减少人员进入，减少容易吸水的纸类物质使用，和保持车间与外界环境良好密闭等都是水分控制的必要手段。

（3）降低原材料水分　原材料中的水分通常是由生产厂家进行控制。如电解液生产厂家通常控制电解液中的水分含量低于 0.002%～0.0005%，电池生产厂家还要进行严格检验。检测电解液中水含量通常采用卡尔费休库仑滴定法，最低可以检测出 1μg/g 水分。油性浆料制备的正极材料通常容易吸水，需要严格控制原料水分。

10.3.2　水分控制设备

（1）真空干燥　电池的水分控制设备主要为鼓风干燥箱和真空干燥箱，下面主要介绍真空干燥箱设备。真空干燥箱包括真空干燥室、温度控制和显示系统、抽真空系统三大部分。真空干燥室内设有金属隔层，用于放置物料，有时还连有注氩气管和放空管。其中放空管是为放空泄压，以便进料和取料。真空干燥室设有真空表，用来测定和显示真空程度，一般要在 $-0.1MPa$ 下工作。温度显示和控制系统，主要采用程序控温仪和热电偶传感器配合使用，可以设定加热温度和保温时间。抽真空系统包括真空泵和缓冲系统，通常旋片式真空泵就可以满足真空度要求，缓冲系统主要防止真空油的返流。

（2）除湿机　生产车间环境中的水分控制主要通过除湿机来实现。通常采用的设备是冷冻除湿机。冷冻除湿机通常包括风扇、压缩机、热交换器和控制器等。首先风扇将潮湿的空气抽入机内，经过压缩机、热交换器、冷凝器组成的制冷系统凝结成霜，系统自动升温将霜化成水由水管排出，产生出干燥空气。理论上讲冷冻除湿机的冷冻温度越低，所能获得的环境湿度也就越低。冷冻除湿机的除湿效果还与除湿量和环境密封程度有关，增大除湿量和提高环境的密封程度都有利于降低环境的湿度。

10.4
锂离子电池分容分选

（1）分容分选概述　电池制造过程中，对于同一型号同一批次的锂离子电池，由于工艺条件波动和环境的细微差别，会导致电池性能也产生区别。分容是通过对电池进行一定的充放电检测，将电池按容量分类的过程；分选是通过对电池各项性能和产品指标进行检验，将电池按照产品等级标准分开的过程。合格品出厂供应客户，不合格品降价处理、销毁或者回收原材料。

（2）全检和抽检项目　分容分选指标分为全检项目和抽检项目。全检项目需要对每块电池进行检测，主要包括开路电压、自放电、电池容量、电池尺寸（通常为厚度）、电池内阻和外观等。抽检项目采取随机取样的方法进行检测，主要包括循环性能、倍率放电性能、高低温性能等电性能，以及短路、过充过放、热冲击、振动、跌落、穿刺、挤压和重物冲击等安全性能。

以铝壳电池为例，分容分选的全检项目工艺流程如图 10-24 所示。老化后的电池经过外观检验合格后，进行电压检验测定电池的自放电。对于电压不合格电池，视为可疑自放电产品需要重新充电进行二次电压检验，不合格者停止流通。经过电压一次检验和二次检验的合格品进入贴绝缘胶片工序，防止盖板上电极短路，然后所有电池进行容量分选。分容后的电池进行内阻分级，最后进行厚度测定，不合格电池重新压扁后测定厚度，分出不同等级厚度的产品，最后确定产品等级。

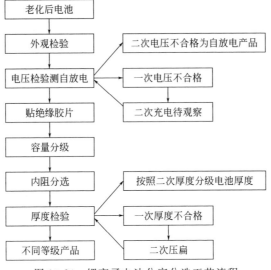

图 10-24　锂离子电池分容分选工艺流程

　　分容分选的具体标准见表10-9。电池的全检项目指标与合格率有关，项目指标越严格，电池的合格率越低，制造成本越高。分容分选项目的具体指标通常根据生产厂家的电池制造水平和客户的要求，由双方协商确定。

表 10-9　锂离子电池分容分选标准

等级		容量/mA·h	时间/min	内阻/mΩ	厚度/mm	外观
A	A1	>2690	>90	≤40	≤8.5	电池外壳光洁平整，无锈斑及污渍、无刮痕、无凹凸变形；上盖封口无偏斜，密封圈无压斜，无漏液
	A2	2690~2500	90~84			
B		2500~2380	84~79	40~60	≤8.7	电池外壳平整，无严重锈斑及污渍、无严重刮痕、无严重凹凸变形；上盖封口无严重偏斜，密封圈无严重压斜，无明显漏液
C		<2380	<79	>60	>8.7	电池外壳基本正常，不严重变形、发鼓；密封圈可有压斜但不致造成短路，无严重漏液。内有钢珠
D(报废)		短路、断路、盖帽脱落、严重变形发鼓及其他严重缺陷的电池				

　　（3）影响电池指标的因素

　　① 自放电：自放电主要与电池内部的副反应和电池内部的微短路有关。形成内短路的原因主要为极片表面残留的杂质、极片或极耳边缘的金属毛刺等。Fe、Cr、Ni、Cu 和 Zn 等金属杂质在电池充电时被还原成金属单质，在负极表面和隔膜孔隙中不断沉积，使正负极形成内短路，产生自放电[36,37]，见图10-25。在锂离子

电池生产的早期，由于 Fe 杂质控制不严格，这种自放电时有出现。主要是由正极原料中引入的，也可能是在生产过程中引入的，如干燥过程中干燥箱脱落的铁锈，制浆搅拌、极片涂布和装配过程中由于机械设备金属部件磨损而形成的铁屑。

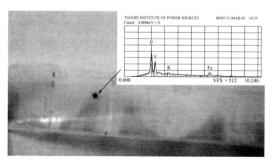

图 10-25　隔膜中出现黑色物质和元素分析结果

　　测定自放电之前，电池应有足够的老化时间，以使自放电电池的电压下降到能够明显测试识别。老化时电压有一定下降，如果时间不够还需要在环境中静置一段时间。提高化成电压和老化温度都有助于在最短的时间内筛选出自放电异常电池，但是老化电压不能过高，防止电池过充[38]。

　　② 厚度：影响电池厚度的因素主要包括电池极片、隔膜的膨胀以及电池的气胀。极片和隔膜的膨胀在前面已经论述。电池气胀是指电池在封口后化成反应继续产生大量气体，使电池壳体膨胀增厚。不同壳体电池的气胀程度不同，铝壳电池和软包装电池由于壳体强度较低而气胀明显。形成气胀的原因主要由水分过量和化成制度不当有关，如过量的水分在化成过程中会形成大量的气体；预化成不足，在封口后化成过程中还会继续产生气体。

　　③ 内阻：影响电池内阻的因素主要有极片配方、厚度、压实密度，极耳的尺寸和位置、焊接情况，电解液注液量等[39]。电池的内阻越小，功率性能就越好，这对动力锂离子电池和微型锂离子电池尤为重要。极片配方中导电剂越多，电池的内阻也就越小；但是导电剂和黏结剂过多容易导致活性物质量降低，电池的容量不足。压实密度越高，活性物质颗粒与导电剂接触也就越好，内阻越小；但是压实密度过大会使极片液相导电性能变差。极片面积越大，内阻越小，极片厚度越薄，液相导电性能越好。极耳的焊接点越多，焊接面积越大，电池的内阻也就越低。

　　下面具体讨论极耳的位置和尺寸对电池内阻的影响，见图 10-26。4 种不同极耳焊接位置的电池电阻分别为 12Ω、15Ω、14Ω 和 26Ω，正负极极耳在极片中间部位的内阻最小，在极片两端部位的内阻最大。另外极耳的厚度和宽度也会影响电池的内阻，极耳厚度越厚，宽度越宽，电池内阻也越低[40]。

　　④ 循环：影响电池循环性能的因素主要有正负极材料活性物质种类、极片

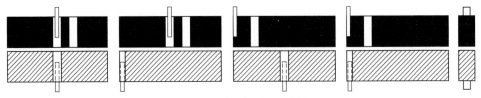

图 10-26　极片、极耳设计

压实密度、电解液种类和注液量、负极过量不充足和水分等。正负极材料的种类是影响电池循环性能的重要因素。较好的材料，即使制备工艺存在差异循环，性能也不会太差；较差的材料，工艺再合理，循环性能也无法保证。同时正负极材料必须与电解液匹配，有利于形成致密均匀的 SEI 膜。电解液注液量不足会导致极片润湿不足，循环性能下降，甚至在循环过程中电解液被消耗殆尽。若正负极极片的压实密度过高，会导致材料的结构破坏越严重，也会导致电池循环性能下降。

（4）检验新技术　随着电池生产技术的提高和检验水平的提高，全检的项目也逐渐在增多，方法也逐渐完善。如随着 X 射线微焦衍射技术的发展，原来是抽检的项目逐渐被扩大用于全检项目。

X 射线检测是一种无损的检测技术。电池各部分的密度和厚度不同，在 X 射线穿透电池内部时对 X 射线吸收的程度不同，达到增强屏的 X 射线量也存在差异。由电荷耦合器件（CCD）相机进行图像实时采集后经过软件图像处理，可得到电池内部清晰的结构显像[41]。可以观察电池内部正负极片、隔膜的位置和对齐度，极耳位置以及焊接缺陷等[42]，如图 10-27 所示，从而提前发现缺陷，提高锂离子电池的安全性能。

图 10-27　锂离子电池 X 射线无损检测结构图

计算机断层扫描（CT）是另一种无损检测技术，可以得到电池内部的三维结构图像。这种无损检测技术成为质量控制和失效分析的强大工具，主要用于确认电池的内部结构、是否存在异物、外壳连接、正负极卷绕情况等，如图 10-28。

（5）包装出厂　经过分容分选的锂离子电池，检验合格后进行喷码，方便厂家追溯锂离子电池的质量，需要标注的信息通常包括：产品型号、正负极极片、

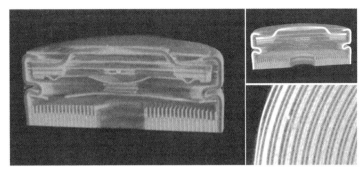

图 10-28 锂离子电池 CT 检测结构图和异物（见彩图）

生产批号以及其他必要的编号。然后进行包装，包装过程需要对电池进行贴纸，防止正负极短路和防止电池外观受到破坏。

电池应在清洁、干燥、通风的室内环境中贮存，环境温度为−5～35℃，相对湿度不大于75％，避免与腐蚀性物质接触，远离火源及热源。电池需要包装成箱进行运输，在运输过程中要防止剧烈振动、冲击、短路或挤压，防止日晒雨淋。运输时要符合相关的运输标准。

参 考 文 献

［1］ Väyrynen A，Salminen J. Lithium ion battery production［J］. The Journal of Chemical Thermodynamics，2012，46：80-85.

［2］ Van Schalkwijk W，Scrosati B. Advances in lithium-ion batteries［M］//Advances in lithium-ion Batteries. Boston：Springer，2002：1-5.

［3］ Lu P，Li C，Schneider E W，et al. Chemistry，impedance，and morphology evolution in solid electrolyte interphase films during formation in lithium ion batteries［J］. The Journal of Physical Chemistry C，2014，118（2）：896-903.

［4］ Nie M，Abraham D P，Chen Y，et al. Silicon solid electrolyte interphase（SEI）of lithium ion battery characterized by microscopy and spectroscopy［J］. The Journal of Physical Chemistry C，2013，117（26）：13403-13412.

［5］ Peled E. The electrochemical behavior of alkali and alkaline earth metals in nonaqueous battery systems-the solid electrolyte interphase model［J］. Journal of the Electrochemical Society，1979，126（12）：2047-2051.

［6］ Kanamura K，Tamura H，Shiraishi S，et al. Morphology and chemical compositions of surface films of lithium deposited on a Ni substrate in nonaqueous electrolytes［J］. Journal of Electroanalytical Chemistry，1995，394（1）：49-62.

［7］ Bhattacharya S，Alpas A T. Micromechanisms of solid electrolyte interphase formation on electrochemically cycled graphite electrodes in lithium-ion cells［J］. Carbon，2012，50（15）：5359-5371.

［8］ Nie M，Chalasani D，Abraham D P，et al. Lithium ion battery graphite solid electrolyte interphase revealed by microscopy and spectroscopy ［J］. The Journal of Physical Chemistry C，2013，117（3）：1257-1267.

［9］ Zhang S，Ding M S，Xu K，et al. Understanding solid electrolyte interface film formation on graphite electrodes ［J］ Electrochemical and Solid-State Letters，2001，4（12）：A206-A208.

［10］ Leroy S，Blanchard F，Dedryvere R，et al. Surface film formation on a graphite electrode in Li-ion batteries：AFM and XPS study ［J］. Surface and Interface Analysis，2005，37（10）：773-781.

［11］ Goodenough J B，Park K S. The Li-ion rechargeable battery：a perspective ［J］. Journal of the American Chemical Society，2013，135（4）：1167-1176.

［12］ 肖顺华，章明方. 水分对锂离子电池性能的影响 ［J］. 应用化学，2005，22（7）：764-767.

［13］ Park Y，Shin S H，Hwang H，et al. Investigation of solid electrolyte interface（SEI）film on LiCoO₂ cathode in fluoroethylene carbonate（FEC）-containing electrolyte by 2D correlation X-ray photoelectron spectroscopy（XPS）［J］. Journal of Molecular Structure，2014，1069：157-163.

［14］ 黄丽，金明钢，蔡惠群，等. 聚合物锂离子电池不同化成电压下产生气体的研究 ［J］. 电化学，2003，9（4）：387-392.

［15］ 杨绍斌，刘秉东，范军，等. 电池化成产气量测定方法及其系统：CN1725542 ［P］. 2006-01-25.

［16］ Bernhard R，Metzger M，Gasteiger H A. Gas evolution at graphite anodes depending on electrolyte water content and SEI quality studied by on-line electrochemical mass spectrometry ［J］. Journal of the Electrochemical Society，2015，162（10）：A1984-A1989.

［17］ Joho F，Rykart B，Imhof R，et al. Key factors for the cycling stability of graphite intercalation electrodes for lithium-ion batteries ［J］. Journal of Power Sources，1999，81：243-247.

［18］ Belharouak I，Koenig G M，Amine K. Electrochemistry and safety of $Li_4Ti_5O_{12}$ and graphite anodes paired with $LiMn_2O_4$ for hybrid electric vehicle Li-ion battery applications ［J］. Journal of Power Sources，2011，196（23）：10344-10350.

［19］ Burns J C，Sinha N N，Jain G，et al. The impact of intentionally added water to the electrolyte in Li-ion cells Ⅱ：Cells with lithium titanate negative electrodes ［J］. Journal of the Electrochemical Society，2014，161（3）：A247-A255.

［20］ Cannarella J，Arnold C B. Stress evolution and capacity fade in constrained lithium-ion pouch cells ［J］. Journal of Power Sources，2014，245：745-751.

［21］ Thinius S，Islam M M，Heitjans P，et al. Theoretical study of Li migration in lithium-graphite intercalation compounds with dispersion-corrected DFT methods ［J］. The

Journal of Physical Chemistry C，2014，118（5）：2273-2280.

［22］ Sacci R L，Gill L W，Hagaman E W，et al. Operando NMR and XRD study of chemically synthesized LiC_x oxidation in a dry room environment［J］. Journal of Power Sources，2015，287：253-260.

［23］ Qi Y，Guo H，Hector L G，et al. Threefold increase in the Young's modulus of graphite negative electrode during lithium intercalation［J］. Journal of the Electrochemical Society，2010，157（5）：A558-A566.

［24］ Moon J，Cho K，Cho M. Ab-initio study of silicon and tin as a negative electrode materials for lithium-ion batteries［J］. International Journal of Precision Engineering and Manufacturing，2012，13（7）：1191-1197.

［25］ Qi Y，Hector L G，James C，et al. Lithium concentration dependent elastic properties of battery electrode materials from first principles calculations［J］. Journal of The Electrochemical Society，2014，161（11）：F3010-F3018.

［26］ Nie M，Chalasani D，Abraham D P，et al. Lithium ion battery graphite solid electrolyte interphase revealed by microscopy and spectroscopy［J］. The Journal of Physical Chemistry C，2013，117（3）：1257-1267.

［27］ Fu R，Xiao M，Choe S Y. Modeling，validation and analysis of mechanical stress generation and dimension changes of a pouch type high power Li-ion battery［J］. Journal of Power Sources，2013，224：211-224.

［28］ Lee J H，Lee H M，Ahn S. Battery dimensional changes occurring during charge/discharge cycles-thin rectangular lithium ion and polymer cells［J］. Journal of Power Sources，2003，119：833-837.

［29］ Doya Y，Goto H. Method of manufacturing reaction agglomerated particles，method of manufacturing cathode active material for lithium ion battery，method of manufacturing lithium ion battery，lithium ion battery，and device of manufacturing reaction agglomerated particles：US 14/409，347［P］. 2013-2-15.

［30］ Coowar F A，Blackmore P D. Method of Constructing an Electrode Assembly：US 12/270，276［P］. 2008-11-13.

［31］ Kugino S. Non-Aqueous Electrolyte Secondary Battery：US 13/985，888［P］. 2012-2-16.

［32］ Barré A，Deguilhem B，Grolleau S，et al. A review on lithium-ion battery ageing mechanisms and estimations for automotive applications［J］. Journal of Power Sources，2013，241：680-689.

［33］ Reade A，Arakelian R. Charging Apparatus and Portable Power Supply：US 13/192，245［P］. 2011-7-27.

［34］ Agubra V，Fergus J. Lithium ion battery anode aging mechanisms［J］. Materials，2013，6（4）：1310-1325.

［35］ 蔡道国，于永辉，祝利民. 一种锂离子电池的高温老化处理方法：CN103354299A［P］.

2013-10-16.

[36] Yazami R, Reynier Y F. Mechanism of self-discharge in graphite-lithium anode [J]. Electrochimica Acta, 2002, 47 (8): 1217-1223.

[37] Swierczynski M, Stroe D I, Stan A I, et al. Investigation on the Self-discharge of the LiFePO₄/C nanophosphate battery chemistry at different conditions [C] //IEEE. Transportation Electrification Asia-Pacific (ITEC Asia-Pacific), 2014 IEEE Conference and Expo. New Jersey: IEEE Power & Energy Society, 2014: 1-6.

[38] Ho L H, Hsu Y L, Chu C W. Battery detection method: US 13/240, 343 [P] .2011-9-22.

[39] Wu G, Sun H, Pan L. Lithium-ion battery: US 8,865,330 [P] .2014-10-21.

[40] 陈宏, 胡金丰, 衣守忠. 高倍率锂电池极耳研究 [J] . 电源技术, 2013, 37 (4): 540-542.

[41] Etiemble A, Besnard N, Adrien J, et al. Quality control tool of electrode coating for lithium-ion batteries based on X-ray radiography [J] . Journal of Power Sources, 2015, 298: 285-291.

[42] Lee S S, Kim T H, Hu S J, et al. Joining Technologies for Automotive Lithium-Ion Battery Manufacturing: A Review [C] //ASME 2010 International Manufacturing Science and Engineering Conference. American Society of Mechanical Engineers. Pennsylvania, USA, 2010: 541-549.

第 **11** 章

动力锂离子电池

动力电池通常是指为电动汽车、电动自行车、高尔夫球车以及电动工具提供动力源的电池，通常是以较长时间的中等电流持续放电，或在启动、加速或爬坡时大电流放电。与普通电池相比，动力电池要求具有容量大、倍率性能好、循环性能和安全性能好等特点；同时动力电池通常是以串并联形成电池组使用，严格要求单体电池的一致性。本章首先对比了各类动力电池的特点，讨论了单体动力锂离子电池的电性能、安全性和一致性的影响因素，然后讨论了电池组的管理和安全技术。

11.1
概述

11.1.1　动力电池简介

现有常用电池的种类和性能指标见表 11-1。相比其他电池体系，锂离子电池具有能量密度大、功率密度大、质量轻等特点。在搭载相同质量电池时，锂离子电池电动汽车续航里程最大，续航能力好，使其成为动力电池最受关注的电池体系，并逐步取代其他体系，成为动力电池的首选。

表 11-1　常用单体动力电池的性能参数[1]

电池种类	标称电压 /V	能量密度		功率密度 /(W/kg)	循环寿命 /次	自放电率 /(%/月)	记忆效应	使用温度 /℃
		/(W·h/kg)	/(W·h/L)					
铅酸电池	2.0	35	100	180	1000	<5	无	−15~50
镍氢电池	1.2	70~95	180~220	200~1300	3000	20	有	−20~60
锂离子电池	3.7	118~250	200~400	200~3000	2000	<5	无	−20~60
锂硫电池	2.5	350~650	350	—	300	8~15	无	−60~60
锂空气电池	2.9	1300~2000	1520~2000	—	100	<5	无	−10~70

（1）动力锂离子电池要求　动力锂离子电池或电池组原则上须满足如下要求：

① 能量密度大。能量密度是评价动力锂离子电池应用性能的一个最重要指标。现有单体动力电池的电量通常可以达到 50A·h，再大就难以保证电池安全使用。目前单体动力锂离子电池能量密度可达 120~170W·h/kg，组成电池组的电池能量密度通常低于该值。为了提高电动汽车的续航里程，需要大幅增加电池的数量，能量密度成为纯电动汽车发展的主要瓶颈之一。

② 功率密度大。功率密度越大，单位时间内电池的输出能量越大，电动汽车的启动、加速和爬坡性能越优越。功率密度其实描述的是电池的倍率性能，即电池可以以多大电流放电。目前，单体动力电池的功率密度通常在 $800\sim1800W/kg$ 之间。由于受有机电解液电导率限制，动力锂离子电池的倍率放电性能不好。采用超级电容器和电池混合体系作为动力源可以提高功率密度，正常行驶采用电池输出，高功率使用时采用电容器输出。

③ 安全性能好。锂离子电池使用有机电解液，在过充、过放、短路、震动、冲击等情况下存在不安全性，尤其是电池的容量很大时，起火和爆炸引发的安全事故将更为严重，因此对动力锂离子电池的安全性要求更加严格。动力锂离子电池通常设有安全阀，保证使用时电池内部产生的气体和热量能够及时散发，防止燃烧和爆炸。

④ 电池一致性好。动力电池通常经过串并联装配成电池组使用，要求电池的一致性好，以便电池组中的单体电池能够步调一致进行充电放电，有利于电源管理，提高电池组寿命。

⑤ 循环性能和搁置性能好。循环性能好会相应降低电池成本，提高电池的竞争力。普通手机电池的充放电循环次数通常为 $300\sim500$ 次，而电动汽车使用寿命通常要求达到 10 年以上，充放电循环次数通常为 $1500\sim2000$ 次。

⑥ 高低温性能。通常要求电池在 $-20\sim60℃$ 之间甚至更极端条件下满足电动汽车或电动设备的正常使用。

⑦ 电池内阻小。降低电池内阻可以减小极化，降低发热量，提高功率性能和安全性。

⑧ 散热性好。电池在大电流放电时热量能够及时散发，保证电池温度在安全使用范围内。

⑨ 成本较低。锂离子电池是动力电池中成本最高的，成本成为锂离子动力电池发展的瓶颈之一。

（2）动力锂离子电池分类　动力锂离子电池按照电池是否组合使用通常分为单体电池和电池组，按照电性能分为能量型和功率型电池，按照用途分为电动汽车电池、电动自行车电池和电动工具电池。另外，动力锂离子电池还可以按照与常规锂离子电池类似的方法进行分类。

① 单体电池和电池组。单体电池是直接从生产获得的单个动力锂离子电池，工作电压通常为 3.7V 左右，容量通常在 $1.8\sim50A\cdot h$ 之间，可以直接用于小型电动工具。电池组，也称为电池包，通常是由多个单体电池串并联组合而成，能量和功率都大于单体电池。为了便于制造、使用、管理和维修，通常先将多个单体电池串并联组成电池模块，再将模块串并联构成电池组，结构见图 11-1。

② 能量型和功率型。动力电池通常要求功率性能较好。根据对功率性能需

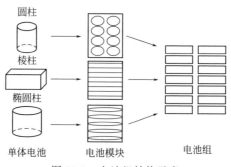

图 11-1　电池组结构示意

求的不同，单体电池或电池组又可以分为能量型和功率型动力电池。能量型电池通常具有较高的容量，能量密度可达 165W·h/kg，但功率密度不高，通常为800W/kg，适合使用时间长而对功率要求不高的场合，例如纯电动车。功率型电池需要满足瞬时 10C 大电流放电，通常具有较高的功率密度，可到1800W/kg 以上，但容量不高，适合用于高功率需求但使用时间不长的场合，例如混合电动车。但是能量型和功率型电池的技术指标没有明确的界限。

③ 电动汽车电池、电动自行车电池和电动工具电池。动力锂离子电池按照用途可以分为电动汽车电池、电动自行车电池和电动工具电池。单体电动工具的容量较低，通常为 1.8~3A·h；电动自行车采用的单体电池的最低额定容量次之；电动汽车单体电池的容量通常最大，甚至超过 50A·h。

目前，常见动力锂离子电池的电性能见表 11-2。

表 11-2　常见单体动力锂离子电池性能

汽车车型	电动车类型	正负极材料的化学组成	能量/A·h	电压/V	电池结构	生产厂家
Ford Focus Electic	EV	LMO(NCM)/C	23	3.7	叠层	LG Chem
Mini E	EV	NCM/C	35	—	圆柱	AC
Mitsubishi i-Miev	EV	NCM/C	15	3.7	方形	LEJ
Nissan Leaf	EV	NCA/C	24	3.75	叠层	AESC
Tesla Model S	EV	NCA/C	3.1	3.6	圆柱	Panasonic
Renault Zoe	EV	LMO /C	24	3.75	叠层	LG Chem
Honda Fit	EV	LCO/LTO	4.2	2.3	—	Toshiba
BYD Qin	PHEV	LFP/C	2.6	3.2	—	BYD
Toyot Prius	PHEV	NCM/C	5.2	3.7	方形	PEVE

注：EV—纯电动汽车；PHEV—插电式混合动力电动车；LMO—锰酸锂；NCM—$LiCo_x Mn_y Ni_{1-x-y} O_2$；NCA—$LiNi_{0.8} Co_{0.15} Al_{0.05} O_2$；LCO—钴酸锂；LTO—钛酸锂；LFP—$LiFePO_4$；C—碳材料。

11.1.2　电动汽车动力电池

电动汽车可以依靠电能驱动，可减轻对化石能源的依赖，降低空气污染物排放，实现社会可持续发展，因此受到世界各国的广泛关注。发展电动汽车是缓解我国当前普遍存在的雾霾问题的重要途径之一，也是我国重点鼓励发展的领域。

电动汽车可以分为纯电动汽车（EV）、混合动力电动车（HEV）、插电式混合动力电动车（PHEV）等三种，车型结构示意和电池组特点见表11-3。纯电动汽车是由电动机驱动的汽车，电池为电动机提供能量，能源转化率高，通常为普通汽油车的2倍，还具有无污染零排放等特点。混合电动车是由内燃机和电动机共同驱动的汽车，汽油为发动机提供能量，电池为电动机提供能量，兼有内燃机车和电动车二者的特点，既提高了能量利用效率，又降低排放减少污染。普通混合动力车的电池容量很小，不能外部充电，仅在起/停、加/减速的时候供应/回收能量，采用纯电模式行驶距离较短。插电式混合动力车的电池相对较大，可以外部充电，通常先以纯电模式行驶，当电池电量耗尽后再以混合动力模式（以内燃机为主）行驶。

表 11-3　电动汽车类型及对电池组电性能的需求

电动汽车类型	EV	HEV	PHEV
车辆结构			
能量/kW·h	15～85	0.5～3	5～16
功率/kW	80～350	2.5～50	30～150
电压/V	200～350	12～250	200～350

不同电动车车型对动力锂离子电池组的能量和功率要求不同。纯电动汽车为了保证续航里程，需要电池组的能量较大，最大可达85kW·h。如 Tesla 公司 Model S 车的电池组是将 7104 节松下 18650 型锂离子电池串联和并联结合形成额定容量为 85kW、电压为 400V 的电池组：先将 74 个 2A·h 左右的单体电池并联成单元；再将 6 个单元串联成模块；最后将 16 个模块串联形成整个电池组。Nissan 公司 Leaf 车的电池组是将 192 个 AECS 的软包装电池并联叠合成单元，再将单元 2 串 2 并形成模块，最后将 48 个模块串联形成电池组，容量为 24kW·h，输出功率在 90kW 以上。混合车依靠汽油发动机和电动机提供动力，容量要求不高，通常在 10～16kW·h 之间；电池功率要求较高，为 40～150kW。目前，电动汽车的性能及使用动力锂离子电池组的能量见表 11-4。

表 11-4 常用的动力锂离子电池组的结构和性能[2]

公司	汽车型号	电动汽车类型	年代	能量/kW·h	容量/A·h	电压/V	功率/kW	电池数量/个	质量/kg	能量密度/(W·h/kg)	里程/km
Smart	Fortwo	EV	2014	17.6	52	339	—	93	178	98.9	135
Nissan	Leaf	EV	2015	24	66	360	90	90	273	87.9	400
Volkswagen	e-up!	EV	2013	18.7	—	374	75	204	230	81	150
Audi	R8 e-tron	EV	2015	92	—	385	—	7488	595	152	451
Tesla	Model S	EV	2015	60	245	400	—	7104	353	170	526
BYD	E6	EV	2014	61.4	200	307	162	—	624	98.4	440
Chevrolet	Spark	EV	2015	18.4	54	400	120	192	215	85	132
Ford	Focus	EV	2015	23	75	350	—	—	287	80.2	322
Chevrolet	Volt	PHEV	2010	16	—	360	—	—	180	140	85.3①
Toyota	Rpius	PHEV	2012	5.2	—	345.6	—	288	160	—	20①
BYD	秦	PHEV	2014	13	26	500	—	156	—	—	70①
BYD	唐	HEV	2015	18.4	—	501.6	—	—	—	—	100①

① 仅使用电池驱动行驶的里程(不计算燃气发动机驱动行驶的里程)。

11.2
单体动力锂离子电池电性能

对于电动汽车来讲,电池容量越大,单次续航里程越长;电池循环寿命越长,电池使用成本越低;倍率性能越好,汽车的启动、加速和爬坡性能越好。动力锂离子电池对倍率性能、循环性能和容量等电性能要求很高。动力锂离子电池的电性能与正负极材料、电解液、隔离膜、黏结剂、集流体、壳体和制造工艺等方面密切相关,需要有针对性地进行原材料选择、电池结构设计和生产工艺控制,下面主要从原材料和电池结构两方面进行讨论。

11.2.1 原材料与电性能

(1)正负极材料 动力锂离子电池通常采用的正极材料有锰酸锂(LMO)、磷酸铁锂(LFP)和三元材料(NCM/NCA)。锰酸锂电池理论容量为148mA·h/g,实际容量110~130mA·h/g,工作电压为3.7V左右,倍率性能、安全性能和低温性能优越,原料成本低,合成工艺简单;但是材料密度较低,存在 Jahn-Teller 效应、氧缺陷、Mn 溶解等缺点,导致高温循环性能较差。磷酸铁锂电池理论容量170mA·h/g,实际容量135~153mA·h/g,工作电压为3.2V左右,具有很好循环性能和安全性能,原料来源广泛、价格相对较低和环境友好;但是倍率性能差，电压平台低，材料密度低，电池能量密度不高，同时合成条件较为苛刻，产品一致性有待提高。三元材料 NCM 和 NCA 等作正极材料制成的电池具有较高的比容量，通常为 $135 \sim 160 mA \cdot h/g$，工作电压为 3.6V 左右，具体与元素含量有关，能量密度相对于 LFP 电池和 LMO 电池有较大的提升；但是产气较严重和二次颗粒压实会破碎等导致循环性能不佳。

负极材料通常有改性石墨、中间相炭微球、硬炭和钛酸锂。石墨化中间相炭微球作负极制成的电池具有较好的倍率性能、循环性能和安全性能，但是成本较高；改性天然石墨作负极制成的电池容量高，但循环性能和安全性能较差；改性人造石墨作负极制成的电池容量较高，循环性能和安全性能好。硬炭材料的嵌锂电位高于 0.2V（相对 Li^+/Li），作负极制成的电池具有倍率性能、循环性能和安全性能好等特点，但是容量低；钛酸锂的嵌锂电位为 1.5V（相对 Li^+/Li），作负极制成的电池具有零应变、循环性能和安全性能优异等特点，但工作电压较低，能量密度小，可运用于对距离要求不高的短途电动汽车。目前，电动汽车和插电式混合动力汽车锂离子电池使用的正负极材料体系如表 11-2 所示。

电极材料的颗粒尺寸、比表面积、导电性和孔隙率等因素都会影响电池的容量、倍率性能和循环性能。小尺寸颗粒可以缩短锂离子固相扩散路径，内部多孔颗粒可以提供更多的锂离子迁移通道，因此粒径较小的颗粒和内部有多孔结构的电极材料通常表现出较好的倍率性能。但是粒径过小会导致库仑效率和充填密度低下，影响整体电池的容量。

（2）电解液　电解液也是影响动力锂离子电池倍率性能和循环性能的重要因素。电解液的导电性和黏度影响锂离子在电解液中的扩散系数和电池倍率性能，热稳定性和化学稳定性影响电池循环性能和安全性能。目前动力电池仍然是以 $LiPF_6$ 为电解质盐、以碳酸乙烯酯（EC）和直链碳酸酯组成的混合溶剂为电解液，不同正负极材料体系需要开发相匹配的电解液。如 $LiFePO_4$ 动力电池用电解液与普通电解液（$LiPF_6$/EC＋EMC＋DMC）相比，黏度较低，$LiPF_6$ 浓度偏高，并添加 PC（碳酸丙烯酯）溶剂或 VC（碳酸亚乙烯酯）、PS（亚硫酸丙烯酯）、BP（联苯）等各种功能型添加剂，从而提高电解液与正负极材料的兼容性和浸润性，提高锂盐的溶剂化程度、锂离子迁移速度和电子导电性，从而提高电池的电化学性能。$LiMn_2O_4$ 动力电池用电解液中加入特殊添加剂，可抑制电解液中水分的产生和减少 HF 的含量，有效地抑制高温下 Mn 的溶解析出，提高电池的循环性能。

（3）其他材料　动力锂离子电池要求隔膜具有更高的孔隙率和较小的厚度，从而提高离子扩散速度，但这些改变会降低膜强度、抗冲击和安全性，需要开发各种性能平衡的隔膜材料。导电剂形貌和含量对电极材料的倍率性能影响显著，增大导电剂含量能明显提高电池的倍率性能。黏结剂的性质也会影响极片的弹性；聚偏氟乙烯（PVDF）连接的表面积大，导致极片的弹性和循环寿命降低；

水溶性人造橡胶黏结剂（WSB）黏接粒子的表面积小，极片具有较好的黏结性和弹性，能够吸收充放电过程中的体积膨胀和收缩，改善电池的循环寿命[3]。

11.2.2　电池结构与电性能

（1）压实厚度和压实密度　电极极片的厚度和压实密度影响电池的倍率性能。极片越薄，锂离子在正负材料内部的固相扩散距离越短。极片中孔隙率较高时，内部具有足够的孔隙，可提高电解液与极片的浸润程度，锂离子可以通过这些通道来实现扩散。但是极片孔隙率太大时，不利于极片做薄，同时容易导致导电性和压实密度下降。因此电极极片的厚度和孔隙率需要找到一个平衡点，以达到最佳的锂离子迁移速率，提高倍率放电性能。需要调整活性物质颗粒尺寸、黏结剂配方以及极片压实密度来获得适当的孔隙率，从而减小电解液与极片的阻抗，改善倍率性能。压实密度对倍率性能的影响如表 11-5 所示。

表 11-5　正负极极片压实密度与倍率性能关系[4]

正极压实密度 /(g/cm³)	负极压实 密度/(g/cm³)	1C 放电容量 /mA·h	15C 放电容量 /mA·h	倍率放电比例 /%
3.0	1.5	863	713	82.6
3.5	1.5	874	828	94.7
3.8	1.5	856	758	88.6
4.1	1.5	867	634	73.1
3.5	1.3	871	792	90.9
3.5	1.7	859	680	79.2

（2）集流体和极耳　正负极的集流体和极耳是锂离子电池与外界进行电能传递的载体，集流体和极耳的电阻值对电池的倍率性能也有很大的影响。因此，通过改变集流体和极耳的材质、尺寸大小、引出方式、连接工艺等，都可以减小集流体和极耳的电阻，改善锂离子电池的倍率性能和循环寿命。

11.3
单体动力锂离子电池安全性

11.3.1　热失控及安全性能

11.3.1.1　热失控现象

锂离子电池的燃烧或爆炸主要是由热失控造成的。过充电、短路和加热等都可能引起放热反应，产生大量的热，如果不能及时散热很容易导致热失控。在电池过充电时，采用外接热电偶测定锂离子电池壳体的温度变化情况，如图 11-2 所示，充电电流为 $3C$，终止电压为 10V。随着过充时间的延长，两块电池发热速率与散热速率接近，温度均逐渐缓慢升高。当温度超过 80℃ 以后，发热速率远大于散热速率，两块电池温度快速上升。其中电池 A 温度上升至最大值 116℃ 后下降，电池发生膨胀，但是没有爆炸；而电池 B 上升至 108℃ 后继续上升，超过 150℃ 后壳体破裂，电池发生爆炸、起火。电池的热失控导致的汽车燃烧、爆炸现象时有发生。

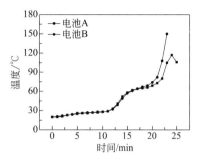

图 11-2　正常电池在 $3C$、10V
过充条件下电池的升温曲线

11.3.1.2　电池的放热反应

锂离子电池热失控可能是电池整体化学反应放热，或者局部化学反应发热，或者环境温度导致电池升温。电池内部的放热反应包括焦耳热、化学反应热、极化热和副反应热。

（1）焦耳热　按照欧姆定律电流产生的焦耳热为 $Q=I^2Rt$，与电池使用的电流和内阻有关。相同电流下，电池内阻越小，发热量越小；电池使用电流越小，发热量越小。在电池内部不同位置具有不同的电阻，不同位置的温度也会不同，如极耳位置发热明显。

（2）化学反应热　化学反应热是电池工作过程中各组分之间发生化学反应而产生的热量。电池内部发生的化学反应既可能是吸热反应，也可能是放热反应。

（3）极化热　锂离子电池的极化包括欧姆极化、浓差极化和电化学极化。大电流充电时，浓差极化与电化学极化均会增加，从而产生热量。

（4）副反应热　在使用不当的情况下，电池内部温度会快速升高，达到某值后电池内部各组分会逐渐发生副反应，产生更多的热量，使温度继续升高，进一步加剧电池内部反应的进行，形成恶性循环。当电池内部的热量积累到一定程度就有可能发生热失控。

目前，锂离子电池在使用不当时的放热反应主要有：SEI 膜的分解反应、正极活性材料的分解反应、电解液的分解反应、嵌入的锂与电解液的放热反应、嵌入的锂与氟黏结剂的放热反应、过充电形成的锂金属与电解液和黏结剂发生的反应等。副反应的放热与电池温度的关系如图 11-3 所示。

11.3.1.3　热失控防止途径

锂离子电池热失控的防止主要从电池结构设计、制造工艺、原料选择以及电

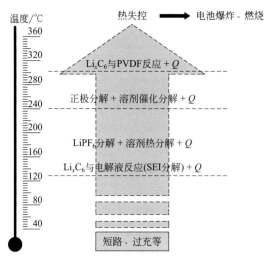

图 11-3　锂离子电池的主要放热反应及热失控示意

池组管理等途径来考虑。

(1) 电池结构设计　电池结构合理，可使电池温度均匀，热量容易散出，避免局部过热引发副反应；减小电池的内阻，可减小电池的正常发热量。同时设计电池安全阀，当出现热失控时释放电池的内压，防止电池发生危险。

(2) 设备和工艺控制　结构稳定的电池，内部绝缘性能好，在不良使用环境下仍然具有良好的绝缘性。极片、极耳等金属部件毛刺短而少，能够防止在震动、坠落等情况下的内部短路隐患。因此对生产设备、生产工艺条件和检测具有更严格的要求。

(3) 电池原材料的选择　电池原材料通常包括正负极材料、电解液及添加剂。选择热稳定性好和放热量小的正负极材料，可以减少反应热生成和副反应放出的热量。在电解液中添加阻燃、过充等添加剂，可以增加电池在过充、高温下使用等情况下的安全性。

11.3.2　电池结构与安全性能

(1) 电池温度分布　电池内部的温度分布可以通过热成像技术进行测试，也可以通过有限元计算方法来模拟。图 11-4 为 26A·h 聚合物锂离子电池内部温度的红外实测图和模拟图。从图中可以看出，电池表面的温度分布是不均匀的，正负极极耳处温升较快，其他区域温度变化趋势一致且温度变化较小，这与电池内部的电流密度分布是对应的。电池极耳与集流体接触面积有限，内阻较大，发热较高。在锂离子电池结构设计过程中，通过调整极耳引出位置、增加极耳数量和宽度，以及改变极片的长宽比例等方式，可以降低电池内阻，减小发热和提高倍率性能。

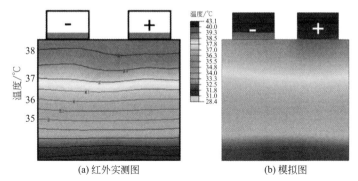

图 11-4　聚合物锂离子电池内部温度分布的红外实测图和模拟图[5,6]（见彩图）

电池的结构和壳体材质对电池温度分布也有影响。圆柱动力锂离子电池的卷绕电芯内部的电流路径长，内阻大，同时卷绕的能量集中，安全性能相对降低；且极片和隔膜在电池充放电过程中受到的局部应力非常不一致，易于出现极片断裂和其他问题。更多厂家采用方形卷绕或叠片式的铝塑膜软包结构电池。叠片电池的内阻小，$100A \cdot h$ 的动力电池内阻小于 $0.8m\Omega$，是卷绕电池的 $1/5$，散热也更为合理。传统的电池硬质外壳能够较好地抑制内部形变，具有较高的耐内压能力，但存在一定的安全问题。如钢壳电池出现短路等情况时，热量不能及时散出，电池内部升温，容易产生爆炸或燃烧。而铝塑复合膜电池，厚度薄、散热性好、内部接触及热特性容易均匀、闲置空间小、内部压力容易释放、重量轻；存在的问题是铝塑膜的机械强度不足、封装部位的耐久性有待实际验证等。

（2）安全装置　安全装置作为辅助措施可以提高锂离子电池安全性，如圆柱形锂离子电池的盖子和方形壳体设置的安全阀。当电池内部气体压力达到额定值，安全阀打开排出气体，防止电池内部气体压力过高造成爆炸。对于铝塑膜包装的电池，虽无法加装安全阀，但是在内部压力增大时，铝塑膜会发生膨胀达到卸压的效果。

圆柱形锂离子电池的盖子中的正温度系数电阻元件（PTC），具有电阻随温度的升高而急剧上升的特性。PTC 元件的基体材料主要分为陶瓷和导电聚合物两类。当电池发生过充或外短路，大电流流经 PTC 元件，PTC 元件的温度由于欧姆阻抗发热而急剧升高，导致其电阻迅速增大，限制电流并使其迅速减小到安全范围，从而有效地保护电池。

11.3.3　设备工艺与安全性能

11.3.3.1　动力锂离子电池设备

动力锂离子电池的生产工艺与小型锂离子电池的类似，这里不再赘述。与小

型锂离子电池相比,动力锂离子电池的生产对工艺、装备和管理等方面提出了更高的要求,主要特点如下:

(1) 设备大型化 由于动力锂离子电池的容量明显高于现有小型锂离子电池,因此设备的尺寸相应扩大。如大尺寸全自动卷绕设备,应能够适应电芯的宽度>100mm;全自动叠片设备应该可以生产具有100~200层叠片的电池。同样焊接机和注液机等也需要大型化,以适应动力锂离子电池的制备要求。

(2) 精密化和自动化 由于动力锂离子电池对一致性要求高,高精度的设备可以减少制备过程工艺参数控制误差,自动化的设备可以减少由于人工操作引起的工艺参数波动,从而提高电池的一致性。对中大尺寸全自动卷绕设备要求端面精度<0.1mm,全自动叠片设备要求叠片精度<0.3mm,精密自动涂布机的涂覆精度≤±0.003mm。

(3) 高效率 动力锂离子电池的生产,引入了先进的生产设备,改变了之前手工、半自动化的生产状况。采用自动化设备对隔膜及极片分切、检测检验、分选及老化等,可降低成本,提高生产效率,提高产品质量和管理水平。例如先进涂覆设备的涂覆速度已经达到≥10m/min。

11.3.3.2 工艺与安全性能

电池的安全性能很大程度上是由制造过程的缺陷引起的,如极片厚度的不均匀、极片和极耳毛刺的产生、电芯的松紧度、灰尘的引入和极片吸水等。因此,减少或避免制备过程中产生的缺陷是锂离子电池生产环节控制的重点。

(1) 极片厚度的不均匀 涂布厚度的不均匀影响锂离子在活性物质中的嵌入和脱出,容易导致极片各处的极化状态不同,金属锂可能在负极表面沉积产生枝晶,导致内短路。

(2) 极片和极耳毛刺的产生 极片的铜箔和铝箔以及极耳上的毛刺容易刺穿聚合物隔膜,产生微短路。因此,在极片和极耳的分切过程中要严格控制切刀的状态,减小毛刺的出现。或者利用新型分切技术来减小毛刺,如利用极片激光切割机或激光极耳成型机的制片效果远比刀模极片冲切机、极耳焊接机等要好,毛刺小且速度快。

(3) 电芯的松紧度 电极材料充放电过程中的膨胀以及电芯结构厚度不均衡、隔膜收缩、电芯内部转角处极片层与层之间的间隙过小等因素,都会导致方形卷绕电芯的变形。在电芯卷绕过程中要控制卷绕张力波动范围,保持电芯内部极片层与层之间距离,使得电极各部分膨胀有足够的空间,从而减小方形电池电芯变形。

(4) 灰尘的引入 在锂离子电池生产过程中,可以采用专门的刷粉吸尘装置,有效地解决粉尘的不良影响。采用进口真空吸盘式自动机械手从料盒中取放极片,避免了极片制作过程中人手与极片的直接接触,减少了极片的掉粉。

(5) 极片的吸水 制造过程中吸入的水分会与锂盐反应生成腐蚀性很强的氢

氟酸，将正极活性物质或杂质溶解，溶解出的金属离子在低电位的负极析出，逐渐生长成枝晶，形成内短路。因此在锂离子电池生产过程中，需要保证原料的纯度，严格控制电池制造过程中的环境湿度，防止水分混入。

11.3.4 原材料与安全性能

影响电池安全性能的原材料主要有正负极材料、电解液及添加剂和隔膜等，各种材料对安全性能的因素具体讨论如下。

（1）正负极材料 正极材料的安全性主要包括热稳定性和过充安全性。在氧化状态正极活性物质发生分解，并放出热量和氧气，氧与电解液继续发生放热反应；或者正极活性物质直接与电解液发生反应。常见正极材料锰酸锂 $LiMn_2O_4$、磷酸铁锂 $LiFePO_4$ 和三元材料 $LiNi_{3/8}Co_{1/4}Mn_{3/8}O_2$ 的热稳定性见表 11-6。$LiMn_2O_4$ 在受热过程中氧的释放量最小，被认为是最安全的正极活性物质，但在 50℃ 以上高温循环时容量衰减过快，导致 $LiMn_2O_4$ 动力电池的高温稳定性和使用寿命较短。$LiFePO_4$ 晶体结构中 PO_4^{3-} 阴离子可以形成坚固的三维网络结构，热稳定性和结构稳定性极佳，安全性和循环寿命最好。三元材料的安全性和高温循环性能与 $LiFePO_4$ 还存在一定的差距。

表 11-6 常见正极材料的热稳定性

正极材料	放热起始温度/℃	放热峰值温度/℃	放热量/(J/g)	电压状态(相对 Li^+/Li)/V
$LiMn_2O_4$	209	280	860	4.4
$LiFePO_4$	221	252	520	3.8
$LiNi_{3/8}Co_{1/4}Mn_{3/8}O_2$	270	297	290	4.4

负极材料中，改性天然石墨和石墨化中间相炭微球的嵌锂电位较低，有可能析锂；石墨化中间相炭微球的安全性能优于人造石墨和天然石墨。硬炭和钛酸锂的嵌锂电位较高，能够有效防止析锂的产生，从而具有良好的安全性能。钛酸锂具有良好的热稳定性，安全性能最高。

影响锂离子电池安全性能的因素还包括正负极活性物质的颗粒尺寸及表面 SEI 膜等。活性物质颗粒尺寸过小会导致内阻较大，颗粒过大在充放电过程中会膨胀收缩严重。将大颗粒和小颗粒按一定比例混合可以降低电极阻抗，增大容量，提高循环性能。良好的 SEI 膜可以降低锂离子电池的不可逆容量，改善循环性能、热稳定性，在一定程度上有利于减少锂离子电池的安全隐患。

（2）电解液 动力锂离子电池电解液通常选择熔点低、沸点高、分解电压高的有机溶剂，不同组分电解液的分解电压不同，如 EC/DEC（1∶1）、PC/DEC（1∶1）和 EC/DMC（1∶1）的分解电压分别为 4.25V、4.35V 和 5.1V。同时，在电解液中添加助剂也可以起到提高过充安全性、阻燃以及提高电压等作用，动力锂离子电池中常用的添加剂如表 11-7 所示。

表 11-7 常用的锂离子电池电解液添加剂

功能	添加剂
SEI 成膜促进剂	CO_2，SO_2，CS_2
正极保护剂 $LiPF_6$ 盐稳定剂	N，N'-二环己基碳二亚胺 二草酸硼酸锂 1-甲基-2-吡咯烷酮 氟化氨基甲酸酯 六甲基磷酸酰胺
过冲保护剂	一甲氧基苯类化合物 联吡啶或联苯碳酸盐
阻燃添加剂	磷酸三甲酯 氟化烷基磷酸酯

（3）其他材料 隔膜的安全性和热稳定性主要取决于其遮断温度和破裂温度。遮断温度是指在一定温度下多孔隔膜发生熔化导致微孔结构关闭，内阻迅速增加而阻断电流通过时的温度。遮断温度过低时，隔膜关闭的起点温度太低，影响电池性能的正常发挥；遮断温度过高时，不能及时抑制电池迅速产热，易发生危险。隔膜的破裂温度高于遮断温度，此时隔膜发生破坏、熔化，导致正负极直接接触形成内短路。从电池安全性角度考虑，隔膜的遮断温度应该有一个较宽的范围，此时隔膜不会被破坏。

动力锂离子电池的隔膜材料主要有单层 PE、PP 膜，复合的 PP-PE-PP 膜，以及陶瓷涂层隔膜。PE 膜、PP 膜以及 PP-PE-PP 膜的遮断温度分别为 $130\sim133℃$、$156\sim163℃$ 和 $134\sim135℃$，破裂温度分别为 $139℃$、$162℃$ 和 $165℃$。因此 PP-PE-PP 复合膜的安全性比单层膜好。低熔点的 PE 在温度较低时起到闭孔的作用，而 PP 又能保持隔膜的形状和机械强度，防止正负极接触。但是 PP-PE-PP 复合膜高温收缩率大，强度和安全性能有待提高。采用聚对苯二甲酸乙二醇酯（PET）无纺布隔膜、聚亚酰胺和聚酰胺新型隔膜、有机/无机复合膜以及陶瓷涂层隔膜，可提高强度、高温稳定性和安全性能。

11.4
单体动力锂离子电池一致性

原材料的不均匀及生产过程的工艺偏差，都会使电池极片厚度、活性物质的活化程度、正负极片的微孔率等存在微小差别。因此，同批次投料产出的电池，在重量、容量、内阻等参数方面不可能完全一致。

电池的一致性是指对一定数量的电池进行性能测试，测试参数落在规定范围内电池数量的一种描述。在规定范围内电池数量越多，一致性越好。也可以理解为测定值在设计值附近波动，波动范围越小，一致性越好。动力电池通常需要串并联形成电池组来使用，与小型手机电池相比，对单体动力电池的一致性要求高。由于原材料、制备过程的差异，没有任何两个电池的性能是完全相同的。不同类型的电动汽车对电池一致性的要求也不同。容量型动力电池对电池容量和电压一致性要求较高，满足续航里程和较长寿命的要求。功率型动力电池对电压和内阻一致性要求较高，对容量一致性要求相对较低。

11.4.1 电池一致性指标

单体电池的一致性包括外形尺寸和电性能参数等众多指标。单体动力电池的一致性主要关注非工作状态的电性能指标和电池工作状态的差异。非工作状态的电性能指标包括电池容量、内阻和自放电率的差异，电池工作状态的差异包括电池荷电状态和工作电压的差异。

（1）容量一致性 电池容量一般指电池当前的最大可用容量，即电池在满充条件下恒流放出的电量，它是衡量电池性能的重要参数之一。影响电池容量的因素较多，对于同一型号电池而言，除了单体内部差异，外部测试条件如温度和放电倍率等也会显著影响电池容量。若要评价电池容量的一致性，则必须要保证在相同的外部条件下测试。以某型标称容量 8A·h 的锰酸锂功率型动力电池为例，在 20℃、1C 放电倍率下测得单体电池的容量呈正态分布，且更接近威尔分布，这跟电子元器件的质量分布类似，如图 11-5(a) 所示。

（2）内阻一致性 动力电池内阻包括欧姆内阻和电化学反应中表现出的极化内阻两部分。欧姆内阻由电极材料、电解液、隔膜电阻和各零件的接触电阻组成；极化内阻是电化学反应中由于电化学极化和浓差极化等产生的电阻。

对于动力电池，还常用直流内阻这个概念来表征电池的功率特性。直流内阻往往包含欧姆内阻和一部分极化内阻，其中极化内阻所占比例受电流加载时间的影响。在电池两端施加一个电流脉冲，电池端电压将产生突变，其直流内阻 R_d 可用下式表示：

$$R_d = \frac{\Delta U}{\Delta I} = \frac{U(t) - U_0}{\Delta I} \tag{11-1}$$

式中，ΔI 为电流脉冲；$U(t)$ 为 t 时刻的电池端电压；U_0 为初始电池端电压。

以同一批次某型标称容量为 8A·h 的锰酸锂功率型动力电池为例，在 20℃、1C 脉冲放电加载 1s 测得的直流内阻的离散程度较容量更为明显，且同批次电池

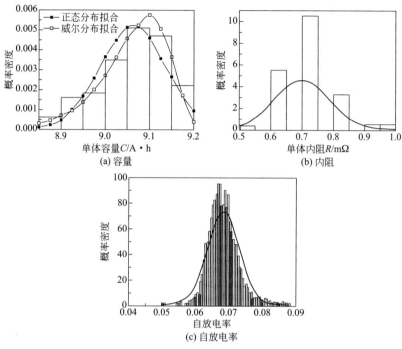

图 11-5 电池一致性的表现

的内阻一般满足正态分布的规律,如图 11-5(b) 所示。

(3) 自放电率一致性 自放电是电池在存储中容量自然损失的一种现象,一般表现为存储一段时间后开路电压(U_{oc})下降。因此,一般对于自放电率 η_{sd} 可以采用下式计算:

$$\eta_{sd} = \frac{f_{oc}(U_{oc} - U_{oc0})}{100} \tag{11-2}$$

式中,f_{oc} 为 U_{oc} 与荷电状态(SOC)的关系函数;U_{oc} 为电池开路电压;U_{oc0} 为初始开路电压。

图 11-5(c) 为同批次的某型标称容量为 8A·h 的锰酸锂功率型动力电池在 20℃下储存时的自放电率分布,也呈现近似正态分布。

(4) 荷电状态一致性 电池的状态主要是指电池的荷电状态(SOC)和端电压,它们决定了电池的工作点,是影响电池寿命的主要因素之一。并且电池状态与单体电池性能参数具有耦合作用,状态的不一致会进一步影响参数的不一致。荷电状态(SOC)是指电池使用一段时间或长期搁置不用后的剩余容量与其完全充电状态的容量的比值。对车用动力电池,SOC 定义为:

$$SOC = SOC_0 - 100 \times \int \frac{I\,dt}{C_{nom}} \tag{11-3}$$

式中，SOC_0 为初始 SOC 值；C_{nom} 为电池单体 $C/25$ 恒流放电的容量；I 为电流，一般放电时 $I>0$，充电时 $I<0$。SOC 对于动力电池系统乃至整车的能量管理都是一个十分重要的参数。

（5）端电压一致性 对于动力电池而言，其外部特性可以用如图 11-6 所示的等效电路模型来描述。图中 R_{dl}、C_{dl}、R_{diff} 和 C_{diff} 描述由于双电层电容效应及扩散效应等带来的极化现象，R_Ω 为电池的欧姆内阻。从模型可以看出，在同样电流激励下，单体电

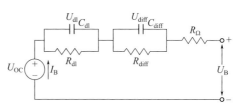

图 11-6 动力电池单体等效电路模型

池的性能参数差异最终表现为电池单体端电压的不一致，是单体电池性能参数和状态不一致的综合表现。

11.4.2 电池一致性影响因素

影响单体电池一致性的因素很多，贯穿于整个电池的设计、制造、储存和使用等各个环节，主要可分为原材料、生产设备和工艺两个方面。

（1）原材料 锂离子电池所用的原材料和辅料有几十种，每种材料本身就存在不一致现象，几十种原材料不一致的叠加，将导致锂离子电池具有很大的不一致性。

不同批次生产的原材料的粒度形貌、比表面积、密度以及杂质成分有所不同。不同批次电解液成分不同，有可能导致电解液的介电常数、导电性、黏度、密度等也有所不同。因此电池厂家都有严格的质量检测标准和原材料的允许波动范围，波动范围越小，原材料的一致性越好，电池的一致性越好。

为了进一步提高电池的一致性，有必要研究电池原材料检验指标波动对一致性的影响规律，找到影响电池一致性的关键指标，通过控制这些关键指标在合理范围的波动，进一步提高电池的一致性。

（2）生产设备和工艺 锂离子电池从原材料到成品电池需要经过制浆、涂膜、装配和化成等多道工序，每道工序由于制造精度、稳定性和生产工艺等差异都可能造成单体电池的一致性差异较大。目前，工艺一致性主要研究工艺微小波动对电池性能变化幅度的影响，根据电池的一致性要求来确定对制备工艺波动的耐受程度，从而制备出一致性好的电池。

制浆过程中，配料和搅拌对电池性能的影响非常重大，但是具体效果和影响在工序完成后难以直接观察，需要大量的生产经验和实验结果才能确定最合适的配料比例和搅拌方法。搅拌需要达到将活性材料、导电剂和黏结剂均匀分散的效果，但由于工艺条件限制，搅拌不可能完全均匀分散，导致局部活性物质、黏结剂和导电剂比例不一，造成电池性能不一致。

涂布过程中，影响涂布质量的因素很多，涂布头精度、涂布机运行速度、动态张力控制、平稳性、极片干燥方式、温度设定曲线和风压大小等都会影响涂布质量。涂布过程中极片厚度、重量的稳定一致性，对于电池的性能一致性有着重大影响，对保证涂布均匀至关重要。

辊压过程中，在涂布均匀的情况下，压实密度取决于辊压厚度。在辊压过程中容易产生厚度不均匀，造成极片压实密度不一致，从而导致同一批电池一致性出现偏差。辊压厚度主要取决于辊缝、轧辊刚度、轧辊偏心、极片活性物质变形抗力等因素。一般来说极片厚度随空载辊缝增加而增大，随轧辊刚度增加而减小，随极片活性物质变形抗力增加而增大。

电芯装配过程中，电芯的松紧度和正极、负极与隔膜的相对位置对电池的一致性影响明显。电芯越紧，在注液过程中越难以浸润，容量发挥不完全；电芯越松，正负极片之间距离越大，电池内阻越大。同时电芯还会在充放电过程中发生膨胀，内阻更加增大。从尺寸上来说需要保证隔膜完全包住负极，负极完全包住正极，且正极与负极不能有直接接触，以保证电池的安全性能。

注液和化成过程中，在电解液量相差不到 4% 的情况下，电池初始容量和循环性能都有较大区别，为了保证电池一致性能良好，必须使注入电解液量均匀一致。在注液过程中首检完成后还要注意抽检，对一定数量的电池进行注液后需要确定注液量的精确值并适时调整。化成工序采用锂离子电池化成柜，能够同时对多个锂离子电池进行化成预充，可以尽量保证化成过程中各电池所处环境相同，但也要注意防止在特殊情况下各通道之间电流不均匀造成的电池化成不一致。

设备自动化程度和精度越高，生产的电池的一致性越好。

11.4.3　筛选指标与一致性

虽然锂离子电池生产制造工艺水平在不断提高和完善，但不可能完全消除单体电池的不一致性，必须采用合适的指标对单体电池进行筛选。筛选方法主要有以下几种[7]：

（1）静态容量匹配法　根据锂离子电池在相同充放电条件下不同放电容量的匹配程度进行筛选。这种方法的操作方便、分选容易；但容量的分选是在这特定的充放电条件下进行的，只能说明电池容量的静态匹配，不能全面反映电池的其他性能，存在一定的局限性。

（2）内阻匹配法　根据锂离子电池的内阻进行筛选。内阻一致的电池组成的电池组通常具有更长的使用寿命。内阻体现了电池内部的极化情况，可以瞬间测量，筛选简单，但内阻的精准测量还有待提高。

（3）电压匹配法　根据锂离子电池两端电压进行筛选。电压又分为空载电压和动态电压，利用空载电压匹配的操作简单，但不精准；动态电压是电池在带负载工作过程中的电压变化，但电压一个参数不能反映电池的容量、内阻等其他性能，也存在一定的局限性。

（4）动态特性匹配法　动态特性匹配法是模拟电池组的实际工作条件，设定一定的测试条件对单体电池施加电压、电流并记录充放电曲线，然后分析对比这些充放电曲线进行筛选。电池动态特性曲线是锂离子电池在充放电过程中端电压随时间和电流的变化曲线，它不仅体现了电池端电压随时间的变化，还体现了充放电过程中容量、充放电电压平台、电池内阻和极化情况等电池的大部分性能特征。动态特性匹配法具体的分选方法又包括阈值法、面积法、轮廓法、数字滤波法以及斜率法等。

采用静态容量、内阻和电压匹配法都是以电池单一性能参数进行筛选，具有操作简单方便的优点，但反映出的电池性能不全面，筛选出的单体电池一致性不高；采用动态特性配组法筛选的单体电池的一致性最好，但筛选工序复杂。

为了筛选出一致性较好的单体电池，有些厂家采用几个性能综合筛选，如利用容量和内阻一起进行分选，或者结合电池容量、内阻和电压对电池进行分选。目前，配组的单体锂离子电池的分选条件一般为[8]：放电容量（0.2C）差≤3%，内阻差≤5%，自放电率差≤5%，平均放电电压差≤5%。

提高筛选标准可以提高电池一致性，但是会导致电池废品率升高，生产成本增加。

11.4.4　一致性与电池组性能

11.4.4.1　电池组容量

当电池组中所有单体电池的容量和内阻都一致时，在相同倍率条件下进行放电，单体电池的容量从荷电状态（SOC）为100%逐渐减小并且步调一致，电池组将保持平衡状态，如图11-7所示。在实际电池组中，由于单体电池的初始容量和电压一致性的差异，或者电池内阻一致性的差异，会导致单体电池荷电状态不同，电池组失衡，见图11-7（c）。如某个单体电池充电达到饱和（SOC为100%），整个电池组不能继续充电，而其他电池仍处于未完全充电状态。相反，当某个单体电池放电至完全状态（SOC为0%），整个电池组不能继续再放电使用，而其他单体电池仍然有一些电荷未能放出。

为了保持电池组的平衡，必须减小所有单体电池的荷电状态范围，从而导致整个电池组的使用容量降低，如图11-7（d）所示。如果电池平衡状态的SOC为50%~0%，则这个电池组的容量几乎减半。在极端情况下，电池将严重失衡，所有电池停止充放电，因此整个电池组容量几乎为0，如图11-7（e）和（f）所示。

在实际电池组中，一致性较差的单体电池可能会导致实时电压分配不均，造

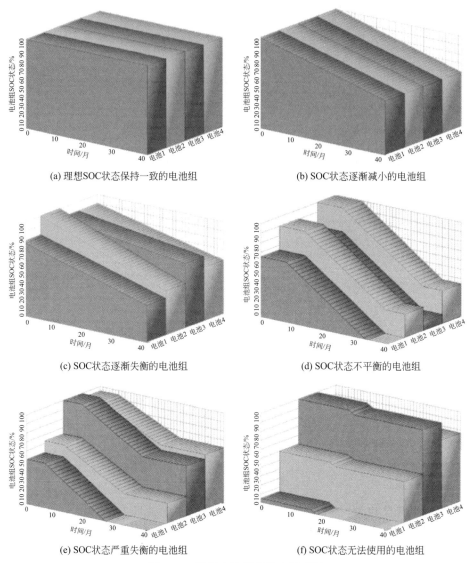

(a) 理想SOC状态保持一致的电池组

(b) SOC状态逐渐减小的电池组

(c) SOC状态逐渐失衡的电池组

(d) SOC状态不平衡的电池组

(e) SOC状态严重失衡的电池组

(f) SOC状态无法使用的电池组

图 11-7　平衡电池组的放电示意图

成过压充电或欠压放电，引起副反应，从而引发安全问题。下面从串联和并联电路中分别讨论电池一致性对电池组的影响。

11.4.4.2　电路设计

（1）串联电路[9]　串联电路中，流经各单体电池的电流相等。如果某个电池的容量较低，充电时会先达到充电截止电压，放电时会先达到放电截止电压。因此在串联电池组中，电池组最大容量是由容量最小的单体电池所决定。另外容量较低的电池容易出现过充或过放现象，严重影响电池组的性能。串联电路中，内阻较高的单体电池在充电时会先达到充电截止电压，放电时也会先达到放电截止电压。这与容量的影响类似，另外内阻较大的单体电池也容易出现过充或过放现象。串联电池组各电芯的初始电压不一致会导致电压较高的单体电池过压充电，而电压较低的电池会欠压放电，从而引起过充或过放现象。并且电压差异越大，安全问题越严重。串联电路中具有不同容量、内阻和初始电压的电池性能的影响见图 11-8。

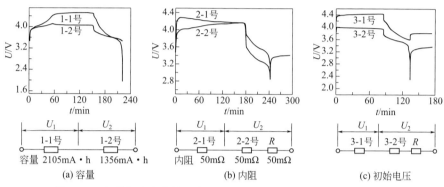

图 11-8　串联电路中容量、内阻和初始电压对电池组一致性的影响

（2）并联电路　并联电路中，各单体电池的能量可以在各个单体之间自由地流动。在充电过程中，容量小的电池会先到达较高电压，然后向其他电池充电；在放电过程中，容量大的电池电压下降慢，电压相对较高，会向容量小的电池充电。这既造成能量的浪费，又额外地进行了充放电，加速了电池的损害。

在并联电路中，各单体电池两端的电压是一致的。内阻较高的单体电池流经的电流较小，在充放电过程中充入/放出的电量较小。内阻较低的单体电池流经的电流较大，长时间充放电过程会对寿命产生不可逆的损耗。

（3）串并联电路[10]　在实际电池组中，单体电池既有串联又有并联，见图 11-9。不同的连接方式对电池组性能的影响不同。在先串联后并联的电池组中，由于单电池电压的不一致，在串联组中电压差的累计有逐步累加和相互抵消两种情况。在实际测试中，串联组之间都存在一定的电压差，并且电压差随放电深度的增加而增大，能量损失将更大。另外，电池之间的互充电还将对放电过程产生阻碍。

在先并联后串联的电池中，先并联的电池虽然也存在互充电现象，但单电池的相对电压差较小，互充电能耗较小，并且只影响并联的几块电池，作用范围小。这种小范围的互充电将对电池产生均衡的作用，补充充电不足的电池，这种连接方式对电池的均衡作用是比较显著的。因此，建议采用先并联后串联的方法连接电池组。

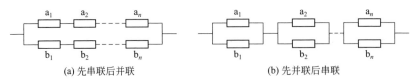

(a) 先串联后并联　　　　　　　　　　(b) 先并联后串联

图 11-9　典型连接可靠性分析模型

11.4.4.3　电池组寿命

以国内某电动公交车的车载动力电池组为例，为了简化计算，假定容量衰减系数为定值，令 $f(C)=0.999$ 和 $f(C)=0.9999$，分别计算正常放电深度（DOD）为 80%，单体电池循环寿命为 300 次、600 次、1200 次时成组电池组的使用寿命，计算结果如表 11-8 所示。从理论分析和实例分析看出，电池的一致性是影响电池组使用寿命最关键的因素，电池一致性越高，使用寿命越长。电池组的实际使用寿命远远低于上述理论计算值：该车载动力电池组中单体锂离子电池使用寿命均在 1000 次以上，但是电池组在使用 150 次后容量就出现严重的衰减，抽检的部分单体电池容量已低于电池额定容量的 80%。

表 11-8　在不同衰减系数下电池组的理论使用寿命

衰减系数	单体电池使用寿命/次	电池组使用寿命/次
0.999	300	220
	600	330
	1200	361
0.9999	300	291
	600	565
	1200	1064

11.5
动力锂离子电池组管理

11.5.1　电池组管理系统简介

锂离子电池组的管理系统主要包括以下功能：单体电池电压、电流和温度参数采集，荷电状态（SOC）和健康状态（SOH）估计，充放电控制和容量均衡，温度控制，故障保护，与外部设备通信功能等，图 11-10 为典型的动力锂离子电池组管理系统。

管理系统中，单体电池参数采集
是管理的基础和依据，通常需要测量
电压、电流和温度。电压测量通常采
用继电器切换技术、浮地技术、共模
检测或差模检测技术等专业电工技术。
测量单体电池的电压可以估计锂离子
电池的荷电状态（SOC），也是判断电
池过充过放和进行安全保护的依据，因
此需要对电池的电压进行实时检测。目

图 11-10　锂离子电池组的管理系统

前单体电池的电压采集精度通常为 5mV。电流测量一般采用霍尔电流传感器，通
过电流可以判断单体电池的过流和估计电池的荷电状态。温度检测一般采用温度传
感器，通过温度检测对温度控制提供判断依据，对剩余容量计算进行补偿；同时也
可以防止温度过高发生安全事故。通过检测可以判断电池是否出现过充、过放、过
温、过流和短路等不安全状态，故障保护系统适时关闭单体电池或电池组，起到保
护电池组的目的。外部设备通信功能主要是各模块的信息交换以及人机互动。下面
重点介绍荷电状态和健康状态评估、充放电及容量均衡控制、温度控制系统。

11.5.2　电池状态评估

（1）电池荷电状态　电池荷电状态（state of charge，SOC）是指电池使用
一段时间或长期搁置后的剩余容量与其完全充电状态容量的比值，它决定了电动
汽车的续航里程。主要方法有库仑计量法、开路电压法、内阻法、混合法、交流
内阻法，以及基于数学模型的卡尔曼滤波法、人工神经网络法、模糊法、经验模
型法等。

库仑计量法是通过计算电池组电流与时间的积分来计算锂离子电池组充入和
放出电量，再与电池的额定电量比较来估算电池的 SOC。库仑计量法是目前最
常用的方法，测量简单稳定，精度也相对较好，但测量电流的误差会出现累计误
差。SOC 可用下式计算：

$$SOC = SOC_0 - \frac{1}{C_N} \int_{t_0}^{t} \eta I \, dt \tag{11-4}$$

式中，C_N 为额定容量；I 为电池电流；η 为充放电效率。

开路电压法是利用电池经过长时间静置后的开路电压（U_{oc}）与 SOC 存在的
函数关系来估算电池 SOC，SOC 和 U_{oc} 对应的关系见图 11-11。电池在充电初期
和末期 U_{oc} 变化较明显，SOC 估算效果较好；而在中期 U_{oc} 变化范围较小，在此
期间 SOC 估算误差很大。但是测量开路电压需要经过足够长的时间静置才能达
到平衡状态，这种方法不适合在线检测，只能静态检测。

内阻法是利用电池内阻和电量存在的关系来估算电池的 SOC，内阻与 SOC 之间的关系如图 11-11 所示。电池内阻也可称为欧姆内阻，其值在理论上等于充放电电流建立或消失的瞬间（如小于 10ms），电池端电压的变化量与电流的比值。由于电池内阻受测量时间和工作阶段等因素影响，靠内阻来判断电池 SOC 的准确性较差。

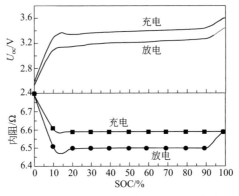

图 11-11　开路电压、内阻与 SOC 关系

混合法是指将库仑积分法与开路电压法或内阻法相结合的方法，通过开路电压法/内阻法的定期校正，使用库仑积分法得到精准的剩余电量。该方法已经广泛应用于笔记本电脑的电源管理芯片，如 MAXIM 的 DS2786、DS2781/2788 等芯片。

基于数学模型的 SOC 估算方法有很多。数据滤波法是在测量方差已知的条件下从一系列具有观察噪声的数据中估计出动态系统的状态，是一种预测-测量-更新的递推过程。具体是结合特定的电池模型，将电池充放电电流作为系统输入，将电池端电压作为系统输出，这两者都是可观察量；而需要估算的 SOC 作为系统的内部状态，通过卡尔曼递推算法对 SOC 进行最优估计。卡尔曼滤波法具有较强的初始误差修正能力，对噪声信号也有很强的抑制作用，在电池负载波动频繁、工作电流变化迅速的应用场合具有很大优势。但是在使用的过程中，老化、温度和 SOC 等变化导致模型存在瞬时性和非线性，以及观察噪声的近似处理，都会导致 SOC 估算出现误差。

人工神经网络法采用电池的工作电压、电流和温度作为输入量，SOC 作为输出量来建立人工神经网络模型，通过对输入和输出样本的学习、训练以及递推迭代运算来估算电池 SOC。人工神经网络法能快速、方便、高精度地估算 SOC，但需要在大量的实验数据基础上对样本数据进行全面训练，SOC 估算精度容易受到所选训练数据和训练方法的影响，还存在训练周期长、对硬件资源要求较高等缺点。

模糊法通常是将检测到的工作电压、电流及温度进行模糊化处理，经过模糊推理和反模糊化处理估算电池 SOC，为提高精度通常还须引入闭环反馈进行修正。由于建立 SOC 与输入量之间的模糊控制规则存在一定难度，导致 SOC 估计精度不高，同时模糊法在处理数据时需要大量硬件资源。

常用评估 SOC 的方法及优缺点见表 11-9。

表 11-9　常用评估 SOC 方法的优缺点和应用领域

方法	优点	缺点	领域
库仑计量法	相对精确、简单	对数据确切度要求高，需要修正	所有电池体系
开路电压法	相对精确、易于操作	需较长等待时间($I=0$A)，SOC 处于中段时误差较大	铅酸电池、锂离子电池等
内阻法	在线	需较长等待时间	所有电池体系
卡尔曼滤波法	精确、动态	算法较复杂，需要考虑很多因素	所有电池体系
人工神经网络	在线	需要训练大量数据	所有电池体系
逻辑模糊	在线	精确性较差	所有电池体系
经验模型	不需等待时间,对初始 SOC 值敏感,在线	不同体系需要建立大量数据	所有电池体系
交流内阻	可估算 SOH	精确性较差、成本高	所有电池体系

（2）电池健康状态　对锂离子电池组健康状态（state of health，SOH）进行实时监测和评估，使得对健康状态下降达到临界值的单体电池或电池组及时更换成为可能，对保障电动汽车的正常使用和续航里程都具有实际意义。SOH 随着循环使用次数的增加而发生复杂的、缓慢的和不可逆的退化。影响锂离子电池 SOH 的因素很多，包括活性物质内部的微裂纹、无定形化和溶解以及新相析出、电解液分解、气体的产生、界面膜（SEI）形成和可溶物质的迁移，集流体的腐蚀、导电剂的氧化、黏结剂的分解、导电颗粒接触的松弛等因素，具体见图 11-12。这些退化反应进程受电池使用的电压、电流、温度和 SOC 范围影响。使用电压过高、电流过大、温度过高或过低、SOC 范围越大，则电池退化进程越快。

电池组的健康状态是指在某一条件下电池可放出容量与新电池额定容量的比值，是定量描述电池寿命的指标。SOH 可用下式描述：

$$\mathrm{SOH}=\frac{Q_{\mathrm{now}}}{Q_{\mathrm{new}}}\times100\%　　(11\text{-}5)$$

式中，Q_{now} 表示在当前的条件下，电池可以释放出的最大容量；Q_{new} 表示新电池的额定容量。

纯电动汽车的动力电池基本上是全充全放状态，最关心的是电池容量，

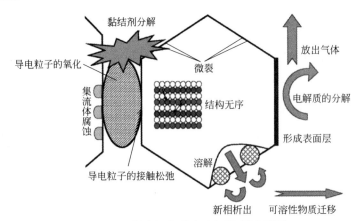

图 11-12　影响锂离子电池组健康因素[11]

SOH 通常采用容量来监测；混合动力汽车的动力电池是使用中间部分的荷电状态，关心的是动力电池输出功率，SOH 通常采用内阻来监测。采用电池组容量和内阻还不能精确判断电池的 SOH，准确判断还需要综合考虑电池的 SOC、极化电压和端电压、容量衰退量和阻抗变化量等参数。

　　容量法是最简单的 SOH 评估方法，具体是将电池进行放电，直至电压接近截止电压，则电池放出的电量与电池额定容量比值为 SOH 值。但是这种方法无法在线估算，放电过程通常为大电流，对电池寿命造成影响。采用局部放电也可以进行 SOH 评估，局部放电的精度与电池的放电深度有关。不同领域的电池对电池寿命要求不同。对于便携式电子产品的锂离子电池，循环 400 次的要求 SOH≥80%；对于电动工具用电池组循环 500 次的要求 SOH≥80%；对于能量型动力锂离子电池，循环 1500 次的要求 SOH≥80%；对于功率型动力锂离子电池，循环 2000 次的要求 SOH≥80%；对于储能型锂离子电池循环 2000 次的要求 SOH≥80%。单体电池的容量衰减如图 11-13(a) 所示。

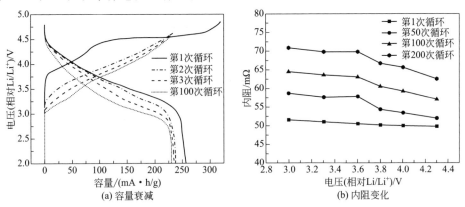

图 11-13　单体电池的容量衰减（a）和内阻变化（b）

电池的直流内阻随着电池 SOH 降低而增大，因此也可以从电池内阻来判断 SOH。电池在使用寿命的大部分时间内，电阻变化幅度较小，该方法误差较大；当电池接近使用寿命末期时，电阻变化较大，该法估算 SOH 误差较小。单体电池内阻变化如图 11-13(b) 所示。

交流阻抗分析是当今前沿的 SOH 测量方法，通常采用单一频率或不同频率的交流信号测量交流阻抗谱来估算电池的 SOH[12]。美国的 Nanocorp 公司和维拉诺瓦大学使用模糊逻辑模型进行交流阻抗谱检测。该法已经在电动汽车的 SOH 估计中应用，但阻抗分析法的成本相对较高。

经验模型法是根据控制某种测试条件得到大量测试数据，拟合出估算电池 SOH 的经验模型。经验模型可以较方便地估算 SOH，但是测试控制条件不一定涵盖所有实际情况，具有一定的误差。并且估算电池 SOH 的经验模型与电池类型有关，不同电池的经验模型不同。建立数学模型的算法来模拟电池 SOH 是当前的趋势，如基于非线性最优算法、自适应多参数循环算法等[13]。

11.5.3　电池充放电及均衡控制

锂离子电池充放电及均衡控制包括：设计合理的电路来消除不一致性对电池组性能的影响，设计容量均衡控制系统来保证充放电过程中的容量均衡和及时识别，切断和更换故障电池或模块。蓄电池组各单体容量的均衡对于串联蓄电池组的工作效率和安全起着非常重要的作用，长时间的不均衡会导致整个蓄电池组寿命缩短，严重影响整个系统的工作。充电均衡的功能是防止电池组内的电池过充电，部分结构在放电使用中，可能会带来的某些负面影响。由于充电均衡仅仅保证了电池在充电中容量最小的电池不过充，在放电过程中它能释放的能量也是最小的，因此这些电池过度放电的可能性很大。在电池管理系统（BMS）控制不好的情况下，这些容量小的电池已经处于深度放电条件下，电池组的整体仍蕴含较高的能量（表现在电池组电压较高）。往往充电均衡需要与放电均衡一起控制。电池管理系统可以根据电池的状态，实时地改变输出电流进行充电，防止电池组中所有电池发生过充电，各电池充电状态的示意如图 11-14 所示。

电池在充放电过程中的均衡方式包括：充电均衡、放电均衡和充放电均衡三种方式。具体如下：

(1) 充电均衡　在电池组充电过程中后期，部分电池的电压很高，已经超过限制值（一般低于截止电压）时，需要控制这些满充的电池少充、不充甚至转移能量，从而不损伤已充满的电容量小的电池；而容量大的电池继续充电，从而提高整个电池组的充电容量。

充电均衡电路中，多绕组变压器法是采用铁心上绕有一个原绕组和几个副绕组的变压器，将每个蓄电池单体连接到变压器的一个副边，选择一定的变压器副

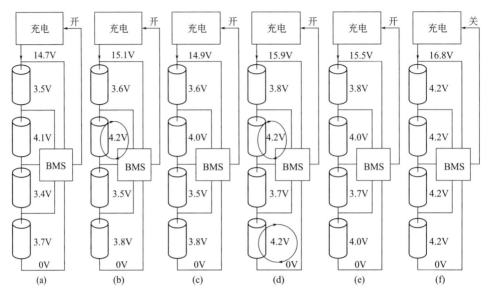

图 11-14　各电池充电状态的示意

边电压对所有电池进行充电，当电池电压升高到接近副边电压时，二极管由于承受反压关断，电池充电停止，此时电压较低的电池保持继续充电，直至二极管关断，保证电池充电一致性。不断提高副边电压，重复上述均衡过程，直至所有电池充满。多绕组变压器法充电均衡控制电路如图 11-15（a）所示。这种方法仅能用于电池组的充电均衡，同时多绕组价格较贵，蓄电池单体数量受绕组数限制，不易扩展。

（2）放电均衡　放电均衡是指在电池组输出功率时，通过补充电能限制容量低的电池放电，使得它单体电压不低于预设值（一般要比放电终止电压高一点）。预设值是很难设计的，与不同的电池种类有很大的关系。两个重要参数——充电截止电压和放电终止电压，均和电池温度、充放电流有关。

采用电阻消耗均衡法是通过与电池单体连接的电阻，将高于其他单体的能量释放，以达到各单体的均衡，结构图如图 11-15（b）所示。每个蓄电池单体通过一个三极管与一个电阻连接，通过控制三极管的导通与关断实现蓄电池单体对电阻的放电。该种结构控制简单，放电速度快，可多个单体同时放电。但缺点也很明显：能量消耗大，只能对单体进行放电不能充电，而且其他蓄电池单体要以最低的单体为标准才能实现均衡，效率低。

（3）充放电双向均衡　双向容量均衡方法可以实现充电过程和放电过程的均衡，主要方法有开关电容法、双向 DC-DC 变流器法、多模块开关均衡法和开关电感法等。

开关电容法是在每两个相邻电池之间设置电子开关（场效应管）和并联电

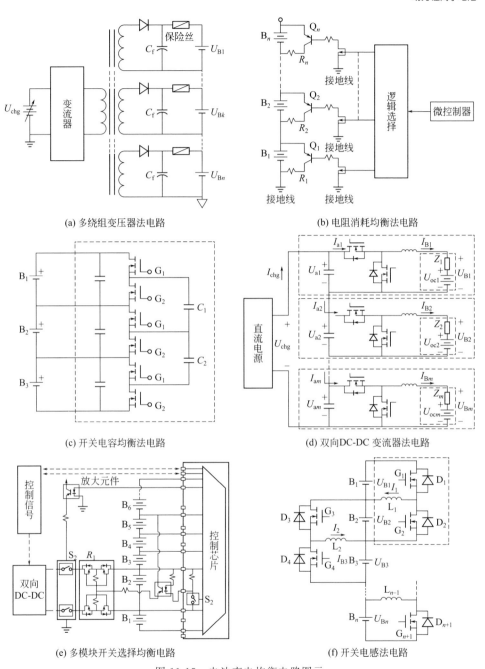

(a) 多绕组变压器法电路

(b) 电阻消耗均衡法电路

(c) 开关电容均衡法电路

(d) 双向DC-DC 变流器法电路

(e) 多模块开关选择均衡电路

(f) 开关电感法电路

图 11-15 电池充电均衡电路图示

U—电压；下标chg—充电；C—电容；B—电池；R—电阻；Q—三极管；

G—场效应管；I—电流；Z—阻抗；S—开关；L—电感；D—二极管

容，控制电子开关的通断，将电压高电池的能量传递给并联电容，然后并联电容将能量传递给相邻电压较低的电池。以此类推，通过控制电子开关的开通与关断，利用电容实现能量的逐个传递，最终达到电池组的充电和放电均衡。开关电容法控制简单，可实现充电和放电均衡，但由于逐个传递能量，均衡速度较慢，具体电路如图 11-15（c）。

双向 DC-DC 变流器法是将每个蓄电池单体都连接一个双向 DC-DC 变流器后再串联，如图 11-15（d）所示。由于蓄电池单体电压比较低，一般情况下将蓄电池单体作为低压侧。在给蓄电池组充电时，根据图 11-15（d）的控制策略，可以实现对每个蓄电池单体的恒压充电，如果将该控制策略的电压外环打开，可以根据均衡的需要进行恒流充放电控制。在放电时，如果连接负载较重，有些双向 DC-DC 变流器的电感可能工作在断续状态。这种均衡方法可以同时对所有电池单体进行充放电，并针对不同电池单体的容量情况控制充放电电流。此方法控制灵活，充放电均衡时间短。但由于每个蓄电池单体都需要一个双向 DC-DC 变流器，因此成本较高。

多模块开关选择均衡法是将电池组分为 M 个模块，每个模块有 K 个单体。每个蓄电池单体均有一组开关与双向 DC-DC 变流器连接，开关由两个反向串联的金属氧化物半导体场效应晶体管（MOSFET）组成，在单体未选中进行充放电时，控制芯片控制相应 MOSFET 关断，单体与变流器断开，由控制器选择给某个单体进行充电时，通过控制芯片开通对应的光耦，令 MOSFET 导通，将该蓄电池单体接入 DC-DC 变流器，如图 11-15（e）所示。这种方法可以对电池组中任何单体进行单独充放电，充放电电流可控，但是每次只能针对一个电池单体，因此整个蓄电池组的充放电均衡时间较长，尤其在单体数量很大的情况下的充放电均衡时间更长。

开关电感法是在相邻两个蓄电池单体之间通过 MOSFET 与一个电感相连，如图 11-15（f）所示，使用场效应管作为电子开关。当单体容量 B_1 大于 B_2 时，首先令电子开关 G_1 导通 G_2 断开，B_1 给电感 L_1 充电，然后 G_1 断开 G_2 闭合，此时电感将存储的能量释放给 B_2，为了保证 G_1 和 G_2 不同时导通，会加入死区，在死区时间里，电感 L_1 释放出的电流先通过 B_2，再通过 D_2。同时 B_2 也可以给 B_3 传递能量，也可以实现能量反方向的流动，直到所有电池单体容量相同为止。开关电感法可以实现相邻电池单体间能量的同时传递，可以减少均衡时间，对于 n 个蓄电池单体，需要 $2n-2$ 个 MOSFET 和 $n-1$ 个电感。

上述电池的均衡方法没有一种是十全十美的，需要根据应用场合、均衡时间、串联数量和成本等因素综合考虑，进行实际应用的选择。

11.5.4　电池组温度控制

动力电池的大型化和成组化使电池（组）的产热能力显著高于散热能力，用

于 HEV、PHEV 的高倍率电池更需要优异的散热性能。电池组的热量控制装置
主要功能：温度较高时对电池组进行散热，防止电池过热引发安全事故；温度较
低时对电池组进行加热，保证电池在低温环境下充电和放电的安全性和使用效
率；减小电池组中不同位置的电池或者电池不同部分的温度差异，抑制局部热点
或热区的形成，一般电池组内部温差要小于 5℃。

11.5.4.1 温度与电性能

锂离子电池的性能、寿命、安全性均与电池的温度密切相关，锂离子电池的
适宜工作温度通常为 10～30℃。温度过高会加快副反应的进行，加速寿命衰减，
甚至引发安全事故。温度过低会导致电池的功率和容量明显降低，如不限制功
率，可能会使锂离子析出锂枝晶，埋下安全隐患。便携式电子产品用锂离子电池
的使用环境温度与适宜温度相差不大，不需要或只需要简单的散热器件。而车用
动力电池的使用环境温度比较宽广（-20～60℃），电池周围的热环境不均匀，
在使用过程中温度变化较大，这对电池组的热管理提出了严峻的挑战，具体如
表 11-10 所示。

表 11-10　汽车行驶 1h 电池组的升温情况

环境温度/℃	最低温度/℃	最高温度/℃	最低升温/℃	最高升温/℃	最大温差/℃
-20	8.8	21.2	28.8	41.2	12.4
-10	13.4	23.6	23.4	33.6	10.2
0	18.6	27.0	18.6	27.0	8.4
10	24.9	31.8	14.9	21.8	6.9
20	32.6	38.7	12.6	18.7	6.1
30	42.3	48.5	12.3	18.5	6.2
40	54.3	61.7	14.3	21.7	7.4

温度在 -20～60℃时，将温差控制在 17℃范围内，电池组在使用中的容量
一致性达到 95％；将温差控制在 5℃以内，容量的一致性达到 98％以上，从而延
长电池组的使用寿命。为满足整车的动力性和经济性的要求，兼顾车载动力电池
的寿命和安全性，工作温度应该尽量保持在 20～35℃之间。

在电池组中，单体电池容量比电池内阻更容易受到温度的影响，不同种类锂
离子电池的温度特性通常不同。以磷酸铁锂动力电池为例，以常温 20℃为基准，
当温度升高时，电池容量缓慢增加；当温度下降时，电池容量随之下降；当温度
下降至 0℃以下，电池容量随温度下降快速衰减。温度对电池内阻的影响较小，
当温度为 20℃时，电池内阻最小。对于电池充放电效率，在 18～40℃之间时，
电池的充放电效率可维持在 80％以上；而当温度高于 40℃或者低于 18℃时，充
放电效率随温度变化明显下降。温度过高时电池的循环性能会下降。如大于

50℃时循环性能下降，继续升高可能引发安全事故。

11.5.4.2 电池组温度控制

电池组加热和冷却装置主要由传热介质、测温元件、控制电路、散热执行器等组成。传热介质是与电池组热交换表面相接触的介质，电池组内产生的热量通过传热介质扩散至外界环境中。常用的传热介质主要有空气、液体与相变材料等三类，具体特点见表 11-11。

表 11-11 传热介质特点及应用

传热介质	是否接触	介质黏度	系统复杂性	系统成本	散热效果	应用
空气	是	低	较低	低	较低	Mitsubishi iMiEV、Nissan leaf
液体(绝缘)	是	高	较高	较高	较高	—
液体(导电)	否	较低	高	高	高	Tesla model S、Chevrolet volt
相变材料	是	—	低	较高	较高	—

空气传热系统中，外部环境或车厢中的空气在自然对流或风扇强制下进入热管理系统的流道，与电池组的热交换表面直接接触，并通过空气流动带走热量，如图 11-16 所示[14]。液体传热系统中，常用的有高度绝缘的液体（如硅基油、矿物油等）和水、乙二醇或冷却液等导电液体。液体的比热容及热导率大大高于空气，液冷热管理系统的散热效果理论上好于空冷系统，但实际散热效果受到传热介质流动速率、电池表面与介质的热传递等影响，同时增加了电池组的整体质量和安全方面的隐患。相变材料传热系统利用相变材料吸收大量潜热，使得电池温度维持在适宜工作范围以内，可有效防止电池组过热[15]，具有整体构造简单、系统可靠性及安全性较高的优点，但是成本较高。

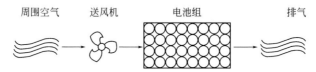

周围空气　　送风机　　　　电池组　　　　　　　排气

图 11-16　空气基电池冷却系统示意

在传热系统中，电池组向单位面积传热介质散热的速率可以用基本传热公式来表示：

$$q = h(T_{bat} - T_{amb}) \tag{11-6}$$

式中，h 为电池组表面的表面传热系数，与传热介质、流速、压力、流动形式和方向有关；T_{bat} 与 T_{amb} 分别表示电池组表面和传热介质的温度，说明温差越大越容易加热和冷却。按照传热介质在电池组内部的通过路径，可将流场分为串行流道式与并行流道式，如图 11-17 所示。在串行流道设计中，传热介质依次经过每个单体电池或电池模块，逐渐被加温，处于流道后部的电池模块散热效果较差。

并行流道设计中，传热介质通过并联的流道进行分流，并联式地经过不同的电池子模块，使得电池组不同位置的温度均一性较好。

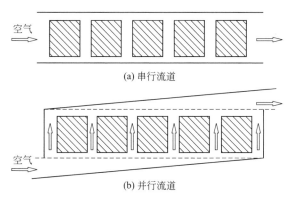

图 11-17 串行流道与并行流道示意图[16]

测温元件用于测量电池组不同位置的实时温度，控制电路根据实时温度进行散热执行器的动作决策。因此测温方法中的测点数量、测点位置、测量精度等对电池热管理系统的控制精度都具有重要影响。目前，常见电动汽车电池组的温度传感器多贴附在电池箱体的内表面或电池单体的外表面，同时温度传感器还可以布置在电池组内部的流道中，以及电池组的前部、中部与后部典型位置的单体表面上。

11.6
动力锂离子电池组安全技术

11.6.1 安全技术

单体电池的大型化和成组化使用，给车用动力电池系统的安全问题带来了新的挑战。首先是锂离子电池组采用高压电源系统，通常需要对强电部位绝缘，电池箱体与车体需要等电位，在检测到绝缘老化、发生事故或维修更换时采用切断电路等方式进行防护，这方面已经相对成熟。但动力电池容量增加后电池的散热能力相对产热能力变小，电池的热可控性降低，热失控的后果更加严重。因此需要避免电池组内部的单体电池出现热失控。

大型动力电池需要开发新的单体电池安全防护措施，将事故控制在危害尚小的初期阶段，加强故障诊断，防范事故于未然。加强对单体电池的监测与故障诊断功能，在判定某个电池有故障症候时，及时将其隔离、更换。开发智能电池，在电池内部植入小型芯片，测量每个电池的电压、电流，从中计算电池的阻抗，通过与事先制成的图表以及电池组中其他电池的比较，及时发现出现异常情况的电池。开发先进的非解体、无损健康诊断技术，定期在维修店对电池系统进行详细体检，及时发现细微的故障症候。建立数据中心，对电池运行数据进行统计处理，区分正常劣化与异常劣化，及时发现、处理出现异常劣化的电池。

锂离子电池在存储和使用过程中，需要对锂离子电池进行有效的控制与管理，保证锂离子电池的温度、电流、电压处于安全区间内。如磷酸亚铁锂电池的工作电压区间在 $2.0\sim3.7\mathrm{V}$，放电工作温度为 $-20\sim55℃$，充电温度为 $0\sim45℃$，如果超出此范围工作，电池寿命会大大降低，甚至会导致安全问题。

电池（模块）壳体、电池组箱体还应该满足绝缘安全、碰撞安全、耐震、防水、防尘、电磁兼容等可靠性要求。采用电池组更换方式的商业模式，对电池箱的机械强度、固定方式、导轨的可靠性设计、强电连接方式、强电安全设计提出了更高的要求。

11.6.2 安全性能检测

在实际使用过程中，动力电池组的安全性要求电池不爆炸、不起火、不漏液，万一发生事故时不能对人造成伤害，对机器、物品的损害要降到最小。动力电池组的安全性能检测主要是在模拟不当使用情况和极端情况下检测单体电池和电池组的电化学性能指标。近期相关机构公布或正在制定的电池和电池组的安全性能检测方法如表 11-12 所示。

表 11-12　电池和电池组的安全性能检测方法

序号	测试项目	具体方法	判断标准
1	过放电	满充的模组以 $1C$ 放电 90min 后停止，观察 1h	不爆炸、不起火、不漏液
2	过充电	模组满充后，继续以 $1C$ 充电至莫伊电梯电池电压达到截止电压的 1.5 倍或充电时间达到 1h 后停止，观察 1h	不爆炸、不起火
3	短路	模组满充后，正负极外部短路 10min，短路电阻＜5mΩ，观察 1h	不爆炸、不起火
4	跌落	模组满充后，正负端子一侧向下，从 1.2m 高度自由跌落至水泥地面，观察 1h	不爆炸、不起火、不漏液
5	加热	模组满充后放入温箱，按照 $5℃/min$ 的速率上升到 130℃ 并保持该温度 30min，停止加热，观察 1h	不爆炸、不起火
6	挤压	电池满充，选择模组在整车安装位置上最容易受到挤压的方向进行挤压测试，挤压板为半径 75mm 的半圆柱体，挤压速度（5±1）mm/s，挤压程度：模组变形量达到 30% 或者挤压力达到模组质量 1000 倍和表中数值较大值后停止，观察 1h	不爆炸、不起火

续表

序号	测试项目	具体方法	判断标准
7	针刺	电池满充,用直径 6～10mm 的钢针从垂直于模组极板方向进行贯穿,贯穿速度(25±5)mm/S,依次贯穿至少 3 个单体电池,钢针停留在电池中,观察 1h	不爆炸、不起火
8	海水浸泡	模组满充,完全浸入 3.5%的 NaCl 溶液 2h,观察 1h	不爆炸、不起火
9	温度循环	模组满充,放入温箱,从－40～80℃按照要求进行 5 次温度循环,观察 1h	不爆炸、不起火、不漏液
10	低气压	模组满充后,放入低气压环境中,调节气压为 11.6kPa 保持 6h,观察 1h	不爆炸、不起火、不漏液

参 考 文 献

[1] Ren G,Ma G,Cong N. Review of electrical energy storage system for vehicular applications [J]. Renewable and Sustainable Energy Reviews,2015,41:225-236.

[2] Grunditz E,Thiringer T. Performance analysis of current BEVs-based on a comprehensive review of specifications [J]. IEEE Transactions on Transportation Electrification,2016,2 (3):270-289.

[3] Guerfi A ,Kaneko M ,Petitclerc M ,et al. LiFePO$_4$ water-soluble binder electrode for Li-ion batteries [J]. Journal of Power Sources ,2007 ,(163):1047-1052 .

[4] 杨洪,何显峰,李峰. 压实密度对高倍率锂离子电池性能的影响 [J]. 电源技术,2009,33 (11):959-962.

[5] Roth E P,Doughty D H. Thermal abuse performance of high-power 18650 Li-ion cells [J]. Journal of Power Sources,2004,128 (2):308-318.

[6] Yeow K,Teng H,Thelliez M,et al. 3D thermal analysis of Li-ion battery cells with various geometries and cooling conditions using Abaqus [C] //Proceedings of the SIMULIA Community Conference,2012. http://www. simulia. com/SCCProceedings 2012/content/papers/Yeow _ AVL _ final _ 2202012. pdf.

[7] 赵亚锋,冯广斌,张连武. 蓄电池一致性配组研究 [J]. 自动测量与控制 ,2006,25 (10):71-72.

[8] 李国欣. 新型化学电源技术概论 [M]. 上海:上海科学技术出版社,2007.

[9] 何鹏林,乔月. 多芯锂离子电池组的一致性与安全性 [J]. 电源技术,2010,4 (3):161-163.

[10] 王震坡. 电动汽车电池组连接方式研究 [J]. 电池,2004,34 (4):379-281.

[11] Vetter J,Novák P,Wagner M R,et al. Ageing mechanisms in lithium-ion batteries [J]. Journal of Power Sources,2005,147 (1):269-281.

[12] Mingant R,Bernard J,Moynot V S,et al. EIS measurements for determining the SOC and SOH of Li-ion batteries [J]. ECS Transactions,2011,33 (39):41-53.

[13] Stamps A T,Holland C E,White R E. Analysis of capacity fade in a lithium ion battery

[J] . Journal of Power Sources, 2005, 150: 229-239.

[14] Verburg M, Koch B. Generalized recursive algorithm for adaptive multiparameter regression [J] . Journal of the Electrochemical Society, 2006, 153: A187-A201.

[15] Rao Z, Wang S. A review of power battery thermal energy management [J] . Renewable and Sustainable Energy Reviews, 2011, 15 (9): 4554-4571.

[16] Khateeb S A, Amiruddin S, Farid M, et al. Thermal management of Li-ion battery with phase change material for electric scooters: experimental validation [J] . Journal of Power Sources, 2005, 142 (1): 345-353.

第 12 章

锂硫电池和类锂离子
电池

目前应用最广泛的锂离子电池，由于受容量限制，难以满足人们对电池能量的更高需求。锂硫电池成为了新一代高能量电池研究开发的热点。同时为解决锂资源匮乏的问题，满足大规模储能对低成本二次电池的需求，钠、镁、铝离子电池逐渐受到重视。本章首先讨论锂硫电池，然后对钠、镁、铝离子电池进行讨论。

12.1
锂硫电池

Li 和 S 的理论比容量分别为 $3861mA \cdot h/g$ 和 $1672mA \cdot h/g$。单质硫的高容量基于单质硫的转化反应，一个硫原子可以与两个锂原子反应生成 Li_2S，由其组成锂硫电池，理论容量为 $1167mA \cdot h/g$，是普通锂离子电池容量的近 3 倍。高比容量和高能量密度是动力电池发展的关键点，因此单质硫是一种很有潜力的锂二次电池正极材料。

单质硫在常温下主要以 S_8 的形式存在，分子之间的结合形成结晶性很好的单质硫。硫在地球中储量丰富，研究数据表明其含量大约为 0.048%（质量分数），具有价格低廉、环境友好等特点。

锂硫电池概念[1]早在 1962 年就已经被提出，并非一个很新的电化学储能体系，但其在未来高能量密度二次电池中具有重要的应用价值和前景，被认为是下一代新型高能量密度锂电池体系。

12.1.1 反应原理及特点

（1）锂硫电池结构与反应原理　锂硫电池是以单质硫或者硫的复合物作为正极活性物质，金属锂为负极，其电池结构和充放电曲线如图 12-1 所示。锂硫电池的反应原理和锂离子电池的脱嵌反应不同，它是通过 S_8 分子中 S—S 键的断裂和重新键合来实现电能与化学能的相互转换。将单质硫应用于锂硫电池正极时，假设理想条件下，电池放电过程中每个硫原子的电子转移数为 2，单质硫的理论比容量高达 $1672mA \cdot h/g$。理想情况下 S_8 的完全放电反应如下：

$$S_8 + 16Li^+ + 16e^- \longrightarrow 8Li_2S \tag{12-1}$$

在实际的放电过程中，硫的化学反应过程比较复杂，由于硫的还原程度不同，生成多种不同聚合态的多硫化锂，如 Li_2S_8、Li_2S_4、Li_2S_2 和 Li_2S 等。从锂硫电池充放电曲线 [图 12-1(b)] 中可以看出，锂硫电池放电过程主要分为四个

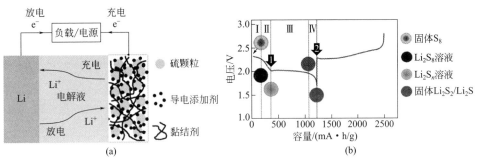

图 12-1　锂硫电池示意图（a）和充放电曲线（b）
1—可溶的多硫化物开始转变为难溶的 Li_2S_2 和 Li_2S；
2—难溶的 Li_2S_2 和 Li_2S 开始转变为可溶的多硫化物

部分[2]：

Ⅰ 为 2.2～2.3V 平台，对应 S 单质与金属锂发生还原反应，生成可溶性的 Li_2S_8，溶解于电解液中。这个过程中在正极产生很多孔洞。反应式如下：

$$S_8 + 2Li \longrightarrow Li_2S_8 \qquad (12\text{-}2)$$

Ⅱ 为斜线区域，对应硫链的长度缩短，多硫化物数量增多，溶液黏度增大。反应式如下：

$$Li_2S_8 + 2Li \longrightarrow Li_2S_{8-n} + Li_2S_n \qquad (12\text{-}3)$$

Ⅲ 为 2.1V 处的长平台区域，是容量的主要贡献区域。对应可溶性的多硫化物被还原为难溶性的 Li_2S_2 和 Li_2S。反应式如下：

$$2Li_2S_n + (2n-4)Li \longrightarrow nLi_2S_2 \qquad (12\text{-}4)$$

$$Li_2S_n + (2n-2)Li \longrightarrow nLi_2S \qquad (12\text{-}5)$$

Ⅳ 为 2.1V 以下的斜线区，对应难溶的 Li_2S_2 被还原为难溶的 Li_2S。反应式如下：

$$Li_2S_2 + 2Li \longrightarrow 2Li_2S \qquad (12\text{-}6)$$

充电过程的化学反应为放电过程的可逆反应，但其对应的平台只在 2.2～2.5V 附近，即充放电过程中有一个小的极化现象，这主要是由于放电结束时反应形成的 Li_2S_n（$n=1～2$）为绝缘固体，充电时需要克服很大的相变势垒。

（2）锂硫电池特点　锂硫电池除了具有较大的能量密度外，还具有以下几个特点：

① 在很宽的温度范围内保持良好的性能。锂硫二次电池在很宽的温度范围具有良好的性能，不存在其他体系在高温和低温条件下充放电性能劣化严重的问题。例如，锂离子电池不适合于在高于 60℃ 温度下充电，而锂硫电池在 −40～+80℃ 的相对较宽的范围内均具有相当好的性能。

② 固有的安全机理。相对于锂离子电池要不断改进安全性，在锂硫二次电

池中虽然也存在锂枝晶问题，但相对不明显。这是采用电解质/液态正极体系的结果。寿命终结时的容量和电压衰竭是由硫电极疲劳造成的，而不是由于锂电极的失效造成的。在开发这项技术的重要设计点上的测试已经证明这项技术满足安全标准[3]。

③ 高功率放电。在一般锂离子电池中，由于电极反应是以锂离子的插入脱出为主，所以电极反应的速率由插入离子的扩散控制；而在锂硫电池中，多硫电极的反应速率仅由电解质媒介扩散速率决定，因此高的功率密度可以在锂硫电池中实现。只是该电池体系的研制目前尚未突破充分显示其高功率密度特性的关键技术。

(3) 研发过程中存在的问题　锂硫电池具有较大理论比容量，但是实际上容量利用率并不高。目前锂硫电池的研发过程中存在如下问题：

① 在室温下，硫分子是由 8 个 S 原子相连组成的冠状结构，是典型的电子和离子绝缘体（电导率 $5 \times 10^{-30} \mathrm{S/cm}$），并且反应最终生成的 Li_2S_2 和 Li_2S 均为非导体，覆盖在硫正极的表面，严重影响电子在正极材料中的传输，造成正极材料中 S 的利用率很低。

② 放电反应的中间产物会大量溶解于电解质中。大量的多硫化锂溶解并扩散于电解质中会导致正极活性物质的流失，从而降低电池的库仑效率。

③ 溶解的大量的多硫化锂在正负极之间形成浓度差，在浓度梯度的作用下迁移到负极，与锂发生自放电腐蚀反应，导致活性物质不可逆的容量损失；同时部分低聚态的还原产物在浓度梯度的作用下扩散回正极进行再次氧化，从而产生"飞梭效应"降低库仑效率。并且由于电极表面的不均匀性，可能生成锂枝晶而导致安全问题。飞梭效应严重时，可能会导致锂硫电池的过充现象，即在同一放/充电过程中，充电容量高于放电容量，甚至充电过程达不到截止电压。飞梭效应是锂硫电池的特殊性质，是造成容量衰减的重要原因，直接导致锂硫电池活性物质流失和库仑效率下降。

④ 硫和最终产物 Li_2S 的密度不同，形成 Li_2S 后体积膨胀近 80%，易导致 Li_2S 的粉化，引起锂硫电池的安全问题。

以上问题是制约锂硫电池商业化发展的主要原因，为寻求解决这些问题的有效途径，近年来人们做了很多工作，并取得了较大的进展。

12.1.2　正极材料

锂硫电池的电化学反应主要发生在正极区域，由于单质硫导电性差且放电过程中形成的多硫化物易溶解于电解液，因此需要一种导电载体基质材料与单质硫复合或者化合才能发挥正极材料的容量。目前人们采取的主要方法就是将硫与导电性好的材料进行复合，制备硫基复合材料。通常，一种合格的载体基质材料应具有以下性质：①优良的导电性能，以保证电子的传输；②与单质硫具有很好的亲和度，以确保活性物质的高利用率；③合适的结构，以保证电解液的浸润同时束缚多硫化物；④稳定的结构，以缓冲单质硫的体积膨胀引起的应力；⑤对硫及多硫化物的溶解具有抑制作用。

多年来，单质硫的载体材料逐渐多样化，主要包括：①碳材料，如多孔炭、石墨烯、碳纳米管和碳纤维等；②导电聚合物，如聚丙烯腈、聚吡咯、聚苯胺和聚噻吩等；③金属氧化物。

12.1.2.1　硫-碳复合材料

碳类材料是一类常用的导电材料，在锂硫电池中也被作为导电剂而广泛使用，有很好的前景。这些碳材料具有导电性能好、化学性质和力学性能稳定以及原料丰富等特点。以这些碳材料为骨架，将单质硫与之复合，不仅可以提升单质硫的利用率，其结构还可以束缚氧化还原产物，提升充放电过程中的电化学性能。近期 Cui Yi 课题组梁正博士团队基于纳米团簇的理念，针对充放电过程中体积变化造成循环寿命低的问题，通过微乳液技术和纳米包覆技术，制备了一种新型硫-碳复合材料[4]。他们先制备出碳团簇，然后通过熔融扩散过程使硫渗入碳团簇基体中，见图 12-2。这种核壳结构内部有足够的空间供硫颗粒自由膨胀，同时三维网状的碳壳还为电流传导提供了高速通道。这种核壳团簇结构具有优异的电化学性能，在 $10mA/cm^2$ 的电流密度下，仍具有高达 $700mA \cdot h/g$ 的比容量，并且在 300 次充放电后容量保持率为 70%。此外，硫作为活性材料，其负载量为 $2mg/cm^2$ 时，基本满足使用需求。

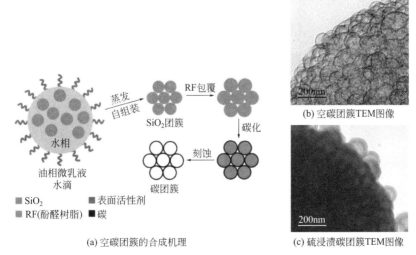

图 12-2　空碳团簇合成机理、透射电镜图及硫碳复合材料透射电镜图（见彩图）

由于碳材料的种类繁多（如多孔炭、石墨烯、碳纳米管和碳纤维等），且性能各异，与不同种类碳材料复合也会表现出不同的性能，科研工作者们针对各种碳材料也做了相当细致的研究，为硫-碳复合材料的选取提供了更为丰富的选择[5]。

（1）多孔炭　多孔炭具有导电性好、孔隙率高、孔容量大、比表面积大等优异的特性。在多孔炭-硫复合材料中，单质硫能够结合到多孔炭的孔隙结构中，并且由于多孔结构的存在，使多孔炭能负载较多的硫；同时，多孔炭因大比表面积而具有很好的物理吸附能力，能吸附多硫化物，抑制多硫化物的溶解扩散；此外，碳材料的孔结构还能有效缓解硫电极充放电时的体积变化。多孔炭包括活性炭、无序和有序介孔炭、中微孔炭球、乙炔黑、膨胀石墨等。

1989 年，Peled 等[6]首次采用多孔炭与硫制备复合材料，提高了硫的电接触面，从而提高了正极材料的导电性和容量。随后人们在不同种类的多孔炭与硫复合制备正极材料方面做了大量研究。

Wang 等[7]采用热处理的方法制备硫-活性炭复合材料，硫的填充率为 30%（质量分数）时，首次放电比容量为 800mA·h/g，25 次循环后比容量为 440mA·h/g。硫/活性炭复合材料的电化学性能并不理想，这是由于活性炭的孔隙分布太宽（从小于 2nm 的微孔到大于 50nm 的大孔不等），硫的填充率过高时，电子传输就会出现困难，而且大孔对多硫化物的吸附能力也十分有限。Wu 等[8]通过加热的方法使单质硫升华并沉积到活性炭微孔中，得到的硫-碳复合材料的含硫量为 49%，在 100mA/g 电流密度下，首次放电比容量高达 1180.8mA·h/g，循环 60 次后比容量还保持在 720.4mA·h/g，表现出良好的循环稳定性。

Zhang 等[9]将乙炔黑和硫混合后在氮气保护下进行热处理，得到硫含量为 36%（质量分数）的复合材料。SEM 结果显示纳米级的硫嵌入到空间呈链状排列的乙炔黑颗粒中。材料的首次放电容量为 934.9mA·h/g，第二次放电容量衰减为 636.2mA·h/g，之后衰减变缓（衰减率小于 1%），50 次循环后比容量依然保持有 500mA·h/g。乙炔黑的多孔结构可以有效抑制多硫化物在有机电解质中的溶解，并能缓解电极充放电过程中的体积变化的影响，稳定电极的结构。由于硫本身的导电性极差，乙炔黑的用量较大，大量的乙炔黑不仅保证了在电极内部建立一个良好的导电网络，而且保证了足够的反应活性，从某种意义上也起到了微米级硫-碳复合效果。

Lai 等[10]用加热的方法将硫与一种高比表面积的多孔炭复合得到 S/HPC 复合物。由于多孔炭具有高的比表面积，硫能与之充分接触，为电化学过程提供了必要的电子传输途径。多孔炭的比表面积越大，与硫接触面越多，对提高电池的性能越有利。S/HPC 复合材料 80 次循环后的可逆比容量为 745mA·h/g。

Nazar 课题组[11]采用有序介孔炭 CMK-3（孔径 3～4nm）作为导电相，将加热熔化的硫渗入介孔中，得到 CMK-3/S 复合材料，如图 12-3 所示。充放电循环实验表明，在 0.1C 的倍率下首次放电比容量为 1005mA·h/g，循环 20 次后放电容量还保持在 800mA·h/g 左右。为了阻止或减少充放电循环过程中飞梭效应，在 CMK-3/S 复合电极材料的表面包覆了聚乙二醇（PEG）得到 CMK-3/S-PEG 复合材料。充放电循环实验表明，在 0.1C 的倍率下首次放电比容量提高到 1320mA·h/g，循环 20 次后放电比容量仍有 1100mA·h/g 左右，比容量和循环性能都得到了显著提高。

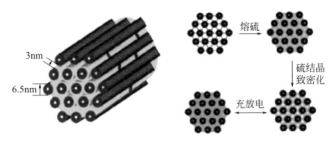

图 12-3　CMK-3/S 复合正极结构原理示意图

Liang 等[12]制备了一种两级孔径的介孔炭，这种介孔炭具有均匀分布的孔径，孔径大小约为 7.3nm 和 2nm 两种尺寸，将其用来负载硫制备了硫-碳复合材料，如图 12-4 所示。孔作为存储多硫化物的容器，限制多硫化物的扩散，从而改善了锂硫电池的循环稳定性。在 11.7% 硫负载量时，比容量达到了 1584.6mA·h/g，50 次循环以后比容量为 780mA·h/g，循环性能和 S 的利用率都得到了显著提高。他们认为大的空隙率和微孔炭的比表面积对于提高 S 的利用率是有利的。Schuster 等[13]合成了直径为 300nm、具有二维介观结构的球型介孔炭（OMC）纳米粒，该介孔炭的内部孔隙比体积为 2.32cm³/g，比表面积为 2445m²/g，并且具有 3.1nm 和 6nm 两种孔径。该硫-碳复合材料表现出优异的电化学循环稳定性，其可逆充电比容量超过 1200mA·h/g，并且循环性能稳定。

介孔炭具有高导电性、高孔容、高比表面积等特征，可将尽量多的单质硫填充到其孔隙中，制成高硫含量的硫-碳复合正极材料，既利用高孔容中的大量硫以保证电池的高容量，又可通过减小硫的颗粒度和减少离子、电子的传导距离，增加硫的利用率。利用碳材料高比表面积的强吸附特性抑制放电产物的溶解和向负极的迁移，减小自放电和多硫化物离子穿梭效应，避免在充放电时的不导电产物在炭粒外表面沉积成愈来愈厚的绝缘层，从而减轻极化、延长循环寿命。

（2）石墨烯　石墨烯具有特殊的单原子层状结构和独特的物理性质：强度达 130GPa、热导率约 5000J/(m·K·s)，禁带宽度几乎为零，载流子迁移率达到 $2×10^5 cm^2/(V·s)$，高透明度（约 97.7%）、比表面积理论计算值为 2630m²/g。石墨烯的杨氏模量（1100GPa）和断裂强度（125GPa）与碳纳米管相当，它还具有分数量子霍尔效应、量子霍尔铁磁性和零载流子浓度极限下的最小量子电导率等一系列性质[14,15]。是目前最薄却也是最坚硬的纳米材料，其特殊的物理性

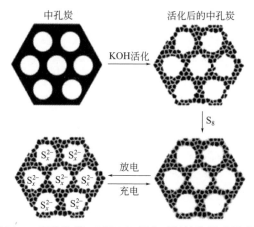

图 12-4　双重孔道 a-MPC/S 复合正极结构原理示意图

能，为碳材料改性锂硫电池提供了一个很好的途径。

Cui Yi 课题组[16]用氧化石墨烯（GO）和炭黑（CB）对经聚乙二醇（PEG）表面修饰的亚微米级尺寸硫颗粒进行包覆，结构原理如图 12-5 所示。PEG 的修饰有效减小颗粒的尺寸（< 1μm），缓解在充放电过程中正极活性物质因体积膨胀收缩所产生的应力，防止电池活性物质的粉化。包覆在最外层的氧化石墨烯片层，一方面可提高活性材料的导电性，增加活性物质的利用率；另一方面也可起到抑制多硫化物扩散的作用。循环充放电 100 次后，石墨烯-PEG-S 复合材料仍具有 600mA·h/g 左右的放电容量。

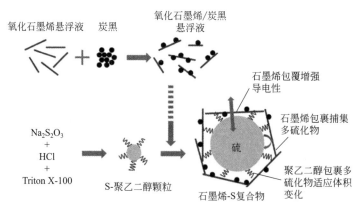

图 12-5　氧化石墨烯-硫复合结构原理示意图

Triton X-100—聚乙醇辛基苯基醚（表面活性剂）

Wang 等[17]将石墨烯片（G）与炭纳米球（CS）-硫复合制备了载硫量为 64.2％的 G-S-CS 纳米复合材料，见图 12-6。充放电循环实验表明，G-S-CS 纳米复合材料表现出了优异的电化学性能，在 0.1C 的倍率下，其首次放电比容量高达 1394mA·h/g，循环 100 次后比容量还保持在 815mA·h/g。这是由于这种三明治似的碳网络结构设计不仅能够提高载硫量，而且石墨烯独特的结构能够抑制多硫化锂的扩散，从而减少活性物质的损失，提高了活性物质的利用率，改善了锂硫电池的循环性能。

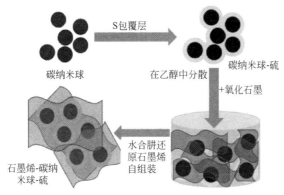

图 12-6　G-S-CS 纳米复合材料的合成示意图

Ji 等[18]利用简单的化学沉积及热处理法将厚度约为十几纳米的硫均匀地包覆在氧化石墨烯表面。氧化石墨烯表面的官能团与单质硫和聚合态多硫化锂间均存在较强的相互作用，因此可有效缓解循环过程中活性物质的流失，从而使电池在 0.1C 倍率下，具有 950～1400mA·h/g 的可逆容量和良好的循环稳定性。复合材料的 TEM 图和循环性能见图 12-7。

Zhou 等[19]将石墨烯加入硫-二硫化碳-乙醇混合溶液中，通过水热还原法得到了石墨烯-硫复合材料，制备过程见图 12-8。该复合材料拥有丰富的孔隙结构、较多的电子导电路径，复合材料中硫的含量很容易调控，在无集电体、黏结剂和导电添加剂的情况下，可直接作为锂硫电池的正极材料使用。该复合材料的孔隙结构和纳米硫晶体能加快锂离子传输，减少锂离子扩散距离，相互连接的多孔石墨烯能提供较多的电子传输路径，含氧基团（主要是羟基和环氧基）表现出很强的束缚多硫化物的能力，抑制多硫化物在电解液中的溶解。在 0.3A/g 电流密度下，G-S63 正极材料的放电比容量为 1160mA·h/g，50 次循环后，放电比容量保持在 700mA·h/g 左右。

Wang 等[20]将石墨烯应用于锂硫电池正极，通过将石墨烯纳米片与单质硫混合加热，制得硫-石墨烯复合材料。经测试分析发现，硫颗粒均匀包覆在石墨烯片层表面。循环充放电测试表明，在 50mA/g 的电流密度下，电池首次放电比容量几乎达到了理论值（1611mA·h/g）。即使在 1C 的倍率下充放电，其 100 次循环后的放电比容量仍保持在 819mA·h/g，单质硫利用率可到 96.35%。

Zhang 等[21]通过采用 H_2S 还原氧化石墨烯的方法，得到了结构可控的 H_2S 还

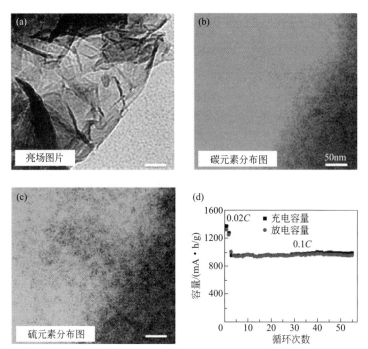

图 12-7　复合材料的 TEM 图（a），C、S 元素分布（b、c）以及循环曲线（d）（见彩图）

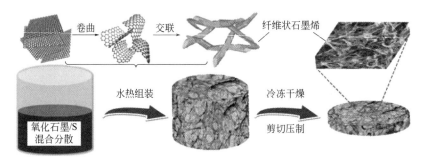

图 12-8　石墨烯-硫复合材料（G-S）合成示意图

原氧化石墨烯（HRGO）-硫（S）复合材料，在 0.2A/g 的电流密度下，放电容量达到 950mA·h/g；电流密度返回到 0.5A/g 时，放电容量仍能达到 761mA·h/g，见图 12-9。

　　Zhao 等[22]通过气相沉积法制备了非堆叠的双层模板石墨烯（DTG）与单质硫复合材料，其载硫量为 64%。充放电循环测试表明：在 1C 的倍率下，其首次放电比容量为 1084mA·h/g，循环 200 次后放电容量还保持在 701mA·h/g；在 5C 的倍率下，复合材料的首次放电比容量高达 1034mA·h/g，循环 200 次后放电容量还保持在 832mA·h/g，循环 1000 次后仍然保持了 530mA·h/g 的可逆容量；在 10C 的倍率下，其首次放电比容量为 734mA·h/g，循环 200

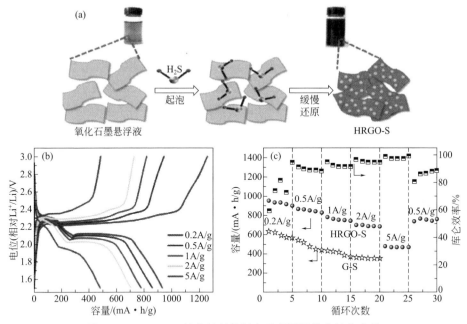

图 12-9　HRGO-S 复合材料的制备示意图及倍率性能曲线

次后比容量还保持在 628mA·h/g，循环 1000 次后仍然保持了 380mA·h/g 的可逆容量。DTG-S 纳米复合材料表现出了优异的循环稳定性和高倍率性能（图 12-10）。

（3）碳纳米管和碳纳米纤维　碳纳米管和碳纳米纤维既具有高的比表面积和吸附能力，也是很好的导电剂。而且因其具有特殊的结构，在电极中添加这些纳米碳材料可以容纳和吸附多硫化物中间体，提高电极导电性，改善电池的循环性能。

在早期研究中，Han 等[23]通过气相沉积的方法，将多壁碳纳米管（MWCNT）作为导电添加剂（MWCNT 质量分数 20%，乙炔黑质量分数 20%）应用到硫正极中，与只加乙炔黑（乙炔黑质量分数 40%）的对比，MWCNT 的加入提升了锂硫电池的循环寿命和倍率性能，见图 12-11。

Zheng 等[24]通过热处理方法制备了一种比容量较高、循环性能良好的锂硫电池用多壁碳纳米管-硫正极复合材料。多壁碳纳米管材料的应用限制了反应中间体多硫化物的运动，从而提高了活性物质的电化学活性，改善了单质硫电极的导电性，阻止了单质硫尤其是其放电产物多硫化合物溶解到液态电解质中，从而抑制了锂硫电池体系中飞梭效应的发生。其初始放电比容量高达 700mA·h/g，经过 60 次循环之后比容量仍保持在 500mA·h/g 左右。

Zheng 等[25]以阳极氧化铝（AAO）为模板，制备了硫-空心碳纳米纤维复合

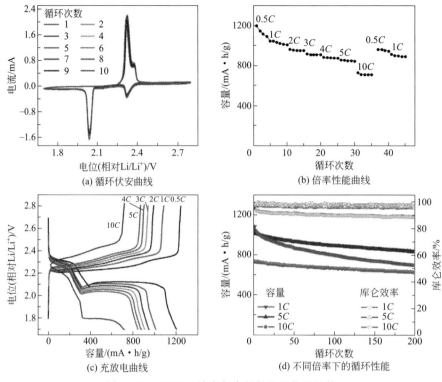

(a) 循环伏安曲线

(b) 倍率性能曲线

(c) 充放电曲线

(d) 不同倍率下的循环性能

图 12-10　DTG-S 纳米复合材料的电化学性能

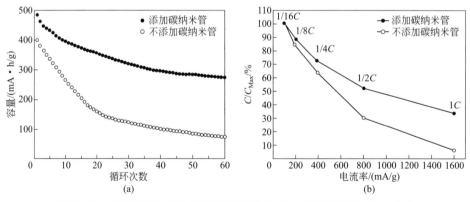

(a)

(b)

图 12-11　添加和未加 MWCNT 的循环性能（a）和倍率性能（b）曲线

材料，如图 12-12 所示。空心碳纳米纤维具有大的比表面积，不仅可提供 Li_2S 沉积的场所，而且可有效缓解电极活性材料因体积膨胀而导致的粉化。与此同时，空心碳纳米纤维具有较薄的碳壁，有利于锂离子的快速传输，提高电池的倍率性能。在 AAO 模板的保护下，硫均匀地填充在碳纳米纤维的内部，避免了硫与电

解液的直接接触，有利于抑制多硫化物的扩散。在 0.2C 的倍率下，循环充放电
150 次后，复合材料仍具有 730mA·h/g 的容量。另外，电解液中 $LiNO_3$ 的添加
使电池的库仑效率保持在 99% 以上。

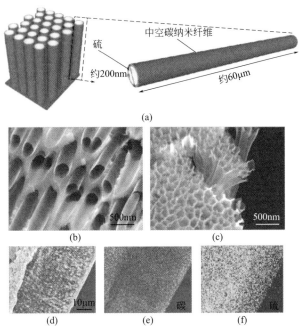

图 12-12　硫-空心碳纳米纤维复合材料结构示意图及形貌

　　Jin 等[26]通过将多壁碳纳米管和硫粉共热，获得了柔性碳纳米管-硫复合正极，
其硫面负载量高达 $5.0mg/cm^2$，在 0.1C 倍率下，初始容量高达 1100mA·h/g，经
100 次循环其容量仍能保持 740mA·h/g。Cheng 等[27]采用碳纳米管（CNTs）
与单质硫制备了 CNT-S 复合材料。实验结果表明，此复合材料表现出了优异的
循环稳定性。在 1C 的倍率下，其首次放电比容量达 1053mA·h/g，经过 1000
次循环后复合材料的放电比容量仍稳定在 535mA·h/g，平均每次循环容量衰减
率只有 0.049%。Choi 等[28]采用静电喷涂法制备了 MWCNT 微球，将硫注入其
中，所得材料具有快速的电子和离子通道，且结构稳定。Yuan 等[29]利用毛细作
用将硫包覆于 MWCNTs 表面，在 100mA/g 的电流密度下，循环 60 次以后仍能
保持 670mA·h/g 的可逆容量，使得材料的循环稳定性得到很大提升。

12.1.2.2　硫-导电聚合物复合材料

　　导电聚合物具有一定的导电性和较高的比表面积，可增加复合材料中粒子之
间的接触，从而提高硫基复合材料的导电性。导电聚合物具有特殊的疏松结构，
能够吸附硫和多硫化物，可抑制多硫化物溶解在电解液中，从而显著地提高了硫

的电化学性能。

导电聚合物既具有金属和半导体的物理特性，又具有掺杂和脱掺杂特性。其优良的导电性和电化学稳定性，使其可以用作锂二次电池的电极材料。与普通的二次电池相比，这种硫-聚合物二次电池具有高能量密度和高容量等优点。导电聚合物由于大 π 键构成的导电网络能够显著提高硫正极的导电性；导电聚合物还可以作为活性物质的一部分，提供一定的容量；其特殊的官能团和结构对单质硫及多硫化锂具有一定的吸附作用，可有效抑制飞梭效应；其结构韧性可以适应硫电极在电极反应中的体积膨胀，因而对硫电极的性能有明显的改善作用。导电聚合物能与硫形成高度分散的硫-聚合物复合材料，甚至可以在更高温度下形成聚合硫化物，因此，不仅为活性物质硫提供很好的导电网络，而且大大提高了硫的动力学性能。常用的导电聚合物有聚丙烯腈（PAN）、聚苯胺（PANI）、聚吡咯（PPy）、聚噻吩（PTh）。

Li 等[30] 系统研究了三类导电聚合物——PANI、PPy、PEDOT（聚 3,4-亚乙基二氧噻吩）在空心硫纳米球的表面包覆对电化学性能的影响，并通过从头算（ab initio）理论模拟，探索了三类聚合物与短链硫化物（Li_2S_x，$0<x<2$）之间的化学作用。研究表明，PEDOT 中的 O 和 S 原子与 Li_2S 中的 Li 原子之间存在较强配位作用，具有 1.22 eV 的结合能。相比之下，PPy 和 PANI 中的 N 原子与 Li_2S 中的 Li 原子仅存在较弱的 π-δ 配位作用，结合能分别为 0.64 eV 和 0.67 eV。这种较强的配位作用可有效抑制多硫化物在电解液中的溶解，从而使得 PEDOT-S 复合材料相比 PPy-S、PANI-S 复合材料具有更好的电化学稳定性，如图 12-13 所示。在 0.5C 的倍率下，PANI-S、PPy-S 和 PEDOT-S 的首次放电容量分别为 1140mA·h/g、1201mA·h/g、1165mA·h/g；循环 500 次后，PEDOT-S 和 PPy-S 仍有 780mA·h/g 和 726mA·h/g 的容量，而 PANI-S 的容量仅为 516mA·h/g。

Konarov 等[31] 将单质硫与 PAN 球磨混合后进行热处理合成了 S-PAN 复合材料。充放电循环实验表明，在 0.2C 的倍率下，S-PAN 复合材料的第 5 次放电比容量为 1343mA·h/g，循环 80 次后放电比容量为 1050mA·h/g，1C 倍率下放电容量达到 770mA·h/g，具有良好的倍率性能。S-PAN 复合材料优异的循环性能和倍率性能，归因于 S-PAN 复合材料中长链 PAN 增强了复合材料的电子电导率。

Zhang 等[32] 通过简单的一步球磨法制备了硫-聚吡咯二元复合材料（S-PPy），硫的含量为 65%。结果表明该复合材料与单质硫相比电荷转移电阻显著降低了，这主要是得益于聚吡咯的高导电性和大比表面积。复合材料的枝状结构和聚吡咯的多孔性，减小了充放电过程中因体积变化引起的机械应力，抑制了多硫化物在电解液中的溶解，从而进一步提高了正极材料的电化学性能。该复合材料的首次放电容量达到了 1320mA·h/g。

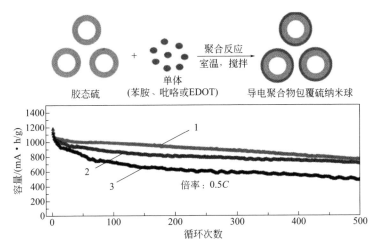

图 12-13　三类导电聚合物-硫复合材料的合成示意图及循环性能

（EDOT 为 3,4-亚乙基二氧噻吩）

1—PEDOT 包覆中空硫纳米球；2—PPy 包覆中空硫纳米球；3—PANI 包覆中空硫纳米球

Ma 等[33]将 PPy 包覆在具有三维结构的立方介孔碳（CMK-8)-硫的表面制备了
PPy-CMK-8-S 复合材料，结构见图 12-14。充放
电循环实验表明，在 0.2 C 的倍率下，PPy-
CMK-8-S 复合材料的首次放电比容量为
1099mA·h/g，经 100 次循环后的放电比容量
为 860mA·h/g。研究结果表明 PPy-CMK-8-S
复合材料具有良好的循环性能和倍率性能。这是
由于 CMK-8 提供了完美的三维导电网络，而将
PPy 涂覆在 CMK-8-S 表面，有效抑制了多硫化
锂的迁移并提供良好的电子导电通道。

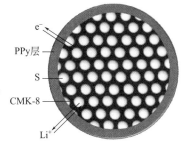

图 12-14　PPy-CMK-8-S 复合
材料结构示意

Wu 等[34]通过原位化学氧化聚合法制备了含硫量约为 57%（质量分数）的
S-PTh 复合材料。充放电循环实验表明，在 100mA/g 的充放电电流密度下，首
次放电比容量为1168mA·h/g，在 50 次循环后的放电比容量为819.8mA·h/g。
PTh 在电极中作为导电添加剂和多孔吸附剂，有效地改善了锂硫电池的放电能力
和循环寿命。

Fu 等[35]采用在聚吡咯的离子-电子混合导电体（MIEC）上原位沉淀硫的方
法制备了 S-MIEC 复合材料，硫含量为 75%，形貌见图 12-15。S-MIEC 复合材
料中的 MIEC 可促进离子和电子的传输，并能捕获电解液中的多硫化物的中间产
物，因此表现出优异的电化学稳定性，而且复合材料中的 MIEC 形成了多孔的三
维异质结构，提供了良好的电化学接触。S-MIEC 复合材料中的硫在低倍率下放电

图 12-15　S-MIEC 复合材料
的扫描电镜图片

比容量大于 600mA·h/g，在 1C 倍率下，50 次循环后放电比容量为 500mA·h/g。

Xiao 等[36]将自组装聚苯胺碳纳米管（PANI-CNT）与硫在 280℃下以原位硫化的方式合成了 S-PANI-CNT 复合材料，形貌见图 12-16。三维、交联的 S-PANI 结构可封装硫化物，在充放电过程中还可降低应力和结构变化，并能适应可逆的电化学反应和体积变化，S-PANI 链上的带正电的氨基和亚氨基能通过静电力吸附多硫化物。在 0.1C 倍率下，100 次循环后放电比容量高达 837mA·h/g；1C 倍率下 100 次循环以后放电比容量高达 568mA·h/g。

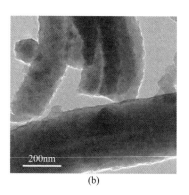

(a)　　　　　　　　　　　(b)

图 12-16　S-PANI-CNT 复合材料的扫描电镜图片（a）和透射电镜图片（b）

Ji 等[37]还尝试利用静电纺丝、碳化、液相化学反应沉积等一系列方法，将硫填充进多孔碳纤维中，得到硫-多孔碳纤维复合材料，硫的填充量为 42% 时，在 0.05C、0.1C 和 0.2C 的倍率下，比容量分别为 1400mA·h/g、1100mA·h/g 和 900mA·h/g。

导电聚合物-硫复合材料的电化学性能汇总见表 12-1[38]。

表 12-1　导电聚合物-硫复合材料电化学性能

材料	硫含量	电流密度或充放电倍率	放电比容量/(mA·h/g)	
			首次	n 次循环后
S-PAN		0.2mA/cm²	980	403(20 次)
PANI-S		320mA/g	约 1300	725(100 次)
PANI-S-C	43.7%	10C		636(200 次)
PANI-S-MWCNT	70%	100mA/g	1334	932(80 次)

续表

材料	硫含量	电流密度或充放电倍率	放电比容量/(mA·h/g)	
			首次	n 次循环后
S-PANI-CNT	62%	0.1C	755	837(100 次)
PANI-C-S	58%	0.2C	1150	732(100 次)
C-PANI-S-PAN	87%	0.2C	1101	835(100 次)
S-PPy	63.3%	0.2C	864	634(50 次)
S-PPy	64%	0.5C	820	约 600(50 次)
S-PPy	65%	0.2C	961	约 600(50 次)
S-MIEC	75%	0.1C	968	>700(50 次)
S/T-PPy	30%	0.1mA/cm²	1151	650(80 次)
S-PPy	66.7%	0.1mA/cm²	1222	570(20 次)
S-H-PPy	48%	0.1C	1426	620(100 次)
S-CNT-PPy	60.3%	50mA/g	约 1250	600(40 次)
S-PPy-MWCNT	70%	0.1mA/cm²	1303	725(100 次)
S-PPy-MWNT	52.6%	0.1C	约 1500	960(40 次)
MWCNT-S-PPy	68.3%	200mA/g	1517	917(60 次)
nano-S-PPy-GNS	52%	0.1C	1415.7	641(40 次)
S-PPy-G	50%	160mA/g	831.8	600(60 次)
S-PTh	71.9%	100	1119.3	830(80 次)
nano-S-PEDOT	72%	400	1117	930(50 次)
PEDOT:PSS-CMK-S	<50%	0.2C	1140	600(150 次)

12.1.2.3 硫-金属氧化物复合材料

硫电极在充放电过程中的中间产物——多硫化锂（polysulfides）溶于电解液，进而在正负极之间迁移穿梭，会导致活性物质的损失和电能浪费。碳材料作为传统硫电极的导电骨架，提供了快速电子及离子通道，然而碳材料不具有极性，与极性的多硫分子无法形成化学牵引与相互作用。为了解决多硫化锂扩散而带来的活性物质流失的问题，一种普遍的做法是引入氧化物添加剂，利用极性氧化物分子，对极性的多硫化锂分子产生化学吸引（dipole-dipole interaction）。并且这些氧化物由其纳米尺寸，比表面积很大，通常有着很好的吸附能力，能够抑制多硫化物的溶解扩散，改善电池的循环性能。因而研究者对硫-氧化物复合材料在锂硫电池上的应用也有所探索。

金属氧化物多为绝缘体或半导体，其引入会影响电极的导电性，同时对多硫化锂的吸附能力也有待进一步增强。基于此，美国斯坦福大学梁正团队[39]在导师崔屹指导下通过模板法成功制备了纳米三维多孔联通结构作为硫电极的导电框架，创新性地采用氢气还原法对二氧化钛进行处理，成功制备了黑色的还原二氧化钛。黑色二氧化钛中所含的大量氧空位和三价钛离子（Ti^{3+}）一方面缩小了材料的带隙（band gap）从而大大提高其导电性，另一方面有助于形成钛硫键（Ti-S bonding），提高对多硫化锂吸附能力。$0.8mg/cm^2$ 负载量的复合硫电极，在 $1C$ 倍率下首周期放电比容量高达 $1100mA \cdot h/g$，循环 200 周后仍能保持在 $890mA \cdot h/g$，表现出良好的电化学性能。该工作首次将还原二氧化钛应用于锂硫电池，测试性能并分析机理，在国际上取得了广泛的影响，大大提高了还原二氧化钛应用于储能领域的关注度。

近些年，大部分关于锂硫电池的研究致力于通过将硫与导电载体的复合提高硫的电化学活性，抑制多硫化物的溶解，而忽略了硫电极在放电过程中存在的体积膨胀问题。该问题可导致载体或包覆层结构的破裂，从而导致其功能的失效。为了解决这一问题，2013 年崔屹课题组，Seh 等[40] 通过使用 TiO_2 包裹硫，制备核壳式含硫复合材料，然后再去除一部分硫，使得 TiO_2 壳中留有一定的多余空间，制备了一种含硫质量分数达 71% 的"蛋黄式"含硫复合核壳材料，见图 12-17。同时，亲水性的 Ti-O 基团和表面羟基对多硫阴离子有吸附作用，进一步抑制了多硫化物的扩散。TiO_2 核壳材料在 $0.5C$ 的倍率下，首次放电比容量为 $1030mA \cdot h/g$，充放电循环 1000 次时其比容量仍然保持在 $690mA \cdot h/g$ 以上，容量保持率为 67%，库仑效率高达 98.4%。

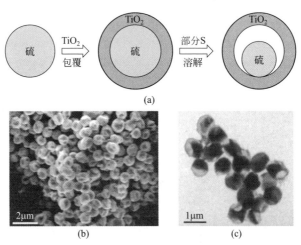

图 12-17 "蛋黄式"含硫复合核壳材料合成过程（a）以及微观结构（b、c）

Song 等[41] 采用溶胶凝胶法制备了纳米 $Mg_{0.6}Ni_{0.4}O$，其不但对多硫化物具有吸附作用，而且还对 Li/S 氧化还原反应具有催化作用。电池的容量和循环性能均得到改善，最大容量约 $1185mA \cdot h/g$，第 50 次循环容量保持率为 85%。

Zheng 等[42]采用纳米级 La_2O_3 为添加剂加入单质硫电极中。比较可知，纳米级 La_2O_3 添加剂在保证硫电极容量的基础上使硫电极孔隙加大从而提升了传质速率和电导率，其放电容量和大电流放电性能均优于传统硫电极。

基于金属氧化物纳米结构的硫正极能够抑制穿梭效应并能控制硫化物分解。吸附试验和理论计算表明由氧化物捕获硫化物是通过化学吸附实现的。

12.1.2.4 C_3N_4

氮化碳（$[C_3N_4]_n$，简写 C_3N_4）是人工合成的新型的低密度高硬度的非极性共价键化合物，其碳氮摩尔比约为 0.75。1989 年，美国 Liu 等[43]根据 β-Si_3N_4 的晶体结构，以 C 代替 Si，通过第一性原理赝势能带理论及局域密度近似理论，首次计算预言了 β-C_3N_4 的存在：β-C_3N_4 中每个 C 的 sp^3 杂化轨道与 N 的 sp^2 杂化轨道相连，键长 0.147nm，其弹性模量达 426GPa，其硬度或超金刚石（弹性模量为 435GPa）。

该预测引领氮化碳材料的研究进入新的阶段，氮化碳在理论研究及实验合成方面成为研究热点。1996 年，Teter 等[44]采用共轭梯度法对 C_3N_4 进行了重新计算，认为 C_3N_4 可能有 α 相、β 相、立方相、类立方相以及类石墨相五种结构。在这五种可能的结构中，类石墨相氮化碳（g-C_3N_4）被认为是氮化碳结构当中最稳定的同素异形体，由于其具有很高的热稳定性、化学稳定性、半导体性能以及特殊的光学性能，是人们研究的热点。

Nazar 课题组[45]采用轻质的纳米多孔 g-C_3N_4，使得硫电极在长循环周期过程中具有超低的容量损失，在 0.5C 倍率下循环 1500 次，每次循环损失 0.04%。最重要的是它具有高的硫负载面积容量（3.5mA·h/cm^2），稳定的性能。结合红外光谱分析，证明了多硫化物和 g-C_3N_4 之间有较强的化学吸附作用。

Meng 等[46]介绍了类石墨烯结构的 g-C_3N_4 纳米片层结构，该材料 N 质量分数高达 56%，比表面积达到 209.8 m^2/g，作为多硫化锂的基体。硫的负载量（质量分数）为 70.4%，在 0.05C 倍率下，表现出高的首次放电容量 1250mA·h/g，并且在 0.5C 倍率下经过 750 次循环后放电容量仍能保持在 578.0mA·h/g。好的电化学性能归功于 g-C_3N_4 纳米片层大量 N 原子含量，能够固定多硫化锂。同时，大的比表面积阻止了 S、Li_2S_2 和 Li_2S 聚结。结果证明 g-C_3N_4 中大量的 N 原子和大的比表面积能够有效改善锂硫电池的性能。

12.1.3 负极材料

锂电池事实上分为锂离子电池和锂金属电池两类，锂金属电池理论能量密度为前者 10 倍左右，但金属锂作为负极材料存在巨大安全隐患和较低的循环寿命。锂硫电池一般采用金属锂作为负极活性材料，本质上仍然属于金属锂二次电池，因此不得不面对与几十年前被市场淘汰的金属锂二次电池一样的技术难题。首先，金属锂在负极表面不均匀溶解和沉积，使其容易在某个区域或沿某个方向择优生长，从而产生锂枝晶现象。随着枝晶不断生长，其会穿透隔膜与正极相连接，从而造成电池内部短路，进而诱发电池局部过热，甚至起火爆炸。其次，由于金属锂负极具有极高活性，且很难与电解液形成稳定的固体电解质界面膜（SEI 膜），造成在充放电过程中金属锂负极循环效率较低，从而影响其在实际电池中的能量密度和使用寿命。此外，由于多硫离子溶解问题，使得其对金属锂造成腐蚀和破坏，尤其是当出现"强穿梭效应"时，其副反应对锂负极所带来的破坏尤为明显[5]。与此同时，锂枝晶具有极高比表面积，使得锂与电解液副反应及电解液分解情况剧烈，致使电池库仑效率过低。金属锂本身所具有的 SEI 膜在一定程度上起到了对锂金属的保护，然而此 SEI 膜机械强度差，无法对锂金属提供全方位的保护。而在锂硫电池中，由于多硫离子溶解所带来的副反应对金属锂负极的破坏，使得此问题变得更为复杂。如何提高锂负极在循环过程中的稳定性和安全性是锂硫电池研究的关键。

在锂负极修饰保护方面，一般的修饰方法是在金属锂表面形成聚合物薄层、无机盐沉积层或玻璃电解质溅射层，也可以在电解质中加入添加剂与金属锂表面反应形成离子导电的致密保护层。具体实施方式有两种。一种是原位保护，即通过在有机电解液中加入添加剂（如 $LiNO_3$、离子液体和溶剂等）与金属锂反应生成更稳定的固体电解质界面（SEI）膜，来影响锂负极的表面状态和 SEI 膜的形成。形成牢固的 SEI 膜将有助于稳定锂负极表面的结构，并抑制锂的多硫化物穿梭反应。另一种是非原位保护，即在组装锂硫电池前对金属锂负极进行保护，采用高分子聚合物、Li_3N，金属 Pt 以及陶瓷/聚合物多功能复合膜（如钾快离子导体和锂磷氧氮等）进行表面修饰，也可抑制锂的多硫化物对锂负极表面状态的破坏，削弱穿梭效应并减缓锂负极在循环过程中表面结构的显著变化[47]，或直接采用其他新型负极材料（如锂合金）代替金属锂负极。

目前，锂负极保护的途径主要是选择与其相匹配的溶剂和电解质盐，以及在电解质中加入各种添加剂。如，添加 $LiNO_3$ 已被证实能在锂负极表面形成一层 Li_xNO_y 膜保护锂负极，有效阻止多硫化物与金属锂接触产生副反应[48]。也有人研究了不同含量的双草酸硼酸锂（LiBOB）电解质添加剂的影响，发现 LiBOB 会增加传质阻抗，但少量 LiBOB（4%）能提高放电比容量和改善循环性能[49]。

还有一些研究通过对锂负极表面处理制备保护膜层来进行保护。如 Lee 等[50]在含有乙二醇二甲基丙烯酸酯的有机溶液中，以甲基苯甲酰甲酸甲酯为光引发剂，用紫外线辐照在金属锂表面聚合生成一层厚约 $10\mu m$ 的保护层，与凝胶电解质结合改善了循环性能。Zheng 等[51]用磁控溅射的方法在锂负极表面溅射了一层 Pt 保护膜，改善了循环性能，90 次循环后平均放电容量为 $750mA \cdot h/g$。

过去的研究一直集中在各种电解液添加剂对 SEI 膜的增强作用上，进展缓慢。而 Zheng 等[52]在国际上较早提出人造 SEI 的概念，首次清晰阐明人造 SEI 膜需满足的导锂离子不导电子、减少电解液与锂直接接触、力学性能好等三大要点。根据上述三大要点，Zheng 等在导师崔屹、朱棣文（诺贝尔奖得主，前美国能源部部长）指导下开发出纳米级球壳状无定形碳膜作为人造 SEI。应用这种保护膜的金属锂电池得到了惊人的循环寿命和库仑效率（100 次循环以后库仑效率达 99%），以及极低的锂沉积过电位，其保护锂金属负极的机理见图 12-18[52]。由图可见，碳膜比 SEI 膜具有更好的稳定性，有效避免了锂枝晶问题。

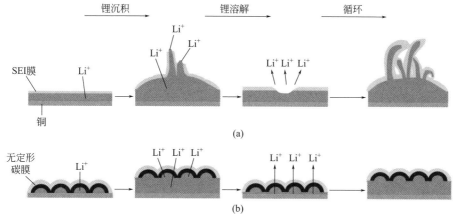

图 12-18　锂负极表面分别覆盖 SEI 膜（a）和无定形碳膜
（b）保护锂金属负极的机理示意

金属锂枝晶形成的机理极其复杂，其中一个主要原因在于电极表面离子分布不均匀，电场在 SEI 膜破损缺陷处急剧放大，导致电流集中在某些"热点"而不是均匀分布在电极表面。

由此出发，梁正团队[53]在导师崔屹、朱棣文指导下成功通过静电纺丝技术制备出一种网状氧化聚丙烯腈保护层，高分子表面存在的多种极性基团能够与分布在电解液中的锂离子相互作用，从而使电极表面电荷分布更加均匀，电流分布更加均匀，采用这种网状高分子保护层的电极在高达 $3mA/cm^3$ 的电流密度下能够沉积出平整的金属锂（图 12-19），并且沉积过电位保持在 70mV 以下。

金属锂电极在循环过程中会经历极大的体积变化，其体积变化甚至超过硅。当电池处于放电状态，负极的金属锂溶解为锂离子并嵌入正极。当电池处于充电状态，金属锂被电沉积回负极上。整个过程中负极一侧没有任何支撑与框架，负极的厚度与形状随时发生变化，这也是电池发生短路的一个诱因。以传统石墨负极为例，无论电池处于放电状态或充电状态，往返迁移的只是储存在石墨层间的锂离子，石墨本身作为坚固的骨架材料仍然能够维持稳定的隔膜-电极界面。在这种稳定的界面下，不会有较大应力波动。因此锂金属电极需要一个稳定的导电

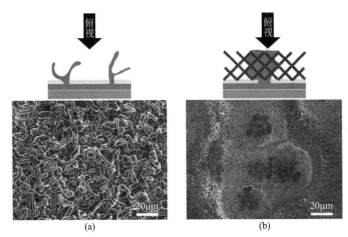

图 12-19　未加保护层形成的锂枝晶（a）和加氧化聚丙烯腈保护层后形成平整的金属锂（b）

骨架作为支撑。梁正团队在导师崔屹指导下创造性地提出了复合锂金属电极的思想，对材料表面的特殊浸润性进行研究，从而通过建立亲锂的界面材料体系，成功将锂融化吸入相关多孔材料中，制备出含有支撑框架的复合锂金属电极，在业界处于领先地位。

梁正团队[54]充分利用锂金属低熔点的特质，用表面进行亲锂修饰过的三维多孔碳结构，像"纸吸水"一样把融化的液态锂吸入其中，金属锂仍能占据90%的体积以及2/3的质量，同时坚固的碳结构对电极起到了支撑作用，充放电过程中整个复合电极形状、厚度几乎没有变化，电池循环寿命以及安全性能得到了极大提高，见图 12-20。

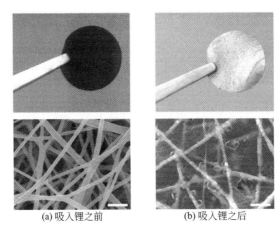

(a) 吸入锂之前　　　　(b) 吸入锂之后

图 12-20　碳纤维吸锂前后的形貌

此外，采用锂合金代替金属锂负极也是人们改进金属锂电池负极的研究方向。美国 Sion Power 公司提出以锂合金代替金属锂以达到减少锂枝晶生成、提高金属锂负极循环稳定性的目的[55]。目前研究最多的锂合金负极材料主要有 Li-Sn、Li-Si 和 Li-Sb 合金等。但是，这些材料存在充放电过程中体积膨胀收缩和粉化的问题，使活性粒子之间接触不良，造成负极材料容量下降，整体性能距离市场化应用还有较大差距。

12.1.4 电解质

锂硫电池电解质体系主要分为液态有机电解液、聚合物电解质和无机电解质。理想的锂硫电池电解质要求具备如下特征：a. 具有良好的化学和电化学稳定性，对硫正极和金属锂负极都具有较好的相容性，在工作电压范围内不与电极发生反应；b. 具有良好的锂离子传输性和电子绝缘性；c. 多硫化物溶解度适当；d. 廉价、无毒、环保等。

12.1.4.1 液态有机电解液

液态有机电解液是目前最常用的电解液体系，主要由有机溶剂和锂盐［如 $LiClO_4$、$LiPF_6$、$LiAsF_6$、$LiCF_3SO_3$、LITFSI（双三氟甲烷磺酰亚胺锂）、LiBOB 等］构成。液体有机锂硫电池电解液能够提供较好的倍率性能以及高的硫利用率。

由于电池电化学反应中有多硫离子产生，并且单质硫以及最终产物 Li_2S 都是电子绝缘的，为了使硫正极氧化还原反应顺利进行，有机电解液需要能适当溶解单质硫和多硫化锂，有利于尚未反应的单质硫与导电物质接触，从而可以提高活性物质硫的利用率[56]。然而传统锂离子电池中常用的一些碳酸酯类溶剂（如碳酸乙烯酯、碳酸二甲酯、碳酸甲乙酯等）对多硫化锂溶解度较低[57]，不利于进行液相反应。并且在一般碳硫复合体系中，随着反应进行，放电产物与导电剂的接触电阻增加。只有当硫与复合材料以一种化合态或是硫以小分子硫形式存在时，其动力学条件才可能满足离子和电子在电极中的有效传输。此时低溶解性的碳酸酯类有机溶剂对硫利用率较低，不适用于锂硫电池体系。

经过多年研究，目前人们普遍认为适合锂硫电池的有机电解液应该具备以下特征[58]：①具有高的化学稳定性和离子传导性；②对 Li_2S_n（$4 \leqslant n \leqslant 8$）具有一定溶解度；③与锂电极相容性好。

在不断的尝试中人们发现，链状醚类溶剂［如乙二醇二甲醚（DME）、四乙二醇二甲醚（TGDE）、二乙二醇二甲醚（DGDE）等］和环状醚类溶剂［如四氢呋喃（THF）、1,3-二氧戊环（DOL）、甲基乙基砜（EMS）等］对单质硫和多硫离子都有较高的溶解能力，能够有效提高硫的利用率。其中链状醚对多硫离子具有较好的溶解性，使得硫电极反应过程能够顺利进行；而环状醚类特别是 DOL 在金属锂负极表面容易发生开环聚合反应，在金属锂表面能够形成一层具有弹性且稳定的保护膜，有利于在循环过程中金属锂的稳定[59]，同时 DOL 还可以降低液体的黏度。多硫离子（Li_2S_n，$4 \leqslant n \leqslant 8$）在电解液中溶解后，有机电解液的黏度会明显增大，这会导致电解液的离子传导能力降低。因此，为提高锂硫电池体系的电化学性能，目前普遍采用链状和环状醚类混合使用[60]。环状醚类和链状醚类两类醚溶剂的混合比例也是也影响锂硫电池性能的重要因素，如Wang 等[61]研究了 $LiClO_4$/DME＋DOL 电解液体系，发现过量的 DME 或 DOL 均会导致硫正极循环性能变差。目前实验中以 DOL 和 DME 按照体积比 1∶1 配制混合溶剂较为常见。

采用链状醚类与环状醚类的混合溶剂作为锂硫电池的电解液，仅能解决锂硫电池基本的正常充放电问题，使电池在首次放电中达到较高的放电比容量，但由Li_2S_n 的溶解及其向负极的扩散带来的循环问题难以仅靠这类混合溶剂解决。因此，在确定了有机电解液使用环状醚类和链状醚类的混合溶剂后，研究人员逐渐开始研究有效的电解液添加剂，以再次提高锂硫电池的活性物质利用率及循环性能。2009 年，Mikhaylik 等[62]提出在 DME＋DOL 电解液中添加含 N—O 键化合物，能有效提高锂硫电池正极活性物质利用率，并减少电池自放电，其中以$LiNO_3$效果最好。在随后研究中，$LiNO_3$ 被认为是至今在锂硫电池有机电解液中最有效的添加剂，对其的研究及应用仍在不断继续[63-65]。

12.1.4.2　聚合物电解质

聚合物电解质的研究始于 20 世纪 70 年代。1973 年 Wright 等[66]发现聚氧化乙烯（PEO）与碱金属盐的配位体系具有离子导电性，之后在 1979 年 Armand 等[67]首次将这类聚合物应用于电池，从此聚合物电解质得到了人们广泛关注。

聚合物电解质可以取代传统有机电解液加隔膜体系，实现离子传导，并具有以下优点：a. 可以从根本上改善金属锂电池和锂离子电池的安全性能；b. 成本低廉、易产生形变，能保证与电极良好接触，能够制成形状可控的金属锂电池和锂离子电池；c. 从根本上避免了有机液态电解液泄漏等安全问题；d. 化学和电化学稳定性好；e. 可以抑制单质硫和多硫离子向金属锂负极的扩散，降低因其与金属锂负极反应导致的锂硫电池容量损失。聚合物电解质按照是否添加增塑剂可分为固态聚合物电解质（SPE）和凝胶聚合物电解质（GPE）两种。

SPE 由高分子量聚合物基体［聚氧化乙烯（PEO）、聚氧化丙烯（PPO）等］和锂盐组成，可以近似地看作是锂盐直接溶解于聚合物基体中而形成的固态溶液体系。SPE 的离子电导率与聚合物基体链段的局部运动能力密切相关，锂离子在聚合物基体中的迁移是通过聚合物链段的运动（在其配位位置上连续反复"配位-解配位"）而发生，因此 SPE 的室温离子电导率偏低，一般在 $10^{-8} \sim 10^{-4} \, S/cm$ 之间。使用 SPE 的锂硫电池在某些情况下能得到较好的性能，但受限于 SPE 的室温电导率，这些电池普遍需要在较高的温度下（70～90℃）才能正常工作[68-71]，基本未见使用 SPE 的锂硫电池在室温下工作的报道，因此其应用范围大大受限，近年来少有对该方面的报道。若能将离子电导率提高到 $10^{-4} \sim 10^{-3}$ S/cm 之间，SPE 将在锂硫电池甚至传统的锂离子电池的应用中大有前景。

1993 年 Angell 等[72]把传统聚合物掺盐的想法倒转过来，将少量的聚合物（质量分数小于 10%）溶于低温共熔盐中，以无机快离子导体作为体系主体，而聚合物为第二部分，仅作为黏结剂，提出了"盐掺聚合物"（Polymer-in salt）固体电解质概念。该体系具有较高的锂离子导电性，室温电导率为 10^{-4} S/cm，并具有良好的电化学稳定性。但是该体系力学性能较差，严重影响其应用。

在保留 SPE 诸多优点的条件下，为提高其离子电导率，Feuillade 等[73]于 1975 年提出可在 SPE 中加入增塑剂形成 GPE，可以大幅提高电解质的离子电导率。聚合物凝胶并不是聚合物溶解于增塑剂中形成高分子溶液，而是增塑剂溶解于聚合物中形成的体系。在该体系中，不仅聚合物是连续相，增塑剂也是连续相。从严格意义来看，GPE 可以看作是 SPE 和液态电解质的中间状态。

GPE 主要由聚合物基体、增塑剂与锂盐通过互溶的方式形成具有合适微结构的聚合物网络，虽然体系也存在离子-离子和离子-聚合物间复杂的相互作用，但增塑剂对离子的溶剂化作用占主导地位。利用固定在微结构中的增塑剂实现离子传导，其离子传导机理类似于液体中离子的传导机理，因此室温离子电导率也较高，一般在 $10^{-4} \sim 10^{-3}$ S/cm 之间。

聚合物基体在 GPE 中主要起结构上的支撑作用，一般要满足成膜性好、膜强度高、电化学稳定窗口宽、在有机电解液中不易分解等要求。目前研究较多、性能较好的有以下几种：聚氧化乙烯（PEO）、聚偏氟乙烯（PVDF）、聚甲基丙烯酸甲酯（PMMA）和聚丙烯腈（PAN）等[74]。

增塑剂是 GPE 的重要组成部分，可以起到减小聚合物结晶度、提高聚合物链段运动能力、降低离子传输活化能、促进锂盐解离、增加自由离子浓度、提高体系自由体积分数以及降低聚合物玻璃化温度等作用。GPE 中所用增塑剂通常是高介电常数、低挥发性、对聚合物基体具有可混性、对锂盐具有良好溶解性的有机溶剂。常用的有碳酸乙烯酯（EC）、碳酸丙烯酯（PC）、N-甲基吡咯烷酮（NMP）、环丁砜（SL）、N,N-二甲基甲酰胺（DMF）、亚硫酸乙烯酯（ES）、碳酸丁烯酯（BC）等。增塑剂的加入可以将聚合物电解质的离子电导率提高几个数量级，获得室温电导率大于 10^{-4} S/cm 的 GPE。

GPE 可以通过物理交联或化学交联的机理制得。物理交联型 GPE 是线型聚合物分子与增塑剂、锂盐通过聚合物链物理交联点作用形成网络结构，从而形成凝胶状膜，多数凝胶体系是通过这种方法制得。通过物理交联支撑的凝胶体系中主要有连接区和微型分子团两种缠绕结构：连接区内具有一定长度的聚合物链相互作用缠绕在一起；而微型分子团是一定区域内的聚合物链相互作用形成微晶。

化学交联型 GPE 是指聚合物主链通过化学反应形成共价键而彼此连接起来的空间网状结构，一般由高分子单体或预聚体、增塑剂、电解质锂盐，加入交联剂，通过热或光聚合反应形成以化学键相互作用的网络结构。

12.1.4.3 无机电解质

无机固体电解质又称快离子导体，包括晶态电解质（又称陶瓷电解质）和非晶态电解质（又称玻璃电解质）。该类材料有较高的室温离子电导率（> 10^{-3} S/cm）和锂离子迁移数（≈1），电导活化能低，并具有耐高温性能和较好的可加工性能，在高能量密度的动力电池中有很好的应用前景。因此，近年来无机固体电解质得到了飞速发展。在锂硫电池中，无机固体电解质的作用是作为物理屏蔽层保护锂负极，可以完全阻隔多硫离子向金属锂负极的扩散。但其力学性能差、与电极接触的界面阻抗大和电化学窗口不宽是限制该类电解质发展的主要因素。

陶瓷电解质室温离子电导率低，材料导电性具有各向异性，对金属锂稳定性差、制备难度大、造价高[75,76]，可用于锂硫电池的陶瓷电解质寥寥无几。与陶瓷电解质相比，玻璃电解质在组成上可以有较大变化，因而易获得较高的室温离子电导率。玻璃材料基本上各向同性，使其离子扩散通道也具备各向同性的特点；而且，玻璃电解质颗粒界面电荷迁移电阻很小，除本体阻抗外，影响传导性能的因素只有堆积密度。因此，玻璃电解质具有离子电导率高、导电各向同性、颗粒界面电荷迁移电阻小和制备工艺较晶体材料简单等优点，在锂硫电池中具有很好的应用前景。

可用于锂硫电池的全固态无机电解质的研究主要集中于硫化物玻璃：Machida 等[77]用高能球磨法制备了玻璃态的 $60Li_2S-40SiS_2$ 电解质，室温电导率为 1.3×10^{-4} S/cm，且具有非常宽的电化学工作窗口，可达到 110V（相对 Li/Li^+）。Hayashi 等[78]采用 $Li_2S-P_2S_5$ 玻璃陶瓷电解质，S/CuS 为正极，20 次循环后的比容量为 650mA·h/g。

Xu 等[79]通过高能球磨技术成功地在室温下制得了纳米尺寸的 $Li_{1.4}Al_{0.4}Ti_{1.6}(PO_4)_3$（LATP）非晶粉体，然后在 700~1000℃不同温度热处理得到玻璃陶瓷，所制备的产物为纯 $LiTi_2(PO_4)_3$ 相。在 900℃得到的产物室温锂离子电导率 5.16×10^{-4} S/cm，Li^+ 的迁移率高达 99.99%。

无机玻璃电解质的导电性（室温电导率约为 10^{-4} S/cm）良好、制备工艺简单，在锂硫电池电解质体系中的应用较多。玻璃电解质大体上可分为 3 类：硫化物型（Li_2S-SiS_2、$Li_2S-B_2S_3$、$Li_2S-P_2S_5$）、氧化物型（$Li_2O-B_2O_3-P_2O_5$、$Li_2O-SeO_2-B_2O_3$ 和 $Li_2O-B_2O_3-SiO_2$）和硫化物与氧化物混合型（$Li_3PO_4-Li_2S-SiS_2$）。

12.2

钠离子电池

12.2.1　反应原理及特点

（1）钠离子电池结构与反应原理　钠离子电池和锂离子电池具有相似的结构以及工作原理，主要由正负极材料、电解液、隔膜和集流体构成。钠离子电池的工作原理是靠钠离子的浓度差实现的，正负极材料由不同的化合物组成。充电过程中在电池内部钠离子从正极脱出经电解液进入负极，放电过程中钠离子又回到正极，电子通过电池外部电路以相同的方向运动，以保证整个系统的电荷平衡。在研究过的电解液中，溶剂主要有碳酸丙烯酯（PC）、碳酸乙烯酯（EC）、碳酸二甲酯（DMC）、乙二醇二甲醚（DME）和碳酸二乙酯（DEC）等，溶质主要以$NaClO_4$和$NaPF_6$为主，这与锂离子电池基本相似。隔膜以聚合物（聚乙烯、聚丙烯等）和玻璃纤维为主。在锂离子电池中，正极集流体一般采用Al箔，负极采用Cu箔；而对于钠离子电池，负极可以采用Al替代Cu作为集流体以进一步降低成本，这主要是由于Al有嵌锂活性容易导致结构破坏，而没有嵌钠活性。钠离子电池结构见图12-21[80]。

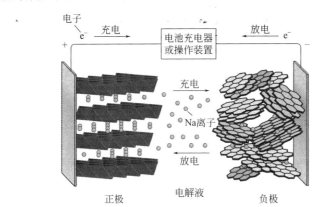

图12-21　钠离子电池结构示意图

其反应方程式如下：

正极　　　　　　$NaMO_2 \longrightarrow Na_{1-x}MO_2 + xNa^+ + xe^-$　　　　　　　　（12-7）

负极　　　　　　$xNa^+ + xe^- + 6C \longrightarrow Na_xC_6$　　　　　　　　　　　（12-8）

总反应　　　　　$NaMO_2 + 6C \Longrightarrow Na_{1-x}MO_2 + Na_xC_6$　　　　　　（12-9）

式中，M 代表过渡金属元素。

（2）钠离子电池特点 钠和锂属于同族，两者具有相似的物理和化学性质。其中钠具有丰富的储量（地壳中含量约 2.64%，而锂含量仅占地壳的 0.006%），价格低廉（锂的原材料碳酸锂大约比钠的基本原材料天然碱贵 30～40 倍），并且钠电极电位比锂高 0.3V，具有更加稳定的电化学性能，使用更加安全。因此，从成本、能耗、资源等角度来说，钠离子电池在规模化储能方面具有更大的市场竞争优势和广阔的发展前景。

虽然钠离子电池有诸多优点，但是钠离子半径较大，约为锂离子半径的 1.34 倍，其需要解决的关键问题就是开发性能优越、符合自身特点的电极材料[81]。此外钠原子质量大于锂，其理论容量不足锂的三分之一。但是对于规模储能，更主要考虑的是成本及环境因素，而能量密度次之。从安全、成本、资源以及环保等多方面考虑，钠离子电池具有巨大的发展优势。下文对钠离子电池发展中的两类关键材料——正极材料和负极材料的研究和发展现状进行了详细的综述。

12.2.2 正极材料

正极材料的要求[82]：a. 具有较高的比容量；b. 较高的氧化还原电位，这样电池的输出电压才会高；c. 良好的结构稳定性和电化学稳定性，钠的嵌入和脱嵌应可逆，并且主体结构没有或很少发生改变；d. 嵌入化合物应有良好的电子导电率和离子导电率，以减少极化，方便大电流充放电；e. 制备工艺简单、资源丰富以及环境友好等特点。研究过的正极材料主要以化合物为主，如过渡金属氧化物、聚阴离子化合物[83]以及它们的改性材料等。

12.2.2.1 过渡金属氧化物

层状的过渡金属氧化物 $LiMO_2$（M 为过渡金属）作为锂离子电池的正极材料，已经得到广泛深入的研究。受到锂离子电池的研究启发，与 $LiMO_2$ 结构相似的 Na_xMO_2 材料，成为最早研究的一类钠离子电池正极材料，其中 Co 的氧化物和 Mn 的氧化物研究得最多。

（1）Na_xCoO_2 在 Na_xMO_2 正极材料中，Na_xCoO_2 的研究最早，它一般以 On 和 Pn 相结构形式存在。O 指的是 Na^+ 位于与 O（氧）配位的八面体结构中，P 是指 Na^+ 位于能够和 O（氧）配位构成三棱柱结构中，n 指的是过渡金属堆垛的重复周期数，Na^+ 分布在 MO_2 层之间或结构的空隙中[84-86]。1981 年，Delmas 等[85]的研究证明 Na_xCoO_2 作为钠离子电池的正极材料是可行的，他们发现 Na_xCoO_2 一般以 P2、O3、P3（P2：ABBA、O3：ABCABC、P3：ABBCCA）形式存在，如图 12-22 所示。虽然 P3 和 O3 相结构在充放电过程中初始容量稍高于 P2 相结构，但 P2 相结构的稳定性最好[87]，其机理是在 P2 相结构中，三棱柱空隙具有更大的层间距，更有利于 Na 的嵌入和脱出；同时，P2 相结构向其他相结构转变时，需要断开 M—O 键，只有在高温下才可能发生，相变发生非常困难，因此相对其他相结构更为稳定。在 P2 结构中以 $Na_{0.7}CoO_2$ 能量密度最高，约为 $260W \cdot h/kg$[88]。$Na_{0.7}CoO_2$ 的制备过程为：将 Na_2O_2 与 Co_3O_4 按合适的比例充分球磨混合，再于氧气氛或空气氛中加热至 750℃ 左右，维持约 30h；所得产物球磨至粒径小于 $2\mu m$，最终产物为 P2 相的 $Na_{0.7}CoO_2$[89]。

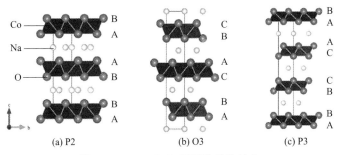

图 12-22　$Na_x CoO_2$ 不同的晶体结构

（2）$Na_x MnO_2$　$Na_x MnO_2$（$x \leqslant 1$）是一种研究较多的氧化物正极材料。$Na_x MnO_2$ 有多种晶体形态、结构和物理性能[90]。$x < 0.45$ 时为三维隧道结构，$x \geqslant 0.45$ 时为层状结构。当 $x = 1$ 时，低温下形成的 α-$NaMnO_2$，为单斜的 O3 结构；高温形成的 β-$NaMnO_2$，为正交晶系。

在 $Na_x MnO_2$ 氧化物正极材料中，$Na_{0.44}MnO_2$ 由于具有高的比容量和循环稳定性而被广泛研究。$Na_{0.44}MnO_2$ 属于正交晶系，结构非常复杂，在一个晶胞单元中有 5 种不同位置的锰离子，分别处于两种不同环境，所有的 Mn^{4+} 和一半的 Mn^{3+} 处于 MnO_6 的八面体离子位置，另一半的 Mn^{3+} 处于 MnO_5 四方锥离子位置，如图 12-23 所示[91]。由于 Na2、Na3 位于大的 S 型隧道中，Na1 离子位于小隧道中，有大量的 3D 隧道空隙，适合 Na^+ 脱嵌[13]。并且 $Na_{0.44}MnO_2$ 能够承受结构变形中的一些应力，这使得材料结构稳定，因此在钠离子脱嵌过程中具有较高的容量和较好的循环稳定性能。

1994 年 Doeff 等[92] 首次研究 $x = 0.44$ 的 $Na_{0.44}MnO_2$ 钠离子电池的正极材料，可逆容量可达 $160mA \cdot h/g$。Cao 等[93] 通过聚合物热解法合成了一种新的单晶纳米线 $Na_{0.44}MnO_2$，在 0.1C 倍率下循环 1000 次，比容量达到 $128mA \cdot h/g$。

（3）其他过渡金属氧化物及其掺杂　$Na_x FeO_2$ 也是研究较多的正极材料，Yabuuchi 等[94] 认为 P2 结构的 $Na_x FeO_2$ 可逆储钠性能要比 O3 结构的好，是比较理想的结构。由于 $Na_x FeO_2$ 中 Fe^{4+} 不能稳定存在，他们用 Mn 部分替代 Fe 以稳定这种 P2 结构，最终合成了 P2-$Na_{2/3}[Fe_{1/2}Mn_{1/2}]O_2$，可逆容量达 $190mA \cdot h/g$。

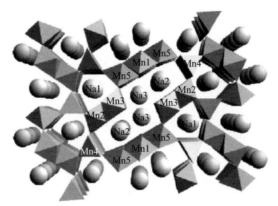

图 12-23　$Na_{0.44}MnO_2$ 晶体结构图

Ding 等[95]通过固相反应法制备了 P2 结构的 $Na_{0.74}CoO_2$，在 0.1C 倍率下放电容量为 $107mA \cdot h/g$，具有良好的循环性能。Yuan 等[96]通过溶胶-凝胶法制备了 P2 结构的 $Na_{0.67}Mn_{0.65}Fe_{0.35-x}Ni_xO_2$，首次容量为 $204mA \cdot h/g$，之后衰减到 $136mA \cdot h/g$，表现出高的容量。当部分 Fe 用 Ni 替代后，$Na_{0.67}Mn_{0.65}Fe_{0.2}Ni_{0.15}O_2$ 电极表现出更高的可逆容量 $208mA \cdot h/g$，50 次循环后容量保持率为 71%。他们认为 Ni 加入后改善了可逆性并减轻了 Mn^{3+} 的 Jahn-Teller 变形。Wang 等[97]通过喷雾干燥法和两步的固相反应法合成了 $P2\text{-}Na_{2/3}[Ni_{1/3}Mn_{2/3}]O_2$。测试结果表明：循环电压在 2.0V 和 4.0V 的时，可逆容量分别为 $86mA \cdot h/g$（0.1C）和 $77mA \cdot h/g$（1C）。循环电压在 1.6V 和 3.8V 时，可逆容量分别为 $135mA \cdot h/g$（0.1C）和 $108mA \cdot h/g$（1C）。O3 结构的 $NaFeO_2$ 的理论比容量为 $242mA \cdot h/g$，而其可逆容量仅 $90m \cdot Ah/g$，比理论比容量的 1/2 还小，循环性能不好。

Wang 等[98]研究了 Na_xVO_2 正极材料，他们利用水热方法合成了单晶 VO_2 平行的超薄纳米片结构的 Na_xVO_2。测试结果表明，Na_xVO_2 具有半导体的性质，并且在充放电过程中层间距保持不变，有利于 Na^+ 的脱嵌。在 $500mA/g$ 大电流密度下，放电容量为 $108mA \cdot h/g$。Ding 等[99]首次研究了碳包覆 $NaCrO_2$ 正极材料，40 次循环以后放电容量为 $110mA \cdot h/g$，包覆后循环性能比包覆前得到了明显改善。

12.2.2.2　聚阴离子型化合物

聚阴离子型化合物是指含有四面体或者是八面体的阴离子结构单元 $(XO_m)^{n-}$（X＝P、S、As、W 等）的化合物的总称。该化合物主要包括 $NaMPO_4$（M 为过渡金属）、$NaMPO_4F$ 和钠快离子导体（NaSICON）。这些结构单元通过强共价键连成三维网络结构并形成更高配位的由其他金属离子占据的空隙，使得聚阴离子型化合物正极材料具有和金属氧化物正极材料不同的晶相结构以及由结构决定的各种突出的性能，如较高的电压和稳定性[100,101]。

（1）磷酸盐化合物　1997 年 Goodenough 等[102]首次提出 $LiFePO_4$ 适合做锂离子电池正极材料，此后不同的磷酸盐（$LiMPO_4$）被广泛研究。受此启发，人们也开始将这类化合物（$NaMPO_4$）用于钠离子电池正极材料。

磷酸盐化合物正极材料中，典型的为 $NaFePO_4$。$NaFePO_4$ 的热力学稳定存在形式是磷铁钠矿（maricite），其结构如图 12-24（a）所示，其中的 4c 和 4a 位置在分别被 Na^+ 和 Fe^{2+} 占据。橄榄石结构的 $NaFePO_4$ ［图 12-24（c）］与 $LiFePO_4$ 结构相似，橄榄石结构的 $LiFePO_4$ ［图 12-24（b）］中 4a 和 4c 位置在分别被 Li^+ 和 Fe^{2+} 占据。由于 Na^+ 和 Fe^{2+} 位置上的差异，使得橄榄石结构的 $NaFePO_4$ 含有开放性的结构骨架和隧道结构的 Na^+ 通道，具有很好的电化学活性和结构稳定性，理论比容量为 $154mA \cdot h/g$；而磷铁钠矿结构的 $NaFePO_4$ 中没有通畅的 Na^+ 通道，阻止了钠离子的脱嵌，不具备电化学活性。

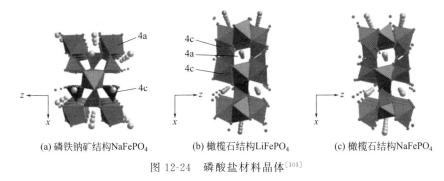

(a) 磷铁钠矿结构NaFePO₄　　(b) 橄榄石结构LiFePO₄　　(c) 橄榄石结构NaFePO₄

图 12-24　磷酸盐材料晶体[103]

Zaghib 等[104]通过电化学法制备了橄榄石相的 $NaFePO_4$，其首次放电容量高达 $147mA \cdot h/g$，但第二次后迅速衰减至 $50mA \cdot h/g$ 以下，衰减原因仍有待进一步的实验研究。

（2）氟磷酸盐化合物　氟磷酸钠盐 $NaMPO_4F$ 也是一类重要的聚阴离子正极材料，它是由四面体结构的 PO_4 和八面体 MO_6 与 F 连接构成的一类化合物。

2003 年 Barker 等[105]将过渡金属化合物 $NaVPO_4F$ 用作正极材料，与硬炭材料配制成钠离子电池，电池的平均放电电压为 $3.7V$，与锂离子电池非常一致；正极材料的首次放电电容量为 $78mA \cdot h/g$，30 次循环后容量下降到首次的 50%，循环稳定性能差。$Lu^{[106]}$等通过高温固相反应法合成 $NaVPO_4F$ 材料，研究了不同碳含量对材料的电化学性能的影响，得到的最高比容量为 $97.8mA \cdot h/g$，20 次循环后容量保持率为 89%。

2007 年 Nazar 课题组[107]首次研究了 Na_2FePO_4F 正极材料，其结构如图 12-25 所示。由于其两个 Na^+ 占据 $FePO_4F$ 层间空隙，具有二维的钠离子迁移通道，有利于 Na^+ 的脱嵌，其理论容量较高，约为 $135mA \cdot h/g$；并且其 Na_2FePO_4F-$NaFePO_4F$ 的相变过程中，晶胞体积变化率仅为 3.7%，近似零应变材料，因此

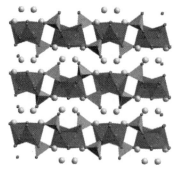

图 12-25　Na_2FePO_4F 晶体结构

在 Na^+ 脱嵌过程中结构稳定，具有较好的循环稳定性。Recham 等[108]采用离子液体法制备了 2.5nm 的超细 Na_2FePO_4F 颗粒，显著提高了材料的可逆容量和循环性能，前 10 次循环的容量稳定在 $100mA·h/g$ 以上。

Kawabe 等[109]研究了 Na_2FePO_4F 碳包覆后的性能，在 $0.05C$ 倍率条件下，碳包覆量为 1.3% 的 Na_2FePO_4F 的首次放电容量能达到 $110mA·h/g$，在 3.06V 和 2.91V 处存在两个电压平台。Langrock 等[110]以蔗糖作为碳源通过超声喷雾热解过程，制备了碳包覆的多孔空心的 Na_2FePO_4F（C/Na_2FePO_4F）球，如图 12-26 所示，直径为 500nm，壁厚为 80nm。这种纳米化的 C/Na_2FePO_4F 球，允许电解液渗入到球内，因此，电化学反应在球内部和外部均能发生。在 $0.1C$ 倍率下容量为 $89mA·h/g$，在 $1C$ 倍率下经过 750 次循环，仍能保持 $60mA·h/g$ 的容量。

（3）钠快离子导体　聚阴离子材料中另一类材料为钠快离子导体（NaSICON），一般分子式为 $A_xMM'(XO_4)_3$。最初用于 Na-S 电池的固体电解质。1987 年 Delmas 等人证明 NaSICON 结构具有电化学可逆性[111,112]，人们才开始将这种材料用于锂离子电池和钠离子电池的研究。在 NaSICON 中 Na^+ 占据间隙空位中的两个位置（如图 12-27 所示），而 NaSICON 的 3D 结构中有大量空位，能快速传导 Na^+，十分有利于 Na^+ 的脱嵌；并且 NaSICON 具有开放性的骨架结构，在 Na^+ 脱嵌过程中结构非常稳定，因此逐渐成为人们研究的热点[113-115]。

图 12-26　多孔 C/Na_2FePO_4F

图 12-27　斜方六面体 NaSICON 结构

Yamaki 组[116]研究了 $Na_3V_2(PO_4)_3$ 作为钠离子电池正极材料的电性能,其在 1.63V 和 3.40V 出现两个平台,分别对应 V^{2+}/V^{3+} (1.63V) 和 V^{3+}/V^{4+} (3.40V) 的两步氧化还原电位。电压在 $2.7\sim3.8V$ 范围内,可逆容量达到 $93mA\cdot h/g$。Jian 等[117]通过固相反应法合成了 $Na_3V_2(PO_4)_3$,并在其表面包裹一层 6nm 厚的碳层。在 $1\sim3V$ 之间测试,初始可逆容量为 $66.3mA\cdot h/g$,50 次循环后仍能保持 $59mA\cdot h/g$,循环稳定性较好。Song 等[118]研究了 NaSICON 类型的 $Na_3V_2(PO_4)_2F_3$ 正极材料,结果表明,在 0.091C 倍率下首次放电容量为 $111.6mA\cdot h/g$,50 次循环后容量保持率为 97.6%,循环性能较好。

另外,Gocheva 等[119]采用机械化学方法制备了 $NaFeF_3$,在 2.7V 电压下放电容量为 $120mA\cdot h/g$,为理论容量的 61%。Kitajou 等[120]研究认为这种低效率的原因是机械化学合成的材料结晶度低,以及部分 Fe^{3+} 以无定形的相存在造成的。Nose[121]等制备了一种新型的钠离子电池正极材料 $Na_4Co_{2.4}Mn_{0.3}Ni_{0.3}(PO_4)_2P_2O_7$,这种材料在 4.2V 和 4.6V 有两个氧化还原过程,在 5C 充电倍率下容量为 $103mA\cdot h/g$。Honma[122]通过玻璃-陶瓷的方法制备了三斜晶系的 $Na_{2-x}Fe_{1+x/2}P_2O_7/C$ 复合材料。他们认为这种材料具有较高的能量密度,在 10C 倍率条件下,循环性能稳定,放电容量保持在 $45mA\cdot h/g$。

当前钠离子电池正极材料主要分为层状氧化物型 (Na_xMO_2) 及聚阴离子型氧化物 ($NaMPO_4$、$NaMPO_4F$、NaSICON),它们都具有一定的嵌钠容量 ($>100mA\cdot h/g$),存在的主要共性问题在于循环稳定性不好、容量损失大、大电流充放电性能不理想。

基于锂离子电池层状氧化物正极材料研究经验,钠离子电池层状氧化物中 P2 结构的 $Na_{0.7}CoO_2$ 和 P3 结构的 $Na_{0.44}MnO_2$ 是比较有前景的两种正极材料,但由于钠原子尺寸较大,在循环过程中的结构稳定性及安全性还有待于进一步研究。聚阴离子型正极材料具有强共价键连成的三维网络结构,相对层状氧化物具有更高的结构稳定性以及安全性,而这些特征更接近市场要求。

目前人们主要采用纳米化、包覆以及掺杂技术来对传统正极材料进行改性,来提高正极材料的性能,取得了一定的成果。模仿锂离子电池正极材料虽然加快了钠离子电池材料的研究速度,但是锂和钠还是存在一定区别。为此,未来的研发与设计中,除了进一步改良传统的材料,开发新的具有更适合钠离子脱嵌结构的材料,是目前研究的重点。

12.2.3 负极材料

钠离子电池负极材料主要有碳材料、合金类材料、金属氧化物类材料等。作为钠离子电池关键材料,负极材料的选取原则如下:

① 具有高的比容量;

② 电极电位要低，这样能够保证和正极材料之间具有较高的电位差，有利于整个电池电压的提升；

③ 其化学稳定性及电化学稳定性要高，这样有利于得到性能稳定的电池材料；

④ 良好的电子导电性和离子导电性；

⑤ 原料来源丰富易得，制备加工工艺简单。

12.2.3.1 碳负极材料

碳负极材料主要分为两大类：石墨（如天然石墨、石墨化炭、改性石墨）、无定形炭（如软炭、硬炭）和纳米碳材料。

（1）石墨类负极材料　目前锂离子电池常用负极材料主要为石墨类负极材料，它由平面六角网状的石墨烯组成，层间通过范德华力将石墨烯片吸引在一起。根据片层堆垛方式不同，分为六方石墨排列方式 ABABAB（2H）型和菱形石墨排列方式 ABCABC（3R）型。六方晶结构为每隔一层可以找到相同排列的碳层，而菱面晶结构则隔两层可以找相同排列的碳层。在碳材料中，这两种结构一般是共存的，六方石墨占的比重更大。

石墨结晶度高，有规则的层状结构和良好的导电性，适合 Li^+ 的嵌入和脱出，并且来源广泛，价格低廉，因此成为众多研究者关注和开发的热点。其储能机理是 Li^+ 嵌入到石墨层间形成一阶石墨层间化合物 LiC_6（理论比容量为 $372mA \cdot h/g$，实际比容量已经接近理论比容量的 96％左右）。然而 Na^+ 在石墨中的嵌入量却很少，仅能形成 NaC_{64} 高阶化合物，比容量约为 $35mA \cdot h/g$ [123]，嵌入量远远小于 Li^+。这主要是由于石墨层间距小（0.335nm），不适于体积较大的 Na^+ 进行脱嵌，因此被普遍认为不能直接作为钠离子电池负极材料使用 [124,125]。

近年来，一些研究者通过一些改性手段扩大石墨层间距，使得其具备一定的储钠容量，已取得了相当的进展，并已有了可行性报道。2000 年 Thomas 等 [126] 对一种比表面积为 $15m^2/g$ 的石墨，采用先在 460℃下真空热处理后机械球磨的方法，使其具备一定的储钠容量。其原理主要是通过球磨方法增大了石墨孔层结构，为 Na^+ 的嵌入（或吸附）构筑活性点，提高了储钠容量。但同时由于产生更多的表面和边缘缺陷，使得比表面积过大，在形成 SEI 膜过程中造成大量的电解液分解，导致初始库仑效率很低。

Wen 等 [127] 通过对石墨先氧化后部分还原的方法制备了膨胀石墨负极材料，结果表明：层间距为 0.43nm 的膨胀石墨在电流密度为 20mA/g 时的可逆容量达到 $284mA \cdot h/g$；在电流密度为 100mA/g 时可逆容量达到 $184mA \cdot h/g$，2000 次循环以后容量保持率为 73.9％。他们认为这主要是膨胀石墨保留了长程有序的层状结构，并且扩大了层间距，使得 Na^+ 能够在膨胀石墨层间可逆脱嵌。膨胀石墨的储钠机理如图 12-28 所示：石墨材料层间距小，Na^+ 不能嵌入到层间；氧化石墨材料虽然层间距足够 Na^+ 嵌入，但是层间的大量含氧官能团造成阻碍，限制了 Na^+ 的嵌入数量；膨胀石墨由于具有适合的层间距和较少的含氧官能团阻碍，从而适合较大量储钠。

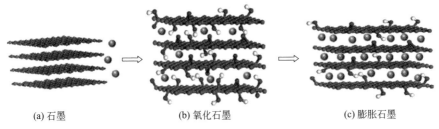

(a) 石墨   (b) 氧化石墨   (c) 膨胀石墨

图 12-28　膨胀石墨的储钠机理的示意图

● Na^+；● C；● O；◑ H

Wang 等[128]发现还原氧化石墨烯（RGO）具有较高的容量和循环稳定性，在电流密度为 40mA/g 时可逆容量达到 $174.3mA \cdot h/g$，循环 1000 次以后可逆容量仍能保持 $141mA \cdot h/g$，电流密度为 200mA/g 时经过 250 次循环以后可逆容量为 $93.3mA \cdot h/g$。他们认为这是由于 RGO 有大的层间距和无序度，且二维的纳米薄片结构有效缩短了 Na^+ 的扩散路径。

但是石墨经过高能球磨改性或者是氧化还原改性后虽然可逆容量具有显著的提高，但是材料的首次不可逆容量很大，首次库仑效率普遍较低（＜50％），在制备全电池时，会使负极与正极匹配失衡，造成正极材料的大量浪费，是其实现产业化的最大瓶颈。

针对这个问题，笔者所在课题组分析比表面积与首次库仑效率之间的关系，以及层间距与可逆储钠容量之间的关系，将实验中石墨经高能球磨 10h、20h、30h 的样品，氧化石墨（GO）经 200℃、400℃、800℃ 热还原改性样品，以及文献[127,128]中的数据进行了汇总，并拟合出曲线关系，如图 12-29 所示。由图可知：随着比表面积的增大，首次库仑效率呈下降趋势；随着层间距的增大，可逆容量呈增加趋势。即比表面积大是首次库仑效率低的主要原因，具备较大层间距和小比表面积的石墨改性材料有可能具有较理想的性能。

之后课题组以氧化石墨和沥青（P）为原料，采用先高温油相处理、后热处理的方法，制备还原氧化石墨（RGO）和沥青炭的复合材料（RGO-C800），合成过程示意和电性能曲线见图 12-30 和图 12-31。结果表明：RGO-C800 具有良好的电化学性能，可逆容量和首次库仑效率分别增大至 $268.4mA \cdot h/g$ 和 79.2％；50 次后容量保持率为 88.7％，具有良好的循环性能。同时，对比直接热处理样品，经过高温油相处理后氧化石墨没有发生膨胀，材料层间距和比表面

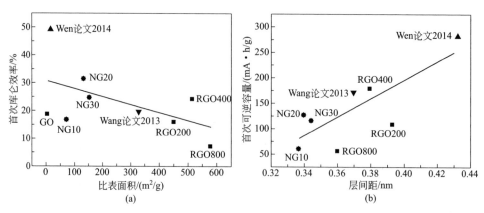

图 12-29 比表面积与首次库仑效率关系（a）以及层间距与可逆储钠容量关系（b）

GO—氧化石墨；RGO—还原氧化石墨；NG—天然石墨

积分别为 0.372nm 和 3.00m²/g，这为大层间距、小比表面积材料的制备提供了理论依据。预计通过这项技术更大范围地调节层间距，同时降低材料的比表面积，将使石墨材料在钠离子电池商业化进程中发挥重要的作用。

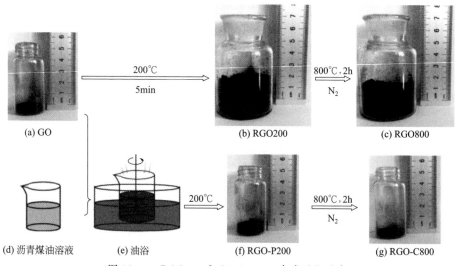

图 12-30 RGO200 和 RGO-C800 合成过程示意

综上分析得到的合成机理示意见图 12-32。GO 在惰性气氛下加热到 200℃时，发生剧烈的还原反应，氧化石墨沿 c 轴方向迅速膨胀和剥离。此时，一方面层片被冲开生成了微孔尺度的空隙结构；一方面层片之间的官能团逸失，使相邻层片之间的间距更小，接近石墨的层间距。在沥青的煤油溶液中加热至 200℃时，随着温度升高，煤油蒸发，GO 发生温和的还原反应，同时由于液体压力作用，气体释放更为缓和，因而没有发生剧烈膨胀，体积变化不大。与 RGO200 相

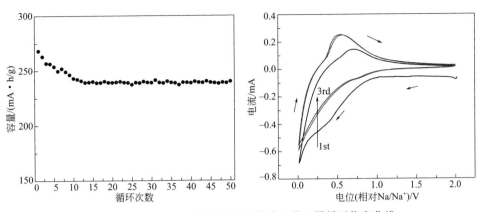

图 12-31 RGO-C800 的循环性能曲线和前三周循环伏安曲线

同的是，经过煤油-沥青处理的 GO 层间距减小，但是没有生成较多的空隙。在溶剂蒸发的同时，沥青聚集在空隙中，同时也铺展于 GO 表面。在后续加热至 800℃时，沥青发生液相炭化过程，沥青分子不断热解和缩聚集于空隙处，形成有黑点分布的 RGO-C800 复合产物，堵塞了空隙，降低了表面积。同时由于碳层边缘含氧官能团与沥青的交联，热处理后在碳层边缘的炭化有助于将大层间距固定住[62]。

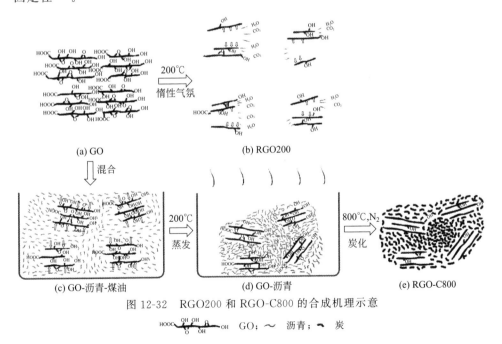

图 12-32 RGO200 和 RGO-C800 的合成机理示意

Li[129]等采用氧化石墨烯和葡萄糖为前驱体合成的无定形炭/石墨烯（AC/G）纳米复合负极材料，具有优异的循环稳定性和倍率性能，电流密度为 10A/g 时

的可逆容量达到 120mA·h/g，电流密度为 0.5A/g 时经 2500 次循环后容量仍能
保持在 142mA·h/g 以上，容量保持率达到 83.5％。在 AC/G 纳米复合负极材
料中，作为支撑的无定形炭将石墨烯层间距扩大到约 100nm，提供了广阔的储钠
空间，其机理示意见图 12-33。

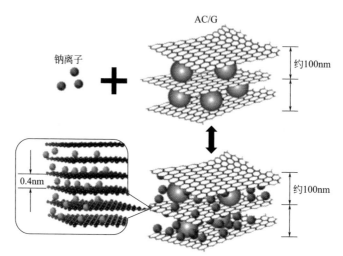

图 12-33　AC/G 纳米复合负极材料储钠机理示意

综上，石墨经改性后能够具备一定的储钠容量，并且具有很好的循环稳定性
和倍率性能，为石墨材料在钠离子电池中的应用带来了希望。然而这些改性方法
带来的一个共性问题，就是比表面积大，造成首次不可逆容量很大，这是改性石
墨材料需要解决的关键问题。

（2）无定形炭类负极材料　无定形炭在高温下都有石墨化趋势，但是不同前
驱体制得的无定形炭，石墨化的难易程度不同。R.E. 富兰克林将前驱体分为易
石墨化炭（软炭）和难石墨化炭（硬炭）两类原料，作为选择原料的一个重要依
据。由煤沥青、石油沥青、蒽等制得的炭属于易石墨化炭，由纤维素、酚醛树
脂、呋喃树脂等制得的炭属于难石墨化炭。非石墨类碳材料具有大的层间距和无
序度，有利于 Na+ 的脱嵌，是人们研究最多的一类材料[130-134]。

Alcántara 等[135]研究发现 750℃制备的中间相炭微球（MCMB）具有一定的
嵌钠性能。之后，他们在氩气保护下经 950℃热处理，制备了间苯二酚甲醛树脂
热解炭微球，见图 12-34[136]。这种炭微球无序度高、比表面积低（3m²/g），可
逆容量达到 285mA·h/g，0.2V 以下时可以获得的容量达到 247mA·h/g。

Cao 等[137]以空心聚苯胺纳米线为前驱体制备了空心炭纳米线负极材料，循
环 400 次后，可逆容量为 251mA·h/g，容量保持率达到 82.2％，电流密度为
500mA/g 时可逆容量为 149mA·h/g。他们认为空心炭纳米线的容量高，循环

性能和大电流性能好，归因于大层间
距和短扩散距离。层间距对 Na⁺ 和 Li⁺
的嵌入能量消耗影响曲线见图 12-35，
Na 的曲线斜率要比 Li 的大。当炭的层
间距为 0.335nm 时，Li⁺ 的能耗低至
0.03eV，容易嵌入到炭层间；而 Na⁺
的能耗高达 0.12eV，很难嵌入石墨层
间。随着层间距的增加，Na⁺ 的嵌入能
耗下降，Na⁺ 更容易嵌入。他们认为
Na⁺ 能在炭层间可逆脱嵌的最小层间距
为 3.7Å。

图 12-34　间苯二酚甲醛树脂
热解炭微球的形貌

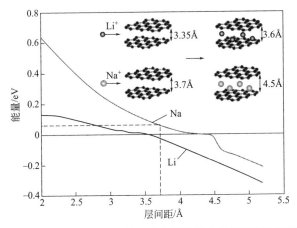

图 12-35　Na 和 Li 插入炭层的理论能量消耗和炭层间距的函数曲线
(1Å＝10⁻¹⁰m＝0.1nm)

Tang 等[138]采用水热法制备了碳基中空纳米球，电流密度为 50mA/g 时 100 次
循环后可逆容量仍能达到 200mA·h/g，表现了很好的循环性能。Bommier 等[139]
采用蔗糖制备出低孔隙度硬炭，电流密度为 40mA/g 时可逆容量为 335mA·h/
g，500 次循环后仍能保持 300mA·h/g 的容量。他们认为孔隙度和比表面积与
可逆容量呈反比，增加孔隙度和比表面积会导致可逆容量急剧减少。Luo 等[140]
通过在蔗糖前驱体中掺杂氧化石墨烯，有效地将蔗糖硬炭的比表面积从
137.2m²/g 减小到 5.4m²/g；电流密度为 20mA/g 时首次库仑效率从 74% 增加到
83%，可逆容量为 280mA·h/g，200 次循环后容量仍能保持 95%。他们认为这种
掺杂能有效减少蔗糖焦化反应的泡沫，从而显著地降低材料炭化后的比表面积。
Shi 等[141]合成了氮掺杂的多孔炭（NPC），电流密度为 50mA/g 时，200 次循环后
可逆容量为 144.7mA·h/g，电流密度为 400mA/g 时可逆容量为 117.6mA·h/g，

表现了良好的循环性能和倍率性能。他们认为良好的性能归因于氮原子的掺杂以及材料的介孔结构。Zhang 等[142]合成了氮掺杂的纳米纤维（CNF-NPC），电流密度为 100mA/g 时，循环 100 次后可逆容量为 240mA·h/g，电流密度为 1000mA/g时可逆容量仍能达到 146.5mA·h/g，具有优良的倍率性能。Li 等[143]通过优化沥青和酚醛树脂的混合比例以及热解温度，得到一种热解碳材料，首次库仑效率达到 88%，可逆容量为 284mA·h/g，并且具有良好的循环稳定性，为制备低成本钠离子电池负极材料提供了一种方法。

笔者所在课题组分别以葡萄糖和石油沥青为原料，采用热解法制备沥青热解炭和葡萄糖热解炭，形貌和电性能见图 12-36。结果发现，葡萄糖热解炭和沥青热解炭的可逆容量分别为 171.9mA·h/g 和 79.2mA·h/g，首次库仑效率分别为 47.2% 和 33.9%。与沥青热解炭相比，葡萄糖热解炭具有无定形程度大、层间距大及纳米孔洞多等特点，这是葡萄糖热解炭具有良好电化学性能的原因。

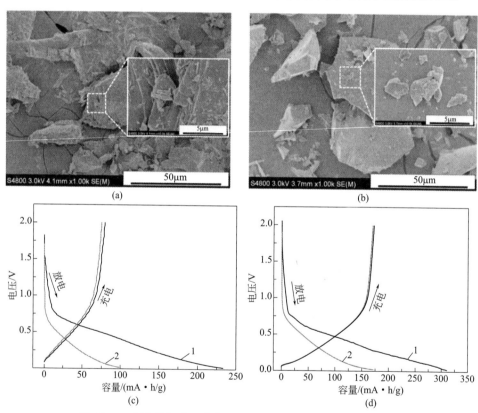

图 12-36　沥青热解炭和葡萄糖热解炭的表面形貌和充放电曲线

（a）、（c）沥青热解炭；（b）、（d）葡萄糖热解炭

1、2—循环次数

综上，近十几年来科研工作者研究了很多具有大的层间距和无序结构，并且有利于 Na^+ 脱嵌的非石墨碳材料，这些研究证明了非石墨碳材料的可行性，并且可逆容量、循环性能以及倍率性能都取得了较大的突破。

12.2.3.2 合金负极材料

与锂合金负极材料[144,145]相似，钠的合金负极材料同样具有很高的理论比容量，如钠与 $Sn(Na_{15}Sn_4$，$847mA \cdot h/g$)、$Sb(Na_3Sb$，$660mA \cdot h/g$)、$P(Na_3P$，$2596mA \cdot h/g$)、$Si(NaSi$，$954mA \cdot h/g$)、$Pb(Na_{15}Pb_4$，$484mA \cdot h/g$) 和 Ge (Na_3Ge，$1108mA \cdot h/g$) 等[146,147]的合金。但这些合金负极同样存在循环过程中体积变化大的缺点[148]，如 Na 与 Si 形成 $NaSi$ 合金后体积膨胀为 144%，Na_3Sb 体积膨胀达 390%。

Komaba 等[149]首次研究了 Sn 基合金的电性能，在 $0.1C$ 倍率下循环 20 次后可逆容量为 $500mA \cdot h/g$，比硬炭负极材料可逆容量的两倍还要大。Wang 等[150]采用原位透射电子显微镜研究了锡纳米颗粒在 Na^+ 嵌入过程中显微结构的变化，他们发现嵌钠过程分为两个阶段，见图 12-37，最终形成 $Na_{15}Sn_4$，体积膨胀率达到 420%。

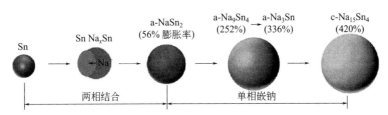

图 12-37　Sn 在嵌钠过程中演变过程示意图

体积膨胀直接影响材料的循环性能，是合金类材料需要解决的关键问题。为此人们进行了很多研究，效果最突出的是将纳米化的活性材料和惰性材料，或者体积变化小的材料进行复合，目前已由二元复合逐渐发展到多元复合。

二元复合中研究最多的是和碳材料复合。Yang 等[151]利用机械研磨方法制备了 Sb/C 纳米复合材料，电流密度为 $100mA/g$ 时可逆容量达 $610mA \cdot h/g$，电流密度为 $2000mA/g$ 时容量依然能够保持 50%，100 次循环后容量保持率达到 94%，具有良好的倍率性能和循环性能。Hou[152] 等将 $Sb/$乙炔黑复合用于钠离子电池负极材料，电流密度为 $100mA/g$ 时，70 次循环后容量为 $473mA \cdot h/g$，电流密度为 $1600mA \cdot h/g$ 时容量仍然能达到 $281mA \cdot h/g$，表现出良好的循环稳定性和倍率性能。Wu[153] 等通过纺丝和煅烧方法制备了 $Sb-C$ 的纳米纤维，$15 \sim 20nm$ 的 Sb 颗粒均匀分散在直径约 $200nm$ 碳纤维中，见图 12-38。在 $0.0667C$ 倍率下容量为 $631mA \cdot h/g$，在 $5C$ 倍率下容量为 $337mA \cdot h/g$，400 周循环后容量保持率为 90%，具有良好的循环稳定性和倍率性能。

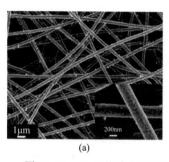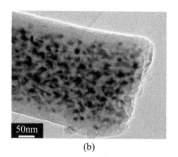

图 12-38　Sb-C 的纳米纤维扫描（a）和透射电镜图片（b）

多元复合一般是在加入碳材料基础上再加上第三种或者更多种材料。Li 等[154]通过静电纺丝的方法制备了 Sb-C-RGO 复合材料，电流密度为 100mA/g 时，100 次循环后可逆容量为 274mA·h/g。Xiao 等[155]制备了一种纳米基复合材料 SnSb/C，通过在合金中加入碳，极大缓解了体积膨胀，其首次可逆容量为 544mA·h/g，50 次循环后容量仍保持 80％，循环性能较好。Wu 等[156]用简单的机械球磨法制备出纳米核/壳结构的 SiC-Sb-Cu-C 负极材料，100 次循环后比容量为 595mA·h/g，具有比 SiC-Sb-C 更高的比容量和循环稳定性，这两种材料的前两周充放电曲线见图 12-39。

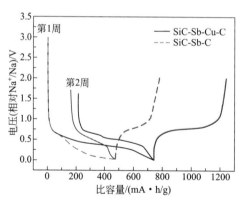

图 12-39　SiC-Sb-Cu-C 和 SiC-Sb-C 的充放电曲线

磷是一种特殊的材料，它本身导电性不好（白磷、红磷不导电，黑磷可以导电），却拥有很高的理论容量（Na$_3$P，2596mA·h/g），是一种很有潜力的大容量材料，但研究相对较少。钱江锋[157]研究红磷及黑磷的储钠性能，结果表明：红磷的首次可逆容量不足 15mA·h/g，他们认为这主要是由于红磷为电子绝缘体，导电性不好；黑磷存在同样的问题，首次可逆容量仅为 20mA·h/g。为解决这一问题，他们通过高能球磨方法合成了无定形 P/C 复合材料，首次可逆容量为 1764mA·h/g，40 次循环后容量保持率为 96.7％。Kim 等[158]同样制备了无定形红磷/C 复合材料，电流密度为 143mA/g 时可逆容量为 1890mA·h/g，电流密度为 2.86A/g 时可逆容量仍能达到 1540mA·h/g，具有很好的倍率性能。

12.2.3.3 金属氧化物负极材料

金属氧化物同样是钠离子电池高容量负极材料研究的热点，主要有 Sb_2O_4、Fe_2O_3、SnO_2、$\alpha\text{-}MoO_3$、TiO_2 等，其主要缺点是在充放电过程中体积变化大，结构不稳定。

Sun 等[159]采用磁控溅射方法制备了 Sb_2O_4，可逆容量高达 896mA·h/g。Jiang 等[160]研究了 Fe_2O_3 的电化学性能，电流密度为 100mA/g 时，200 次循环后可逆容量达到 386mA·h/g，电流密度为 5A/g 时可逆容量仍能达到 233mA·h/g，具有好的循环性能和倍率性能。Hariharan 等[161]采用 $\alpha\text{-}MoO_3$ 为负极材料，首次可逆容量为 410mA·h/g，电流密度为 1.17A/g 时，500 次循环后仍保持100mA·h/g 的容量。

虽然金属氧化物材料表现了较大的可逆容量，但是循环过程中容量损失较大，即循环稳定性不好，尤其是首次容量损失大。为了解决这些问题，人们进行了很多探索，研究最多的是针对 SnO_2 和 TiO_2 材料的改性。

在 SnO_2 材料改性研究方面，Su 等[162]采用原位水热法制备了 SnO_2/石墨烯纳米复合物，100 次循环后可逆容量达到 700mA·h/g 以上，表现了很高的可逆容量和循环稳定性。Zhang 等[163]通过水热方法合成了超细 SnO_2/RGO 复合物，电流密度为 50mA/g 时容量达到 324mA·h/g，电流密度为 1600mA/g 时容量仍能达到 200mA·h/g，倍率性能良好。Cheng 等[164]采用水热的方法制备了 SnO_2/superP（一种导电炭黑）复合材料，大小为 5nm 左右的 SnO_2 均匀分散在 superP 炭微球表面，电流密度为 50mA·h/g 时，100 次循环后可逆容量为 293mA·h/g，但前 40 次容量下降近 900mA·h/g，容量稳定性有待提高。

在 TiO_2 材料改性研究方面，许婧等[165]采用喷雾干燥及热处理方法制备了 TiO_2/RGO 复合材料。RGO 质量分数为 4.0% 的 TiO_2/RGO 复合材料在 100mA/g 的电流密度下经 35 次循环后，可逆容量为 46.7mA·h/g；而不含 RGO 的纯 TiO_2，可逆容量只有 68.8mA·h/g，采用 RGO 改性极大提高了 TiO_2 的嵌/脱钠性能。Chen 等[166]制备了 TiO_2/石墨烯纳米复合负极材料，电流密度为 50mA/g 时可逆容量为 265mA·h/g，电流密度为 12000mA/g（36C）时可逆容量为 90mA·h/g，倍率性能较好。Ge 等[167]采用聚乙烯基吡咯烷酮热解炭包覆 TiO_2 纳米颗粒，电流密度 30mA/g 时，经 100 次循环可逆容量为 242.3mA·h/g，容量保持率 87.0%，而未处理的 TiO_2 纳米颗粒容量保持率仅为 53.2%，改性后循环稳定性得到了显著的提高。

笔者所在课题组以氧化石墨和 $SnCl_2\cdot2H_2O$ 为原料，采用水热法制备 RGO 负载纳米 SnO_2 复合材料（SnO_2/RGO），见图 12-40。结果表明，SnO_2/RGO 的可逆容量和首次库仑效率分别为 425.1mA·h/g 和 43.9%，经 20 次循环后容量保持率为 88.8%。该材料具有较高的容量和较好的循环稳定性，这得益于 5nm 左右的 SnO_2 纳米颗粒均匀负载在 RGO 中。之后以 SnO_2/RGO 和沥青为原料，采用先高温油相处理、后炭化处理的方法，制备 RGO、Sn 和沥青炭的复合材料（C/Sn/RGO）。结果表明，该材料首次可逆容量为 476.2mA·h/g，首次库仑效率提高到 70.3%。与 SnO_2/RGO 相比，C/Sn/RGO 具有更高的首次库仑效率，这主要由于 SnO_2 还原为金属 Sn，并与 RGO 和沥青炭有效复合；同时沥青炭有效阻止了 Sn 颗粒的团聚长大，Sn 颗粒尺寸小于 200nm。

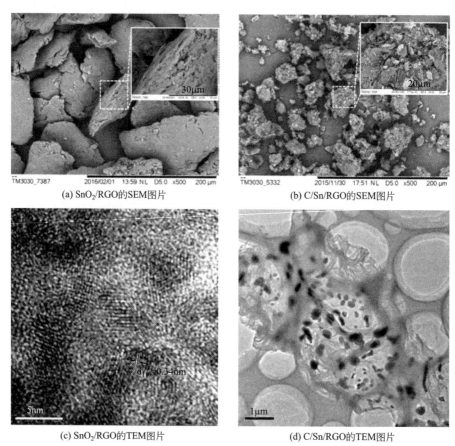

(a) SnO_2/RGO的SEM图片

(b) C/Sn/RGO的SEM图片

(c) SnO_2/RGO的TEM图片

(d) C/Sn/RGO的TEM图片

图 12-40　SnO_2/RGO 和 C/Sn/RGO 的 SEM 及 TEM 图片

12.2.3.4　其他负极材料

科研人员为获得高性能的钠离子负极材料进行了很多新的尝试，研究过的有钛酸盐、硫化物等，并取得了一定的进展。Senguttuvan 等[168]利用球磨和高温固相法制备出 $Na_2Ti_3O_7$ 材料，可逆容量为 200mA·h/g。他们认为 $Na_2Ti_3O_7$ 每个单元结构能嵌入两个 Na^+，是一种高能效、低电压平台的负极材料。Sun 等[169]将常用于锂离子电池负极材料的 $Li_4Ti_5O_{12}$ 用于钠离子电池，得到了 $155mA \cdot h/g$ 的可逆容量，并采用密度泛函理论预测了这种材料储钠机理，得到如下反应式：

$$2Li_4Ti_5O_{12} + 6Na^+ + 6e^- \Longleftrightarrow Li_7Ti_5O_{12} + Na_6LiTi_5O_{12} \tag{12-10}$$

Zhou 等[170]通过水热法合成了 $Li_4Ti_5O_{12}$ 纳米棒，在锂离子和钠离子电池中都展现出很好的可逆容量，在锂离子电池中 $20C$ 倍率下经 1000 次循环后，可逆容量达到 $101.1mA \cdot h/g$；在钠离子电池中，$0.1C$ 倍率下经 100 次循环，可逆容量达到 $131.6mA \cdot h/g$。Yan 等[171]合成了 $Na_2Ti_3O_7/C$ 复合材料，均匀分散的 C 起到了包覆和交联作用，在 $1C$ 倍率下循环 100 次，可逆容量能达到 $111.8mA \cdot h/g$，而单独的 $Na_2Ti_3O_7$ 可逆容量仅为 $48.6mA \cdot h/g$。

Qin 等[172]通过微波辅助法以及热处理方法制备了 MoS_2/RGO，电流密度为 $100mA/g$ 时循环 50 次，可逆容量达到 $305mA \cdot h/g$。黄宗令等[173]研究了对苯二甲酸镁（$MgC_8H_4O_4 \cdot 2H_2O$）负极材料，$0.5C$ 倍率下 50 次循环后可逆容量由 $114mA \cdot h/g$ 降至 $95mA \cdot h/g$，并且对比了 $400℃$ 下热处理后不含结晶水的对苯二甲酸镁，他们认为结晶水有利于性能的提升。

负极材料展望：碳材料是目前最有希望应用于钠离子电池的负极材料，其中结晶度高的石墨层由于间距小，不适合 Na^+ 嵌入和脱出，不能直接作为负极材料使用。经过改性的石墨材料（还原氧化石墨、膨胀石墨、石墨烯以及它们的复合材料等）和非石墨碳材料均具有较大层间距，可逆容量已可达 $300mA \cdot h/g$ 以上。随着研究工作的不断深入，碳材料的可逆容量、循环性能和倍率性能都已接近应用要求。但这些材料的首次库仑效率普遍较低，是其实现产业化的最大瓶颈。采用不同结构碳材料复合或碳包覆手段，能够减小比表面积，协调碳结构匹配程度，加上碳材料在锂离子电池上的大规模商业化应用，具有良好的理论基础，因此包覆或复合碳材料有望成为解决这一问题的有效方法。

钛酸盐等材料在循环过程中具有稳定的结构，预计较容易获得满意的循环性能，如果可逆容量能够满足需求，将成为极具潜力的负极材料。合金和金属氧化物材料都具有很高的理论容量，但是这些材料在充放电过程中体积膨胀大，结构稳定性差，循环性能不好。采用纳米化、复合以及掺杂等方法已经取得了一定的成果。然而这些材料在商业化的锂离子电池中仍未大规模应用，对于比 Li 半径大的 Na，体积膨胀更严重，研究难度则可能更大。虽然钠和锂是同族金属，具有很多相似的性质，但还是存在很大区别。设计开发适合钠离子电池自身特点的新材料，进一步丰富钠离子电池负极材料种类，是未来钠离子电池研究的重要方向。

12.3

镁离子电池和铝离子电池

12.3.1 镁离子电池

镁元素和锂元素在化学性质方面有许多共同之处，并且具有安全性高、价格便宜（约为锂的 1/24）、环境友好等优点，被认为是很有发展前景的储能材料。镁离子电池是参照锂离子电池制造出来的，其理论比容量可以达到 135W·h/kg，工作电压为 1.0~1.3V，工作温度区间在 −20℃ 到 80℃，可以达到 2000 次循环。由于镁离子价态为 +2 价，相对于锂离子而言，镁离子的半径更小，电荷密度更大，离子溶剂化十分严重，所以镁离子很难在正极材料中实现脱嵌，并且镁离子在材料中的迁移速度缓慢。因此，镁离子电池及其电极材料的研究进展相对缓慢。

1990 年，Gregory 等[174]首次用含有有机硼或有机铝阴离子的镁盐溶液成功组装了镁可充电池，实现了镁可充电池的第一次突破。2000 年，以色列科学家 Aurbach 等[175]在 *Nature* 上报道了以 $Mg(AlCl_2BuEt)_2/THF$ 为电解液，以 $Mg_xMo_3S_4$ 为正极的镁离子电池，大幅提高镁蓄电池的能量密度，实现了镁可充电池的第二次突破。但是电解质的离子电导率很低，电池的充放电性能不佳。Chusid 等[176]开创性地以聚偏氟乙烯（PVDF）为聚合物基体，$Mg(AlCl_2BuEt)_2$ 为镁盐，四乙二醇二甲醚（TGDE）为增塑剂，制备出了适用于镁离子电池的凝胶型电解质，并将此电解质与正极材料 Mo_6S_8、负极材料镁合金共同组装成新型固态镁离子电池。该电池性能非常稳定，可以在很宽的温度范围内工作，电化学性能较好。

镁离子电池通常由正极材料、电解质和负极材料组成。其中正极材料通常由可分解出镁离子的有机或无机化合物组成，负极材料通常为金属镁，电解质通常为含镁离子的电解质盐溶液或者聚合物电解质。下面分别介绍各类材料的结构和性能。

镁离子电池的正极材料的研究主要是集中在过渡金属氧化物、过渡金属硫化物、聚阴离子型磷酸盐材料和硅酸盐材料等。过渡金属氧化物主要包括 V_2O_5、V_6O_{13}、MoO_3、MnO_2、Mn_2O_3 等，这类材料的工作电压较高、容量较高，但是嵌脱镁离子可逆性较差。过渡金属硫化物主要包括 MS_2（M＝Ti、Mo）和 $M_xMo_6X_8$（M＝主族金属或过渡金属，X＝S、Se、Te），这类材料的嵌脱镁离子可逆性高，但工作电压低。$Mg_xM_ySiO_4$（M＝Fe、Mn、Co、Ni，$x+y=2$）聚阴离子型材料[177]利用 SiO_2^{4-} 与 M—O—Si 产生的大空间和稳定的三维框架结构来完成 Mg^{2+} 的可逆脱嵌，放电比容量可达到 $300mA \cdot h/g$。过渡金属复合物主要包括尖晶石结构化合物、NaSICON 结构化合物、橄榄石结构化合物，具有相对高的电子导电率和离子电导率，可利用高氧化还原电位的镁-过渡金属复合物作正极材料来提高电池工作电压，相关数据见表 12-2。

目前所研究的负极材料通常有金属镁或者镁合金。金属镁氧化还原电位较低，比容量高达 $2205mA \cdot h/g$，可构成容量很高的电池，但金属镁表面很容易出现致密的氧化膜。镁基合金由于比镁金属活泼性差，避免了活性镁表面的钝化膜的生成，改善了镁离子电池的电化学行为。武绪丽等[178]采用热扩散法合成了镁铜合金、镁银合金以及镁铝合金替代金属镁作为负极，结果表明：镁基合金替代纯金属镁作负极表现出较好的性能，以镁铜摩尔比为 1∶1 的 MgCu 合金为负极活性物质时性能最优，第 1 次放电容量达到 $75mA \cdot h/g$，容量稳定在 $20mA \cdot h/g$ 左右。Sheha 等[179]将 TiO_2/氧化石墨烯作为镁离子电池负极材料，其独特化学结构有利于 Mg^{2+} 转移，并且循环性能良好，但是放电过程中电压不稳定。

理想中的电解液应该有很好的电导率，电位窗口宽，在高效率 Mg 沉积或溶解循环多次后仍能够保持稳定。提高电导率，采用具有较强吸电子性的烷基或芳香基团的试剂来提高其氧化分解电位，或者通过各种反应制备还原性较低的有机镁盐。目前镁离子电池的电解质材料主要有液体有机电解质、熔盐电解质和聚合物电解质三大类，目前研究集中在溶于醚溶剂中的格氏试剂、$Mg(BR_2R_2')_2$（R、R' 为烷基或芳基）、$Mg(AX_{4-n}R_{n'}R_{n''})_2$ 络合物（A＝Al、B、Sb、P、As、Fe、Ta 等，X＝Cl、Br、F，R、R' 为烷基或芳基，$0<n<4$，$n'+n''=n$）、氨基镁卤化物的有机溶液体系、可传导镁离子的熔盐体系和聚合物电解质体系等。

表 12-2　镁离子电池体系和性能

正极材料	理论容量 /(mA·h/g)	电解质	平均电压平台 （相对 Mg/Mg²⁺）/V	首次放电容量 /(mA·h/g)
$Mg_{0.21}MnO_{2.03}$	289.8	1.0mol/L Mg(ClO$_4$)$_2$/PC	1.6	85
MgV_2O_6	270.9	Mg(AlBu$_2$Cl$_2$)$_2$/THF	—	＞120
$Mg_{1.2}Mn_{1.8}O_4$	251.6	0.5mol/L Mg(ClO$_4$)$_2$/DMSO	3	54
$MgNi_{0.4}Mn_{1.6}O_4$	268.8	0.25mol/L Mg(AlCl$_2$BuEt)$_2$/THF	1.8～1.9	150.6
$MgCo_2O_4$	260.4	1.0mol/L Mg(ClO$_4$)$_2$/AN	1.8	—

注：PC—碳酸丙烯酯；THF—四氢呋喃；DMSO—二甲基亚砜；AN—乙腈。

12.3.2　铝离子电池

金属铝每一个原子在充放电循环过程中有能力释放最多 3 个电子，而锂只能释放一个。金属铝具有高电荷存储能力，理论电化学质量比容量达到 2.98A·h/g。金属铝的电极电位较负，在中性及酸性介质中的标准电极电位为 $-1.66V$，在碱性介质中的标准电极电位为 $-2.35V$。金属铝是地壳中含量最丰富的金属元素，廉价易得，成本非常低。相比与其他二次电池体系，铝离子电池具有成本低、性价比高、体积小、重量轻、比能量大、环保安全稳定等特点，是新能源储能器件发展的新方向之一。

铝离子电池最早尝试用 Al/Cl_2 电池体系，以 $NaCl$-(KCl)-$AlCl_3$ 为电解液。电极材料是铝离子电池的关键组成部分，早期正极材料多为金属氯化物，但氯元素在金属氯化物熔体中高度可溶，限制了这类材料的应用。过渡金属氧化物具有化学稳定性好、氧化电位较高、制备简单等特点，成为正极材料的研究方向之一。Wang 等[180]合成 VO_2 纳米棒，具有独特的电极电位、隧道结构和亚稳态单斜结构，在电流密度为 50mA/g 时，经过 100 次循环后放电容量依然保持 116mA·h/g。Chiku 等[181]制备非晶态氧化钒/碳（V_2O_5/C）复合正极材料，最大放电容量可以达到 200mA·h/g。He 等[182]合成介孔状的二氧化钛，比表面积达 314.2 m^2/g，以 $Al(NO_3)_3$ 溶液为水性电解液，Al^{3+} 在介孔中可进行良好的扩散和电子传输。介孔二氧化钛表现出优异的电化学性能，放电容量达 278.1mA·h/g（对应 $Al_{0.27}TiO_2$）；而且表现出优异的倍率性能，在电流为 2.0mA/g 时容量为 141.3mA·h/g。实验结果表明树叶状纳米结构二氧化钛是有前途的高性能电极材料。

过渡金属硫化物中由于具有 S^{2-} 离子，当 Al^{3+} 嵌入材料中时会削弱静电吸引力，降低铝离子扩散的阻力；同时过渡金属硫化物正极具有理论容量高、成本低廉等特点，成为铝离子电池正极材料良好的候选材料。Geng 等[183]制备的 Chevrel 相 Mo_6S_8，具有层状结构，主体结构由 8 个 S 组成正六面体，处于各个面心上的 6 个 Mo 组成一个八面体，当 Al^{3+} 嵌入晶体结构中时会保持原来晶体结构特征，首次放电容量 148mA·h/g。SK-edgeX 射线吸收近边结构能谱测试结果表明硫原子在整个氧化还原体系中起到至关重要的作用，电化学过程的产物为 FeS 和 Al_2S_3，而 Al_2S_3 极易溶于离子液体电解液当中，反应方程式为：

$$FeS_2 + 2/3Al^{3+} + 2e^- \rightleftharpoons FeS + 1/3Al_2S_3$$

在放电过程当中，原始晶态 FeS_2 转变为低结晶态的 FeS 和无定形态的 Al_2S_3。另外，石墨和氟化石墨也可以作为正极材料，Dai 等[184]对比研究了石墨、热解石墨、三维柔性石墨的电化学性能，结果表明石墨在循环过程中膨胀严重，热解石墨没有出现明显膨胀，但是倍率性能不好，而三维柔性石墨的循环稳定性和倍率性能都较好。宽度大约在 100μm 的石墨晶须大大降低了 Al^{3+} 在电解液中的扩散长度，促进离子快速传输，其能量密度达 40W·h/kg，功率密度达 3000W/kg，充放电循环 7500 次几乎没有容量衰减。

Jayaprakash 等[185]研究发现电解液的性质随［EMIm］Cl（氯化 1-乙基-3-甲基咪唑）中 $AlCl_3$ 物质的量变化而发生变化，当 $AlCl_3$ 与［EMIm］Cl 的摩尔比超过 1.1 时，电解液呈路易斯酸性，此时 Al^{3+} 才可以在负极沉积和溶解，整个体系才能实现可逆的氧化还原反应。其他常温熔盐电解质体系如氯化 1-甲基-3-乙基咪唑、氯化 2-二甲基-3-丙基咪唑、氯化 4-二甲基-1,2,4-三唑（DMTC）、$AlCl_3$ 等，也受到大家的重视。当 $AlCl_3$ 摩尔分数低于 50％时，电解液中存在 $AlCl_4^-$ 和 Cl^-，此时熔盐电解液呈碱性，铝金属无法有效沉积和溶解；而当 $AlCl_3$ 摩尔分数大于 50％时，电解液中主要分布着阴离子 $Al_2Cl_7^-$，此时熔盐电解液呈酸性，铝金属可以从酸性电解液中沉积出来，可以用于铝离子电池。

目前，铝离子电池的电化学性能提升幅度缓慢，距离商业化运用还有一段距离，开发新型电极材料和电解质是目前研发的热点。

参 考 文 献

［1］ Herbert D，Ulam J. Electric dry cells and storage batteries：US 3043896［P］，1958-11-24.

［2］ Zhang S S. Liquid electrolyte lithium/sulfur battery：fundamental chemistry，problems，and solutions［J］. Journal of Power Sources，2013，231：153-162.

［3］ Ji X，Nazar L F. Advances in Li-S batteries［J］. J Mater Chem，2010，20：9821.

［4］ Li W，Liang Z，Lu Z，et al. A sulfur cathode with pomegranate-like cluster structure［J］. Advanced Energy Materials，2015，5（16）：1500211.

［5］ 索鎏敏，胡勇胜，李泓，王兆翔，陈立泉，黄学杰. 高比能锂硫二次电池研究进展［J］. 科学通报，2013，31：3172-3188.

［6］ Peled E，Gorenshtein A，Segal M，Sternberg Y. Rechargeable lithium sulfur battery［J］. J Power Sources，1989，26：269-271.

［7］ Wang J，Liu L，Ling Z，et al. Polymer lithium cells with sulfur composites as cathode materials［J］. Electrochimica Acta，2003，48（13）：1861-1867.

［8］ Wu F，Wu S X，Chen R J，et al. Electrochemical erformance of sulfur composite materials for rechargeable lithium batteries［J］. Chinese Chemical Letters，2009，20：1255-1258.

［9］ Zhang B，Lai C，Zhou Z，et al. Preparation and electrochemical properties of sulfur-acetylene black composites as cathode materials［J］. Electrochimica Acta，2009，54（14）：3708-3713.

［10］ Lai C，Gao X P，Zhang B，et al. Synthesis and electrochemical performance of sulfur/highly porous carbon composites［J］. The Journal of Physical Chemistry C，2009，113（11）：4712-4716.

［11］ Ji X，Lee K T，Nazar L F. A highly ordered nanostructured carbon-sulphur cathode for lithium-sulphur batteries［J］. Nature Materials，2009，8（6）：500-506.

［12］ Liang C，Dudney N J，Howe J Y. Hierarchically structured sulfur/carbon nanocomposite material for high-energy lithium battery［J］. Chemistry of Materials，2009，21（19）：

4724-4730.

[13] Schuster J, He G, Mandlmeier B, et al. Spherical ordered mesoporous carbon nanoparticles with high porosity for lithium-sulfur batteries [J]. Angewandte Chemie, 2012, 124 (15): 3651-3655.

[14] Lee C, Wei X, Kysar J W, et al. Measurement of the elastic properties and intrinsic strength of monolayer graphene [J]. Science, 2008, 321 (5887): 385-388.

[15] Geim A K. Graphene: status and prospects [J]. Science, 2009, 324 (5934): 1531-1534.

[16] Wang H, Yang Y, Liang Y, Cui Y, Dai HJ, et al. Graphene-wrapped sulfur particles as a rechargeable material with high capacity and cycling stability [J]. Nano Lett, 2011, 11 (7): 2644-2647.

[17] Wang B, Wen Y, Ye D, et al. Dual protection of sulfur by carbon nanospheres and graphene sheets for lithium-sulfur batteries [J]. Chemistry-A European Journal, 2014, 20 (18): 5224-5230.

[18] Ji L, Rao M, Zheng H, et al. Graphene oxide as a sulfur immobilizer in high performance lithium/sulfur cells [J]. Journal of the American Chemical Society, 2011, 133 (46): 18522-18525.

[19] Zhou G, Yin L C, Wang D W, et al. Fibrous hybrid of graphene and sulfur nanocrystals for high-performance lithium-sulfur batteries [J]. Acs Nano, 2013, 7 (6): 5367-5375.

[20] Wang J Z, Lu L, Choucair M, et al. Sulfur-graphene composite for rechargeable lithium batteries [J]. Journal of Power Sources, 2011, 196 (16): 7030-7034.

[21] Zhang C, Lv W, Zhang W, et al. Reduction of Graphene Oxide by Hydrogen Sulfide: A Promising Strategy for Pollutant Control and as an Electrode for Li-S Batteries [J]. Advanced Energy Materials, 2014, 4 (7): 1301565.

[22] Zhao M Q, Zhang Q, Huang J Q, et al. Unstacked double-layer templated graphene for high-rate lithium-sulphur batteries [J]. Nature Communications, 2014, 5 (5): 3410.

[23] Han S C, Song M S, Lee H, et al. Effect of multiwalled carbon nanotubes on electrochemical properties of lithium/sulfur rechargeable batteries [J]. Journal of the Electrochemical Society, 2003, 150 (7): A889-A893.

[24] Zheng W, Liu Y W, Hu X G, et al. Novel nanosized adsorbing sulfur composite cathode materials for the advanced secondary lithium batteries [J]. Electrochimica Acta, 2006, 51 (7): 1330-1335.

[25] Zheng G, Yang Y, Cha J J, et al. Hollow carbon nanofiber-encapsulated sulfur cathodes for high specific capacity rechargeable lithium batteries [J]. Nano letters, 2011, 11 (10): 4462-4467.

[26] Jin K, Zhou X, Zhang L, et al. Sulfur/carbon nanotube composite film as a flexible cathode for lithium-sulfur batteries [J]. The Journal of Physical Chemistry C, 2013, 117 (41): 21112-21119.

[27] Cheng X B, Huang J Q, Peng H J, et al. Polysulfide shuttle control: Towards a lithium-

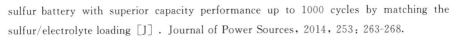
sulfur battery with superior capacity performance up to 1000 cycles by matching the sulfur/electrolyte loading [J]. Journal of Power Sources, 2014, 253: 263-268.

[28] Choi J H, Lee C L, Park K S, et al. Sulfur-impregnated MWCNT microball cathode for Li-S batteries [J]. RSC Advances, 2014, 4 (31): 16062-16066.

[29] Yuan L, Yuan H, Qiu X, et al. Improvement of cycle property of sulfur-coated multi-walled carbon nanotubes composite cathode for lithium/sulfur batteries [J]. Journal of Power Sources, 2009, 189 (2): 1141-1146.

[30] Li W, Zhang Q, Zheng G, et al. Understanding the role of different conductive polymers in improving the nanostructured sulfur cathode performance [J]. Nano Letters, 2013, 13 (11): 5534-5540.

[31] Konarov A, Gosselink D, Doan T N L, et al. Simple, scalable, and economical preparation of sulfur-PAN composite cathodes for Li/S batteries [J]. Journal of Power Sources, 2014, 259: 183-187.

[32] Zhang Y, Bakenov Z, Zhao Y, et al. One-step synthesis of branched sulfur/polypyrrole nanocomposite cathode for lithium rechargeable batteries [J]. Journal of Power Sources, 2012, 208: 1-8.

[33] Ma G, Wen Z, Jin J, et al. Enhanced performance of lithium sulfur battery with polypyrrole warped mesoporous carbon/sulfur composite [J]. Journal of Power Sources, 2014, 254: 353-359.

[34] Wu F, Wu S, Chen R, et al. Sulfur-polythiophene composite cathode materials for rechargeable lithium batteries [J]. Electrochemical and Solid-State Letters, 2010, 13 (4): A29-A31.

[35] Fu Y, Manthiram A. Enhanced cyclability of lithium-sulfur batteries by a polymer acid-doped polypyrrole mixed ionic-electronic conductor [J]. Chemistry of Materials, 2012, 24 (15): 3081-3087.

[36] Xiao L, Cao Y, Xiao J, et al. A soft approach to encapsulate sulfur: polyaniline nanotubes for lithium-sulfur batteries with long cycle life [J]. Advanced Materials, 2012, 24 (9): 1176-1181.

[37] Ji L, Rao M, Aloni S, et al. Porous carbon nanofiber-sulfur composite electrodes for lithium/sulfur cells [J]. Energy & Environmental Science, 2011, 4 (12): 5053-5059.

[38] Cheng H, Wang S. Recent progress in polymer/sulphur composites as cathodes for rechargeable lithium-sulphur batteries [J]. Journal of Materials Chemistry A, 2014, 2 (34): 13783-13794.

[39] Liang Z, Zheng G, Li W, et al. Sulfur cathodes with hydrogen reduced titanium dioxide inverse opal structure [J]. ACS Nano, 2014, 8 (5): 5249-5256.

[40] Seh Z W, Li W, Cha J J, et al. Sulphur-TiO_2 yolk-shell nanoarchitecture with internal void space for long-cycle lithium-sulphur batteries [J]. Nature Communications, 2013, 4: 1331.

［41］　Song M S，Han S C，Kim H S，et al. Effects of nanosized adsorbing material on electrochemical properties of sulfur cathodes for Li/S secondary batteries ［J］. Journal of the Electrochemical Society，2004，151（6）：A791-A795.

［42］　Zheng W，Hu X G，Zhang C F. Electrochemical properties of rechargeable lithium batteries with sulfur-containing composite cathode materials ［J］. Electrochemical and Solid-State Letters，2006，9（7）：A364-A367.

［43］　Liu A Y，Cohen M L. Prediction of new low compressibility solids ［J］. Science，1989，245（4920）：841-842.

［44］　Teter D M，Hemley R J. Low-compressibility carbon nitrides ［J］. Science，1996，271（5245）：53.

［45］　Pang Q，Nazar L F. Long-Life and High-Areal-Capacity Li-S Batteries Enabled by a Light-Weight Polar Host with Intrinsic Polysulfide Adsorption ［J］. ACS Nano，2016，10（4）：4111-4118.

［46］　Meng Z，Xie Y，Cai T，et al. Graphene-like g-C_3N_4 nanosheets/sulfur as cathode for lithium-sulfur battery ［J］. Electrochimica Acta，2016：S0013468616313494.

［47］　胡菁菁，李国然，高学平. 锂/硫电池的研究现状、问题及挑战 ［J］. 无机材料学报，2013，11：1181-1186.

［48］　Xiong S，Xie K，Diao Y，et al. Properties of surface film on lithium anode with $LiNO_3$ as lithium salt in electrolyte solution for lithium-sulfur batteries ［J］. Electrochimica Acta，2012，83：78-86.

［49］　Xiong S，Kai X，Hong X，et al. Effect of LiBOB as additive on electrochemical properties of lithium-sulfur batteries ［J］. Ionics，2012，18（3）：249-254.

［50］　Lee Y M，Choi N S，Park J H，et al. Electrochemical performance of lithium/sulfur batteries with protected Li anodes ［J］. Journal of Power Sources，2003，119：964-972.

［51］　Zheng M S，Chen J J，Dong Q F. The enhanced electrochemical performance of lithium/sulfur battery with protected lithium anode ［J］. Advanced Materials Research，2012，476：676-680.

［52］　Zheng G，Lee S W，Liang Z，et al. Interconnected hollow carbon nanospheres for stable lithium metal anodes ［J］. Nature Nanotechnology，2014，9（8）：618-623.

［53］　Liang Z，Zheng G，Liu C，et al. Polymer nanofiber-guided uniform lithium deposition for battery electrodes ［J］. Nano Letters，2015，15（5）：2910-2916.

［54］　Liang Z，Lin D，Zhao J，et al. Composite lithium metal anode by melt infusion of lithium into a 3D conducting scaffold with lithiophilic coating ［J］. Proceedings of the National Academy of Sciences，2016，113（11）：2862-2867.

［55］　Simoneau M，Scordilis-Kelley C，Kelley T E. Lithium alloy/sulfur batteries：US2008318128A ［P］. 2008-12-25.

［56］　Rauh R D，Abraham K M，Pearson G F，et al. A lithium/dissolved sulfur battery with an organic electrolyte ［J］. Journal of the Electrochemical Society，1979，126（4）：

523-527.

[57] Zheng W，Liu Y W，Hu X G，et al. Novel nanosized adsorbing sulfur composite cathode materials for the advanced secondary lithium batteries [J] . Electrochimica Acta，2006，51 (7)：1330-1335.

[58] 金朝庆，谢凯，洪晓斌. 锂硫电池电解质研究进展 [J] . 化学学报，2014，01：11-20.

[59] Aurbach D，Youngman O，Gofer Y，et al. The electrochemical behaviour of 1,3-dioxolane-LiClO$_4$ solutions-I：uncontaminated solutions [J] . Electrochimica Acta，1990，35 (3)：625-638.

[60] 梁宵，温兆银，刘宇. 高性能锂硫电池材料研究进展 [J] . 化学进展，2011，Z1：520-526.

[61] Wang W，Wang Y，Huang Y，et al. The electrochemical performance of lithium-sulfur batteries with LiClO$_4$ DOL/DME electrolyte [J] . Journal of Applied Electrochemistry，2010，40 (2)：321-325.

[62] Mikhaylik Y V. Electrolytes for lithium sulfur cells：US 7553590 [P] . 2009-6-30.

[63] Zhang S S. Role of LiNO$_3$ in rechargeable lithium/sulfur battery [J] . Electrochimica Acta，2012，70：344-348.

[64] Liang X，Wen Z，Liu Y，et al. Improved cycling performances of lithium sulfur batteries with LiNO$_3$-modified electrolyte [J] . Journal of Power Sources，2011，196 (22)：9839-9843.

[65] Xiong S，Xie K，Diao Y，et al. Properties of surface film on lithium anode with LiNO$_3$ as lithium salt in electrolyte solution for lithium-sulfur batteries [J] . Electrochimica Acta，2012，83：78-86.

[66] Fenton D E，Parker J M，Wright P V. Complexes of alkali metal ions with poly (ethylene oxide) [J] . Polymer，1973，14 (11)：589.

[67] Armand M B，Chabagno J M，Duclot M J. Fast ion transport in solid [M] . New York：Elsevier，1979：131.

[68] Hassoun J，Scrosati B. Moving to a solid-state configuration：a valid approach to making lithium-sulfur batteries viable for practical applications [J] . Advanced Materials，2010，22 (45)：5198-5201.

[69] Zhu X，Wen Z，Gu Z，et al. Electrochemical characterization and performance improvement of lithium/sulfur polymer batteries [J] . Journal of Power Sources，2005，139 (1)：269-273.

[70] Jeong S S，Lim Y T，Choi Y J，et al. Electrochemical properties of lithium sulfur cells using PEO polymer electrolytes prepared under three different mixing conditions [J]. Journal of Power Sources，2007，174 (2)：745-750.

[71] Shin J H，Kim K W，Ahn H J，et al. Electrochemical properties and interfacial stability of (PEO) 10 LiCF$_3$SO$_3$-Ti$_n$O$_{2n-1}$ composite polymer electrolytes for lithium/sulfur battery [J] . Materials Science and Engineering：B，2002，95 (2)：148-156.

［72］ Angell C A，Liu C，Sanchez E. Rubbery solid electrolytes with dominant cationic transport and high ambient conductivity ［J］. Nature，1993，362 (6416)：137-139.

［73］ Feuillade G，Perche P. Ion-conductive macromolecular gels and membranes for solid lithium cells ［J］. Journal of Applied Electrochemistry，1975，5 (1)：63-69.

［74］ 胡宗情. 锂硫电池用改性固态电解质隔膜研究 ［D］. 长沙：国防科学技术大学，2011.

［75］ Xu X，Wen Z，Gu Z，et al. Lithium ion conductive glass ceramics in the system $Li_{1.4}Al_{0.4}(Ge_{1-x}Ti_x)_{1.6}(PO_4)_3$ $(x = 0-1.0)$ ［J］. Solid State Ionics，2004，171 (3)：207-213.

［76］ Sanz J，Varez A，Alonso J A，et al. Structural changes produced during heating of the fast ion conductor $Li_{0.18}La_{0.61}TiO_3$：A neutron diffraction study ［J］. Journal of Solid State Chemistry，2004，177 (4)：1157-1164.

［77］ Machida N，Maeda H，Peng H，et al. All-solid-state lithium battery with $LiCo_{0.3}Ni_{0.7}O_2$ fine powder as cathode materials with an amorphous sulfide electrolyte ［J］. Journal of the Electrochemical Society，2002，149 (6)：A688-A693.

［78］ Hayashi A，Ohtomo T，Mizuno F，et al. All-solid-state Li/S batteries with highly conductive glass-ceramic electrolytes ［J］. Electrochemistry Communications，2003，5 (8)：701-705.

［79］ Xu X，Wen Z，Yang X，et al. High lithium ion conductivity glass-ceramics in Li_2O-Al_2O_3-TiO_2-P_2O_5 from nanoscaled glassy powders by mechanical milling ［J］. Solid State Ionics，2006，177 (26)：2611-2615.

［80］ Yabuuchi N，Kubota K，Dahbi M，et al. Research development on sodium-ion batteries ［J］. Chemical Reviews，2014，114 (23)：11636-11682.

［81］ Kim S W，Seo D H，Ma X，et al. Electrode materials for rechargeable sodium-ion batteries：potential alternatives to current lithium-ion batteries ［J］. Advanced Energy Materials，2012，2 (7)：710-721.

［82］ Zhao L W. Synthesis and electrochemical performance of $Na_{0.44}MnO_2$ as cathode material for sodium ion batteries ［D］. Suzhou：Soochow University，2013.

［83］ Palomares V，Serras P，Villaluenga I，Hueso K B，Carretero-Gonzalez J，Rojo T. Na-ion batteries，recent advances and present challenges to become low cost energy storage systems ［J］. Energy & Environmental Science，2012，5 (3)：5884-5901.

［84］ Kim S W，Seo D H，Ma X，et al. Electrode materials for rechargeable sodium-ion batteries：potential alternatives to current lithium-ion batteries ［J］. Advanced Energy Materials，2012，2 (7)：710-721.

［85］ Delmas C，Braconnier J J，Fouassier C，et al. Electrochemical intercalation of sodium in Na_xCoO_2 bronzes ［J］. Solid State Ionics，1981，3：165-169.

［86］ Smirnova O A，Avdeev M，Nalbandyan V B，et al. First observation of the reversible O3↔P2 phase transition：Crystal structure of the quenched high-temperature phase $Na_{0.74}Ni_{0.58}Sb_{0.42}O_2$ ［J］. Materials Research Bulletin，2006，41 (6)：1056-1062.

[87] Shacklette L W，Jow T R，Townsend L. Rechargeable electrodes from sodium cobalt bronzes
[J]．Journal of The Electrochemical Society，1988，135（11）：2669-2674.

[88] Bhide A，Hariharan K. Physicochemical properties of $Na_x CoO_2$ as a cathode for solid
state sodium battery [J]．Solid State Ionics，2011，192（1）：360-363.

[89] Liu Z M. Studies on the electrochemical performance of $NaVPO_4F$ and its doped compounds for
the cathode materials of sodium-ion battery [D]．Xiangtan：Xiangtan University，2007.

[90] Thackeray M M. Manganese oxides for lithium batteries [J]．Progress in Solid State
Chemistry，1997，25（1）：1-71.

[91] Zhuo H T. Studies on $NaVPO_4F$ and its doped compounds for the cathode materials of
sodium-ion battery [D]．Xiangtan：Xiangtan University，2006.

[92] Doeff M M，Richardson T J，Hollingsworth J，et al. Synthesis and characterization of a
copper-substituted manganese oxide with the $Na_{0.44}MnO_2$ structure [J]．Journal of
Power Sources，2002，112（1）：294-297.

[93] Cao Y，Xiao L，Wang W，et al. Reversible sodium ion insertion in single crystalline manganese
oxide nanowires with long cycle life [J]．Advanced Materials，2011，23（28）：
3155-3160.

[94] Yabuuchi N，Kajiyama M，Yamada Y，et al. P2-type $Na_{2/3}[Fe_{1/2}Mn_{1/2}]O_2$ made from
earth-abundant elements for high-energy Na-ion batteries [C]．Meeting Abstracts. The
Electrochemical Society，2012（15）：1834.

[95] Ding J J，Zhou Y N，Sun Q，et al. Electrochemical properties of P2-phase $Na_{0.74}CoO_2$
compounds as cathode material for rechargeable sodium-ion batteries [J] Electrochimica
Acta，2013，87：388-393.

[96] Yuan D，Hu X，Qian J，et al. P2-type $Na_{0.67}Mn_{0.65}Fe_{0.2}Ni_{0.15}O_2$ cathode material with
high-capacity for sodium-ion battery [J]．Electrochimica Acta，2014，116（Complete）：
300-305.

[97] Wang H，Yang B，Liao X Z，et al. Electrochemical properties of P2-$Na_{2/3}[Ni_{1/3}Mn_{2/3}]O_2$
cathode material for sodium ion batteries when cycled in different voltage ranges [J]．
Electrochimica Acta，2013，113（Complete）：200-204.

[98] Wang W，Jiang B，Hu L，et al. Single crystalline VO_2 nanosheets：A cathode material
for sodium-ion batteries with high rate cycling performance [J]．Journal of Power
Sources，2014，250：181.

[99] Ding J J，Zhou Y N，Sun Q，et al. Cycle performance improvement of $NaCrO_2$ cathode by
carbon coating for sodium ion batteries [J]．Electrochemistry Communications，2012，
22：85-88.

[100] Shi Z C，Yang Y. Progress in polyanion-type cathode materials for lithium ion batteries [J]．
Progress in Chemistry，2005，17（4）：604-613.

[101] Chen J. Synthesis and Properties of the Polyanion-Type $LiMPO_4$（M＝Fe，Mn）and
$Li_3V_2(PO_4)_3$ Cathode Materials for Li-ion Batteries [D]．Changchun：Jilin

University, 2013.

[102] Padhi A K, Nanjundaswamy K S, Goodenough J B. Phospho-olivines as positive-electrode materials for rechargeable lithium batteries [J]. Journal of the Electrochemical Society, 1997, 144 (4): 1188-1194.

[103] Palomares V, Serras P, Villaluenga I, et al. Na-ion batteries, recent advances and present challenges to become low cost energy storage systems [J]. Energy & Environmental Science, 2012, 5 (3): 5884-5901.

[104] Zaghib K, Trottier J, Hovington P, et al. Characterization of Na-based phosphate as electrode materials for electrochemical cells [J]. Journal of Power Sources, 2011, 196 (22): 9612-9617.

[105] Barker J, Saidi M Y, Swoyer J L. A sodium-ion cell based on the fluorophosphate compound $NaVPO_4F$ [J]. Electrochemical and Solid-State Letters, 2003, 6 (1): A1-A4.

[106] Lu Yao, Zhang Shu, Li Ying, Xue Leigang, Xu Guanjie, et al. Preparation and characterization of carbon-coated $NaVPO_4F$ as cathode material for rechargeable sodium-ion batteries [J] Journal of Power Sources, 2014, 247 (1), 770-777.

[107] Ellis B L, Makahnouk W R M, Makimura Y, Toghill K, Nazar LF. A multifunctional 3.5V iron-based phosphate cathode for rechargeable batteries [J]. Nature Mater, 2007, 6 (10): 749-753.

[108] Recham N, Chotard J N, Dupont L, et al. Ionothermal synthesis of sodium-based fluorophosphate cathode materials [J]. Journal of the Electrochemical Society, 2009, 156 (12): A993-A999.

[109] Kawabe Y, Yabuuchi N, Kajiyama M, et al. Synthesis and electrode performance of carbon coated Na_2FePO_4F for rechargeable Na batteries [J]. Electrochemistry Communications, 2011, 13 (11): 1225-1228.

[110] Langrock A, Xu Y, Liu Y, et al. Carbon coated hollow Na_2FePO_4F spheres for Na-ion battery cathodes [J]. Journal of Power Sources, 2013, 223: 62-67.

[111] Delmas C, Nadiri A, Soubeyroux J L. The nasicon-type titanium phosphates $ATi_2(PO_4)_3$ (A=Li, Na) as electrode materials [J]. Solid State Ionics, 1988, 28: 419-423.

[112] Delmas C, Cherkaoui F, Nadiri A, et al. A nasicon-type phase as intercalation electrode: $NaTi_2(PO_4)_3$ [J]. Materials Research Bulletin, 1987, 22 (5): 631-639.

[113] Hasegawa Y, Imanaka N. Effect of the lattice volume on the Al^{3+} ion conduction in NaSICON type solid electrolyte [J]. Solid State Ionics, 2005, 176: 2499.

[114] Hoshina K, Dokko K, Kanamura K. Investigation on electrochemical interface between $Li_4Ti_5O_{12}$ and $Li_{1+x}Al_xTi_{2-x}(PO_4)_3$ NaSICON-type solid electrolyte [J]. J Electrochem Soc, 2005; 152: 2138.

[115] Kobayashi E, Plashnitsa L S, Doi T, Okada S, Yamaki J-I. Electrochemistry communications electrochemical properties of Li symmetric solid-state cell with NaSICON-type solid electrolyte and electrodes [J]. Electrochem Commun, 2010, 12: 894.

[116] Plashnitsa L S, Kobayashi E, Noguchi Y, Yamaki J-I, et al. Performance of NaSICON symmetric cell with ionic liquid electrolyte [J]. Journal of the Electrochemical Society, 2010, 157 (4): A536-A543.

[117] Jian Z, Zhao L, Pan H, et al. Carbon coated $Na_3V_2(PO_4)_3$ as novel electrode material for sodium ion batteries [J]. Electrochemistry Communications, 2012, 14 (1): 86-89.

[118] Song W, Ji X, Wu Z, et al. Exploration of ion migration mechanism and fiffusion capability for $Na_3V_2(PO_4)_2F_3$ cathode utilized in rechargeable sodium-ion batteries [J]. Journal of Power Sources, 2014, 256: 258-263.

[119] Gocheva I D, Nishijima M, Doi T, et al. Mechanochemical synthesis of $NaMF_3$ (M= Fe, Mn, Ni) and their electrochemical properties as positive electrode materials for sodium batteries [J]. Journal of Power Sources, 2009, 187 (1): 247-252.

[120] Kitajou A, Komatsu H, Chihara K, et al. Novel synthesis and electrochemical properties of perovskite-type $NaFeF_3$ for a sodium-ion battery [J]. Journal of Power Sources, 2012, 198: 389-392.

[121] Nose M, Shiotani S, Nakayama H, et al. $Na_4Co_{2.4}Mn_{0.3}Ni_{0.3}(PO_4)_2P_2O_7$: High potential and high capacity electrode material for sodium-ion batteries [J]. Electrochemistry Communications, 2013, 34: 266-269.

[122] Honma T, Ito N, Togashi T, et al. Triclinic $Na_{2-x}Fe_{1+x/2}P_2O_7/C$ glass-ceramics with high current density performance for sodium ion battery [J]. Journal of Power Sources, 2013, 227: 31-34.

[123] Ge P, Fouletier M. Electrochemical intercalation of sodium in graphite [J]. Solid State Ionics, 1988, 28: 1172-1175.

[124] Stevens D A, Dahn J R. The mechanisms of lithium and sodium insertion in carbon materials [J]. Journal of The Electrochemical Society, 2001, 148 (8): A803-A811.

[125] Chevrier V L, Ceder G. Challenges for Na-ion negative electrodes [J]. Journal of the Electrochemical Society, 2011, 158 (9): A1011-A1014.

[126] Thomas P, Billaud D. Effect of mechanical grinding of pitch-based carbon fibers and graphite on their electrochemical sodium insertion properties [J]. Electrochimica Acta, 2000, 46 (1): 39-47.

[127] Wen Yang, He Kai, Zhu Yu-jie, Han Fu-dong, Xu Yun-hua, MatsudaI, Ishll Y, Cumings J, Wang Chun-sheng. Expanded graphite as superior anode for sodium-ion batteries [J]. Nature Communications, 2014, 5: 2003-2016.

[128] Wang Yun-xiao, Chou Shu-lei, Liu Hua-kun, Dou Shi-xue. Reduced graphene oxide with superior cycling stability and rate capability for sodium storage [J]. Carbon, 2013, 57: 202-208.

[129] Li Sheng, Qiu Jing-hua, Lai Chao, Ling Ming, Zhao Hui-jun, Zhang Shan-qing. Surface capacitive contributions: Towards high rate anode materials for sodium ion batteries [J]. Nano Energy, 2015, 12: 224-230.

[130] Stevens D A, Dahn J R. The mechanisms of lithium and sodium insertion in carbon materials [J]. Journal of the Electrochemical Society, 2001, 148 (8): A803-A811.

[131] Thomas P, Ghanbaja J, Billaud D. Electrochemical insertion of sodium in pitch-based carbon fibres in comparison with graphite in $NaClO_4$-ethylene carbonate electrolyte [J]. Electrochimica Acta, 1999, 45 (3): 423-430.

[132] Stevens D A, Dahn J R. High capacity anode materials for rechargeable sodium-ion batteries [J]. Journal of the Electrochemical Society, 2000, 147 (4): 1271-1273.

[133] Thomas P, Billaud D. Electrochemical insertion of sodium into hard carbons [J] Electrochimica Acta, 2002, 47 (20): 3303-3307.

[134] Alcántara R, Jimenez-Mateos J M, Lavela P, Tirado J L. Carbon black: a promising electrode material for sodium-ion batteries [J]. Electrochemistry Communications, 2001, 3 (11): 639-642.

[135] Alcántara R, Fernandez F J, Madrigal P L, Tirado J L, Jimenez-Mateos J M, Gomez DE Salazar C, Stoyanova R, Zhecheva E. Characterisation of mesocarbon microbeads (MCMB) as active electrode material in lithium and sodium cells [J]. Carbon, 2000, 38 (7): 1031-1041.

[136] Alcántara R, Lavela P, Ortiz G F, Tirado J L. Carbon microspheres obtained from resorcinol-formaldehyde as high-capacity electrodes for sodium-ion batteries [J]. Electrochemical and Solid-State Letters, 2005, 8 (4): A222-A225.

[137] Cao Yu-liang, Xiao Li-feng, Sushko M L, Wang Wei, Schwenzer B, Xiao Jie, Nie Zi-min, Saraf L V, Yang Zheng-guo, Liu Jun. Sodium ion insertion in hollow carbon nanowires for battery applications [J]. Nano Letters, 2012, 12 (7): 3783-3787.

[138] Tang K, FU L, White R J, et al. Hollow carbon nanospheres with superior rate capability for sodium-based batteries [J]. Advanced Energy Materials, 2012, 2 (7): 873-877.

[139] Bommier C, Luo W, Gao W Y, et al. Predicting capacity of hard carbon anodes in sodium-ion batteries using porosity measurements [J]. Carbon, 2014, 76: 165-174.

[140] Luo Wei, Bommier C, Jian Ze-liang, Li Xin, Carter R G, Vail S, Lu Yu-hao, Lee J J, Ji Xiu-lei. A low-surface-area hard carbon anode for Na-ion batteries via graphene oxide as a dehydration agent [J]. ACS Applied Materials & Interfaces, 2015, 7 (4): 2626-2631.

[141] Shi Xiao-dong, Zhang Zhi-an, Fu Yun, Gan Yong-qing. Self-template synthesis of nitrogen-doped porous carbon derived from zeolitic imidazolate framework-8 as an anode for sodium ion batteries [J]. Materials Letters, 2015, 161: 332-335.

[142] Zhang Zhi-an, Zhang Juan, Zhao Xing-xing, Yang Fu-hua. Zhang Z, Zhang J, Zhao X. Core-sheath structured porous carbon nanofiber composite anode material derived from bacterial cellulose/polypyrrole as an anode for sodium-ion batteries [J]. Carbon, 2015, 95: 552-559.

[143] Li Yun-ming, Mu Lin-qin, Hu Yong-sheng, Li Hong, Chen Li-hua, Huang Xue-jie.

Pitch-derived amorphous carbon as high performance anode for sodium-ion batteries [J].
Energy Storage Materials，2016，2：139-145.

[144] 沈丁，董伟，李思南，杨绍斌. 碳源对 Sn-Co/C 复合材料显微组织和电化学性能的影响 [J]. 中国有色金属学报，2015，07：1890-1896.

[145] 杨绍斌，沈丁，吴晓光，米晗. Cu 对 Sn-Co/C 复合材料结构和电化学性能的影响 [J]. 中国有色金属学报，2012，04：1163-1168.

[146] Slater M D，Kim D，Lee E，Johnson C S. Sodium-ion batteries [J]. Advanced Functional Materials，2013，23（8）：947-958.

[147] Chevrier V L，Ceder G. Challenges for Na-ion negative electrodes [J]. Journal of the Electrochemical Society，2011，158（9）：A1011-A1014.

[148] Tran T T，Obrovac M N. Alloy negative electrodes for high energy density metal-ion cells [J]. Journal of the Electrochemical Society，2011，158（12）：A1411-A1416.

[149] Komaba S，Matsuura Y，Ishikawa T，Yabuuchi N，Murata W，Kuze S. Redox reaction of Sn-polyacrylate electrodes in aprotic Na cell [J]. Electrochemistry Communications，2012，21：65-68.

[150] Wang Jiang-wei，Liu Xiao-hua，Mao S X，Huang Jian-yu. Microstructural evolution of tin nanoparticles during in situ sodium insertion and extraction [J]. Nano Letters，2012，12（11）：5897-5902.

[151] Qian Jiang-feng，Chen Yao，Wu Lin，Cao Yu-liang，Ai Xin-ping，Yang Han-xi. High capacity Na-storage and superior cyclability of nanocomposite Sb/C anode for Na-ion batteries [J]. Chemical Communications，2012，48（56）：7070-7072.

[152] Hou Huai-hou，Yang Ying-chang，Zhu Yi-rong，Jing Ming-jun，Pan Cheng-chi，Fang Lai-bing，Song Wwei-xin，Yang Xu-ming，Ji Xiao-bo. An electrochemical study of Sb/acetylene black composite as anode for sodium-ion batteries [J]. Electrochimica Acta，2014，146：328-334.

[153] Wu Lin ，Hu Xiao-hong ，Qian Jiang-feng，Pei Feng，Wu Fa-yuan，Mao Rong-jun，Ai Xin-ping，Yang Han-xi，Cao Yu-liang. Sb-C nanofibers with long cycle life as an anode material for high-performance sodium-ion batteries [J]. Energy & Environmental Science，2014，7（1）：323-328.

[154] Li Ke-fei，Su Da-wei，Liu Hao，Wang Guo-xiu. Antimony-Carbon-Graphene Fibrous Composite as Freestanding Anode Materials for Sodium-ion Batteries [J]. Electrochimica Acta，2015.

[155] Xiao Li-feng，Cao Yu-liang，Xiao Jie，Wang Wei，Kovarik L，Nie Zi-ming，Liu Jun. High capacity，reversible alloying reactions in SnSb/C nanocomposites for Na-ion battery applications [J]. Chem Commun，2012，48（27）：3321-3323.

[156] Wu Lin，Pei Feng，Mao Rong-jun，Wu Fa-yuan，Wu Yue，Qian Jiang-feng，Cao Yu-liang，Ai Xin-ping，Yang Han-xi. SiC-Sb-C nanocomposites as high-capacity and cycling-stable anode for sodium-ion batteries [J]. Electrochimica Acta，2013，87：41-45.

[157] 钱江锋.先进储钠电极材料及其电化学储能应用 [D].武汉:武汉大学,2012.

[158] Kim Y,Park Y,Choi A,Choi N S,Kim J,Lee J,Ryu J H,Oh S M,Lee K T. An amorphous red phosphorus/carbon composite as a promising anode material for sodium ion batteries [J]. Advanced Materials,2013,25(22):3045-3049.

[159] Sun Qian,Ren Qin-qi,Li Hong,Fu Zheng-wen. High capacity Sb_2O_4 thin film electrodes for rechargeable sodium battery [J]. Electrochemistry Communications,2011,13(12):1462-1464.

[160] Jiang Yin-zhu,Hu Mei-juan,Zhang Dan,Yuan Tian-zhi,Sun Wen-ping,Xu Ben,Yan Mi. Transition metal oxides for high performance sodium ion battery anodes [J]. Nano Energy,2014,5:60-66.

[161] Hariharan S,Saravanan K,Balaya P. α-MoO_3:A high performance anode material for sodium-ion batteries [J]. Electrochemistry Communications,2013,31:5-9.

[162] Su Da-wei,Ahn H J,Wang Guo-xiu. SnO_2 graphene nanocomposites as anode materials for Na-ion batteries with superior electrochemical performance [J]. Chem. Commun.,2013,49(30):3131-3133.

[163] Zhang Yan-dong,Xie Jian,Zhang Shi-chao,Zhu Pei-yi,Cao Gao-shao,Zhao Xin-bing. Ultrafine tin oxide on reduced graphene oxide as high-performance anode for sodium-ion batteries [J]. Electrochimica Acta,2015,151:8-15.

[164] Cheng Ya-yi,Huang Jian-feng,Li Jia-yin,Xu Zhan-wei,Cao Li-yun,Ouyang H B,Yan Jing-wen,Qi Hui. SnO_2/super P nanocomposites as anode materials for Na-ion batteries with enhanced electrochemical performance [J]. Journal of Alloys and Compounds,2016,658:234-240.

[165] 许婧,杨德志,廖小珍,何雨石,马紫峰.还原氧化石墨烯/TiO_2复合材料在钠离子电池中的电化学性能 [J].物理化学学报,2015,05:913-919.

[166] Chen Chao-ji,Wen Yan-wei,Hu Xian-luo,Ji Xiu-lei,Yan Meng-yu,Mai Li-qiang,Hu Pei,Shan Bin,Huang Yun-hui. Na^+ intercalation pseudocapacitance in graphene-coupled titanium oxide enabling ultra-fast sodium storage and long-term cycling [J]. Nature Communications,2015,6.

[167] Ge Ye-qian,Jiang Han,Zhu Jia-deng,Lu Yao,Chen Chen,Hu Yi,Qiu Yi-ping,Zhang Xiang-wu. High cyclability of carbon-coated TiO_2 nanoparticles as anode for sodium-ion batteries [J]. Electrochimica Acta,2015.

[168] Senguttuvan P,Rousse G,Seznec V,Tarascon J M,Palacin M R. $Na_2Ti_3O_7$:lowest voltage ever reported oxide insertion electrode for sodium ion batteries [J]. Chemistry of Materials,2011,23(18):4109-4111.

[169] Sun Yang,Zhao Liang,Pan Hui-lin,Lu Xia,Gu Lin,Hu Yong-sheng,Li Hong,Armand M,Ikuhara Y,Chen Li-quan,Huang Xue-jie. Direct atomic-scale confirmation of three-phase storage mechanism in $Li_4Ti_5O_{12}$ anodes for room-temperature sodium-ion batteries [J]. Nature Communications,2013,4:1870.

［170］ Zhou Qian，Liu Li，Tan Jin-li，Yan Zi-chao，Huang Zhi-feng，Wang Xian-you. Synthesis of lithium titanate nanorods as anode materials for lithium and sodium ion batteries with superior electrochemical performance ［J］. Journal of Power Sources，2015，283：243-250.

［171］ Yan Zi-chao，Liu Li，Shu Hong-bo，Yang Xiu-kang，Wang Hao，Tan Jin-li，Qian Zhou，Huang Zhi-feng，Wang Xian-you Y. A tightly integrated sodium titanate-carbon composite as an anode material for rechargeable sodium ion batteries ［J］. Journal of Power Sources，2015，274：8-14.

［172］ Qin Wei，Chen Tai-qiang，Pan Li-kun，Niu Leng-yuan，Hu Bing-wen，Li Dong-sheng，Li Jin-liang，Sun Zhou. MoS_2-reduced graphene oxide composites via microwave assisted synthesis for sodium ion battery anode with improved capacity and cycling performance ［J］. Electrochimica Acta，2015，153：55-61.

［173］ 黄宗令，王丽平，牟成旭，李晶泽. 对苯二甲酸镁作为钠离子电池的有机负极材料 ［J］. 物理化学学报，2014，10：1787-1793.

［174］ Gregory T D，Hoffman R J，Winterton R C. Nonaqueous electrochemistry of magnesium applications to energy storage ［J］. Journal of the Electrochemical Society，1990，137 （3）：775-780.

［175］ Aurbach D，Lu Z，Schechter A，et al. Prototype systems for rechargeable magnesium batteries ［J］. Nature，2000，407 （6805）：724-727.

［176］ Chusid O，Gofer Y，Gizbar H，et al. Solid state rechargeable magnesium batteries ［J］. Advanced Materials，2003，15 （7）：627-630.

［177］ 努丽燕娜，杨军，郑育培. 介孔硅酸锰镁可充镁电池正极材料的制备及其电化学性能研究 ［J］. 无机材料学报，2011，26 （2）：129-133.

［178］ 袁华堂，吴峰，武绪丽，等. 可充镁电池的研究和发展趋势 ［J］. 电池，2002，32 （S1）：14-16.

［179］ Sheha E. Studies on TiO_2/reduced graphene oxide composites as cathode materials for magnesium-ion battery ［J］. Graphene，2014，3 （03）：36.

［180］ Wang W，Jiang B，Xiong W Y，et al. A new cathode material for super-valent battery based on aluminium ion intercalation and deintercalation ［J］. Scientific Reports，2013，3 （6162）：3383.

［181］ Chiku M，Takeda H，Matsumura S，et al. Amorphous vanadium oxide/carbon composite positive electrode for rechargeable aluminium battery ［J］. ACS Applied Materials ＆Interfaces，2015，7 （44）：24385-24389.

［182］ He Y J，Peng J F，Chu W，et al. Black mesoporous anatase TiO_2 nanoleaves：a high capacity and high rate anode for aqueous Al-ion batteries ［J］. Journal of Materials Chemistry A，2014，2 （6）：1721-1731.

［183］ Geng L，Lv G，Xing X，et al. Reversible Electrochemical Intercalation of Aluminium in Mo_6S_8 ［J］. Chemistry of Materials，2015，27 （14）：4926-4929.

［184］　Lin M C，Gong M，Lu B，Dai H J，et al. An ultrafast rechargeable aluminium-ion battery ［J］. Nature，2015，520（7547）：324-328.

［185］　Jayaprakash N，Das S K，Archer L A. The rechargeable aluminium-ion battery ［J］. Chemical Communications，2011，47（47）：12610-12612.